개념+유형
PLUS

개념편

CONCEPT

개념과 유형이 하나로

중학 수학

1·1

visang

개발 박은지, 김민지, 용효진
디자인 정세연, 림어소시에이션, 안상현

발행일 2023년 10월 1일
펴낸날 2023년 10월 1일
펴낸곳 (주)비상교육
펴낸이 양태회
신고번호 제2002-000048호
출판사업총괄 최대찬
개발총괄 채진희
개발책임 최진형
디자인책임 김재훈
영업책임 이지웅
품질책임 석진안
마케팅책임 이은진
대표전화 1544-0554
주소 경기도 과천시 과천대로2길 54(갈현동, 그라운드브이)

세상이 변해도
배움의 즐거움은
변함없도록

시대는 빠르게 변해도
배움의 즐거움은
변함없어야 하기에

어제의 비상은
남다른 교재부터
결이 다른 콘텐츠
전에 없던 교육 플랫폼까지

변함없는 혁신으로
교육 문화 환경의 새로운 전형을
실현해왔습니다.

비상은 오늘, 다시 한번
새로운 교육 문화 환경을 실현하기 위한
또 하나의 혁신을 시작합니다.

오늘의 내가 어제의 나를 초월하고
오늘의 교육이 어제의 교육을 초월하여
배움의 즐거움을 지속하는 혁신,

바로, 메타인지 기반 완전 학습을.

상상을 실현하는 교육 문화 기업 비상

메타인지 기반 완전 학습

초월을 뜻하는 meta와 생각을 뜻하는 인지가 결합한 메타인지는
자신이 알고 모르는 것을 스스로 구분하고 학습계획을 세우도록 하는
궁극의 학습 능력입니다. 비상의 메타인지 기반 완전 학습 시스템은
잠들어 있는 메타인지를 깨워 공부를 100% 내 것으로 만들도록 합니다.

ONLY META

검증된 성적 향상의 이유
중등 1위* 비상교육 온리원

*2014~2022 국가브랜드 [중고등 교재] 부문

10명 중 8명
내신 최상위권

최상위
성적
81.23%

*2023년 2학기 기말고사 기준 전체 성적장학생 중,
모범, 으뜸, 우수상 수상자(평균 93점 이상) 비율 81.23%

특목고 합격생
2년 만에 167% 달성

*특목고 합격생 수 2022학년도 대비
2024학년도 167.4%

성적 장학생
1년 만에 2배 증가

역대최고다!

2022년
3,499명*

2023년
6,888명*

*22-1학기: 21년 1학기 중간 - 22년 1학기 중간 누적 /
23-1학기: 21년 1학기 중간 - 23년 1학기 중간 누적

눈으로 확인하는 공부
메타인지 시스템

공부 빈틈을 찾아 채우고
장기 기억화 하는 메타인지 학습

최강 선생님 노하우 집약
내신 전문 강의

검증된 베스트셀러 교재로
인기 선생님이 진행하는 독점 강좌

꾸준히 가능한 완전 학습
리얼타임 메타코칭

학습의 시작부터 끝까지
출결, 성취 기반 맞춤 피드백 제시

100% 당첨

BONUS!
온리원 중등 100% 당첨 이벤트

강좌 체험 시 상품권, 간식 등 100% 선물 받는다!
지금 바로 '온리원 중등' 체험하고 혜택 받자!

CU
5,000원

N Pay
10,000원

※ 이벤트는 당사 사정으로 예고 없이 변경 또는 중단될 수 있습니다.

문의 1588-6563 | www.only1.co.kr

개념┼유형

개념편

CONCEPT

중학 수학

1·1

STRUCTURE 구성과 특징

개념+유형의 체계적인 학습 시스템

1 개념을 이해, 확인하고!

2 대표 문제로 익히고!

핵심 개념
자세하고 깔끔한 개념 정리와 필수 문제, 유제

Step 1 쏙쏙 개념 익히기
보다 완벽하게 개념을 이해하기
위한 대표 문제

한 번 더 +1
조금 까다로운 문제는
쌍둥이 문제로 한 번 더!

+ 개념편 학습 후 **유형편**

유형별 연습 문제로 **기초를 탄탄하게** 하고 싶다면

| 유형편 라이트 | 유형별 연습 문제 | 쌍둥이 기출문제 | 단원 마무리 |

개념과 유형이 하나로~!

개념+유형

3 실전 문제로 다지기!

4 개념 정리로 마무리!

개념 리뷰
중요한 개념을 하나의
문장으로 완성하여 확인

마인드맵
단원의 핵심 개념을 한눈에 보는
개념 정리 마인드맵

Step 2 탄탄 단원 다지기
다양한 기출문제로 구성된 단원
마무리 문제

Step 3 쓱쓱 서술형 완성하기
연습과 실전이 함께하는 서술형
문제

다양한 기출문제로 내신 만점에 도전 한다면

유형편 파워

| 중단원별 개념 정리 | 쓱쓱 (다시) 개념 익히기 | 핵심 유형 문제 | 실력 UP 문제 | 실전 테스트 |

CONTENTS 차례

개념플러스유형 1-2

Ⅰ. 기본 도형	1. 기본 도형
	2. 작도와 합동
Ⅱ. 평면도형	3. 다각형
	4. 원과 부채꼴
Ⅲ. 입체도형	5. 다면체와 회전체
	6. 입체도형의 겉넓이와 부피
Ⅳ. 통계	7. 자료의 정리와 해석

1

소인수분해

준비 학습

초5 약수와 배수

1 다음을 구하시오.

(1) 7의 약수   (2) 12의 약수

(3) 3의 배수   (4) 10의 배수

초5 공약수와 최대공약수

2 다음 두 수의 공약수와 최대공약수를 각각 구하시오.

(1) 12와 15   (2) 16과 24

초5 공배수와 최소공배수

3 다음 두 수의 공배수와 최소공배수를 각각 구하시오.

(1) 4와 5   (2) 8과 12

정답 1. (1) 1, 7 (2) 1, 2, 3, 4, 6, 12 (3) 3, 6, 9, 12, … (4) 10, 20, 30, 40, …
2. (1) 공약수: 1, 3, 최대공약수: 3 (2) 공약수: 1, 2, 4, 8, 최대공약수: 8
3. (1) 공배수: 20, 40, 60, 80, …, 최소공배수: 20
(2) 공배수: 24, 48, 72, 96, …, 최소공배수: 24

1 소수와 합성수

(1) **소수**: 1보다 큰 자연수 중에서 약수가 1과 자기 자신뿐인 수 예 2, 3, 5, 7, 11, …

(2) **합성수**: 1보다 큰 자연수 중에서 소수가 아닌 수 예 4, 6, 8, 9, 10, …

(3) 모든 소수의 약수는 2개, 합성수의 약수는 3개 이상이다.
　　　　　　　　　└→ 1과 자기 자신

참고 ・1은 소수도 아니고 합성수도 아니다.
　　　・2는 유일하게 짝수인 소수이고, 가장 작은 소수이다.

개념확인 다음 보기와 같은 방법으로 1부터 50까지의 자연수 중 소수를 모두 찾으시오.

보기
❶ 1은 소수가 아니므로 지운다.
❷ 소수 2는 남기고 2의 배수를 모두 지운다.
❸ 소수 3은 남기고 3의 배수를 모두 지운다.
❹ 소수 5는 남기고 5의 배수를 모두 지운다.
⋮
이와 같은 방법으로 계속 지워 나가면 남는 수가 소수이다.

1	2	3	4	5	6	7	8	9	10
11	12	13	14	15	16	17	18	19	20
21	22	23	24	25	26	27	28	29	30
31	32	33	34	35	36	37	38	39	40
41	42	43	44	45	46	47	48	49	50

➡ 소수: ＿＿＿＿＿＿＿＿＿
＿＿＿＿＿＿＿＿＿

▶ **에라토스테네스의 체**
고대 그리스의 수학자 에라토스테네스(B.C. 275~B.C. 194?)가 고안한 소수를 찾는 방법으로 체로 걸러 내듯 소수만 걸러 낸다.

필수 문제 **1** 다음 자연수의 약수와 약수의 개수를 구하고, 소수인지 합성수인지 쓰시오.

소수와 합성수

약수 1개 / 약수 2개 / 약수 3개 이상
1 / 소수 / 합성수

	자연수	약수	약수의 개수	소수 / 합성수
(1)	5			
(2)	8			
(3)	17			
(4)	169			

1-1 다음 수 중 소수와 합성수를 각각 고르시오.

1,　　19,　　21,　　37,　　45,　　78,　　100,　　133

1-2 다음 중 소수와 합성수에 대한 설명으로 옳은 것은 ○표, 옳지 않은 것은 ×표를 (　) 안에 쓰시오.

(1) 모든 소수는 홀수이다. 　　　　　　　　　　　　　　　　　　　　(　　)
(2) 가장 작은 소수는 1이다. 　　　　　　　　　　　　　　　　　　　(　　)
(3) 10 이하의 소수는 4개이다. 　　　　　　　　　　　　　　　　　　(　　)
(4) 자연수는 소수와 합성수로 이루어져 있다. 　　　　　　　　　　　(　　)

2 거듭제곱

(1) **거듭제곱**: 같은 수나 문자를 여러 번 곱한 것을 간단히 나타낸 것

➡ $2 \times 2 = 2^2$, $2 \times 2 \times 2 = 2^3$, $2 \times 2 \times 2 \times 2 = 2^4$, …

　2의 제곱　　　　2의 세제곱　　　　2의 네제곱

(2) **밑**: 거듭제곱에서 여러 번 곱하는 수나 문자

(3) **지수**: 거듭제곱에서 밑을 곱한 횟수

참고 ・2^1은 2로 나타낸다.
・1의 거듭제곱은 항상 1이다. ➡ $1 = 1^2 = 1^3 = \cdots = 1^{100} = \cdots$

주의 $\underset{\text{2를 3번 곱한 것}}{2 \times 2 \times 2 = 2^3}$이고, $\underset{\text{2를 3번 더한 것}}{2 + 2 + 2 = 2 \times 3}$이다.

개념확인 다음 □ 안에 알맞은 수를 쓰고, 거듭제곱의 밑과 지수를 각각 구하시오.

(1) $3 \times 3 = 3^{\square}$

　밑: _____　　지수: _____

(2) $3 \times 3 \times 3 = \square^3$

　밑: _____　　지수: _____

(3) $3 \times 3 \times 3 \times \square = 3^4$

　밑: _____　　지수: _____

(4) $3 \times 3 \times 3 \times 3 \times 3 = \square^{\square}$

　밑: _____　　지수: _____

필수 문제 ② 다음을 거듭제곱을 사용하여 나타내시오.

거듭제곱으로 나타내기

▸ ・$\underset{n\text{개}}{\underbrace{a \times a \times \cdots \times a}} = a^n$

・$\underset{m\text{개}}{\underbrace{a \times a \times \cdots \times a}}$
　$\underset{n\text{개}}{\underbrace{\times b \times b \times \cdots \times b}}$
　$= a^m \times b^n$

(1) $5 \times 5 \times 5$

(2) $7 \times 7 \times 7 \times 7$

(3) $3 \times 3 \times 3 \times 5 \times 5$

(4) $2 \times 2 \times 2 \times 5 \times 5 \times 7$

(5) $\dfrac{1}{2} \times \dfrac{1}{2} \times \dfrac{1}{2}$

(6) $\dfrac{1}{3 \times 3 \times 7 \times 7}$

2-1 다음 중 옳은 것은?

① $2 \times 2 \times 2 = 3^2$

② $\dfrac{1}{3} \times \dfrac{1}{3} = \dfrac{2}{3}$

③ $4 \times 4 \times 4 = 4^3$

④ $5 + 5 + 5 + 5 = 5^4$

⑤ $3 \times 3 \times 3 \times 7 \times 7 = 3^3 + 7^2$

2-2 $2 \times 5 \times 5 \times 3 \times 5 \times 3 \times 5$를 거듭제곱을 사용하여 나타내면 $2^a \times 3^b \times 5^c$일 때, 자연수 a, b, c에 대하여 $a + b + c$의 값을 구하시오.

3 소인수분해

(1) **인수**: 자연수 a, b, c에 대하여 $a=b\times c$일 때, a의 약수 b, c를 a의 인수라 한다.

(2) **소인수**: 인수 중에서 소수인 것

> 예 $6=1\times 6=2\times 3$ ➡ 6의 약수 1, 2, 3, 6 중에서 6의 소인수는 2, 3이다.

(3) **소인수분해**: 1보다 큰 자연수를 소인수만의 곱으로 나타내는 것

(4) **소인수분해 하는 방법**

방법① 가지의 끝이 모두 소수가 될 때까지 뻗어 나간다.

방법② 나누어떨어지는 소수로만 나눈다.

몫이 소수가 될 때까지 나눈다.

같은 소인수의 곱은 거듭제곱으로 나타낸다.

소인수분해 결과 $12=2\times 2\times 3=2^2\times 3$

참고 일반적으로 소인수분해 한 결과는 크기가 작은 소인수부터 차례로 쓴다.
이때 곱의 순서를 생각하지 않는다면 그 결과는 오직 한 가지뿐이다.

개념 확인 다음은 두 가지 방법을 이용하여 50을 소인수분해 하는 과정이다. □ 안에 알맞은 것을 쓰시오.

방법① $50 < \begin{array}{c}□\\25<\begin{array}{c}□\\□\end{array}\end{array}$

방법② $□\,)\,50$ / $□\,)\,25$ / $□$

따라서 50을 소인수분해 하면 $50=\boxed{}$이다.

필수 문제 3

소인수분해 하기

3 다음 수를 소인수분해 하시오.

(1) 36   (2) 54

(3) 84   (4) 525

3-1 200을 소인수분해 하면 $2^a\times 5^b$일 때, 자연수 a, b에 대하여 $a+b$의 값을 구하시오.

필수 문제 4

소인수 구하기

▸ 소인수는 어떤 수를 소인수분해 했을 때, 밑이 되는 수이다.

4 다음 수의 소인수를 모두 구하시오.

(1) 16   (2) 44

(3) 60   (4) 245

4-1 560의 모든 소인수의 합을 구하시오.

4 소인수분해를 이용하여 약수와 약수의 개수 구하기

자연수 A가

$$A=a^m \times b^n (a, b는 서로 다른 소수, m, n은 자연수)$$

으로 소인수분해 될 때

(1) A의 약수 ➡ $(a^m$의 약수$) \times (b^n$의 약수$)$ 꼴

     $\underbrace{1, a, a^2, \dots, a^m}_{(m+1)개}$ $\underbrace{1, b, b^2, \dots, b^n}_{(n+1)개}$

(2) A의 약수의 개수 ➡ $(m+1) \times (n+1)$

     └➡ 소인수의 각 지수에 1을 더하여 곱한다.

예 $18=2 \times 3^2$이므로

×	1	3	3^2
1	1	3	9
2	2	6	18

3^2의 약수 / 2^1의 약수 / 18의 약수

➡ 18의 약수는 1, 2, 3, 6, 9, 18
약수의 개수는 $(1+1) \times (2+1) = 6$

참고 자연수 $A=a^l \times b^m \times c^n (a, b, c$는 서로 다른 소수, l, m, n은 자연수)에 대하여
  (1) A의 약수: $(a^l$의 약수$) \times (b^m$의 약수$) \times (c^n$의 약수$)$ 꼴
  (2) A의 약수의 개수: $(l+1) \times (m+1) \times (n+1)$

필수 문제 **5**

소인수분해를 이용하여
약수 구하기

다음은 소인수분해를 이용하여 약수를 구하는 과정이다. 표를 완성하고, 주어진 수의 약수를 모두 구하시오.

(1) $2^2 \times 3$

×	1	3
1		
2		
2^2		

⇨ 약수: _____

(2) 225 = _____ (소인수분해)

×	1	
1		
3		

⇨ 약수: _____

5-1 다음 보기 중 189의 약수를 모두 고르시오.

보기
ㄱ. 3   ㄴ. 7   ㄷ. 3×7^2 ㄹ. 3^3
ㅁ. $3^2 \times 7$ ㅂ. $3^2 \times 7^2$ ㅅ. $3^4 \times 7$ ㅇ. $3^3 \times 7^2$

필수 문제 **6**

소인수분해를 이용하여
약수의 개수 구하기

▶(3) 자연수가 $a^n (a$는 소수, n은
   자연수)으로 소인수분해
   될 때
   ① 약수: 1, a, a^2, ..., a^n
   ② 약수의 개수: $n+1$

다음 수의 약수의 개수를 구하시오.

(1) $3^2 \times 7$ (2) $2^2 \times 3 \times 5^3$

(3) 121   (4) 180

6-1 다음 수의 약수의 개수를 구하시오.

(1) 2^4 (2) $2 \times 3^2 \times 7$

(3) 100   (4) 450

1 오른쪽 표에서 소수가 적힌 칸을 모두 색칠할 때 나타나는 숫자를 말하시오.

5	2	11
67	26	49
37	23	31
21	105	19
53	17	47

2 다음 중 옳지 <u>않은</u> 것을 모두 고르면? (정답 2개)

① 가장 작은 합성수는 4이다.   ② 5의 배수 중 소수는 1개뿐이다.
③ 모든 합성수는 짝수이다.   ④ 소수가 아닌 자연수는 모두 합성수이다.
⑤ 약수가 2개인 자연수는 모두 소수이다.

3 다음 보기 중 옳은 것을 모두 고른 것은?

> (보기)
>
> ㄱ. $3^2 = 9$ ㄴ. $1^{10} = 10$
>
> ㄷ. $2 \times 2 \times 5 \times 2 \times 2 \times 5 = 2^4 \times 5^2$ ㄹ. $\frac{1}{7} \times \frac{1}{7} \times \frac{1}{7} = \frac{3}{7}$
>
> ㅁ. $\frac{2}{3} \times \frac{2}{3} \times \frac{2}{3} \times \frac{2}{3} = \left(\frac{2}{3}\right)^4$ ㅂ. $1000000 = 10^7$

① ㄱ, ㄴ, ㄷ   ② ㄱ, ㄷ, ㄹ   ③ ㄱ, ㄷ, ㅁ
④ ㄴ, ㄹ, ㅁ   ⑤ ㄴ, ㅁ, ㅂ

4 132를 소인수분해 하면?

① 2×33 ② $2^2 \times 33$ ③ 11×12
④ $2 \times 3^2 \times 11$ ⑤ $2^2 \times 3 \times 11$

5 504를 소인수분해 하면 $2^a \times 3^b \times c$일 때, 자연수 a, b, c에 대하여 $a+b+c$의 값을 구하시오.

6 다음 중 90과 소인수가 같은 것은?

① 20   ② 26   ③ 42

④ 120   ⑤ 242

7 다음 중 350의 약수가 <u>아닌</u> 것은?

① 2   ② 2×5 ③ 2×7

④ $2^2 \times 5^2$ ⑤ $2 \times 5^2 \times 7$

8 다음 중 약수의 개수가 가장 많은 것은?

① $2^3 \times 3^2$ ② $7^2 \times 11^4$ ③ $2 \times 3 \times 5$

④ 81   ⑤ 175

● 제곱인 수 만들기
❶ 주어진 수를 소인수분해
한다.
❷ 지수가 홀수인 소인수를
찾아 지수가 짝수가 되
도록 적당한 자연수를
곱한다.

9 45에 가능한 한 작은 자연수를 곱하여 어떤 자연수의 제곱이 되게 하려고 한다. 다음 물음에 답하시오.

(1) 45를 소인수분해 하시오.
(2) 곱해야 하는 가장 작은 자연수를 구하시오.

10 216에 가능한 한 작은 자연수를 곱하여 어떤 자연수의 제곱이 되게 하려고 한다. 이때 곱해야 하는 가장 작은 자연수를 구하시오.

• 정답과 해설 15쪽

1 공약수와 최대공약수

(1) **공약수**: 두 개 이상의 자연수의 공통인 약수

(2) **최대공약수**: 공약수 중에서 가장 큰 수

    예 4의 약수: 1, 2, 4
       6의 약수: 1, 2, 3, 6 ➡ 공약수: 1, ②← 최대공약수

(3) **최대공약수의 성질**

    두 개 이상의 자연수의 공약수는 그 수들의 최대공약수의 약수이다.

(4) **서로소**: 최대공약수가 1인 두 자연수 → 두 자연수가 서로소이면 두 수의 공약수는 1뿐이다.

    예 5와 8의 최대공약수는 1이므로 5와 8은 서로소이다.

    참고 • 1은 모든 자연수와 서로소이다.
         • 서로 다른 두 소수는 항상 서로소이다.

개념확인 다음 □ 안에 알맞은 수를 쓰시오.

> 10과 20의 공약수 □, □, □, □은(는) 두 수의 최대공약수인 □의 약수와 같다.

필수 문제 **1** 두 자연수 A, B의 최대공약수가 6일 때, A, B의 공약수를 모두 구하시오.

최대공약수의 성질

▸ (두 수의 공약수)
  ＝(두 수의 최대공약수의 약수)

1-1 어떤 두 자연수의 최대공약수가 30일 때, 이 두 자연수의 공약수는 몇 개인지 구하시오.

1-2 어떤 두 자연수의 최대공약수가 $2^2 \times 3 \times 7$일 때, 다음 중 이 두 자연수의 공약수가 아닌 것은?

① 2^2　　　　　② 2×3　　　　　③ 2×3^2

④ 3×7　　　　　⑤ $2^2 \times 7$

2 소인수분해를 이용하여 최대공약수 구하기

❶ 주어진 수를 각각 소인수분해 한다.

❷ 공통인 소인수를 모두 곱한다.

이때 소인수의 지수가 같으면 그대로, 다르면 지수가 작은 것을 택하여 곱한다.

$$
\begin{array}{rl}
12 = 2 \times 2 \times 3 & = 2^2 \times 3 \\
30 = 2 \quad\;\; \times 3 \times 5 = 2 \times 3 \times 5 \\
\hline
(\text{최대공약수}) = 2 \quad\;\; \times 3 \quad = 2 \times 3 \quad = 6
\end{array}
$$

지수가 다르면 지수가   지수가 같으면
작은 것을 택하고   그대로 곱한다.

참고 세 수 이상의 최대공약수를 구할 때에도 두 수의 최대공약수를 구할 때와 같은 방법으로 구한다.

필수 문제 2

최대공약수 구하기(1)

다음 수들의 최대공약수를 소인수의 곱으로 나타내시오.

(1) 3×5^2, $3^2 \times 5^3$

(2) $2^3 \times 3 \times 5$, $2 \times 3^2 \times 5 \times 7$, $2^2 \times 3 \times 5^2 \times 7$

2-1 다음 수들의 최대공약수를 소인수의 곱으로 나타내시오.

(1) $2^2 \times 7^2$, $2^2 \times 3 \times 7$

(2) $3^3 \times 5^2 \times 7$, $3 \times 5^2 \times 7^2$

(3) $2^4 \times 5$, $2^2 \times 5 \times 7$, $2^3 \times 5^2$

(4) $2^2 \times 3^2 \times 5^3$, $2^3 \times 3^3 \times 5$, $2^2 \times 3^2 \times 11$

필수 문제 3

최대공약수 구하기(2)

소인수분해를 이용하여 다음 수들의 최대공약수를 구하시오.

(1) 32, 40

(2) 48, 72, 96

3-1 소인수분해를 이용하여 다음 수들의 최대공약수를 구하시오.

(1) 16, 20

(2) 108, 135

(3) 36, 54, 72

(4) 40, 60, 80

필수 문제 4

서로소

▶두 수가 서로소이다.
⇨ 두 수의 최대공약수가 1이다.

다음 중 두 수가 서로소이면 ○표, 서로소가 아니면 ×표를 (   ) 안에 쓰시오.

(1) 4, 7   (   )

(2) 9, 21   (   )

(3) 16, 24   (   )

(4) 28, 45   (   )

3 공배수와 최소공배수

(1) **공배수**: 두 개 이상의 자연수의 공통인 배수

(2) **최소공배수**: 공배수 중에서 가장 작은 수

> **예** 4의 배수: 4, 8, <u>12</u>, 16, 20, <u>24</u>, … ⟶ 공배수: <u>12</u>, 24, 36, …
> 6의 배수: 6, <u>12</u>, 18, <u>24</u>, 30, …   └ 최소공배수

(3) **최소공배수의 성질**

① 두 개 이상의 자연수의 공배수는 그 수들의 최소공배수의 배수이다.

② 서로소인 두 자연수의 최소공배수는 두 수의 곱과 같다.

> **예** 3과 5는 서로소이므로 3과 5의 최소공배수는 $3 \times 5 = 15$

개념 확인 다음 □ 안에 알맞은 수를 쓰시오.

> 6과 10의 공배수 □, □, □, □, …은(는) 두 수의 최소공배수인 □의 배수와 같다.

필수 문제

최소공배수의 성질

▶ (두 수의 공배수)
= (두 수의 최소공배수의 배수)

5 어떤 두 자연수의 최소공배수가 28일 때, 다음 중 이 두 자연수의 공배수를 모두 고르시오.

> 7,   28,   32,   48,   56,   64,   72,   84

5-1 두 자연수 A, B의 최소공배수가 16일 때, A, B의 공배수 중 두 자리의 자연수는 모두 몇 개인지 구하시오.

5-2 두 자연수 A, B의 최소공배수가 3×5^2일 때, 다음 중 A, B의 공배수가 <u>아닌</u> 것은?

① 3×5^2 ② $2 \times 3 \times 5^2$ ③ $3^2 \times 5^2$

④ $2 \times 3 \times 5 \times 7$ ⑤ $3^2 \times 5^2 \times 7$

4 소인수분해를 이용하여 최소공배수 구하기

❶ 주어진 수를 각각 소인수분해 한다.

❷ 공통인 소인수와 공통이 아닌 소인수를 모두
곱한다.

이때 소인수의 지수가 같으면 그대로, 다르면
지수가 큰 것을 택하여 곱한다.

$$12 = 2 \times 2 \times 3 \quad = 2^2 \times 3$$
$$30 = 2 \quad \times 3 \times 5 = 2 \times 3 \times 5$$

(최소공배수) $= 2 \times 2 \times 3 \times 5 = 2^2 \times 3 \times 5 = 60$

지수가 다르면   지수가   공통이 아닌
지수가 큰 것을   같으면   소인수도
택하고   그대로   곱한다.

참고 세 수 이상의 최소공배수를 구할 때에도 두 수의 최소공배수를 구할 때와 같은 방법으로 구한다.

필수 문제
최소공배수 구하기(1)

6 다음 수들의 최소공배수를 소인수의 곱으로 나타내시오.

(1) $3^2 \times 7$, $3 \times 5 \times 7^2$

(2) $2 \times 3 \times 5^2$, $2^2 \times 3^2 \times 5$, $3 \times 5 \times 7$

6-1 다음 수들의 최소공배수를 소인수의 곱으로 나타내시오.

(1) $3^2 \times 5$, $2 \times 3 \times 5$

(2) $2 \times 3 \times 7$, $2^2 \times 3 \times 5$

(3) 2×3^2, $2^2 \times 3 \times 5$, $2 \times 3 \times 5^2$

(4) $2 \times 3^2 \times 5$, $2 \times 3 \times 7$, $3 \times 5^2 \times 7$

필수 문제
최소공배수 구하기(2)

7 소인수분해를 이용하여 다음 수들의 최소공배수를 구하시오.

(1) 25, 125

(2) 12, 40, 60

7-1 소인수분해를 이용하여 다음 수들의 최소공배수를 구하시오.

(1) 14, 18

(2) 42, 56

(3) 9, 24, 36

(4) 20, 60, 72

필수 문제 **8**

최대공약수와 최소공배수가 주어질 때, 밑과 지수 구하기

▸주어진 수와 최대공약수, 최소공배수를 각각 소인수분해하여 소인수와 소인수의 지수를 비교한다.

다음은 두 수 $2^a \times 3^3$, $2 \times 3^b \times 7$의 최대공약수가 2×3^2이고 최소공배수가 $2^2 \times 3^3 \times 7$일 때, 자연수 a, b의 값을 구하는 과정이다. □ 안에 알맞은 수를 쓰시오.

$$2^a \times 3^3$$
$$2 \times 3^b \times 7$$
$$\overline{\text{(최대공약수)} = 2 \times 3^2}$$
$$\text{(최소공배수)} = 2^2 \times 3^3 \times 7$$
$$\Rightarrow a = \Box, \ b = \Box$$

8-1 두 수 $2^a \times 3 \times 5$, $2^5 \times 3^b$의 최대공약수가 $2^4 \times 30$이고 최소공배수가 $2^5 \times 3^2 \times 5$일 때, 자연수 a, b에 대하여 $a + b$의 값을 구하시오.

교과서 +α   교과서에는 없지만 시험에 자주 출제되는 내용입니다.

● 정답과 해설 17쪽

5 최대공약수와 최소공배수의 관계

두 자연수 A, B의 최대공약수를 G, 최소공배수를 L이라 하고
$A = a \times G$, $B = b \times G$ (a, b는 서로소)라고 하면

(1) $L = a \times b \times G$

(2) $A \times B = (a \times G) \times (b \times G) = (\overset{\llcorner L}{a \times b \times G}) \times G = L \times G$

➡ (두 수의 곱) = (최대공약수) × (최소공배수)

예 두 자연수 4, 6에 대하여 (최대공약수) = 2, (최소공배수) = 12
(두 수의 곱) = 4 × 6 = 24 ┐
(최대공약수) × (최소공배수) = 2 × 12 = 24 ┘ 같다.

최대공약수 → $G) \underline{A \quad B}$
　　　　　　　　$a \quad b$
　　　　　　　　　서로소
➡ $L = a \times b \times G$
　　↳ 최소공배수

필수 문제 **9**

최대공약수와 최소공배수의 관계

두 자연수의 곱이 750이고 최소공배수가 150일 때, 이 두 자연수의 최대공약수를 구하시오.

9-1 두 자연수 48, N의 최대공약수가 16이고, 최소공배수가 1920이다. 이때 N의 값을 구하시오.

1 세 수 2×3^3, $2^2 \times 3^2 \times 5$, 252의 최대공약수를 소인수의 곱으로 나타내시오.

2 다음 보기 중 두 수 $2^2 \times 3^2 \times 5^2$, $2^2 \times 3 \times 5$의 공약수를 모두 고른 것은?

> **보기**
> ㄱ. 2×3 ㄴ. 12 ㄷ. 25
> ㄹ. $2^2 \times 3^2$ ㅁ. 60 ㅂ. $2^2 \times 3 \times 5^2$

① ㄱ, ㄴ, ㅁ ② ㄱ, ㄹ, ㅁ ③ ㄴ, ㄷ, ㅁ
④ ㄴ, ㄹ, ㅂ ⑤ ㄷ, ㅁ, ㅂ

3 다음 중 서로소인 두 자연수로 짝 지어진 것을 모두 고르면? (정답 2개)

① 5, 17 ② 13, 65 ③ 15, 39
④ 22, 35 ⑤ 120, 210

4 어떤 두 자연수의 최소공배수가 21일 때, 이 두 자연수의 공배수 중 100에 가장 가까운 수를 구하시오.

5 세 수 9, 30, 75의 최소공배수는?

① 3^2 ② 3×5 ③ $2 \times 3 \times 5$

④ $2 \times 3^2 \times 5^2$ ⑤ $2^2 \times 3^2 \times 5^2$

6 다음 중 두 수 18, $2^2 \times 3 \times 5$의 공배수가 <u>아닌</u> 것은?

① $2^2 \times 3^3$ ② $2^2 \times 3^2 \times 5$ ③ $2^3 \times 3^2 \times 5$

④ $2^2 \times 3^2 \times 5^2$ ⑤ $2^3 \times 3^2 \times 5 \times 7$

7 두 수 $2^a \times 7^2$, $2^2 \times b \times 7^c$의 최대공약수가 $2^2 \times 7$이고 최소공배수가 $2^2 \times 5 \times 7^2$일 때, 자연수 a, b, c에 대하여 $a+b+c$의 값은?

① 6 ② 7 ③ 8 ④ 9 ⑤ 10

8 두 자연수 54, A의 최대공약수가 18이고 최소공배수가 270일 때, A의 값을 구하시오.

1 다음 중 소수는 모두 몇 개인가?

> 1, 2, 17, 27, 39, 59, 111, 201, 223

① 2개　　　② 3개　　　③ 4개
④ 5개　　　⑤ 6개

2 다음 중 옳은 것은?

① $2^3 = 6$
② $3 \times 3 = 2^3$
③ $5 + 5 + 5 = 5^3$
④ $\frac{1}{3} \times \frac{1}{3} \times \frac{1}{3} \times \frac{1}{3} = \left(\frac{1}{3}\right)^4$
⑤ $2 \times 2 \times 2 \times 5 \times 5 = 2^3 + 5^2$

3 $2^a = 32$, $\frac{1}{3^3} = \frac{1}{b}$ 을 만족시키는 자연수 a, b에 대하여 $a + b$의 값을 구하시오.

4 다음 중 소인수분해를 바르게 한 것은?

① $45 = 5 \times 9$　　② $63 = 3^2 \times 7$
③ $80 = 2 \times 5 \times 8$　　④ $128 = 2^5 \times 4$
⑤ $192 = 2^5 \times 6$

5 다음 중 540의 소인수가 아닌 것을 모두 고르면?

(정답 2개)

① 2　　　② 3　　　③ 5
④ 7　　　⑤ 11

6 $1 \times 2 \times 3 \times \cdots \times 10$을 소인수분해 하면 $2^a \times 3^b \times 5^c \times 7^d$이다. 이때 자연수 a, b, c, d에 대하여 $a + b + c + d$의 값을 구하시오.

7 $24 \times \square$가 어떤 자연수의 제곱이 되도록 할 때, $\square$ 안에 알맞은 가장 작은 자연수를 구하시오.

8 다음 표를 이용하여 108의 약수를 구하려고 할 때, 옳지 않은 것은?

×	1	3	3^2	㈎
㈏				
2			㈐	
2^2				

① 108을 소인수분해 하면 $2^2 \times 3^3$이다.
② ㈎에 알맞은 수는 3^3이다.
③ ㈏에 알맞은 수는 1이다.
④ ㈐에 알맞은 수는 18이다.
⑤ 108의 약수는 6개이다.

9 다음 중 약수의 개수가 나머지 넷과 <u>다른</u> 하나는?

① 2^5 　　　② 28 　　　③ 75

④ 130 　　　⑤ 3×7^2

10 $3^2 \times 5^\square$의 약수가 12개일 때, ☐ 안에 알맞은 자연수를 구하시오.

11 두 자연수 A, B의 최대공약수가 42일 때, 다음 중 두 수 A, B의 공약수가 <u>아닌</u> 것은?

① 2 　　　② 7 　　　③ 3^2

④ 3×7 　　　⑤ $2 \times 3 \times 7$

12 두 수 30, 2×3^2의 최대공약수와 최소공배수를 각각 구하면?

① 최대공약수: 2×3, 최소공배수: $2^2 \times 3^2$

② 최대공약수: 2×3, 최소공배수: $2 \times 3^2 \times 5$

③ 최대공약수: $2^2 \times 3$, 최소공배수: $2^2 \times 3^2$

④ 최대공약수: $2^2 \times 3$, 최소공배수: $2 \times 3 \times 5$

⑤ 최대공약수: $2^2 \times 5$, 최소공배수: $2^2 \times 3^2 \times 5$

13 세 수 $2^2 \times 3^2$, $2^2 \times 3^3 \times 5$, $2^3 \times 3^2 \times 5^2$의 공약수의 개수는?

① 6 　　　② 8 　　　③ 9

④ 12 　　　⑤ 36

14 다음 보기 중 서로소인 두 자연수는 모두 몇 개인지 구하시오.

보기
ㄱ. 6, 15 　　ㄴ. 8, 21 　　ㄷ. 30, 45
ㄹ. 11, 121 　　ㅁ. 28, 35 　　ㅂ. 51, 82

⭐ 중요

15 10보다 크고 30보다 작은 자연수 중 18과 서로소인 수는 모두 몇 개인지 구하시오.

16 다음 중 옳지 <u>않은</u> 것을 모두 고르면? (정답 2개)

① 가장 작은 소수는 2이다.
② 합성수는 약수가 3개인 자연수이다.
③ 모든 자연수는 소수와 합성수로 이루어져 있다.
④ 모든 자연수는 1과 서로소이다.
⑤ 서로소인 두 수의 공약수는 1뿐이다.

17 다음 중 두 수 $3^2 \times 5 \times 7$, $5^2 \times 7^3$의 공배수인 것을 모두 고르면? (정답 2개)

① 5×7 ② $5^2 \times 7^3$ ③ $3^2 \times 5^2 \times 7^3$
④ $3 \times 5^2 \times 7^4$ ⑤ $3^3 \times 5^3 \times 7^3$

18 두 수 $2^a \times 3^b \times 5^c$, $2^3 \times 3^2 \times d$의 최대공약수는 36이고 최소공배수는 $2^3 \times 3^2 \times 5 \times 11$이다. 이때 자연수 a, b, c, d에 대하여 $a+b+c+d$의 값을 구하시오.

19 두 자연수 144, $\boxed{} \times 3^3 \times 5^3$의 최소공배수가 $2^4 \times 3^3 \times 5^3$일 때, $\boxed{}$ 안에 들어갈 수 있는 모든 자연수의 합을 구하시오.

20 두 자연수 28, N의 최대공약수가 14이고 최소공배수가 84일 때, N의 값은?

① 42 ② 56 ③ 60
④ 98 ⑤ 112

유제를 따라 풀어 보고, 실전 문제로 연습해 보세요.

따라 해보자

예제 1 60을 소인수분해 하고, 60의 소인수를 모두 구하시오.

풀이 과정

1단계 60을 소인수분해 하기

```
2) 60
2) 30
3) 15
    5      ∴ 60=2²×3×5
```

2단계 소인수 모두 구하기

따라서 60의 소인수는 2, 3, 5이다.

답 $2^2 \times 3 \times 5$, 소인수: 2, 3, 5

유제 1 140을 소인수분해 하고, 140의 소인수를 모두 구하시오.

풀이 과정

1단계 140을 소인수분해 하기

2단계 소인수 모두 구하기

답

예제 2 세 자연수 36, 90, 120의 공배수 중 가장 작은 네 자리의 자연수를 구하시오.
(단, 소인수분해를 이용한다.)

풀이 과정

1단계 소인수분해를 이용하여 세 자연수의 최소공배수 구하기

세 자연수 36, 90, 120을 각각 소인수분해 하면
$36=2^2 \times 3^2$, $90=2 \times 3^2 \times 5$, $120=2^3 \times 3 \times 5$이므로
이 세 자연수의 최소공배수는
$2^3 \times 3^2 \times 5 = 360$

2단계 최소공배수의 성질을 이용하여 공배수 중 가장 작은 네 자리의 자연수 구하기

세 자연수의 공배수는 최소공배수인 360의 배수이므로
360, 720, 1080, …이다.
따라서 공배수 중 가장 작은 네 자리의 자연수는 1080이다.

답 **1080**

유제 2 세 자연수 42, 70, 84의 공약수 중 두 번째로 큰 수를 구하시오. (단, 소인수분해를 이용한다.)

풀이 과정

1단계 소인수분해를 이용하여 세 자연수의 최대공약수 구하기

2단계 최대공약수의 성질을 이용하여 공약수 중 두 번째로 큰 수 구하기

답

연습해 보자

1 소인수분해를 이용하여 196의 약수를 구하려고 한다. 다음 물음에 답하시오.

(1) 196을 소인수분해 하시오.

(2) 아래 표를 완성하여 196의 약수를 모두 구하시오.

×	1		
1			
2			

풀이 과정

(1)

(2)

답 (1)   (2)

2 32의 약수의 개수와 2×5^x의 약수의 개수가 같을 때, 자연수 x의 값을 구하시오.

풀이 과정

답

3 $126 \times a = b^2$을 만족시키는 가장 작은 자연수 a, b에 대하여 $a+b$의 값을 구하시오.

풀이 과정

답

4 세 수 $2^3 \times 3^4$, 504, $2 \times 3^3 \times 7^2$의 최대공약수와 최소공배수를 소인수의 곱으로 나타내시오.

풀이 과정

답

①□□ : 1보다 큰 자연수 중 약수가 1과 자기 자신뿐인 수

– 약수가 2개

↩ 8쪽

②□□□ : 1보다 큰 자연수 중 소수가 아닌 수 – 약수가 3개 이상

↩ 8쪽

같은 수나 문자의 곱은 ③□□ □□을(를) 이용하여 간단하게 나타낼 수 있다.

↩ 9쪽

1보다 큰 자연수를 소인수만의 곱으로 나타내는 것 ⇨ ④□□□□□

↩ 10쪽

자연수 A가 $a^m \times b^n$으로 소인수분해 될 때

(1) A의 약수

⇨ (a^m의 약수) × (⑤□의 약수)

(2) A의 약수의 개수

⇨ (⑥□□□□) × $(n+1)$

↩ 11쪽

두 개 이상의 자연수의 공약수는 그 수들의 최대공약수의 ⑦□□이다.

↩ 14쪽

⑧□□□

• 최대공약수가 1인 두 자연수
• 공약수가 1뿐인 두 자연수

↩ 14쪽

두 개 이상의 자연수의 공배수는 그 수들의 최소공배수의 ⑨□이다.

↩ 16쪽

약수가 2개

소수 $2, 3, 5, 7, 11, \cdots$

거듭제곱

$$5 \times 5 \times 5 = 5^3 \leftarrow \text{지수}$$
$$\leftarrow \text{밑}$$

난 소수도 아니고
합성수도 아니야~

$$1$$

약수가 3개 이상

합성수 $4, 6, 8, 9, 10, 12 \cdots$

소인수분해 $12 = 2 \times 6$

소수만 남을 때까지
분해!

$$= 2 \times 2 \times 3$$
$$= 2^2 \times 3$$

12의 소인수!

$12 = 2^2 \times 3$ 분해~!

소인수분해

최대공약수

24와 60의 최대공약수

$$24 = 2^3 \times 3$$
$$60 = 2^2 \times 3 \times 5 \quad \rightarrow \text{공통이 아닌 소인수는 생각하지 않음}$$

최대공약수: $2^2 \times 3 = 12$

지수가 다르면 작은 것   지수가 같으면 그대로

최소공배수

24와 60의 최소공배수

$$24 = 2^3 \times 3$$
$$60 = 2^2 \times 3 \times 5$$

최소공배수: $2^3 \times 3 \times 5 = 120$

지수가 다르면 큰 것   공통이 아닌 소인수도 넣기
지수가 같으면 그대로

2 정수와 유리수

준비 학습

`초5` 자연수의 혼합 계산

1 다음을 계산하시오.

(1) $12 \div 4 \times 5$

(2) $2 + 3 \times 8 \div 6$

(3) $4 \times 5 - 9 \div 3$

(4) $(6-4) \times 7 + 5$

`초5` 분수의 덧셈과 뺄셈

2 다음을 계산하시오.

(1) $\dfrac{1}{4} + \dfrac{7}{4}$

(2) $\dfrac{5}{7} - \dfrac{3}{7}$

(3) $\dfrac{3}{2} + \dfrac{4}{3}$

(4) $\dfrac{5}{6} - \dfrac{2}{9}$

`초5` 분수의 곱셈

3 다음을 계산하시오.

(1) $\dfrac{3}{5} \times \dfrac{3}{4}$

(2) $\dfrac{1}{3} \times \dfrac{6}{7}$

`초5` 분수의 나눗셈

4 다음을 계산하시오.

(1) $\dfrac{8}{9} \div \dfrac{2}{9}$

(2) $\dfrac{5}{6} \div \dfrac{4}{3}$

01 정수와 유리수

1 양수와 음수

(1) **양의 부호와 음의 부호**: 서로 반대되는 성질을 가지는 양을 수로 나타낼 때, 어떤 기준을 중심으로 한쪽 수량에는 ⊕를, 다른 쪽 수량에는 ⊖를 붙여 나타낸다.

이때 +를 **양의 부호**, −를 **음의 부호**라 한다.

예	+	영상 3 ℃ ➡ +3 ℃	700원 이익 ➡ +700원	해발 800 m ➡ +800 m	5점 상승 ➡ +5점
	−	영하 5 ℃ ➡ −5 ℃	400원 손해 ➡ −400원	해저 600 m ➡ −600 m	3점 하락 ➡ −3점

(2) **양수와 음수**

① **양수**: 0보다 큰 수로 양의 부호 +를 붙인 수

② **음수**: 0보다 작은 수로 음의 부호 −를 붙인 수

예 0보다 1만큼 큰 수: +1, 0보다 2만큼 작은 수: −2

참고 • 부호 +, −는 각각 덧셈, 뺄셈의 기호와 모양은 같지만 그 뜻은 다르다.
• 0은 양수도 아니고 음수도 아니다.

필수 문제

양의 부호와 음의 부호

1 다음 ( ) 안에 알맞은 수를 양의 부호 + 또는 음의 부호 −를 사용하여 나타내시오.

(1) 현재 위치에서 동쪽으로 3 km 떨어진 지점을 +3 km로 나타내면
현재 위치에서 서쪽으로 4 km 떨어진 지점은 ( ) km로 나타낸다.

(2) 지금으로부터 10년 전을 −10년으로 나타내면
지금으로부터 5년 후는 ( )년으로 나타낸다.

(3) 용돈으로 5000원을 받은 것을 +5000원으로 나타내면
준비물을 사는 데 1500원을 쓴 것은 ( )원으로 나타낸다.

1-1 다음에서 밑줄 친 부분을 양의 부호 + 또는 음의 부호 −를 사용하여 나타내시오.

(1) 지하 50 m를 −50 m로 나타낼 때, 지상 60 m

(2) 7 kg 증가한 몸무게를 +7 kg으로 나타낼 때, 5 kg 감소한 몸무게

(3) 10점 잃은 점수를 −10점으로 나타낼 때, 8점 얻은 점수

(4) 가격을 5 % 인상한 것을 +5 %로 나타낼 때, 10 % 인하한 가격

필수 문제

양수와 음수

▶0을 기준으로 0보다 큰 수에는
+ 부호를, 0보다 작은 수에는
− 부호를 붙인다.

2 다음 수를 양의 부호 + 또는 음의 부호 −를 사용하여 나타내고, 양수와 음수로 구분하시오.

(1) 0보다 4만큼 큰 수

(2) 0보다 $\frac{1}{2}$만큼 작은 수

2-1 다음 수를 양의 부호 + 또는 음의 부호 −를 사용하여 나타내고, 양수와 음수로 구분하시오.

(1) 0보다 9만큼 작은 수

(2) 0보다 0.31만큼 큰 수

30 | 2. 정수와 유리수

2 정수와 유리수

(1) 양의 정수, 0, 음의 정수를 통틀어 **정수**라 한다.

　① **양의 정수**: $+1$, $+2$, $+3$, …과 같이 자연수에 양의 부호 $+$를 붙인 수

　② **음의 정수**: -1, -2, -3, …과 같이 자연수에 음의 부호 $-$를 붙인 수

(2) 양의 유리수, 0, 음의 유리수를 통틀어 **유리수**라 한다.

　① **양의 유리수**: 분모, 분자가 자연수인 분수에 양의 부호 $+$를 붙인 수

　② **음의 유리수**: 분모, 분자가 자연수인 분수에 음의 부호 $-$를 붙인 수

> **참고** • 양의 정수는 $+$ 부호를 생략하여 나타낼 수 있으므로 자연수와 같고,
> 　양의 유리수도 양의 정수와 같이 $+$ 부호를 생략하여 나타낼 수 있다.
> • 모든 정수는 유리수이다.　**예** $+3=+\dfrac{3}{1}=+\dfrac{6}{2}=\cdots$, $-2=-\dfrac{2}{1}=-\dfrac{4}{2}=\cdots$, $0=\dfrac{0}{1}=\dfrac{0}{2}=\cdots$ ← 정수는 분수로 나타낼 수 있으므로 모두 유리수이다.

3 유리수의 분류

$$
\text{유리수}
\begin{cases}
\text{정수}
\begin{cases}
\text{양의 정수(자연수)}: +1, +2, +3, \ldots \\
0 \\
\text{음의 정수}\qquad: -1, -2, -3, \ldots
\end{cases} \\
\text{정수가 아닌 유리수}\quad: -\dfrac{1}{2}, \dfrac{2}{3}, -0.4, +2.5, \ldots
\end{cases}
$$

> **참고** 앞으로 특별한 말이 없을 때 수라 하면 유리수를 말한다.

개념 확인 오른쪽 표에서 주어진 수가 양수, 음수, 자연수, 정수, 유리수에 각각 해당하면 ○표, 해당하지 않으면 ×표를 하시오.

수	0.5	-7	$+\dfrac{4}{3}$	-1.2	$-\dfrac{6}{3}$	0	4
양수							
음수							
자연수							
정수							
유리수							

 필수 문제　**3**　다음 수를 보기에서 모두 고르시오.

정수 / 정수의 분류

▶ 정수의 분류
$\text{정수}\begin{cases}\text{양의 정수(자연수)} \\ 0 \\ \text{음의 정수}\end{cases}$

> **보기**
>
> $3,\quad +2,\quad -5,\quad 0,\quad 12,\quad +7,\quad -9$

(1) 양의 정수　　　　　　　　　　(2) 음의 정수

3-1 다음 수 중 양의 정수의 개수를 a, 음의 정수의 개수를 b라 할 때, $a-b$의 값을 구하시오.

> $-2,\quad 10,\quad -\dfrac{5}{3},\quad 0,\quad 7,\quad -4,\quad -0.8,\quad \dfrac{13}{6}$

다음 수를 보기에서 모두 고르시오.

보기

$$\frac{12}{3}, \quad +2, \quad -\frac{2}{5}, \quad 0, \quad 3.14, \quad -\frac{10}{2}, \quad 12.34, \quad -8$$

(1) 정수

(2) 유리수

(3) 정수가 아닌 유리수

4-1 다음 표에서 각 분류에 해당하는 수가 적힌 칸을 모두 색칠할 때 나타나는 자음을 말하시오.

정수	$+5.5$	-6	$+4$	0	$\frac{14}{2}$	$-\frac{3}{4}$
양의 유리수	$-\frac{5}{2}$	$-\frac{4}{7}$	-3.2	-11	4.2	0
음의 유리수	$\frac{9}{3}$	$-\frac{6}{5}$	$-\frac{18}{9}$	-5.6	-1.5	10
정수가 아닌 유리수	0	$+\frac{10}{2}$	-6	$-\frac{12}{4}$	$+\frac{7}{3}$	$-\frac{20}{5}$

다음 중 정수와 유리수에 대한 설명으로 옳은 것은 ○표, 옳지 않은 것은 ×표를 ( ) 안에 쓰시오.

(1) 모든 자연수는 정수이다. ( )

(2) 0은 정수가 아니다. ( )

(3) 유리수가 아닌 정수도 있다. ( )

(4) 음수는 음의 부호 −를 생략할 수 있다. ( )

(5) −3은 음의 유리수이다. ( )

5-1 다음 보기 중 정수와 유리수에 대한 설명으로 옳은 것을 모두 고르시오.

보기

ㄱ. 모든 정수는 유리수이다.

ㄴ. 0은 양수도 아니고 음수도 아니다.

ㄷ. 가장 작은 정수는 1이다.

ㄹ. 유리수는 양의 유리수와 음의 유리수로 이루어져 있다.

1 증가하거나 0보다 큰 값은 양의 부호 +를, 감소하거나 0보다 작은 값은 음의 부호 −를 사용하여 나타낼 때, 다음 중 옳은 것은?

① 해발 500 m: −500 m

② 300원 손해: +300원

③ 영상 12℃: +12℃

④ 5 % 적립: −5 %

⑤ 1점 실점: +1점

2 다음 수 중 정수는 모두 몇 개인가?

$$-4, \quad +\frac{17}{8}, \quad 0, \quad +5, \quad -2.7, \quad \frac{14}{2}$$

① 1개 　　② 2개 　　③ 3개 　　④ 4개 　　⑤ 5개

3 다음 수에 대한 설명으로 옳지 <u>않은</u> 것을 모두 고르면? (정답 2개)

$$\frac{1}{7}, \quad +1, \quad 0, \quad -\frac{8}{4}, \quad -1.5$$

① 자연수는 1개이다.

② 정수는 2개이다.

③ 유리수는 5개이다.

④ 양수는 1개이다.

⑤ 정수가 아닌 유리수는 2개이다.

4 다음은 정수와 유리수에 대한 학생의 대화이다. 바르게 말한 학생을 모두 고르시오.

성화: 모든 자연수는 유리수야.

재은: 가장 작은 양의 유리수는 1이야.

준모: 유리수는 $\dfrac{(정수)}{(0이\ 아닌\ 정수)}$ 꼴로 나타낼 수 있어.

진솔: 정수는 양의 정수, 0, 음의 정수로 이루어져 있어.

규형: 0과 1 사이에는 무수히 많은 정수가 있어.

4 수직선

직선 위에 기준이 되는 점 O를 잡아 그 점에 수 0을 대응시키고, 점 O의 좌우에 일정한 간격으로 점을 잡아 점 O의 오른쪽 점에 양의 정수를, 왼쪽 점에 음의 정수를 차례로 대응시킨다.

이와 같이 수를 대응시킨 직선을 수직선이라 한다.

➡ 모든 유리수는 수직선 위의 점에 대응시킬 수 있다.

참고 수직선에서 수 0에 대응하는 기준이 되는 점 O를 원점이라 한다.

용어
• 원점 O
원점을 나타내는 O는 Origin의 첫 글자이다.

필수 문제 6

수직선 위의 점에 대응하는 수

다음 수직선 위의 네 점 A, B, C, D에 대응하는 수를 각각 구하시오.

6-1 다음 수직선 위의 네 점 A, B, C, D에 대응하는 수를 각각 구하시오.

필수 문제 7

수직선 위에서 가장 가까운 정수 찾기

다음 물음에 답하시오.

(1) 다음 수직선 위에 $-\dfrac{8}{3}$과 $\dfrac{15}{4}$에 대응하는 점을 각각 나타내시오.

(2) 수직선 위에서 $-\dfrac{8}{3}$에 가장 가까운 정수와 $\dfrac{15}{4}$에 가장 가까운 정수를 차례로 구하시오.

7-1 수직선 위에서 $-\dfrac{9}{4}$에 가장 가까운 정수와 $\dfrac{14}{5}$에 가장 가까운 정수를 차례로 구하시오.

5 절댓값

(1) **절댓값**: 수직선 위에서 원점과 어떤 수에 대응하는 점 사이의 거리

➡ 유리수 a의 절댓값을 기호로 $|a|$와 같이 나타낸다.

예 $|+2|=2$, $\left|-\dfrac{1}{3}\right|=\dfrac{1}{3}$

참고 절댓값이 $a(a>0)$인 수는 $+a$와 $-a$의 2개이다.

$$(+3의 절댓값)=|+3|=3$$
$$(-2의 절댓값)=|-2|=2$$

(2) **절댓값의 성질**

① 양수, 음수의 절댓값은 그 수의 부호 $+$, $-$를 떼어 낸 수와 같다.

② 0의 절댓값은 0이다. 즉, $|0|=0$이다.

③ 절댓값은 거리를 나타내므로 항상 0 또는 양수이다.

④ 절댓값이 큰 수일수록 수직선 위에서 원점으로부터 더 멀리 있는 점에 대응한다.

개념 확인 다음을 구하시오.

(1) $+8$의 절댓값

(2) $-\dfrac{4}{5}$의 절댓값

(3) $|-6|$

(4) $|+2.7|$

필수 문제 **8** 다음을 구하시오.

절댓값

(1) 절댓값이 4인 수

(2) 절댓값이 2.5인 수

(3) 절댓값이 9인 양수

(4) 절댓값이 $\dfrac{3}{4}$인 음수

8-1 절댓값이 10인 양수를 a, 절댓값이 $\dfrac{1}{2}$인 음수를 b, 절댓값이 0인 수를 c라 할 때, a, b, c의 값을 각각 구하시오.

8-2 수직선 위에서 절댓값이 12인 서로 다른 두 수에 대응하는 두 점 사이의 거리는?

① 12 　　　② 16 　　　③ 20 　　　④ 24 　　　⑤ 28

필수 문제 **9**

**절댓값이 같고
부호가 반대인 두 수**

▶두 점 사이의 거리가 8이므로
 두 점은 원점으로부터 각각
 ☐만큼 떨어져 있다.

9 절댓값이 같고 부호가 반대인 어떤 두 수가 있다. 수직선 위에서 두 수에 대응하는 두 점 사이의 거리가 8일 때, 두 수를 구하시오.

9-1 절댓값이 같고 부호가 반대인 어떤 두 수가 있다. 수직선 위에서 두 수에 대응하는 두 점 사이의 거리가 10일 때, 두 수를 구하시오.

필수 문제 **10**

절댓값의 대소 관계

▶(절댓값이 가장 큰 수)
 =(수직선에서 원점으로부터
   가장 멀리 있는 점에 대응
   하는 수)

10 오른쪽의 수들을 절댓값이 큰 수부터 차례로 나열하시오.

$$-4, \quad \frac{3}{2}, \quad 1, \quad -\frac{7}{4}, \quad 2.6$$

10-1 오른쪽의 수들을 원점으로부터 거리가 가장 가까운 점에 대응하는 수부터 차례로 나열하시오.

$$-7, \quad \frac{14}{5}, \quad -1.3, \quad 6, \quad 8.4$$

6 수의 대소 관계

수직선 위에서 수는 오른쪽으로 갈수록 커지고,
왼쪽으로 갈수록 작아진다.

(1) 양수는 0보다 크고, 음수는 0보다 작다.

   즉, (음수) < 0 < (양수)

(2) 양수끼리는 절댓값이 큰 수가 크다. 예 $+3 < +5$

(3) 음수끼리는 절댓값이 큰 수가 작다. 예 $-3 > -5$

7 부등호의 사용

$a > b$	$a < b$	$a \geq b$	$a \leq b$
a는 b보다 크다. a는 b 초과이다.	a는 b보다 작다. a는 b 미만이다.	a는 b보다 크거나 같다. a는 b보다 작지 않다. a는 b 이상이다.	a는 b보다 작거나 같다. a는 b보다 크지 않다. a는 b 이하이다.

참고 부등호 기호 ≤는 < 또는 =임을 나타내고, ≥는 > 또는 =임을 나타낸다.

개념
확인
다음은 $-\dfrac{3}{5}$과 $-\dfrac{2}{5}$의 크기를 비교하는 과정이다. □ 안에 알맞은 수나 부등호 < 또는 >를 쓰시오.

> 두 수의 절댓값을 각각 구하면 $\left| -\dfrac{3}{5} \right| = \boxed{}$, $\left| -\dfrac{2}{5} \right| = \boxed{}$
>
> 이때 $\dfrac{3}{5} \boxed{} \dfrac{2}{5}$이고, 음수끼리는 절댓값이 큰 수가 작으므로 $-\dfrac{3}{5} \boxed{} -\dfrac{2}{5}$이다.

필수 문제
수의 대소 관계

11 다음 □ 안에 부등호 <, > 중 알맞은 것을 쓰시오.

(1) $+4$ □ -3

(2) 0 □ $+\dfrac{2}{3}$

(3) $-\dfrac{1}{2}$ □ -1

(4) $\dfrac{8}{3}$ □ $\dfrac{11}{4}$

11-1 다음 두 수의 대소 관계를 부등호 < 또는 >를 사용하여 나타내시오.

(1) -3, 0

(2) $-\dfrac{2}{3}$, -0.5

필수 문제
부등호를 사용하여
나타내기

12 다음 □ 안에 알맞은 부등호를 쓰시오.

(1) x는 3보다 크거나 같다. ⇨ x □ 3

(2) x는 -2 이상이고 5 미만이다. ⇨ -2 □ x □ 5

(3) x는 4보다 크고 7보다 크지 않다. ⇨ 4 □ x □ 7

1 다음 수직선 위의 다섯 개의 점 A, B, C, D, E에 대응하는 수로 옳지 **않은** 것은?

① A: -2.5 ② B: -2 ③ C: $-\dfrac{1}{3}$ ④ D: $\dfrac{7}{4}$ ⑤ E: 3

2 수직선 위에서 $-\dfrac{18}{5}$에 가장 가까운 정수를 a, $\dfrac{7}{3}$에 가장 가까운 정수를 b라 할 때, a, b의 값을 각각 구하면?

① $a=-4$, $b=2$ ② $a=-4$, $b=3$ ③ $a=-3$, $b=1$

④ $a=-3$, $b=2$ ⑤ $a=-3$, $b=3$

3 수직선에서 원점으로부터의 거리가 $\dfrac{5}{7}$인 점에 대응하는 수를 모두 구하시오.

4 절댓값이 같고 부호가 반대인 어떤 두 수가 있다. 수직선 위에서 두 수에 대응하는 두 점 사이의 거리가 14일 때, 두 수를 구하시오.

5 다음 수들을 절댓값이 큰 수부터 차례로 나열할 때, 두 번째에 오는 수는?

① -2 ② $-\dfrac{1}{2}$ ③ $\dfrac{1}{3}$ ④ 1.5 ⑤ $+1\dfrac{2}{3}$

6 다음 중 두 수의 대소 관계가 옳은 것은?

① $-7 > 3$ 　　　　② $\dfrac{4}{5} < \dfrac{5}{7}$ 　　　　③ $-\dfrac{5}{6} > -\dfrac{1}{3}$

④ $-9 > |-9|$ 　　　　⑤ $\left|-\dfrac{1}{2}\right| > \left|+\dfrac{1}{3}\right|$

7 다음 중 부등호를 사용하여 나타낸 것으로 옳지 <u>않은</u> 것은?

① x는 -5보다 크거나 같고 1보다 작다. ⇨ $-5 \le x < 1$

② x는 -3 초과이고 8 이하이다. ⇨ $-3 < x \le 8$

③ x는 0보다 크고 2보다 작거나 같다. ⇨ $0 < x \le 2$

④ x는 1보다 작지 않고 3 미만이다. ⇨ $1 < x < 3$

⑤ x는 4 이상이고 6보다 크지 않다. ⇨ $4 \le x \le 6$

● 조건을 만족시키는
　정수 찾기
❶ 가분수는 대분수 또는
　소수로 고친다.
❷ 두 수를 수직선 위에
　나타내어 주어진 조
　건을 만족시키는 정
　수를 찾는다.

8 $-\dfrac{3}{2}$보다 크고 2보다 작거나 같은 정수의 개수를 구하려고 한다. 다음 물음에 답하시오.

(1) 다음 수직선 위에 $-\dfrac{3}{2}$과 2에 대응하는 점을 각각 나타내시오.

(2) $-\dfrac{3}{2}$보다 크고 2보다 작거나 같은 정수는 모두 몇 개인지 구하시오.

9 $-\dfrac{11}{4}$과 4 사이에 있는 정수의 개수는?

① 4 　　　② 5 　　　③ 6 　　　④ 7 　　　⑤ 8

1 수의 덧셈

(1) 부호가 같은 두 수의 덧셈

두 수의 절댓값의 합에 공통인 부호를 붙인다.

$\bullet\ (+3)+(+2)=+(3+2)=+5$
    └ 공통인 부호

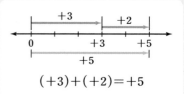

$(+3)+(+2)=+5$

$\bullet\ (-3)+(-2)=-(3+2)=-5$
    └ 공통인 부호

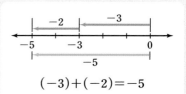

$(-3)+(-2)=-5$

(2) 부호가 다른 두 수의 덧셈

두 수의 절댓값의 차에 절댓값이 큰 수의 부호를 붙인다.

$\bullet\ (+3)+(-2)=+(3-2)=+1$
    └ 절댓값이 큰 수의 부호

$(+3)+(-2)=+1$

$\bullet\ (-3)+(+2)=-(3-2)=-1$
    └ 절댓값이 큰 수의 부호

$(-3)+(+2)=-1$

> **참고** • 절댓값이 같고 부호가 다른 두 수의 합은 0이다.
> **예** $(+3)+(-3)=0$
> • 어떤 수에 0을 더하거나 0에 어떤 수를 더하여도 그 합은 그 수 자신이 된다.
> **예** $(-2)+0=-2,\ 0+\left(+\dfrac{1}{2}\right)=+\dfrac{1}{2}$

개념 확인

다음 식에서 ○ 안에는 +, − 중 알맞은 부호를, □ 안에는 알맞은 자연수를 쓰시오.

(1) $(+3)+(+5)=\bigcirc(\square+\square)=\bigcirc\square$

(2) $(-3)+(-5)=\bigcirc(\square+\square)=\bigcirc\square$

(3) $(+3)+(-5)=\bigcirc(\square-\square)=\bigcirc\square$

(4) $(-3)+(+5)=\bigcirc(\square-\square)=\bigcirc\square$

> **핵심**
> • 덧셈의 부호
> $(+)+(+)$ ➡ $+$(절댓값의 합)
> $(-)+(-)$ ➡ $-$(절댓값의 합)
> $\left.\begin{array}{l}(+)+(-)\\(-)+(+)\end{array}\right\}$ ➡ ●(절댓값의 차)
>   └ 절댓값이 큰 수의 부호

수직선을 이용한 수의 덧셈

▶원점에서 시작하여 오른쪽으로 이동하면 양수, 왼쪽으로 이동하면 음수를 더한다.

다음 수직선으로 설명할 수 있는 덧셈식을 쓰시오.

(1)

⇨ _____

(2)

⇨ _____

(3)

⇨ _____

(4)

⇨ _____

수의 덧셈

▶분모가 다른 두 분수의 덧셈은 분모의 최소공배수로 통분하여 계산한다.

다음을 계산하시오.

(1) $(+4)+(+7)$

(2) $(-3)+(+9)$

(3) $\left(-\dfrac{1}{5}\right)+\left(-\dfrac{3}{5}\right)$

(4) $\left(+\dfrac{1}{2}\right)+\left(-\dfrac{2}{3}\right)$

(5) $(+2.6)+(-3.1)$

(6) $(-0.7)+(-1.6)$

2-1 다음을 계산하시오.

(1) $(+5)+(+11)$

(2) $(-7)+(+12)$

(3) $\left(-\dfrac{1}{4}\right)+\left(-\dfrac{7}{4}\right)$

(4) $\left(+\dfrac{4}{9}\right)+\left(+\dfrac{7}{9}\right)$

(5) $\left(-\dfrac{4}{5}\right)+\left(+\dfrac{9}{10}\right)$

(6) $\left(+\dfrac{3}{4}\right)+\left(-\dfrac{4}{3}\right)$

(7) $(+4)+\left(-\dfrac{2}{3}\right)$

(8) $(-1)+\left(+\dfrac{2}{7}\right)$

(9) $(+3.4)+(-2.1)$

(10) $(-1.2)+(-2.8)$

2 덧셈의 계산 법칙

세 수 a, b, c에 대하여

(1) 덧셈의 교환법칙: $a+b=b+a$
→ 두 수의 순서를 바꾸어 더하여도 결과는 같다.

$$(+2)+(+4)=(+4)+(+2)$$

(2) 덧셈의 결합법칙: $(a+b)+c=a+(b+c)$
→ 어느 두 수를 먼저 더하여도 결과는 같다.

$$\{(+3)+(-4)\}+(-1)$$
$$=(+3)+\{(-4)+(-1)\}$$

참고 세 수의 덧셈에서는 덧셈의 결합법칙이 성립하므로
$(a+b)+c$, $a+(b+c)$를 모두 $a+b+c$로 나타낼 수 있다.

필수 문제
덧셈의 계산 법칙

3 다음 계산 과정에서 ㈎, ㈏에 이용된 덧셈의 계산 법칙을 각각 쓰시오.

(1)
$$(-3)+(+5)+(-2)$$
$$=(+5)+(-3)+(-2)$$ ⎫㈎
$$=(+5)+\{(-3)+(-2)\}$$ ⎬㈏
$$=(+5)+(-5)=0$$

(2)
$$\left(+\frac{7}{3}\right)+(-11)+\left(+\frac{14}{3}\right)$$
$$=\left(+\frac{7}{3}\right)+\left(+\frac{14}{3}\right)+(-11)$$ ⎫㈎
$$=\left\{\left(+\frac{7}{3}\right)+\left(+\frac{14}{3}\right)\right\}+(-11)$$ ⎬㈏
$$=(+7)+(-11)=-4$$

3-1 다음 계산 과정에서 ㈎~㈑에 알맞은 것을 구하시오.

$$\left(+\frac{2}{3}\right)+\left(-\frac{3}{2}\right)+\left(+\frac{4}{3}\right)+\left(-\frac{5}{2}\right)$$
$$=\left(+\frac{2}{3}\right)+\left(+\frac{4}{3}\right)+\left(-\frac{3}{2}\right)+\left(-\frac{5}{2}\right)$$ ⎫ 덧셈의 ㈎ 법칙
$$=\left\{\left(+\frac{2}{3}\right)+\left(+\frac{4}{3}\right)\right\}+\left\{\left(-\frac{3}{2}\right)+\left(-\frac{5}{2}\right)\right\}$$ ⎬ 덧셈의 ㈏ 법칙
$$=(+2)+(\boxed{㈐})=\boxed{㈑}$$

필수 문제
세 수 이상의 덧셈

4 다음을 계산하시오.

(1) $(+6)+(-5)+(+3)$

(2) $\left(-\frac{2}{3}\right)+(+7)+\left(-\frac{4}{3}\right)$

(3) $\left(-\frac{2}{7}\right)+\left(+\frac{3}{5}\right)+\left(-\frac{5}{7}\right)$

(4) $(-2.7)+(+4)+(-3.3)$

4-1 다음을 계산하시오.

(1) $(-15)+(+23)+(+15)$

(2) $\left(+\frac{1}{4}\right)+(+21)+\left(-\frac{9}{4}\right)$

(3) $\left(+\frac{4}{3}\right)+\left(-\frac{3}{2}\right)+\left(+\frac{5}{3}\right)+\left(-\frac{7}{2}\right)$

(4) $(-1.4)+(+1.3)+(-1.6)+(+9.7)$

3 수의 뺄셈

두 수의 뺄셈은 빼는 수의 부호를 바꾸어 덧셈으로 고쳐서 계산한다.

- $(+2)\underset{\text{덧셈으로}}{\overset{\text{부호 반대로}}{\ominus(\oplus 3)}}=(+2)\oplus(\ominus 3)=-(3-2)=-1$

- $(+2)\underset{\text{덧셈으로}}{\overset{\text{부호 반대로}}{\ominus(\ominus 3)}}=(+2)\oplus(\oplus 3)=+(2+3)=+5$

(참고) 어떤 수에서 0을 빼면 그 수 자신이 된다. (예) $(+2)-0=+2$

(주의) 뺄셈에서는 교환법칙과 결합법칙이 성립하지 않는다.

- $\left.\begin{array}{l}(+2)-(+4)=-2\\(+4)-(+2)=+2\end{array}\right]$ 다르다.
  ➡ 교환법칙이 성립하지 않는다.

- $\left.\begin{array}{l}\{(+5)-(+4)\}-(-3)=+4\\(+5)-\{(+4)-(-3)\}=-2\end{array}\right]$ 다르다.
  ➡ 결합법칙이 성립하지 않는다.

개념 확인 다음 식에서 ○ 안에는 +, − 중 알맞은 부호를, □ 안에는 알맞은 자연수를 쓰시오.

(1) $\left(+\dfrac{1}{5}\right)-\left(+\dfrac{3}{5}\right)=\left(+\dfrac{1}{5}\right)+\left(○\dfrac{3}{5}\right)=○\left(\dfrac{□}{5}-\dfrac{□}{5}\right)=○\dfrac{□}{5}$

(2) $\left(+\dfrac{1}{2}\right)-\left(-\dfrac{1}{3}\right)=\left(+\dfrac{1}{2}\right)+\left(○\dfrac{1}{3}\right)=\left(+\dfrac{3}{6}\right)+\left(○\dfrac{□}{6}\right)$

$=○\left(\dfrac{3}{6}○\dfrac{□}{6}\right)=○\dfrac{□}{6}$

필수 문제 **5**

수의 뺄셈

▶뺄셈을 덧셈으로 바꾸기
$(+)-(+) \Rightarrow (+)+(-)$
$(+)-(-) \Rightarrow (+)+(+)$
$(-)-(+) \Rightarrow (-)+(-)$
$(-)-(-) \Rightarrow (-)+(+)$

다음을 계산하시오.

(1) $(+6)-(+2)$

(2) $(-8)-(-4)$

(3) $\left(+\dfrac{3}{4}\right)-\left(-\dfrac{1}{4}\right)$

(4) $\left(-\dfrac{1}{3}\right)-\left(-\dfrac{2}{7}\right)$

(5) $(-5.4)-(+1.6)$

(6) $(+6.3)-(+4.5)$

5-1 다음을 계산하시오.

(1) $(+7)-(+13)$

(2) $(-9)-(+5)$

(3) $\left(-\dfrac{4}{11}\right)-\left(-\dfrac{8}{11}\right)$

(4) $\left(+\dfrac{13}{10}\right)-(+2)$

(5) $\left(+\dfrac{2}{5}\right)-\left(-\dfrac{7}{20}\right)$

(6) $\left(-\dfrac{5}{6}\right)-\left(-\dfrac{1}{8}\right)$

(7) $(-3.2)-(+4.5)$

(8) $(+3.5)-(+2.8)$

4 덧셈과 뺄셈의 혼합 계산

❶ 뺄셈을 덧셈으로 고친다.

❷ 덧셈의 계산 법칙을 이용하여 계산한다.

　이때 양수는 양수끼리, 음수는 음수끼리 모아서

　계산하면 편리하다.

참고 분수가 있는 식은 분모가 같은 것끼리 모아서 계산하면 편리하다.

$$(+4)+(-3)-(-2)$$
$$=(+4)+(-3)+(+2)$$
$$=\{(+4)+(+2)\}+(-3)$$
$$=(+6)+(-3)=+3$$

뺄셈을 덧셈으로
덧셈의 교환법칙,
결합법칙 이용

5 부호가 생략된 수의 혼합 계산

❶ 생략된 양의 부호 +와 괄호를 넣는다.

❷ 뺄셈을 덧셈으로 고친다.

❸ 덧셈의 계산 법칙을 이용하여 계산한다.

참고 덧셈과 뺄셈에서
　　양수는 양의 부호와 괄호를 생략하여 나타낼 수 있고,
　　음수는 식의 맨 앞에 나올 때 괄호를 생략하여 나타낼 수 있다.
　　➡ $(+2)+(+3)=2+3$, $(-2)-(+3)=-2-3$

$$-7+3-5$$
$$=(-7)+(+3)-(+5)$$
$$=(-7)+(+3)+(-5)$$
$$=\{(-7)+(-5)\}+(+3)$$
$$=(-12)+(+3)=-9$$

생략된 양의 부호
+와 괄호 넣기
뺄셈을 덧셈으로
덧셈의 교환법칙,
결합법칙 이용

필수 문제 ⑥ 다음을 계산하시오.

덧셈과 뺄셈의 혼합 계산

(1) $(-7)+(+12)-(-8)$

(2) $\left(+\dfrac{2}{9}\right)-\left(-\dfrac{1}{5}\right)+\left(-\dfrac{6}{5}\right)$

▶분수와 소수의 덧셈과 뺄셈은 소수를 분수로 바꾸어 통분하거나 분수를 소수로 바꾸어 계산한다.

6-1 다음을 계산하시오.

(1) $(-11)+(+3)-(+6)$

(2) $(+7)+(-5)-(-3)-(+4)$

(3) $\left(-\dfrac{1}{2}\right)-\left(+\dfrac{1}{3}\right)+\left(-\dfrac{2}{3}\right)-\left(-\dfrac{3}{2}\right)$

(4) $(+2.7)+\left(-\dfrac{7}{2}\right)-(-3.8)$

필수 문제 ⑦ 다음을 계산하시오.

부호가 생략된 수의 혼합 계산

(1) $5+16-14$

(2) $-15+2+13-8$

▶부호가 생략된 수는 + 부호를 다시 살려서 괄호가 있는 식으로 나타낸다.

(3) $-\dfrac{7}{6}-\dfrac{2}{3}+2$

(4) $7-2.4+5.8-11.4$

7-1 다음을 계산하시오.

(1) $9-11+3$

(2) $-2+3+5-7$

(3) $\dfrac{2}{3}+\dfrac{1}{2}-\dfrac{5}{12}$

(4) $-\dfrac{5}{2}+1.2+\dfrac{2}{5}-0.6$

STEP 1 쏙쏙 **개념 익히기**

1 오른쪽 수직선으로 설명할 수 있는 계산식은?

① $(-3)+(+2)=-1$
② $(-3)+(+5)=+2$
③ $(+2)-(-3)=+5$
④ $(+3)+(+2)=+5$
⑤ $(+5)-(+2)=+3$

2 다음 중 계산 결과가 옳은 것은?

① $(-6)+(-5)=-1$
② $(+4)+(-4)=+8$
③ $(+5)-(-3)=-2$
④ $(+0.7)+(-0.9)=-0.2$
⑤ $\left(-\dfrac{2}{5}\right)-(+0.2)=-\dfrac{1}{5}$

3 오른쪽 표는 어느 날 서울의 기온을 4시간마다 측정하여 나타낸 것이다. 다음 물음에 답하시오.

(1) 이날의 최고 기온과 최저 기온의 차는 몇 ℃인지 구하시오.

(2) 10시의 기온은 6시의 기온보다 몇 ℃만큼 높아졌는지 구하시오.

(3) 22시의 기온은 18시의 기온보다 몇 ℃만큼 낮아졌는지 구하시오.

측정 시각	기온(℃)
2시	-7.4
6시	-5.1
10시	$+3$
14시	$+10.3$
18시	$+2.6$
22시	-3.9

4 다음 수 중 절댓값이 가장 큰 수를 a, 절댓값이 가장 작은 수를 b라 할 때, $a-b$의 값을 구하시오.

$$-2.5, \quad +3, \quad -\dfrac{15}{4}, \quad -0.5, \quad +\dfrac{9}{2}$$

5 다음을 계산하시오.

(1) $(+7)-(+2)+(-9)$

(2) $(+18)+(-3)-(-6)$

(3) $-\dfrac{2}{3}-\dfrac{1}{2}+\dfrac{3}{4}-\dfrac{1}{6}$

(4) $-0.4+3.2-4.5+2.7$

6 4보다 -3만큼 작은 수를 a, 2보다 $-\dfrac{5}{8}$만큼 큰 수를 b라 할 때, 다음 물음에 답하시오.

(1) a, b의 값을 각각 구하시오.

(2) $a-b$의 값을 구하시오.

7 어떤 수에서 $-\dfrac{2}{7}$를 더해야 할 것을 잘못하여 뺐더니 2가 되었을 때, 다음 물음에 답하시오.

(1) 어떤 수를 구하시오.

(2) 바르게 계산한 답을 구하시오.

8 오른쪽 그림에서 삼각형의 한 변에 놓인 세 수의 합이 모두 같을 때, ㉠, ㉡에 알맞은 수를 각각 구하시오.

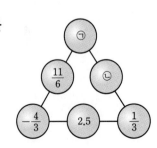

03 정수와 유리수의 곱셈과 나눗셈

● 정답과 해설 28쪽

1 수의 곱셈

(1) 부호가 같은 두 수의 곱셈: 두 수의 절댓값의 곱에 양의 부호 $+$를 붙인다.

- $(+4) \times (+3) = \boxed{+}(4 \times 3) = +12$
  └ 양의 부호
- $(-4) \times (-3) = \boxed{+}(4 \times 3) = +12$
  └ 양의 부호

(2) 부호가 다른 두 수의 곱셈: 두 수의 절댓값의 곱에 음의 부호 $-$를 붙인다.

- $(+4) \times (-3) = \boxed{-}(4 \times 3) = -12$
  └ 음의 부호
- $(-4) \times (+3) = \boxed{-}(4 \times 3) = -12$
  └ 음의 부호

참고 어떤 수와 0의 곱은 항상 0이다. 예 $2 \times 0 = 0$, $0 \times (-3) = 0$

개념
확인

다음 식에서 ◯ 안에는 $+$, $-$ 중 알맞은 부호를, ☐ 안에는 알맞은 수를 쓰시오.

(1) $(+2) \times (+3) = \bigcirc (2 \times \square) = \square$

(2) $(-5) \times (-6) = \bigcirc (\square \times 6) = \square$

(3) $(+3) \times (-5) = \bigcirc (3 \times \square) = \square$

(4) $(-4) \times (+7) = \bigcirc (\square \times 7) = \square$

핵심

• 곱셈의 부호

$\left.\begin{array}{l} (+) \times (+) \\ (-) \times (-) \end{array}\right\} \Rightarrow \boxed{+}(절댓값의 곱)$

$\left.\begin{array}{l} (+) \times (-) \\ (-) \times (+) \end{array}\right\} \Rightarrow \boxed{-}(절댓값의 곱)$

필수 문제 ▶ 1

두 수의 곱셈

▶ 분수와 소수의 곱셈은 소수를 분수로 바꾸어 계산하는 것이 편리하다.

1 다음을 계산하시오.

(1) $(+6) \times (+3)$

(2) $(+4) \times (-8)$

(3) $(-10) \times \left(-\dfrac{15}{2}\right)$

(4) $\left(+\dfrac{5}{7}\right) \times \left(+\dfrac{3}{4}\right)$

(5) $\left(-\dfrac{7}{9}\right) \times \left(+\dfrac{3}{14}\right)$

(6) $(+0.6) \times \left(-\dfrac{5}{6}\right)$

1-1 다음을 계산하시오.

(1) $(-7) \times (-11)$

(2) $(-8) \times 0$

(3) $\left(+\dfrac{4}{3}\right) \times (+12)$

(4) $\left(-\dfrac{7}{4}\right) \times \left(+\dfrac{5}{21}\right)$

(5) $(-1.3) \times (-3)$

(6) $\left(+\dfrac{3}{2}\right) \times (-0.2)$

2 곱셈의 계산 법칙

세 수 a, b, c에 대하여

(1) 곱셈의 교환법칙: $a \times b = b \times a$
　　　　└→ 두 수의 순서를 바꾸어 곱하여도 결과는 같다.

$(-2) \times (+3) = (+3) \times (-2)$

(2) 곱셈의 결합법칙: $(a \times b) \times c = a \times (b \times c)$
　　　　└→ 어느 두 수를 먼저 곱하여도 결과는 같다.

$\{(+3) \times (-2)\} \times (-5)$
$= (+3) \times \{(-2) \times (-5)\}$

참고 세 수의 곱셈에서는 곱셈의 결합법칙이 성립하므로
　　 $(a \times b) \times c$, $a \times (b \times c)$를 모두 $a \times b \times c$로 나타낼 수 있다.

3 세 수 이상의 곱셈

❶ 먼저 곱의 부호를 정한다. 이때 곱해진 음수가 ┌ 짝수 개이면 ➡ ＋
　　　　　　　　　　　　　　　　　　　　　　　 └ 홀수 개이면 ➡ －

❷ 각 수의 절댓값의 곱에 ❶에서 결정된 부호를 붙여서 계산한다.

예 • $(-2) \times (+5) \times (-7) = +(2 \times 5 \times 7) = +70$
　　　　└─────────┘
　　　　음수가 짝수 개

• $\left(-\dfrac{5}{8}\right) \times \left(-\dfrac{3}{5}\right) \times \left(-\dfrac{1}{3}\right) = -\left(\dfrac{5}{8} \times \dfrac{3}{5} \times \dfrac{1}{3}\right) = -\dfrac{1}{8}$
　　　└───────────────┘
　　　　음수가 홀수 개

필수 문제 **2**
곱셈의 계산 법칙

오른쪽 계산 과정에서 ㈎, ㈏에 이용된 곱셈의 계산 법칙을 각각 쓰시오.

$(-20) \times (+0.17) \times (+5)$
$= (-20) \times (+5) \times (+0.17)$ ┐㈎
$= \{(-20) \times (+5)\} \times (+0.17)$ ┘㈏
$= (-100) \times (+0.17) = -17$

필수 문제 **3**
세 수 이상의 곱셈

▸세 수 이상의 곱셈에서
• 음수가 짝수 개이면
　⇨ ＋(절댓값의 곱)
• 음수가 홀수 개이면
　⇨ －(절댓값의 곱)

다음을 계산하시오.

(1) $(+3) \times (+5) \times (-4)$

(2) $(-4) \times (-7) \times (+15)$

(3) $8 \times \left(-\dfrac{3}{4}\right) \times \dfrac{2}{9}$

(4) $\dfrac{7}{2} \times 20 \times \left(-\dfrac{5}{21}\right) \times \left(-\dfrac{1}{10}\right)$

3-1 다음을 계산하시오.

(1) $(-2) \times (-7) \times (+3)$

(2) $(+6) \times (-3) \times (+4)$

(3) $\left(-\dfrac{3}{8}\right) \times \dfrac{5}{6} \times (-4)$

(4) $\left(-\dfrac{3}{11}\right) \times \left(-\dfrac{4}{9}\right) \times 22 \times \left(-\dfrac{3}{2}\right)$

4 거듭제곱의 계산

(1) 양수의 거듭제곱은 항상 양수이다.

(2) 음수의 거듭제곱의 부호는 지수가 $\begin{bmatrix}$ 짝수이면 $+ \\$ 홀수이면 $- \end{bmatrix}$

(양수)$^{(홀수)}$ ➡ ⊕ 부호
(양수)$^{(짝수)}$ ➡ ⊕ 부호
(음수)$^{(홀수)}$ ➡ ⊖ 부호
(음수)$^{(짝수)}$ ➡ ⊕ 부호

예 ・ $(-2)^2=(-2)\times(-2)=+(2\times2)=+4$
・ $(-2)^3=(-2)\times(-2)\times(-2)=-(2\times2\times2)=-8$

주의 $(-3)^2$과 -3^2을 혼동하지 않도록 한다.
➡ $(-3)^2=(-3)\times(-3)=9$, $-3^2=-(3\times3)=-9$

5 분배법칙

어떤 수에 두 수의 합을 곱한 것은 어떤 수에 두 수를 각각 곱하여 더한 것과 그 결과가 같다.
이것을 분배법칙이라 한다. 즉,

세 수 a, b, c에 대하여

(1) $a\times(b+c)=a\times b+a\times c$ (2) $(a+b)\times c=a\times c+b\times c$

예 ・ 분배법칙을 이용하여 괄호 풀기 ➡ $7\times103=7\times(100+3)=7\times100+7\times3$
・ 분배법칙을 이용하여 괄호 묶기 ➡ $12\times98+12\times2=12\times(98+2)=12\times100$

필수 문제 4

거듭제곱의 계산

▶ $(-)^{(짝수)}=(+)$,
$(-)^{(홀수)}=(-)$

다음을 계산하시오.

(1) $(+2)^5$ (2) $(-5)^3$ (3) $(-1)^8$ (4) $-\left(-\dfrac{2}{3}\right)^2$

4-1 다음을 계산하시오.

(1) $(-1)^5\times(-2)^3$ (2) $(-4)\times\left(-\dfrac{1}{4}\right)^2\times3$

필수 문제 5

분배법칙

다음은 분배법칙을 이용하여 계산하는 과정이다. ☐ 안에 알맞은 수를 쓰시오.

(1) $\left\{\left(-\dfrac{1}{8}\right)+\left(+\dfrac{7}{12}\right)\right\}\times48$

$=\left(-\dfrac{1}{8}\right)\times\boxed{}+\left(+\dfrac{7}{12}\right)\times\boxed{}$

$=-6+\boxed{}=\boxed{}$

(2) $32\times\dfrac{115}{49}+32\times\dfrac{32}{49}$

$=\boxed{}\times\left(\dfrac{115}{49}+\dfrac{32}{49}\right)$

$=\boxed{}\times3=\boxed{}$

5-1 다음을 분배법칙을 이용하여 계산하시오.

(1) $45\times\left\{\dfrac{4}{15}+\left(-\dfrac{2}{9}\right)\right\}$ (2) $(-11)\times5.3+(-11)\times4.7$

▶

5-2 세 수 a, b, c에 대하여 $a\times b=-6$, $a\times c=20$일 때, $a\times(b+c)$의 값을 구하시오.

6 수의 나눗셈

(1) 부호가 같은 두 수의 나눗셈: 두 수의 절댓값의 나눗셈의 몫에 양의 부호 $+$를 붙인다.

- $(+6) \div (+2) = + (6 \div 2) = +3$ - $(-6) \div (-2) = + (6 \div 2) = +3$

(2) 부호가 다른 두 수의 나눗셈: 두 수의 절댓값의 나눗셈의 몫에 음의 부호 $-$를 붙인다.

- $(+6) \div (-2) = - (6 \div 2) = -3$ - $(-6) \div (+2) = - (6 \div 2) = -3$

참고 ·0을 0이 아닌 수로 나누면 그 몫은 항상 0이다.   예 $0 \div 2 = 0$
　　 ·$3 \div 0$과 같이 어떤 수를 0으로 나누는 경우는 생각하지 않는다.

주의 나눗셈에서는 교환법칙과 결합법칙이 성립하지 않는다.

7 역수를 이용한 수의 나눗셈

(1) **역수**: 두 수의 곱이 1이 될 때, 한 수를 다른 수의 **역수**라 한다.

참고 0에 어떤 수를 곱하여도 1이 될 수 없으므로 0의 역수는 없다.

(2) **역수를 이용한 나눗셈**

나눗셈은 곱셈으로, 나누는 수는 그 수의 역수로 바꾸어 계산한다.

$(+6) \div (+2) = +3$
곱셈으로↓　　↓역수로
$(+6) \times \left(+\dfrac{1}{2}\right) = +3$

개념 확인 다음 수의 역수를 구하시오.

(1) $\dfrac{2}{3}$　　　　　　　　(2) -3

(3) $3\dfrac{1}{2}$　　　　　　　(4) 0.2

핵심
· 역수 구하기
① 정수는 분모가 1인 분수로 고쳐서 역수를 구한다.
　$-5\left(=-\dfrac{5}{1}\right) \Rightarrow -\dfrac{1}{5}$
② 대분수는 가분수로 고쳐서 역수를 구한다.
　$1\dfrac{1}{3}\left(=\dfrac{4}{3}\right) \Rightarrow \dfrac{3}{4}$
③ 소수는 분수로 고쳐서 역수를 구한다.
　$2.5\left(=\dfrac{5}{2}\right) \Rightarrow \dfrac{2}{5}$

필수 문제 **6**
두 수의 나눗셈

다음을 계산하시오.

(1) $(+12) \div (+3)$　　　　　　(2) $(+30) \div (-5)$

(3) $(-16) \div (-8)$　　　　　　(4) $(-5.4) \div (+6)$

6-1 다음을 계산하시오.

(1) $(+38) \div (-2)$　　　　　　(2) $(-4.2) \div (-3)$

필수 문제 **7**
역수를 이용한 수의 나눗셈

▶나누는 수가 분수이면 나누는 수의 역수를 곱한다. 즉,

$\square \div \dfrac{b}{a} \Rightarrow \square \times \dfrac{a}{b}$

(단, $a \neq 0$, $b \neq 0$)

다음을 계산하시오.

(1) $(-6) \div \left(+\dfrac{3}{2}\right)$　　　　　　(2) $\left(-\dfrac{2}{3}\right) \div \left(-\dfrac{8}{5}\right)$

7-1 다음을 계산하시오.

(1) $\dfrac{8}{9} \div \left(-\dfrac{4}{3}\right)$　　　　　　(2) $\left(-\dfrac{7}{10}\right) \div \left(+\dfrac{14}{15}\right)$

8 곱셈과 나눗셈의 혼합 계산

❶ 거듭제곱이 있으면 거듭제곱을 먼저 계산한다.

❷ 나눗셈은 역수를 이용하여 곱셈으로 바꾼다.

❸ 부호를 결정하고 각 수의 절댓값의 곱에 결정된 부호를 붙인다.

9 덧셈, 뺄셈, 곱셈, 나눗셈의 혼합 계산

❶ 거듭제곱이 있으면 거듭제곱을 먼저 계산한다.

❷ 괄호가 있으면 괄호 안을 먼저 계산한다.

이때 (소괄호) ➡ {중괄호} ➡ [대괄호]의 순서로 푼다.

❸ 곱셈과 나눗셈을 한다.

❹ 덧셈과 뺄셈을 한다.

거듭제곱
↓
괄호 풀기
↓
곱셈과 나눗셈
↓
덧셈과 뺄셈

개념 확인 다음 계산 과정에서 □ 안에 알맞은 수를 쓰시오.

$$2 \times \left[\frac{1}{2} - \left\{ \frac{4}{5} \div \left(-\frac{2}{15} \right) \right\} + 1 \right] - 12 = 2 \times \left[\frac{1}{2} - \left\{ \frac{4}{5} \times \left(\boxed{} \right) \right\} + 1 \right] - 12$$

$$= 2 \times \left\{ \frac{1}{2} - (\boxed{}) + 1 \right\} - 12$$

$$= 2 \times \boxed{} - 12$$

$$= \boxed{} - 12 = \boxed{}$$

필수 문제 ⑧

곱셈과 나눗셈의 혼합 계산

다음을 계산하시오.

(1) $-2 \times \left(-\frac{5}{3} \right) \div \left(-\frac{5}{6} \right)$

(2) $2 \div \left(-\frac{2}{3} \right) \times (-1)^2$

8-1 다음을 계산하시오.

(1) $-\frac{5}{4} \times \frac{2}{5} \div \left(-\frac{4}{15} \right)$

(2) $\frac{4}{5} \div \left(\frac{1}{2} \right)^2 \times \left(-\frac{3}{4} \right)$

필수 문제 ⑨

덧셈, 뺄셈, 곱셈, 나눗셈의 혼합 계산

$\frac{7}{3} - \left\{ (-2) \times \left(-\frac{1}{3} \right)^2 + \frac{5}{9} \right\}$ 를 계산하시오.

9-1 $-4 + 4 \times \left\{ (-2)^3 + 10 \div \frac{2}{3} \right\}$ 를 계산하시오.

1 다음을 계산하시오.

(1) $\left(-\dfrac{7}{2}\right)\times\dfrac{3}{2}\div\left(-\dfrac{9}{4}\right)$

(2) $\dfrac{9}{7}\div\left(-\dfrac{27}{8}\right)\times\dfrac{7}{6}$

(3) $\left(-\dfrac{3}{10}\right)\times\left(-\dfrac{1}{3}\right)\div\left(-\dfrac{1}{5}\right)$

(4) $\left(-\dfrac{2}{3}\right)^{3}\div(-8)\times\left(-\dfrac{6}{5}\right)$

2 다음을 계산하시오.

(1) $\dfrac{2}{5}+\dfrac{1}{10}\times\left(-\dfrac{2}{3}\right)$

(2) $-\dfrac{2}{3}-\dfrac{4}{3}\times\dfrac{15}{8}$

(3) $\dfrac{27}{16}+\left(-\dfrac{9}{8}\right)\div\dfrac{2}{3}$

(4) $-\dfrac{4}{3}\times6+\dfrac{1}{3}\div\dfrac{1}{12}$

3 다음 식의 계산 순서를 차례로 나열하시오.

(1) $\left\{4-\left(-\dfrac{5}{2}\right)^{2}\div\dfrac{25}{4}\right\}\times3-\dfrac{4}{3}$

    ↑   ↑   ↑   ↑   ↑

    ㉠ ㉡ ㉢   ㉣ ㉤

(2) $5-\left\{-2+\dfrac{3}{2}\times\left(-\dfrac{5}{3}\right)^{2}\right\}\div\dfrac{1}{6}$

  ↑   ↑ ↑ ↑   ↑

  ㉠   ㉡ ㉢ ㉣   ㉤

4 다음을 계산하시오.

(1) $\left\{6-2\div\left(-\dfrac{1}{3}\right)\right\}\times\left(-\dfrac{8}{3}\right)$

(2) $\left\{4+(-2)^{3}\times\dfrac{3}{8}\right\}\div\dfrac{24}{5}$

(3) $-\dfrac{1}{2}+\left\{2-4\div\left(-\dfrac{2}{3}\right)^{2}\right\}\times\dfrac{1}{6}$

(4) $-5-\left\{-1+\dfrac{5}{2}\times\left(-\dfrac{3}{5}\right)^{2}\right\}\times(-1)^{3}$

1 다음 중 계산 결과가 옳지 <u>않은</u> 것은?

① $\left(-\dfrac{3}{5}\right) \times \dfrac{1}{2} = -\dfrac{3}{10}$ ② $\left(-\dfrac{1}{2}\right) \times \dfrac{2}{9} = -\dfrac{1}{9}$ ③ $\left(-\dfrac{2}{3}\right) \div \left(-\dfrac{3}{2}\right) = \dfrac{4}{9}$

④ $\left(-\dfrac{7}{8}\right) \times 0 = 0$ ⑤ $\left(-\dfrac{1}{2}\right) \div 2 = -1$

2 다음을 계산하시오.

(1) $\dfrac{4}{9} \times \left(-\dfrac{9}{8}\right) \times \left(-\dfrac{5}{3}\right)$ (2) $\dfrac{1}{6} \div (-3) \div \dfrac{4}{9}$

3 다음 중 계산 결과가 나머지 넷과 <u>다른</u> 하나는?

① $-(-1)^3$ ② $-(-1)^2$ ③ -1^2

④ $(-1)^3$ ⑤ -1^3

4 세 수 a, b, c에 대하여 $a \times c = 10$, $a \times (b+c) = -34$일 때, $a \times b$의 값은?

① -44 ② -42 ③ -24 ④ -22 ⑤ -20

5 -6의 역수를 a, 1.5의 역수를 b라 할 때, $a+b$의 값을 구하시오.

6 다음 식의 계산 순서를 차례로 나열하고, 계산 결과를 구하시오.

$$\frac{1}{4} \times \left\{ 3 - \left(-\frac{5}{2} \right)^2 \div \frac{15}{4} \right\} + 8$$

     ㉠ ㉡ ㉢ ㉣ ㉤

7 다음 보기의 식을 계산 결과가 작은 것부터 차례로 나열한 것은?

─(보기)─

ㄱ. $|-24| \times \frac{5}{8} \div 5$ ㄴ. $-2^3 \times (-3)^2 \div 2$

ㄷ. $(-1)^{101} + (-1)^{2024} - (-1)^9$ ㄹ. $-5 + \left\{ 1 - \left(-\frac{1}{2} \right) \times \frac{1}{3} \right\} \div \frac{1}{6}$

① ㄱ, ㄴ, ㄹ, ㄷ   ② ㄴ, ㄷ, ㄹ, ㄱ   ③ ㄴ, ㄹ, ㄷ, ㄱ

④ ㄷ, ㄱ, ㄹ, ㄴ   ⑤ ㄷ, ㄹ, ㄱ, ㄴ

● 문자로 주어진 수의 부호

8 두 수 a, b에 대하여 $a > 0$, $b < 0$일 때, 다음 중 항상 양수인 것은?

① $a \times b$ ② $a + b$ ③ $a - b$

④ $b - a$ ⑤ $a \div b$

한 번 더 +1

9 두 수 a, b에 대하여 $a < 0$, $b < 0$일 때, 다음 중 항상 음수인 것은?

① $a + b$ ② $a - b$ ③ $b - a$

④ $a \times b$ ⑤ $a \div b$

1 다음은 지수의 일기이다. 증가하거나 0보다 큰 값은 양의 부호 +를, 감소하거나 0보다 작은 값은 음의 부호 −를 사용하여 나타낼 때, 밑줄 친 부분을 바르게 나타낸 것은?

> 오늘은 수학여행 둘째 날로 친구들과 한라산을 올랐다. 어제보다 기온이 ① 5℃ 낮아져서 춥지 않을까 걱정했는데, 등산하는 동안은 추위가 느껴지지 않았다. 한라산의 높이는 ② 해발 1950 m 로 오전 7시에 등산을 시작하여 ③ 9시간 후에나 다시 출발점으로 돌아올 수 있었다. 몸무게가 최소 ④ 3 kg은 빠졌을 것 같다. 내일은 드디어 집에 돌아간다. 공항에서 파는 기념품은 다른 곳의 판매 가격보다 ⑤ 10% 인상된 가격으로 판매하고 있다고 하니 공항에 가기 전에 친구들과 돌아다니면서 틈틈이 사야겠다.

① +5℃   ② +1950 m   ③ −9시간
④ +3 kg   ⑤ −10%

2 다음 수에 대한 설명으로 옳지 <u>않은</u> 것은?

$$-6.5, \quad 7, \quad +\frac{12}{3}, \quad -\frac{5}{6}, \quad 0, \quad -2$$

① 정수는 4개이다.
② 음수는 3개이다.
③ 양수는 3개이다.
④ 자연수가 아닌 정수는 2개이다.
⑤ 정수가 아닌 유리수는 2개이다.

3 다음 수를 수직선 위에 나타내었을 때, 왼쪽에서 두 번째에 있는 점에 대응하는 수는?

① $-\frac{3}{4}$ ② $+\frac{7}{3}$ ③ 0
④ +1.5   ⑤ −5

4 두 수 a, b는 절댓값이 같고 부호가 반대이다. a가 b 보다 8만큼 작을 때, a, b의 값을 각각 구하시오.

5 다음 중 옳지 <u>않은</u> 것을 모두 고르면? (정답 2개)

① 절댓값은 항상 0보다 크다.
② 양수는 절댓값이 클수록 크다.
③ 절댓값이 1 이하인 정수는 2개이다.
④ 절댓값이 가장 작은 정수는 0이다.
⑤ 수직선에서 절댓값이 같은 두 수에 대응하는 점은 원점으로부터 떨어진 거리가 같다.

6 절댓값이 $\frac{11}{2}$ 이하인 정수의 개수는?

① 6   ② 7   ③ 9
④ 10   ⑤ 11

7 다음 중 대소 관계가 옳은 것은?

① $\frac{1}{2} < \frac{1}{3}$ ② $-4 < -5$ ③ $-\frac{2}{3} > -0.7$
④ $-7 > 0$ ⑤ $\left| -\frac{1}{3} \right| < -\frac{1}{3}$

8 두 수 $-\dfrac{11}{3}$ 과 $\dfrac{13}{4}$ 사이에 있는 정수의 개수는?

① 3　　　　② 4　　　　③ 5
④ 6　　　　⑤ 7

9 다음 중 계산 결과가 가장 작은 것은?

① $(+5)+(-3)$
② $(-7)+(+2)$
③ $(-3.5)-(+2.9)$
④ $\left(+\dfrac{2}{7}\right)-\left(-\dfrac{3}{14}\right)$
⑤ $\left(+\dfrac{1}{2}\right)+\left(+\dfrac{4}{5}\right)$

10 다음을 계산하면?

$$\dfrac{1}{4}-\dfrac{1}{3}-\dfrac{9}{4}+\dfrac{5}{6}$$

① $-\dfrac{19}{6}$　　　② -3　　　③ $-\dfrac{3}{2}$
④ $\dfrac{5}{6}$　　　　⑤ $\dfrac{4}{3}$

11 어떤 수에서 $-\dfrac{2}{3}$ 를 빼야 할 것을 잘못하여 더했더니

$\dfrac{7}{15}$ 이 되었다. 이때 바르게 계산한 답을 구하시오.

12 다음 보기 중 옳은 것을 모두 고른 것은?

보기
ㄱ. 음수와 음수의 합은 항상 양수이다.
ㄴ. 두 수의 뺄셈에서 두 수의 순서를 바꾸어도 그 결과는 같다.
ㄷ. 부호가 같은 두 수를 곱한 값의 부호는 두 수의 공통인 부호와 같다.
ㄹ. 음수를 짝수 개 곱하면 그 결과는 양수이다.
ㅁ. $-\left(-\dfrac{1}{3}\right)^2$ 과 $-\left(\dfrac{1}{3}\right)^2$ 의 계산 결과는 같다.

① ㄱ, ㄴ　　　② ㄱ, ㄹ　　　③ ㄴ, ㄷ
④ ㄷ, ㅁ　　　⑤ ㄹ, ㅁ

13 다음 계산 과정에서 ㈎~㈐에 들어갈 것으로 알맞게 나열한 것은?

$$\left(+\dfrac{25}{4}\right)\times(-0.39)\times(-16)$$
$$=\left(+\dfrac{25}{4}\right)\times(-16)\times(-0.39)$$
곱셈의 ㈎ 법칙
$$=\left\{\left(+\dfrac{25}{4}\right)\times(-16)\right\}\times(-0.39)$$
곱셈의 ㈏ 법칙
$$=(\ \boxed{㈐}\ )\times(-0.39)=\boxed{㈑}$$

	㈎	㈏	㈐	㈑
①	교환	결합	-100	$+39$
②	교환	결합	$+100$	-39
③	교환	분배	-100	-39
④	결합	교환	-100	$+39$
⑤	결합	분배	$+100$	-39

14 다음을 계산하시오.

$$(-1)+(-1)^2+(-1)^3+(-1)^4+\cdots+(-1)^{100}$$

15 다음은 분배법칙을 이용하여 15×102를 계산하는 과정이다. 세 수 a, b, c에 대하여 $a+b+c$의 값을 구하시오.

$$15 \times 102 = 15 \times (100+a)$$
$$= 15 \times 100 + 15 \times a$$
$$= 1500 + b$$
$$= c$$

16 네 유리수 -3, -2, $-\dfrac{3}{2}$, $\dfrac{1}{3}$에 대하여 다음을 구하시오.

(1) 서로 다른 세 수를 뽑아 곱한 값 중 가장 큰 수
(2) 서로 다른 세 수를 뽑아 곱한 값 중 가장 작은 수

17 오른쪽 그림과 같은 전개도를 접어서 주사위 모양의 정육면체를 만들었다. 이 정육면체에서 서로 마주 보는 두 면에 적힌 두 수의 곱이 1일 때, $a+b+c$의 값을 구하시오.

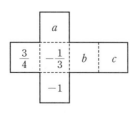

18 다음 중 계산 결과가 옳지 <u>않은</u> 것은?

① $(-8) \times \dfrac{3}{4} = -6$

② $\dfrac{6}{5} \div (-3) = -\dfrac{2}{5}$

③ $\dfrac{2}{5} \times \left(-\dfrac{1}{2}\right)^2 \times (-5) = -\dfrac{1}{2}$

④ $\left(-\dfrac{2}{5}\right)^2 \div (-4^2) = \dfrac{1}{100}$

⑤ $(-42) \times \left\{\dfrac{1}{7} + \left(-\dfrac{1}{6}\right)\right\} = 1$

19 다음 식의 계산 순서를 차례로 나열하고, 계산 결과를 구하시오.

$$\dfrac{4}{11} \times \left[\dfrac{1}{2} - \left\{\left(-\dfrac{3}{2}\right)^2 \div \dfrac{9}{8} + 6\right\} \times \dfrac{3}{4}\right]$$

$$\underset{\scriptsize ㉠}{\uparrow}\quad \underset{\scriptsize ㉡}{\uparrow}\quad \underset{\scriptsize ㉢}{\uparrow}\quad \underset{\scriptsize ㉣}{\uparrow}\quad \underset{\scriptsize ㉤}{\uparrow}\quad \underset{\scriptsize ㉥}{\uparrow}$$

20 두 학생 A, B가 참가한 어떤 퀴즈 대회에서는 기본 점수 100점에서 한 문제를 맞힐 때마다 50점을 더하고 한 문제를 틀릴 때마다 40점을 뺀다고 한다. 1번부터 7번까지 총 7문제를 푼 결과가 다음 표와 같을 때, 두 학생 A, B가 얻은 최종 점수는 각각 몇 점인지 구하시오.

(단, 맞히면 ○로, 틀리면 ×로 표시된다.)

	1번	2번	3번	4번	5번	6번	7번
A	○	○	×	○	×	○	○
B	○	×	×	×	○	○	×

따라 해보자

예제 1

두 수 x, y에 대하여 $|x|=5$, $|y|=2$일 때, $x+y$의 최솟값과 최댓값을 구하시오.

풀이 과정

[1단계] x의 값 구하기

$|x|=5$이므로 $x=-5$ 또는 $x=5$

[2단계] y의 값 구하기

$|y|=2$이므로 $y=-2$ 또는 $y=2$

[3단계] $x+y$의 최솟값, 최댓값 구하기

(ⅰ) $x=-5$, $y=-2$일 때, $x+y=(-5)+(-2)=-7$

(ⅱ) $x=-5$, $y=2$일 때, $x+y=(-5)+2=-3$

(ⅲ) $x=5$, $y=-2$일 때, $x+y=5+(-2)=3$

(ⅳ) $x=5$, $y=2$일 때, $x+y=5+2=7$

따라서 (ⅰ)~(ⅳ)에 의해 $x+y$의 최솟값은 -7, 최댓값은 7이다.

답 최솟값: -7, 최댓값: 7

유제 1

두 수 x, y에 대하여 $|x|=3$, $|y|=7$일 때, $x-y$의 최솟값과 최댓값을 구하시오.

풀이 과정

[1단계] x의 값 구하기

[2단계] y의 값 구하기

[3단계] $x-y$의 최솟값, 최댓값 구하기

답

예제 2

어떤 수를 $-\dfrac{1}{3}$로 나누어야 할 것을 잘못하여 곱했더니 $\dfrac{1}{4}$이 되었다. 이때 바르게 계산한 답을 구하시오.

풀이 과정

[1단계] 어떤 수 구하기

어떤 수를 $\square$라 하면

$\square \times \left(-\dfrac{1}{3}\right)=\dfrac{1}{4}$

$\therefore \square = \dfrac{1}{4} \div \left(-\dfrac{1}{3}\right) = \dfrac{1}{4} \times (-3) = -\dfrac{3}{4}$

[2단계] 바르게 계산한 답 구하기

따라서 어떤 수가 $-\dfrac{3}{4}$이므로 바르게 계산하면

$-\dfrac{3}{4} \div \left(-\dfrac{1}{3}\right) = -\dfrac{3}{4} \times (-3) = \dfrac{9}{4}$

답 $\dfrac{9}{4}$

유제 2

어떤 수에 $\dfrac{3}{2}$을 곱해야 할 것을 잘못하여 나눴더니 $\dfrac{4}{5}$가 되었다. 이때 바르게 계산한 답을 구하시오.

풀이 과정

[1단계] 어떤 수 구하기

[2단계] 바르게 계산한 답 구하기

답

▶ 모든 문제는 풀이 과정을 자세히 서술한 후 답을 쓰세요.

연습해 보자

1 다음 수 중 음의 정수의 개수를 a, 정수가 아닌 유리수의 개수를 b, 양의 정수의 개수를 c라 할 때, $a+b-c$의 값을 구하시오.

$$+\frac{26}{2}, \quad -3.1, \quad +\frac{2}{3}, \quad -\frac{14}{7}, \quad 0, \quad +\frac{5}{8}, \quad -4$$

풀이 과정

답

2 수직선 위에서 $-\frac{13}{3}$에 가장 가까운 정수를 a, $\frac{9}{4}$에 가장 가까운 정수를 b라 할 때, $a+b$의 값을 구하시오.

풀이 과정

답

3 -3보다 -1만큼 큰 수를 a, 4보다 $-\frac{1}{2}$만큼 작은 수를 b라 할 때, $a-b$의 값을 구하시오.

풀이 과정

답

4 다음 식에 대하여 물음에 답하시오.

$$10-\left[\frac{5}{6}-\left\{\frac{1}{2}+(-2)^2\div\frac{3}{2}\right\}\right]\times15$$

$\uparrow$ $\uparrow$ $\uparrow$ $\uparrow$ $\uparrow$ $\uparrow$
㉠ ㉡ ㉢ ㉣ ㉤ ㉥

(1) 계산 순서를 차례로 나열하시오.
(2) 계산 결과를 구하시오.

풀이 과정

답

● 정답과 해설 5쪽

☑ 이 단원에서 배운 개념을 잘 기억하고 있는지 체크해 보세요.

31 쪽

31 쪽

34, 35 쪽

- (양수)＋(양수) ⇨ ⑦ (절댓값의 합)
- (음수)＋(음수) ⇨ ⑧ (절댓값의 합)
- (양수)＋(음수), (음수)＋(양수)

  ⇨ ● (절댓값의 차)

  절댓값이 ⑨ 수의 부호

40, 43 쪽

- (양수)×(양수), (음수)×(음수)

  (양수)÷(양수), (음수)÷(음수) ⇨ ⑩
- (양수)×(음수), (음수)×(양수)

  (양수)÷(음수), (음수)÷(양수) ⇨ ⑪

47, 50 쪽

- 양수의 거듭제곱은 항상 ⑫ 이다.
- (음수)$^{(짝수)}$ ⇨ ⑬
- (음수)$^{(홀수)}$ ⇨ ⑭

49 쪽

마인드 MAP

3 문자의 사용과 식

이전에 배운 내용

초5~6 • 규칙과 대응
중1 • 분배법칙

이번에 배울 내용

O1 문자의 사용

O2 식의 값

O3 일차식과 그 계산

이후에 배울 내용

중2
• 식의 계산

준비 학습

초5 규칙과 대응

1 다음 표는 어느 가게의 사과의 개수에 따른 가격을 나타낸 것이다. 사과가 △개일 때, 사과의 전체 가격을 □원이라 한다. 이때 △와 □ 사이의 관계를 식으로 나타내시오.

개수(개)	1	2	3	4	5
가격(원)	500	1000	1500	2000	2500

중1 분배법칙

2 다음을 분배법칙을 이용하여 계산하시오.

(1) $8 \times \left(\dfrac{1}{4} + \dfrac{1}{2} \right)$

(2) $1.5 \times 5.5 + 1.5 \times 4.5$

01 문자의 사용

● 정답과 해설 35쪽

1 문자를 사용한 식

문자를 사용하면 수량이나 수량 사이의 관계를 간단한 식으로 나타낼 수 있다.

[문자를 사용하여 식으로 나타내기]

❶ 문제의 뜻을 파악하여 규칙을 찾는다.

❷ ❶에서 찾은 규칙에 맞게 수와 문자를 사용하여 식으로 나타낸다.

(예) (600원짜리 연필 x자루의 가격)=(연필 1자루의 가격)×(연필의 수)

$$=600 \times x(원)$$

└ 문자를 사용하여 식을 세울 때는 반드시 단위를 쓰도록 한다.

(참고) 문자를 사용한 식에 자주 쓰이는 수량 사이의 관계

• (물건 전체의 가격)=(물건 1개의 가격)×(물건의 개수)

• (거스름돈)=(지불한 금액)−(물건의 가격)

• 정가가 x원인 물건을 $a \%$ 할인하여 판매한 가격

➡ (정가)−(할인 금액)=$x - x \times \dfrac{a}{100}$ (원)

• (거리)=(속력)×(시간), (속력)=$\dfrac{(거리)}{(시간)}$, (시간)=$\dfrac{(거리)}{(속력)}$

• (소금물의 농도)=$\dfrac{(소금의 양)}{(소금물의 양)} \times 100(\%)$, (소금의 양)=$\dfrac{(소금물의 농도)}{100} \times (소금물의 양)$

개념 확인

성재는 어버이날을 맞아 꽃다발을 만들려고 한다. 오른쪽 그림에서 꽃다발에 넣을 장미를 x송이라 할때, 나머지 꽃의 개수를 x를 사용한 식으로 나타내시오.

장미: x ☐ ☐ ☐

필수 문제

문자를 사용한 식으로 나타내기

1 다음을 문자를 사용한 식으로 나타내시오.

(1) 한 봉지에 ag인 과자 세 봉지의 전체 무게

(2) 자동차가 시속 50 km로 t시간 동안 달린 거리

(3) 한 변의 길이가 x cm인 정사각형의 둘레의 길이

(4) 수학 점수가 a점, 영어 점수가 b점일 때, 두 과목의 평균 점수

1-1 다음을 문자를 사용한 식으로 나타내시오.

(1) 길이가 a m인 끈을 3등분했을 때, 한 조각의 길이

(2) 한 권에 1200원인 공책 x권을 사고 10000원을 냈을 때의 거스름돈

(3) 십의 자리의 숫자가 x, 일의 자리의 숫자가 y인 두 자리의 자연수

(4) 농도가 9 %인 소금물 xg에 들어 있는 소금의 양

2 곱셈 기호와 나눗셈 기호의 생략

(1) 곱셈 기호의 생략

(수)×(문자), (문자)×(문자)에서 곱셈 기호 ×를 생략하고 다음과 같이 나타낸다.

① (수)×(문자)에서는 수를 문자의 앞에 쓴다. ➡ $a×2=2a$, $b×(-2)=-2b$

② $1×$(문자), $-1×$(문자)에서는 1을 생략한다. ➡ $1×a=a$, $b×(-1)=-b$

③ 문자와 문자의 곱에서는 보통 알파벳 순서로 쓴다. ➡ $b×a=ab$, $z×y×x=xyz$

④ 같은 문자의 곱은 거듭제곱으로 나타낸다. ➡ $a×a=a^2$, $x×x×x=x^3$

> **주의** · $0.1×a$는 $0.a$로 쓰지 않고 $0.1a$로 쓴다.
> · 괄호가 있을 때는 $(x-1)×3=3(x-1)$과 같이 수를 괄호 앞에 쓴다.

(2) 나눗셈 기호의 생략

나눗셈 기호 ÷를 생략하고 분수 꼴로 나타낸다. ➡ $a÷3=\dfrac{a}{3}$

> **참고** · $a÷1=\dfrac{a}{1}=a$, $a÷(-1)=\dfrac{a}{-1}=-a$
> · $a÷(b×c)=a÷bc=\dfrac{a}{bc}$ (단, $bc≠0$)

┗→ $a÷3=a×\dfrac{1}{3}=\dfrac{1}{3}a$로 나타낼 수도 있다.

필수 문제 ❷ 다음을 기호 ×, ÷를 생략한 식으로 나타내시오.

곱셈 기호와 나눗셈 기호의 생략

(1) $x×(-1)$ (2) $c×b×a$

(3) $a×x×x×x$ (4) $y÷5$

(5) $a÷(-b)$ (6) $(x-y)÷4$

▶(4) · $a÷\dfrac{2}{3}b=a×\dfrac{3}{2}b$ (×)
· $a÷\dfrac{2}{3}b=a÷\dfrac{2b}{3}$
$=a×\dfrac{3}{2b}$ (○)

2-1 다음을 기호 ×, ÷를 생략한 식으로 나타내시오.

(1) $0.1×a×b$ (2) $c×(x+y)×a$

(3) $(-3)×a×a×b×b$ (4) $a÷\dfrac{2}{3}b$

(5) $x÷(y+z)$ (6) $(a+2b)÷x$

▶곱셈 기호와 나눗셈 기호가 섞여 있는 식은 앞에서부터 순서대로 기호를 생략한다.

2-2 다음을 기호 ×, ÷를 생략한 식으로 나타내시오.

(1) $x×y÷2$ (2) $x÷y×(2-z)$

(3) $x÷y+b÷\dfrac{9}{8}a$ (4) $(a+b)×h÷2$

1 다음을 기호 ×, ÷를 생략한 식으로 나타내시오.

(1) $a \times a \times b \times (-1)$

(2) $(c+1) \times 6 - 4$

(3) $2 \times a \div b$

(4) $(7+x) \div (7-x)$

(5) $a - b \div a \times 2$

(6) $x \div \dfrac{y}{3} \times x + 3$

2 다음 중 기호 ×, ÷를 생략하여 나타낸 식이 나머지 넷과 <u>다른</u> 하나는?

① $a \div (b \times c)$

② $a \times \left(\dfrac{1}{b} \times \dfrac{1}{c} \right)$

③ $a \div \left(b \div \dfrac{1}{c} \right)$

④ $a \times (b \div c)$

⑤ $a \div b \div c$

3 다음을 문자를 사용한 식으로 나타내시오. (단, 곱셈 기호와 나눗셈 기호는 생략한다.)

(1) a의 3배보다 6만큼 작은 수

(2) 밑변의 길이가 a cm, 높이가 h cm인 삼각형의 넓이

(3) 정가가 1000원인 물건을 x % 할인된 가격으로 샀을 때, 지불한 금액

(4) 자동차를 타고 시속 60 km로 x시간 동안 달리다가 시속 80 km로 y시간 동안 달렸을 때, 전체 달린 거리

(5) 농도가 x %인 소금물 300 g에 들어 있는 소금의 양

4 다음은 희진이와 수정이의 대화이다. ( ) 안에 알맞은 수량을 기호 ×, ÷를 생략한 식으로 나타내시오.

> 희진: 난 어제 수학 시험에서 3점짜리 문제 a개와 5점짜리 문제 b개를 맞혀서 총 ( )
> 점을 받았어.
> 수정: 나는 너보다 8점 더 높아서 총 ( )점이야.
> 참! 오늘 미술 시간에 환경 보호 포스터 그리기에 필요한 준비물로 한 장에 500원인
> 도화지 x장을 샀더니 가격이 ( )원이었어.
> 희진: 난 10장에 y원인 도화지를 한 장 샀더니 가격이 ( )원이었어.

02 식의 값

● 정답과 해설 36쪽

1 대입과 식의 값

(1) **대입**: 문자를 사용한 식에서 문자에 어떤 수를 바꾸어 넣는 것

(2) **식의 값**: 문자를 사용한 식에서 문자에 어떤 수를 대입하여 계산한 결과

(3) **식의 값을 구하는 방법**

   ❶ 곱셈 기호가 생략된 식의 경우, 곱셈 기호를 다시 쓴다.

   ❷ 문자에 주어진 수를 대입하여 계산한다.

   (주의) 문자에 음수를 대입할 때는 반드시 **괄호**를 사용한다.

   (예) $x=-1$일 때, $2x+3$의 값 ➡ $2x+3=2\times(-1)+3=1$

$x=2$를 대입

식: $3x+5$

$3\times 2+5$

식의 값: 11

(개념 확인) x의 값이 다음과 같을 때, $5x-3$의 값을 구하려고 한다. ☐ 안에 알맞은 수를 쓰시오.

(용어)
• **대입**(代 대신하다, 入 넣다)
  문자를 대신하여 수를 넣는 것

(1) $x=2$일 때, $5\times\boxed{}-3=7$

(2) $x=3$일 때, $5\times\boxed{}-3=\boxed{}$

(3) $x=-1$일 때, $5\times(\boxed{})-3=\boxed{}$

(4) $x=-4$일 때, $5\times(\boxed{})-3=\boxed{}$

문자는 수를 담는 그릇

필수 문제 ❶ $x=-1$일 때, 다음 식의 값을 구하시오.

식의 값 구하기

▸ $(-x)^2$과 $-x^2$을 구분한다.
 • $(-x)^2=(-x)\times(-x)$
   $=x^2$
 • $-x^2=-(x\times x)$

(1) $7-x$

(2) $\dfrac{10}{x+6}$

(3) $(-x)^2-4x$

(4) $-x^2-\dfrac{4}{x}$

1-1 $a=4$, $b=-2$일 때, 다음 식의 값을 구하시오.

(1) $a+\dfrac{1}{2}b$

(2) $2ab$

(3) $a-b^3$

(4) $-3a+\dfrac{b^2}{4}$

▸ 분모에 분수를 대입할 때는 생략된 나눗셈 기호를 다시 쓴다. ⇨ $\dfrac{6}{a}=6\div a$

1-2 $a=\dfrac{1}{5}$, $b=-\dfrac{1}{3}$일 때, 다음 식의 값을 구하시오.

(1) $30ab-27b^2$

(2) $\dfrac{6}{a}+9b$

(3) $-20a-\dfrac{5}{b}$

(4) $\dfrac{2}{a}+\dfrac{3}{b}$

1 $x=-3$일 때, 다음 식의 값을 구하시오.

(1) $2x+5$

(2) $1-3x$

(3) x^2-6x+9

(4) $-\dfrac{2x^2+5x+6}{x^2}$

2 $a=-2$, $b=3$일 때, 다음 식의 값을 구하시오.

(1) $7a+8b$

(2) $\dfrac{3-a}{2+b}$

(3) $\dfrac{a-b}{ab}$

(4) $\dfrac{2}{a}+\dfrac{12}{b}$

(5) $-2a^2+3b^2$

(6) a^2b-b^3

3 $a=\dfrac{1}{2}$일 때, 다음 중 식의 값이 가장 작은 것은?

① $2(a-1)$

② $-a^2$

③ $(-a)^3$

④ $-\dfrac{2}{a}$

⑤ $\dfrac{1}{a^2}$

4 $a=\dfrac{1}{6}$, $b=-\dfrac{2}{3}$일 때, 다음 식의 값을 구하시오.

(1) $6ab-b^2$

(2) $\dfrac{3}{a}-\dfrac{2}{b}$

5 온도를 나타내는 방법 중에는 섭씨온도($^{\circ}$C)와 화씨온도($^{\circ}$F)가 있다. 화씨온도 $x\,^{\circ}$F를 섭씨온도로 나타내면 $\dfrac{5}{9}(x-32)\,^{\circ}$C일 때, 화씨온도 $77\,^{\circ}$F는 섭씨온도로 몇 $^{\circ}$C인가?

① $23\,^{\circ}$C

② $25\,^{\circ}$C

③ $27\,^{\circ}$C

④ $29\,^{\circ}$C

⑤ $31\,^{\circ}$C

03 일차식과 그 계산

● 정답과 해설 37쪽

1 다항식

(1) 항과 계수

① 항: 수 또는 문자의 곱으로 이루어진 식

② 상수항: 문자 없이 수만으로 이루어진 항

③ 계수: 항에서 문자에 곱한 수

(2) 다항식과 단항식

① 다항식: 한 개 또는 두 개 이상의 항의 합으로 이루어진 식 예 $3a$, $7x-9y+4$

② 단항식: 다항식 중에서 항이 한 개뿐인 식 예 x, $-3y^2$, 5

└ 세 개의 항 $7x$, $-9y$, 4의
합으로 이루어진 다항식

2 일차식

(1) 항의 차수: 어떤 항에서 문자가 곱해진 개수 예 $2x^3(=2 \times x \times x \times x)$에서 x의 차수는 ③

(2) 다항식의 차수: 다항식에서 차수가 가장 큰 항의 차수 예 다항식 $2x^2+3x+1$의 차수는 ②

(3) 일차식: 차수가 1인 다항식 예 $-3x$, $x-2$, $\dfrac{y}{3}\left(=\dfrac{1}{3}y\right)$

차수 ⇨ 2 1 0(상수항의 차수는 0이다.)

주의 $\dfrac{1}{x}$, $\dfrac{1}{x-1}$과 같이 분모에 문자가 있는 식은 다항식이 아니므로 일차식이 아니다.

필수 문제 **1** 다음 표의 빈칸에 알맞은 것을 쓰시오.

다항식의 이해

▶다항식은 항의 합으로 이루어진 식이므로 뺄셈으로 된 식은 덧셈으로 바꾼 후 항, 상수항, 계수를 구한다.

(2) $3y^2-\dfrac{y}{4}-1$

$=3y^2+\left(-\dfrac{y}{4}\right)+(-1)$

다항식	항	상수항	계수
(1) $2x+3$	( ), ( )		x의 계수: ( )
(2) $3y^2-\dfrac{y}{4}-1$	( ), ( ), ( )		y^2의 계수: ( ) y의 계수: ( )
(3) $-6a^3$	( )		a^3의 계수: ( )

1-1 다항식 $-\dfrac{3}{2}x+y+4$에서 x의 계수와 상수항의 합을 구하시오.

필수 문제 **2** 다음 다항식의 차수를 구하고, 일차식인지 말하시오.

일차식 찾기

(1) $-2x-7$ (2) $\dfrac{x}{2}+5$

(3) $a+a^2+3$ (4) $-5-3y+y^3$

2-1 다음 보기 중 일차식을 모두 고르시오.

보기

ㄱ. x ㄴ. a^2-3a ㄷ. $5-2y$ ㄹ. $\dfrac{x+1}{3}$ ㅁ. $\dfrac{1}{x+2}$ ㅂ. 3

3 일차식과 수의 곱셈, 나눗셈

(1) 문자를 포함한 단항식과 수의 곱셈, 나눗셈

① (단항식)×(수)	② (단항식)÷(수)
곱셈의 교환법칙과 결합법칙을 이용하여 수끼리 곱한 후 문자 앞에 쓴다. 예 $2x \times 3 = 2 \times \underline{x \times 3}$ ⟩ 곱셈의 교환법칙 $\quad\quad\quad = 2 \times \underline{3 \times x}$ ⟩ 곱셈의 결합법칙 $\quad\quad\quad = (2 \times 3) \times x = 6x$	나누는 수의 역수를 곱한다. 예 $8x \div 4 = 8x \times \dfrac{1}{4}$ $\quad\quad\quad = 8 \times \dfrac{1}{4} \times x$ $\quad\quad\quad = 2x$

(2) 일차식과 수의 곱셈, 나눗셈

① (수)×(일차식)	② (일차식)÷(수)
분배법칙을 이용하여 일차식의 각 항에 수를 곱한다. 예 $-3(x+1) = (-3) \times x + (-3) \times 1 = -3x - 3$ 주의 일차식에 음수를 곱하면 각 항의 부호가 바뀐다.	분배법칙을 이용하여 나누는 수의 역수를 일차식의 각 항에 곱한다. 예 $(6x-3) \div 3 = (6x-3) \times \dfrac{1}{3} = 6x \times \dfrac{1}{3} - 3 \times \dfrac{1}{3}$ $\quad\quad\quad = 2x - 1$

필수 문제 ③ **단항식과 수의 곱셈, 나눗셈**

▶ 단항식과 수의 곱셈

$3a \times 2 = 6a$

수끼리 곱한다.

다음 식을 계산하시오.

(1) $4a \times 8$

(2) $(-2b) \times 7$

(3) $12x \div 4$

(4) $32y \div \left(-\dfrac{4}{3}\right)$

3-1 다음 식을 계산하시오.

(1) $\dfrac{3}{2}a \times 6$

(2) $(-5b) \times (-4)$

(3) $(-42x) \div 7$

(4) $\left(-\dfrac{5}{6}y\right) \div \left(-\dfrac{10}{3}\right)$

필수 문제 ④ **일차식과 수의 곱셈, 나눗셈**

▶ 일차식과 수의 곱셈
분배법칙을 이용한다.
· $a(b+c) = ab + ac$
· $(a+b)c = ac + bc$

▶ 일차식과 수의 나눗셈
나누는 수의 역수를 곱한다.
$a \div b = a \times \dfrac{1}{b}$, $a \div \dfrac{1}{b} = a \times b$

다음 식을 계산하시오.

(1) $4(2x+3)$

(2) $(4x-16) \times \left(-\dfrac{1}{4}\right)$

(3) $(10x-15) \div 5$

(4) $(2-x) \div \left(-\dfrac{1}{3}\right)$

4-1 다음 식을 계산하시오.

(1) $-7(3x+4)$

(2) $(50a-25) \times \left(-\dfrac{1}{5}\right)$

(3) $(14b-28) \div (-2)$

(4) $(-6y-18) \div \dfrac{3}{2}$

1 다항식 $\frac{1}{4}x-2y+1$에서 x의 계수를 a, y의 계수를 b, 상수항을 c라 할 때, $4a+b+c$의 값을 구하시오.

2 다음 중 다항식 $3x^2-2x+9$에 대한 설명으로 옳지 <u>않은</u> 것은?

① 다항식의 차수는 2이다.　　　　② x^2의 계수는 3이다.

③ 항은 $3x^2$, $-2x$, 9의 3개이다.　　④ x의 계수는 2이다.

⑤ 상수항은 9이다.

3 다음 중 일차식을 모두 고르면? (정답 2개)

① $0\times a+3$ 　　　　② $2x^2-2x$ 　　　　③ $0.1a+\frac{1}{4}$

④ $-\frac{y}{3}+5$ 　　　　⑤ $\frac{4}{x+1}$

4 다음 식을 계산하시오.

(1) $(-6)\times 4x$ 　　　　　　(2) $(-11a)\times(-3)$

(3) $48\times\left(-\frac{5}{6}x\right)$ 　　　　(4) $44y\div(-11)$

(5) $(-12x)\div\frac{3}{4}$ 　　　　(6) $\frac{2}{3}a\div\left(-\frac{4}{7}\right)$

5 다음 식을 계산하시오.

(1) $7(a-2)$ 　　　　　　(2) $\frac{1}{2}(4x+6)$

(3) $(2x+5)\times 3$ 　　　　(4) $\left(\frac{2}{3}a-\frac{1}{6}\right)\times(-9)$

(5) $(9x-6)\div 3$ 　　　　(6) $(-7x+4)\div(-2)$

(7) $\left(\frac{2}{3}y+\frac{1}{3}\right)\div\frac{1}{3}$ 　　　(8) $\left(\frac{x}{6}-\frac{3}{2}\right)\div\left(-\frac{1}{12}\right)$

4 동류항의 계산

(1) **동류항**: 문자가 같고, 차수도 같은 항

 상수항끼리는 모두 동류항이다.

(2) **동류항의 덧셈과 뺄셈**: 분배법칙을 이용하여 동류항의 계수끼리 더하거나 뺀 후 문자 앞에 쓴다.

예 $3a+2a=(3+2)a=5a$, $5a-2a=(5-2)a=3a$

개념 확인 다음은 색칠한 직사각형의 넓이를 이용하여 $6x+2x$와 $6x-2x$를 계산하는 과정이다. □ 안에 알맞은 수를 쓰시오.

용어
• 동류(同 같다, 類 무리)항
같은 종류의 항

(1)

$6x+2x=(\square+\square)x$
$\qquad =\square x$

(2)

$6x-2x=(\square-\square)x$
$\qquad =\square x$

필수 문제 **5** 다음 중 동류항끼리 짝 지어진 것은?

동류항 찾기

① $2a$, 2 ② x, $-\dfrac{1}{2}x$ ③ x^2y, xy^2

④ $5x$, $5y$ ⑤ a^3, $3a^2$

5-1 다항식 $x^2-2x+y+3+5x-2y$에서 동류항인 것끼리 짝 지으시오.

필수 문제 **6** 다음 식을 계산하시오.

동류항의 덧셈과 뺄셈

▶ 동류항의 계산에는 분배법칙이 이용된다.
• $ax+bx=(a+b)x$
• $ax-bx=(a-b)x$

(1) $2a+4a$ (2) $7x-2x$

(3) $2y-\dfrac{5}{2}y+y$ (4) $4b-1-2b+8$

6-1 다음 식을 계산하시오.

(1) $-3b-5b$ (2) $0.5a+0.4a-0.2a$

(3) $3a-5-7a+6$ (4) $-2x+5+3x+4$

(5) $5y-\dfrac{1}{2}-3y-\dfrac{3}{2}$ (6) $3+5b-2+\dfrac{3}{2}b$

5 일차식의 덧셈과 뺄셈

❶ 괄호가 있으면 분배법칙을 이용하여 괄호를 푼다.

❷ 동류항끼리 모은다.

❸ ❷를 계산하여 정리한다.

[주의] 괄호 앞에 { ⊕가 있으면 괄호 안의 **부호를 그대로**
{ ⊖가 있으면 괄호 안의 **부호를 반대로**

$$3(3x-2)+(2x-3)$$ ⟶ 분배법칙
$$=9x-6+2x-3$$ ⟶ 덧셈의 교환법칙
$$=9x+2x-6-3$$ ⟶ 동류항끼리 계산
$$=11x-9$$

필수 문제 **7** 다음 식을 계산하시오.

일차식의 덧셈과 뺄셈

▸ $A+(B-C)=A+B-C$
$A-(B-C)=A-B+C$

(1) $(3x+2)+(2x-5)$

(2) $(7a-5)-(8a+3)$

(3) $2(-4x+1)-(5x-3)$

(4) $(a+6)+10\left(\dfrac{3}{5}a-2\right)$

7-1 다음 식을 계산하시오.

(1) $(x+1)+(-3x-4)$

(2) $(3a+1)-(a-4)$

(3) $3(2x+1)-4(x-3)$

(4) $\dfrac{1}{2}(10a-4)+\dfrac{3}{4}(-12a-8)$

▸ ( ) ⇨ { } ⇨ [ ]의 순서
로 괄호를 풀어 동류항끼리
계산한다.

7-2 다음 식을 계산하시오.

(1) $3x-y-\{5x+(x-2y)\}$

(2) $-5a-[2a+\{6b-(a+3b)\}]$

필수 문제 **8** 다음 식을 계산하시오.

분수 꼴인 일차식의 덧셈과
뺄셈

▸ 계수가 분수인 일차식의 덧셈
과 뺄셈은 분모의 최소공배수
로 통분한 후 동류항끼리 계
산한다.

(1) $\dfrac{x}{2}+\dfrac{2x+1}{5}$

(2) $\dfrac{3x-1}{4}-\dfrac{x+3}{6}$

8-1 다음 식을 계산하시오.

(1) $\dfrac{2a+7}{3}+\dfrac{a-5}{6}$

(2) $\dfrac{a-7}{5}-\dfrac{3a-4}{4}$

1 다음 보기 중 동류항끼리 짝 지어진 것을 모두 고르시오.

> (보기)
> ㄱ. $6, -4$ ㄴ. $3x, \dfrac{5}{2}y$ ㄷ. $0.5x, 1.1x^2$
>
> ㄹ. $\dfrac{3}{x}, x$ ㅁ. $-y, \dfrac{y}{4}$ ㅂ. $7x, 4.2x$

2 다음 식을 계산하시오.

(1) $(4x+2)+(-3x+2)$

(2) $(8a-2)-2(3a-5)$

(3) $\dfrac{3}{2}(6x-2)-2\left(\dfrac{3}{2}x-1\right)$

(4) $\dfrac{3x-4}{6}+\dfrac{3x-7}{2}$

(5) $\dfrac{1}{2}x+\dfrac{1}{6}+0.25x-0.5$

(6) $2a+\{5-3(2a+4)\}$

3 오른쪽 그림과 같은 도형에서 색칠한 부분의 넓이를 a를 사용한 식으로 나타내시오.

4 $A=x-1$, $B=2x+4$일 때, $2A-3B$를 계산하시오.

5 어떤 다항식에 $2x-9$를 더해야 할 것을 잘못하여 뺐더니 $-x+7$이 되었다. 다음 물음에 답하시오.

(1) 어떤 다항식을 구하시오.

(2) 바르게 계산한 식을 구하시오.

1 다음 중 기호 ×, ÷를 생략하여 나타낸 식으로 옳지 않은 것을 모두 고르면? (정답 2개)

① $a \times b \times a \times (-0.1) \times c = -0.a^2bc$

② $5 \div (a+b) \times c = \dfrac{5c}{a+b}$

③ $x + y \div 3 = \dfrac{x+y}{3}$

④ $x \div y + z \div (-1) = \dfrac{x}{y} - z$

⑤ $(x \times y) \div (a \times b) = \dfrac{xy}{ab}$

2 다음 보기 중 문자를 사용하여 나타낸 식으로 옳은 것을 모두 고른 것은?

┌─ 보기 ─────────────────────┐

ㄱ. 물 20 L가 들어 있는 욕조에 1분에 3 L씩 물을 채울 때, x분 후 욕조에 들어 있는 물의 양 ⇨ $(20+3x)$ L

ㄴ. 저금통에 500원짜리 동전 x개, 100원짜리 동전 y개가 들어 있을 때, 저금통에 들어 있는 전체 금액 ⇨ $(5x+y)$원

ㄷ. 6으로 나누었을 때, 몫이 p이고 나머지가 1인 자연수 ⇨ $6p-1$

ㄹ. 40권의 공책을 7명의 학생들에게 x권씩 나누어 줄 때, 남은 공책의 수 ⇨ $40-7x$

ㅁ. 시속 4 km로 a km를 달렸을 때, 걸린 시간 ⇨ $4a$시간

└──────────────────────────┘

① ㄱ, ㄹ   ② ㄴ, ㄷ   ③ ㄹ, ㅁ

④ ㄱ, ㄷ, ㄹ   ⑤ ㄱ, ㄹ, ㅁ

3 어느 중학교에서 작년의 학생은 a명이었다. 올해는 작년보다 학생 수가 b % 증가하였을 때, 올해의 학생 수를 a, b를 사용한 식으로 나타내면?

① $\dfrac{a-b}{100}$ ② $\dfrac{a+b}{100}$ ③ $\dfrac{ab}{100}$

④ $a - \dfrac{ab}{100}$ ⑤ $a + \dfrac{ab}{100}$

4 $a=-3$일 때, 다음 중 식의 값이 가장 큰 것은?

① $-a$ ② $(-a)^2$ ③ $-\dfrac{a^2}{3}$

④ a^3 ⑤ $(-a)^3$

5 $a=-\dfrac{1}{2}$, $b=4$일 때, $\dfrac{b^2-2b}{a}$의 값을 구하시오.

6 개인의 키에 적절한 이상적인 체중을 표준 체중이라 하며, 키가 x cm인 사람의 표준 체중은 $0.9(x-100)$ kg이라고 한다. 키가 160 cm인 사람의 표준 체중은?

① 50 kg   ② 51 kg   ③ 52 kg

④ 53 kg   ⑤ 54 kg

7 오른쪽 그림과 같은 마름모의 넓이를 x, y를 사용한 식으로 나타내고 $x=6$, $y=5$일 때, 마름모의 넓이를 구하시오.

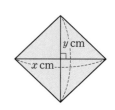

8 다음 그림은 한 변에 같은 개수의 바둑돌을 배열하여 여러 가지 정사각형 모양을 만든 것이다. 물음에 답하시오.

(1) n번째에 놓인 바둑돌은 모두 몇 개인지 n을 사용한 식으로 나타내시오.

(2) 13번째에 놓인 바둑돌은 모두 몇 개인지 구하시오.

9 다음 중 다항식 $\frac{1}{4}y^2 - \frac{5}{4}y - 1$에 대한 설명으로 옳은 것은?

① 항은 2개이다.
② 다항식의 차수는 3이다.
③ y^2의 계수는 2이다.
④ 상수항은 1이다.
⑤ y의 계수는 $-\frac{5}{4}$이다.

10 다음 보기 중 일차식은 모두 몇 개인지 구하시오.

(보기)

ㄱ. $5x+1$ ㄴ. $-\frac{1}{2}+3y$ ㄷ. x^2+2x-3

ㄹ. $\frac{3}{x}+2$ ㅁ. -3 ㅂ. $3-x$

11 x의 계수가 -3, 상수항이 5인 x에 대한 일차식에서 $x=2$일 때의 식의 값을 a, $x=-2$일 때의 식의 값을 b라 할 때, ab의 값은?

① -11 ② -1 ③ 7
④ 10   ⑤ 11

12 다음 중 식을 계산한 결과가 $-\frac{1}{2}(4x+6)$과 같은 것은?

① $-2(x+3)$ ② $(-2x+3)\times(-1)$
③ $(4x+3)\div(-2)$ ④ $(18x+27)\div(-9)$
⑤ $-4\left(\frac{1}{2}x-\frac{1}{4}\right)$

13 다음 중 $2x$와 동류항인 것은 모두 몇 개인지 구하시오.

$$\frac{4}{3}x, \quad 2y, \quad 6x^2, \quad 5xy, \quad 4x, \quad \frac{7}{x}$$

14 다음 중 식을 계산하였을 때, x의 계수가 가장 큰 것은?

① $x-2x+3x$
② $\frac{5}{12}x-\frac{2}{3}x+\frac{7}{6}x$
③ $-3(x+1)+4(x-3)$
④ $\frac{1}{3}(6x-9)-\frac{1}{2}(4x+8)$
⑤ $1.4x-0.2+\frac{8}{5}x+\frac{1}{5}$

⭐ 중요

15 다음 식을 계산하시오.

$$-2x+[3x-1-\{2+(x-4)\}]$$

16 다음 식을 계산하였을 때, a의 계수와 상수항의 합을 구하면?

$$\frac{2a+1}{3}-\frac{4a+3}{5}+\frac{5a+4}{6}$$

① $\dfrac{1}{2}$ 　　② $\dfrac{7}{10}$ 　　③ $\dfrac{9}{10}$

④ $\dfrac{11}{10}$ 　　⑤ $\dfrac{13}{10}$

17 오른쪽 그림과 같은 직사각형에서 색칠한 부분의 넓이를 x를 사용한 식으로 나타낸 것은?

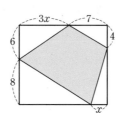

① $24x+60$ 　② $22x+42$ 　③ $20x+56$

④ $18x+54$ 　⑤ $16x+52$

18 $A=2x-8$, $B=x-7$일 때, $2B-2(A-B)$를 계산하면?

① $-8x$ 　　② -12 　　③ $4x$

④ $8x$ 　　⑤ 15

19 다음 조건을 모두 만족시키는 두 일차식 A, B에 대하여 $A+B$를 계산하시오.

〔조건〕
㈎ A를 4로 나누면 $4x-3$이다.
㈏ B에서 $5x+12$를 빼면 A이다.

20 어떤 다항식에서 $2x-4$를 빼야 할 것을 잘못하여 더했더니 $5x-7$이 되었다. 이때 바르게 계산한 식을 구하시오.

따라 해보자

예제 1 오른쪽 그림과 같은 사다리꼴의 넓이를 a, b, h를 사용한 식으로 나타내고 $a=6$, $b=8$, $h=5$일 때, 사다리꼴의 넓이를 구하시오.

풀이 과정

1단계 a, b, h를 사용하여 사다리꼴의 넓이 나타내기

(사다리꼴의 넓이)

$=\dfrac{1}{2}\times\{(윗변의\ 길이)+(아랫변의\ 길이)\}\times(높이)$

$=\dfrac{1}{2}\times(a+b)\times h=\dfrac{1}{2}(a+b)h\,(\text{cm}^2)$

2단계 a, b, h의 값을 대입하여 사다리꼴의 넓이 구하기

위의 식에 $a=6$, $b=8$, $h=5$를 대입하면

(사다리꼴의 넓이)$=\dfrac{1}{2}\times(6+8)\times5=35\,(\text{cm}^2)$

답 $\dfrac{1}{2}(a+b)h\,\text{cm}^2$, $35\,\text{cm}^2$

유제 1 오른쪽 그림과 같은 직육면체의 겉넓이를 a, b, c를 사용한 식으로 나타내고 $a=4$, $b=3$, $c=5$일 때, 직육면체의 겉넓이를 구하시오.

풀이 과정

1단계 a, b, c를 사용하여 직육면체의 겉넓이 나타내기

2단계 a, b, c의 값을 대입하여 직육면체의 겉넓이 구하기

답

예제 2 $\dfrac{3x+1}{2}-\dfrac{x-2}{3}$를 계산하면 $ax+b$일 때, 상수 a, b에 대하여 $3(a+b)$의 값을 구하시오.

풀이 과정

1단계 분모를 통분하여 동류항끼리 계산하기

$\dfrac{3x+1}{2}-\dfrac{x-2}{3}=\dfrac{3(3x+1)}{6}-\dfrac{2(x-2)}{6}$

$=\dfrac{9x+3-2x+4}{6}$

$=\dfrac{7x+7}{6}=\dfrac{7}{6}x+\dfrac{7}{6}$

2단계 a, b의 값 구하기

즉, $\dfrac{7}{6}x+\dfrac{7}{6}=ax+b$에서 $a=\dfrac{7}{6}$, $b=\dfrac{7}{6}$

3단계 $3(a+b)$의 값 구하기

$\therefore 3(a+b)=3\times\left(\dfrac{7}{6}+\dfrac{7}{6}\right)=3\times\dfrac{7}{3}=7$

답 7

유제 2 $\dfrac{2x-3}{6}-\dfrac{5x+1}{9}$을 계산하면 $ax+b$일 때, 상수 a, b에 대하여 $9ab$의 값을 구하시오.

풀이 과정

1단계 분모를 통분하여 동류항끼리 계산하기

2단계 a, b의 값 구하기

3단계 $9ab$의 값 구하기

답

▶ 모든 문제는 풀이 과정을 자세히 서술한 후 답을 쓰세요.

연습해 보자

1 다음 문장을 문자를 사용한 식으로 나타내시오.
(단, 곱셈 기호와 나눗셈 기호는 생략한다.)

> 집에서 출발하여 $200\,km$ 떨어진 할머니 댁까지 자동차를 타고 가는데 시속 $50\,km$로 t시간 동안 이동하였을 때, 남은 거리

풀이 과정

답

2 $\dfrac{2}{5}(10x-15)$를 계산하였을 때 x의 계수를 a,

$(4x-6)\div\dfrac{2}{3}$를 계산하였을 때 상수항을 b라 하자.

이때 $a+b$의 값을 구하시오.

풀이 과정

답

3 $A=-7x+5$, $B=2x-1$일 때,
$-A+2B+2(A+B)$를 계산하시오.

풀이 과정

답

4 오른쪽 보기와 같이 윗줄의 식이 바로 아랫줄의 이웃한 두 식을 더한 것과 같을 때, 다음 그림에서 두 일차식 A, B의 합을 구하시오.

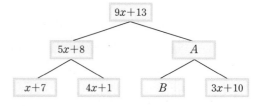

풀이 과정

답

☑ 이 단원에서 배운 개념을 잘 기억하고 있는지 체크해 보세요.

□ ○ ○ ○

• $0.1 \times a = $ ①

• $y \times x \times z \times y = $ ②

↩ 65 쪽

□ ✕

• $a \div (-1) = $ ③

• $a \div b \div c = $ ④

↩ 65 쪽

□

• 문자에 음수를 대입할 때는 반드시 ⑤ □□을(를) 사용한다.

• 분모에 분수를 대입할 때는 생략된 ⑥ □□□ 기호를 다시 쓴다.

↩ 67 쪽

□

문자 없이 수만으로 이루어진 항을 ⑦ □□□□(이)라 한다.

↩ 69 쪽

□ ○ ○ ○

다항식의 차수는 다항식에서 차수가 가장 ⑧(작은, 큰) 항의 차수이고, 일차식은 차수가 ⑨ □ 인 다항식이다.

↩ 69 쪽

□ ✕

• $-3(2x-1) = $ ⑩

• $(5x-35) \div \dfrac{5}{2} = $ ⑪

↩ 70 쪽

□ ✕

동류항은 문자가 같고, ⑫ □□도 같은 항이다.

⇨ 상수항끼리는 모두 동류항이다.
  ⑬(○, ✕)

↩ 72 쪽

□

일차식의 덧셈과 뺄셈에서 괄호 앞에

• $+$가 있으면 괄호 안의 부호를 ⑭(그대로, 반대로)

• $-$가 있으면 괄호 안의 부호를 ⑮(그대로, 반대로)

↩ 73 쪽

일차방정식

준비 **학습**

초2 덧셈과 뺄셈의 관계

1 다음 □ 안에 알맞은 수를 쓰시오.

(1) $5 + \boxed{} = 16$ (2) $13 - \boxed{} = 7$

초3 곱셈과 나눗셈의 관계

2 다음 □ 안에 알맞은 수를 쓰시오.

(1) $\dfrac{1}{3} \times \boxed{} = 5$ (2) $24 \div \boxed{} = 6$

중1 식의 값

3 다음을 구하시오.

(1) $a=3$일 때, $3-2a$의 값
(2) $b=-4$일 때, $5b-1$의 값
(3) $c=\dfrac{1}{2}$일 때, $8c-3$의 값

중1 일차식과 그 계산

4 다음 식을 계산하시오.

(1) $2(x+3)+3(2x+1)$ (2) $\dfrac{3y-1}{4} - \dfrac{5y-3}{6}$

01 방정식과 그 해

1 방정식과 그 해

(1) **등식**: 등호(=)를 사용하여 수량 사이의 관계를 나타낸 식

> **참고** 등호의 왼쪽 부분을 좌변, 오른쪽 부분을 우변이라 하고,
> 좌변과 우변을 통틀어 양변이라고 한다.

$$\underset{\text{↑}}{\underset{\text{좌변}}{x+2}} \underset{\underset{\text{양변}}{}}{\overset{\overset{\text{등호}}{\text{↓}}}{=}} \underset{\underset{\text{우변}}{\text{↑}}}{3}$$

(2) **방정식**: 미지수의 값에 따라 참이 되기도 하고, 거짓이 되기도 하는 등식

① **미지수**: 방정식에 있는 x, y 등의 문자

② **방정식의 해(근)**: 방정식을 참이 되게 하는 미지수의 값

➡ 방정식의 해(근)를 구하는 것을 '방정식을 푼다.'고 한다.

> **예** 등식 $x+3=5$는 $x=2$일 때 $2+3=5$이므로 참이 되고,
> $x=3$일 때 $3+3 \neq 5$이므로 거짓이 된다.
> ➡ $x+3=5$는 방정식이고, $x=2$는 이 방정식의 해(근)이다.

(3) **항등식**: 미지수에 어떠한 값을 대입하여도 항상 참이 되는 등식

> **예** 등식 $x+x=2x$는 x에 어떠한 값을 대입하여도 항상 참이므로 항등식이다.

개념확인 다음 보기 중 등식을 모두 고르시오.

> **보기**
>
> ㄱ. $3a+2$　　　ㄴ. $x+2x=9$　　　ㄷ. $7a>7$　　　ㄹ. $2+3=5$
>
> ㅁ. $8+8$　　　ㅂ. $2 \leq 3$　　　ㅅ. $4x-7 \leq 6$　　　ㅇ. $3x+2x=5x$

필수 문제 **1**

문장을 등식으로 나타내기

▶문장을 등식으로 나타낼 때는 문장을 적절히 끊어서 좌변과 우변이 되는 식을 각각 세운다.

다음 문장을 등식으로 나타내시오.

(1) 어떤 수 x의 5배에서 6을 뺀 값은 12이다.

(2) 한 변의 길이가 x cm인 정사각형의 둘레의 길이는 20 cm이다.

(3) 한 자루에 700원인 연필 x자루와 한 개에 800원인 지우개 5개의 가격은 7500원이다.

(4) 학생 1명의 입장료가 x원인 미술관에서 학생 3명의 입장료는 3000원이다.

1-1 다음 문장을 등식으로 나타내시오.

(1) 어떤 수 x에 3을 더한 후 2배 하면 x를 3으로 나눈 것과 같다.

(2) 밑변의 길이가 x cm이고, 높이가 5 cm인 삼각형의 넓이는 20 cm²이다.

(3) 복숭아 26개를 x명의 학생에게 4개씩 나누어 주었더니 2개가 남았다.

(4) 500원짜리 사탕을 x개 사고 2000원을 냈을 때, 거스름돈은 500원이었다.

• 정답과 해설 44쪽

 개념 확인 x의 값이 0, 1, 2, 3일 때, 다음 방정식에 대하여 표를 완성하고, 그 해를 구하시오.

(1) $2x+3=5x$

x의 값	$2x+3$의 값	$5x$의 값	참/거짓
0	$0+3=3$	0	거짓
1			
2			
3			

해: _____

(2) $3x-4=x$

x의 값	$3x-4$의 값	x의 값	참/거짓
0			
1			
2			
3			

해: _____

필수 문제 **2** **다음 방정식 중 해가 $x=3$인 것은?**

방정식의 해

▶ 방정식의 해가 $x=3$이다.
⇨ 방정식에 $x=3$을 대입하면 등식이 성립한다.

① $x-6=3$ ② $-4x=12$ ③ $\dfrac{x}{3}=9$

④ $4(x-2)=4$ ⑤ $2x-3=-x$

2-1 다음 중 [　] 안의 수가 주어진 방정식의 해가 <u>아닌</u> 것은?

① $3x+4=1$　$[-1]$ ② $4x-1=2x$　$\left[\dfrac{1}{2}\right]$ ③ $2x=5x-6$ $[2]$

④ $2(x+1)=x$ $[-3]$ ⑤ $5x+4=6x-5$ $[9]$

필수 문제 **3** **다음 보기 중 항등식을 모두 고르시오.**

항등식 찾기

▶ 항등식을 찾을 때는 좌변과 우변을 각각 간단히 하여 (좌변)＝(우변)인지 확인한다.

보기

ㄱ. $0\times x=0$ ㄴ. $x\times5=5x$ ㄷ. $3-x=x-3$

ㄹ. $2x=4$ ㅁ. $4x=4+x$ ㅂ. $x+2x=3x$

ㅅ. $5=x+7$ ㅇ. $2(x+3)=2x+6$ ㅈ. $x+6x-7=7(x-1)$

3-1 다음 중 x의 값에 관계없이 항상 참이 되는 등식을 모두 고르면? (정답 2개)

① $2x=0$ ② $x+x=2$ ③ $(3x+6)\div3=x+2$

④ $x+2=4x$ ⑤ $3(2x-1)=6x-3$

2 등식의 성질

(1) 등식의 성질

① 등식의 양변에 같은 수를 더하여도 등식은 성립한다.

➡ $a=b$이면 $a+c=b+c$이다.

② 등식의 양변에서 같은 수를 빼어도 등식은 성립한다.

➡ $a=b$이면 $a-c=b-c$이다.

③ 등식의 양변에 같은 수를 곱하여도 등식은 성립한다.

➡ $a=b$이면 $ac=bc$이다.

④ 등식의 양변을 0이 아닌 같은 수로 나누어도 등식은 성립한다.

➡ $a=b$이고 $c \neq 0$이면 $\dfrac{a}{c}=\dfrac{b}{c}$이다.

(2) 등식의 성질을 이용한 방정식의 풀이

등식의 성질을 이용하여 방정식을 $x=(수)$ 꼴로 고쳐서 해를 구한다.

예 $x+2=5$ $\xrightarrow[\text{2를 빼면}]{\text{양변에서}}$ $x+2\,\boxed{-2}=5\,\boxed{-2}$ ∴ $x=3$ (방정식의 해)

필수 문제　　**4**

등식의 성질

▸ □＝○이면
　(1) □$+c$＝○$+c$
　(2) □$-c$＝○$-c$
　(3) □$\times c$＝○$\times c$
　(4) □$\div c$＝○$\div c$ (단, $c \neq 0$)

$a=b$일 때, 다음 중 옳지 <u>않은</u> 것을 모두 고르면? (정답 2개)

① $a-5=b-5$　　② $2+a=2-b$　　③ $3a=3b$

④ $\dfrac{a}{2}=\dfrac{b}{4}$　　⑤ $4+2a=4+2b$

4-1 다음 보기 중 옳지 <u>않은</u> 것을 모두 고르시오.

┌─(보기)─────────────────────────────
│ ㄱ. $a=b$이면 $a-b=0$이다.　　　　ㄴ. $\dfrac{x}{3}=\dfrac{y}{5}$이면 $3x=5y$이다.
│ ㄷ. $a=b$이면 $\dfrac{a}{c}=\dfrac{b}{c}$이다.　　　ㄹ. $a+3=b+3$이면 $5a=5b$이다.
└───────────────────────────────────

필수 문제　　**5**

등식의 성질을 이용한 방정식의 풀이

▸등식의 성질을 이용하여 방정식을 풀 때
❶ 좌변에 x항만 남긴다.
❷ x의 계수를 1로 만든다.

다음은 등식의 성질을 이용하여 방정식 $3x+7=-2$를 푸는 과정이다. □ 안에 알맞은 수를 쓰시오.

$3x+7=-2$ $\xrightarrow[\boxed{}\text{을(를) 빼다.}]{\text{양변에서}}$ $3x=\boxed{}$ $\xrightarrow[\boxed{}\text{(으)로 나눈다.}]{\text{양변을}}$ $x=\boxed{}$

5-1 등식의 성질을 이용하여 다음 방정식을 푸시오.

(1) $x-3=4$　　　(2) $\dfrac{x}{3}=-2$　　　(3) $5x+3=18$

1 다음 중 등식이 <u>아닌</u> 것을 모두 고르면? (정답 2개)

① $x+3=-5$ ② $15x \div 5$ ③ $2+5=7$

④ $4x-9<0$ ⑤ $\dfrac{3x+4}{5}-\dfrac{x-5}{2}=3$

2 다음 중 [ ] 안의 수가 주어진 방정식의 해인 것은?

① $3x+7=5-x$ $[-1]$ ② $5+3x=-2x+6$ $[0]$

③ $2x-5=-2$ $\left[\dfrac{1}{2}\right]$ ④ $2x-11=-x-8$ $\left[-\dfrac{1}{3}\right]$

⑤ $2(x-1)+3=3x-2$ $[3]$

3 등식 $3x+a=bx-2$가 모든 x의 값에 대하여 항상 참일 때, 상수 a, b에 대하여 $a+b$의 값은?

① -2 ② -1 ③ 0

④ 1 ⑤ 2

4 다음 중 옳지 <u>않은</u> 것은?

① $a=b$이면 $a-6=b-6$이다.

② $a=b$이면 $2a=a+b$이다.

③ $\dfrac{a}{4}=\dfrac{b}{3}$이면 $3a=4b$이다.

④ $3x=-6y$이면 $x=-2y$이다.

⑤ $x=3y$이면 $x-2=3(y-2)$이다.

5 오른쪽은 등식의 성질을 이용하여 방정식 $2x+2=10$의 해를 구하는 과정이다. (가), (나)에 이용된 등식의 성질을 다음 보기에서 찾아 바르게 짝 지은 것은?

$$\begin{array}{l} 2x+2=10 \\ \quad\quad 2x=8 \\ \quad \therefore\ x=4 \end{array} \begin{array}{l} \text{(가)} \\ \text{(나)} \end{array}$$

─ 보기 ─

$a=b$이고, c는 자연수일 때

ㄱ. $a+c=b+c$ ㄴ. $a-c=b-c$

ㄷ. $ac=bc$ ㄹ. $\dfrac{a}{c}=\dfrac{b}{c}$

① (가)-ㄱ, (나)-ㄴ ② (가)-ㄱ, (나)-ㄷ ③ (가)-ㄴ, (나)-ㄷ

④ (가)-ㄴ, (나)-ㄹ ⑤ (가)-ㄷ, (나)-ㄹ

02 일차방정식의 풀이

● 정답과 해설 46쪽

1 이항

등식의 성질을 이용하여 등식의 한 변에 있는 항을 그 항의 부호를 바꾸어
다른 변으로 옮기는 것을 **이항**이라 한다.

등식의 성질	이항
$x+3=5$	$x+3=5$
↓양변에서 -3	└─ 우변으로 이항
$x+3-3=5-3$	$x=5-3$ → 부호가 바뀐다.
$\therefore\ x=2$	$\therefore\ x=2$

→ 등식의 양변에서 3을 빼는 것은 등식의 좌변
에 있는 $+3$을 부호를 바꾸어 우변으로 옮기는
것, 즉 이항하는 것과 같다.

2 일차방정식

등식의 모든 항을 좌변으로 이항하여 정리한 식이 $\underset{\longrightarrow\ ax+b=0\,(a\neq0)}{(x\text{에 대한 일차식})=0}$ 꼴로 나타나는 방정식을
x에 대한 **일차방정식**이라 한다.

> **용어**
> • **이**(移 옮기다)**항**
>   항을 옮기는 것

필수 문제 **1** 다음 방정식에서 밑줄 친 항을 이항하시오.

이항

▶ $+▲$를 이항 ⇨ $-▲$
  $-▲$를 이항 ⇨ $+▲$

(1) $5x\underline{+1}=6$

(2) $2x+8=\underline{-10}$

(3) $x\underline{-7}=-3x$

(4) $3x\underline{-5}=2x+3$

1-1 다음 중 이항을 바르게 한 것은?

① $x+2=2x$ ⇨ $x-2x=2$

② $3x=-12$ ⇨ $x=-12-3$

③ $2x-4=x+1$ ⇨ $2x+x=1+4$

④ $x-5=-2x+3$ ⇨ $x+2x=3+5$

⑤ $2x-9=-3x$ ⇨ $2x+3x=-9$

필수 문제 **2** 다음 보기 중 일차방정식을 모두 고르시오.

일차방정식 찾기

▶ 일차방정식을 찾으려면 다음
  을 확인한다.
  ① 등식인가?
  ② 정리하여 (일차식)=0 꼴로
     나타낼 수 있는가?

> **보기**
>
> ㄱ. $2x-1$　　　ㄴ. $x^2+1=x^2+x$　　　ㄷ. $4x-5=2x+9$
>
> ㄹ. $-3+x=x-3$　　　ㅁ. $5x-7=-x^2$　　　ㅂ. $-2(x-2)=4-2x$

2-1 다음 중 일차방정식이 **아닌** 것은?

① $x=0$

② $x^2-1=x^2-3x+1$

③ $6x-5=2x$

④ $-2x+6=2(3-x)$

⑤ $\dfrac{x}{3}-2=4$

3 일차방정식의 풀이

❶ 괄호가 있으면 분배법칙을 이용하여 괄호를 먼저 푼다.
❷ 일차항은 좌변으로, 상수항은 우변으로 각각 이항하여 정리한다.
❸ 양변을 x의 계수로 나누어 $x=(\text{수})$ 꼴로 나타낸다.
❹ 구한 해가 일차방정식을 참이 되게 하는지 확인한다.

$$3(x-2)=x+4 \quad \text{— 괄호 풀기}$$
$$3x-6=x+4 \quad \text{— 이항하기}$$
$$3x-x=4+6 \quad \text{— 정리하기}$$
$$2x=10 \quad \text{— } x=(\text{수}) \text{ 꼴로}$$
$$\therefore x=5 \quad \text{— 나타내기}$$

개념 확인

다음 방정식의 풀이 과정에서 ☐ 안에 알맞은 수를 쓰시오.

(1) $2x-7=15$ $\xrightarrow{-7 \text{을 이항한다.}}$ $2x=\boxed{}$ $\xrightarrow{\text{양변을 } x \text{의 계수로 나눈다.}}$ $x=\boxed{}$

(2) $4x+5=x-2$ $\xrightarrow{5 \text{와 } x \text{를 각각 이항한다.}}$ $\boxed{}x=-7$ $\xrightarrow{\text{양변을 } x \text{의 계수로 나눈다.}}$ $x=\boxed{}$

필수 문제 **3**

일차방정식의 풀이

▶괄호는 분배법칙
$a(b+c)=ab+ac$
를 이용하여 푼다.

다음 일차방정식을 푸시오.

(1) $2x+9=3$

(2) $3-4x=5x$

(3) $3(x-5)=x+1$

(4) $-2(x-3)=3(x-1)$

3-1 다음 일차방정식을 푸시오.

(1) $2x-1=5$

(2) $3x=5x+2$

(3) $3x+7=-4x-7$

(4) $7-3x=2x-33$

3-2 다음 일차방정식을 푸시오.

(1) $2(4-6x)=-16$

(2) $-2(x-1)=x+8$

(3) $7x-(2x+1)=x-3$

(4) $1+3(x-4)=4(x-2)$

(5) $6\left(\dfrac{x}{3}-\dfrac{1}{2}\right)=-4\left(\dfrac{x}{2}-\dfrac{1}{4}\right)$

(6) $12\left(\dfrac{x}{4}+\dfrac{1}{6}\right)-4=9\left(\dfrac{x}{9}-1\right)$

4 여러 가지 일차방정식의 풀이

계수가 소수 또는 분수인 일차방정식은 양변에 적당한 수를 곱하여
계수를 모두 정수로 고쳐서 푼다.

(1) 계수가 소수인 경우: 양변에 10의 거듭제곱을 곱한다.

예 $0.3x-0.5=0.1$ $\xrightarrow[\text{양변에}\ \times 10]{}$ $0.3x\ \boxed{\times 10}-0.5\ \boxed{\times 10}=0.1\ \boxed{\times 10}$

(2) 계수가 분수인 경우: 양변에 분모의 최소공배수를 곱한다.

예 $\frac{1}{2}x+1=\frac{1}{3}$ $\xrightarrow[\text{양변에}\ \times 6]{}$ $\frac{1}{2}x\ \boxed{\times 6}+1\ \boxed{\times 6}=\frac{1}{3}\ \boxed{\times 6}$

주의 양변에 수를 곱할 때는 모든 항에 똑같은 수를 빠짐없이 곱해야 한다.

예 $0.8x+0.2=1 \Rightarrow 8x+0.2=1\ (\times)$
$\Rightarrow 8x+2=1\ \ (\times)$
$\Rightarrow 8x+2=10\ (\bigcirc)$

계수를 정수로 고치기
↓
괄호 풀기
↓
이항하기
↓
정리하기
↓
$x=$(수) 꼴로 나타내기

필수 문제 4

계수가 소수인
일차방정식의 풀이

다음 일차방정식을 푸시오.

(1) $0.2x+0.3=0.7$

(2) $0.1x-0.3=0.02x+0.18$

4-1 다음 일차방정식을 푸시오.

(1) $0.3x-0.5=0.4$

(2) $0.7x+0.2=0.4x-1$

(3) $0.09x-0.3=0.05(x+2)$

(4) $0.4(2-0.5x)=1.2$

필수 문제 5

계수가 분수인
일차방정식의 풀이

다음 일차방정식을 푸시오.

(1) $\frac{x}{3}-\frac{1}{2}=\frac{x}{4}$

(2) $\frac{1}{8}(x+3)=\frac{3}{2}x-1$

5-1 다음 일차방정식을 푸시오.

(1) $\frac{1}{3}x+1=\frac{1}{5}x+\frac{1}{3}$

(2) $\frac{3}{2}(5-x)=\frac{5}{3}-x$

(3) $\frac{x-3}{5}=\frac{2x-3}{4}$

(4) $\frac{x}{6}-\frac{5}{4}=\frac{15-x}{12}$

5-2 일차방정식 $\frac{2x+3}{5}=0.3(x-1)$을 푸시오.

1 다음 일차방정식을 푸시오.

(1) $x - 4 = -2x - 1$

(2) $5x - 2 = -3x + 2$

(3) $2 - 3x = -x - 6$

(4) $3x + 8 = -3x + 4$

2 다음 일차방정식을 푸시오.

(1) $2(x + 5) = -(x - 7)$

(2) $1 - 3(2x - 1) = -5x$

(3) $-(x - 6) = 2(3x - 1)$

(4) $4(x - 1) = 3(x - 7) + 1$

3 다음 일차방정식을 푸시오.

(1) $0.6x - 0.1 = 0.9x + 2$

(2) $0.1x - 0.2 = 0.03x - 0.34$

(3) $0.5(x - 2) = 0.2(x + 7)$

(4) $0.15(x - 1) = 0.2(x + 1)$

4 다음 일차방정식을 푸시오.

(1) $\dfrac{2}{3}x + 1 = \dfrac{5}{9}x + 2$

(2) $\dfrac{1}{10}(x - 4) - \dfrac{1}{5} = \dfrac{1}{25}(x + 6)$

(3) $\dfrac{x + 2}{5} - 1 = \dfrac{x}{2}$

(4) $\dfrac{x - 3}{4} + \dfrac{5}{3} = \dfrac{4x + 13}{6}$

5 다음 일차방정식을 푸시오.

(1) $1.2(x - 2) = \dfrac{2x + 3}{4}$

(2) $\dfrac{2x - 6}{3} + 1 = 0.2\left(x - \dfrac{1}{3}\right)$

1 다음 중 일차방정식 $5x+3=8$에서 좌변에 있는 3을 이항한 것과 같은 의미인 것은?

① 양변에서 -3을 뺀다.   ② 양변에 3을 더한다.

③ 양변에서 3을 뺀다.   ④ 양변에 -3을 곱한다.

⑤ 양변을 3으로 나눈다.

2 다음 보기 중 일차방정식의 개수는?

> 보기
>
> ㄱ. $3x+8$ ㄴ. $5(x^2+x)=5x^2-3(x+1)$ ㄷ. $3(x-3)+x=4x-9$
>
> ㄹ. $\dfrac{x}{4}-1=7$ ㅁ. $2x=-(x-6)$ ㅂ. $11x-7=x^2+4x+3$

① 1   ② 2   ③ 3   ④ 4   ⑤ 5

3 다음 일차방정식 중 해가 가장 큰 것은?

① $5-8x=3x-6$ ② $2x-3(x+1)=6$

③ $10-3(4x+2)=-4(x-5)$ ④ $0.3x-0.18=0.07(4+x)$

⑤ $\dfrac{x}{2}+\dfrac{2-x}{6}=\dfrac{1}{2}(x+1)$

4 x에 대한 일차방정식 $7x-a=4x-1$의 해가 $x=3$일 때, 상수 a의 값을 구하시오.

● 두 일차방정식의 해가 서로 같을 때, 상수의 값 구하기

❶ 두 일차방정식 중 해를 구할 수 있는 일차방정식의 해를 먼저 구한다.

❷ 구한 해를 다른 일차방정식에 대입한다.

5 x에 대한 두 일차방정식 $4(x-1)=-3+3x$, $2x-a=7$의 해가 서로 같을 때, 상수 a의 값을 구하시오.

6 다음 x에 대한 두 일차방정식의 해가 서로 같을 때, 상수 a의 값을 구하시오.

$$\frac{5x+11}{12}=\frac{1}{6}-\frac{1}{3}x, \quad 5-3(x-a)=2$$

03 일차방정식의 활용

● 정답과 해설 49쪽

1 일차방정식을 활용하여 문제를 해결하는 과정

❶ 문제의 뜻을 이해하고 구하려는 값을 미지수로 놓는다.

❷ 문제의 뜻에 맞게 일차방정식을 세운다.

❸ 일차방정식을 푼다.

❹ 구한 해가 문제의 뜻에 맞는지 확인한다.

주의 문제의 답을 구할 때, 반드시 단위를 쓴다.

미지수 정하기
↓
방정식 세우기
↓
방정식 풀기
↓
확인하기

개념 확인

다음은 어떤 수의 5배에서 3을 뺀 수가 어떤 수의 2배보다 9만큼 클 때, 어떤 수를 구하는 과정이다. ☐ 안에 알맞은 것을 쓰시오.

❶ 미지수 정하기	어떤 수를 x라 하자.
❷ 방정식 세우기	어떤 수의 5배에서 3을 뺀 수는 $5x-3$이고, 어떤 수의 2배보다 9만큼 큰 수는 ☐이므로 방정식을 세우면 $5x-3=$☐
❸ 방정식 풀기	$3x=$☐ ∴ $x=$☐ 따라서 어떤 수는 ☐이다.
❹ 확인하기	어떤 수가 ☐이면 ☐$\times 5-3=$☐$\times 2+9$ 이므로 문제의 뜻에 맞는다.

필수 문제

연속하는 자연수에 대한 문제

▶연속하는 두 짝수(홀수)
  ⇨ x, $x+2$ 또는 $x-2$, x
▶연속하는 세 자연수
  • 가장 작은 수를 x라 하면
    ⇨ x, $x+1$, $x+2$
  • 가운데 수를 x라 하면
    ⇨ $x-1$, x, $x+1$
  • 가장 큰 수를 x라 하면
    ⇨ $x-2$, $x-1$, x

1 연속하는 두 짝수의 합이 26일 때, 두 짝수 중 작은 수를 구하시오.

1-1 연속하는 세 자연수의 합이 39일 때, 세 자연수를 구하시오.

필수 문제

자리의 숫자에 대한 문제

▶십의 자리의 숫자가 a, 일의 자리의 숫자가 b인 두 자리의 자연수
  ⇨ $10a+b$

2 십의 자리의 숫자가 2인 두 자리의 자연수가 있다. 이 자연수의 십의 자리의 숫자와 일의 자리의 숫자를 바꾼 수는 처음 수보다 63만큼 크다고 할 때, 처음 자연수를 구하시오.

2-1 일의 자리의 숫자가 5인 두 자리의 자연수가 있다. 이 자연수의 십의 자리의 숫자와 일의 자리의 숫자를 바꾼 수는 처음 수보다 27만큼 작다고 할 때, 처음 자연수를 구하시오.

필수 문제 **3**

개수, 나이에 대한 문제

▶초콜릿을 x개 샀다고 하면

	초콜릿	사탕
개수	x	
금액		

1개에 800원 하는 초콜릿과 1개에 600원 하는 사탕을 합하여 20개를 사고 13000원을 지불하였다. 이때 초콜릿과 사탕은 각각 몇 개씩 샀는지 구하시오.

800원   600원   = 20(개)

▶2점짜리 슛을 x개 성공하였다고 하면

	2점 슛	3점 슛
개수	x	
점수		

3-1 어느 농구 시합에서 한 선수가 2점짜리 슛과 3점짜리 슛을 합하여 19개를 성공하여 44점을 득점하였다. 이 선수는 2점짜리 슛을 몇 개 성공하였는지 구하시오.

▶현재와 x년 후의 아버지와 아들의 나이는

	아버지	아들
현재	48세	12세
x년 후		

3-2 현재 아버지의 나이는 48세, 아들의 나이는 12세이다. 아버지의 나이가 아들의 나이의 3배가 되는 것은 몇 년 후인지 구하시오.

필수 문제 **4**

도형에 대한 문제

▶(직사각형의 둘레의 길이)
　＝2×{(가로의 길이)
　　　＋(세로의 길이)}

둘레의 길이가 20 cm인 직사각형이 있다. 이 직사각형의 가로의 길이가 세로의 길이보다 2 cm 더 길 때, 세로의 길이를 구하시오.

4-1 세로의 길이가 가로의 길이보다 4 cm 더 짧은 직사각형의 둘레의 길이가 40 cm일 때, 이 직사각형의 넓이를 구하시오.

필수 문제 **5**

과부족에 대한 문제

학생들에게 공책을 나누어 주는데 한 학생에게 5권씩 나누어 주면 2권이 남고, 6권씩 나누어 주면 3권이 부족하다고 한다. 학생 수를 구하려고 할 때, 다음 물음에 답하시오.

(1) 다음 ☐ 안에 알맞은 식을 쓰시오.

> 학생 수를 x라 할 때, 한 학생에게 공책을
> 5권씩 나누어 주면 2권이 남으므로 (공책의 수)=☐
> 6권씩 나누어 주면 3권이 부족하므로 (공책의 수)=☐

(2) 공책의 수가 일정함을 이용하여 학생 수를 구하시오.

5-1 어느 학교 미술 동아리 학생들에게 귤을 나누어 주는데 한 학생에게 4개씩 나누어 주면 5개가 남고, 5개씩 나누어 주면 4개가 부족하다고 할 때, 다음 물음에 답하시오.

(1) 미술 동아리 학생 수를 구하시오.

(2) 귤의 개수를 구하시오.

필수 문제 **6**

증가, 감소에 대한 문제

▶ x의 변화량
• x가 $a\%$ 증가
 ⇨ $+\dfrac{a}{100}x$
• x가 $b\%$ 감소
 ⇨ $-\dfrac{b}{100}x$

어느 중학교에서 작년의 전체 학생은 700명이었다. 올해는 작년에 비하여 여학생 수는 7% 증가하고 남학생 수는 3% 감소하여 전체 학생은 9명이 증가하였다. 이 학교의 작년의 여학생 수를 구하려고 할 때, 다음 물음에 답하시오.

(1) 작년의 여학생 수를 x라 할 때, 다음 표를 완성하시오.

	여학생 수	남학생 수	전체 학생 수
작년	x		700
올해 변화량	$+\dfrac{7}{100}x$		$+9$

(2) (여학생 수의 변화량)+(남학생 수의 변화량)=(전체 학생 수의 변화량)임을 이용하여 일차방정식을 세우시오.

(3) 작년의 여학생 수를 구하시오.

6-1 어느 중학교에서 작년의 전체 학생은 900명이었다. 올해는 작년에 비하여 남학생 수는 4% 증가하고 여학생 수는 8% 감소하여 전체 학생은 15명이 감소하였다. 이 학교의 작년의 남학생 수를 구하시오.

1 연속하는 세 홀수의 합이 33일 때, 세 홀수 중 가장 작은 수를 구하시오.

2 현재 어머니의 나이는 딸의 나이의 3배이고, 14년 후에 어머니의 나이가 딸의 나이의 2배가 된다고 한다. 현재 딸의 나이를 구하시오.

3 오른쪽 그림과 같이 한 변의 길이가 $10\,\text{cm}$인 정사각형의 가로의 길이를 $5\,\text{cm}$만큼 늘이고 세로의 길이를 $x\,\text{cm}$만큼 줄였더니 넓이가 $60\,\text{cm}^2$인 직사각형이 되었다. 이때 x의 값을 구하시오.

4 현재 수현이의 저금통에는 8000원, 동생의 저금통에는 3600원이 들어 있다. 내일부터 수현이는 매일 400원씩, 동생은 매일 600원씩 저금통에 넣는다면 수현이와 동생의 저금통에 들어 있는 금액이 같아지는 것은 며칠 후인지 구하시오.

5 어느 동호회에서 지난달의 회원은 60명이었다. 이번 달에는 지난달에 비하여 남자 회원 수는 5 % 감소하고 여자 회원 수는 10 % 증가하여 전체 회원은 3명이 증가하였다. 이 동호회의 이번 달의 남자 회원 수를 구하시오.

2 거리, 속력, 시간에 대한 문제

거리, 속력, 시간에 대한 문제는 다음 관계를 이용하여 방정식을 세운다.

$$(거리)=(속력)\times(시간), \ (속력)=\frac{(거리)}{(시간)}, \ (시간)=\frac{(거리)}{(속력)}$$

주의 주어진 단위가 다를 경우, 방정식을 세우기 전에 먼저 단위를 통일한다.

➡ $1\,km=1000\,m$, $1\,m=\frac{1}{1000}\,km$, 1시간$=60$분, 1분$=\frac{1}{60}$시간

개념 확인 다음을 문자를 사용한 식으로 나타내시오.

(1) 시속 $a\,km$로 2시간 동안 달린 거리

(2) $x\,km$의 거리를 시속 $5\,km$로 달릴 때, 걸리는 시간

(3) 3시간 동안 일정한 속력으로 $x\,km$의 거리를 걸었을 때의 속력

필수 문제 **7**

전체 걸린 시간이 주어진 경우

두 지점 A, B 사이를 자동차를 타고 왕복하는데 갈 때는 시속 $80\,km$로 가고, 올 때는 같은 길을 시속 $40\,km$로 왔더니 총 6시간이 걸렸다. 두 지점 A, B 사이의 거리를 구하려고 할 때, 다음 물음에 답하시오.

(1) 두 지점 A, B 사이의 거리를 $x\,km$라 할 때, 다음 표를 완성하시오.

	갈 때	올 때
속력	시속 $80\,km$	시속 $40\,km$
거리	$x\,km$	$x\,km$
시간		

(2) (갈 때 걸린 시간)$+$(올 때 걸린 시간)$=$(전체 걸린 시간)임을 이용하여 일차방정식을 세우시오.

(3) 두 지점 A, B 사이의 거리를 구하시오.

▶ 집과 학교 사이의 거리를 $x\,km$라 하면

	갈 때	올 때
속력	시속 $10\,km$	시속 $5\,km$
거리	$x\,km$	$x\,km$
시간		

7-1 집과 학교 사이를 왕복하는데 갈 때는 시속 $10\,km$로 자전거를 타고 가고, 올 때는 같은 길을 시속 $5\,km$로 걸어왔더니 총 1시간 30분이 걸렸다. 이때 집과 학교 사이의 거리를 구하시오.

동생이 집을 출발한 지 10분 후에 형이 동생을 따라나섰다. 동생은 분속 40 m로 걷고, 형은 분속 60 m로 따라간다고 한다. 형이 출발한 지 몇 분 후에 동생을 만나는지 구하려고 할 때, 다음 물음에 답하시오.

(1) 형이 출발한 지 x분 후에 동생을 만난다고 할 때, 다음 표를 완성하시오.

	동생	형
속력	분속 40 m	분속 60 m
시간		x분
거리		

(2) (동생이 이동한 거리)=(형이 이동한 거리)임을 이용하여 일차방정식을 세우시오.

(3) 형이 출발한 지 몇 분 후에 동생을 만나는지 구하시오.

▶ 서준이가 출발한 지 x분 후에
유미를 만난다고 하면

	유미	서준
속력	분속 50 m	분속 180 m
시간		x분
거리		

8-1 유미가 집을 출발한 지 13분 후에 서준이가 유미를 뒤따라 출발하였다. 유미는 분속 50 m로 걷고, 서준이는 분속 180 m로 자전거를 타고 따라갈 때, 서준이가 출발한 지 몇 분 후에 유미를 만나는지 구하시오.

예지의 집과 현우의 집 사이의 거리는 1800 m이다. 예지는 분속 40 m로, 현우는 분속 50 m로 각자의 집에서 동시에 출발하여 서로 상대방의 집을 향하여 걸어갔다. 두 사람이 출발한 지 몇 분 후에 만나는지 구하려고 할 때, 다음 물음에 답하시오.

(1) 두 사람이 출발한 지 x분 후에 만난다고 할 때, 다음 표를 완성하시오.

	예지	현우
속력	분속 40 m	분속 50 m
시간	x분	x분
거리		

(2) (예지가 걸은 거리)+(현우가 걸은 거리)=(예지의 집과 현우의 집 사이의 거리)임을 이용하여 일차방정식을 세우시오.

(3) 두 사람이 출발한 지 몇 분 후에 만나는지 구하시오.

▶ 두 사람이 출발한 지 x분 후에
처음으로 다시 만난다고 하면

	선호	슬기
속력	분속 80 m	분속 120 m
시간	x분	x분
거리		

9-1 둘레의 길이가 3 km인 원 모양의 호수가 있다. 이 호수의 둘레를 선호와 슬기가 같은 지점에서 동시에 출발하여 서로 반대 방향으로 걸어갔다. 선호는 분속 80 m로, 슬기는 분속 120 m로 걸을 때, 두 사람은 출발한 지 몇 분 후에 처음으로 다시 만나는지 구하시오.

3 일에 대한 문제

일에 대한 문제는 전체 일의 양을 1로 놓고, 다음을 이용하여 방정식을 세운다.

(1) 어떤 일을 혼자서 완성하는 데 a일이 걸린다. ➡ 하루 동안 하는 일의 양은 $\dfrac{1}{a}$

(2) 하루 동안 하는 일의 양이 A이다. ➡ x일 동안 하는 일의 양은 Ax

4 원가, 정가에 대한 문제

원가, 정가에 대한 문제는 다음을 이용하여 방정식을 세운다.
(1) (정가)＝(원가)＋(이익)
(2) (실제 이익)＝(판매 가격)－(원가)

필수 문제 **10**
일에 대한 문제

어떤 일을 완성하는 데 아버지는 10일, 형은 15일이 걸린다고 할 때, 다음 물음에 답하시오.

(1) 전체 일의 양을 1로 놓고, 하루 동안 아버지와 형이 할 수 있는 일의 양을 각각 구하시오.

(2) 이 일을 아버지와 형이 함께 한다면 완성하는 데 며칠이 걸리는지 구하시오.

10-1 어떤 코딩용 로봇을 조립하여 완성하는 데 은우가 혼자 하면 6시간이 걸리고, 윤서가 혼자 하면 3시간이 걸린다고 한다. 은우와 윤서가 함께 조립하면 이 로봇을 완성하는 데 몇 시간이 걸리는지 구하시오.

필수 문제 **11**
원가, 정가에 대한 문제

▶(1) 원가가 x원인 물건에 $a\%$
　의 이익을 붙여서 정한 정가
　⇨ (정가)＝$x+\dfrac{a}{100}x$

(2) 정가가 y원인 물건을 $b\%$
　할인하여 판매한 가격
　⇨ (판매 가격)＝$y-\dfrac{b}{100}y$

어떤 상품의 원가에 20 %의 이익을 붙여서 정가를 정한 후, 정가에서 500원을 할인하여 팔았더니 1개를 팔 때마다 300원의 이익이 생겼다. 이 상품의 원가를 구하려고 할 때, 다음 물음에 답하시오.

(1) 이 상품의 원가를 x원이라 할 때, 정가를 x를 사용한 식으로 나타내시오.

(2) 정가에서 500원을 할인하여 판매한 가격을 x를 사용한 식으로 나타내시오.

(3) 이 상품의 원가를 구하시오.

11-1 어떤 물건의 원가에 25 %의 이익을 붙여서 정가를 정한 후, 정가에서 1500원을 할인하여 팔았더니 1개를 팔 때마다 1000원의 이익이 생겼다. 이 물건의 원가를 구하시오.

1 도윤이가 등산을 하는데 올라갈 때는 시속 $3\,km$로 걷고, 내려올 때는 올라갈 때보다 $2\,km$가 더 먼 다른 등산로를 시속 $4\,km$로 걸었더니 총 4시간이 걸렸다고 한다. 이때 올라간 거리를 구하시오.

2 집에서 출발하여 도서관까지 같은 길로 다녀오는데 갈 때는 시속 $12\,km$로 자전거를 타고 가고, 올 때는 시속 $4\,km$로 걸어왔더니 올 때는 갈 때보다 30분이 더 걸렸다. 집과 도서관 사이의 거리를 구하려고 할 때, 다음 물음에 답하시오.

(1) 집과 도서관 사이의 거리를 $x\,km$라 할 때, 일차방정식을 세우시오.

(2) 집과 도서관 사이의 거리는 몇 km인지 구하시오.

3 승우가 학교를 출발한 지 9분 후에 은성이가 승우를 따라나섰다. 승우는 분속 $50\,m$로 걷고, 은성이는 분속 $80\,m$로 따라갈 때, 은성이가 출발한 지 몇 분 후에 승우를 만나는지 구하시오.

4 세호와 은지는 둘레의 길이가 $1.5\,km$인 원 모양의 호수의 둘레를 걸으려고 한다. 같은 지점에서 같은 방향으로 동시에 출발하여 세호는 분속 $150\,m$로 달리고, 은지는 분속 $90\,m$로 걸을 때, 두 사람은 출발한 지 몇 분 후에 처음으로 다시 만나는지 구하시오.

5 어떤 일을 완성하는 데 윤서는 12일, 수지는 16일이 걸린다고 한다. 이 일을 윤서와 수지가 함께 3일 동안 하고 나머지는 수지가 혼자 하여 완성했다고 할 때, 수지가 혼자 일한 기간은 며칠인지 구하시오.

1 다음 중 문장을 등식으로 나타낸 것으로 옳지 <u>않은</u> 것은?

① 박물관의 학생 1명의 입장료가 x원일 때, 학생 4명의 입장료는 12000원이다. ⇨ $4x=12000$

② 가로의 길이가 7 cm, 세로의 길이가 x cm인 직사각형의 둘레의 길이는 30 cm이다.
⇨ $2(7+x)=30$

③ 거리가 x km인 길을 시속 60 km로 달렸을 때 걸린 시간이 8시간이다. ⇨ $\dfrac{x}{60}=8$

④ 5에서 어떤 수 x를 뺀 것에 2를 곱하면 -4이다.
⇨ $5-2x=-4$

⑤ 1개에 a원인 배 3개와 1 kg에 b원인 포도 2 kg 의 값은 15000원이다. ⇨ $3a+2b=15000$

2 다음 중 [ ] 안의 수가 주어진 방정식의 해인 것은?

① $5x-3=2$ [-1]

② $x-1=1-x$ [0]

③ $3x-2=2(x-2)$ [1]

④ $-3x+4=2x-6$ [2]

⑤ $4(x-2)=3(x-1)$ [-5]

3 등식 $2ax-a+3=b-6x$가 x의 값에 관계없이 항상 성립할 때, 상수 a, b에 대하여 $a-b$의 값은?

① -9 ② -6 ③ -3

④ 3   ⑤ 6

4 다음 중 옳은 것은?

① $a=b$이면 $a-2=b+2$이다.

② $a-b=b$이면 $a=b$이다.

③ $\dfrac{a}{4}=\dfrac{b}{6}$이면 $2a=3b$이다.

④ $12x=-8y$이면 $3x=2y$이다.

⑤ $2(x-1)=y-2$이면 $2x=y$이다.

5 다음은 방정식 $\dfrac{1}{4}(x-8)=-3$ 을 푸는 과정이다. 이때 오른쪽 그림에서 설명하고 있는 등식의 성질이 이용된 곳을 모두 고른 것은?

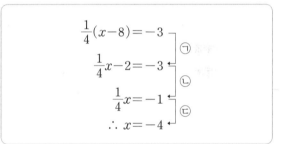

$$\dfrac{1}{4}(x-8)=-3$$
$$\dfrac{1}{4}x-2=-3 \;\left.\vphantom{\int}\right] \text{㉠}$$
$$\dfrac{1}{4}x=-1 \;\left.\vphantom{\int}\right] \text{㉡}$$
$$\therefore x=-4 \;\left.\vphantom{\int}\right] \text{㉢}$$

① ㉠   ② ㉡   ③ ㉢

④ ㉠, ㉢   ⑤ ㉡, ㉢

6 방정식 $6x-9=-x-1$을 이항을 이용하여 $ax=b$ 꼴로 고쳤을 때, $a+b$의 값을 구하시오.

(단, a, b는 10보다 작은 자연수)

7 다음 중 일차방정식을 모두 고르면? (정답 2개)

① $7x-5$ 　　　　　② $4x-7>9$

③ $5x-1=6$ 　　　　④ $3(x-2)=-6+3x$

⑤ $x^2-2x=x^2+3x-2$

8 $2x+7=ax+4$가 x에 대한 일차방정식이 되기 위한 상수 a의 조건은?

① $a\neq-2$ 　　② $a\neq0$ 　　③ $a\neq2$

④ $a\neq3$ 　　⑤ $a\neq5$

9 다음 일차방정식 중 해가 나머지 넷과 <u>다른</u> 하나는?

① $-x+4=-2$

② $3x-4=14$

③ $2x-6=5x-24$

④ $2(5x-7)=5x+11$

⑤ $\dfrac{4x+3}{9}=\dfrac{x+9}{5}$

10 다음 일차방정식의 해를 구하시오.

$$0.5x-\dfrac{x-3}{4}=0.2(x+7)-1$$

11 비례식 $\left(\dfrac{3}{2}x+1\right):3=\left(\dfrac{1}{3}x+4\right):2$를 만족시키는 x의 값은?

① $-\dfrac{5}{4}$ 　　② -1 　　③ $-\dfrac{2}{3}$

④ 1 　　⑤ 5

12 x에 대한 일차방정식 $5(1-x)=3+a(2x+7)$의 해가 $x=-2$일 때, 상수 a에 대하여 a^2+2a의 값을 구하시오.

13 일차방정식 $6x-7=2x+8$에서 좌변의 x의 계수 6을 다른 수로 잘못 보고 풀었더니 해가 $x=5$이었다. 이때 6을 어떤 수로 잘못 본 것인가?

① 2 　　② 5 　　③ 8

④ 9 　　⑤ 10

14 각 자리의 숫자의 합이 16인 두 자리의 자연수가 있다. 이 자연수의 십의 자리의 숫자와 일의 자리의 숫자를 바꾼 수는 처음 수보다 18만큼 크다고 할 때, 처음 자연수를 구하시오.

15 디저트 가게에서 1개에 2000원인 쿠키와 1개에 2500원인 마카롱을 합하여 6개를 사고 13000원을 지불하였다. 이때 구매한 마카롱의 개수는?

① 1 　　② 2 　　③ 3
④ 4 　　⑤ 5

16 현재 상현이와 누나의 나이의 합은 33세이고, 차는 5세이다. 이때 현재 누나의 나이는?

① 17세 　　② 19세 　　③ 21세
④ 23세 　　⑤ 25세

17 다음은 고대 그리스의 수학자 피타고라스의 제자에 대한 이야기이다. 피타고라스의 제자는 모두 몇 명인지 구하시오.

내 제자의 $\frac{1}{2}$은 수의 아름다움을 탐구하고, $\frac{1}{4}$은 자연의 이치를 연구한다. 또 제자의 $\frac{1}{7}$은 굳게 입을 다물고 깊은 사색에 잠겨 있다. 그 외에 여자인 제자가 세 사람이 있다. 그들이 제자의 전부이다.

18 길이가 96 cm인 철사를 구부려 가로의 길이와 세로의 길이의 비가 2 : 1인 직사각형을 만들려고 한다. 이 직사각형의 가로의 길이를 구하시오.
(단, 철사는 겹치는 부분이 없도록 모두 사용한다.)

19 어느 중학교에서 작년의 전체 학생은 1200명이었다. 올해는 작년에 비하여 남학생 수는 5 % 감소하고 여학생 수는 7 % 증가하여 전체 학생 수는 2 % 증가하였을 때, 작년의 남학생 수를 구하시오.

20 승민이의 집과 유라의 집 사이의 거리는 1.2 km이다. 승민이는 분속 50 m로, 유라는 분속 70 m로 각자의 집에서 동시에 출발하여 서로 상대방의 집을 향하여 걸을 때, 두 사람이 만나는 것은 출발한 지 몇 분 후인가?

① 8분 후 　　② 10분 후 　　③ 12분 후
④ 14분 후 　　⑤ 16분 후

21 어느 수영장에 물을 가득 채우려면 호스 A로는 8시간, 호스 B로는 12시간이 걸린다고 한다. 비어 있는 수영장에 호스 A로 2시간 동안 물을 받은 후 나머지는 호스 B로 물을 받아 수영장에 물을 가득 채울 때, 호스 B로 물을 몇 시간 동안 받아야 하는지 구하시오.

⊙ 유제를 따라 풀어 보고, 실전 문제로 연습해 보세요.

따라 해보자

예제 1 다음 x에 대한 두 일차방정식의 해가 서로 같을 때, 상수 a의 값을 구하시오.

$$\frac{3x-1}{2}-5=\frac{2x+1}{3}, \ 3x+a=x+9$$

풀이 과정

[1단계] $\frac{3x-1}{2}-5=\frac{2x+1}{3}$의 해 구하기

양변에 6을 곱하면 $3(3x-1)-30=2(2x+1)$

$9x-3-30=4x+2, \ 5x=35$

$\therefore x=7$

[2단계] a의 값 구하기

$3x+a=x+9$에 $x=7$을 대입하면

$3\times7+a=7+9, \ 21+a=16 \quad \therefore a=-5$

답 -5

유제 1 다음 x에 대한 두 일차방정식의 해가 서로 같을 때, 상수 a의 값을 구하시오.

$$\frac{1}{3}(x+1)=0.2x+1, \ \frac{6-x}{5}-\frac{ax-3}{10}=-\frac{1}{2}$$

풀이 과정

[1단계] $\frac{1}{3}(x+1)=0.2x+1$의 해 구하기

[2단계] a의 값 구하기

답

예제 2 학생들에게 사탕을 나누어 주는데 한 학생에게 3개씩 나누어 주면 6개가 남고, 4개씩 나누어 주면 12개가 부족하다고 한다. 이때 학생 수와 사탕의 개수를 차례로 구하시오.

풀이 과정

[1단계] 학생 수를 x라 하고, 조건에 맞는 일차방정식 세우기

학생 수를 x라 할 때, 한 학생에게 사탕을 3개씩 나누어 주면 6개가 남으므로 (사탕의 개수)$=3x+6$

4개씩 나누어 주면 12개가 부족하므로

(사탕의 개수)$=4x-12$

사탕의 개수는 일정하므로 $3x+6=4x-12$

[2단계] 학생 수 구하기

$3x+6=4x-12, \ -x=-18 \quad \therefore x=18$

따라서 학생 수는 18이다.

[3단계] 사탕의 개수 구하기

사탕의 개수는 $3\times18+6=60$이다.

답 18, 60

유제 2 학생들에게 연필을 나누어 주는데 한 학생에게 7자루씩 나누어 주면 4자루가 남고, 8자루씩 나누어 주면 3자루가 부족하다고 한다. 이때 학생 수와 연필의 수를 차례로 구하시오.

풀이 과정

[1단계] 학생 수를 x라 하고, 조건에 맞는 일차방정식 세우기

[2단계] 학생 수 구하기

[3단계] 연필의 수 구하기

답

연습해 보자

1 등식 $2(x+b)=ax-10$이 x에 대한 항등식일 때, 상수 a, b에 대하여 ab의 값을 구하시오.

[풀이 과정]

답

2 일차방정식 $\dfrac{1}{3}(x+1)=0.5x-\dfrac{4-3x}{6}$의 해를 구하시오.

[풀이 과정]

답

3 x에 대한 일차방정식 $a(x+2)=4(x-1)$의 해가 $x=2$일 때, $0.7x+a=-1.1$의 해를 구하시오.

(단, a는 상수)

[풀이 과정]

답

4 지점 A에서 지점 B까지 가는데 자동차를 타고 시속 40 km로 가면 자전거를 타고 시속 15 km로 갈 때보다 1시간 30분 빨리 도착한다고 한다. 이때 두 지점 A, B 사이의 거리를 구하시오.

[풀이 과정]

답

☑ 이 단원에서 배운 개념을 잘 기억하고 있는지 체크해 보세요.

□

미지수의 값에 따라 참이 되기
도 하고, 거짓이 되기도 하는 등
식 ⇨ ①□□□

↩ 84쪽

□ ○ ○ ○

미지수에 어떠한 값을 대입하여
도 항상 참이 되는 등식
⇨ ②□□□

↩ 84쪽

□ ×

• $a=b$이면 $a+5=b+$③□

• $3a=-6b$이면 $a=$④□b

↩ 86쪽

□ ×

등식의 성질을 이용하여 등식의
한 변에 있는 항을 그 항의 부호
를 바꾸어 다른 변으로 옮기는
것 ⇨ ⑤□□

↩ 88쪽

□

등식의 모든 항을 좌변으로
이항하여 정리한 식이
(x에 대한 일차식)$=0$ 꼴로
나타나는 방정식을 x에 대한
⑥□□□□□(이)라 한다.

↩ 88쪽

□ ○ ○ ○

일차방정식의 풀이

⇨ $2(x-3)=9x+1$

$2x-$⑦□$=9x+1$

$2x-9x=1+$⑧□

$-7x=$⑨□

$\therefore x=$⑩□

↩ 89쪽

□ ○ ○ ○

• 계수가 소수인 일차방정식은
양변에 10의 ⑪□□□□
을(를) 곱하여 푼다.

• 계수가 분수인 일차방정식은
양변에 분모의 ⑫□□□□
□을(를) 곱하여 푼다.

↩ 90쪽

□ ×

• 가장 작은 수를 x라 하면
연속하는 세 짝수(홀수)
⇨ x, ⑬□, ⑭□

• 십의 자리의 숫자가 a, 일의 자
리의 숫자가 b인 두 자리의 자
연수 ⇨ ⑮□

↩ 93쪽

□

• (속력)$=\dfrac{(거리)}{(시간)}$

• (시간)$=\dfrac{(⑯□□)}{(⑰□□)}$

• (거리)$=(⑱□□)\times(⑲□□)$

↩ 97쪽

등식

방정식
$5x - 2 = 8$
$x = 2$일 때만 참!

항등식
$2x + 3x = 5x$
x에 어떤 수를 대입해도 항상 참!

등식의 성질

같은 무게를 더한다.
같은 무게를 뺀다.

같은 배를 곱한다.
같은 배수로 나눈다.

$a = b$이면 (1) $a + c = b + c$ (2) $a - c = b - c$
(3) $ac = bc$ (4) $\dfrac{a}{c} = \dfrac{b}{c}$ (단, $c \neq 0$)

일차방정식

→ (일차식) = 0 꼴

일차방정식인 예
$2x - 4 = 4 - 2x$
→ $4x - 8 = 0$

일차방정식이 아닌 예
$x^2 + 1 = 3x$
→ $x^2 - 3x + 1 = 0$

일차방정식의 풀이

이항

$3(x - 2) = x + 4$ — 괄호 풀기
$3x - 6 = x + 4$ — 이항하기
$3x - x = 4 + 6$ — 정리하기
$2x = 10$
$\therefore x = 5$ — $x = (수)$ 꼴로 나타내기

이항

일차방정식의 활용

어떤 수를 찾습니다.

어떤 수의 4배에서 8을 뺀 수는 어떤 수의 2배보다 4만큼 클 때, 어떤 수는?

1. 미지수 정하기
2. 방정식 세우기
3. 방정식 풀기
4. 확인하기

어떤 수를 x라 하면
$4x - 8 = 2x + 4$ 어떤 수는 6!
$2x = 12$ $\therefore x = 6$
$6 \times 4 - 8 = 6 \times 2 + 4$이므로 문제의 뜻에 맞는다.

딩동댕~
OK

Ⅲ 좌표평면과 그래프

좌표와 그래프

준비 학습

초4 꺾은선그래프

1 다음 꺾은선그래프는 어느 해 A 지역의 1년 동안의 강수량을 조사하여 나타낸 것이다. 물음에 답하시오.

A 지역의 강수량

(1) 강수량의 변화가 가장 큰 때는 몇 월과 몇 월 사이인지 구하시오.

(2) 강수량이 가장 높을 때와 가장 낮을 때의 강수량의 차는 몇 mm 인지 구하시오.

중1 수직선

2 다음 수직선 위의 세 점 A, B, C에 대응하는 수를 각각 구하시오.

01 순서쌍과 좌표

1 수직선 위의 점의 좌표

수직선 위의 한 점에 대응하는 수를 그 점의 **좌표**라 한다.

기호 점 P의 좌표가 a일 때, P(a)

A(-2), O(0), B(4)

2 좌표평면

두 수직선을 점 O에서 서로 수직으로 만나도록 그릴 때

(1) 가로의 수직선을 x**축**, 세로의 수직선을 y**축**이라 하고, x축과 y축을 통틀어 **좌표축**이라고 한다.

(2) 두 좌표축이 만나는 점 O를 **원점**이라 한다.

(3) 좌표축이 정해져 있는 평면을 **좌표평면**이라 한다.

3 좌표평면 위의 점의 좌표

(1) **순서쌍**: 순서를 정하여 두 수를 짝 지어 나타낸 것

주의 $a \neq b$일 때, 순서쌍 (a, b)와 순서쌍 (b, a)는 서로 다르다.

(2) 좌표평면 위의 한 점 P에서 x축, y축에 각각 수선을 긋고 이 수선이 x축, y축과 만나는 점에 대응하는 수를 각각 a, b라 할 때, 순서쌍 (a, b)를 점 P의 좌표라 한다.

이때 a를 점 P의 x**좌표**, b를 점 P의 y**좌표**라 한다.

기호 점 P의 좌표가 (a, b)일 때, P(a, b)

참고 ・x축 위의 모든 점들의 y좌표는 0이므로 x축 위의 점의 좌표 ➡ (x좌표, 0)
・y축 위의 모든 점들의 x좌표는 0이므로 y축 위의 점의 좌표 ➡ (0, y좌표)

필수 문제 **1** 다음 수직선 위의 네 점 O, P, Q, R의 좌표를 각각 기호로 나타내시오.

수직선 위의 점의 좌표

1-1 다음 점들을 수직선 위에 각각 나타내시오.

$$A\left(-\frac{9}{2}\right), \quad B(-1), \quad C\left(\frac{5}{3}\right), \quad D(3)$$

필수 문제 **2** 두 순서쌍 $(2a, 6)$, $(-4, 2b)$가 서로 같을 때, a, b의 값을 각각 구하시오.

순서쌍

▶두 순서쌍 (x, y), (n, m)이
서로 같다.
⇨ $x=n$, $y=m$

2-1 두 순서쌍 $(9, 3b)$, $\left(\dfrac{1}{3}a, -27\right)$이 서로 같을 때, $a+b$의 값을 구하시오.

필수 문제 **3** 오른쪽 좌표평면 위의 다섯 개의 점 O, P, Q, R, S의 좌표를 각각 기호로 나타내시오.

좌표평면 위의 점의 좌표

▶좌표와 좌표평면의 탄생
프랑스의 수학자 데카르트
(Descartes, R., 1596~1650)
는 어느 날 침대에 누워 천장
에 붙어 있는 파리를 보고 파
리의 위치를 나타내는 방법을
연구하다가 '좌표'를 생각해
내었다는 이야기가 있다.

3-1 다음 점을 오른쪽 좌표평면 위에 나타내시오.

(1) A$(2, 3)$ (2) B$(-2, 5)$

(3) C$(4, -1)$ (4) D$(-3, -2)$

(5) E$(3, 0)$ (6) F$(0, -4)$

필수 문제 **4** 다음 점의 좌표를 구하시오.

x축 또는 y축 위의 점의 좌표

(1) x축 위에 있고, x좌표가 2인 점

(2) y축 위에 있고, y좌표가 -1인 점

▶x축 위에 있다.
⇨ y좌표가 0이다.
⇨ $(x$좌표, 0$)$
▶y축 위에 있다.
⇨ x좌표가 0이다.
⇨ $(0, y$좌표$)$

4-1 다음 보기 중 x축 위의 점과 y축 위의 점을 각각 고르시오.

보기

ㄱ. $\left(-4, \dfrac{1}{2}\right)$ ㄴ. $(-7, 0)$ ㄷ. $(5, 5)$

ㄹ. $(0, -1)$ ㅁ. $\left(\dfrac{8}{3}, 5\right)$ ㅂ. $\left(-\dfrac{3}{4}, 0\right)$

4 사분면

좌표평면은 좌표축에 의하여 네 부분으로 나뉘는데, 그 각각을
제1사분면, 제2사분면, 제3사분면, 제4사분면이라 한다.

주의 좌표축 위의 점은 어느 사분면에도 속하지 않는다.
  └→ 원점, x축 위의 점, y축 위의 점

예 점 $(1, 2)$ ➡ 제1사분면 위의 점,　　점 $(-1, 2)$ ➡ 제2사분면 위의 점
　　 　＋＋　　　　　　　　　　　　　　　 　－＋

　　点 $(-1, -2)$ ➡ 제3사분면 위의 점,　　점 $(1, -2)$ ➡ 제4사분면 위의 점
　　 　－　－　　　　　　　　　　　　　　　　＋　－

개념확인 다음 표의 빈칸에 부호 ＋, － 중 알맞은 것을 쓰시오.

용어
• 사분면(四 4개, 分 나누다, 面 면)
  4개로 나누어진 면

	제1사분면	제2사분면	제3사분면	제4사분면
x좌표의 부호				
y좌표의 부호				

필수 문제 ⑤

사분면 위의 점

다음 점은 제몇 사분면 위의 점인지 구하시오.

(1) $A(2, 3)$　　　　　　　　　　(2) $B(2, -5)$

(3) $C(-4, -3)$　　　　　　　　(4) $D(-7, 4)$

5-1 다음 보기의 점들에 대하여 물음에 답하시오.

보기

ㄱ. $(1, -6)$　　　ㄴ. $(0, 3)$　　　ㄷ. $\left(-\dfrac{1}{3}, 2\right)$　　　ㄹ. $(10, 8)$

ㅁ. $(-4, 5)$　　　ㅂ. $(-3, -8)$　　　ㅅ. $(2, -3)$　　　ㅇ. $\left(-1, -\dfrac{1}{2}\right)$

(1) 제2사분면 위의 점을 모두 고르시오.

(2) 제3사분면 위의 점을 모두 고르시오.

5-2 다음 보기 중 옳은 것을 모두 고르시오.

보기

ㄱ. 점 $(3, -2)$는 제1사분면 위의 점이다.

ㄴ. 점 $(-7, 0)$은 어느 사분면에도 속하지 않는다.

ㄷ. 제1사분면과 제4사분면 위의 점의 x좌표는 양수이다.

ㄹ. 제2사분면과 제3사분면 위의 점의 y좌표는 음수이다.

1 두 순서쌍 $(a+1, 5)$, $(-2, 2b-1)$이 서로 같을 때, $a-b$의 값은?

① -6 ② -3 ③ 0 ④ 3 ⑤ 6

2 점 $A(a+3, a-3)$은 x축 위의 점이고, 점 $B(8-2b, b+4)$는 y축 위의 점일 때, 두 점 A, B의 좌표를 각각 구하시오.

3 오른쪽 좌표평면 위에 세 점 $A(-2, -3)$, $B(4, -3)$, $C(3, 2)$를 각각 나타내고, 이 세 점을 꼭짓점으로 하는 삼각형 ABC의 넓이를 구하시오.

4 다음 중 점의 좌표와 그 점이 속하는 사분면이 바르게 짝 지어진 것을 모두 고르면? (정답 2개)

① $(1, 5)$ ⇨ 제1사분면   ② $(0, -2)$ ⇨ 제2사분면

③ $(-3, 7)$ ⇨ 제3사분면   ④ $(5, -4)$ ⇨ 제4사분면

⑤ $(-6, -6)$ ⇨ 제4사분면

5 점 $P(a, b)$가 제4사분면 위의 점일 때, 다음 점은 제몇 사분면 위의 점인지 구하시오.

(1) $A(-a, b)$ (2) $B(a, -b)$

(3) $C(b, a)$ (4) $D(a, ab)$

6 $ab<0$, $a>b$일 때, 점 (a, b)는 제몇 사분면 위의 점인지 구하시오.

• 정답과 해설 57쪽

1 그래프

(1) **변수**: x, y와 같이 여러 가지로 변하는 값을 나타내는 문자

> 참고 변수와는 달리 일정한 값을 나타내는 수나 문자를 상수라 한다.

(2) **그래프**: 두 변수 x, y의 순서쌍 (x, y)를 좌표로 하는 점 전체를 좌표평면 위에 나타낸 것

2 그래프의 이해

두 양 사이의 관계를 좌표평면 위에 그래프로 나타내면 두 양의 변화 관계를 알 수 있다.

> 예 다음 그래프는 비행기의 고도를 시간에 따라 나타낸 것이고, 이 그래프에서 고도의 변화를 해석하면 아래 표와 같다.

> 참고 그래프는 다음 그림처럼 곡선으로도 나타난다.

➡ 시간에 따라 속력이 점점 느리게 증가한다.

➡ 시간에 따라 속력이 점점 빠르게 증가한다.

➡ 시간에 따라 속력이 증가와 감소를 반복한다.

필수 문제 **1**

상황에 알맞은 그래프 찾기

▶ 그래프에서 x축과 y축이 각각 무엇을 나타내는지 확인하고, 주어진 상황에 알맞은 그래프 를 찾는다.

다음 상황을 읽고, 음료수 병 안에 남은 음료수의 양을 시간에 따라 나타낸 그래프로 가장 알 맞은 것을 보기에서 고르시오.

> 희주는 학교 가는 길에 음료수 한 병을 사서 반쯤 먹은 후 자리에 두고 수학 수업을 들었 다. 수학 수업이 끝난 후 희주는 남은 음료수를 모두 마셨다.

1-1 민재는 집을 출발하여 공원에 가서 나무 아래에 앉아 잠시 휴식을 취한 후 집으로 돌아왔다. 다음 중 민재가 집에서 떨어진 거리를 시간에 따라 나타낸 그래프로 알맞은 것은?

(단, 집에서 공원까지의 길은 직선이다.)

필수 **문제**

용기의 모양과 그래프

2 오른쪽 그림과 같은 두 용기 A, B에 일정한 속력으로 물을 채울 때, 물의 높이를 시간에 따라 나타낸 그래프로 가장 알맞은 것을 다음 보기에서 찾아 짝 지으시오.

A   B

2-1 오른쪽 그림과 같은 꽃병에 일정한 속력으로 물을 채울 때, 다음 중 물의 높이를 시간에 따라 나타낸 그래프로 알맞은 것은?

좌표가 주어진 그래프의 이해

▶ 그래프에서 x축과 y축이 각각 무엇을 나타내는지 확인하고, 좌표를 읽어 필요한 값을 구한다.

준서는 집에서 20 km 떨어진 미술관에 자전거를 타고 가서 미술 작품을 보고 같은 길로 돌아왔다. 오른쪽 그래프는 준서가 집에서 떨어진 거리를 시각에 따라 나타낸 것이다. 다음 물음에 답하시오.

(단, 집에서 미술관까지의 길은 직선이다.)

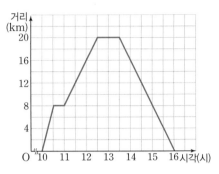

(1) 준서는 집에서 출발한 지 몇 분 후에 미술관에 도착하였는지 구하시오.

(2) 준서가 미술관에 가는 길에 친구 집에 들러 머물다가 갔을 때, 친구 집에 몇 분 동안 머물렀는지 구하시오.

3-1 지욱이네 가족은 자동차를 타고 집에서 출발하여 국립 공원에 갔다. 오른쪽 그래프는 자동차에 남아 있는 휘발유의 양을 시각에 따라 나타낸 것이다. 다음 물음에 답하시오.

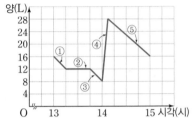

(1) 지욱이네 가족은 국립 공원에 가는 도중에 휴게소에 들러 머물다가 갔을 때, 휴게소에서 자동차가 멈춘 시간을 나타내는 구간을 ①~⑤ 중에서 고르시오.

(2) 지욱이네 가족은 국립 공원에 도착하기 전 주유소에 들러 주유를 하였다. 주유소에 도착한 시각과 주유소에서 넣은 휘발유의 양을 차례로 구하시오.

3-2 오른쪽 그래프는 무선 조종 비행기의 지면으로부터의 높이를 시간에 따라 나타낸 것이다. 다음 보기 중 이 그래프에 대한 설명으로 옳은 것을 모두 고르시오.

〔보기〕

ㄱ. 무선 조종 비행기의 비행시간은 총 24분이다.

ㄴ. 무선 조종 비행기가 가장 높게 날았을 때의 높이는 30 m이다.

ㄷ. 무선 조종 비행기의 높이가 낮아지다가 다시 높아지는 것은 비행을 시작한 지 14분 후이다.

ㄹ. 무선 조종 비행기의 높이가 처음으로 20 m가 되는 것은 비행을 시작한 지 8분 후이다.

ㅁ. 무선 조종 비행기의 높이가 15 m가 되는 것은 총 2번이다.

1 오른쪽 그래프는 어느 도시의 몇 년 동안의 인구 변화를 시간에 따라 나타낸 것이다. 다음 중 이 그래프에 가장 알맞은 상황은?

① 인구가 일정하게 유지되다가 최근 몇 년 동안은 꾸준히 증가하였다.

② 인구가 꾸준히 증가하다가 최근 몇 년 동안은 일정하게 유지되었다.

③ 인구가 꾸준히 증가하다가 증가 이전의 수준으로 감소하였다. 그 후 최근 몇 년 동안은 일정하게 유지되었다.

④ 인구가 꾸준히 감소하다가 최근 몇 년 동안은 일정하게 유지되었다.

⑤ 인구가 꾸준히 감소하다가 감소 이전의 수준으로 증가하였다. 그 후 최근 몇 년 동안은 일정하게 유지되었다.

2 놀이공원에 있는 대관람차의 어느 한 칸의 지면으로부터의 높이를 시간에 따라 측정하였더니 최고 높이까지 올라갔다가 처음 높이로 내려오기를 반복하였다. 다음 중 이 상황에 가장 알맞은 그래프는?

3 오른쪽 그림과 같이 두 개의 원기둥을 붙여 놓은 모양의 물통에 일정한 속력으로 물을 채울 때, 다음 중 물의 높이를 시간에 따라 나타낸 그래프로 가장 알맞은 것은?

STEP 1 쏙쏙 개념 익히기

4 오른쪽 그래프는 소연이가 등산을 하는데 이동한 거리를 시간에 따라 나타낸 것이다. 다음 보기 중 각 구간에 대한 설명으로 옳은 것을 모두 고르시오.

보기
ㄱ. ㈎ 구간: 15분 동안 400 m를 이동하였다.
ㄴ. ㈏ 구간: 10분 동안 400 m를 이동하였다.
ㄷ. ㈐ 구간: 10분 동안 500 m를 이동하였다.
ㄹ. ㈑ 구간: 5분 동안 한 곳에 머물렀다.
ㅁ. ㈒ 구간: 5분 동안 300 m를 이동하였다.

5 보라는 등굣길에 준비물을 집에 놓고 와서 집으로 되돌아 갔다가 다시 학교에 갔다. 오른쪽 그래프는 보라가 집에서 떨어진 거리를 시간에 따라 나타낸 것이다. 다음 중 이 그래프에 대한 설명으로 옳지 <u>않은</u> 것은? (단, 집에서 학교까지의 길은 직선이다.)

① 처음 5분 동안 집에서 0.3 km 떨어진 지점까지 갔다.
② 집으로 되돌아가는 데 걸린 시간은 4분이다.
③ 집으로 되돌아가서 집에 머문 시간은 2분이다.
④ 보라가 이동한 거리는 총 1.6 km이다.
⑤ 다시 집에서 출발하여 1 km 떨어진 학교까지 가는 데 5분이 걸렸다.

6 오른쪽 그래프는 형과 동생이 집에서 출발하여 1 km 떨어진 공원까지 같은 직선 도로로 이동할 때, 집에서 떨어진 거리를 시간에 따라 각각 나타낸 것이다. 다음 물음에 답하시오.

(1) 동생이 집을 출발한 지 몇 분 후에 형이 출발하였는지 구하시오.

(2) 형이 집을 출발한 지 몇 분 후에 동생과 만났는지 구하시오.

(3) 형이 공원에 도착하고 몇 분 후에 동생이 도착하였는지 구하시오.

STEP 2 탄탄 단원 다지기

1 두 순서쌍 $(2-a, -1)$, $(5, 2b-3)$이 서로 같을 때, $a+b$의 값을 구하시오.

2 다음 중 오른쪽 좌표평면 위의 다섯 개의 점 A, B, C, D, E의 좌표를 나타낸 것으로 옳지 않은 것은?

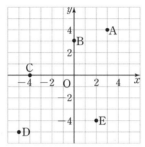

① A$(3, 4)$
② B$(3, 0)$
③ C$(-4, 0)$
④ D$(-5, -5)$
⑤ E$(2, -4)$

3 다음 중 x축 위에 있고, x좌표가 $-\dfrac{1}{2}$인 점의 좌표는?

① $\left(\dfrac{1}{2}, 0\right)$ ② $\left(0, \dfrac{1}{2}\right)$ ③ $\left(0, -\dfrac{1}{2}\right)$

④ $\left(-\dfrac{1}{2}, 0\right)$ ⑤ $\left(-\dfrac{1}{2}, -\dfrac{1}{2}\right)$

4 좌표평면 위의 네 점 A$(-3, 2)$, B$(-3, -3)$, C$(3, -3)$, D$(3, 4)$를 꼭짓점으로 하는 사각형 ABCD의 넓이를 구하시오.

5 다음 중 제4사분면 위의 점은?

① $(-4, -1)$ ② $(-3, 2)$ ③ $(0, -6)$
④ $(1, -4)$ ⑤ $(5, 7)$

6 다음 중 옳은 것은?

① 점 $(2, 3)$과 점 $(3, 2)$는 서로 같은 점이다.
② x축 위의 점은 x좌표가 0이다.
③ 점 $(1, 0)$은 제1사분면 위의 점이다.
④ 점 $(0, 0)$은 모든 사분면에 속하는 점이다.
⑤ 점 (a, b)가 제3사분면 위의 점이면 $a<0$, $b<0$이다.

7 점 P(a, b)가 제2사분면 위의 점일 때, 다음 중 제3사분면 위의 점은?

① $(-a, b)$ ② $(a, 2b)$ ③ $(a-b, b)$
④ (b, a) ⑤ (a, ab)

8 $\dfrac{a}{b}<0$, $b-a<0$일 때, 점 $(a-b, a)$는 제몇 사분면 위의 점인가?

① 제1사분면 ② 제2사분면
③ 제3사분면 ④ 제4사분면
⑤ 어느 사분면에도 속하지 않는다.

9 다음은 하루 동안 동준이 방의 평균 기온 변화를 나타낸 글이다. 이 상황에 가장 알맞은 그래프를 보기에서 고르시오.

오전부터 기온이 계속 상승해서 점심쯤에 에어컨을 틀어 기온을 낮추고, 낮춘 온도를 유지하였다. 몇 시간 후에 에어컨을 껐는데도 불구하고, 해가 지면서 기온이 조금 더 떨어졌다.

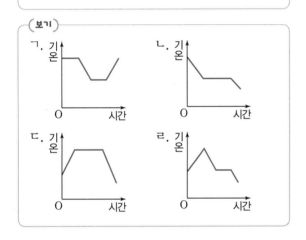

10 오른쪽 그래프는 어떤 그릇에 일정한 속력으로 물을 채울 때, 물의 높이를 시간에 따라 나타낸 것이다. 다음 중 이 그릇의 모양으로 가장 알맞은 것은?

11 오른쪽 그래프는 주희가 1시간 동안 춤 연습을 하는 데 소모한 열량을 시간에 따라 나타낸 것이다. 이 그래프에 대한 설명으로 옳은 것을 보기에서 모두 고른 것은?

보기

ㄱ. 1시간 동안 소모한 열량은 총 600 kcal이다.

ㄴ. 춤 연습을 시작한 후 20분 동안 200 kcal의 열량을 소모하였다.

ㄷ. 춤 연습을 시작한 후 50분 동안 400 kcal의 열량을 소모하였다.

ㄹ. 열량이 급격하게 소모되기 시작한 것은 춤 연습을 시작한 지 30분 후부터이다.

① ㄱ, ㄴ   ② ㄱ, ㄷ   ③ ㄴ, ㄷ
④ ㄴ, ㄹ   ⑤ ㄷ, ㄹ

[12~13] 다음 그래프는 민하가 자전거를 타고 제주도를 9시간 동안 여행할 때, 자전거의 속력을 시간에 따라 나타낸 것이다. 물음에 답하시오.

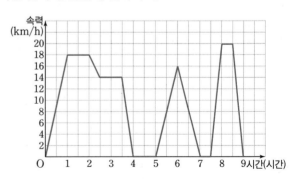

12 민하가 자전거를 타고 제주도를 여행할 때, 자전거는 모두 몇 분 동안 정지하였는가?

① 30분   ② 60분   ③ 90분
④ 120분   ⑤ 150분

⭐ 중요

13 주어진 그래프에 대하여 옳게 설명한 사람을 모두 고른 것은?

> 원섭: 자전거가 가장 빨리 달릴 때의 속력은 20 km/h이다.
>
> 현정: 자전거가 일정한 속력으로 움직인 시간은 총 3시간이다.
>
> 성윤: 자전거의 속력이 세 번째로 감소하기 시작한 것은 자전거 여행을 시작한 지 6시간 후이다.

① 원섭
② 원섭, 현정
③ 원섭, 성윤
④ 현정, 성윤
⑤ 원섭, 현정, 성윤

14 일정한 속력으로 두 지점 A, B 사이를 직선으로 왕복하는 로봇이 있다. 다음 그래프는 로봇이 지점 A를 처음 출발한 지 x분 후에 지점 A와 로봇 사이의 거리 y m라 할 때, x와 y 사이의 관계를 나타낸 것이다. 이 그래프에 대한 설명으로 옳지 <u>않은</u> 것을 모두 고르면? (정답 2개)

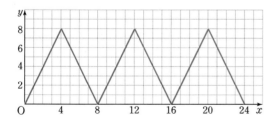

① 로봇은 지점 A를 처음 출발한 지 8분 후에 지점 A로 다시 돌아온다.
② 24분 동안 두 지점 A, B 사이를 3번 왕복한다.
③ 두 지점 A, B 사이의 거리는 8 m이다.
④ 로봇이 12분 동안 움직인 거리는 총 16 m이다.
⑤ 지점 A와 로봇 사이의 거리가 처음으로 6 m가 되는 때는 지점 A를 처음 출발한 지 5분 후이다.

[15~17] 다음 그래프는 은성이와 혜수가 10 km 마라톤 경주에서 동시에 출발하였을 때, 달린 거리를 시간에 따라 각각 나타낸 것이다. 물음에 답하시오.

15 은성이가 혜수보다 앞서기 시작한 것은 출발한 지 몇 분 후인가?

① 10분 후
② 15분 후
③ 20분 후
④ 25분 후
⑤ 30분 후

16 마라톤 경주 중 은성이는 총 a분 동안 멈춰 있었고, 혜수는 총 b분 동안 멈춰 있었다고 할 때, $a+b$의 값은?

① 30
② 35
③ 40
④ 45
⑤ 50

17 은성이와 혜수가 마라톤 경주를 완주하는 데 걸린 시간의 차는 몇 분인지 구하시오.

따라 해보자

예제 1

점 $A(a-3, 5-2a)$는 x축 위의 점이고, 점 $B(3b-1, -b+2)$는 y축 위의 점일 때, ab의 값을 구하시오.

풀이 과정

1단계 a의 값 구하기

점 $A(a-3, 5-2a)$는 x축 위의 점이므로 y좌표가 0이다.

즉, $5-2a=0$에서 $-2a=-5$ $\quad \therefore a=\dfrac{5}{2}$

2단계 b의 값 구하기

점 $B(3b-1, -b+2)$는 y축 위의 점이므로 x좌표가 0이다.

즉, $3b-1=0$에서 $3b=1$ $\quad \therefore b=\dfrac{1}{3}$

3단계 ab의 값 구하기

$\therefore ab=\dfrac{5}{2}\times\dfrac{1}{3}=\dfrac{5}{6}$

답 $\dfrac{5}{6}$

유제 1

점 $A(2a-1, 3a+6)$은 x축 위의 점이고, 점 $B\left(1-\dfrac{1}{4}b, 2b+3\right)$은 y축 위의 점일 때, $\dfrac{b}{a}$의 값을 구하시오.

풀이 과정

1단계 a의 값 구하기

2단계 b의 값 구하기

3단계 $\dfrac{b}{a}$의 값 구하기

답

예제 2

점 $P(a+b, ab)$가 제1사분면 위의 점일 때, 점 $Q(-a, b)$는 제몇 사분면 위의 점인지 구하시오.

풀이 과정

1단계 $a+b, ab$의 부호 구하기

점 $P(a+b, ab)$가 제1사분면 위의 점이므로

$a+b>0, ab>0$

2단계 a, b의 부호 구하기

$ab>0$이므로 a, b의 부호는 서로 같다.

이때 $a+b>0$이므로 $a>0, b>0$

3단계 점 Q가 제몇 사분면 위의 점인지 구하기

따라서 $-a<0, b>0$이므로 점 $Q(-a, b)$는 제2사분면 위의 점이다.

답 제2사분면

유제 2

점 $P(ab, a-b)$가 제3사분면 위의 점일 때, 점 $Q\left(b, \dfrac{b}{a}\right)$는 제몇 사분면 위의 점인지 구하시오.

풀이 과정

1단계 $ab, a-b$의 부호 구하기

2단계 a, b의 부호 구하기

3단계 점 Q가 제몇 사분면 위의 점인지 구하기

답

연습해 보자

▶ 모든 문제는 풀이 과정을 자세히 서술한 후 답을 쓰세요.

1 두 수 a, b에 대하여 $|a|=3$, $|b|=5$일 때, 순서쌍 (a, b)를 모두 구하시오.

풀이 과정

답

2 다음 좌표평면 위에 세 점 A(-2, 4), B(-1, -1), C(2, -1)을 각각 나타내고, 이 세 점을 꼭짓점으로 하는 삼각형 ABC의 넓이를 구하시오.

풀이 과정

답

3 다음 그래프는 수진이가 자전거를 타고 집을 출발하여 친구 집에 도착할 때까지 이동한 거리를 시간에 따라 나타낸 것이다. 물음에 답하시오.

(단, 수진이는 직선으로 이동한다.)

(1) 자전거를 타고 이동한 거리는 모두 몇 km인지 구하시오.

(2) 자전거는 모두 몇 분 동안 정지하였는지 구하시오.

풀이 과정

(1)

(2)

답 (1)   (2)

4 다음 그래프는 예지가 놀이공원에 있는 회전목마에 탑승했을 때, 예지가 탄 목마의 지면으로부터의 높이를 시간에 따라 나타낸 것이다. 회전목마가 움직이기 시작한 후 16초 동안 목마가 가장 높이 올라갔을 때의 높이를 a m, 높이가 1.5 m인 지점에 도달한 것은 총 b번이라 할 때, $a+b$의 값을 구하시오.

풀이 과정

답

• 정답과 해설 11쪽

☑ 이 단원에서 배운 개념을 잘 기억하고 있는지 체크해 보세요.

$a \neq b$일 때, 순서쌍 (a, b)와 순서쌍 (b, a)는 서로
④(같다, 다르다).

↩ 110 쪽

↩ 110 쪽

• 원점의 좌표 ⇨ (⑤, ⑥)

• x축 위의 점의 좌표
  ⇨ (x좌표, ⑦)

• y축 위의 점의 좌표
  ⇨ (⑧, y좌표)

↩ 110 쪽

제2사분면   제1사분면
(⑨, ⑩) $(+, +)$

제3사분면   제4사분면
(⑪, ⑫)   (⑬, ⑭)

↩ 112 쪽

두 변수 x, y의 순서쌍 (x, y)를 좌표평면 위에 모두 나타낸 것
⇨ ⑮□□□

↩ 114 쪽

x의 값에 따라 y의 값은

➡ 일정하게
⑯□□한다.

➡ 일정하게
⑰□□한다.

➡ 변하지 않는다.

↩ 114 쪽

좌표와
그래프

좌표평면

좌표축
y축
원점
x축

좌표

→ P(-2, 1)
    x좌표   y좌표

사분면

제2사분면 (−, +)　　제1사분면 (+, +)

제3사분면 (−, −)　　제4사분면 (+, −)

좌표축 위의 점은 어느 사분면에도 속하지 않아.

그래프

순서를 생각하여 두 수를 짝 지어 나타낸 것

두 변수 x, y의 순서쌍 (x, y)를 좌표로 하는 점 전체를 좌표평면 위에 나타낸 것

우리는 변수!
x · y

시간에 따른 비행기의 고도는 어떻게 될까?

고도
변함없다.
높아진다.
낮아진다.
시간

정비례와 반비례

준비 학습

이전에 배운 내용

초5~6
- 규칙과 대응
- 비와 비율
- 비례식과 비례배분

이번에 배울 내용

O1 정비례

O2 반비례

이후에 배울 내용

중2
- 일차함수와 그 그래프
- 일차함수와 일차방정식의 관계

중3
- 이차함수와 그 그래프

초5 규칙과 대응

1 다음 표는 □와 △ 사이의 대응 관계를 나타낸 것이다. 표의 빈칸을 알맞게 채우고, □와 △ 사이의 대응 관계를 식으로 나타내시오.

□	1	2	3	4	5	6
△	5	6	7			10

초6 비례식과 비례배분

2 다음 비례식에서 □ 안에 알맞은 수를 쓰시오.

(1) $2 : 3 = 8 : \square$　　　　　　　(2) $\square : 30 = 5 : 6$

1 정비례 관계

(1) 두 변수 x, y에 대하여
x의 값이 2배, 3배, 4배, …로 변함에 따라
y의 값도 2배, 3배, 4배, …로 변하는 관계가
있을 때, y는 x에 **정비례**한다고 한다.

(2) y가 x에 정비례하면 x와 y 사이의 관계식은
$$y=ax\,(a\neq 0)$$
로 나타낼 수 있다.

➡ $y=2x$

$$\frac{y}{x}=\frac{2}{1}=\frac{4}{2}=\frac{6}{3}=\cdots=2\,(일정)$$

> 참고 y가 x에 정비례할 때, $\frac{y}{x}$의 값은 항상 일정하다.
>
> 즉, $y=ax$에서 $\frac{y}{x}=a\,(일정)$

**개념
확인**

지영이의 맥박 수는 1분에 70회이다. x분 동안 지영이의 맥박 수를 y라 할 때, 다음 물음에 답하시오.

(1) 다음 표의 빈칸을 알맞게 채우시오.

x	1	2	3	4	…
y					…

(2) y가 x에 정비례하는지 말하시오.

(3) x와 y 사이의 관계식을 구하시오.

필수 문제 **1** 다음 중 y가 x에 정비례하는 것을 모두 고르면? (정답 2개)

정비례 관계 찾기

① $y=2+x$ ② $y=\dfrac{4}{x}$ ③ $y=\dfrac{1}{3}x$

④ $y=-7x$ ⑤ $y=2x-3$

1-1 다음 중 y가 x에 정비례하지 <u>않는</u> 것은?

① $y=\dfrac{x}{5}$ ② $y=-\dfrac{1}{6}x$ ③ $\dfrac{y}{x}=-1$

④ $y=0.1x$ ⑤ $xy=3$

1-2 다음 중 y가 x에 정비례하는 것은?

① 전체 쪽수가 100쪽인 책을 x쪽 읽고 남은 쪽수 y쪽

② 현재 14세인 민하의 x년 후의 나이 y세

③ 한 변의 길이가 $x\,\text{cm}$인 정삼각형의 둘레의 길이 $y\,\text{cm}$

④ 길이가 $60\,\text{cm}$인 끈을 x조각으로 똑같이 자를 때, 한 조각의 길이 $y\,\text{cm}$

⑤ 자동차가 시속 $x\,\text{km}$로 $50\,\text{km}$를 달릴 때, 걸리는 시간 y시간

필수 문제   **2**

정비례 관계식 구하기

y가 x에 정비례하고, $x=5$일 때 $y=35$이다. 이때 x와 y 사이의 관계식을 구하시오.

2-1 y가 x에 정비례하고, $x=-4$일 때 $y=16$이다. $x=3$일 때 y의 값을 구하시오.

필수 문제   **3**

정비례 관계의 활용

▶ ① x의 값이 2배, 3배, 4배,
　…로 변함에 따라 y의 값
　도 2배, 3배, 4배, …로
　변하는 관계가 있을 때
② $\dfrac{y}{x}$의 값이 일정할 때
⇨ $y=ax(a \neq 0)$ 꼴로 놓는다.

용량이 80 L인 빈 물통에 매분 5 L씩 물을 넣으려고 한다. 물을 넣기 시작한 지 x분 후의 물통 안에 있는 물의 양을 y L라 할 때, 다음 물음에 답하시오.

(1) 다음 표의 빈칸을 알맞게 채우시오.

x	1	2	3	4	5	...	16
y						...	

(2) x와 y 사이의 관계식을 구하시오.

(3) 물을 넣기 시작한 지 12분 후의 물통 안에 있는 물의 양을 구하시오.

3-1 머리카락은 하루에 0.4 mm씩 자란다고 한다. x일 동안 자란 머리카락의 길이를 y mm라 할 때, 다음 물음에 답하시오.

(1) x와 y 사이의 관계식을 구하시오.

(2) 30일 동안 자란 머리카락의 길이는 몇 mm인지 구하시오.

3-2 우유 1 mL를 정화하는 데 필요한 물의 양이 15 mL라 한다. 우유 x mL를 정화하는 데 필요한 물의 양을 y mL라 할 때, 다음 물음에 답하시오.

(1) x와 y 사이의 관계식을 구하시오.

(2) 물 3000 mL로 정화할 수 있는 우유의 양은 몇 mL인지 구하시오.

2 정비례 관계 $y=ax(a\neq0)$의 그래프

x의 값의 범위에 따라 정비례 관계 $y=x$의 그래프를 그리면 다음과 같다.

(ⅰ) x의 값의 범위가
정수일 때

(ⅱ) x의 값의 간격을
(ⅰ)보다 작게 할 때

(ⅲ) x의 값의 범위가
수 전체일 때

3 정비례 관계 $y=ax(a\neq0)$의 그래프의 성질

x의 값의 범위가 수 전체일 때, 정비례 관계 $y=ax(a\neq0)$의 그래프는 원점을 지나는 직선이다.

	$a>0$일 때	$a<0$일 때
$y=ax$의 그래프		
지나는 사분면	제1사분면, 제3사분면	제2사분면, 제4사분면
그래프의 모양	오른쪽 위로 향하는 직선	오른쪽 아래로 향하는 직선
증가·감소 상태	x의 값이 증가하면 y의 값도 증가한다.	x의 값이 증가하면 y의 값은 감소한다.

참고 • 특별한 말이 없으면 정비례 관계 $y=ax(a\neq0)$에서 x의 값의 범위는 수 전체로 생각한다.
• 정비례 관계 $y=ax(a\neq0)$의 그래프는 a의 절댓값이 클수록 y축에 가깝다.

필수 문제 **4** 다음 정비례 관계의 그래프를 좌표평면 위에 그리고, □ 안에 알맞은 것을 쓰시오.

정비례 관계 $y=ax(a\neq0)$의 그래프

▶정비례 관계의 그래프는 원점을 지나는 직선이므로 원점 O와 그래프가 지나는 다른 한 점을 구해 직선으로 이으면 쉽게 그릴 수 있다.

(1) $y=3x$

① 원점과 점 $(1,\ \square)$을(를) 지나는 직선이다.

② 오른쪽 □로 향하는 직선이다.

③ 제□사분면과 제□사분면을 지난다.

④ x의 값이 증가하면 y의 값은 □한다.

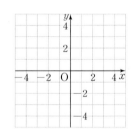

(2) $y=-\dfrac{1}{2}x$

① 원점과 점 $(2,\ \square)$을(를) 지나는 직선이다.

② 오른쪽 □로 향하는 직선이다.

③ 제□사분면과 제□사분면을 지난다.

④ x의 값이 증가하면 y의 값은 □한다.

정비례 관계 $y=5x$의 그래프가 점 $(a,\ -10)$을 지날 때, a의 값을 구하시오.

▸ $y=ax$의 그래프가 점 $(p,\ q)$를 지난다.
　⇨ $y=ax$에 $x=p$, $y=q$를 대입하면 등식이 성립한다.

5-1 정비례 관계 $y=ax$의 그래프가 점 $(-2,\ 18)$을 지날 때, 상수 a의 값을 구하시오.

5-2 정비례 관계 $y=-\dfrac{3}{2}x$의 그래프가 두 점 $(a,\ 9)$, $(4,\ b)$를 지날 때, $a-b$의 값을 구하시오.

다음은 오른쪽 그래프가 나타내는 x와 y 사이의 관계식을 구하는 과정이다. ☐ 안에 알맞은 것을 쓰시오.

▸ 그래프가 원점을 지나는 직선이면 정비례 관계의 그래프이므로
❶ $y=ax$로 놓는다.
❷ 그래프가 지나는 원점 이외의 한 점의 좌표를 ❶에 대입하여 a의 값을 구한다.

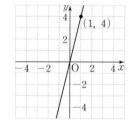

> 주어진 그래프가 원점을 지나는 직선이므로 정비례 관계
> $y=ax$의 그래프이다. 이 그래프가 점 $(1,\ 4)$를 지나므로
> $y=ax$에 $x=$☐, $y=$☐을(를) 대입하면
> $4=a\times$☐　　∴ $a=$☐
> 따라서 x와 y 사이의 관계식은 $y=$☐이다.

6-1 다음 그래프가 나타내는 x와 y 사이의 관계식을 구하시오.

(1)

(2)

1 다음 중 y가 x에 정비례하지 <u>않는</u> 것을 모두 고르면? (정답 2개)

① 한 개의 무게가 $50\,\mathrm{g}$인 사탕 x개의 무게 $y\,\mathrm{g}$
② 길이가 $20\,\mathrm{m}$인 테이프를 $x\,\mathrm{m}$ 사용하고 남은 길이 $y\,\mathrm{m}$
③ 시속 $140\,\mathrm{km}$로 x시간 동안 이동한 거리 $y\,\mathrm{km}$
④ 11명씩 한 개의 팀을 이룰 때, x개의 팀의 전체 사람 수 y
⑤ 하루 24시간 중 낮의 길이가 x시간일 때, 밤의 길이 y시간

2 y가 x에 정비례하고, $x=-2$일 때 $y=8$이다. $y=-20$일 때, x의 값을 구하시오.

3 어느 과자의 $1\,\mathrm{g}$당 열량이 $6\,\mathrm{kcal}$라 한다. 이 과자 $x\,\mathrm{g}$의 열량을 $y\,\mathrm{kcal}$라 할 때, 열량 $2100\,\mathrm{kcal}$를 얻기 위해 필요한 과자의 양을 구하시오.

4 정비례 관계 $y=ax(a\neq0)$의 그래프에 대한 다음 설명 중 옳지 <u>않은</u> 것은?

① 원점을 지난다.
② 점 $(1,\,a)$를 지난다.
③ 한 쌍의 곡선이다.
④ $a>0$일 때, 제1사분면과 제3사분면을 지난다.
⑤ $a<0$일 때, 제2사분면과 제4사분면을 지난다.

5 다음 정비례 관계의 그래프 중 y축에 가장 가까운 것은?

① $y=-6x$ ② $y=-x$ ③ $y=-\dfrac{1}{5}x$

④ $y=\dfrac{1}{3}x$ ⑤ $y=5x$

6 다음 중 정비례 관계 $y = -\dfrac{5}{6}x$의 그래프 위의 점이 <u>아닌</u> 것은?

① $(-12,\ 10)$ ② $\left(-6,\ \dfrac{5}{2}\right)$ ③ $\left(-2,\ \dfrac{5}{3}\right)$

④ $\left(3,\ -\dfrac{5}{2}\right)$ ⑤ $(6,\ -5)$

7 정비례 관계 $y = \dfrac{3}{4}x$의 그래프가 점 $(a,\ a+2)$를 지날 때, a의 값을 구하시오.

8 그래프가 원점을 지나는 직선이고 두 점 $(-2,\ 5)$, $(k,\ -10)$을 지날 때, k의 값을 구하시오.

● 정비례 관계의 그래프와
도형의 넓이

9 오른쪽 그림과 같이 정비례 관계 $y = \dfrac{2}{3}x$의 그래프 위의 한 점 A에서 x축에 수직인 직선을 그었을 때, x축과 만나는 점을 B라 하자. 점 B의 좌표가 $(6,\ 0)$일 때, 다음을 구하시오. (단, O는 원점)

(1) 점 A의 좌표
(2) 삼각형 AOB의 넓이

10 오른쪽 그림과 같이 정비례 관계 $y = -3x$의 그래프 위의 한 점 A에서 x축에 수직인 직선을 그었을 때, x축과 만나는 점을 B라 하자. 점 A의 y좌표가 12일 때, 삼각형 ABO의 넓이를 구하시오. (단, O는 원점)

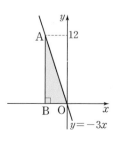

02 반비례

1 반비례 관계

(1) 두 변수 x, y에 대하여

  x의 값이 2배, 3배, 4배, ...로 변함에 따라

  y의 값이 $\frac{1}{2}$배, $\frac{1}{3}$배, $\frac{1}{4}$배, ...로 변하는 관계

가 있을 때, y는 x에 **반비례**한다고 한다.

(2) y가 x에 반비례하면 x와 y 사이의 관계식은

$$y=\frac{a}{x}\,(a\neq 0)$$

로 나타낼 수 있다.

> **참고** y가 x에 반비례할 때, xy의 값은 항상 일정하다.
>
> 즉, $y=\dfrac{a}{x}$에서 $xy=a$(일정)

$$\Rightarrow y=\frac{12}{x}$$

$$xy=1\times 12=2\times 6=3\times 4=\cdots=12\,(일정)$$

개념 확인 길이가 30 cm인 빵을 x개의 조각으로 똑같이 자를 때, 빵 한 조각의 길이를 y cm라 하자. 다음 물음에 답하시오.

(1) 다음 표의 빈칸을 알맞게 채우시오.

x	1	2	3	4	...	30
y					...	

(2) y가 x에 반비례하는지 말하시오.

(3) x와 y 사이의 관계식을 구하시오.

필수 문제

반비례 관계 찾기

1 다음 중 y가 x에 반비례하는 것은?

① $y=-\dfrac{x}{8}$ ② $y=\dfrac{16}{x}$ ③ $y=\dfrac{1}{2}x+1$

④ $y=2x$ ⑤ $y=12-x$

1-1 다음 중 y가 x에 반비례하지 <u>않는</u> 것을 모두 고르면? (정답 2개)

① $y=\dfrac{15}{x}$ ② $\dfrac{y}{x}=24$ ③ $y=-\dfrac{3}{x}$

④ $y=\dfrac{1}{x}+2$ ⑤ $xy=-9$

1-2 다음 보기 중 y가 x에 반비례하는 것을 모두 고르시오.

> **보기**
>
> ㄱ. 토끼 x마리의 다리의 수 y
>
> ㄴ. 곱이 200인 두 유리수 x와 y
>
> ㄷ. 연아네 반 학생 30명 중 남학생 수가 x일 때, 여학생 수 y
>
> ㄹ. 시속 x km로 12 km를 갈 때, 걸리는 시간 y시간

2 y가 x에 반비례하고, $x=5$일 때 $y=3$이다. 이때 x와 y 사이의 관계식을 구하시오.

2-1 y가 x에 반비례하고, $x=4$일 때 $y=-9$이다. $x=6$일 때, y의 값은?

① -12 ② -6 ③ -2 ④ 6 ⑤ 12

필수 **문제**

반비례 관계의 활용

▶ ① x의 값이 2배, 3배, 4배, ...로 변함에 따라 y의 값이 $\frac{1}{2}$배, $\frac{1}{3}$배, $\frac{1}{4}$배, ... 로 변하는 관계가 있을 때
② xy의 값이 일정할 때
⇨ $y=\dfrac{a}{x}\,(a\neq0)$꼴로 놓는다.

3 온도가 일정할 때, 기체의 부피 $y\,\text{cm}^3$는 압력 x기압에 반비례한다. 일정한 온도에서 부피가 $2\,\text{cm}^3$인 어떤 기체의 압력이 8기압일 때, 다음 물음에 답하시오.

(1) x와 y 사이의 관계식을 구하시오.

(2) 같은 온도에서 압력이 32기압일 때, 이 기체의 부피를 구하시오.

3-1 1500 mL의 주스를 학생들에게 똑같이 나누어 주려고 한다. x명에게 똑같이 나누어 주면 한 학생이 y mL씩 마실 수 있다고 할 때, 다음 물음에 답하시오.

(1) x와 y 사이의 관계식을 구하시오.

(2) 주스를 12명에게 똑같이 나누어 줄 때, 한 학생이 마실 수 있는 주스의 양을 구하시오.

3-2 크기가 같은 정사각형 모양의 타일 100개를 겹치지 않게 빈틈없이 붙여서 직사각형을 만들려고 한다. 이 직사각형의 가로, 세로에 놓인 타일의 개수를 각각 x, y라 할 때, 다음 물음에 답하시오.

(1) x와 y 사이의 관계식을 구하시오.

(2) 이 직사각형의 세로에 놓인 타일이 20개일 때, 가로에 놓인 타일은 몇 개인지 구하시오.

2 반비례 관계 $y=\dfrac{a}{x}(a\neq0)$의 그래프

x의 값의 범위에 따라 반비례 관계 $y=\dfrac{4}{x}$의 그래프를 그리면 다음과 같다.

(i) x의 값의 범위가
0이 아닌 정수일 때

(ii) x의 값의 간격을
(i)보다 작게 할 때

(iii) x의 값의 범위가
0이 아닌 수 전체일 때

3 반비례 관계 $y=\dfrac{a}{x}(a\neq0)$의 그래프의 성질

x의 값의 범위가 0이 아닌 수 전체일 때, 반비례 관계 $y=\dfrac{a}{x}(a\neq0)$의 그래프는

좌표축에 가까워지면서 한없이 뻗어 나가는 한 쌍의 매끄러운 곡선이다.

	$a>0$일 때	$a<0$일 때
$y=\dfrac{a}{x}$의 그래프		
지나는 사분면	제1사분면, 제3사분면	제2사분면, 제4사분면
증가·감소 상태	$x>0$ 또는 $x<0$일 때, x의 값이 증가하면 y의 값은 감소한다.	$x>0$ 또는 $x<0$일 때, x의 값이 증가하면 y의 값도 증가한다.

> **참고** • 특별한 말이 없으면 반비례 관계 $y=\dfrac{a}{x}(a\neq0)$에서 x의 값의 범위는 0이 아닌 수 전체로 생각한다.
>
> • 반비례 관계 $y=\dfrac{a}{x}(a\neq0)$의 그래프는 a의 절댓값이 클수록 원점에서 멀다.

필수 문제 **④** 다음 반비례 관계의 그래프를 좌표평면 위에 그리고, ☐ 안에 알맞은 것을 쓰시오.

**반비례 관계 $y=\dfrac{a}{x}(a\neq0)$의
그래프**

▶반비례 관계의 그래프는 x, y의
값이 모두 정수가 되는 점을
구한 후 이 점들을 매끄러운
곡선으로 연결하면 쉽게 그릴
수 있다.

(1) $y=\dfrac{3}{x}$

① 점 $(-3, \boxed{})$, $(-1, \boxed{})$, $(1, \boxed{})$, $(3, \boxed{})$을(를) 지나는
한 쌍의 곡선이다.

② 제☐사분면과 제☐사분면을 지난다.

③ $x>0$ 또는 $x<0$일 때, x의 값이 증가하면 y의 값은 $\boxed{}$한다.

(2) $y=-\dfrac{4}{x}$

① 점 $(-4, \boxed{})$, $(-1, \boxed{})$, $(1, \boxed{})$, $(4, \boxed{})$을(를) 지나는
한 쌍의 곡선이다.

② 제☐사분면과 제☐사분면을 지난다.

③ $x>0$ 또는 $x<0$일 때, x의 값이 증가하면 y의 값은 $\boxed{}$한다.

5 반비례 관계 $y=\dfrac{6}{x}$의 그래프가 점 $(-a,\,4)$를 지날 때, a의 값을 구하시오.

▸ $y=\dfrac{a}{x}$의 그래프가 점 $(p,\,q)$
를 지난다.
 ⇨ $y=\dfrac{a}{x}$에 $x=p,\ y=q$를 대
 입하면 등식이 성립한다.

5-1 반비례 관계 $y=\dfrac{a}{x}$의 그래프가 점 $(-8,\,3)$을 지날 때, 상수 a의 값을 구하시오.

5-2 반비례 관계 $y=\dfrac{36}{x}$의 그래프가 두 점 $(-9,\,a),\ (b,\,12)$를 지날 때, $a+b$의 값을 구하시오.

6 다음은 오른쪽 그래프가 나타내는 x와 y 사이의 관계식을 구하는 과정이다. ☐ 안에 알맞은 것을 쓰시오.

▸ 그래프가 한 쌍의 매끄러운 곡
 선이면 반비례 관계의 그래프
 이므로
 ❶ $y=\dfrac{a}{x}$로 놓는다.
 ❷ 그래프가 지나는 한 점의
 좌표를 ❶에 대입하여 a의
 값을 구한다.

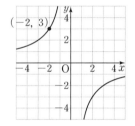

주어진 그래프가 한 쌍의 매끄러운 곡선이므로 반비례 관계
$y=\dfrac{a}{x}$의 그래프이다. 이 그래프가 점 $(-2,\,3)$을 지나므로

$y=\dfrac{a}{x}$에 $x=$ ☐, $y=$ ☐ 을(를) 대입하면

$3=\dfrac{a}{\boxed{}}$ ∴ $a=$ ☐

따라서 x와 y 사이의 관계식은 $y=$ ☐ 이다.

6-1 다음 그래프가 나타내는 x와 y 사이의 관계식을 구하시오.

(1)

(2)

1 다음 중 y가 x에 반비례하는 것을 모두 고르면? (정답 2개)

① 가로, 세로의 길이가 각각 x cm, 5 cm인 직사각형의 둘레의 길이 y cm

② 넓이가 30 cm²인 직사각형의 가로의 길이 x cm와 세로의 길이 y cm

③ 사과 400개를 x개의 상자에 똑같이 나누어 담을 때, 한 상자에 담기는 사과의 개수 y

④ 한 시간에 3개씩 인형을 만들 때, x시간 동안 만든 인형의 개수 y

⑤ 12개의 초콜릿 중에서 x개를 먹었을 때, 남은 초콜릿의 개수 y

2 y가 x에 반비례하고, $x=2$일 때 $y=12$이다. $x=-4$일 때, y의 값을 구하시오.

3 혜은이가 자전거를 타고 집에서 14 km 떨어진 할머니 댁까지 시속 x km로 가는 데 걸리는 시간을 y시간이라 하자. 혜은이가 할머니 댁에 2시간 만에 도착하려면 시속 몇 km로 가야 하는지 구하시오.

4 반비례 관계 $y=\dfrac{a}{x}\,(a\neq0)$의 그래프에 대한 다음 설명 중 옳은 것을 모두 고르면? (정답 2개)

① 원점을 지나고 좌표축에 한없이 가까워지는 한 쌍의 곡선이다.

② $a<0$일 때, 제2사분면과 제4사분면을 지난다.

③ a의 절댓값이 클수록 원점에 가깝다.

④ x의 값이 2배, 3배, 4배, ...로 변하면 y의 값도 2배, 3배, 4배, ...로 변한다.

⑤ 점 $(a,\ 1)$을 지난다.

5 다음 중 반비례 관계 $y=-\dfrac{9}{x}$의 그래프 위의 점이 <u>아닌</u> 것은?

① $\left(-6,\ \dfrac{3}{2}\right)$ 　　　② $(-3,\ 3)$ 　　　③ $(-1,\ 9)$

④ $\left(6,\ -\dfrac{2}{3}\right)$ 　　　⑤ $(9,\ -1)$

6 반비례 관계 $y=\dfrac{a}{x}$의 그래프가 두 점 $(-2,\ 6)$, $(3,\ b)$를 지날 때, $a+b$의 값을 구하시오.

(단, a는 상수)

7 오른쪽 그래프를 보고 다음 물음에 답하시오.

(1) 그래프가 나타내는 x와 y 사이의 관계식을 구하시오.
(2) k의 값을 구하시오.

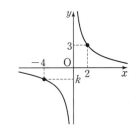

● 정비례 관계, 반비례 관계
의 그래프가 만나는 점
$y=ax\,(a\neq0)$의 그래프와
$y=\dfrac{b}{x}\,(b\neq0)$의 그래프가
점 $(p,\ q)$에서 만난다.
⇨ $y=ax$와 $y=\dfrac{b}{x}$에 $x=p$,
　$y=q$를 각각 대입하면
　등식이 성립한다.

8 오른쪽 그림과 같이 정비례 관계 $y=3x$의 그래프와 반비례 관계 $y=\dfrac{a}{x}$의 그래프가 점 $\mathrm{A}(3,\ b)$에서 만날 때, $a,\ b$의 값을 각각 구하시오. (단, a는 상수)

한번더
+1

9 오른쪽 그림과 같이 정비례 관계 $y=ax$의 그래프와 반비례 관계 $y=-\dfrac{16}{x}$의 그래프가 점 $\mathrm{A}(2,\ b)$에서 만날 때, $a,\ b$의 값을 각각 구하시오. (단, a는 상수)

정비례 관계와 반비례 관계

	정비례 관계	반비례 관계
뜻	x의 값이 2배, 3배, 4배, …로 변함에 따라 y의 값도 2배, 3배, 4배, …로 변하는 관계 예	x의 값이 2배, 3배, 4배, …로 변함에 따라 y의 값은 $\frac{1}{2}$배, $\frac{1}{3}$배, $\frac{1}{4}$배, …로 변하는 관계 예
관계식	$y = ax \, (a \neq 0)$	$y = \dfrac{a}{x} \, (a \neq 0)$

	$a > 0$	$a < 0$	$a > 0$	$a < 0$
그래프				
	원점을 지나고 오른쪽 위로 향하는 직선	원점을 지나고 오른쪽 아래로 향하는 직선	좌표축에 가까워지면서 한없이 뻗어 나가는 한 쌍의 매끄러운 곡선	
	제1사분면과 제3사분면을 지난다.	제2사분면과 제4사분면을 지난다.	제1사분면과 제3사분면을 지난다.	제2사분면과 제4사분면을 지난다.
	x의 값이 증가하면 y의 값도 증가한다.	x의 값이 증가하면 y의 값은 감소한다.	$x>0$ 또는 $x<0$일 때, x의 값이 증가하면 y의 값은 감소한다.	$x>0$ 또는 $x<0$일 때, x의 값이 증가하면 y의 값도 증가한다.
	a의 절댓값이 클수록 y축에 가깝다.		a의 절댓값이 클수록 원점에서 멀다.	

1 다음 중 y가 x에 정비례하는 것을 모두 고르면?

(정답 2개)

① $y=-6x$ ② $y=\dfrac{5}{x}$ ③ $y=-\dfrac{2}{x}$

④ $y=\dfrac{1}{4}x$ ⑤ $y=x+7$

2 y가 x에 정비례하고, $x=-6$일 때 $y=3$이다. 다음 보기 중 옳은 것을 모두 고른 것은?

(보기)

ㄱ. x의 값이 2배가 되면 y의 값은 $\dfrac{1}{2}$배가 된다.

ㄴ. x와 y 사이의 관계식은 $y=\dfrac{1}{2}x$이다.

ㄷ. $x=12$일 때, $y=-6$이다.

ㄹ. $y=-5$일 때, $x=10$이다.

① ㄱ, ㄴ ② ㄱ, ㄷ ③ ㄴ, ㄷ

④ ㄴ, ㄹ ⑤ ㄷ, ㄹ

3 어떤 물체의 달에서의 무게는 지구에서의 무게의 $\dfrac{1}{6}$

이다. 이 물체의 지구에서의 무게를 $x\,\mathrm{kg}$, 달에서의 무게를 $y\,\mathrm{kg}$이라 할 때, 다음 물음에 답하시오.

(1) x와 y 사이의 관계식을 구하시오.

(2) 지구에서의 몸무게가 $78\,\mathrm{kg}$인 우주 비행사가 달에 착륙했을 때의 몸무게를 구하시오.

4 오른쪽 그래프는 훌라후프와 줄넘기를 할 때, 운동 시간 x분 과 소모되는 열량 $y\,\mathrm{kcal}$ 사이 의 관계를 각각 나타낸 것이다. 훌라후프와 줄넘기를 각각 30분 동안 할 때, 소모되는 열량의 차는?

① $90\,\mathrm{kcal}$ ② $95\,\mathrm{kcal}$ ③ $100\,\mathrm{kcal}$

④ $105\,\mathrm{kcal}$ ⑤ $110\,\mathrm{kcal}$

5 다음 중 정비례 관계 $y=\dfrac{4}{3}x$의 그래프는?

①   ②

③   ④

⑤

6 다음 중 정비례 관계 $y=-\dfrac{3}{5}x$의 그래프에 대한 설명으로 옳지 <u>않은</u> 것은?

① 원점을 지난다.

② 점 $(-5,\ 3)$을 지난다.

③ 오른쪽 아래로 향하는 직선이다.

④ 제1사분면과 제3사분면을 지난다.

⑤ x의 값이 증가하면 y의 값은 감소한다.

7 오른쪽 그림은 다음 보기의 정비례 관계의 그래프를 좌표평면 위에 모두 나타낸 것이다. 이때 정비례 관계 $y=3x$의 그래프인 것은?

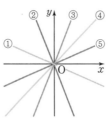

〔보기〕

$y=-3x,\ y=3x,\ y=x,\ y=-\dfrac{1}{2}x,\ y=\dfrac{1}{2}x$

8 정비례 관계 $y=-\dfrac{5}{2}x$의 그래프가 두 점 $(a,\ 15)$, $(-4,\ b)$를 지날 때, ab의 값은?

① -60 ② -30 ③ -15
④ 30 ⑤ 60

9 오른쪽 그림과 같은 그래프가 두 점 $(-3,\ 4)$, $\left(\dfrac{9}{2},\ k\right)$를 지날 때, k의 값은?

① -8 ② $-\dfrac{15}{2}$
③ -7 ④ $-\dfrac{13}{2}$
⑤ -6

10 두 정비례 관계 $y=-2x$, $y=\dfrac{1}{3}x$의 그래프가 오른쪽 그림과 같이 x좌표가 -6인 두 점 A, B를 각각 지날 때, 삼각형 OAB의 넓이는?
(단, O는 원점)

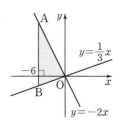

① 10 ② 26 ③ 36
④ 40 ⑤ 42

11 다음 보기 중 y가 x에 반비례하는 것을 모두 고르시오.

〔보기〕

ㄱ. 한 개에 800원인 빵 x개의 가격 y원
ㄴ. 물 3 L를 x명이 똑같이 나누어 마실 때, 한 사람이 마시는 물의 양 y L
ㄷ. 시속 10 km로 x시간 동안 이동한 거리 y km
ㄹ. 합이 10인 두 자연수 x와 y
ㅁ. 2000원을 주고 산 x원짜리 과자 y개

12 매분 3 L씩 물을 넣으면 40분 만에 물이 가득 차는 물탱크가 있다. 이 물탱크에 매분 x L씩 물을 넣으면 가득 채우는 데 y분이 걸린다고 할 때, 다음 물음에 답하시오.

(1) x와 y 사이의 관계식을 구하시오.
(2) 10분 만에 이 물탱크에 물을 가득 채우려면 매분 몇 L씩 물을 넣어야 하는지 구하시오.

★ 중요

13 다음 중 반비례 관계 $y=-\dfrac{5}{x}$의 그래프에 대한 설명으로 옳은 것은?

① 원점을 지나는 직선이다.

② 제2사분면과 제3사분면을 지난다.

③ x축, y축과 만나지 않는다.

④ $x<0$일 때, x의 값이 증가하면 y의 값은 감소한다.

⑤ 반비례 관계 $y=-\dfrac{10}{x}$의 그래프보다 원점에서 더 멀다.

14 다음 관계식 중 그 그래프가 제2사분면과 제4사분면을 지나는 것을 모두 고르면? (정답 2개)

① $y=-4x$ ② $y=-\dfrac{2}{x}$ ③ $y=\dfrac{3}{x}$

④ $y=\dfrac{1}{2}x$ ⑤ $y=7x$

15 반비례 관계 $y=\dfrac{18}{x}$의 그래프가 두 점 $(-3,\ a)$, $(b,\ 12)$를 지날 때, $a+b$의 값을 구하시오.

16 점 $(4,\ 2)$가 반비례 관계 $y=\dfrac{a}{x}$의 그래프 위의 점일 때, 이 그래프 위의 점 중에서 x좌표와 y좌표가 모두 정수인 점은 몇 개인지 구하시오. (단, a는 상수)

17 오른쪽 그림과 같은 그래프가 두 점 $(1,\ -2)$, $\left(-\dfrac{2}{3},\ k\right)$를 지날 때, k의 값을 구하시오.

18 오른쪽 그림과 같이 x좌표가 각각 3, -3인 두 점 A, C가 반비례 관계 $y=\dfrac{15}{x}$의 그래프 위에 있다. 직사각형 ABCD의 네 변이 x축 또는 y축에 각각 평행할 때, 다음을 구하시오.

(1) 점 D의 좌표

(2) 직사각형 ABCD의 넓이

19 오른쪽 그림과 같이 정비례 관계 $y=\dfrac{1}{2}x$의 그래프와 반비례 관계 $y=\dfrac{a}{x}$의 그래프가 점 A$(b,\ 2)$에서 만날 때, $a+b$의 값은? (단, a는 상수)

① 6 ② 8 ③ 10

④ 12 ⑤ 14

유제를 따라 풀어 보고, 실전 문제로 연습해 보세요.

따라 해보자

예제 1

다음 표에서 y가 x에 정비례할 때, $A+B$의 값을 구하시오.

x	-4	-2	3	B
y	32	A	-24	-40

풀이 과정

1단계 x와 y 사이의 관계식 구하기

y가 x에 정비례하므로 $y=ax$로 놓고, 이 식에 $x=-4$, $y=32$를 대입하면 $32=a\times(-4)$ $\quad\therefore a=-8$

$\therefore y=-8x$

2단계 A, B의 값 구하기

$y=-8x$에 $x=-2$, $y=A$를 대입하면

$A=-8\times(-2)=16$

$y=-8x$에 $x=B$, $y=-40$을 대입하면

$-40=-8\times B$ $\quad\therefore B=5$

3단계 $A+B$의 값 구하기

$\therefore A+B=16+5=21$

답 **21**

유제 1

다음 표에서 y가 x에 반비례할 때, $B-A$의 값을 구하시오.

x	-9	-6	12	B
y	A	-6	3	$\dfrac{1}{2}$

풀이 과정

1단계 x와 y 사이의 관계식 구하기

2단계 A, B의 값 구하기

3단계 $B-A$의 값 구하기

답

예제 2

톱니가 각각 16개, 32개인 두 톱니바퀴 A, B가 서로 맞물려 돌아가고 있다. 톱니바퀴 A가 x번 회전하면 톱니바퀴 B는 y번 회전한다고 할 때, 톱니바퀴 A가 10번 회전하면 톱니바퀴 B는 몇 번 회전하는지 구하시오.

풀이 과정

1단계 x와 y 사이의 관계식 구하기

두 톱니바퀴 A, B가 서로 맞물려 돌아갈 때

(A의 톱니의 수)×(A의 회전수)

$=$(B의 톱니의 수)×(B의 회전수)

이므로 $16\times x=32\times y$ $\quad\therefore y=\dfrac{1}{2}x$

2단계 답 구하기

$y=\dfrac{1}{2}x$에 $x=10$을 대입하면 $y=\dfrac{1}{2}\times10=5$

따라서 톱니바퀴 B는 5번 회전한다.

답 **5번**

유제 2

서로 맞물려 돌아가는 두 톱니바퀴 A, B가 있다. 톱니가 12개인 톱니바퀴 A가 1분 동안 5번 회전할 때, 톱니가 x개인 톱니바퀴 B는 1분 동안 y번 회전한다고 한다. 톱니바퀴 B가 1분 동안 4번 회전할 때, 톱니바퀴 B의 톱니의 수를 구하시오.

풀이 과정

1단계 x와 y 사이의 관계식 구하기

2단계 답 구하기

답

연습해 보자

1 정비례 관계 $y = -\dfrac{3}{4}x$의 그래프를 다음 좌표평면 위에 그리시오.

　　(단, 그래프가 지나는 점을 2개 이상 표시하시오.)

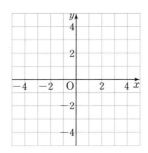

풀이 과정

답

2 정비례 관계 $y = -4x$의 그래프가 세 점 A$(2a, 8)$, B$(4, 8b)$, C$(c, -12)$를 지날 때, $a+b+c$의 값을 구하시오.

풀이 과정

답

3 어떤 일을 완성하는 데 2명이 함께 하면 일주일이 걸린다. 이 일을 완성하는 데 x명이 함께 하면 y일이 걸린다고 할 때, 다음을 구하시오.

　　　　　　(단, 모든 사람이 하는 일의 양은 같다.)

(1) x와 y 사이의 관계식
(2) 2일 만에 이 일을 완성하려고 할 때, 필요한 사람 수

풀이 과정

(1)

(2)

답 (1)　　　　　　　　(2)

4 오른쪽 그림에서 점 P는 반비례 관계 $y = \dfrac{8}{x}(x > 0)$의 그래프 위의 점이다. 점 P에서 x축, y축에 각각 수선을 그어 x축, y축과 만나는 점을 각각 A, B라 할 때, 직사각형 OAPB의 넓이를 구하시오. (단, O는 원점)

풀이 과정

답

☑ 이 단원에서 배운 개념을 잘 기억하고 있는지 체크해 보세요.

□

y가 x에 정비례하면

• x와 y 사이의 관계식: ①[   ] $(a \neq 0)$

• ②$\left(\dfrac{y}{x},\ xy \right)$의 값은 항상 일정하다.

↶ 128 쪽

□

정비례 관계 $y = ax\,(a \neq 0)$의 그래프는

③[   ]을(를) 지나는 직선이다.

↶ 130 쪽

□

y가 x에 반비례하면

• x와 y 사이의 관계식: ④[   ] $(a \neq 0)$

• ⑤$\left(\dfrac{y}{x},\ xy \right)$의 값은 항상 일정하다.

↶ 134 쪽

□   ✕

반비례 관계 $y = \dfrac{a}{x}\,(a \neq 0,\ x \neq 0)$의 그래프는 좌표축에 가까워지면서 한없이 뻗어나가는 한 쌍의 매끄러운 ⑥[   ]이다.

↶ 136 쪽

□   ✕

정비례 관계 $y = ax$의 그래프는

• $a > 0$일 때, 제 ⑦[ ] 사분면, 제 ⑧[ ] 사분면을 지난다.

• $a > 0$일 때, 오른쪽 ⑨(아래, 위)로 향한다.

• a의 절댓값이 클수록 ⑩[   ]에 가깝다.

↶ 130 쪽

□

반비례 관계 $y = \dfrac{a}{x}$의 그래프는

• $a < 0$일 때, 제 ⑪[ ] 사분면, 제 ⑫[ ] 사분면을 지난다.

• $a < 0$이고, $x > 0$ 또는 $x < 0$일 때, x의 값이 증가하면 y의 값도 ⑬[   ]한다.

• a의 절댓값이 클수록 ⑭[   ]에서 멀다.

↶ 136 쪽

정비례와 반비례

$\frac{y}{x}$의 값이 일정해~

정비례

$y = ax \, (a \neq 0)$ 꼴

식물이 하루에 5 mm씩 자란다.

1일	2일	3일	4일
5 mm	10 mm	15 mm	20 mm

2배 → 3배 → 4배

2배 → 3배 → 4배

그래프

$a > 0$일 때

$a < 0$일 때

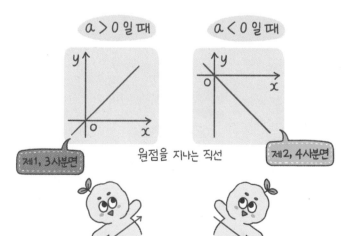

제1, 3사분면

원점을 지나는 직선

제2, 4사분면

---

xy의 값이 일정해~

반비례

$y = \frac{a}{x} \, (a \neq 0)$ 꼴

우유 1200 mL를 나눠 마신다.

1200 mL

600 mL

400 mL

300 mL

1명	2명	3명	4명
1200 mL	600 mL	400 mL	300 mL

2배 → 3배 → 4배

$\frac{1}{2}$배 → $\frac{1}{3}$배 → $\frac{1}{4}$배

그래프

$a > 0$일 때

$a < 0$일 때

제1, 3사분면

한 쌍의 매끄러운 곡선

제2, 4사분면

MEMO

개념·플러스·유형·시리즈 개념과 유형이 하나로! 가장 효과적인 수학 공부 방법을 제시합니다.

비상교재
누리집에
방문해보세요

http://book.visang.com/
발간 이후에 발견되는 오류 비상교재 누리집 › 학습자료실 › 중등교재 › 정오표
본 교재의 정답 비상교재 누리집 › 학습자료실 › 중등교재 › 정답·해설

개념＋유형

유형편

실력향상

POWER

2022 개정 교육과정

중학 수학

1·1

visang

우리는 남다른 상상과 혁신으로
교육 문화의 새로운 전형을 만들어
모든 이의 행복한 경험과 성장에 기여한다

ABOVE IMAGINATION

우리는 남다른 상상과 혁신으로
교육 문화의 새로운 전형을 만들어
모든 이의 행복한 경험과 성장에 기여한다

개념╋유형

유형편

실력
향상 **POWER**

중학 수학
1·1

WHY

왜 유형편 파워를
보아야 하나요?

전국 중학교의 최신 기출문제들을 모아 분석, 정리하였습니다.
필수 문제부터 까다로운 문제까지 다양한 유형으로 구성하였으므로
수학 성적을 올리고자 하는 친구라면 꼭 풀어 봐야 할 교재입니다.
개념편과 함께 파워를 마스터하면 내신 만점! 자신감은 up!!

유형편 파워의 구성

● 꼭 필요한 개념을
깔끔하게 정리

● 개념편 개념 익히기와 쌍둥이
문제로 개념별 대표 문제를
다시 한 번 확인!

● 사고력을 요하는 문제는
두 번씩 풀어 보는
실력 UP 문제

● 실전 연습을 위한
실전 테스트

● 톡톡 튀는 문제

쏙쏙 개념 익히기 학습 후
더 다양한 유형별 난이도
문제로 유형 마스터!

CONTENTS 차례

1

소인수분해

01 소인수분해

1. 소수와 합성수
1보다 큰 자연수 중에서
(1) 소수: 약수가 1과 자기 자신뿐인 수 → 약수가 2개
(2) 합성수: 소수가 아닌 수 → 약수가 3개 이상

참고 1은 약수가 1개이므로 소수도 아니고, 합성수도 아니다.

2. 거듭제곱
같은 수나 문자를 여러 번 곱한 것을 간단히 나타낸 것을 거듭제곱이라 한다.

- $\underbrace{a \times a \times \cdots \times a}_{a를\ n번\ 곱} = a^n$ ← 지수, 밑

- $\underbrace{a \times a \times \cdots \times a}_{a를\ m번\ 곱} \times \underbrace{b \times b \times \cdots \times b}_{b를\ n번\ 곱} = a^m \times b^n$

3. 소인수분해
(1) 소인수: 인수 중에서 소수인 것
(2) 소인수분해: 1보다 큰 자연수를 소인수만의 곱으로 나타내는 것
(3) 소인수분해 하는 방법
 ❶ 나누어떨어지는 소수로 가지의 끝이나 몫이 소수가 될 때까지 나눈다.
 ❷ 나눈 소수와 마지막 몫을 곱셈 기호로 나타내고, 같은 소인수의 곱은 거듭제곱을 사용하여 나타낸다.

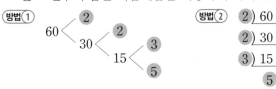

소인수분해 결과 $60 = 2^2 \times 3 \times 5$

4. 소인수분해를 이용하여 약수와 약수의 개수 구하기
(1) 자연수 A가
 $A = a^m \times b^n$ (a, b는 서로 다른 소수, m, n은 자연수)
 으로 소인수분해 될 때
  A의 약수 ➡ (a^m의 약수) × (b^n의 약수) 꼴
(2) 약수의 개수 구하기
 a, b, c는 서로 다른 소수, l, m, n은 자연수일 때
 ① a^l의 약수의 개수 ➡ $l+1$
 ② $a^l \times b^m$의 약수의 개수 ➡ $(l+1) \times (m+1)$
 ③ $a^l \times b^m \times c^n$의 약수의 개수
   ➡ $(l+1) \times (m+1) \times (n+1)$

02 최대공약수와 최소공배수

1. 공약수와 최대공약수
(1) 공약수: 두 개 이상의 자연수의 공통인 약수
(2) 최대공약수: 공약수 중에서 가장 큰 수
(3) 서로소: 최대공약수가 1인 두 자연수
(4) 최대공약수의 성질: 공약수는 최대공약수의 약수이다.
(5) 소인수분해를 이용하여 최대공약수 구하기

2. 공배수와 최소공배수
(1) 공배수: 두 개 이상의 자연수의 공통인 배수
(2) 최소공배수: 공배수 중에서 가장 작은 수
(3) 최소공배수의 성질
 ① 공배수는 최소공배수의 배수이다.
 ② 서로소인 두 자연수의 최소공배수는 두 수의 곱과 같다.
(4) 소인수분해를 이용하여 최소공배수 구하기

참고 나눗셈을 이용하여 최대공약수와 최소공배수 구하기

3 최대공약수와 최소공배수의 관계
두 자연수 A, B의 최대공약수를 G, 최소공배수를 L이라 하고 $A = a \times G$, $B = b \times G$ (a, b는 서로소)라고 하면
(1) $L = a \times b \times G$
(2) $A \times B = (a \times G) \times (b \times G) = L \times G$

$$G \underline{)\, A \quad B}$$
$$\qquad a \quad b$$
서로소

▶ 소수와 합성수
\# 유형 1

1 1부터 30까지의 자연수 중 약수가 2개인 자연수는 모두 몇 개인지 구하시오.

2 다음 중 옳은 것은?

① 모든 소수는 홀수이다.　　　　② 가장 작은 소수는 1이다.

③ 합성수는 약수가 3개 이상이다.　　④ 두 소수의 합은 합성수이다.

⑤ 모든 자연수는 소수 또는 합성수이다.

▶ 거듭제곱으로 나타내기
\# 유형 2

3 다음 중 옳은 것을 모두 고르면? (정답 2개)

① $2^3 = 6$

② $7 \times 7 \times 7 = 7^3$

③ $3 \times 3 \times 3 \times 3 = 4^3$

④ $\dfrac{1}{11} \times \dfrac{1}{11} \times \dfrac{1}{11} = \dfrac{3}{11}$

⑤ $2 \times 2 \times 2 \times 5 \times 5 = 2^3 \times 5^2$

▶ 소인수분해 하기
\# 유형 3

4 180을 소인수분해 하면?

① $2 \times 3 \times 5^2$

② $2 \times 3^3 \times 5$

③ $2^2 \times 3^2 \times 5$

④ $2^4 \times 5$

⑤ $3^4 \times 5$

5 396을 소인수분해 하면 $2^a \times 3^b \times c$일 때, 자연수 a, b, c에 대하여 $a+b+c$의 값은?

① 7

② 9

③ 10

④ 12

⑤ 15

▶ 소인수 구하기
\# 유형 4

6 다음 중 소인수가 나머지 넷과 <u>다른</u> 하나는?

① 18　　　　　　　② 24　　　　　　　③ 54

④ 84　　　　　　　⑤ 108

▶ 소인수분해를 이용하여
약수와 약수의 개수
구하기
\# 유형 6

7 다음 중 120의 약수가 <u>아닌</u> 것은?

① $2^2 \times 3$　　　　　② $2^3 \times 3$　　　　　③ $2 \times 3 \times 5$

④ 2×5^2　　　　　⑤ $2^2 \times 3 \times 5$

\# 유형 7

8 다음 중 약수가 6개인 것은?

① $2 \times 3 \times 5$　　　　② $3^2 \times 7$　　　　③ $2^5 \times 5$

④ 144　　　　　　　⑤ 200

▶ 제곱인 수 만들기
\# 유형 5

9 126에 가능한 한 작은 자연수를 곱하여 어떤 자연수의 제곱이 되게 하려고 한다. 이때 곱해야 하는 가장 작은 자연수는?

① 3　　　　　　　② 6　　　　　　　③ 7

④ 14　　　　　　　⑤ 21

핵심 유형 문제

유형 **1** 소수와 합성수

1 다음 중 합성수는 모두 몇 개인가?

> 1, 3, 5, 9, 13, 15, 17, 21, 29, 38

① 3개   ② 4개   ③ 5개
④ 6개   ⑤ 7개

2 40보다 작은 자연수 중 가장 큰 소수와 40보다 큰 자연수 중 가장 작은 합성수의 합을 구하시오.

보기다多모아~

3 다음 중 옳은 것을 모두 고르면?

① 가장 작은 합성수는 4이다.
② 합성수는 모두 짝수이다.
③ 소수는 약수가 2개인 자연수이다.
④ 2의 배수 중 소수는 1개뿐이다.
⑤ 소수가 아닌 자연수는 합성수이다.
⑥ 서로 다른 두 홀수의 곱은 항상 합성수이다.
⑦ 서로 다른 두 소수의 곱은 항상 소수이다.
⑧ 서로 다른 두 소수의 합은 항상 짝수이다.

4 성우는 20층 아파트에서 살고 있는데, 엘리베이터가 자주 고장이 난다. 어느 날 엘리베이터 입구에 "약수가 2개인 수의 층에서만 섭니다."라는 안내문이 있었을 때, 엘리베이터가 서는 층은 모두 몇 개인지 구하시오.

유형 **2** 거듭제곱으로 나타내기

5 $3 \times 3 \times 5 \times 5 \times 5$를 거듭제곱을 사용하여 나타내면 3의 거듭제곱에서 지수는 a이고, 5의 거듭제곱에서 밑은 b이다. 이때 $a+b$의 값을 구하시오.

6 다음 중 옳은 것은?

① $5 \times 5 \times 5 = 3 \times 5$
② $2 \times 2 \times 2 + 3 \times 3 = 2^3 \times 3^2$
③ $5 \times 7 \times 7 \times 5 \times 7 = 5^2 \times 7^3$
④ $a+a+a+a+a = a^5$
⑤ $\dfrac{1}{3} \times \dfrac{1}{3} \times \dfrac{1}{3} \times \dfrac{1}{3} = \dfrac{4}{3^4}$

7 $2^4 = a$, $3^b = 81$을 만족시키는 자연수 a, b에 대하여 $a+b$의 값은?

① 18   ② 19   ③ 20
④ 21   ⑤ 22

8 오른쪽 그림과 같이 한 사람이 3명에게 전자 우편을 보내고 그 3명이 각각 서로 다른 3명에게 전자 우편을 보내 상품을 홍보하는 바이럴 마케팅을 하려고 한다. 전자 우편을 받는 사람 수가 1단계에서 3, 2단계에서 9, 3단계에서 27, …일 때, 15단계에서 전자 우편을 받는 사람 수를 3의 거듭제곱을 사용하여 나타내시오.

[1단계] [2단계]

핵심 유형 문제

유형 3 소인수분해 하기

9 다음 중 소인수분해 한 것으로 옳지 <u>않은</u> 것은?

① $36 = 2^2 \times 3^2$ ② $63 = 3^2 \times 7$

③ $72 = 2^3 \times 3^2$ ④ $120 = 2^4 \times 3 \times 5$

⑤ $140 = 2^2 \times 5 \times 7$

10 150을 소인수분해 하였을 때, 각 소인수의 지수의 합은?

① 4 ② 5 ③ 6

④ 7 ⑤ 8

(서술형)

11 600을 소인수분해 하면 $2^a \times b \times c^2$일 때, 자연수 a, b, c에 대하여 $a+b+c$의 값을 구하시오.

풀이 과정

답

12 $1 \times 2 \times 3 \times 4 \times 5 \times 6$을 소인수분해 하면 $2^x \times 3^y \times 5^z$ 이다. 이때 자연수 x, y, z에 대하여 $x \times y \times z$의 값을 구하시오.

유형 4 소인수 구하기

13 다음 중 420의 소인수가 <u>아닌</u> 것은?

① 2 ② 3 ③ 5

④ 7 ⑤ 11

14 다음 중 168과 소인수가 같은 것은?

① 12 ② 28 ③ 33

④ 42 ⑤ 50

(서술형)

15 소인수분해를 이용하여 252의 모든 소인수의 합을 구하시오.

풀이 과정

답

유형 5 소인수분해를 이용하여 제곱인 수 만들기

16 $2 \times 5^3 \times a$가 어떤 자연수의 제곱이 될 때, 가장 작은 자연수 a의 값을 구하시오.

17 540을 자연수로 나누어 어떤 자연수의 제곱이 되게 하려고 한다. 이때 나눠야 하는 가장 작은 자연수는?

① 2   ② 3   ③ 5
④ 6   ⑤ 15

18 $84 \times a = b^2$을 만족시키는 가장 작은 자연수 a, b에 대하여 $a+b$의 값을 구하시오.

19 198을 가능한 한 작은 자연수 a로 나누어 어떤 자연수 b의 제곱이 되게 하려고 한다. 이때 a, b의 값을 각각 구하시오.

20 72에 자연수 a를 곱하여 어떤 자연수의 제곱이 되게 할 때, 다음 중 a의 값이 될 수 없는 것은?

① 2   ② 8   ③ 9
④ 18   ⑤ 32

유형 6 소인수분해를 이용하여 약수 구하기

21 다음은 소인수분해를 이용하여 $200 = 2^3 \times 5^2$의 약수를 구하기 위해 만든 표이다. ㉠, ㉡, ㉢에 알맞은 수를 각각 구하시오.

×		\multicolumn{4}{c}{2^3의 약수}
		1	2	2^2	2^3
5^2의 약수	1	㉠			$2^3 \times 1$
	5		2×5	㉡	
	5^2	1×5^2			㉢

22 다음 중 $2^3 \times 5 \times 7^2$의 약수인 것을 모두 고르면?

(정답 2개)

① 9   ② 28   ③ 48
④ 72   ⑤ 98

23 다음 중 270의 약수가 아닌 것은?

① 2×3^3 ② 3×5 ③ $3^2 \times 5$
④ $2 \times 3^3 \times 5$ ⑤ $2^2 \times 3 \times 5$

핵심 유형 문제

유형 7 약수의 개수 구하기

(서술형)

24 소인수분해를 이용하여 192의 약수의 개수를 구하시오.

(풀이 과정)

답

---

25 다음 중 약수의 개수가 가장 많은 것은?

① 2×3^2 ② 2×7^3 ③ $2 \times 3 \times 7$

④ 60   ⑤ 256

---

26 다음 중 옳지 않은 것은?

① $2^2 \times 11$의 약수는 6개이다.

② $2 \times 3^2 \times 5$의 약수는 12개이다.

③ 16의 약수는 5개이다.

④ 25의 약수는 2개이다.

⑤ 78의 약수는 8개이다.

유형 8 약수의 개수가 주어질 때, 지수 또는 곱해지는 수 구하기

$a^m \times b^n$ (a, b는 서로 다른 소수, m, n은 자연수)의 약수의 개수가 k이다.

➡ $(m+1) \times (n+1) = k$

---

27 $2^3 \times 3^a$의 약수의 개수가 32일 때, 자연수 a의 값은?

① 5   ② 6   ③ 7

④ 8   ⑤ 9

---

28 504의 약수의 개수와 $2^2 \times 3 \times 5^n$의 약수의 개수가 같을 때, 자연수 n의 값을 구하시오.

---

29 자연수 $108 \times a$의 약수의 개수가 24일 때, 다음 중 a의 값이 될 수 없는 것은?

① 5   ② 8   ③ 10

④ 13   ⑤ 81

---

30 자연수 A를 소인수분해 하면 $2^a \times 3^b$이다. A의 약수의 개수가 8일 때, A의 값을 모두 구하시오.

(단, a, b는 자연수)

쓱쓱 다시 개념 익히기

▶ 최대공약수와 그 성질
유형 9

1 세 수 $2 \times 3^2 \times 5^2$, 180, 225의 최대공약수를 소인수의 곱으로 나타내시오.

유형 10

2 다음 중 두 수 $2 \times 3^3 \times 5$, $2^3 \times 3^2 \times 5^2$의 공약수가 <u>아닌</u> 것은?

① 3^2

② 2×5

③ $3^2 \times 5$

④ $2 \times 3^2 \times 5$

⑤ $2^2 \times 3^2 \times 5$

▶ 서로소
유형 11

3 다음 중 서로소인 두 자연수로 짝 지어진 것은?

① 6, 21

② 8, 27

③ 10, 18

④ 21, 35

⑤ 75, 105

▶ 최소공배수와 그 성질
유형 12
유형 13

4 어떤 두 자연수의 최소공배수가 17일 때, 이 두 자연수의 공배수 중 가장 작은 세 자리의 자연수를 구하시오.

5 세 수 30, $2^2 \times 3 \times 5$, 252의 최소공배수는?

① 2×3 ② $2^2 \times 3^2$ ③ $2 \times 3 \times 5$

④ $2 \times 3 \times 5 \times 7$ ⑤ $2^2 \times 3^2 \times 5 \times 7$

6 다음 중 두 수 $2^2 \times 3^2 \times 5$, $2 \times 3^3 \times 5$의 공배수가 <u>아닌</u> 것은?

① $2 \times 3^2 \times 5$ ② $2^2 \times 3^3 \times 5$ ③ $2^2 \times 3^3 \times 5^2$

④ $2^3 \times 3^3 \times 5$ ⑤ $2^3 \times 3^3 \times 5 \times 11$

▶ 최대공약수와 최소공배수가 주어질 때, 밑과 지수 구하기
\# 유형 15

7 세 수 $3^2 \times a \times 7^b$, $3 \times 5^2 \times 7^2$, $3^c \times 5^2 \times 7^2$의 최대공약수가 $3 \times 5 \times 7$이고 최소공배수가 $3^3 \times 5^2 \times 7^2$일 때, 자연수 a, b, c에 대하여 $a+b+c$의 값은? (단, a는 소수)

① 6 ② 7 ③ 8

④ 9 ⑤ 10

▶ 최대공약수와 최소공배수의 관계
\# 유형 16

8 두 자연수 A, 42의 최대공약수가 6이고 최소공배수가 126일 때, A의 값을 구하시오.

핵심 유형 문제

유형 9 최대공약수 구하기

1 두 수 $2^2 \times 3^2 \times 7$, $2^3 \times 3^2 \times 5$의 최대공약수는?

① $2^2 \times 3$ ② $2^2 \times 3^2$
③ $2^2 \times 3 \times 5 \times 7$ ④ $2^3 \times 3^2$
⑤ $2^3 \times 3^2 \times 5 \times 7$

서술형

2 소인수분해를 이용하여 세 수 24, 60, 108의 최대공약수를 구하시오.

풀이 과정

답

3 세 수 $2 \times 3^2 \times 5^3$, 360, 900의 최대공약수가 $2^a \times 3^b \times 5^c$일 때, 자연수 a, b, c에 대하여 $a+b+c$의 값은?

① 3   ② 4   ③ 5
④ 6   ⑤ 7

유형 10 최대공약수의 성질

4 어떤 두 자연수의 최대공약수가 $2^2 \times 5 \times 7^2$일 때, 다음 중 이 두 자연수의 공약수가 아닌 것은?

① $2^2 \times 7$ ② 2×5^2 ③ 5×7^2
④ $2 \times 5 \times 7^2$ ⑤ $2^2 \times 5 \times 7^2$

5 다음 중 두 수 72, 120의 공약수가 아닌 것은?

① 2^2 ② 2×3 ③ 2^3
④ $2^2 \times 3$ ⑤ $2^2 \times 3^2$

6 다음 세 수의 최대공약수와 공약수의 개수를 차례로 구하시오.

$$180, \quad 2^3 \times 3^2 \times 5, \quad 2^2 \times 3^4 \times 7$$

7 세 수 72, $2^3 \times 3 \times 5$, 144의 공약수 중 두 번째로 큰 수를 구하시오.

핵심 유형 문제

8 다음 중 서로소인 두 자연수로 짝 지어진 것을 모두 고르면? (정답 2개)

① 6, 11　　② 12, 16　　③ 13, 39
④ 28, 35　　⑤ 27, 70

9 다음 보기 중 $3^2 \times 7 \times 11$과 서로소인 것을 모두 고르시오.

보기
ㄱ. 21　　ㄴ. $2^3 \times 5$　　ㄷ. 63
ㄹ. $3^2 \times 11$　　ㅁ. $2 \times 3 \times 7$　　ㅂ. 200

보기다多모아~

10 다음 중 옳은 것을 모두 고르면?

① 두 수 34와 85는 서로소이다.
② 두 수 $2^2 \times 5$와 $3^2 \times 7$은 서로소이다.
③ 두 수가 서로소이면 두 수 중 하나는 항상 소수이다.
④ 서로 다른 두 홀수는 항상 서로소이다.
⑤ 서로 다른 두 소수는 항상 서로소이다.
⑥ 서로소인 두 자연수는 모두 소수이다.
⑦ 서로소인 두 자연수의 공약수는 없다.

11 15 이하의 자연수 중에서 6과 서로소인 수는 모두 몇 개인지 구하시오.

12 다음 세 수의 최대공약수와 최소공배수를 차례로 나열하면?

$$2^3 \times 3^2, \quad 2^2 \times 3^2 \times 7, \quad 2 \times 3^3 \times 7$$

① 2×3, $2^3 \times 3^2 \times 7$
② 2×3^2, $2^3 \times 3^2 \times 7$
③ 2×3^2, $2^3 \times 3^3 \times 7$
④ $2^2 \times 3$, $2^3 \times 3^2 \times 7$
⑤ $2^2 \times 3^2$, $2^3 \times 3^3 \times 7$

서술형

13 세 수 45, 90, 108의 최소공배수를 소인수분해를 이용하여 구하시오.

풀이 과정

답

14 세 수 250, $2^5 \times 3^2$, $2^3 \times 3^4 \times 5$의 최소공배수가 $2^a \times 3^b \times 5^c$일 때, 자연수 a, b, c에 대하여 $a+b+c$의 값은?

① 9　　② 10　　③ 11
④ 12　　⑤ 13

유형 **13** 최소공배수의 성질

15 어떤 두 자연수의 최소공배수가 21일 때, 이 두 자연수의 공배수 중 두 자리의 자연수의 개수는?

① 2   ② 3   ③ 4
④ 5   ⑤ 6

16 다음 중 두 수 $2^2 \times 3 \times 5^2$, $2^3 \times 3^2 \times 7$의 공배수가 아닌 것은?

① $2^2 \times 3^2 \times 5^2 \times 7$ ② $2^3 \times 3^2 \times 5^2 \times 7$
③ $2^3 \times 3^3 \times 5^2 \times 7$ ④ $2^3 \times 3^2 \times 5^3 \times 7$
⑤ $2^3 \times 3^2 \times 5^2 \times 7^2$

17 세 수 8, 3×5, 24의 공배수 중 500에 가장 가까운 수는?

① 480   ② 488   ③ 495
④ 504   ⑤ 512

18 다음 조건을 모두 만족시키는 가장 작은 수를 구하시오.

─(조건)─
(가) $3^2 \times 5$, 75로 모두 나누어떨어진다.
(나) 네 자리의 자연수이다.

유형 **14** 최소공배수가 주어질 때, 공통인 인수 구하기

19 세 자연수 $3 \times x$, $5 \times x$, $6 \times x$의 최소공배수가 240일 때, 자연수 x의 값을 구하시오.

(서술형)
20 세 자연수 $12 \times x$, $16 \times x$, $24 \times x$의 최소공배수가 336일 때, 다음 물음에 답하시오.

(1) x의 값을 구하시오.
(2) 세 자연수의 최대공약수를 구하시오.

풀이 과정
(1)

(2)

답 (1)   (2)

21 두 자연수의 비가 3 : 4이고 최소공배수가 144일 때, 두 자연수를 구하시오.

핵심 유형 문제

유형 15 최대공약수 또는 최소공배수가 주어질 때, 밑과 지수 구하기

22 두 수 $2^2 \times 3^a \times 5^3$, $3^2 \times 5^b \times 7$의 최대공약수가 3×5^2일 때, 자연수 a, b에 대하여 $a+b$의 값을 구하시오.

23 두 수 $3 \times 5^2 \times 7^a$, $3^2 \times 5^b \times 7 \times 11$의 최소공배수가 $3^2 \times 5^3 \times 7^2 \times 11$일 때, 두 수의 최대공약수를 구하시오. (단, a, b는 자연수)

24 두 수 $2^a \times 3$, $2^3 \times 3^b \times 5$의 최대공약수는 12이고, 최소공배수는 360일 때, 자연수 a, b에 대하여 $a+b$의 값은?

① 2 ② 3 ③ 4
④ 5 ⑤ 6

25 두 수 $2^3 \times 3^a \times b$, $2^c \times 3^2 \times 7$의 최대공약수는 $2^3 \times 3$이고 최소공배수는 $2^4 \times 3^2 \times 5 \times d$일 때, 자연수 a, b, c, d에 대하여 $a+b+c+d$의 값은?

① 13 ② 14 ③ 15
④ 16 ⑤ 17

유형 16 최대공약수와 최소공배수의 관계

26 두 자연수 32, N의 최대공약수가 16이고 최소공배수가 96일 때, N의 값은?

① 48 ② 64 ③ 80
④ 112 ⑤ 128

27 어떤 자연수와 $2^2 \times 3^2$의 최대공약수가 $2^2 \times 3$이고 최소공배수가 $2^3 \times 3^2$일 때, 어떤 자연수를 구하시오.

28 어떤 두 자연수의 곱이 63이고 최대공약수가 3일 때, 다음 물음에 답하시오.

(1) 두 자연수의 최소공배수를 구하시오.
(2) 두 자연수의 합을 구하시오.

29 다음 조건을 모두 만족시키는 두 자연수 A, B에 대하여 $A-B$의 값을 구하시오. (단, $A>B$)

(조건)
㈎ A, B의 최대공약수는 4이다.
㈏ A, B의 최소공배수는 144이다.
㈐ $A+B=52$

1-1 3^{26}의 일의 자리의 숫자를 구하시오.

1-2 7^{2025}의 일의 자리의 숫자를 구하시오.

2-1 $81 \times \square$의 약수가 10개일 때, $\square$ 안에 들어갈 가장 작은 자연수를 구하시오.

2-2 $2^3 \times \square$의 약수가 12개일 때, $\square$ 안에 들어갈 가장 작은 자연수를 구하시오.

3-1 두 분수 $\dfrac{45}{n}$, $\dfrac{63}{n}$이 모두 자연수가 되게 하는 자연수 n의 개수를 구하시오.

3-2 세 분수 $\dfrac{36}{n}$, $\dfrac{60}{n}$, $\dfrac{84}{n}$가 모두 자연수가 되게 하는 모든 자연수 n의 값의 합을 구하시오.

1 다음 중 소수의 개수를 a, 합성수의 개수를 b라 할 때, $a-b$의 값을 구하시오.

> 1, 2, 9, 27, 31, 47, 73, 81, 91

2 다음 중 옳은 것을 모두 고르면? (정답 2개)

① $2 \times 2 \times 2 = 2^3$
② $3+3+3+3 = 3^4$
③ $5 \times 5 \times 7 \times 7 = 5^2 + 7^2$
④ $7 \times 7 \times 7 \times 7 = 4 \times 7$
⑤ $\dfrac{1}{2} \times \dfrac{1}{2} \times \dfrac{1}{2} = \left(\dfrac{1}{2}\right)^3$

3 $6 \times 7 \times 8 \times 9 \times 10 \times 11 \times 12$를 소인수분해 하였을 때, 소인수 3의 지수를 구하시오.

4 다음은 주어진 자연수를 소인수분해 한 것이다. ☐ 안에 들어갈 자연수가 가장 큰 것은?

① $28 = 2^{\square} \times 7$
② $42 = 2 \times 3 \times \square$
③ $50 = 2 \times \square^2$
④ $156 = 2^2 \times 3 \times \square$
⑤ $242 = 2 \times \square^2$

5 자연수 a의 소인수 중 가장 큰 수를 $M(a)$, 가장 작은 수를 $N(a)$라고 할 때, $M(126) + N(45)$의 값을 구하시오.

6 140에 가능한 한 작은 자연수를 곱하여 어떤 자연수의 제곱이 되게 하려고 한다. 이때 곱해야 하는 가장 작은 자연수를 구하시오.

⟨서술형⟩

7 108의 약수 중에서 어떤 자연수의 제곱이 되는 수는 모두 몇 개인지 구하시오.

⟨풀이 과정⟩

답

8 다음 중 약수의 개수가 나머지 넷과 다른 하나는?

① 40 ② 54 ③ 66
④ 105 ⑤ 117

9 자연수 $3^4 \times \square$의 약수가 25개일 때, 다음 중 $\square$ 안에 들어갈 수 있는 수는?

① 8   ② 16   ③ 27
④ 32   ⑤ 49

10 두 자연수 $2^2 \times 3^2 \times 7$과 $2^2 \times \square \times 5$의 최대공약수가 36일 때, 다음 중 $\square$ 안에 들어갈 수 없는 수는?

① 18   ② 36   ③ 45
④ 63   ⑤ 72

11 다음 중 세 수 350, $2^2 \times 5^3 \times 7$, $5^2 \times 7^3$에 대한 설명으로 옳지 <u>않은</u> 것을 모두 고르면? (정답 2개)

① 세 수의 최대공약수는 35이다.
② 세 수의 최소공배수는 $2^2 \times 5^3 \times 7^3$이다.
③ $5^2 \times 7$은 세 수의 공약수이다.
④ $2^2 \times 5^2 \times 7^2$은 세 수의 공배수이다.
⑤ 세 수의 공약수는 6개이다.

12 세 자연수 $2^2 \times 3 \times 5$, A, $2 \times 3^2 \times 7$의 최소공배수가 $2^2 \times 3^3 \times 5 \times 7$일 때, 다음 중 A의 값이 될 수 있는 수를 모두 고르면? (정답 2개)

① $2 \times 3^2 \times 5$ ② $2 \times 3^2 \times 7$ ③ $2 \times 3^3 \times 5$
④ $2^2 \times 3^3 \times 7$ ⑤ $2^3 \times 3^3 \times 5 \times 7$

13 두 수 $2^a \times 3^2 \times 5^3$, $2^4 \times 3^b \times c$의 최대공약수가 $2^3 \times 3$이고 최소공배수가 $2^4 \times 3^2 \times 5^3 \times 7$일 때, 자연수 a, b, c에 대하여 $a+b+c$의 값을 구하시오.

14 세 자연수 18, 30, A의 최대공약수가 6이고 최소공배수가 630일 때, 다음 중 A의 값이 될 수 <u>없는</u> 것은?

① 42   ② 126   ③ 210
④ 540   ⑤ 630

톡톡 튀는 문제

15 우리나라에서는 10일을 뜻하는 십간(갑, 을, 병, 정, 무, 기, 경, 신, 임, 계)과 12종류의 동물을 뜻하는 십이지(자, 축, 인, 묘, 진, 사, 오, 미, 신, 유, 술, 해)를 순서대로 하나씩 짝을 지어 갑자년, 을축년, 병인년, … 등으로 한 해의 이름을 붙인다. 다음 물음에 답하시오.

(1) 같은 이름의 해는 몇 년마다 돌아오는지 구하시오.
(2) 2025년은 을사년이다. 2025년 직전에 을사년이었던 해는 몇 년인지 구하시오.

2 정수와 유리수

2 정수와 유리수

01 정수와 유리수

1. 양수와 음수
(1) **양수**: 0보다 큰 수로 **양의 부호** +를 붙인 수
(2) **음수**: 0보다 작은 수로 **음의 부호** −를 붙인 수
> 참고 0은 양수도 음수도 아니다.

2. 정수와 유리수

유리수
- 정수
  - 양의 정수(자연수): $+1$, $+2$, $+3$, …
  - 0
  - 음의 정수: -1, -2, -3, …
- 정수가 아닌 유리수: $-\dfrac{1}{2}$, $\dfrac{2}{3}$, -0.4, $+2.5$, …

3. 수직선과 절댓값
(1) **수직선**:

음수는 0의 왼쪽   양수는 0의 오른쪽
0 원점

➡ 모든 유리수는 수직선 위의 점에 대응시킬 수 있다.
(2) **절댓값**: 수직선 위에서 원점과 어떤 수에 대응하는 점 사이의 거리
   ① $a>0$일 때, $|a|=a$, $|-a|=a$
   ② $a=0$일 때, $|a|=0$
   ③ 절댓값은 항상 0 또는 양수이다.
   ④ 절댓값이 큰 수일수록 수직선 위에서 원점으로부터 더 멀리 있는 점에 대응한다.

4. 수의 대소 관계와 부등호의 사용
(1) 수의 대소 관계
   ① (음수)<0<(양수)   예 $-5<+2$
   ② 양수끼리는 절댓값이 큰 수가 크다. 예 $+3<+7$
   ③ 음수끼리는 절댓값이 큰 수가 작다. 예 $-4<-1$
(2) 부등호의 사용

	작지 않다.
$a \geq b$	a는 b 이상이다. / a는 b보다 크거나 같다.
$a \leq b$	a는 b 이하이다. / a는 b보다 작거나 같다.
$a > b$	a는 b 초과이다. / a는 b보다 크다.
$a < b$	a는 b 미만이다. / a는 b보다 작다.

(표 상단: 작지 않다. / 크지 않다.)

02 정수와 유리수의 덧셈과 뺄셈

1. 수의 덧셈
(1) 부호가 같은 두 수의 덧셈 ➡ 두 수의 절댓값의 합에 공통인 부호를 붙인다.
(2) 부호가 다른 두 수의 덧셈 ➡ 두 수의 절댓값의 차에 절댓값이 큰 수의 부호를 붙인다.

(3) 덧셈의 계산 법칙: 세 수 a, b, c에 대하여
   ① **덧셈의 교환법칙**: $a+b=b+a$
   ② **덧셈의 결합법칙**: $(a+b)+c=a+(b+c)$

2. 수의 뺄셈
빼는 수의 부호를 바꾸어 덧셈으로 고쳐서 계산한다.

3. 덧셈과 뺄셈의 혼합 계산
❶ 부호가 생략된 수는 + 부호와 괄호를 넣는다.
❷ 뺄셈을 덧셈으로 고친다.
❸ 덧셈의 계산 법칙을 이용하여 계산한다.

03 정수와 유리수의 곱셈과 나눗셈

1. 수의 곱셈
(1) 부호가 같은 두 수의 곱셈
   ➡ 두 수의 절댓값의 곱에 + 부호를 붙인다.
(2) 부호가 다른 두 수의 곱셈
   ➡ 두 수의 절댓값의 곱에 − 부호를 붙인다.
(3) 곱셈의 계산 법칙: 세 수 a, b, c에 대하여
   ① **곱셈의 교환법칙**: $a \times b=b \times a$
   ② **곱셈의 결합법칙**: $(a \times b) \times c=a \times (b \times c)$
> 참고 ① 세 수 이상의 곱셈에서의 부호
>   ➡ 곱해진 음수가 ⎰ 짝수 개이면 ⊕
>   ⎱ 홀수 개이면 ⊖
> ② 거듭제곱의 계산에서의 부호
>   • (양수)^{n}의 부호 ➡ ⊕
>   • (음수)^{n}의 부호 ➡ n이 ⎰ 짝수이면 ⊕
>   ⎱ 홀수이면 ⊖

(4) **분배법칙**
   ① $a \times (b+c)=a \times b+a \times c$
   ② $a \times b+a \times c=a \times (b+c)$

2. 수의 나눗셈
나누는 수의 **역수**를 곱하여 계산한다. 이때 (0의 역수는 없다.)
(1) 부호가 같은 두 수의 나눗셈
   ➡ 절댓값의 나눗셈의 몫에 + 부호를 붙인다.
(2) 부호가 다른 두 수의 나눗셈
   ➡ 절댓값의 나눗셈의 몫에 − 부호를 붙인다.

3. 덧셈, 뺄셈, 곱셈, 나눗셈의 혼합 계산

거듭제곱 ➡ 괄호 풀기 ➡ $\times$, $\div$ ➡ $+$, $-$
(( ), { }, [ ]의 순서로)

다시 **쏙쏙** **개념 익히기**

▶ 양의 부호와 음의 부호
\# 유형 1

1 증가하거나 0보다 큰 값은 양의 부호 +를, 감소하거나 0보다 작은 값은 음의 부호 −를 사용하여 나타낼 때, 다음 중 옳지 <u>않은</u> 것은?

① 지하 1층: −1층　　　② 7점 득점: +7점　　　③ 20 % 인상: +20 %

④ 4 kg 감량: −4 kg　　　⑤ 해발 200 m: −200 m

▶ 정수 / 정수의 분류
\# 유형 2

2 다음 수 중 정수는 모두 몇 개인가?

$$-1, \quad \frac{3}{4}, \quad -\frac{1}{3}, \quad -1.5, \quad \frac{10}{2}, \quad \frac{5}{11}$$

① 1개　　　② 2개　　　③ 3개　　　④ 4개　　　⑤ 5개

▶ 유리수 / 유리수의 분류
\# 유형 3

3 다음 수에 대한 보기의 설명에서 □ 안에 알맞은 수를 모두 더한 값을 구하시오.

$$1.3, \quad 0, \quad -\frac{2}{9}, \quad +10, \quad -4, \quad +\frac{21}{7}$$

보기

ㄱ. 자연수는 □개이다.

ㄴ. 양수는 □개이다.

ㄷ. 음의 정수는 □개이다.

ㄹ. 정수가 아닌 유리수는 □개이다.

▶ 정수와 유리수의 성질
\# 유형 4

4 다음 중 옳은 것을 모두 고르면? (정답 2개)

① 모든 정수는 자연수이다.

② 모든 양수는 양의 부호 +를 생략하여 나타낼 수 있다.

③ 음의 정수가 아닌 정수는 양의 정수이다.

④ 양의 정수 중 가장 작은 수는 1이다.

⑤ 1과 2 사이에는 유리수가 존재하지 않는다.

핵심 유형 문제

유형 1 양수와 음수

1 다음 글에서 밑줄 친 부분을 증가하거나 0보다 큰 값은 양의 부호 +를, 감소하거나 0보다 작은 값은 음의 부호 −를 사용하여 나타내시오.

> 어제는 영상 7℃로 따뜻했는데 오늘은 영하 5℃로 추운 날이었다. 친구의 생일이라 케이크를 샀더니 포인트 5000점을 적립해 주어서 그중 3000점을 사용하여 음료수를 샀다.

2 다음 밑줄 친 부분을 양의 부호 + 또는 음의 부호 −를 사용하여 나타낼 때, 부호가 나머지 넷과 다른 하나는?

① 이 건물은 지상 20층짜리 건물이다.
② 동욱이는 키가 작년보다 3 cm 컸다.
③ 봉사활동 지원자가 어제보다 5명 늘었다.
④ 비가 와서 소풍이 이틀 후로 미뤄졌다.
⑤ 서점에서 책을 15 % 할인한 가격에 샀다.

3 다음을 양의 부호 + 또는 음의 부호 −를 사용하여 나타낼 때, 부호 +를 사용하는 것은 모두 몇 개인가?

> • 해저 6 km   • 5점 추가   • 12 m 하강
> • 사흘 전   • 10 % 상승   • 3 mL 증가

① 1개   ② 2개   ③ 3개
④ 4개   ⑤ 없다.

유형 2 정수의 분류

4 다음 보기에서 양의 정수의 개수를 a, 음의 정수의 개수를 b라 할 때, $a \times b$의 값은?

> (보기)
> ㄱ. -8 ㄴ. -6.1 ㄷ. 0
> ㄹ. $+\dfrac{14}{2}$ ㅁ. $-\dfrac{9}{4}$ ㅂ. $+2$

① 2   ② 3   ③ 4
④ 5   ⑤ 6

5 다음 중 자연수가 <u>아닌</u> 정수를 모두 고르면?
(정답 2개)

① 0   ② $\dfrac{12}{3}$ ③ 2
④ $+13$ ⑤ -5

6 보기의 수 중 정수는 5개이고, 양수는 3개이다. 다음 중 x의 값이 될 수 있는 것은?

> (보기)
> $+4, \quad -5, \quad \dfrac{9}{3}, \quad -\dfrac{6}{5}, \quad x, \quad -1$

① -6 ② $-\dfrac{7}{5}$ ③ 0
④ $+1$ ⑤ $+\dfrac{9}{2}$

유형 **3** 유리수의 분류

7 다음 수를 보기에서 모두 고르시오.

─(보기)─

$$1.3, \quad -3, \quad -\frac{7}{9}, \quad +\frac{20}{4}, \quad -2.1, \quad 6$$

(1) 양의 유리수   (2) 음의 유리수

(3) 정수   (4) 정수가 아닌 유리수

8 오른쪽과 같이 유리수를 분류할 때, 보기의 수 중 □ 안에 들어갈 수 있는 수는 모두 몇 개인가?

유리수 ⎰ 정수 ⎰ 양의 정수 / 0 / 음의 정수
　　　　⎱ □

─(보기)─

$$+7, \quad +\frac{3}{4}, \quad -1, \quad -1.6, \quad +2, \quad -\frac{21}{7}$$

① 1개   ② 2개   ③ 3개
④ 4개   ⑤ 5개

9 다음 수에 대한 설명으로 옳은 것은?

$$+3, \quad -1.5, \quad -4, \quad -\frac{1}{2}, \quad 0, \quad \frac{2}{3}$$

① 자연수는 2개이다.
② 정수는 2개이다.
③ 양의 유리수는 3개이다.
④ 음수는 3개이다.
⑤ 유리수는 5개이다.

유형 **4** 정수와 유리수의 성질

10 다음 중 옳지 <u>않은</u> 것을 모두 고르면?

① 음의 정수, 0, 양의 정수를 통틀어 정수라 한다.

② 유리수는 $\dfrac{(자연수)}{(자연수)}$ 꼴로 나타낼 수 있는 수이다.

③ 정수 중에는 유리수가 아닌 수가 있다.

④ 모든 자연수는 유리수이다.

⑤ 모든 음의 정수는 음의 유리수이다.

⑥ 0과 1 사이에는 정수가 없다.

⑦ 가장 작은 정수는 0이다.

⑧ 서로 다른 두 유리수 사이에는 무수히 많은 유리수가 존재한다.

11 다음 보기 중 옳은 것을 모두 고른 것은?

─(보기)─

ㄱ. 0은 양의 정수도 아니고 음의 정수도 아니다.

ㄴ. 유리수는 양의 유리수와 음의 유리수로 이루어져 있다.

ㄷ. 모든 유리수는 정수이다.

ㄹ. 서로 다른 두 정수 사이에 또 다른 정수가 존재하지 않는 경우도 있다.

① ㄱ, ㄴ   ② ㄱ, ㄹ   ③ ㄴ, ㄷ
④ ㄴ, ㄹ   ⑤ ㄷ, ㄹ

개념 익히기

▶ 수직선
유형 5

1 다음 수직선 위의 다섯 개의 점 A, B, C, D, E에 대응하는 수로 옳지 <u>않은</u> 것은?

① A: $-\dfrac{5}{2}$　　② B: $-\dfrac{4}{3}$　　③ C: $-\dfrac{2}{5}$　　④ D: $+1$　　⑤ E: $+\dfrac{9}{4}$

2 수직선 위에서 $-\dfrac{1}{3}$에 가장 가까운 정수를 a, $\dfrac{13}{5}$에 가장 가까운 정수를 b라 할 때, a, b의 값을 각각 구하시오.

▶ 절댓값
유형 6

3 수직선 위에서 절댓값이 $\dfrac{7}{2}$인 서로 다른 두 수에 대응하는 두 점 사이의 거리를 구하시오.

유형 7

4 절댓값이 같고 부호가 반대인 두 수가 있다. 수직선 위에서 두 수에 대응하는 두 점 사이의 거리가 18일 때, 두 수를 구하시오.

▶ 절댓값
유형 8

5 다음 수를 절댓값이 작은 수부터 차례로 나열할 때, 두 번째에 오는 수는?

① $-\dfrac{2}{3}$ ② $\dfrac{9}{4}$ ③ -2 ④ $+\dfrac{7}{4}$ ⑤ $-2\dfrac{1}{3}$

▶ 수의 대소 관계
유형 10

6 다음 중 □ 안에 부등호 $<$ 또는 $>$를 쓸 때, 그 방향이 나머지 넷과 다른 하나는?

① $-11 \ \square \ -10$ ② $-0.9 \ \square \ 1.2$ ③ $-\dfrac{3}{5} \ \square \ -0.4$

④ $\dfrac{5}{2} \ \square \ \left| -\dfrac{4}{3} \right|$ ⑤ $\left| -\dfrac{4}{5} \right| \ \square \ \left| -\dfrac{5}{6} \right|$

▶ 부등호를 사용하여 나타
내기
유형 11

7 다음 중 부등호를 사용하여 나타낸 것으로 옳은 것은?

① x는 3보다 크거나 같다. ⇨ $x \leq 3$

② x는 4 미만이다. ⇨ $x \leq 4$

③ x는 5 초과이다. ⇨ $x \geq 5$

④ x는 -1보다 크고 5 이하이다. ⇨ $-1 \leq x \leq 5$

⑤ x는 -2보다 작지 않고 5보다 작거나 같다. ⇨ $-2 \leq x \leq 5$

▶ 조건을 만족시키는 정수
찾기
유형 12

8 다음 중 $-\dfrac{15}{8}$와 3 사이에 있는 정수가 아닌 것은?

① -2 ② -1 ③ 0 ④ 1 ⑤ 2

핵심 유형 문제

유형 5 수를 수직선 위에 나타내기

1 다음 수를 수직선 위에 나타내었을 때, 가장 오른쪽에 있는 점에 대응하는 수는?

① $+3$ ② $-\dfrac{1}{3}$ ③ 0

④ -2 ⑤ $+\dfrac{5}{2}$

2 수직선 위에서 $-\dfrac{11}{4}$에 가장 가까운 정수와 $\dfrac{10}{3}$에 가장 가까운 정수를 차례로 구하시오.

3 수직선 위에서 $+2$에 대응하는 점으로부터 거리가 3인 점에 대응하는 수를 모두 구하시오.

4 수직선 위에서 -3과 $+5$에 대응하는 두 점으로부터 같은 거리에 있는 점에 대응하는 수는?

① -2 ② -1 ③ $+1$

④ $+3$ ⑤ $+4$

유형 6 절댓값

5 -5의 절댓값을 a, 절댓값이 $\dfrac{7}{6}$인 음수를 b라 할 때, a, b의 값을 각각 구하시오.

6 수직선 위에서 절댓값이 8인 서로 다른 두 수에 대응하는 두 점 사이의 거리를 구하시오.

7 보기다多모아~ 다음 중 절댓값에 대한 설명으로 옳은 것을 모두 고르면?

① 수직선 위에서 어떤 두 점 사이의 거리를 절댓값이라 한다.
② 절댓값이 작은 수일수록 수직선 위에서 원점에서 더 멀리 있는 점에 대응한다.
③ 0의 절댓값은 0이다.
④ 음수의 절댓값은 0보다 작다.
⑤ 절댓값은 항상 0보다 크거나 같다.
⑥ 절댓값이 같은 두 수는 서로 같은 수이다.
⑦ 0이 아닌 수의 절댓값은 그 수의 부호를 떼어 낸 수와 같다.
⑧ 절댓값이 1보다 작은 정수는 없다.

8 다음 중 옳지 <u>않은</u> 것은?

① $a>0$일 때, $|-a|=a$이다.

② $a<0$일 때, $|a|=-a$이다.

③ $a>0$, $b<0$이면 $|a|>|b|$이다.

④ $a=-b$이면 $|a|=|b|$이다.

⑤ $|a|=a$이면 $a=0$ 또는 $a>0$이다.

유형 7 절댓값이 같고 부호가 반대인 두 수

9 $|a|=|b|$이고 $a<b$인 두 수 a, b를 수직선 위에 나타내면 두 수 a, b에 대응하는 두 점 사이의 거리가 15이다. 이때 a의 값을 구하시오.

10 두 정수 a, b는 절댓값이 같고, a가 b보다 4만큼 크다. 이때 a, b의 값을 각각 구하시오.

11 두 정수 a, b가 다음 조건을 모두 만족시킬 때, a, b의 값을 각각 구하시오.

> ─(조건)─
> (가) a와 b의 절댓값은 같다.
> (나) $b=a+12$

유형 8 절댓값의 대소 관계

12 다음 수를 수직선 위에 나타내었을 때, 원점에서 가장 멀리 있는 점에 대응하는 수는?

① -3 　② $+4.5$ 　③ $\dfrac{7}{2}$

④ -5 　⑤ $-\dfrac{1}{3}$

13 다음 수를 절댓값이 큰 수부터 차례로 나열하시오.

$$\dfrac{9}{2}, \quad -6, \quad +1.5, \quad -\dfrac{10}{3}, \quad +4$$

유형 9 절댓값의 범위가 주어진 수 찾기

14 다음을 모두 구하시오.

(1) 절댓값이 3보다 작은 정수

(2) 절댓값이 3 이하인 정수

15 $|x|<\dfrac{21}{5}$을 만족시키는 정수 x는 모두 몇 개인가?

① 8개 　② 9개 　③ 10개

④ 11개 　⑤ 12개

핵심 유형 문제

16 절댓값이 2 이상 4 미만인 정수는 모두 몇 개인지 구하시오.

유형 10 수의 대소 관계

17 다음 중 대소 관계가 옳은 것은?

① $+1 < -2$
② $|-8| < +4$
③ $|-2.7| > |-3|$
④ $0 < -\dfrac{1}{2}$
⑤ $-\dfrac{1}{2} < -\dfrac{1}{3}$

18 다음 수를 큰 수부터 차례로 나열할 때, 두 번째에 오는 수를 구하시오.

$$-\dfrac{2}{3},\ +0.4,\ 0,\ -1.7,\ +\dfrac{11}{6},\ 3.1$$

19 다음 수에 대한 설명으로 옳은 것은?

$$\dfrac{1}{4},\ 4.5,\ -\dfrac{3}{2},\ -2,\ 5,\ -\dfrac{1}{3}$$

① 0보다 작은 수는 2개이다.
② 가장 큰 수는 4.5이다.
③ 가장 작은 수는 $-\dfrac{3}{2}$이다.
④ 음수 중 가장 큰 수는 $-\dfrac{1}{3}$이다.
⑤ 절댓값이 가장 작은 수는 $-\dfrac{1}{3}$이다.

유형 11 부등호의 사용

20 다음을 부등호를 사용하여 나타내면?

$$x는 -2 \text{ 이상이고 } \dfrac{7}{3}\text{보다 크지 않다.}$$

① $-2 < x < \dfrac{7}{3}$
② $-2 < x \leq \dfrac{7}{3}$
③ $-2 \leq x < \dfrac{7}{3}$
④ $-2 \leq x \leq \dfrac{7}{3}$
⑤ $-\dfrac{7}{3} \leq x \leq 2$

21 다음 중 부등호를 사용하여 나타낸 것으로 옳지 <u>않은</u> 것은?

① a는 -3 초과이고 3보다 작다.
⇨ $-3 < a < 3$
② a는 -1 이상이고 4보다 크지 않다.
⇨ $-1 \leq a \leq 4$
③ a는 5보다 크거나 같고 7 미만이다.
⇨ $5 \leq a < 7$
④ a는 2보다 작지 않고 6 이하이다.
⇨ $2 < a \leq 6$
⑤ a는 -4보다 크고 8보다 작거나 같다.
⇨ $-4 < a \leq 8$

22 다음 보기 중 $-\dfrac{3}{4} \leq x < 2$를 나타내는 것을 모두 고르시오.

〔보기〕
ㄱ. x는 $-\dfrac{3}{4}$ 이상이고 2 미만이다.
ㄴ. x는 $-\dfrac{3}{4}$보다 크고 2보다 작거나 같다.
ㄷ. x는 $-\dfrac{3}{4}$보다 작지 않고 2보다 작다.
ㄹ. x는 $-\dfrac{3}{4}$보다 크거나 같고 2보다 크지 않다.

유형 12 조건을 만족시키는 정수 찾기

23 두 수 $-\dfrac{9}{4}$와 $\dfrac{7}{3}$ 사이에 있는 정수의 개수는?

① 3   ② 4   ③ 5

④ 6   ⑤ 7

24 다음 중 $-4 < x \le \dfrac{5}{2}$를 만족시키는 정수 x의 값이 <u>아닌</u> 것을 모두 고르면? (정답 2개)

① -4 ② -2 ③ -1

④ 2   ⑤ 3

(서술형)

25 다음 물음에 답하시오.

(1) 'a는 $-4\dfrac{2}{5}$보다 크거나 같고 $\dfrac{26}{7}$보다 크지 않다.'를 부등호를 사용하여 나타내시오.

(2) (1)을 만족시키는 정수 a의 개수를 구하시오.

(풀이 과정)

(1)

(2)

(답) (1)   (2)

까다로운 유형 13 조건이 주어진 세 수의 대소 관계

(예) 다음 조건을 모두 만족시키는 세 수 a, b, c의 대소 관계

(가) a와 b는 5보다 크다. ➡ $a>5$, $b>5$

(나) b는 -6과 절댓값이 같다. ➡ $b=6$
     └▶ $b=-6$ 또는 $b=6$이지만 (가)에서 $b>5$이므로 $b=6$

(다) c는 7보다 크다.   ➡ $b<c$
     └▶ $c>7$이고 (나)에서 $b=6$이므로 $b<c$

(라) c는 a보다 0에 더 가깝다. ➡ $c<a$
     └▶ (가), (다)에서 $a>0$, $c>0$이므로 $c<a$

따라서 (가)~(라)에서 $b<c<a$이다.

26 다음 조건을 모두 만족시키는 서로 다른 세 수 a, b, c를 작은 수부터 차례로 나열하시오.

(조건)

(가) 수직선 위에서 a와 b에 대응하는 두 점은 원점으로부터의 거리가 같다.

(나) 수직선 위에서 b에 대응하는 점은 c에 대응하는 점보다 왼쪽에 있다.

(다) c는 음수이다.

27 다음 조건을 모두 만족시키는 서로 다른 세 수 a, b, c의 대소 관계로 옳은 것은?

(조건)

(가) a는 음의 정수이고 $|a|=4$이다.

(나) b, c는 절댓값이 4보다 큰 양의 정수이다.

(다) c는 b보다 4에 더 가깝다.

① $a<b<c$ ② $a<c<b$ ③ $b<c<a$

④ $c<a<b$ ⑤ $c<b<a$

28 다음 조건을 모두 만족시키는 서로 다른 세 정수 a, b, c의 대소 관계를 바르게 나타내시오.

(조건)

(가) a와 c는 -2보다 크다.

(나) a의 절댓값은 -2의 절댓값과 같다.

(다) b는 2보다 크다.

(라) b는 c보다 -2에 더 가깝다.

▶ 수의 덧셈과 뺄셈
유형 14
유형 16

1 다음 수직선으로 설명할 수 있는 계산식은?

$$-3 \quad -2 \quad -1 \quad 0 \quad +1 \quad +2 \quad +3$$

① $(-1)+(+2)=+1$ ② $(-1)+(+3)=+2$

③ $(+1)+(-2)=-1$ ④ $(+2)-(+1)=+1$

⑤ $(+2)-(-1)=+3$

2 다음 중 계산 결과가 가장 큰 것은?

① $(-3)+(+2)$ ② $(+8)+(-8)$

③ $(-4)-(-6)$ ④ $(+3.9)-(+1.7)$

⑤ $\left(-\dfrac{11}{2}\right)-\left(-\dfrac{5}{2}\right)$

3 다음 표는 태양계 행성의 표면의 평균 온도를 측정하여 기록한 것이다. 표면의 평균 온도가 가장 높은 행성과 가장 낮은 행성의 온도의 차는 몇 ℃인지 구하시오.

행성	수성	금성	지구	화성	목성	토성	천왕성	해왕성
표면 평균 온도(℃)	$+179$	$+467$	$+17$	-80	-148	-176	-215	-214

4 다음 수 중 가장 작은 수를 a, 절댓값이 가장 작은 수를 b라 할 때, $a-b$의 값을 구하시오.

$$+4.2, \quad -2, \quad +\dfrac{14}{5}, \quad +1.7, \quad -\dfrac{13}{2}$$

▶ 덧셈과 뺄셈의 혼합
계산
유형 17

5 $\left(-\dfrac{2}{5}\right)-(-3)+\left(-\dfrac{8}{5}\right)$ 을 계산하면?

① $-\dfrac{4}{5}$　　　② $-\dfrac{2}{5}$　　　③ $\dfrac{1}{5}$　　　④ $\dfrac{3}{5}$　　　⑤ 1

▶ ■만큼 큰(작은) 수
유형 18

6 2보다 -3만큼 작은 수를 a, -5보다 6만큼 큰 수를 b라 할 때, $a-b$의 값을 구하시오.

▶ 덧셈과 뺄셈 사이의
관계
유형 19

7 어떤 수에서 $\dfrac{11}{6}$을 빼야 할 것을 잘못하여 더했더니 $\dfrac{7}{3}$이 되었다. 다음 물음에 답하시오.

(1) 어떤 수를 구하시오.
(2) 바르게 계산한 답을 구하시오.

유형 21

8 오른쪽 그림에서 삼각형의 한 변에 놓인 세 수의 합이 모두 같을 때, $A+B$의 값은?

① -8　　　　② -6
③ -2　　　　④ 1
⑤ 5

★ 중요

유형 14 수의 덧셈

1 다음 중 계산 결과가 옳지 <u>않은</u> 것은?

① $(+5)+(+2)=+7$

② $(-6)+(-2)=-8$

③ $(-1.7)+(+3.2)=-4.9$

④ $\left(-\dfrac{3}{4}\right)+\left(-\dfrac{2}{3}\right)=-\dfrac{17}{12}$

⑤ $\left(+\dfrac{2}{3}\right)+\left(-\dfrac{4}{9}\right)=+\dfrac{2}{9}$

2 다음 중 계산 결과가 나머지 넷과 <u>다른</u> 하나는?

① $(-3)+(-1)$

② $(+11)+(-7)$

③ $(-6)+(+2)$

④ $(+1.1)+(-5.1)$

⑤ $\left(-\dfrac{13}{4}\right)+\left(-\dfrac{3}{4}\right)$

3 다음 수 중 가장 큰 수를 a, 절댓값이 가장 작은 수를 b라 할 때, $a+b$의 값을 구하시오.

$$1.3,\quad +\dfrac{13}{6},\quad -2,\quad +\dfrac{3}{2},\quad -\dfrac{5}{4},\quad -\dfrac{10}{3}$$

유형 15 덧셈의 계산 법칙

4 다음 계산 과정에서 ㉮, ㉯에 이용된 덧셈의 계산 법칙을 각각 쓰시오.

$$\left(-\dfrac{5}{6}\right)+\left(+\dfrac{2}{3}\right)+\left(-\dfrac{1}{6}\right)$$
$$=\left(+\dfrac{2}{3}\right)+\left(-\dfrac{5}{6}\right)+\left(-\dfrac{1}{6}\right) \quad \left.\right\} ㉮$$
$$=\left(+\dfrac{2}{3}\right)+\left\{\left(-\dfrac{5}{6}\right)+\left(-\dfrac{1}{6}\right)\right\} \quad \left.\right\} ㉯$$
$$=\left(+\dfrac{2}{3}\right)+(-1)=-\dfrac{1}{3}$$

5 다음 계산 과정에서 ㉮, ㉯에 이용된 덧셈의 계산 법칙과 ㉠, ㉡에 알맞은 수를 각각 쓰시오.

$$(-15)+\left(+\dfrac{8}{3}\right)+(+15)+\left(-\dfrac{5}{3}\right)$$
$$=(-15)+(+15)+\left(+\dfrac{8}{3}\right)+\left(-\dfrac{5}{3}\right) \quad \left.\right\} ㉮$$
$$=\{(-15)+(+15)\}+\left\{\left(+\dfrac{8}{3}\right)+\left(-\dfrac{5}{3}\right)\right\} \quad \left.\right\} ㉯$$
$$=\boxed{㉠}+(+1)$$
$$=\boxed{㉡}$$

6 다음을 계산하시오.

$$\left(-\dfrac{1}{4}\right)+(+9.6)+\left(+\dfrac{9}{4}\right)+(-1.6)$$

유형 16 수의 뺄셈

7 다음 중 계산 결과가 가장 작은 것은?

① $(+3)-(+8)$

② $(+5)-(-2)$

③ $(+6)-(-4)$

④ $(-4)-(+7)$

⑤ $(-3)-(-2)$

8 다음 중 계산 결과가 옳은 것은?

① $(+8)-(+6)=-2$

② $(+7.5)-(-4.5)=+3$

③ $\left(-\dfrac{3}{4}\right)-\left(+\dfrac{5}{6}\right)=-\dfrac{19}{12}$

④ $\left(-\dfrac{1}{3}\right)-\left(-\dfrac{3}{5}\right)=+\dfrac{14}{15}$

⑤ $\left(-\dfrac{1}{4}\right)-\left(-\dfrac{1}{5}\right)=-\dfrac{9}{20}$

9 오른쪽 표는 어느 날 하루 동안의 도시 4개의 최고 기온과 최저 기온을 나타낸 것이다. 하루 중 최고 기온과 최저 기온의 차를 일교차라 할 때, 일교차가 가장 큰 도시를 구하시오.

도시	최고 기온(℃)	최저 기온(℃)
A	+8.2	+2.6
B	+7.6	−1.9
C	+5.9	0
D	−0.8	−5.2

유형 17 **덧셈과 뺄셈의 혼합 계산**

10 다음을 계산하면?

$$-\frac{1}{2}+\frac{1}{4}-\frac{5}{12}+\frac{5}{4}$$

① $-\dfrac{7}{12}$ ② $-\dfrac{3}{4}$ ③ $-\dfrac{2}{3}$

④ $\dfrac{2}{3}$ ⑤ $\dfrac{7}{12}$

11 다음 중 계산 결과가 옳은 것을 모두 고르면? (정답 2개)

① $(+4.6)+(-1.5)-(+4)=-1.1$

② $(-12)+\left(+\dfrac{7}{2}\right)-(-2)=-\dfrac{13}{2}$

③ $(-5)+\left(-\dfrac{2}{3}\right)-\left(+\dfrac{1}{2}\right)=-\dfrac{37}{6}$

④ $\dfrac{3}{4}-2-\dfrac{1}{4}+1=\dfrac{1}{2}$

⑤ $\dfrac{2}{3}-1.7-\dfrac{5}{3}+0.5=2.2$

12 $-\dfrac{2}{5}+|+3|+\left|-\dfrac{17}{5}\right|-4$를 계산하시오.

유형 18 **■만큼 큰(작은) 수**

13 다음 중 가장 작은 수는?

① −7보다 9만큼 큰 수

② −5보다 −3만큼 작은 수

③ 8보다 6만큼 작은 수

④ $\dfrac{5}{2}$보다 3만큼 큰 수

⑤ $\dfrac{1}{4}$보다 $-\dfrac{2}{7}$만큼 큰 수

(서술형)

14 −3보다 $\dfrac{3}{2}$만큼 큰 수를 a, 4보다 $-\dfrac{1}{2}$만큼 작은 수를 b라 할 때, $a+b$의 값을 구하시오.

(풀이 과정)

답

15 다음은 4개의 건물 A, B, C, D의 높이를 비교한 것이다. 이 4개의 건물을 높이가 가장 낮은 건물부터 차례로 나열하시오.

- 건물 B는 건물 A보다 높이가 $\dfrac{7}{2}$ m 낮다.
- 건물 C는 건물 B보다 높이가 $\dfrac{17}{5}$ m 높다.
- 건물 D는 건물 C보다 높이가 2.2 m 낮다.

핵심 유형 문제

유형 19 바르게 계산한 답 구하기(1)

16 어떤 수에 -15를 더해야 할 것을 잘못하여 뺐더니 -7이 되었다. 이때 바르게 계산한 답을 구하시오.

17 $\dfrac{23}{8}$에서 어떤 수를 빼야 할 것을 잘못하여 더했더니 $\dfrac{15}{4}$가 되었다. 이때 바르게 계산한 답은?

① 2 　　② $\dfrac{7}{2}$ 　　③ 5

④ 8 　　⑤ $\dfrac{19}{2}$

(서술형)
18 어떤 수 A에서 $-\dfrac{7}{2}$을 빼야 할 것을 잘못하여 더했더니 -3이 되었다. 바르게 계산한 답을 B라 할 때, $A+B$의 값을 구하시오.

풀이 과정

답

유형 20 절댓값이 주어진 수의 덧셈과 뺄셈

19 $|a|=6$이고 $|b|=2$일 때, 다음 중 $a-b$의 값이 될 수 없는 것은?

① -8 　　② -4 　　③ 0
④ 4 　　⑤ 8

20 두 정수 a, b에 대하여 $|a|<3$, $|b|<7$일 때, $a+b$의 값 중 가장 작은 값을 구하시오.

(서술형)
21 a의 절댓값이 4이고, b의 절댓값이 $\dfrac{1}{3}$일 때, $a-b$의 값 중 가장 큰 값을 M, 가장 작은 값을 m이라 하자. 이때 $M-m$의 값을 구하시오.

풀이 과정

답

유형 21 덧셈과 뺄셈의 활용

수직선

22 다음 수직선 위의 점 A에 대응하는 수는?

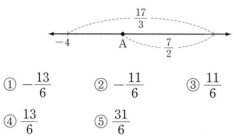

① $-\dfrac{13}{6}$　　② $-\dfrac{11}{6}$　　③ $\dfrac{11}{6}$

④ $\dfrac{13}{6}$　　⑤ $\dfrac{31}{6}$

23 수직선 위에서 $-\dfrac{2}{3}$에 대응하는 점과의 거리가 4인 점에 대응하는 서로 다른 두 수의 합을 구하시오.

도형

24 오른쪽 그림과 같은 전개도를 접어 정육면체를 만들었을 때, 마주 보는 면에 적힌 두 수의 합이 5이다. 이때 $A+B-C$의 값을 구하시오.

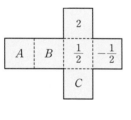

25 오른쪽 그림에서 가로, 세로, 대각선에 있는 세 수의 합이 모두 같을 때, A에 알맞은 수를 구하시오.

	A	-3
		4
3		-1

실생활

26 다음 표는 4월 19일부터 4월 22일까지 어느 지역의 최고 미세 먼지 농도가 전날과 비교하여 얼마나 변했는지를 나타낸 것이다. 4월 18일의 최고 미세 먼지 농도가 $17\,\mu g/m^3$일 때, 4월 22일의 최고 미세 먼지 농도는?

날짜	19일	20일	21일	22일
전날 대비 농도 변화 ($\mu g/m^3$)	-2	$+5$	-1	$+3$

① $15\,\mu g/m^3$　② $16\,\mu g/m^3$　③ $20\,\mu g/m^3$

④ $22\,\mu g/m^3$　⑤ $25\,\mu g/m^3$

27 다음 표는 어느 지역의 기온의 변화를 전날과 비교하여 나타낸 것이다. 전날보다 기온이 오른 날은 $+$, 내린 날은 $-$로 표시할 때, 같은 주 월요일의 기온이 $14.2\,°C$였다면 금요일의 기온은 몇 $°C$인지 구하시오.

요일	화	수	목	금
기온의 변화($°C$)	$+0.3$	-0.8	$+1$	-1.5

28 다음 표는 어느 해 4월 9일부터 4월 12일까지 전일 대비 원/달러 환율의 등락을 나타낸 것이다. 4월 8일의 원/달러 환율이 1152원일 때, 4월 12일의 원/달러 환율을 구하시오.

날짜	9일	10일	11일	12일
환율의 등락(원)	$+0.5$	$+3.1$	-1.4	$+2.7$

▶ 두 수의 곱셈과 나눗셈
\# 유형 22
\# 유형 27

1 다음 중 계산 결과가 옳은 것을 모두 고르면? (정답 2개)

① $(-4) \times \dfrac{4}{5} = -5$

② $\left(-\dfrac{6}{7}\right) \times \left(-\dfrac{7}{9}\right) = -\dfrac{2}{3}$

③ $\dfrac{3}{2} \times \left(-\dfrac{10}{9}\right) = -\dfrac{5}{3}$

④ $\dfrac{8}{9} \div (-3) = -\dfrac{8}{3}$

⑤ $\left(-\dfrac{11}{4}\right) \div \left(-\dfrac{11}{12}\right) = 3$

▶ 유형 23
\# 유형 23
\# 유형 27

2 $a = \dfrac{9}{5} \times \left(-\dfrac{7}{2}\right) \times \left(-\dfrac{20}{3}\right)$, $b = \left(-\dfrac{3}{4}\right) \div \dfrac{1}{15} \div \dfrac{3}{8}$일 때, $a+b$의 값은?

① -8 ② -4 ③ 2 ④ 6 ⑤ 12

▶ 거듭제곱의 계산
\# 유형 24

3 다음 중 계산 결과가 가장 작은 것은?

① $(-2)^2$ ② $(-2)^3$ ③ -2^2

④ $-(-2)^4$ ⑤ $-(-2)^3$

▶ 분배법칙
\# 유형 25

4 세 수 a, b, c에 대하여 $a \times c = 15$, $(a-b) \times c = -6$일 때, $b \times c$의 값을 구하시오.

▶ 역수
\# 유형 26

5 -0.25의 역수를 A, $\dfrac{5}{11}$의 역수를 B라 할 때, $A+B$의 값을 구하시오.

▶ 덧셈, 뺄셈, 곱셈, 나눗
셈의 혼합 계산
\# 유형 28
\# 유형 31

6 다음 식의 계산 순서를 차례로 나열하고, 계산 결과를 구하시오.

$$1-\left[6-\frac{4}{3}\times\left\{(-3)^2\div\frac{3}{5}\right\}\right]$$
$$\underset{㉠}{\uparrow}\quad\underset{㉡}{\uparrow}\quad\underset{㉢}{\uparrow}\quad\underset{㉣}{\uparrow}\quad\underset{㉤}{\uparrow}$$

7 다음 보기의 식 중 계산 결과가 가장 큰 것을 고르시오.

보기
ㄱ. $\dfrac{1}{3}\times(-2)\div\left(-\dfrac{4}{9}\right)$　　　　ㄴ. $\dfrac{5}{12}\times(-3)^2\div\left(-\dfrac{45}{8}\right)$

ㄷ. $|-6|\div2-|-1|$　　　　ㄹ. $2-\left\{10\times\left(-\dfrac{2}{5}\right)+2\right\}$

▶ 문자로 주어진 수의
부호
\# 유형 30

8 두 수 a, b에 대하여 $a<0$, $b>0$일 때, 다음 중 항상 양수인 것은?

① $a+b$　　　　　② $a-b$　　　　　③ $b-a$

④ $a\times b$　　　　　⑤ $a\div b$

핵심 유형 문제

유형 22 수의 곱셈

1 다음 중 계산 결과가 옳지 <u>않은</u> 것은?

① $\left(-\dfrac{7}{8}\right) \times 0 = 0$ 　② $8 \times \dfrac{5}{4} = 10$

③ $\dfrac{1}{2} \times \left(-\dfrac{3}{5}\right) = -\dfrac{3}{10}$ 　④ $\left(-\dfrac{1}{6}\right) \times \dfrac{2}{9} = -\dfrac{1}{27}$

⑤ $\left(-\dfrac{2}{3}\right) \times \left(-\dfrac{3}{2}\right) = -1$

2 다음 보기를 계산 결과가 작은 것부터 차례로 나열하시오.

보기

ㄱ. $(+2) \times \left(+\dfrac{1}{8}\right)$ 　ㄴ. $\left(-\dfrac{1}{21}\right) \times (-3)$

ㄷ. $\left(+\dfrac{3}{2}\right) \times \left(-\dfrac{2}{9}\right)$ 　ㄹ. $\left(-\dfrac{3}{4}\right) \times \left(+\dfrac{8}{15}\right)$

ㅁ. $\left(-\dfrac{1}{4}\right) \times \left(-\dfrac{2}{3}\right)$

3 다음 수 중 절댓값이 가장 큰 수를 a, 절댓값이 가장 작은 수를 b라 할 때, $a \times b$의 값은?

$$-\dfrac{16}{5}, \quad -2, \quad \dfrac{11}{4}, \quad \dfrac{5}{6}, \quad -\dfrac{7}{8}$$

① $-\dfrac{44}{5}$ 　② $-\dfrac{11}{2}$ 　③ $-\dfrac{8}{3}$

④ $\dfrac{7}{4}$ 　⑤ $\dfrac{14}{5}$

유형 23 곱셈의 계산 법칙 / 세 수 이상의 곱셈

4 다음 계산 과정에서 ㈎, ㈏에 이용된 곱셈의 계산 법칙을 각각 쓰시오.

$$(-9) \times \left(+\dfrac{5}{6}\right) \times \left(-\dfrac{1}{3}\right)$$
$$= \left(+\dfrac{5}{6}\right) \times (-9) \times \left(-\dfrac{1}{3}\right) \quad \text{㈎}$$
$$= \left(+\dfrac{5}{6}\right) \times \left\{(-9) \times \left(-\dfrac{1}{3}\right)\right\} \quad \text{㈏}$$
$$= \left(+\dfrac{5}{6}\right) \times (+3) = +\dfrac{5}{2}$$

5 다음을 계산하시오.

(1) $\dfrac{5}{8} \times \left(-\dfrac{16}{15}\right) \times 3$

(2) $\left(-\dfrac{16}{3}\right) \times 10 \times \left(-\dfrac{3}{4}\right) \times 5$

6 다음을 계산하시오.

$$\left(-\dfrac{1}{2}\right) \times \left(-\dfrac{2}{3}\right) \times \left(-\dfrac{3}{4}\right) \times \left(-\dfrac{4}{5}\right) \times \cdots$$
$$\times \left(-\dfrac{98}{99}\right) \times \left(-\dfrac{99}{100}\right)$$

7 네 유리수 -2, 8, -5, $\dfrac{1}{2}$에서 서로 다른 세 수를 뽑아 곱한 값 중 가장 큰 수를 구하시오.

유형 24 거듭제곱의 계산

8 다음 중 계산 결과가 옳은 것은?

① $(-3)^2=-6$ ② $-(-3)^2=9$

③ $-3^2=9$ ④ $-3^3=-27$

⑤ $-(-3)^3=-27$

9 다음 중 가장 큰 수와 가장 작은 수의 곱을 구하시오.

$$\left(-\frac{1}{2}\right)^2, \quad -\frac{1}{2^3}, \quad -\left(-\frac{1}{2}\right)^3, \quad -\left(-\frac{1}{2}\right)^2$$

10 다음을 계산하시오.

$$(-1)+(-1)^2+(-1)^3+\cdots$$
$$+(-1)^{999}+(-1)^{1000}$$

11 n이 짝수일 때, $-1^n-(-1)^{n+1}+(-1)^n$의 값을 구하시오.

유형 25 분배법칙

12 다음 계산 과정에서 분배법칙이 이용된 곳은?

$$21\times\left\{\frac{9}{7}+\left(-\frac{2}{3}\right)+\left(-\frac{5}{7}\right)\right\}$$
$$=21\times\left\{\frac{9}{7}+\left(-\frac{5}{7}\right)+\left(-\frac{2}{3}\right)\right\} \quad ①$$
$$=21\times\left[\left\{\frac{9}{7}+\left(-\frac{5}{7}\right)\right\}+\left(-\frac{2}{3}\right)\right] \quad ②$$
$$=21\times\left\{\frac{4}{7}+\left(-\frac{2}{3}\right)\right\} \quad ③$$
$$=21\times\frac{4}{7}+21\times\left(-\frac{2}{3}\right) \quad ④$$
$$=12+(-14)=-2 \quad ⑤$$

13 분배법칙을 이용하여 다음을 계산하시오.

(1) $54\times\left(\frac{2}{9}-\frac{1}{6}\right)$

(2) $\left(-\frac{5}{6}+\frac{9}{7}\right)\times(-42)$

(3) $174\times\left(-\frac{39}{5}\right)-174\times\frac{11}{5}$

(4) $327\times(-1.62)+673\times(-1.62)$

14 다음은 $(-9)\times5.2+(-9)\times4.8$을 계산하는 과정이다. 두 수 A, B에 대하여 $A-B$의 값을 구하시오.

$$(-9)\times5.2+(-9)\times4.8=(-9)\times A=B$$

15 세 수 a, b, c에 대하여 $a\times c=\frac{2}{5}$, $(a+b)\times c=-2$일 때, $b\times c$의 값을 구하시오.

유형 26 역수

16 다음 중 두 수가 서로 역수 관계인 것은?

① $3,\ -3$　　② $0.7,\ \dfrac{7}{10}$　　③ $-\dfrac{1}{2},\ 2$

④ $1\dfrac{5}{6},\ 1\dfrac{6}{5}$　　⑤ $-\dfrac{3}{5},\ -\dfrac{5}{3}$

17 오른쪽 그림과 같은 정육면체에서 마주 보는 면에 적힌 두 수의 곱이 1일 때, 보이지 않는 세 면에 적힌 수의 곱을 구하시오.

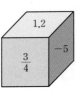

18 2.5의 역수와 a의 역수의 합이 $\dfrac{2}{15}$일 때, a의 값은?

① $-\dfrac{15}{4}$　　② $-\dfrac{5}{2}$　　③ -1

④ $-\dfrac{2}{5}$　　⑤ $-\dfrac{4}{15}$

유형 27 수의 나눗셈

19 다음 중 계산 결과가 옳지 <u>않은</u> 것은?

① $(+4.2) \div (+0.7) = +6$

② $0 \div \left(-\dfrac{5}{7}\right) = 0$

③ $\left(+\dfrac{3}{8}\right) \div \left(-\dfrac{1}{4}\right) = -\dfrac{3}{2}$

④ $\left(-\dfrac{3}{5}\right) \div \left(-\dfrac{8}{15}\right) = +\dfrac{8}{25}$

⑤ $(-27) \div \left(+\dfrac{3}{2}\right) = -18$

20 $A = \left(-\dfrac{2}{3}\right) \div \left(-\dfrac{2}{27}\right)$, $B = \left(+\dfrac{2}{5}\right) \div (-0.3)$일 때, $A \times B$의 값을 구하시오.

21 다음을 계산하시오.

$$\left(-\dfrac{1}{2}\right) \div \left(+\dfrac{2}{3}\right) \div \left(-\dfrac{3}{4}\right) \div \left(+\dfrac{4}{5}\right) \div \cdots$$
$$\div \left(+\dfrac{48}{49}\right) \div \left(-\dfrac{49}{50}\right)$$

유형 28 곱셈과 나눗셈의 혼합 계산

22 다음을 계산하시오.

(1) $\left(-\dfrac{8}{3}\right) \div \dfrac{4}{9} \times \left(-\dfrac{2}{3}\right)$

(2) $\dfrac{5}{6} \div \left(-\dfrac{1}{3}\right)^2 \times \left(-\dfrac{4}{5}\right)$

(3) $(-2)^3 \times \dfrac{3}{4} \div \left(-\dfrac{3}{5}\right)^2$

(4) $\left(-\dfrac{4}{3}\right)^2 \times \left(-\dfrac{9}{10}\right) \div \left(-\dfrac{1}{5}\right)$

23 $\dfrac{5}{3} \times \left(-\dfrac{2}{5}\right)^2 \div \left(-\dfrac{1}{30}\right)$을 계산하면?

① -25 ② -8 ③ 2

④ 8 ⑤ 25

24 다음 식의 □ 안에 알맞은 수를 구하시오.

$$\left(-\dfrac{2}{3}\right) \div \square \times \dfrac{3}{5} = -\dfrac{1}{10}$$

유형 29 바르게 계산한 답 구하기 (2)

25 어떤 수를 $\dfrac{3}{5}$으로 나누어야 할 것을 잘못하여 곱했더니 $-\dfrac{1}{10}$이 되었다. 다음 물음에 답하시오.

(1) 어떤 수를 구하시오.
(2) 바르게 계산한 답을 구하시오.

26 어떤 수에 $-\dfrac{3}{2}$을 곱해야 할 것을 잘못하여 나눴더니 6이 되었다. 이때 바르게 계산한 답은?

① $-\dfrac{27}{2}$ ② -9 ③ $-\dfrac{9}{2}$

④ $\dfrac{9}{2}$ ⑤ $\dfrac{27}{2}$

(서술형)

27 어떤 수에 $-\dfrac{4}{5}$를 더해야 할 것을 잘못하여 나눴더니 $-\dfrac{1}{8}$이 되었다. 이때 바르게 계산한 답을 구하시오.

(풀이 과정)

답

핵심 유형 **문제**

유형 30 **문자로 주어진 수의 부호**

○ 안에 $+$, $-$, $\times$, $\div$의 기호가 들어갈 때, 그 결과가 양수인지 음수인지 표로 나타내면 다음과 같다.

	양수○양수	양수○음수	음수○양수	음수○음수
$+$	양수	알 수 없다.	알 수 없다.	음수
$-$	알 수 없다.	양수	음수	알 수 없다.
$\times$	양수	음수	음수	양수
$\div$	양수	음수	음수	양수

28 두 수 a, b에 대하여 $a>0$, $b<0$이고 $|a|>|b|$일 때, 다음 중 항상 양수인 것을 모두 고르면?

(정답 2개)

① $a+b$ ② $a-b$ ③ $b-a$

④ $a\times b$ ⑤ $a\div b$

29 두 수 a, b에 대하여 $a\times b>0$, $a+b<0$일 때, 다음 중 항상 옳은 것은?

① $a-b>0$ ② $b-a>0$

③ $a\div b<0$ ④ $a>0$, $b>0$

⑤ $a<0$, $b<0$

30 세 수 a, b, c에 대하여 $a>b$, $a\times b<0$, $\dfrac{c}{a}>0$일 때, 다음 중 옳은 것은?

① $a<0$, $b<0$, $c<0$

② $a<0$, $b>0$, $c<0$

③ $a>0$, $b<0$, $c<0$

④ $a>0$, $b<0$, $c>0$

⑤ $a>0$, $b>0$, $c>0$

유형 31 **덧셈, 뺄셈, 곱셈, 나눗셈의 혼합 계산**

서술형

31 다음 식에 대하여 물음에 답하시오.

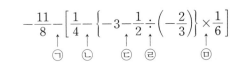

$$-\frac{11}{8}-\left[\frac{1}{4}-\left\{-3-\frac{1}{2}\div\left(-\frac{2}{3}\right)\right\}\times\frac{1}{6}\right]$$
$\quad\quad\quad\;\;\uparrow\;\;\;\;\;\uparrow\;\;\;\;\;\;\;\;\;\uparrow\;\;\uparrow\;\;\;\;\;\;\;\;\;\;\;\uparrow$
$\quad\quad\quad\;\;ⓐ\;\;\;\;\;ⓑ\;\;\;\;\;\;\;\;\;ⓒ\;\;ⓓ\;\;\;\;\;\;\;\;\;\;\;ⓔ$

(1) 계산 순서를 차례로 나열하시오.

(2) 계산 결과를 구하시오.

풀이 과정

(1)

(2)

답 (1)　　　　　　　　　(2)

32 다음 중 계산 결과가 가장 작은 것은?

① $-2-\left(-1+\dfrac{1}{4}\right)\times 12$

② $\left(\dfrac{1}{2}-\dfrac{3}{4}\right)^2\div\dfrac{5}{8}\times 5$

③ $\dfrac{1}{6}\div\left\{1-\left(\dfrac{5}{6}-\dfrac{3}{2}\right)\right\}$

④ $11\div\left\{9\times\left(\dfrac{2}{9}-\dfrac{5}{12}\right)-1\right\}$

⑤ $(-2)^2\div\dfrac{2}{3}+(-5)^2\div\left(-\dfrac{5}{3}\right)$

33 민이와 솔이가 계단에서 가위바위보 놀이를 하는데 이기면 3칸 올라가고, 지면 2칸 내려가기로 하였다. 두 사람의 처음 위치를 0으로 생각하고 1칸 올라가는 것을 $+1$, 1칸 내려가는 것을 -1이라 하자. 두 사람이 같은 위치에서 시작하여 가위바위보를 10번 한 결과 민이가 7번 이겼을 때, 두 사람의 위치를 나타내는 수의 차를 구하시오. (단, 비기는 경우는 없고, 계단의 칸은 오르내리기에 충분하다.)

1-1 두 유리수 $-\dfrac{4}{7}$와 $\dfrac{1}{2}$ 사이에 있는 정수가 아닌 유리수 중 기약분수로 나타내었을 때, 분모가 14인 것은 모두 몇 개인지 구하시오.

1-2 두 유리수 $-\dfrac{2}{3}$와 $\dfrac{5}{4}$ 사이에 있는 정수가 아닌 유리수 중 기약분수로 나타내었을 때, 분모가 12인 것은 모두 몇 개인지 구하시오.

2-1 다음 그림과 같이 수직선 위의 점 X는 두 점 A, B 사이의 거리를 $2:1$로 나눈 점이다. 이때 점 X에 대응하는 수를 구하시오.

2-2 다음 그림과 같이 수직선 위의 점 X는 두 점 A, B 사이의 거리를 $2:3$으로 나눈 점이다. 이때 점 X에 대응하는 수를 구하시오.

3-1 세 정수 a, b, c가 다음 조건을 모두 만족시킬 때, $a+b-c$의 값은?

(조건)
(가) $|a|<|b|<|c|$
(나) $a \times b \times c = 10$
(다) $a+b+c = -6$

① -8 ② -4 ③ -2
④ 2 ⑤ 4

3-2 세 정수 a, b, c가 다음 조건을 모두 만족시킬 때, $c-a-b$의 값은?

(조건)
(가) $|a|<|b|<|c|$
(나) $a \times b \times c = 28$
(다) $a+b+c = 2$

① 4 ② 8 ③ 12
④ 16 ⑤ 20

1 밑줄 친 부분을 증가하거나 0보다 큰 값은 양의 부호 $+$를, 감소하거나 0보다 작은 값은 음의 부호 $-$를 사용하여 나타낼 때, 다음 중 옳은 것은?

① 버스 요금이 5 % 인상했다. ⇨ -5 %
② 수학 점수가 20점 올랐다. ⇨ -20점
③ 보리 생산량이 1.5 t 감소하였다. ⇨ $+1.5$ t
④ 지난 달의 평균 기온이 작년의 같은 달보다 4 ℃ 낮아졌다. ⇨ $+4$ ℃
⑤ 수업이 시작된 지 10분 후에 도착하였다.
　　⇨ $+10$분

2 다음 중 양의 유리수의 개수를 a, 음의 유리수의 개수를 b, 정수가 아닌 유리수의 개수를 c라 할 때, $a+b+c$의 값을 구하시오.

$$-1, \quad 4, \quad -2.6, \quad 0, \quad +\frac{6}{3}, \quad -\frac{2}{5}$$

3 다음 중 옳지 않은 것을 모두 고르면? (정답 2개)

① 자연수는 1, 2, 3, …, 9로 모두 9개이다.
② -2는 음의 유리수이다.
③ 양의 유리수, 0, 음의 유리수를 통틀어 유리수라 한다.
④ 0과 1 사이에는 무수히 많은 유리수가 있다.
⑤ $\frac{9}{3}$는 정수가 아닌 유리수이다.

4 다음 중 수직선 위의 다섯 개의 점 A, B, C, D, E 에 대응하는 수로 옳지 않은 것은?

① A: $-\frac{5}{2}$　　② B: $-\frac{1}{3}$　　③ C: $+\frac{1}{3}$

④ D: $+\frac{3}{2}$　　⑤ E: $+\frac{13}{6}$

5 다음 보기 중 옳은 것을 모두 고르시오.

（보기）
ㄱ. 절댓값이 가장 작은 정수는 -1이다.
ㄴ. 절댓값이 같은 수는 항상 2개이다.
ㄷ. 양수의 절댓값은 자기 자신과 같다.
ㄹ. 음수의 절댓값은 양수이다.
ㅁ. 절댓값은 항상 0보다 크다.

6 두 정수 a, b가 다음 조건을 모두 만족시킬 때, $a+b$ 의 값을 구하시오.

（조건）
㈎ $a<0$, $b>0$
㈏ a의 절댓값은 4이다.
㈐ a와 b의 절댓값의 합은 7이다.

7 $|x|<\dfrac{17}{6}$ 을 만족시키는 정수 x는 모두 몇 개인지 구하시오.

8 다음 중 대소 관계가 옳지 않은 것은?

① $-\dfrac{1}{3}<-\dfrac{1}{4}$　　② $-\dfrac{3}{4}<+\dfrac{4}{5}$

③ $\left|-\dfrac{5}{6}\right|<\dfrac{2}{3}$　　④ $\left|-\dfrac{6}{5}\right|<\left|+\dfrac{5}{4}\right|$

⑤ $0<\left|-\dfrac{4}{7}\right|$

9 x는 $-\dfrac{14}{3}$보다 크고 4보다 크지 않을 때, 이를 만족시키는 정수 x의 개수는?

① 6 　　　 ② 7 　　　 ③ 8
④ 9 　　　 ⑤ 10

12 어떤 수에서 $-\dfrac{3}{4}$을 빼야 할 것을 잘못하여 더했더니 $-\dfrac{2}{3}$가 되었다. 이때 바르게 계산한 답을 구하시오.

10 수직선 위에서 $-\dfrac{3}{4}$에 가장 가까운 정수를 a, $\dfrac{8}{3}$에 가장 가까운 정수를 b라 할 때, $a+b$의 값은?

① 0 　　　 ② 1 　　　 ③ 2
④ 3 　　　 ⑤ 4

13 두 수 a, b에 대하여 $|a|=5$, $|b|=3$일 때, $a-b$의 값 중 가장 큰 값을 M, 가장 작은 값을 m이라 하자. 이때 $M-m$의 값은?

① 8 　　　 ② 10 　　　 ③ 12
④ 14 　　　 ⑤ 16

11 다음 계산 과정에서 빈칸에 알맞은 것으로 옳은 것은?

$$(+2)+\left(-\dfrac{1}{4}\right)+\left(-\dfrac{2}{3}\right)+\left(+\dfrac{5}{3}\right) \quad \boxed{\text{덧셈의}}$$
$$=(+2)+\left(-\dfrac{1}{4}\right)+\left\{\left(-\dfrac{2}{3}\right)+\left(+\dfrac{5}{3}\right)\right\} \leftarrow \boxed{①}$$
$$=(+2)+\left(-\dfrac{1}{4}\right)+(+1)$$
$$=\left(-\dfrac{1}{4}\right)+(+2)+(+1) \leftarrow \boxed{\text{덧셈의 } ②}$$
$$=\left(-\dfrac{1}{4}\right)+\{(+2)+(+1)\} \leftarrow \boxed{\text{덧셈의 } ③}$$
$$=\left(-\dfrac{1}{4}\right)+(\boxed{④})=\boxed{⑤}$$

① 교환법칙　　② 결합법칙　　③ 결합법칙
④ -3　　　　⑤ $-\dfrac{11}{4}$

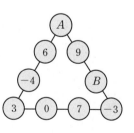

서술형
14 오른쪽 그림에서 삼각형의 한 변에 놓인 네 수의 합이 모두 같을 때, $A-B$의 값을 구하시오.

풀이 과정

답

15 -1보다 $\frac{4}{5}$만큼 큰 수를 a, 절댓값이 $\frac{5}{3}$인 수 중 음수를 b라 할 때, $a \times b$의 값을 구하시오.

16 $\left(-\frac{1}{3}\right) \times \left(-\frac{3}{5}\right) \times \left(-\frac{5}{7}\right) \times \left(-\frac{7}{9}\right) \times \cdots \times \left(-\frac{21}{23}\right)$ 을 계산하시오.

17 $(-1) + (-1)^2 + (-1)^3 + \cdots + (-1)^{1024}$을 계산하면?

① -1024 ② -1 ③ 0
④ 1 ⑤ 1024

18 $A = 0.7 \times 11.75 - 0.7 \times 1.75$, $B = 36 \times \left(\frac{5}{12} - \frac{7}{18}\right)$ 일 때, $A + B$의 값을 구하시오.

19 오른쪽 그림과 같은 전개도를 접어 정육면체를 만들었을 때, 마주 보는 면에 적힌 두 수가 서로 역수라 한다. 이때 $A + B + C$의 값을 구하시오.

20 다음 중 계산 결과가 옳은 것은?

① $\left(+\frac{3}{4}\right) + \left(-\frac{3}{2}\right) = \frac{5}{4}$

② $\left(-\frac{3}{5}\right) - \left(+\frac{5}{3}\right) = -\frac{8}{15}$

③ $\left(+\frac{5}{2}\right) + \left(-\frac{3}{8}\right) - \left(+\frac{1}{4}\right) = +\frac{19}{8}$

④ $(-8) \div \left(-\frac{1}{3}\right) \div (-4) = -\frac{2}{3}$

⑤ $\left(-\frac{8}{5}\right) \times (-0.1) \div \left(+\frac{4}{5}\right) = +\frac{1}{5}$

21 네 유리수 3, $-\frac{5}{4}$, $\frac{1}{2}$, -2에서 서로 다른 세 수를 뽑아 곱한 값 중 가장 큰 값을 M, 가장 작은 값을 N이라 할 때, $M \div N$의 값은?

① -4 ② $-\frac{5}{2}$ ③ $-\frac{2}{3}$
④ $-\frac{5}{12}$ ⑤ $-\frac{2}{5}$

서술형

22 다음 보기의 세 수 A, B, C에 대하여 $A+B+C$의 값을 구하시오.

[보기]

A: 수직선 위에서 -7과 $+1$에 대응하는 두 점으로부터 같은 거리에 있는 점에 대응하는 수

B: $\left(-\dfrac{3}{4}\right)\times(-6)+\dfrac{9}{4}\times(-6)$을 계산한 값

C: $20\times\left\{\left(-\dfrac{1}{2}\right)^3\div\left(-\dfrac{5}{2}\right)+1\right\}-6$을 계산한 값

풀이 과정

답

23 세 수 a, b, c에 대하여 다음이 성립할 때, 옳은 것은?

$$a-b<0, \qquad \frac{b}{a}<0, \qquad a\times c>0$$

① $a>0$, $b>0$, $c>0$
② $a>0$, $b>0$, $c<0$
③ $a>0$, $b<0$, $c>0$
④ $a<0$, $b>0$, $c<0$
⑤ $a<0$, $b<0$, $c<0$

24 재호는 한 문제를 맞히면 5점을 얻고, 틀리면 4점을 잃는 퀴즈를 풀었다. 1번부터 5번까지 총 5문제를 푼 결과가 다음 표와 같고 이 퀴즈의 기본 점수가 25점일 때, 재호의 점수를 구하시오.

(단, 맞히면 ◯로, 틀리면 ✕로 표시된다.)

1번	2번	3번	4번	5번
◯	◯	✕	◯	✕

25 다음 그림은 경도 0°에 있는 그리니치 천문대의 시각을 기준으로 세계 여러 도시의 시차를 나타낸 것이다. 예를 들어 서울의 $+9$는 서울의 시각이 그리니치 천문대의 시각보다 9시간 빠르다는 뜻이고, 뉴욕의 -5는 뉴욕의 시각이 그리니치 천문대의 시각보다 5시간 느리다는 뜻이다. 두바이가 화요일 오전 6시일 때, 상파울루의 요일과 시각을 구하시오.

26 학생 네 명이 각각 A, B, C, D 네 경로 중 하나씩 택하여 사다리 타기 게임을 하는데 계산 결과가 가장 큰 수가 나오는 학생이 이기는 것으로 정하였다. 사다리를 타는 순서대로 수를 계산할 수 있도록 소괄호, 중괄호를 사용할 때, 이기기 위해 선택해야 하는 경로와 그 경로를 선택하였을 때의 계산 결과를 차례로 구하시오. (단, 사다리 타기 게임은 세로선을 따라 내려가다가 가로선을 만나면 그 선을 따라 옆으로 이동하는 것을 반복하여 도착 지점까지 이동하는 게임이다.)

3 문자의 사용과 식

3 문자의 사용과 식

01 문자의 사용

1. 문자를 사용한 식
수량이나 수량 사이의 관계를 문자를 사용하여 간단한 식으로 나타낼 수 있다.

> **참고** 문자를 사용한 식에 자주 쓰이는 수량 사이의 관계
> - (물건 전체의 가격)=(물건 1개의 가격)×(물건의 개수)
> - 정가가 x원인 물건을 $a\%$ 할인하여 판매한 가격
>   ➡ (정가)−(할인 금액)$=x-x\times\dfrac{a}{100}$(원)
> - (거리)=(속력)×(시간), (속력)$=\dfrac{(거리)}{(시간)}$, (시간)$=\dfrac{(거리)}{(속력)}$
> - (소금물의 농도)$=\dfrac{(소금의 양)}{(소금물의 양)}\times100(\%)$
>   (소금의 양)$=\dfrac{(소금물의 농도)}{100}\times(소금물의 양)$

2. 곱셈 기호와 나눗셈 기호의 생략
(1) 곱셈 기호 ×는 생략하여 다음과 같이 나타낸다.
  ① 수는 문자 앞에 쓴다. (단, 문자 앞의 1은 생략한다.)
    예 $a\times4=4a$, $1\times a=a$, $(-1)\times a=-a$
  ② 문자는 알파벳 순서로 쓰고, 같은 문자의 곱은 거듭제곱으로 나타낸다.
    예 $b\times a\times c=abc$, $a\times a\times a=a^3$
> **주의** · $0.1\times a$는 $0.a$로 쓰지 않고, $0.1a$로 쓴다.
> · 괄호가 있을 때는 수를 괄호 앞에 쓴다.

(2) 나눗셈 기호 ÷를 생략하고 분수 꼴로 나타낸다.
  예 $a\div2=\dfrac{a}{2}$ 또는 $a\div2=a\times\dfrac{1}{2}=\dfrac{1}{2}a$
  └→ 역수의 곱셈으로 고쳐서
     곱셈 기호를 생략할 수도 있다.

02 식의 값

1. 대입과 식의 값
문자를 사용한 식에서 문자에 어떤 수를 바꾸어 넣는 것을 대입한다고 한다.
(1) 문자에 수를 대입할 때는 생략된 곱셈 기호를 다시 쓴다. 이때 대입하는 수가 음수이면 반드시 괄호를 사용한다.
  예 $x=-5$일 때, x^2+2x의 값
    ➡ $x^2+2x=(-5)^2+2\times(-5)=15$
(2) 분모에 분수를 대입할 때는 생략된 나눗셈 기호를 다시 쓴다.
  예 $x=\dfrac{1}{2}$일 때, $\dfrac{3}{x}$의 값 ➡ $\dfrac{3}{x}=3\div x=3\div\dfrac{1}{2}=3\times2=6$

03 일차식과 그 계산

1. 다항식
(1) 항과 계수

  x의 계수 y의 계수 상수항
$$\underset{\text{항}}{5x+2y+8}$$

(2) 다항식과 단항식
  ① **다항식**: 한 개 또는 두 개 이상의 항의 합으로 이루어진 식
    예 $2x-3y+5$는 $2x+(-3y)+5$로 생각한다.
      즉, $2x-3y+5$는 $2x$, $-3y$, 5의 항으로 이루어진 다항식이다.
  ② **단항식**: 다항식 중에서 항이 한 개뿐인 식

2. 일차식
(1) **항의 차수**: 어떤 항에서 문자가 곱해진 개수
(2) **다항식의 차수**: 다항식에서 차수가 가장 큰 항의 차수
(3) **일차식**: 차수가 1인 다항식
> **주의** $\dfrac{1}{x}$, $\dfrac{2}{y+3}$와 같이 분모에 문자가 있는 식은 다항식이 아니므로 일차식이 아니다.

3. 일차식과 수의 곱셈, 나눗셈
(1) (수)×(일차식): 분배법칙을 이용하여 일차식의 각 항에 수를 곱한다.
  > **주의** 일차식에 음수를 곱하면 각 항의 부호가 바뀐다.
(2) (일차식)÷(수): 분배법칙을 이용하여 나누는 수의 역수를 일차식의 각 항에 곱한다.

4. 동류항의 계산
(1) **동류항**: 문자가 같고, 차수도 같은 항 →상수항끼리는 모두 동류항이다.
(2) **동류항의 덧셈과 뺄셈**
  분배법칙을 이용하여 동류항의 계수끼리 더하거나 뺀 후 문자 앞에 쓴다.
  예 $2a+4a=(2+4)a=6a$, $6a-3a=(6-3)a=3a$

5. 일차식의 덧셈과 뺄셈
(1) 일차식의 덧셈과 뺄셈
  ❶ 괄호가 있으면 분배법칙을 이용하여 괄호를 푼다.
    > **참고** 괄호는 ( ) ➡ { } ➡ [ ] 순서로 푼다.
  ❷ 동류항끼리 모아서 계산한다.
(2) 분수 꼴의 일차식의 덧셈과 뺄셈
  ❶ 분모의 최소공배수로 통분한다.
  ❷ 동류항끼리 모아서 계산한다.

▶ 곱셈 기호와 나눗셈 기호의 생략
유형 1

1 다음을 기호 $\times$, $\div$를 생략한 식으로 나타내시오.

(1) $a \times b \times b \times b \times (-2)$

(2) $(a-b) \times 11 + c$

(3) $a \times 12 \div b$

(4) $(x-1) \div (3x+1)$

(5) $x - x \div y \times 5$

(6) $x \div \dfrac{y}{4} \times (-x) + 1$

2 다음 중 기호 $\times$, $\div$를 생략하여 나타낸 식으로 옳은 것은?

① $a \div b \div c = \dfrac{ac}{b}$

② $a \times b \div c = \dfrac{ab}{c}$

③ $a \div b \times c = \dfrac{a}{bc}$

④ $a \times (b \div c) = \dfrac{c}{ab}$

⑤ $a \div (b \div c) = \dfrac{ab}{c}$

▶ 문자를 사용한 식으로 나타내기
유형 2-4

3 다음 중 문자를 사용하여 나타낸 식으로 옳지 <u>않은</u> 것은?

① 5로 나누었을 때, 몫이 a이고 나머지가 3인 자연수 $\Rightarrow 5a+3$

② 둘레의 길이가 a cm인 정사각형의 한 변의 길이 $\Rightarrow \dfrac{a}{4}$ cm

③ 한 개에 x원인 초콜릿 5개와 한 개에 300원인 사탕 y개를 합한 가격 $\Rightarrow (5x+300y)$원

④ 자전거를 타고 분속 x m로 20분 동안 달린 거리 $\Rightarrow \dfrac{x}{20}$ m

⑤ 농도가 x %인 설탕물 400 g에 들어 있는 설탕의 양 $\Rightarrow 4x$ g

4 다음은 어느 학생의 일기이다. ( ) 안에 알맞은 수량을 기호 $\times$, $\div$를 생략한 식으로 나타내시오.

> 오늘 학교 가는 길에 문구점에 들렀더니 정가가 2000원인 노트는 x % 할인하여 ( )원, 펜은 정가 1500원에 팔고 있었다. 나는 펜이 필요해서 y자루를 사고 10000원을 내었더니 ( )원을 돌려받았다.
> 학교에 도착한 시각은 8시 30분에서 z분이 지난 8시 ( )분이었고, 수업이 시작하기 전 담임선생님께서 부르셔서 이번 시험에서 내 국어, 영어, 수학 시험 점수가 각각 a점, b점, c점이라고 알려주셨다. 세 과목의 평균 점수가 ( )점으로 지난 시험보다 많이 올랐다고 칭찬해 주셔서 뿌듯했다.

▶ 대입과 식의 값
 # 유형 5

5 $x=-4$일 때, 다음 보기 중 식의 값이 음수인 것을 모두 고르시오.

> (보기)
>
> ㄱ. $3x+1$ ㄴ. $4-2x$ ㄷ. $\dfrac{10}{x+2}$
>
> ㄹ. x^2-4x+4 ㅁ. $(-x)^2-x$ ㅂ. $-\dfrac{8}{x^2}+\dfrac{2}{x}-3$

6 $a=5$, $b=-2$일 때, 다음 중 식의 값이 가장 큰 것은?

① $4a+7b$ ② $\dfrac{a+10}{ab}$ ③ $\dfrac{10}{a}-\dfrac{10}{b}$

④ $a-3b^2$ ⑤ $ab+\dfrac{a}{b}$

7 $a=\dfrac{1}{3}$일 때, 다음 식의 값을 구하시오.

(1) $6(a+1)$ (2) $-a^2+2$

(3) $(-a)^3$ (4) $-\dfrac{3}{a^2}+\dfrac{2}{a}$

8 $a=\dfrac{1}{2}$, $b=-\dfrac{4}{5}$일 때, $\dfrac{8}{a}+\dfrac{12}{b}$의 값을 구하시오.

▶ 식의 값의 활용
 # 유형 6

9 부모의 키를 통해 자녀의 키를 예측하는 방법을 MPH(Mid Parental Height)라 하는데 아빠의 키가 a cm, 엄마의 키가 b cm일 때, 이 방법으로 구한 아들의 예상키는 $\left(\dfrac{a+b+13}{2}\right)$ cm라 한다. 아빠의 키가 178 cm, 엄마의 키가 161 cm일 때, 아들의 예상키를 구하시오.

핵심 유형 문제

유형 1 곱셈 기호와 나눗셈 기호의 생략

1 다음 중 기호 ×, ÷를 생략하여 나타낸 식으로 옳지 <u>않은</u> 것을 모두 고르면? (정답 2개)

① $a \times 0.1 \times b = 0.ab$

② $a \times (-2) \times a \times b = -2a^2b$

③ $(a+b) \div c \times (-1) = -\dfrac{a+b}{c}$

④ $5 \times a - b \div 2 = \dfrac{5a-b}{2}$

⑤ $3 \times x \div y = \dfrac{3x}{y}$

2 다음 보기 중 기호 ×, ÷를 생략하여 나타낸 식이 $\dfrac{z}{xy}$와 같은 것을 모두 고르시오.

보기

ㄱ. $z \div (x \div y)$　　　　ㄴ. $\dfrac{1}{x} \div y \div \dfrac{1}{z}$

ㄷ. $z \times \left(\dfrac{1}{x} \div y \right)$　　ㄹ. $\dfrac{1}{x} \times \dfrac{1}{y} \times z$

ㅁ. $z \times x \div y$　　　　ㅂ. $z \div (x \times y)$

3 다음을 기호 ×, ÷를 생략한 식으로 나타내시오.

$$4 \times a \div (a-b) \div \dfrac{5}{a}$$

유형 2 문자를 사용한 식 (1) – 비율, 단위, 수

4 다음 보기 중 바르게 말한 사람을 모두 고르시오.

보기

다희: 100 m 달리기 1차와 2차 기록이 각각 x초, y초일 때, 100 m 달리기 1차와 2차 기록의 평균은 $\dfrac{x+y}{2}$초야.

경수: 십의 자리의 숫자가 a, 일의 자리의 숫자가 b인 두 자리의 자연수는 ab야.

은채: a원의 25 %는 $\dfrac{1}{2}a$원이야.

상우: x의 2배보다 7만큼 작은 수는 $2x-7$이야.

준희: 100점 만점 시험에서 3점짜리 문제만 a개 틀렸을 때의 점수는 $3a$점이야.

5 300명의 a %와 b명의 50 %의 합을 문자를 사용한 식으로 나타내면?

① $\left(300a + \dfrac{1}{2}b\right)$명　　② $\left(300a + \dfrac{1}{5}b\right)$명

③ $\left(3a + \dfrac{1}{4}b\right)$명　　④ $\left(3a + \dfrac{1}{2}b\right)$명

⑤ $\left(3a + \dfrac{1}{5}b\right)$명

6 다음 중 문자를 사용한 식으로 옳지 <u>않은</u> 것은?

① x시간 y분은 $(60x+y)$분이다.

② 소수점 아래 첫째 자리의 숫자가 a, 소수점 아래 둘째 자리의 숫자가 b인 소수는 $0.1a+0.01b$이다.

③ a kg b g은 $(1000a+b)$ g이다.

④ x L의 물이 3통에 똑같이 나누어져 있을 때, 한 통에 들어 있는 물의 양은 $\dfrac{100x}{3}$ mL이다.

⑤ x m와 y cm를 합한 길이는 $(100x+y)$ cm이다.

핵심 유형 문제

유형 3 문자를 사용한 식 (2) – 도형

7 오른쪽 그림과 같은 사다리꼴의 넓이를 a, b, h를 사용한 식으로 나타내시오.

8 오른쪽 그림과 같은 사각형의 넓이를 a, b를 사용한 식으로 나타내면?

① ab　　② $a+b$

③ $5a+4b$　　④ $4a+5b$

⑤ $ab+40$

9 오른쪽 그림과 같은 직육면체에 대하여 다음을 a, b, c를 사용한 식으로 나타내시오.

(1) 직육면체의 겉넓이

(2) 직육면체의 부피

유형 4 문자를 사용한 식 (3) – 가격, 속력, 농도

10 10명이 x원씩 내서 y원인 물건을 사고 남은 금액을 문자를 사용한 식으로 나타내면?

① $(y-10x)$원　　② $(10y-x)$원

③ $(10x+y)$원　　④ $(10x-y)$원

⑤ $\dfrac{10x}{y}$원

11 다음 중 문자를 사용하여 나타낸 식으로 옳은 것은?

① 한 개에 500원인 사탕 a개를 사고 5000원을 냈을 때의 거스름돈 ⇨ $(5000-a)$원

② 시속 4 km로 x시간 동안 걸은 거리 ⇨ $\dfrac{x}{4}$ km

③ 정가가 3000원인 필통을 a % 할인된 가격으로 샀을 때, 지불한 금액 ⇨ $30a$원

④ x km의 거리를 시속 5 km로 왕복할 때, 걸리는 시간 ⇨ $\dfrac{x}{5}$시간

⑤ 농도가 x %인 소금물 500 g에 들어 있는 소금의 양 ⇨ $5x$ g

12 민희가 자동차를 타고 지점 A에서 출발하여 100 km 떨어진 지점 B를 향하여 시속 80 km로 x시간 동안 갔을 때, 남은 거리를 문자를 사용한 식으로 나타내시오.

유형 5 대입과 식의 값

13 $a=-2$, $b=4$일 때, $2a^2-3ab$의 값은?

① -32 ② -16 ③ -8

④ 16 ⑤ 32

14 $a=\dfrac{1}{4}$일 때, 다음 중 식의 값이 가장 작은 것은?

① $8a-5$ ② $2-4a$

③ $-a^2$ ④ $12a^3$

⑤ $\dfrac{6}{a}+2$

15 $a=-4$, $b=\dfrac{2}{3}$일 때, 다음 중 식의 값이 나머지 넷과 <u>다른</u> 하나는?

① $\dfrac{a}{4}+3b$ ② a^2-3b

③ $-a-\dfrac{2}{b}$ ④ $\dfrac{2}{a}+\dfrac{1}{b}$

⑤ $7+\dfrac{a}{b}$

유형 6 식의 값의 활용

16 지면에서 초속 $40\,\text{m}$로 똑바로 위로 던져 올린 물체의 t초 후의 높이는 $(40t-5t^2)\,\text{m}$라 한다. 이 물체의 2초 후의 높이는?

① $40\,\text{m}$ ② $60\,\text{m}$ ③ $80\,\text{m}$

④ $100\,\text{m}$ ⑤ $120\,\text{m}$

17 기온이 $x\,°\text{C}$일 때, 공기 중에서 소리의 속력은 초속 $(0.6x+331)\,\text{m}$라 한다. 기온이 $25\,°\text{C}$일 때, 소리의 속력은?

① 초속 $340\,\text{m}$ ② 초속 $343\,\text{m}$

③ 초속 $346\,\text{m}$ ④ 초속 $349\,\text{m}$

⑤ 초속 $352\,\text{m}$

18 지면에서 높이가 $1\,\text{km}$씩 높아질 때마다 기온은 $6\,°\text{C}$씩 낮아진다고 한다. 현재 지면의 기온이 $24\,°\text{C}$일 때, 다음 물음에 답하시오.

(1) 지면에서 높이가 $h\,\text{km}$인 곳의 기온을 h를 사용한 식으로 나타내시오.

(2) 지면에서 높이가 $3\,\text{km}$인 곳의 기온을 구하시오.

▶ 다항식의 이해
유형 7

1 다항식 $-\dfrac{x}{2}+3y-\dfrac{4}{3}$에서 x의 계수를 a, y의 계수를 b, 상수항을 c라 할 때, $5abc$의 값을 구하시오.

2 다음 중 다항식 $\dfrac{1}{3}x^3-5x-11$에 대한 설명으로 옳지 <u>않은</u> 것은?

① x^3의 계수는 $\dfrac{1}{3}$이다.　　　　② x의 계수는 -5이다.

③ 항은 $\dfrac{1}{3}x^3$, $5x$, 11의 3개이다.　　④ 상수항은 -11이다.

⑤ 다항식의 차수는 3이다.

▶ 일차식
유형 8

3 다음 중 일차식은 모두 몇 개인지 구하시오.

$$20, \qquad \dfrac{6}{7}x-1, \qquad y^2+3y,$$

$$0.9a+0.3, \qquad \dfrac{3}{b}+6b+9, \qquad x-x^3$$

▶ 일차식과 수의 곱셈, 나눗셈
유형 9

4 두 식 $(-32)\times\left(-\dfrac{7}{8}x\right)$, $\dfrac{12}{5}x\div(-3)$을 계산하였을 때의 x의 계수를 각각 a, b라 할 때, $\dfrac{a}{b}$의 값을 구하시오. (단, a, b는 상수)

5 다음 식을 계산하시오.

(1) $\dfrac{1}{4}(28x-16)$ 　　　　　　(2) $\left(-\dfrac{1}{6}x+\dfrac{3}{8}\right)\times(-2)$

(3) $(14a+21)\div(-7)$ 　　　　　(4) $\left(\dfrac{5}{2}a-\dfrac{2}{3}\right)\div\dfrac{1}{6}$

▸ 동류항
\# 유형 10

6 다음 중 $5a$와 동류항인 것은?

① 5　　　② $\dfrac{5}{a}$　　　③ $\dfrac{a}{5}$　　　④ $5a^2$　　　⑤ a^5

▸ 일차식의 덧셈과 뺄셈
\# 유형 11

7 다음 중 계산 결과가 $(3x+16)+(2x-4)$와 같은 것은?

① $(7x+11)-(4x-9)$　　　　② $(10x+15)-3(4x+3)$

③ $\dfrac{5}{7}(14x+7)-5\left(x-\dfrac{7}{5}\right)$　　　④ $\dfrac{3x+1}{2}+\dfrac{x+5}{4}$

⑤ $9x-\{8-6(x+1)\}$

▸ 일차식의 덧셈과 뺄셈의 활용
\# 유형 12

8 오른쪽 그림과 같은 사다리꼴에서 색칠한 부분의 넓이를 a를 사용한 식으로 나타내면?

① $6a-6$　　　② $6a+6$

③ $12a-6$　　　④ $12a+6$

⑤ $12a+12$

▸ 문자에 일차식 대입하기
\# 유형 13

9 $A=3x+7$, $B=-x+1$일 때, $3A-2(A-2B)$를 계산하시오.

▸ 바르게 계산한 식 구하기
\# 유형 14

10 어떤 다항식에서 $-x+7$을 빼야 할 것을 잘못하여 더했더니 $3x+6$이 되었다. 이때 바르게 계산한 식은?

① $3x-8$　　　② $3x-6$　　　③ $3x+6$

④ $5x-8$　　　⑤ $5x+8$

유형 7 다항식

1 다음 중 다항식 $7x^2-x+4$에 대한 설명으로 옳지 <u>않은</u> 것은?

① 항은 3개이다.
② 상수항은 4이다.
③ 다항식의 차수는 2이다.
④ x의 계수는 1이다.
⑤ x^2의 계수는 7이다.

2 다음 보기의 설명 중 옳은 것을 모두 고르시오.

┌ 보기 ┐

ㄱ. $3x+1$의 차수는 3이다.

ㄴ. $-x$는 다항식이다.

ㄷ. $7x-3y-5$에서 상수항은 -5이다.

ㄹ. $\dfrac{x}{2}-\dfrac{y}{2}+3$에서 x의 계수와 y의 계수의 합은 1이다.

유형 8 일차식

3 다음 중 일차식을 모두 고르면? (정답 2개)

① $\dfrac{1}{x}+2$ ② $5y-4$ ③ $-x^2+4x-1$

④ $0.1x+0.1$ ⑤ y^2-6

4 다항식 $(7-a)x^2-(b+1)x-15$가 x에 대한 일차식이 되도록 하는 상수 a, b의 조건으로 알맞은 것은?

① $a=7$
② $a=7$, $b\neq-1$
③ $a=7$, $b=-1$
④ $a\neq-7$, $b=-1$
⑤ $a\neq-7$, $b\neq-1$

유형 9 일차식과 수의 곱셈, 나눗셈

5 다음 중 옳은 것은?

① $5\times(-2x)=-10x^5$
② $(-25x)\div(-5)=-5x$
③ $-2(3x-2)=-6x+4$
④ $(-9x+15)\div(-3)=3x+5$
⑤ $(4x-6)\times\dfrac{3}{2}=6x-18$

6 $(3x-6)\div\left(-\dfrac{3}{4}\right)$을 계산하면 $ax+b$일 때, 상수 a, b에 대하여 $b-a$의 값은?

① -12 ② -8 ③ 4
④ 8   ⑤ 12

7 다음 중 식을 계산한 결과가 $-2(3x-1)$과 같은 것은?

① $(3x-6)\div(-2)$ ② $(3x-1)\times2$

③ $3(1-2x)$ ④ $\left(-x+\dfrac{1}{3}\right)\div\dfrac{1}{6}$

⑤ $(-2x+1)\div\left(-\dfrac{1}{6}\right)$

8 다음 보기 중 동류항끼리 짝 지어진 것을 모두 고르 시오.

（보기）

ㄱ. $2y,\ 2y^2$ ㄴ. $-b,\ -2b$ ㄷ. $-4x,\ \dfrac{4}{x}$

ㄹ. $5,\ \dfrac{1}{2}$ ㅁ. $2x^2,\ 2y^2$ ㅂ. $x^3,\ 3x$

9 다음 중 다항식 $2x^2-3x+5-\dfrac{x^3}{3}+\dfrac{5}{2}x^2+2x+9$ 에서 동류항끼리 짝 지은 것은?

① $2x^2,\ 2x$ ② $-3x,\ -\dfrac{x^3}{3}$

③ $5,\ \dfrac{5}{2}x^2$ ④ $-3x,\ 2x$

⑤ $2x,\ 9$

10 다음 중 옳지 않은 것은?

① $4x-7x=-3x$

② $-3b+2b+1=-b+1$

③ $5+6x=11x$

④ $x+\dfrac{x}{2}=\dfrac{3}{2}x$

⑤ $x+5+6x-3=7x+2$

11 다음 중 옳은 것은?

① $(x+1)+(2x+3)=7x$

② $(5x-2)-(x-2)=4x-4$

③ $2(2b-3)+3(b+1)=7b-2$

④ $\dfrac{1}{4}(4x+8)-\dfrac{1}{5}(15-5x)=2x+5$

⑤ $-6(2x+3)+12\left(\dfrac{1}{3}x-\dfrac{1}{2}\right)=-8x-24$

12 $\dfrac{1}{3}(9x+6)-\dfrac{2}{5}(25x-10)$을 계산한 식에서 x의 계수와 상수항의 곱을 구하시오.

（서술형）

13 $\dfrac{x-3}{2}-\dfrac{2x-5}{3}$를 계산하면 $ax+b$일 때, $b-a$의 값을 구하시오. (단, $a,\ b$는 상수)

（풀이 과정）

답

14 $\dfrac{1}{4}(5x+3)-0.7\left(2x+\dfrac{5}{7}\right)$를 계산하면 $ax+b$일 때, 상수 $a,\ b$에 대하여 $a+b$의 값을 구하시오.

15 $x-[4x-2-\{2(3x-1)-4x\}]$를 계산하면?

① $-4x+2$ ② $-2x+1$ ③ $-x$

④ $x+3$ ⑤ $2x$

핵심 유형 문제

유형 **12** 일차식의 덧셈과 뺄셈의 활용

16 오른쪽 그림과 같은 도형의 넓이를 a를 사용한 식으로 나타내면?

① $17a-6$
② $17a-26$
③ $27a-6$
④ $27a-26$
⑤ $27a-36$

17 오른쪽 그림에서 색칠한 부분의 넓이를 x를 사용한 식으로 나타내시오.

서술형

18 오른쪽 그림과 같은 도형에 대하여 다음 물음에 답하시오.

(1) 도형의 둘레의 길이를 a를 사용한 식으로 나타내시오.
(2) $a=3$일 때, 도형의 둘레의 길이를 구하시오.

풀이 과정

(1)

(2)

답 (1)   (2)

유형 **13** 문자에 일차식 대입하기

19 $A=-2x+1$, $B=3x-5$일 때, $2A-B$를 계산하시오.

20 $A=x+3$, $B=2x-3$일 때, $4A-(A+2B)$를 계산하면?

① $-x-15$ ② $-x+15$ ③ $x-15$
④ $5x$ ⑤ $5x+15$

21 $A=\dfrac{-x+2}{3}$, $B=\dfrac{3x-1}{4}$일 때, $3A-2(A-B)$를 계산하면 $ax+b$라 한다. 상수 a, b에 대하여 $a-b$의 값을 구하시오.

유형 14 어떤 식 구하기

22 다음 □ 안에 알맞은 식은?

$$2(3a-7)+\boxed{}=2a-5$$

① $-4a-12$ ② $-4a+9$ ③ $4a-2$
④ $8a-12$ ⑤ $8a-2$

23 어떤 다항식에서 $-3a+4$를 뺐더니 $2a+1$이 되었다. 이때 어떤 다항식은?

① $-5a-5$ ② $-5a-1$ ③ $-5a+1$
④ $-a-5$ ⑤ $-a+5$

24 다음 조건을 모두 만족시키는 두 일차식 A, B에 대하여 $A-B$를 x를 사용한 식으로 나타내면?

(조건)
(가) A에서 $2x-4$를 뺐더니 $3x+1$이 되었다.
(나) B에 $-x+6$을 더했더니 $x+5$가 되었다.

① $-3x-4$ ② $-3x-2$ ③ $x+4$
④ $3x-4$ ⑤ $3x-2$

25 오른쪽 보기와 같이 아래의 이웃하는 두 칸의 식을 더한 것이 바로 위 칸의 식이 된다고 할 때,

다음 그림에서 두 일차식 A, B를 x를 사용한 식으로 각각 나타내시오.

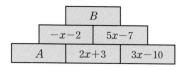

26 어떤 다항식에 $5a+8$을 더해야 할 것을 잘못하여 뺐더니 $2a-15$가 되었다. 다음 물음에 답하시오.

(1) 어떤 다항식을 구하시오.

(2) 바르게 계산한 식을 구하시오.

27 어떤 다항식에서 $x-3$을 빼야 할 것을 잘못하여 더했더니 $5x+2$가 되었다. 이때 바르게 계산한 식은?

① $3x-8$ ② $3x+2$ ③ $3x+8$
④ $5x+2$ ⑤ $5x+8$

실력 UP 문제

1-1 n이 홀수일 때,
$(-1)^n(x+3)+(-1)^{n+1}(-2x+1)$을 계산하면?

① $-3x-2$ ② $-x+2$ ③ $-x+4$

④ $x-4$ ⑤ $3x+2$

1-2 n이 자연수일 때,
$(-1)^{2n}(3a-1)-(-1)^{2n-1}(4a+7)$을 계산하시오.

2-1 한 변의 길이가 $5\,\mathrm{cm}$인 정사각형 모양의 종이 n장을 다음 그림과 같이 이웃하는 종이끼리 $2\,\mathrm{cm}$만큼 겹치도록 이어 붙여서 직사각형을 만들려고 한다. 이때 완성된 직사각형의 넓이를 n을 사용한 식으로 나타내시오.

2-2 한 변의 길이가 $a\,\mathrm{cm}$인 정사각형 모양의 종이 5장을 다음 그림과 같이 한 꼭짓점이 정사각형의 두 대각선이 만나는 점에 오도록 포개어 놓았다. 물음에 답하시오. (단, 정사각형의 두 대각선이 만나는 점은 모두 한 직선 위에 있다.)

(1) 색칠한 부분의 둘레의 길이를 a를 사용한 식으로 나타내시오.
(2) 한 변의 길이가 $2\,\mathrm{cm}$일 때, 색칠한 부분의 둘레의 길이를 구하시오.

3-1 다음과 같이 $ax+b$에 $-\dfrac{3}{2}$을 곱하면 $-12x+6$이 되고 $-12x+6$에 $-\dfrac{3}{2}$을 곱하면 $cx+d$가 될 때, 상수 a, b, c, d에 대하여 $a+b+c+d$의 값을 구하시오.

3-2 다음과 같이 $ax+b$를 $\dfrac{4}{3}$로 나누면 $12x-24$가 되고 $12x-24$를 $\dfrac{4}{3}$로 나누면 $cx+d$가 될 때, 상수 a, b, c, d에 대하여 $a-b+c-d$의 값을 구하시오.

1 다음 중 기호 ×, ÷를 생략하여 나타낸 식으로 옳은 것을 모두 고르면? (정답 2개)

① $y \times 5 \times y \times x = 5xy^2$

② $-x \times 0.1 = -0.x$

③ $x \times 2 \div y = \dfrac{x}{2y}$

④ $a - b \times c \div 5 = a - \dfrac{bc}{5}$

⑤ $2 \times (a+b) \div 3 = \dfrac{6}{a+b}$

2 다음 중 문자를 사용하여 나타낸 식으로 옳은 것은?

① 두 대각선의 길이가 각각 a cm, b cm인 마름모의 넓이 ⇨ ab cm²

② 전체 쪽수가 200쪽인 책을 하루에 15쪽씩 x일 동안 읽었을 때, 남은 쪽수 ⇨ $\left(200 - \dfrac{x}{15}\right)$쪽

③ 전교생 a명 중에서 b%가 여학생일 때, 남학생 수 ⇨ $a - \dfrac{ab}{100}$

④ 분속 80 m로 x분 동안 걸은 거리 ⇨ $\dfrac{x}{80}$ m

⑤ 한 달에 x회씩 배달앱을 이용하는 가족의 1년 동안의 배달앱 이용 횟수 ⇨ $12 + x$

3 $x=3$, $y=-9$일 때, 다음 중 식의 값이 가장 작은 것은?

① $\dfrac{x}{y}$ ② $\dfrac{y}{x}$ ③ $3xy$

④ $x - y$ ⑤ $y^2 - x$

4 $a = -\dfrac{1}{2}$, $b = -\dfrac{1}{5}$, $c = \dfrac{1}{6}$일 때, $\dfrac{4}{a} - \dfrac{5}{b} - \dfrac{6}{c}$의 값을 구하시오.

서술형

5 오른쪽 그림과 같은 사각형의 넓이를 a, b를 사용한 식으로 나타내고 $a=9$, $b=11$일 때, 사각형의 넓이를 구하시오.

풀이 과정

답

6 다음 그림과 같이 스티커를 Y 자 모양으로 계속해서 붙여 나갈 때, 물음에 답하시오.

[1번째]   [2번째]   [3번째]   [4번째]

(1) [n번째] 그림에 붙여야 할 스티커는 몇 개인지 n을 사용한 식으로 나타내시오.

(2) [50번째] 그림에 붙여야 할 스티커는 모두 몇 개인지 구하시오.

7 다음 중 다항식 $\dfrac{x^2}{4} - 3x + y + 1$에 대한 설명으로 옳지 <u>않은</u> 것을 모두 고르면? (정답 2개)

① 항은 4개이다.

② x^2의 계수는 $\dfrac{1}{4}$이다.

③ 상수항은 $y+1$이다.

④ x의 계수는 3이다.

⑤ y의 계수는 1이다.

8 다음 보기 중 일차식이 <u>아닌</u> 것을 모두 고르시오.

> 보기
>
> ㄱ. $5 - 2y$ 　　ㄴ. $\dfrac{x}{7} - 1$ 　　ㄷ. $0.3b - 4$
>
> ㄹ. 4 　　ㅁ. $0 \times x^2 - x + 1$ 　　ㅂ. $\dfrac{3}{x}$

9 $(6x - 14) \times \left(-\dfrac{5}{2}\right)$를 계산한 식에서 x의 계수와 상수항의 합을 구하시오.

10 다음 다항식에서 동류항을 찾으시오.

$$4x^2 + 5x + \dfrac{1}{2}y - \dfrac{x}{7} - 3xy + y^2$$

11 $(2-a)x^2 + 3x - 1 - x + b$를 계산하면 x에 대한 일차식이 되고 상수항이 4일 때, 상수 a, b에 대하여 $b - a$의 값은?

① 1 　　　② 2 　　　③ 3

④ 4 　　　⑤ 5

12 다음 중 옳은 것은?

① $3x - y = 2xy$

② $-6x + 8 = 2x$

③ $0.2x + 5 - 0.5x - 2 = -3x + 3$

④ $3(2x - 1) - 4(3x - 5) = -6x + 17$

⑤ $\dfrac{3}{7}(35x - 14) - (8x + 12) \div \left(-\dfrac{2}{3}\right) = 3x - 24$

13 $\dfrac{3x - 5}{8} - \dfrac{5(x - 4)}{12}$를 계산하면 $ax + b$일 때, 상수 a, b에 대하여 $a + b$의 값은?

① $\dfrac{8}{3}$ 　　　② 1 　　　③ 0

④ -1 　　　⑤ $-\dfrac{7}{3}$

14 오른쪽 그림과 같은 직사각형에서 색칠한 부분의 넓이를 x를 사용한 식으로 나타내시오.

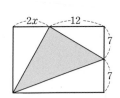

15 $A=-x+2$, $B=3x+1$일 때,
$4A+B-(2A-5B)$를 계산하시오.

16 다음 표에서 가로, 세로, 대각선에 놓인 세 다항식의
합이 모두 같을 때, A에 알맞은 다항식을 구하시오.

$-x+3$	$x+1$	$3x-1$
$4x-2$		A

서술형

17 x에 대한 어떤 다항식에서 $\dfrac{x-1}{2}$을 빼야 할 것을
잘못하여 더했더니 $\dfrac{2x+1}{3}$이 되었다. 이때 바르게
계산한 식을 구하시오.

풀이 과정

답

톡톡 튀는 문제

18 건구 온도가 a ℃, 습구 온도가 b ℃인 날의 불쾌지
수는 $0.72(a+b)+40.6$이라 한다. 불쾌지수에 따라
불쾌감을 느끼는 정도는 다음 표와 같을 때, 건구 온
도가 32 ℃, 습구 온도가 18 ℃인 날의 불쾌지수와
불쾌감을 느끼는 정도를 구하시오.

불쾌지수	불쾌감을 느끼는 정도
68 미만	전원 쾌적함을 느낌
68 이상 75 미만	불쾌감을 느끼기 시작함
75 이상 80 미만	50 % 정도 불쾌감을 느낌
80 이상	전원 불쾌감을 느낌

19 A, B 두 가게에서는 1개에 x원인 같은 아이스크림
을 팔고 있다. A 가게는 아이스크림 4개 한 묶음을
구입하면 1개를 더 주고, B 가게는 4개 한 묶음을
구입하면 가격을 10 % 할인해 준다. 아이스크림 4개
한 묶음을 구입할 때, 어느 가게에서 사는 것이 아이
스크림 1개당 가격이 더 저렴한지 구하시오.

4 일차방정식

4 일차방정식

01 방정식과 그 해

1. 방정식과 그 해
(1) **등식**: 등호(=)를 사용하여 수량 사이의 관계를 나타낸 식
(2) **방정식**: 미지수의 값에 따라 참이 되기도 하고, 거짓이 되기도 하는 등식
　① **미지수**: 방정식에 있는 x, y 등의 문자
　② **방정식의 해(근)**: 방정식을 참이 되게 하는 미지수의 값
(3) **항등식**: 미지수에 어떠한 값을 대입하여도 항상 참이 되는 등식
> 참고 항등식이 되는 조건
> $ax + b = cx + d$ 가 x에 대한 항등식이면 ➡ $a=c$, $b=d$

2. 등식의 성질
$a=b$이면
① $a+c=b+c$
② $a-c=b-c$
③ $ac=bc$
④ $\dfrac{a}{c}=\dfrac{b}{c}$ (단, $c\neq0$)
　　　　　　　　0이 아닌 수로만 나눌 수 있다.
> 주의 $ac=bc$이면 $a=b$이다. (×)
> └ $5\times0=3\times0$이지만 $5\neq3$이다.

02 일차방정식의 풀이

1. 이항
등식의 성질을 이용하여 등식의 한 변에 있는 항을 그 항의 부호를 바꾸어 다른 변으로 옮기는 것을 **이항**이라 한다.

2. 일차방정식
등식의 모든 항을 좌변으로 이항하여 정리한 식이
$(x$에 대한 일차식)=0 꼴로 나타나는 방정식을 x에 대한
　└ $ax+b=0\,(a\neq0)$
일차방정식이라 한다.
> 예 · $5x+4=2-x$ —이항→ $6x+2=0$ ➡ x에 대한 일차방정식이다.
> · $x^2+2x=1$ —이항→ $x^2+2x-1=0$ ➡ 일차방정식이 아니다.

3. 일차방정식의 풀이
❶ 괄호가 있으면 분배법칙을 이용하여 괄호를 먼저 푼다.
❷ 일차항은 좌변으로, 상수항은 우변으로 각각 이항하여 정리한다.
❸ 양변을 x의 계수로 나누어 $x=$(수) 꼴로 나타낸다.
❹ 구한 해가 일차방정식을 참이 되게 하는지 확인한다.

4. 여러 가지 일차방정식의 풀이
(1) **계수가 소수인 경우**: 양변에 10의 거듭제곱을 곱하여 소수를 정수로 고친다.
(2) **계수가 분수인 경우**: 양변에 분모의 최소공배수를 곱하여 분수를 정수로 고친다.
> 참고 두 일차방정식의 해가 서로 같을 때, 상수의 값 구하기
> ❶ 두 일차방정식 중 해를 구할 수 있는 일차방정식을 먼저 푼다.
> ❷ 구한 해를 다른 일차방정식에 대입하여 상수의 값을 구한다.

03 일차방정식의 활용

1. 일차방정식을 활용하여 문제를 해결하는 과정
❶ 문제의 뜻을 이해하고 구하려는 값을 미지수로 놓는다.
❷ 문제의 뜻에 맞게 일차방정식을 세운다.
❸ 일차방정식을 푼다.
❹ 구한 해가 문제의 뜻에 맞는지 확인한다.
> 참고 수, 개수, 과부족, 증감에 대한 문제
> ① 연속하는 자연수에 대한 문제 →미지수를 어떤 수로 놓는지에 따라 세 수의 표현이 달라진다.
> 　· 연속하는 세 자연수
> 　➡ $x-2$, $x-1$, x 또는 $x-1$, x, $x+1$ 또는 x, $x+1$, $x+2$
> 　· 연속하는 세 짝수(홀수)
> 　➡ $x-4$, $x-2$, x 또는 $x-2$, x, $x+2$ 또는 x, $x+2$, $x+4$
> ② 개수에 대한 문제
> 　· A, B의 개수의 합이 a인 경우
> 　➡ A의 개수를 x라 하면, B의 개수는 $a-x$
> ③ 과부족에 대한 문제
> 　· 물건을 나누어 주는 경우, 사람 수를 x로 놓고 나누어 주는 방법에 관계없이 물건의 개수가 일정함을 이용하여 방정식을 세운다.
> 　· 사람을 몇 명씩 묶는 경우, 묶음의 수를 x로 놓고 묶는 방법에 관계없이 사람 수가 일정함을 이용하여 방정식을 세운다.
> ④ 증가, 감소에 대한 문제
> 　· x가 $a\,\%$ 증가 ⎡변화량 ➡ $+\dfrac{a}{100}x$
> 　　　　　　　　　　 ⎣증가한 후의 전체의 양 ➡ $x+\dfrac{a}{100}x$
> 　· y가 $b\,\%$ 감소 ⎡변화량 ➡ $-\dfrac{b}{100}y$
> 　　　　　　　　　　 ⎣감소한 후의 전체의 양 ➡ $y-\dfrac{b}{100}y$

2. 거리, 속력, 시간에 대한 문제
거리, 속력, 시간에 대한 문제는 다음의 관계를 이용하여 방정식을 세운다.
$$(거리)=(속력)\times(시간),\ (속력)=\frac{(거리)}{(시간)},\ (시간)=\frac{(거리)}{(속력)}$$
> 주의 주어진 단위가 다를 경우, 방정식을 세우기 전에 먼저 단위를 통일한다.

다시 쏙쏙 **개념 익히기**

▶ 등식
유형 1

1 다음 보기 중 등식은 모두 몇 개인지 구하시오.

(보기)

ㄱ. $12 \div 3 = 4$ ㄴ. $\dfrac{3x+4}{7} = \dfrac{x+2}{3} + 1$ ㄷ. $4x-2 \leq 0$

ㄹ. $x-2$ ㅁ. $x+2 = \dfrac{1}{6}(6x+12)$ ㅂ. $3 > -5$

▶ 방정식의 해
유형 2

2 다음 중 [ ] 안의 수가 주어진 방정식의 해가 <u>아닌</u> 것은?

① $3x+8=5$ [-1] ② $-2x+9=5x+23$ [-2]

③ $4x+1=6x$ $\left[\dfrac{1}{2}\right]$ ④ $3(x-3)=-x-1$ [5]

⑤ $4(x+2)=3(2x+1)+5$ [0]

▶ 항등식이 되는 조건
유형 4

3 등식 $ax-a+4=5x+b$가 x의 값에 관계없이 항상 참일 때, 상수 a, b에 대하여 $a-b$의 값을 구하시오.

▶ 등식의 성질
유형 5

4 다음 보기 중 옳은 것을 모두 고르시오.

(보기)

ㄱ. $a+1=b+3$이면 $a-1=b-3$이다. ㄴ. $a=-b$이면 $2a+1=-2b+1$이다.

ㄷ. $3a+7=3b+7$이면 $a=b+7$이다. ㄹ. $\dfrac{a}{5}=\dfrac{b}{2}$이면 $\dfrac{a+5}{5}=\dfrac{b+2}{2}$이다.

▶ 등식의 성질을 이용한 방정식의 풀이
유형 6

5 오른쪽은 등식의 성질을 이용하여 방정식 $\dfrac{1}{4}x+9=8$을 푸는 과정이다. (개), (내)에 이용된 등식의 성질을 다음 보기에서 찾아 차례로 쓰시오.

$$\dfrac{1}{4}x+9=8$$
$$\dfrac{1}{4}x=-1$$ (개)
$$\therefore x=-4$$ (내)

(보기)

$a=b$이고, c는 자연수일 때

ㄱ. $a+c=b+c$ ㄴ. $a-c=b-c$

ㄷ. $ac=bc$ ㄹ. $\dfrac{a}{c}=\dfrac{b}{c}$

유형 1 등식

1 다음 중 등식이 <u>아닌</u> 것을 모두 고르면? (정답 2개)

① $3-5=-2$ ② $-x+3=6$

③ $1>-3$ ④ $4x+5$

⑤ $2(x+1)=2x+2$

2 다음 주어진 문장을 등식으로 나타내시오.

> 어떤 수 x에 1을 더한 수의 2배는 x의 5배보다 17만큼 크다.

보기다多모아~

3 다음 중 문장을 등식으로 나타낸 것으로 옳지 <u>않은</u> 것을 모두 고르면?

① 가로의 길이가 a cm, 세로의 길이가 4 cm인 직사각형의 넓이는 48 cm²이다. ⇨ $4a=48$

② 38을 x로 나눈 몫은 7이고 나머지는 3이다. ⇨ $38=7x-3$

③ 시속 x km로 5시간 동안 이동한 거리는 10 km 이다. ⇨ $5x=10$

④ 100 g에 x원인 돼지고기 600 g의 가격은 18000 원이다. ⇨ $600x=18000$

⑤ 5000원을 내고 700원짜리 지우개를 x개 샀더니 거스름돈이 800원이었다.
⇨ $5000-700x=800$

⑥ 공책 45권을 학생 16명에게 x권씩 나누어 주었더니 3권이 부족하였다. ⇨ $45-16x=3$

⑦ 정가가 3500원인 물건을 x % 할인하여 판매할 때의 가격은 2100원이다.
⇨ $3500-35x=2100$

유형 2 방정식과 그 해

4 x의 값이 -2, -1, 0, 1일 때, 다음 방정식의 해를 구하시오.

(1) $2x+1=3x+2$

(2) $-3x-4=2(x+3)$

5 다음 방정식 중 해가 $x=2$가 <u>아닌</u> 것은?

① $2x-1=3$ ② $3x-6=0$

③ $-3x+5=-4$ ④ $5x=4(x+1)-2$

⑤ $\frac{1}{3}(x+4)=x$

6 다음 중 [ ] 안의 수가 주어진 방정식의 해인 것은?

① $2x=x-2$ $[2]$

② $3x+1=2$ $\left[-\frac{1}{3}\right]$

③ $4x-2=x+1$ $[1]$

④ $6x+1=2x-2$ $\left[\frac{1}{2}\right]$

⑤ $\frac{1}{2}x=6+x$ $[4]$

7 x의 값이 8의 약수일 때, 다음 방정식의 해를 구하시오.

> $-3x+8=2(2-x)$

유형 ③ 항등식

8 다음 중 항등식이 <u>아닌</u> 것은?

① $2(x-4)=2x-8$

② $x+6=2x+6-x$

③ $4x-6=4(x-6)$

④ $(5x-3)-(x-3)=4x$

⑤ $9x+5=(3x-4)+(6x+9)$

9 다음 보기 중 항등식을 모두 고르시오.

<보기>
ㄱ. $4x-1=3$　　　　ㄴ. $7-3x=x+4$

ㄷ. $3x=0$　　　　　　ㄹ. $2+3x=2x+2+x$

ㅁ. $x-2x=-x$　　　ㅂ. $3(x+1)=3x+3$

10 다음 중 모든 x의 값에 대하여 항상 참인 등식은?

① $3x=9$　　　　　　② $2x+4=x+4$

③ $5x-1=4x$　　　　④ $-5\left(x-\dfrac{6}{5}\right)=6-5x$

⑤ $-2(x+1)=-5x+1$

유형 ④ 항등식이 되는 조건

11 등식 $ax+4=5x-2b$가 x에 대한 항등식일 때, 상수 a, b에 대하여 ab의 값은?

① -10　　　② -2　　　③ 2

④ 5　　　　　⑤ 10

12 등식 $(a-2)x+12=3(x+2b)+2x$가 모든 x의 값에 대하여 항상 참일 때, 상수 a, b에 대하여 $a+b$의 값을 구하시오.

(서술형)

13 다음 등식이 x의 값에 관계없이 항상 성립할 때, 상수 a, b의 값을 각각 구하시오.

$$8x+6=a(x-3)+bx$$

풀이 과정

답

핵심 유형 문제

유형 5 등식의 성질

14 다음 중 옳지 <u>않은</u> 것은?

① $a=b$일 때, $a-b=b-c$

② $a=b$일 때, $-3a=-3b$

③ $a+c=b+c$일 때, $a=b$

④ $a=-b$일 때, $5+a=5-b$

⑤ $-4a=8b$일 때, $a=-2b$

15 $3a=b$일 때, 다음 중 옳지 <u>않은</u> 것은?

① $2a=\dfrac{2}{3}b$

② $a-4=\dfrac{b}{3}-4$

③ $6a+1=3b+1$

④ $3(a-1)=b-3$

⑤ $-12a+2=-4b+2$

16 다음 중 □ 안에 알맞은 수가 나머지 넷과 <u>다른</u> 하나는?

① $a=b$이면 $a+3=b+$□이다.

② $3a=6b$이면 $a=$□b이다.

③ $\dfrac{a}{3}=\dfrac{b}{6}$이면 $6a=$□b이다.

④ $a+1=b+5$이면 $a-1=b+$□이다.

⑤ $a=3b$이면 $a-3=$□$(b-1)$이다.

유형 6 등식의 성질을 이용한 방정식의 풀이

17 다음은 등식의 성질을 이용하여 방정식 $-3x-4=8$ 을 푸는 과정이다. (가), (나), (다)에 알맞은 수를 구하시오.

$$-3x-4=8$$
$$-3x-4+\boxed{(가)}=8+\boxed{(가)}$$
$$-3x=12$$
$$(-3x)\div(\boxed{(나)})=12\div(\boxed{(나)})$$
$$\therefore x=\boxed{(다)}$$

18 아래 그림은 접시저울을 이용하여 등식의 성질을 설명한 것이다. 방정식 $2x-9=-(x-1)+x$를 푸는 다음 과정에서 그림의 성질이 이용된 곳을 고르시오.

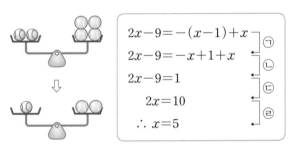

$$2x-9=-(x-1)+x \quad ㉠$$
$$2x-9=-x+1+x \quad ㉡$$
$$2x-9=1 \quad ㉢$$
$$2x=10$$
$$\therefore x=5 \quad ㉣$$

19 다음 중 등식의 성질 '$a=b$이면 $a+c=b+c$이다.' 를 이용하여 방정식을 변형한 것이 <u>아닌</u> 것은?

① $x-3=2 \Rightarrow x=5$

② $2x-11=3 \Rightarrow 2x=14$

③ $\dfrac{x}{3}=-6 \Rightarrow x=-18$

④ $\dfrac{5}{7}x+1=11 \Rightarrow \dfrac{5}{7}x=10$

⑤ $4(x-3)=8 \Rightarrow 4x=20$

▶ 이항
유형 7

1 다음 중 일차방정식 $4x-6=10$에서 밑줄 친 항을 이항한 것과 결과가 같은 것을 모두 고르면?

(정답 2개)

① 양변에서 -6을 뺀다.　　② 양변에 -6을 더한다.

③ 양변에서 6을 뺀다.　　④ 양변에 6을 더한다.

⑤ 양변에 6을 곱한다.

▶ 일차방정식
유형 8

2 다음 중 일차방정식이 <u>아닌</u> 것은?

① $x-2=7$　　　　　　② $5x=2x-1$

③ $x^2=3x+2$　　　　　④ $2x^2-5x+9=2(x^2-x)$

⑤ $3x-2=2x+4$

▶ 일차방정식의 풀이
유형 9~10

3 다음 일차방정식 중 해가 나머지 넷과 <u>다른</u> 하나는?

① $3-x=2x-6$　　　　　② $5(1-2x)=-6x-7$

③ $0.5x+0.18=0.08(5x+6)$　　④ $\dfrac{x}{3}-\dfrac{1+2x}{5}=x+3$

⑤ $0.2x+\dfrac{x}{3}=1.6$

▶ 일차방정식의 해가 주어질 때, 상수의 값 구하기
유형 11

4 다음 x에 대한 일차방정식의 해가 $x=-5$일 때, 상수 a의 값은?

$$\frac{x-7}{2}+a=3x+5$$

① -13　　② -9　　③ -4　　④ 2　　⑤ 17

▶ 두 일차방정식의 해가 서로 같을 때, 상수의 값 구하기
유형 12

5 x에 대한 두 일차방정식 $5(2-x)=x+4$, $a(x-3)=2x+4$의 해가 서로 같을 때, 상수 a의 값을 구하시오.

핵심 유형 문제

 중요

유형 7 이항

1 다음 중 이항을 바르게 하지 <u>않은</u> 것은?

① $3x-2=4 \Rightarrow 3x=4+2$

② $2x-5=3x \Rightarrow 2x-3x=5$

③ $2-3x=-5 \Rightarrow -3x=-5-2$

④ $-2x+3=-2-3x \Rightarrow -2x-3x=-2+3$

⑤ $4x+7=3x-1 \Rightarrow 4x-3x+7+1=0$

2 다음 보기에서 이항과 관련이 있는 등식의 성질을 모두 고르시오.

（보기）

ㄱ. $a=b$이면 $a+c=b+c$이다. (단, $c>0$)

ㄴ. $a=b$이면 $a-c=b-c$이다. (단, $c>0$)

ㄷ. $a=b$이면 $ac=bc$이다.

ㄹ. $a=b$이면 $\dfrac{a}{c}=\dfrac{b}{c}$이다. (단, $c\neq0$)

3 등식 $5x+2=-2x+7$을 이항을 이용하여 $ax=b$ 꼴로 고쳤을 때, 상수 a, b의 값을 각각 구하시오.

（단, a, b는 한 자리의 자연수）

유형 8 일차방정식

4 다음 보기 중 일차방정식은 모두 몇 개인지 구하시오.

（보기）

ㄱ. $3x+2=-3x-2$　　ㄴ. $x^2-x=x^2+x+6$

ㄷ. $2x-3=5$　　ㄹ. $2(x-3)=2x-6$

ㅁ. $x^2-1=x+1$　　ㅂ. $5x-3$

5 다음 중 문장을 등식으로 나타낼 때 일차방정식이 <u>아닌</u> 것은?

① x의 2배보다 10만큼 작은 수는 4이다.

② 한 변의 길이가 x cm인 정사각형의 넓이는 64 cm²이다.

③ 17을 5로 나누면 몫이 x, 나머지가 2이다.

④ 시속 x km로 30분 동안 이동한 거리는 5 km 이다.

⑤ 사탕 40개를 학생 x명에게 3개씩 나누어 주었더니 4개가 남았다.

6 다음 중 $ax+1=2x+b$가 x에 대한 일차방정식이 되기 위한 조건은? (단, a, b는 상수)

① $a=2$　　　　　② $a\neq2$

③ $a=2$, $b\neq1$　　④ $a\neq1$, $b\neq2$

⑤ $a=2$, $b=1$

7 일차방정식 $3(3x-2)=5x+6$을 풀면?

① $x=-3$ ② $x=-2$ ③ $x=1$
④ $x=2$ ⑤ $x=3$

8 다음 보기의 일차방정식의 해에 해당하는 알파벳을 표에서 찾아 차례로 나열하시오.

(보기)

ㄱ. $-4x=32$ ㄴ. $1-x=x+1$
ㄷ. $16x+1=25-8x$ ㄹ. $-x-2=3(x+6)$
ㅁ. $x=2(1-3x)-9$ ㅂ. $5(x-1)=4(2x+1)$

-8	-5	-3	-1	0	1	6	10
F	E	D	N	R	I	O	T

9 일차방정식 $5-9(2x-1)=-2(x+1)$의 해가 $x=k$일 때, k^2+3k의 값을 구하시오.

10 비례식 $3:4=(2x+5):(x+10)$을 만족시키는 x의 값은?

① -4 ② -2 ③ 0
④ 2 ⑤ 4

11 일차방정식 $0.7x+1=0.2(11+2x)$를 풀면?

① $x=3$ ② $x=4$ ③ $x=5$
④ $x=6$ ⑤ $x=7$

12 일차방정식 $\dfrac{1}{2}x=\dfrac{2}{3}(x-2)+1$을 풀면?

① $x=-2$ ② $x=-1$ ③ $x=1$
④ $x=2$ ⑤ $x=3$

(서술형)
13 일차방정식 $\dfrac{2(x-1)}{3}=0.5-\dfrac{3(3-x)}{4}$를 푸시오.

(풀이 과정)

(답)

14 일차방정식 $\dfrac{3}{2}x-0.3x=-\dfrac{6}{5}$ 의 해가 $x=a$일 때, a^2-a의 값은?

① -2 ② -1 ③ 0

④ 2 ⑤ 5

15 일차방정식 $1-\dfrac{x-5}{3}=x$ 의 해가 $x=a$일 때, x에 대한 일차방정식 $0.2(x-2a)=-1$의 해를 구하시오.

서술형
16 일차방정식 $\dfrac{4}{3}(x-3)=1+\dfrac{x}{2}$ 의 해를 $x=p$, 일차방정식 $0.3(x-1)+1=0.1x$의 해를 $x=q$라 할 때, pq의 값을 구하시오.

풀이 과정

답

유형 **11** 일차방정식의 해가 주어질 때, 상수의 값 구하기

17 x에 대한 일차방정식 $2-ax=4(x-1)$의 해가 $x=-2$일 때, 상수 a의 값은?

① -7 ② -4 ③ 0

④ 4 ⑤ 7

18 x에 대한 일차방정식 $\dfrac{a(x+2)}{3}-\dfrac{2-ax}{4}=-\dfrac{1}{6}$ 의 해가 $x=-1$일 때, 상수 a의 값은?

① -4 ② -3 ③ -2

④ 3 ⑤ 4

19 다음 x에 대한 두 일차방정식의 해가 모두 $x=-3$일 때, 상수 a, b에 대하여 $a-b$의 값을 구하시오.

$$3x+a=-x+2, \qquad \frac{1}{2}(x-7)=bx+10$$

20 x에 대한 일차방정식 $a(x-2)+3x=2$의 해가 $x=4$일 때, x에 대한 일차방정식 $1.7x+a=0.4x-1.1$의 해를 구하시오. (단, a는 상수)

유형 12 두 일차방정식의 해가 서로 같을 때, 상수의 값 구하기

유형 13 해에 대한 조건이 주어질 때, 상수의 값 구하기

해의 조건이 주어질 때, 상수 a의 값 구하기
❶ 주어진 일차방정식을 풀어 해를 $x=(a$를 사용한 식)으로 나타낸다.
❷ 해의 조건을 만족시키는 a의 값을 구한다.

21 x에 대한 두 일차방정식 $a(x+4)-2x=0$, $2x+9=-x+3$의 해가 서로 같을 때, 상수 a의 값은?

① -2 ② -1 ③ 0
④ 1 ⑤ 3

24 x에 대한 일차방정식 $2(14-3x)=a$의 해가 자연수가 되도록 하는 자연수 a의 개수는?

① 2 ② 3 ③ 4
④ 5 ⑤ 6

(서술형)

22 다음 x에 대한 두 일차방정식의 해가 서로 같을 때, 상수 a의 값을 구하시오.

$$\frac{x-2}{4}=-\frac{2}{5}x+1, \qquad 13x-a=20$$

풀이 과정

25 다음 중 x에 대한 일차방정식 $4x+3a=x+5a+1$의 해가 정수가 되도록 하는 상수 a의 값은?

① -1 ② 0 ③ $\frac{1}{2}$
④ 1 ⑤ 2

답

26 x에 대한 일차방정식 $x-\frac{1}{4}(x+n)=-3$의 해가 음의 정수가 되도록 하는 모든 자연수 n의 값의 합을 구하시오.

23 x에 대한 두 일차방정식 $0.36x-0.59=0.04x+0.05$, $\frac{x}{4}-6a=\frac{x+1}{2}$의 해가 서로 같을 때, 상수 a에 대하여 $6a^2+a$의 값을 구하시오.

▶ 연속하는 자연수에 대한 문제
유형 14

1 연속하는 세 짝수 중에서 가장 작은 수의 3배는 나머지 두 수의 합보다 30만큼 클 때, 세 짝수 중 가장 작은 수를 구하시오.

▶ 나이, 도형, 예금에 대한 문제
유형 15

2 현재 어머니의 나이는 아들의 나이의 5배이고, 15년 후에는 어머니의 나이가 아들의 나이의 2배보다 6세만큼 많아진다. 이때 현재 아들의 나이를 구하시오.

3 오른쪽 그림과 같이 가로의 길이가 $6\,cm$, 세로의 길이가 $8\,cm$인 직사각형이 있다. 이 직사각형의 가로의 길이를 $2\,cm$만큼 늘이고, 세로의 길이를 $x\,cm$만큼 늘였더니 넓이가 처음 직사각형의 넓이의 2배가 되었다. 이때 x의 값을 구하시오.

4 현재 언니의 통장에는 42000원, 동생의 통장에는 30000원이 예금되어 있다. 다음 달부터 언니는 매달 2000원씩, 동생은 매달 6000원씩 예금한다면 언니의 예금액과 동생의 예금액이 같아지는 것은 몇 개월 후인가? (단, 이자는 생각하지 않는다.)

① 3개월 후　　　　② 4개월 후　　　　③ 5개월 후
④ 6개월 후　　　　⑤ 7개월 후

▶ 증가, 감소에 대한 문제
유형 16

5 어느 미용실에서 지난달의 전체 회원은 125명이었다. 이번 달은 지난달에 비해 여자 회원 수는 $9\,\%$ 감소하고 남자 회원 수는 $16\,\%$ 증가하여 전체 회원 수는 $4\,\%$ 감소하였다. 이 미용실의 이번 달의 여자 회원 수를 구하시오.

핵심 유형 문제

유형 **14** 일차방정식의 활용 (1) – 수, 개수

1 어떤 수의 3배에 8을 더한 수는 어떤 수의 5배보다 2만큼 작을 때, 어떤 수는?

① −5　　　② −3　　　③ −1
④ 3　　　⑤ 5

2 어떤 수에서 2를 뺀 수의 $\frac{1}{3}$은 어떤 수의 $\frac{1}{4}$배보다 $\frac{1}{2}$만큼 크다고 한다. 어떤 수를 구하시오.

3 연속하는 세 자연수의 합이 348일 때, 세 자연수를 구하시오.

4 일의 자리의 숫자가 7인 두 자리의 자연수가 있다. 이 자연수는 각 자리의 숫자의 합의 3배와 같을 때, 이 자연수를 구하시오.

5 십의 자리의 숫자가 2인 두 자리의 자연수가 있다. 이 자연수의 십의 자리의 숫자와 일의 자리의 숫자를 바꾼 수는 처음 수의 2배보다 6만큼 작다고 할 때, 처음 자연수는?

① 23　　　② 24　　　③ 25
④ 26　　　⑤ 27

6 혜주는 편의점에서 1개에 700원인 초콜릿과 1개에 1600원인 과자를 합하여 11개를 사고 9500원을 지불하였다. 이때 초콜릿과 과자를 각각 몇 개씩 샀는지 차례로 구하면?

① 6개, 5개　　　② 7개, 4개
③ 8개, 3개　　　④ 9개, 2개
⑤ 10개, 1개

서술형

7 청소년 직업체험관에 토요일과 일요일 이틀 동안 235명의 학생이 입장하였다. 일요일에 입장한 학생 수가 토요일에 입장한 학생 수의 2배보다 5만큼 작다고 할 때, 일요일에 입장한 학생은 모두 몇 명인지 구하시오.

풀이 과정

답

유형 15 일차방정식의 활용 (2) – 나이, 도형, 예금

8 형은 동생보다 4세 더 많고, 현재 형과 동생의 나이의 합은 28세이다. 이때 현재 형의 나이를 구하시오.

9 현재 현우의 나이는 17세, 현우의 아버지의 나이는 42세이다. 아버지의 나이가 현우의 나이의 2배가 되는 것은 몇 년 후인가?

① 7년 후   ② 8년 후   ③ 9년 후
④ 10년 후   ⑤ 11년 후

10 둘레의 길이가 44 cm인 직사각형이 있다. 이 직사각형의 가로의 길이가 세로의 길이보다 8 cm 더 길 때, 가로의 길이를 구하시오.

11 가로의 길이가 6 cm, 세로의 길이가 8 cm인 직육면체의 겉넓이가 376 cm²일 때, 이 직육면체의 높이는?

① 8 cm   ② 10 cm   ③ 12 cm
④ 14 cm   ⑤ 16 cm

12 오른쪽 그림과 같이 윗변의 길이가 3 cm, 아랫변의 길이가 7 cm, 높이가 4 cm인 사다리꼴이 있다. 이 사다리꼴의 아랫변의 길이를 x cm만큼 늘이고, 높이를 2배로 늘였더니 넓이가 처음 사다리꼴의 넓이의 3배가 되었다. 이때 x의 값을 구하시오.

13 다음 그림과 같이 성냥개비를 사용하여 일정한 규칙으로 정육각형의 개수를 늘려나가서 정육각형 모양이 이어진 도형을 만들려고 한다. 이때 성냥개비 116개를 사용하여 만들 수 있는 정육각형은 몇 개인지 구하시오.

[1단계]   [2단계]   [3단계]

14 현재 형의 통장에는 20000원, 동생의 통장에는 6000원이 예금되어 있다. 다음 달부터 두 사람이 매달 1000원씩 예금한다면 형의 예금액이 동생의 예금액의 2배가 되는 것은 몇 개월 후인가?

(단, 이자는 생각하지 않는다.)

① 4개월 후   ② 6개월 후   ③ 8개월 후
④ 10개월 후   ⑤ 12개월 후

15 학생들에게 사탕을 나누어 주는데 한 학생에게 7개씩 나누어 주면 2개가 남고, 8개씩 나누어 주면 3개가 부족하다고 한다. 이때 학생 수는?

① 3   ② 4   ③ 5
④ 6   ⑤ 7

서술형

16 학생들에게 볼펜을 나누어 주는데 한 학생에게 5자루씩 나누어 주면 6자루가 남고, 6자루씩 나누어 주면 5자루가 부족할 때, 다음을 구하시오.

(1) 학생 수
(2) 볼펜의 수

풀이 과정

(1)

(2)

답 (1)   (2)

17 음악실의 긴 의자에 학생들이 앉는데 한 의자에 6명씩 앉으면 의자에 모두 앉고도 3명이 앉지 못하고, 한 의자에 7명씩 앉으면 마지막 의자에는 5명이 앉고 완전히 빈 의자가 2개 남는다고 한다. 이때 음악실에 있는 학생은 모두 몇 명인지 구하시오.

18 어느 중학교에서 작년의 전체 학생은 820명이었다. 올해는 작년에 비하여 남학생 수는 8 % 증가하고 여학생 수는 10 % 감소하여 전체 학생은 10명이 감소하였을 때, 이 학교의 작년의 여학생 수는?

① 410   ② 420   ③ 430
④ 440   ⑤ 450

19 정호네 학교의 작년의 전체 학생은 1500명이었다. 올해는 작년에 비하여 남학생 수는 4 % 증가하고 여학생은 6명 감소하여 전체 학생 수는 2 % 증가하였을 때, 정호네 학교의 올해의 남학생 수를 구하시오.

20 지난달 형의 휴대 전화 요금과 동생의 휴대 전화 요금을 합한 금액은 5만 원이었다. 이번 달 휴대 전화 요금은 지난달에 비하여 형은 5 % 감소하고 동생은 20 % 증가하여 형과 동생의 휴대 전화 요금의 합이 7 % 증가하였을 때, 이번 달 형의 휴대 전화 요금은?

① 21600원   ② 22800원   ③ 24700원
④ 28800원   ⑤ 32000원

▶ 거리, 속력, 시간에 대한
 문제
 # 유형 17

1 주원이가 학교에서 집에 들렀다가 공원을 가려고 한다. 학교에서 집을 갈 때는 시속 $2\,km$로 걷고, 집에서 공원을 갈 때는 시속 $3\,km$로 걸었더니 총 3시간이 걸렸다고 한다. 집에서 공원까지의 거리가 학교에서 집까지의 거리보다 $4\,km$ 더 멀다고 할 때, 학교에서 집까지의 거리를 구하시오. (단, 집에 머무른 시간은 생각하지 않는다.)

2 소현이와 상윤이가 등산을 하는데 두 사람이 동시에 출발하여 소현이는 시속 $4\,km$로 올라가고, 상윤이는 같은 등산로를 시속 $5\,km$로 올라갔더니 상윤이가 소현이보다 20분 먼저 정상에 도착했다. 등산로의 길이를 $x\,km$라 할 때, 다음 중 x를 구하는 방정식으로 알맞은 것은?

① $\dfrac{x}{4}-\dfrac{x}{5}=20$ ② $\dfrac{x}{5}+\dfrac{x}{4}=20$ ③ $\dfrac{x}{4}-\dfrac{x}{5}=\dfrac{1}{3}$

④ $\dfrac{x}{5}+\dfrac{x}{4}=\dfrac{1}{3}$ ⑤ $\dfrac{x}{5}-\dfrac{x}{4}=\dfrac{1}{3}$

3 영지와 은지가 미술관에 가려고 하는데 영지가 출발한 지 12분 후에 같은 곳에서 은지가 영지를 따라나섰다. 영지는 분속 $60\,m$로 걸어가고, 은지는 분속 $100\,m$로 간다고 할 때, 은지가 출발한 지 몇 분 후에 영지를 만나는지 구하시오.

4 민규와 진아가 둘레의 길이가 $1.6\,km$인 원 모양의 아이스링크장을 돌려고 한다. 같은 지점에서 같은 방향으로 동시에 출발하여 민규는 분속 $180\,m$로 달리고, 진아는 분속 $100\,m$로 걸을 때, 두 사람은 출발한 지 몇 분 후에 처음으로 다시 만나는지 구하시오.

▶ 일에 대한 문제
 # 유형 18

5 어떤 일을 완성하는 데 유정이는 12일, 태훈이는 8일이 걸린다고 한다. 이 일을 유정이가 3일 동안 한 후 나머지를 태훈이가 완성하였을 때, 태훈이는 며칠 동안 일을 하였는지 구하시오.

핵심 유형 문제

유형 17 일차방정식의 활용 (4) - 거리, 속력, 시간

1 정원이가 두 지점 A, B 사이를 왕복하는데 갈 때는 시속 1 km로 걸어가고, 올 때는 같은 길을 시속 4 km로 걸어왔더니 총 1시간 30분이 걸렸다. 이때 두 지점 A, B 사이의 거리는?

① 1 km ② 1.2 km ③ 1.5 km
④ 1.8 km ⑤ 2 km

2 유진이가 학교에서 출발하여 도서관까지 시속 2 km로 걸어간 후 도서관에서 20분 쉬었다가 같은 길을 시속 4 km로 뛰어서 학교에 돌아왔다. 총 1시간 50분이 걸렸을 때, 학교와 도서관 사이의 거리를 구하시오.

3 종석이가 등산을 하는데 올라갈 때는 시속 2 km로 걷고, 내려올 때는 올라갈 때보다 1 km 더 먼 다른 등산로를 시속 3 km로 걸었더니 올라갈 때가 40분 더 걸렸다고 한다. 이때 올라간 거리는?

① 2 km ② 4 km ③ 6 km
④ 8 km ⑤ 10 km

4 언니와 동생이 집에서 동시에 출발하여 서점에서 만나기로 하였다. 동생은 분속 150 m로 뛰어가고, 언니는 같은 길을 분속 70 m로 걸어갔더니 동생이 언니보다 4분 먼저 서점에 도착했다. 동생이 서점에 갈 때 걸린 시간을 x분이라 할 때, x를 구하는 일차방정식으로 알맞은 것은?

① $\dfrac{x}{150} = \dfrac{x}{70} - 4$ ② $\dfrac{x}{150} = \dfrac{x}{70} - \dfrac{1}{15}$

③ $150x = 70\left(x + \dfrac{1}{15}\right)$ ④ $150x = 70(x-4)$

⑤ $150x = 70(x+4)$

5 강인이와 형이 아침에 등교를 하는데 강인이는 8시에 집에서 출발하여 분속 60 m로 걸어가고, 형은 8시 12분에 집에서 출발하여 분속 150 m로 따라간다고 할 때, 강인이와 형이 만나는 시각을 구하시오.
(단, 강인이와 형은 학교에 도착하기 전에 만난다.)

(서술형)

6 둘레의 길이가 1.5 km인 원 모양의 연못의 둘레를 원지와 하민이가 같은 지점에서 동시에 출발하여 서로 반대 방향으로 걸어갔다. 원지는 분속 80 m로, 하민이는 분속 70 m로 걸을 때, 두 사람은 출발한 지 몇 분 후에 처음으로 다시 만나는지 구하시오.

[풀이 과정]

[답]

핵심 유형 문제

까다로운 유형 18 일차방정식의 활용 (5) – 일, 정가

(1) 일에 대한 문제
➡ 전체 일의 양을 1로 놓고, 각자가 일정 기간 동안 할 수 있는 일의 양을 구한다.

(2) 정가에 대한 문제
➡ • (정가)=(원가)+(이익)
  • (실제 이익)=(판매 가격)−(원가)

---

7 어떤 일을 완성하는 데 우주는 18일, 은율이는 9일이 걸린다고 한다. 이 일을 우주와 은율이가 함께 한다면 완성하는 데 며칠이 걸리는지 구하시오.

8 어떤 문서를 컴퓨터로 입력하는 작업을 하는 데 은하는 10시간, 재하는 15시간이 걸린다고 한다. 처음에 재하가 혼자 5시간 동안 작업하고 난 후에 둘이 함께 작업하여 문서를 완성했다면 둘이 함께 몇 시간 동안 작업했는지 구하시오.

9 어느 카페에서 쿠키 50개를 만드는 데 사장님은 혼자서 1시간이 걸리고, 직원 A는 혼자서 1시간 15분이 걸린다. 사장님과 직원 A가 함께 쿠키 150개를 만드는 데 걸리는 시간은?

① 1시간   ② 1시간 10분
③ 1시간 20분   ④ 1시간 30분
⑤ 1시간 40분

10 어떤 물통에 물을 가득 채우는 데 호스 A로는 2시간, 호스 B로는 3시간이 걸리고, 가득 찬 물을 호스 C로 빼서 물통을 비우는 데 6시간이 걸린다고 한다. 두 호스 A, B로는 물을 넣고 동시에 호스 C로는 물을 뺀다면 이 물통에 물을 가득 채우는 데 걸리는 시간을 구하시오.

11 어떤 상품의 원가에 30 %의 이익을 붙여서 정가를 정한 후, 정가에서 100원을 할인하여 팔았더니 1개를 팔 때마다 170원의 이익이 생겼다. 이 상품의 원가를 구하시오.

12 토마토 30상자 중에서 $\frac{2}{3}$는 25 %의 이익을 붙여서 정가를 정하고, 나머지 $\frac{1}{3}$은 10 %의 이익을 붙여서 정가를 정한 후 모두 팔았더니 총 90000원의 이익이 생겼다. 토마토 한 상자의 원가는?
(단, 상자당 무게와 가격은 동일하다.)

① 10000원   ② 15000원   ③ 20000원
④ 25000원   ⑤ 30000원

실력 UP 문제

1-1 x에 대한 일차방정식 $5(x-1)=-ax+4$의 해가 자연수가 되도록 하는 모든 정수 a의 값의 합을 구하시오.

1-2 x에 대한 일차방정식 $3(x-3)=2ax+1$의 해가 자연수가 되도록 하는 정수 a의 값을 모두 구하시오.

2-1 일정한 속력으로 달리는 기차가 길이가 360 m인 터널을 완전히 통과하는 데 20초가 걸리고, 길이가 600 m인 터널을 완전히 통과하는 데 30초가 걸린다. 이 기차의 길이를 구하려고 할 때, 다음 물음에 답하시오.

터널의 길이   기차의 길이

(1) 기차의 길이를 x m라 할 때, 기차가 길이가 360 m인 터널과 길이가 600 m인 터널을 완전히 통과할 때까지 움직인 거리를 각각 x를 사용한 식으로 차례로 나타내시오.

(2) 기차의 속력이 일정함을 이용하여 일차방정식을 세우고, 기차의 길이를 구하시오.

2-2 일정한 속력으로 달리는 기차가 길이가 1200 m인 터널을 완전히 통과하는 데 30초가 걸리고, 길이가 400 m인 다리를 완전히 통과하는 데 15초가 걸린다. 이 기차의 길이는?

① 300 m ② 350 m ③ 400 m
④ 450 m ⑤ 500 m

3-1 오른쪽 그림과 같이 어느 달의 달력에서 ㄱ 모양으로 수 4개를 선택하여 그 수의 합이 84가 되도록 할 때, 선택한 수 4개 중 가장 작은 수를 구하시오.

(단, ㄱ 모양을 돌리거나 뒤집지 않는다.)

일	월	화	수	목	금	토
	1	2	3	4	5	6
7	8	9	10	11	12	13
14	15	16	17	18	19	20
21	22	23	24	25	26	27
28	29	30				

3-2 오른쪽 그림과 같이 어느 달의 달력에서 ✚ 모양으로 수 5개를 선택하여 그 수의 합이 95가 되도록 할 때, 선택한 수 5개 중 가장 큰 수를 구하시오.

(단, ✚ 모양을 돌리지 않는다.)

일	월	화	수	목	금	토
				1	2	3
4	5	6	7	8	9	10
11	12	13	14	15	16	17
18	19	20	21	22	23	24
25	26	27	28	29	30	31

1 다음 중 문장을 등식으로 나타낸 것으로 옳은 것을 모두 고르면? (정답 2개)

① 어떤 수 x에 5를 더하면 x의 2배보다 3만큼 크다.
$\Rightarrow x+5=2x-3$

② x원짜리 물건을 30 % 할인한 가격은 2100원이다.
$\Rightarrow \dfrac{3}{10}x=2100$

③ 수학 점수가 a점, 과학 점수가 b점일 때, 두 과목의 평균 점수는 75점이다. $\Rightarrow \dfrac{a+b}{2}=75$

④ 어떤 끈을 $x\,\text{cm}$씩 6번 자르면 $2\,\text{cm}$가 남고, $(x+1)\,\text{cm}$씩 5번 자르면 딱 맞는다.
$\Rightarrow 6x-2=5(x+1)$

⑤ 5명이 a원씩 내서 b원인 선물을 사고 남은 돈은 500원이다. $\Rightarrow 5a-b=500$

2 다음 중 [ ] 안의 수가 주어진 방정식의 해가 <u>아닌</u> 것은?

① $1-x=x+1$ [0]

② $-3x-2=7$ [-3]

③ $3x-5=15-2x$ [4]

④ $2(x-1)=-x+4$ [2]

⑤ $3x=6(x+1)-5$ $\left[\dfrac{1}{3}\right]$

3 다음 중 x의 값에 관계없이 항상 참인 등식은?

① $6-2x=4$

② $2(x-2)=-4+2x$

③ $x-2=x$

④ $x-1=1-x$

⑤ $2x+5=1-2(x+3)$

4 다음 보기에 대한 설명으로 옳지 <u>않은</u> 것을 모두 고르면? (정답 2개)

〔보기〕
ㄱ. $x+2x=3x$ ㄴ. $4x+1$
ㄷ. $2x=8$ ㄹ. $x+3=4$
ㅁ. $3x+4>7$ ㅂ. $2(x-3)=2x-6$

① 등식은 ㄱ, ㄷ, ㄹ, ㅂ이다.

② ㅁ은 방정식이다.

③ 항등식은 ㄱ, ㅂ이다.

④ ㄷ의 해는 $x=4$이고, ㄹ의 해는 $x=1$이다.

⑤ ㅂ은 $x=3$일 때 거짓이다.

5 등식 $(a+1)x-9=-6x+3b$가 x에 대한 항등식일 때, 상수 a, b에 대하여 $a+b$의 값을 구하시오.

6 다음 중 옳지 <u>않은</u> 것은?

① $a=b$이면 $a+5=b+5$이다.

② $a=b$이면 $3-2a=3-2b$이다.

③ $\dfrac{a}{6}=\dfrac{b}{15}$이면 $5a=2b$이다.

④ $a=2b$이면 $a-2=2(b-2)$이다.

⑤ $\dfrac{a}{4}=\dfrac{b}{3}$이면 $\dfrac{a-4}{4}=\dfrac{b-3}{3}$이다.

7 다음 보기 중 x에 대한 일차방정식을 모두 고른 것은?

> **보기**
> ㄱ. $3x+1=0$
> ㄴ. $10x-8=2(5x-4)$
> ㄷ. $x^2-1=0$
> ㄹ. $x^2-8x+1=7x+x^2$
> ㅁ. $7x-14$
> ㅂ. $2+\dfrac{x}{3}=\dfrac{1}{3}(1-x)$

① ㄱ, ㄴ, ㄷ
② ㄱ, ㄷ, ㅁ
③ ㄱ, ㄹ, ㅂ
④ ㄷ, ㄹ, ㅁ
⑤ ㄹ, ㅁ, ㅂ

8 일차방정식 $13-2x=-5x+25$의 해를 $x=a$, 일차방정식 $7(-x+2)=3(6-x)$의 해를 $x=b$라 할 때, $a-b$의 값은?

① 1
② 2
③ 3
④ 4
⑤ 5

9 일차방정식 $0.6x-2.3=0.5(3x+8)$을 풀면?

① $x=-10$
② $x=-9$
③ $x=-8$
④ $x=-7$
⑤ $x=-6$

10 다음 중 일차방정식 $\dfrac{7}{6}x-1.5=\dfrac{1}{3}(x-2)$와 해가 같은 것은?

① $\dfrac{1}{2}(8x+4)=x+1$

② $2(3-5x)=5(x-1)+8$

③ $0.2(x+3)=0.4(2x+1)$

④ $\dfrac{4x-1}{3}=\dfrac{9-5x}{4}$

⑤ $1.1x-0.4=\dfrac{1}{3}(x+8)$

11 x에 대한 일차방정식 $2-\dfrac{x-a}{2}=a-x$의 해가 $x=5$일 때, 상수 a의 값을 구하시오.

풀이 과정

답

12 다음 x에 대한 두 일차방정식의 해가 모두 $x=-1$일 때, 상수 a, b에 대하여 $a-b$의 값을 구하시오.

> $5(a+x)=x,\ \dfrac{4x+7}{5}-\dfrac{b(1-x)}{3}=1$

13 은빈이가 일차방정식 $2(x-8)+x=-1$에서 우변의 상수항 -1을 다른 수로 잘못 보고 풀었더니 해가 $x=4$이었다. 이때 은빈이가 -1을 어떤 수로 잘못 본 것인지 구하시오.

14 비례식 $4 : (3x+1) = 2 : (x+1)$을 만족시키는 x의 값이 x에 대한 일차방정식 $x+2a = 2x-3$의 해와 같을 때, 상수 a의 값은?

① -2 ② -1 ③ 1

④ 9 ⑤ 15

15 x에 대한 일차방정식 $-3x+2(x+a) = 2$의 해가 x에 대한 일차방정식 $2-0.4x = 1.2(x-a)$의 해의 4배일 때, 상수 a의 값을 구하시오.

서술형

16 x에 대한 두 일차방정식 $7(x-1) = 4(x+2)-3$, $2k+x = 5(k+2x)$의 해가 절댓값이 같고 부호는 서로 반대일 때, 상수 k의 값을 구하시오.

풀이 과정

답

17 3점짜리 문제와 4점짜리 문제로만 구성하여 총 28문제를 출제할 때, 3점짜리 문제는 모두 몇 개인지 구하시오. (단, 시험은 100점 만점이다.)

18 현재 민재의 나이는 13세이고, 9년 후의 아버지의 나이가 민재의 나이의 2배보다 5세만큼 많아진다고 한다. 현재 아버지의 나이는?

① 40세   ② 42세   ③ 44세

④ 46세   ⑤ 48세

19 환경 보호 캠프에 참여한 전체 학생의 $\frac{1}{5}$은 초등학생, $\frac{1}{2}$은 중학생, $\frac{1}{6}$은 고등학생, 그리고 나머지 24명은 대학생이라 한다. 이때 환경 보호 캠프에 참여한 전체 학생 수는?

① 150   ② 180   ③ 210

④ 240   ⑤ 270

20 길이가 72 cm인 철사를 구부려 가로의 길이와 세로의 길이의 비가 3 : 1인 직사각형을 만들려고 한다. 이 직사각형의 가로의 길이는?
(단, 철사는 겹치는 부분이 없도록 모두 사용한다.)

① 5 cm   ② 9 cm   ③ 15 cm

④ 21 cm   ⑤ 27 cm

21 (서술형)

1학년 학생들이 강당에 모두 모여 긴 의자에 앉는데 한 의자에 4명씩 앉으면 3명이 앉지 못하고, 5명씩 앉으면 1명만 앉는 의자가 1개, 빈 의자가 9개 생긴 다고 한다. 이때 강당에 있는 긴 의자의 개수와 1학 년 학생 수를 차례로 구하시오.

(풀이 과정)

답

22 지연이의 집과 승철이의 집 사이의 거리는 1.8 km이 다. 지연이는 분속 50 m로, 승철이는 분속 70 m로 각자의 집에서 동시에 출발하여 서로 상대방의 집을 향하여 걸어갈 때, 두 사람은 출발한 지 몇 분 후에 만나는가?

① 15분 후 　② 16분 후 　③ 17분 후
④ 18분 후 　⑤ 19분 후

23 2시와 3시 사이에 시계의 시침과 분침이 겹쳐지는 시각을 구하시오.

톡톡 튀는 문제

24 다음은 아빠 돼지가 아기 돼지 4형제에게 남겨 놓은 유언장이다. 이 글을 읽고 물음에 답하시오.

> 내가 갖고 있는 금을 너희에게 모두 나누어 주려 고 한다. 금의 개수의 $\frac{1}{3}$은 첫째가, $\frac{1}{4}$은 둘째가 가지도록 하여라. 또 금 6개는 셋째가 가지고 막 내는 금의 개수의 $\frac{1}{6}$을 가지도록 하여라.

(1) 아빠 돼지가 아기 돼지 4형제에게 물려 준 금은 모두 몇 개인지 구하시오.

(2) 첫째, 둘째, 막내 돼지가 가지게 되는 금은 각각 몇 개인지 차례로 구하시오.

25 오른쪽 그림은 크기가 다른 5종류의 정사각형들을 겹 치지 않게 빈틈없이 붙여서 새로운 정사각형을 만든 것이 다. 두 정사각형 B, C의 둘레의 길이의 합이 48일 때, 정사각형 A의 한 변의 길이를 구하시오.

5 좌표와 그래프

5 좌표와 그래프

o1 순서쌍과 좌표

o1 순서쌍과 좌표

1. 수직선 위의 점의 좌표
수직선 위의 한 점에 대응하는 수를 그 점의 **좌표**라 한다.

기호 점 P의 좌표가 a일 때 ➡ P(a)

2. 좌표평면 위의 점의 좌표
(1) 두 수직선을 점 O에서 서로 수직으로 만나도록 그릴 때,
　　① x축: 가로의 수직선 ┐ **좌표축**
　　② y축: 세로의 수직선 ┘
　　② 원점: 두 좌표축이 만나는 점
　　③ **좌표평면**: 좌표축이 정해져 있는 평면
(2) **순서쌍**: 순서를 정하여 두 수를 짝 지어 나타낸 것
　　참고 두 순서쌍 (a, b), (c, d)가 서로 같다.
　　　➡ $a=c$, $b=d$
(3) 좌표평면 위의 점의 좌표는 (x**좌표**, y**좌표**)의 순서쌍으로 나타내고, 점 P의 좌표가 (a, b)일 때, 기호로 P(a, b)와 같이 나타낸다.

　　참고 원점의 좌표 ➡ $(0, 0)$
　　　　x축 위의 점의 좌표 ➡ (x좌표, 0)
　　　　y축 위의 점의 좌표 ➡ (0, y좌표)

3. 사분면
좌표평면은 좌표축에 의하여 네 부분으로 나뉘는데 그 각각을 **제1사분면, 제2사분면, 제3사분면, 제4사분면**이라 한다.

제2사분면 $(-, +)$　제1사분면 $(+, +)$
제3사분면 $(-, -)$　제4사분면 $(+, -)$

주의 좌표축 위의 점은 어느 사분면에도 속하지 않는다.
참고 점 (a, b)에 대하여
　(1) 제1사분면 위의 점이면 ➡ $a>0$, $b>0$
　(2) 제2사분면 위의 점이면 ➡ $a<0$, $b>0$
　(3) 제3사분면 위의 점이면 ➡ $a<0$, $b<0$
　(4) 제4사분면 위의 점이면 ➡ $a>0$, $b<0$

o2 그래프와 그 해석

1. 그래프
(1) **변수**: x, y와 같이 여러 가지로 변하는 값을 나타내는 문자
(2) **그래프**: 두 변수 x, y의 순서쌍 (x, y)를 좌표로 하는 점 전체를 좌표평면 위에 나타낸 것

2. 그래프의 이해
(1) 드론의 높이를 시간에 따라 나타낸 그래프의 해석

드론의 높이가 일정하게 높아진다.
드론의 높이가 일정하게 낮아진다.
드론의 높이가 변함없이 일정하다.
드론의 높이가 점점 느리게 높아진다.
드론의 높이가 점점 빠르게 높아진다.
드론의 높이가 높아짐과 낮아짐을 반복한다.

(2) 용기에 일정한 속력으로 물을 채울 때, 물의 높이를 시간에 따라 나타낸 그래프

용기의 폭이 일정하다.　➡　물의 높이가 일정하게 높아진다.

용기의 폭이 위로 갈수록 점점 넓어진다.　➡　물의 높이가 점점 느리게 높아진다.

용기의 폭이 위로 갈수록 점점 좁아진다.　➡　물의 높이가 점점 빠르게 높아진다.

▶ 순서쌍
유형 1

1 두 순서쌍 $(2a, 4)$, $(-6, b+2)$가 서로 같을 때, $a+b$의 값은?

① -3 ② -2 ③ -1 ④ 2 ⑤ 3

▶ x축 또는 y축 위의 점의 좌표
유형 3

2 점 $A(-3a, a+2)$는 x축 위의 점이고 점 $B(2b-4, 3b-1)$은 y축 위의 점일 때, $a+b$의 값을 구하시오.

▶ 좌표평면 위의 도형의 넓이
유형 4

3 오른쪽 좌표평면 위에 네 점 $A(-3, 2)$, $B(-3, -3)$, $C(3, -1)$, $D(3, 4)$를 각각 나타내고, 이 네 점을 꼭짓점으로 하는 사각형 ABCD의 넓이를 구하시오.

▶ 사분면 위의 점
유형 5

4 다음 중 점의 좌표와 그 점이 속하는 사분면이 바르게 짝 지어진 것은?

① $(1, 0)$ ⇨ 제1사분면 ② $(-3, 5)$ ⇨ 제4사분면
③ $(2, 1)$ ⇨ 제2사분면 ④ $(-4, -1)$ ⇨ 제3사분면
⑤ $(6, -3)$ ⇨ 제2사분면

유형 6

5 점 $P(a, b)$가 제3사분면 위의 점일 때, 다음 중 제4사분면 위의 점은?

① $(-a, b)$ ② $(-a, -b)$ ③ $(a, -b)$
④ (b, a) ⑤ $(b, -a)$

유형 7

6 $ab<0$, $a<b$일 때, 점 $(a-b, -a)$는 제몇 사분면 위의 점인지 구하시오.

핵심 유형 문제

유형 1 순서쌍

(서술형)

1 두 순서쌍 $(-a+3, 2b+5)$, $\left(\dfrac{1}{2}a, -2+b\right)$가 서로 같을 때, a, b의 값을 각각 구하시오.

(풀이 과정)

(답)

2 두 수 a, b에 대하여 a의 값이 -1 또는 1이고 b의 값이 2 또는 3일 때, 순서쌍 (a, b)를 모두 구하시오.

3 a의 값은 9의 약수이고 $|b|=3$일 때, 순서쌍 (a, b)의 개수는?

① 2　　　　② 3　　　　③ 4
④ 5　　　　⑤ 6

유형 2 좌표평면 위의 점의 좌표

4 다음 중 오른쪽 좌표평면 위의 다섯 개의 점 A, B, C, D, E의 좌표를 나타낸 것으로 옳지 <u>않은</u> 것은?

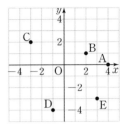

① $A(4, 0)$
② $B(2, 1)$
③ $C(-3, 2)$
④ $D(-1, -4)$
⑤ $E(-3, -3)$

5 다음 좌표평면을 보고 물음에 답하시오.

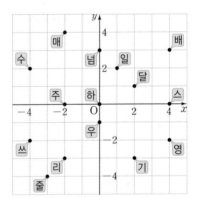

(1) 다음 좌표가 나타내는 글자를 순서대로 찾아 문장을 완성하시오.

$$(-2, 4) \rightarrow (1, 2) \rightarrow (-3, -4) \rightarrow (0, 3)$$
$$\rightarrow (2, -3) \rightarrow (0, 0) \rightarrow (2, -3)$$

(2) '수영 배우기'라는 문장이 되도록 점의 좌표를 찾아 순서대로 나열하시오.

유형 3 x축 또는 y축 위의 점의 좌표

6 x축 위에 있고, x좌표가 -5인 점의 좌표는?

① $(-5, 0)$　　② $(-5, 5)$　　③ $(0, -5)$
④ $(0, 5)$　　　⑤ $(5, 0)$

7 y축 위에 있고, y좌표가 $\frac{1}{4}$인 점의 좌표는?

① $\left(-\frac{1}{4},\ 0\right)$ ② $\left(0,\ -\frac{1}{4}\right)$ ③ $\left(0,\ \frac{1}{4}\right)$

④ $\left(\frac{1}{4},\ 0\right)$ ⑤ $\left(\frac{1}{4},\ \frac{1}{4}\right)$

8 점 $A(a-2,\ 3-a)$는 x축 위의 점이고, 점 $B(3-3b,\ b+1)$은 y축 위의 점일 때, 두 점 A, B의 좌표를 각각 구하시오.

유형 4 좌표평면 위의 도형의 넓이

9 세 점 $A(-2,\ 3)$, $B(0,\ -1)$, $C(2,\ 3)$을 꼭짓점으로 하는 삼각형 ABC의 넓이를 구하시오.

10 네 점 $A(-2,\ -4)$, $B(-3,\ 1)$, $C(3,\ 1)$, $D(0,\ -4)$를 꼭짓점으로 하는 사각형 ABCD의 넓이를 구하시오.

---

11 오른쪽 좌표평면 위에 세 점 $A(-2,\ 1)$, $B(4,\ 0)$, $C(1,\ 4)$를 각각 나타내고, 이 세 점을 꼭짓점으로 하는 삼각형 ABC의 넓이를 구하시오.

12 세 점 $A(2,\ 3)$, $B(2,\ -1)$, $C(a,\ 0)$을 꼭짓점으로 하는 삼각형 ABC의 넓이가 6일 때, a의 값을 구하시오. (단, $a<0$)

유형 5 사분면

13 다음 중 제3사분면 위의 점은?

① $(-3,\ 4)$ ② $(-2,\ -6)$ ③ $(4,\ 3)$
④ $(8,\ -2)$ ⑤ $(0,\ -5)$

14 다음 보기 중 제2사분면 위의 점의 개수를 a, 제4사분면 위의 점의 개수를 b라 할 때, $a-b$의 값을 구하시오.

〔보기〕

ㄱ. $A(-6,\ -3)$ ㄴ. $B(2,\ -1)$

ㄷ. $C(3,\ 9)$ ㄹ. $D\left(-7,\ \frac{1}{2}\right)$

ㅁ. $E\left(\frac{2}{3},\ -5\right)$ ㅂ. $F(0,\ 0)$

핵심 유형 문제

15 점 $A(a, b)$가 제3사분면 위의 점일 때, 점 $B(ab, a+b)$는 제몇 사분면 위의 점인가?

① 제1사분면   ② 제2사분면
③ 제3사분면   ④ 제4사분면
⑤ 어느 사분면에도 속하지 않는다.

16 점 $A(-a, b)$가 제1사분면 위의 점일 때, 다음 중 점 $B(a, a-b)$와 같은 사분면 위의 점은?

① $(-4, 3)$ ② $(-3, -6)$
③ $(-1, 0)$ ④ $(2, 5)$
⑤ $(7, -2)$

서술형
17 점 $A(a, b)$가 제2사분면 위의 점이고 점 $B(c, d)$가 제4사분면 위의 점일 때, 점 $C\left(ac, \dfrac{b}{d}\right)$는 제몇 사분면 위의 점인지 구하시오.

풀이 과정

답

18 $a>0$, $b<0$일 때, 두 점 $A(a-b, -b)$, $B(b-a, ab)$는 각각 제몇 사분면 위의 점인지 차례로 구하시오.

19 $ab>0$, $a+b<0$일 때, 점 $(a, -b)$는 제몇 사분면 위의 점인지 구하시오.

20 $a>b$, $ab<0$일 때, 다음 중 점 $\left(-b, \dfrac{b}{a}\right)$와 같은 사분면 위의 점은?

① $(-3, 4)$ ② $(-1, -1)$
③ $(2, 3)$ ④ $(0, 5)$
⑤ $(9, -7)$

21 점 $(ab, b-a)$가 제2사분면 위의 점일 때, 다음 중 점의 좌표와 그 점이 속하는 사분면이 바르게 짝 지어진 것은?

① (a, b) ⇨ 제1사분면
② $(-a, b)$ ⇨ 제2사분면
③ $(-b, a)$ ⇨ 제3사분면
④ $(a-b, b)$ ⇨ 제4사분면
⑤ $(-ab, -b)$ ⇨ 제3사분면

▶ 상황에 알맞은 그래프
유형 8

1 오른쪽 그래프는 어느 고속도로 위를 달리는 고속 버스의 속력을 시간에 따라 나타낸 것이다. 이 그래프의 ㈎, ㈏, ㈐, ㈑ 구간에 대한 설명으로 알맞은 것을 다음 보기에서 찾아 차례로 나열한 것은?

(보기)

ㄱ. 속력이 일정하게 증가한다.
ㄴ. 속력이 일정하게 감소한다.
ㄷ. 속력이 일정하다.
ㄹ. 속력이 증가와 감소를 반복한다.

① ㄱ, ㄴ, ㄱ, ㄹ
② ㄱ, ㄷ, ㄱ, ㄴ
③ ㄴ, ㄱ, ㄹ, ㄷ
④ ㄷ, ㄱ, ㄷ, ㄴ
⑤ ㄷ, ㄴ, ㄷ, ㄱ

2 해주가 5 m 높이에서 지면을 향해 배구공을 떨어뜨렸을 때, 다음 중 지면으로부터의 배구공의 높이를 시간에 따라 측정하여 나타낸 그래프로 가장 알맞은 것은?

▶ 용기의 모양과 그래프
유형 9

3 오른쪽 그림과 같은 꽃병에 일정한 속력으로 물을 채울 때, 다음 중 물의 높이를 시간에 따라 나타낸 그래프로 가장 알맞은 것은?

▶ 좌표가 주어진 그래프
  # 유형 10

4 오른쪽 그래프는 보영이가 어느 언덕의 마을 입구에서 출발하여 전망대까지 일정한 속력으로 걸었을 때, 마을 입구로부터 보영이가 위치한 지점까지의 높이를 시간에 따라 나타낸 것이다. 다음 중 그래프에 대한 설명으로 옳은 것은?

① 버스 정류장은 전망대보다 70 m 낮은 곳에 있다.

② 전망대는 슈퍼보다 150 m 높은 곳에 있다.

③ 전망대 주변보다 마을 입구 주변이 더 가파르다.

④ 슈퍼에서 전망대까지 가는 데 걸린 시간은 50분이다.

⑤ 슈퍼에서 전망대까지 가는 데 걸린 시간은 마을 입구에서 전망대까지 가는 데 걸린 시간의 $\frac{1}{6}$이다.

5 오른쪽 그래프는 아영이가 집에서 출발하여 도서관에 들러 책을 빌린 후 근처 카페에서 책을 읽고 집으로 돌아왔을 때, 집에서 떨어진 거리를 시간에 따라 나타낸 것이다. 다음 보기에서 그래프에 대한 설명으로 옳은 것을 모두 고르시오.
(단, 아영이는 직선 도로를 따라 이동한다.)

보기

ㄱ. 아영이가 집에서 출발한 후 다시 집으로 돌아올 때까지 총 4시간이 걸렸다.

ㄴ. 집에서 출발한 지 1시간이 지났을 때 아영이는 집에서 2 km 떨어진 지점에 있었다.

ㄷ. 아영이가 멈춰 있었던 시간은 총 1시간 30분이다.

ㄹ. 아영이의 집에서 카페까지의 거리는 5 km이다.

▶ 두 그래프 비교하기
  # 유형 11

6 오른쪽 그래프는 물 100 g이 담긴 실험 기구 A와 물 200 g이 담긴 실험 기구 B에 같은 세기의 열을 가했을 때, 두 실험 기구에 담긴 물의 온도를 시간에 따라 각각 나타낸 것이다. 실험 기구 A의 물의 온도가 45 ℃에 도달하고 몇 분 후에 실험 기구 B의 물의 온도가 45 ℃에 도달했는지 구하시오.

유형 08 상황을 그래프로 나타내기(1)

1 다음 그래프는 어느 공장에서 1년 동안 배출한 이 산화질소 농도의 변화를 시간에 따라 나타낸 것이 다. 다음 중 A 구간에 대한 설명으로 옳은 것을 모 두 고르면? (정답 2개)

① 농도가 일정하게 증가한다.
② 농도가 일정하게 감소한다.
③ 농도가 점점 빠르게 증가한다.
④ 농도가 점점 빠르게 감소한다.
⑤ 농도의 변화가 가장 크다.

2 다음 중 아래의 상황에 가장 알맞은 그래프는?

> 빈 욕조에 뜨거운 물을 반쯤 받고 물을 잠갔다.
> 자리를 비운 사이 욕조의 물이 식어 다시 뜨거운 물을 좀 더 받고 물을 잠갔다.

3 원 모양의 운동장 둘레를 두 학생 A, B가 같은 지 점에서 같은 속력으로 동시에 출발하여 서로 반대 방향으로 처음으로 다시 만날 때까지 걷는다고 한 다. 출발한 후 경과 시간 x에 따른 두 사람 사이의 거리를 y라 할 때, 다음 중 x와 y 사이의 관계를 나 타낸 그래프로 가장 알맞은 것은?
(단, 두 사람 사이의 거리는 직선거리로 생각한다.)

유형 09 상황을 그래프로 나타내기(2)
– 용기의 모양과 그래프

4 다음 그림과 같이 부피가 서로 같은 원기둥 모양의 세 용기 (가), (나), (다)가 있다.

세 용기 (가), (나), (다)에 일정한 속력으로 물을 채울 때, x초 동안 받은 용기 속의 물의 높이를 y cm라 하자. 각 용기에 가장 알맞은 그래프를 보기 에서 찾아 짝 지으시오.

보기

5 다음 그림과 같은 세 유리컵 A, B, C에 일정한 속력으로 물을 채울 때, 물의 높이를 시간에 따라 나타낸 그래프로 가장 알맞은 것을 보기에서 찾아 짝지으시오.

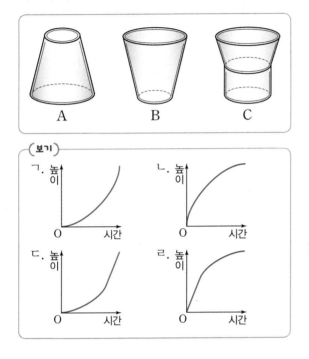

6 오른쪽 그래프는 어떤 유리병에 일정한 속력으로 물을 채울 때, 물의 높이를 시간에 따라 나타낸 것이다. 다음 보기 중 이 유리병의 모양으로 가장 알맞은 것을 고르시오.

유형 **10**   그래프의 해석(1) – 좌표가 주어진 그래프

7 다음 그래프는 경진이가 자전거를 타고 직선 도로 위를 움직일 때, 집에서 출발하여 이모 댁에 도착할 때까지 이동한 거리를 시간에 따라 나타낸 것이다. 물음에 답하시오.

(1) 집에서 이모 댁까지 가는 데 걸린 시간은 몇 분인지 구하시오.
(2) 경진이가 집에서 출발한 후 1시간 동안 이동한 거리를 구하시오.
(3) 경진이가 이모 댁에 가는 중간에 모두 몇 분 동안 멈춰 있었는지 구하시오.

8 다음 그래프는 재희가 공원에서 연을 날렸을 때, 지면으로부터 연의 높이를 시간에 따라 나타낸 것이다. 물음에 답하시오.

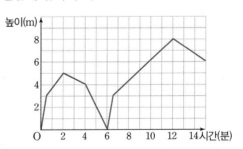

(1) 연이 지면에 닿았다가 다시 떠오른 것은 연을 날리기 시작한 지 몇 분 후인지 구하시오.
(2) 연이 가장 높게 날 때의 연의 높이를 구하시오.

9 다음 그래프는 어느 항구에서 하루 동안의 해수면의 높이를 시각에 따라 나타낸 것이다. 물음에 답하시오.

(1) 이날 해수면이 가장 높아진 후 다시 가장 높아질 때까지 몇 시간이 걸렸는지 구하시오.

(2) 이날 해수면의 높이가 5 m가 되는 순간은 모두 몇 번이었는지 구하시오.

10 다음 그래프는 서연이가 집에서 출발하여 학교까지 직선 도로 위를 자전거를 타고 이동할 때, 집에서 떨어진 거리를 시간에 따라 나타낸 것이다. 서연이가 집에서 학교까지 가는 데 이동한 거리는 모두 몇 km인가?

① 1.2 km   ② 1.4 km   ③ 1.6 km
④ 1.8 km   ⑤ 2 km

유형 **11** 그래프의 해석 (2) – 두 그래프 비교하기

11 혜진이와 재호는 학교에서 출발하여 도서관까지 자전거를 타고 갔다. 다음 두 그래프 중 하나는 혜진이가, 다른 하나는 재호가 학교에서 떨어진 거리를 시간에 따라 나타낸 것이다. 물음에 답하시오. (단, 학교에서 도서관까지의 길은 하나이고, 직선이다.)

(1) 혜진이는 쉬지 않고 갔고 재호는 중간에 친구를 만나 잠시 멈췄을 때, 혜진이의 그래프는 ㈎, ㈏ 중 어떤 것인지 말하시오.

(2) 재호는 학교에서 몇 km 떨어진 곳에서 몇 분 동안 멈춰 있었는지 차례로 구하시오.

12 버스 ㈎는 도시 A를 출발하여 도시 C까지 이동하고, 버스 ㈏는 도시 A를 출발하여 중간에 도시 B에 들러 잠시 멈췄다가 도시 C까지 이동한다. 다음 그래프는 두 버스가 도시 A로부터 떨어진 거리를 시각에 따라 각각 나타낸 것이다. 두 버스 ㈎, ㈏가 도시 A를 동시에 출발한다고 할 때, 버스 ㈎가 도시 C에 도착한 지 몇 분 후에 버스 ㈏가 도착하는가? (단, 각 도시 사이의 길은 하나이고, 직선이다.)

① 10분 후   ② 20분 후   ③ 30분 후
④ 40분 후   ⑤ 50분 후

문제

1-1 다음 중 점 $(x-3,\ x-7)$이 제4사분면 위에 있도록 하는 모든 자연수 x의 값의 합을 구하시오.

1-2 점 $(x+5,\ x+12)$가 제2사분면 위에 있도록 하는 정수 x의 개수는?

① 6　　　　② 7　　　　③ 8
④ 9　　　　⑤ 10

2-1 $ab>0,\ a+b>0,\ |a|<|b|$일 때, 점 $(b-a,\ -b)$는 제몇 사분면 위의 점인지 구하시오.

2-2 $ab>0,\ a+b<0,\ |a|>|b|$일 때, 점 $\left(b-a,\ \dfrac{a}{b}\right)$는 제몇 사분면 위의 점인지 구하시오.

3-1 다음 그래프는 진영이가 원 모양의 트랙을 일정한 속력으로 한 바퀴 돌 때, 출발한 지 x분 후 출발선에서부터 떨어진 거리 y m를 나타낸 것이다. 진영이는 1시간 동안 쉬지 않고 이 트랙을 모두 몇 바퀴 돌 수 있는가? (단, 진영이가 트랙을 한 바퀴 도는 데 걸리는 시간은 동일하다.)

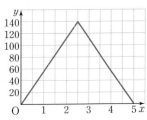

① 10바퀴　　② 11바퀴　　③ 12바퀴
④ 13바퀴　　⑤ 14바퀴

3-2 주호가 한 직선 도로 위의 두 점 A, B 사이를 일정한 속력으로 왕복하여 달리고 있다. 다음 그래프는 주호가 출발한 지 x초 후 출발점에서부터 떨어진 거리 y m를 나타낸 것일 때, 주호가 1분 동안 쉬지 않고 두 지점 사이를 모두 몇 번 왕복할 수 있는가? (단, 주호가 두 지점 사이를 왕복하는 데 걸리는 시간은 동일하다.)

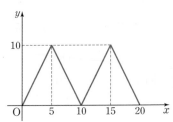

① 4번　　　② 6번　　　③ 8번
④ 10번　　　⑤ 12번

실전 테스트

1 두 순서쌍 $(3a-2, 5b)$, $(7, b-4)$가 서로 같을 때, $a-b$의 값은?

① -3 ② -1 ③ 1

④ 3 ⑤ 4

2 다음 중 오른쪽 좌표평면 위의 다섯 개의 점 A, B, C, D, E의 좌표를 나타낸 것으로 옳은 것을 모두 고르면? (정답 2개)

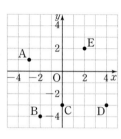

① $A(1, -3)$

② $B(-2, -4)$

③ $C(-3, 0)$

④ $D(-4, 3)$

⑤ $E(2, 2)$

3 점 $A\left(a, \dfrac{1}{3}a-2\right)$는 x축 위의 점이고,

점 $B\left(5b-10, \dfrac{b-9}{2}\right)$는 y축 위의 점일 때, $\dfrac{a}{b}$의 값은?

① $\dfrac{1}{3}$ ② 1 ③ $\dfrac{5}{3}$

④ $\dfrac{7}{3}$ ⑤ 3

4 서술형

세 점 $A(-3, 2)$, $B(-2, -3)$, $C(2, 1)$을 꼭짓점으로 하는 삼각형 ABC의 넓이를 구하시오.

풀이 과정

답

5 다음 중 제2사분면 위의 점은?

① $(-2, -3)$ ② $(-1, 3)$ ③ $(0, 1)$

④ $(2, 1)$ ⑤ $(3, -2)$

6 다음 중 옳지 않은 것을 모두 고르면? (정답 2개)

① 점 $A(4, 0)$은 어느 사분면에도 속하지 않는다.

② 점 $B(0, -1)$은 x축 위의 점이다.

③ 점 $C(-2, -5)$는 제3사분면 위의 점이다.

④ 두 점 $D(2, -3)$과 $E(-3, 2)$는 같은 사분면 위에 있다.

⑤ 점 $F(a, b)$가 제2사분면 위의 점이면 $a<0$, $b>0$이다.

7 점 $(ab,\ a+b)$가 제4사분면 위의 점일 때, 다음 중 점 $\left(-a,\ \dfrac{b}{a}\right)$와 같은 사분면 위의 점은?

① $(-4,\ 1)$　　② $(-2,\ -3)$　③ $(-1,\ 0)$

④ $(1,\ -6)$　　⑤ $(5,\ 2)$

8 다음 보기의 그래프는 A, B, C 3명의 학생이 수업이 모두 끝난 후 학교에서 집으로 돌아갈 때, 집에서 떨어진 거리를 시간에 따라 나타낸 것이다. 각 상황에 알맞은 그래프를 보기에서 고르시오.

(단, A, B, C는 모두 직선 도로를 따라 이동한다.)

(1) 학생 A는 수업이 모두 끝나고 집으로 곧바로 갔다.

(2) 학생 B는 집에 가는 도중에 놓고 온 물건을 가지러 다시 학교에 갔다가 집으로 돌아갔다.

(3) 학생 C는 집에 가는 길에 있는 편의점에 잠시 들른 후 집으로 갔다.

9 다음 그래프는 5월 1일, 2일, 3일의 기온을 시간에 따라 나타낸 것이다. 이 그래프에 대한 설명으로 옳지 않은 것은?

① 최고 기온이 가장 높은 날은 1일이다.

② 최저 기온이 가장 낮은 날은 2일이다.

③ 일교차가 가장 큰 날은 1일이다.

④ 일교차가 가장 작은 날은 3일이다.

⑤ 3일에는 기온이 계속 올라간다.

10 오른쪽 그림과 같은 용기에 일정한 속력으로 물을 가득 채울 때, 다음 중 물의 높이를 시간에 따라 나타낸 그래프로 가장 알맞은 것은?

11 다음 그래프는 어느 로봇의 속력을 시간에 따라 나타낸 것이다. 이 그래프에 대한 설명으로 옳지 않은 것을 모두 고르면? (정답 2개)

① 출발하고 처음 4초 동안 로봇의 속력은 일정하게 증가한다.

② 출발한 지 4초 후부터 8초 후까지 로봇은 정지해 있다.

③ 출발한 지 8초 후부터 10초 후까지 로봇의 속력은 점점 빠르게 감소한다.

④ 로봇이 일정한 속력으로 움직인 시간은 총 4초이다.

⑤ 로봇의 최고 속력은 초속 25 m이다.

12 민지와 동생은 자전거를 타고 집에서 10 km 떨어진 공원을 다녀왔다. 다음 그래프는 민지와 동생이 집에서 떨어진 거리를 시각에 따라 각각 나타낸 것이다. 그래프에 대한 보기의 설명 중 옳은 것을 모두 고르시오.

(단, 집에서 공원까지의 길은 하나이고, 직선이다.)

보기

ㄱ. 민지는 동생보다 먼저 집에서 출발했다.

ㄴ. 민지와 동생이 공원에 머문 시간은 같다.

ㄷ. 민지는 집으로 돌아올 때, 공원과 집의 중간 지점에서 잠시 멈추었다.

ㄹ. 동생은 공원을 출발하여 45분 만에 집에 도착했다.

13 오른쪽 그래프는 영희, 진석, 현우가 200 mL 우유를 한 팩씩 동시에 마시기 시작하였을 때, 세 사람의 우유 팩에 남아 있는 우유의 양을 시

간에 따라 각각 나타낸 것이다. 이 그래프에 대한 보기의 설명 중 옳은 것을 모두 고른 것은?

보기

ㄱ. 진석이는 쉬지 않고 우유를 마셨고, 현우보다 빨리 다 마셨다.

ㄴ. 영희는 우유를 반만 마시고 그만 마셨다.

ㄷ. 우유 100 mL를 가장 빨리 다 마신 사람은 현우이다.

① ㄱ   ② ㄴ   ③ ㄷ

④ ㄱ, ㄴ   ⑤ ㄴ, ㄷ

톡톡 튀는 문제

14 다음은 태양 고도, 기온, 그림자의 길이에 대하여 시간에 따라 변화를 설명한 글과 시각에 따라 이를 측정하여 나타낸 그래프이다. 그래프 ㈎, ㈏, ㈐와 각 내용을 알맞게 짝 지은 것은?

태양 고도가 높아질수록 그림자의 길이는 짧아지고, 기온은 높아진다. 하지만 태양 고도가 가장 높은 때와 기온이 가장 높은 때는 시간적 차이가 있다. 지표면은 태양 고도가 높을 때 많이 데워진다. 그리고 데워진 지표면에 의해 기온이 높아지는 데에는 시간이 걸리므로 기온은 태양 고도보다 늦게 높아진다.

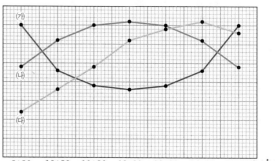

	㈎	㈏	㈐
①	태양 고도	기온	그림자의 길이
②	태양 고도	그림자의 길이	기온
③	그림자의 길이	태양 고도	기온
④	그림자의 길이	기온	태양 고도
⑤	기온	그림자의 길이	태양 고도

6 정비례와 반비례

6 정비례와 반비례

01 정비례 관계

1. 정비례 관계
두 변수 x, y에 대하여
x의 값이 2배, 3배, 4배, ...로 변함에 따라
y의 값도 2배, 3배, 4배, ...로 변하는 관계가 있을 때,
y는 x에 **정비례**한다고 한다.

(1) 정비례 관계식: $y=ax\,(a\neq0)$

(2) y가 x에 정비례할 때, $\dfrac{y}{x}$의 값은 항상 일정하다.

즉, $y=ax$에서 $\dfrac{y}{x}=a$(일정)

2. 정비례 관계의 활용
❶ x와 y 사이의 관계식을 구한다.

y가 x에 정비례하는 경우
$\dfrac{y}{x}$의 값이 일정한 경우 ⟩ ➡ $y=ax$ 꼴

❷ 주어진 조건($x=p$ 또는 $y=q$)을 대입하여 필요한 값을 구한다.

3. 정비례 관계 $y=ax\,(a\neq0)$의 그래프
x의 값의 범위가 수 전체일 때
➡ 원점을 지나는 직선

$a>0$일 때	$a<0$일 때
오른쪽 위로 향한다.	오른쪽 아래로 향한다.
제1사분면과 제3사분면을 지난다.	제2사분면과 제4사분면을 지난다.
x의 값이 증가하면 y의 값도 증가한다.	x의 값이 증가하면 y의 값은 감소한다.

참고 a의 절댓값이 클수록 y축에 가깝다.

4. 정비례 관계식 구하기
❶ 그래프가 원점을 지나는 직선이면
➡ x와 y 사이의 관계식을 $y=ax$(a는 상수)로 놓는다.
❷ $y=ax$에 원점을 제외한 그래프 위의 한 점의 x좌표와 y좌표를 대입하여 a의 값을 구한다.

02 반비례 관계

1. 반비례 관계
두 변수 x, y에 대하여
x의 값이 2배, 3배, 4배, ...로 변함에 따라
y의 값이 $\dfrac{1}{2}$배, $\dfrac{1}{3}$배, $\dfrac{1}{4}$배, ...로 변하는 관계가 있을 때,
y는 x에 **반비례**한다고 한다.

(1) 반비례 관계식: $y=\dfrac{a}{x}\,(a\neq0)$

(2) y가 x에 반비례할 때, xy의 값은 항상 일정하다.

즉, $y=\dfrac{a}{x}$에서 $xy=a$(일정)

2. 반비례 관계의 활용
❶ x와 y 사이의 관계식을 구한다.

y가 x에 반비례하는 경우
xy의 값이 일정한 경우 ⟩ ➡ $y=\dfrac{a}{x}$ 꼴

❷ 주어진 조건($x=p$ 또는 $y=q$)을 대입하여 필요한 값을 구한다.

3. 반비례 관계 $y=\dfrac{a}{x}\,(a\neq0)$의 그래프
x의 값의 범위가 0이 아닌 수 전체일 때
➡ 한 쌍의 매끄러운 곡선

$a>0$일 때	$a<0$일 때
제1사분면과 제3사분면을 지난다.	제2사분면과 제4사분면을 지난다.
$x>0$ 또는 $x<0$일 때, x의 값이 증가하면 y의 값은 감소한다.	$x>0$ 또는 $x<0$일 때, x의 값이 증가하면 y의 값도 증가한다.

참고 a의 절댓값이 클수록 원점에서 멀다.

4. 반비례 관계식 구하기
❶ 그래프가 한 쌍의 매끄러운 곡선이면
➡ x와 y 사이의 관계식을 $y=\dfrac{a}{x}$(a는 상수)로 놓는다.
❷ $y=\dfrac{a}{x}$에 그래프 위의 한 점의 x좌표와 y좌표를 대입하여 a의 값을 구한다.

▶ 정비례 관계
유형 1

1 다음 보기 중 y가 x에 정비례하는 것을 모두 고르시오.

〈보기〉

ㄱ. 1분에 25장씩 인쇄하는 프린터가 x분 동안 인쇄하는 종이의 수 y

ㄴ. 하루에 2시간씩 공부할 때, x일 동안 공부한 시간 y시간

ㄷ. 매달 x원씩 저축할 때, 불우 이웃 돕기 성금 30000원을 모으는 데 걸리는 기간 y개월

ㄹ. 어떤 수 x보다 3만큼 큰 수 y

2 y가 x에 정비례하고, $x=4$일 때 $y=-30$이다. $x=-6$일 때, y의 값을 구하시오.

▶ 정비례 관계의 활용
유형 2

3 길이가 20 cm인 어느 양초에 불을 붙이면 1분에 0.5 cm씩 일정하게 탄다고 한다. 이 양초에 불을 붙인 지 x분 후에 타서 없어진 양초의 길이를 y cm라 할 때, x와 y 사이의 관계식을 구하고, 불을 붙인 지 16분 후에 타서 없어진 양초의 길이를 구하시오.

▶ 정비례 관계의 그래프
유형 3

4 다음 중 정비례 관계 $y=-\dfrac{2}{3}x$의 그래프에 대한 설명으로 옳은 것은?

① 점 $(3, 2)$를 지난다.

② x의 값이 증가하면 y의 값도 증가한다.

③ 오른쪽 위로 향하는 직선이다.

④ 원점을 지난다.

⑤ 제1사분면과 제3사분면을 지난다.

5 다음 정비례 관계의 그래프 중 x축에 가장 가까운 것은?

① $y=-2x$ ② $y=-\dfrac{4}{3}x$ ③ $y=-\dfrac{1}{9}x$

④ $y=x$ ⑤ $y=\dfrac{8}{3}x$

▶ 정비례 관계의 그래프 위의 점
유형 4

6 다음 중 정비례 관계 $y=-4x$의 그래프 위의 점이 <u>아닌</u> 것은?

① $(-4,\ 16)$ ② $(-3,\ -12)$ ③ $(0,\ 0)$

④ $(1,\ -4)$ ⑤ $(2,\ -8)$

7 정비례 관계 $y=-\dfrac{5}{6}x$의 그래프가 점 $(3a,\ a-14)$를 지날 때, a의 값은?

① -4 ② -2 ③ 1 ④ 2 ⑤ 4

▶ 그래프가 주어질 때, 정비례 관계식 구하기
유형 5

8 오른쪽 그림과 같은 그래프가 두 점 $(-5,\ -2),\ (3,\ k)$를 지날 때, k의 값을 구하시오.

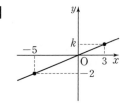

▶ 정비례 관계의 그래프와 도형의 넓이
유형 6

9 오른쪽 그림과 같이 정비례 관계 $y=-\dfrac{3}{8}x$의 그래프 위의 한 점 A에서 x축에 수직인 직선을 그었을 때, x축과 만나는 점을 B라 하자. 점 B의 x좌표가 -4일 때, 삼각형 ABO의 넓이를 구하시오. (단, O는 원점)

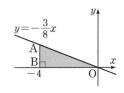

핵심 유형 문제

유형 1 정비례 관계

1 다음 중 x의 값이 2배, 3배, 4배, …로 변함에 따라 y의 값도 2배, 3배, 4배, …로 변하는 관계가 있는 것은?

① $y=x+5$ ② $\dfrac{y}{x}=-2$

③ $y=3(x-1)$ ④ $xy=-7$

⑤ $y=\dfrac{6}{x}$

2 다음 중 y가 x에 정비례하지 <u>않는</u> 것을 모두 고르면? (정답 2개)

① 한 변의 길이가 $x\,\mathrm{cm}$인 정삼각형의 둘레의 길이 $y\,\mathrm{cm}$

② 두 대각선의 길이가 각각 $x\,\mathrm{cm}$, $14\,\mathrm{cm}$인 마름모의 넓이 $y\,\mathrm{cm}^2$

③ 정가가 1000원인 물건을 $x\,\%$ 할인하여 판매한 가격 y원

④ 시속 $x\,\mathrm{km}$로 $200\,\mathrm{km}$를 갈 때, 걸리는 시간 y 시간

⑤ 농도가 $x\,\%$인 소금물 $500\,\mathrm{g}$에 들어 있는 소금의 양 $y\,\mathrm{g}$

3 다음 표에서 y가 x에 정비례할 때, $A+B+C$의 값을 구하시오.

x	-7	B	3	C
y	A	12	-9	-15

유형 2 정비례 관계의 활용

4 250장에 $1000\,\mathrm{g}$인 종이가 있다. 이 종이 x장의 무게를 $y\,\mathrm{g}$이라 할 때, y는 x에 정비례한다. 다음 물음에 답하시오. (단, 각 종이의 무게는 모두 같다.)

(1) x와 y 사이의 관계식을 구하시오.

(2) 이 종이 전체의 무게가 $1500\,\mathrm{g}$일 때, 종이는 모두 몇 장인지 구하시오.

서술형

5 어느 자동차가 1시간에 $60\,\mathrm{km}$의 속력으로 달리고 있다. 이 자동차가 x시간 동안 달린 거리를 $y\,\mathrm{km}$라 할 때, x와 y 사이의 관계식을 구하고, 이 자동차가 $200\,\mathrm{km}$를 가는 데 걸리는 시간을 구하시오.

풀이 과정

🖉 답

6 톱니가 각각 60개, 40개인 두 톱니바퀴 A, B가 서로 맞물려 돌아가고 있다. 톱니바퀴 A가 x번 회전하면 톱니바퀴 B는 y번 회전한다고 할 때, 톱니바퀴 A가 8번 회전하면 톱니바퀴 B는 몇 번 회전하는가?

① 10번   ② 12번   ③ 15번

④ 18번   ⑤ 20번

핵심 유형 문제

7 오른쪽 그림과 같은 직사각형 ABCD에서 점 P는 꼭 짓점 B를 출발하여 꼭짓점 C까지 변 BC 위를 매초 2cm의 속력으로 움직인다.

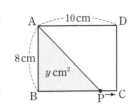

점 P가 출발한 지 x초 후의 삼각형 ABP의 넓이를 y cm²라 할 때, 다음 물음에 답하시오.

(1) x와 y 사이의 관계식을 구하시오.

(2) 삼각형 ABP의 넓이가 32 cm²가 되는 것은 점 P가 꼭짓점 B를 출발한 지 몇 초 후인지 구하시오.

유형 **3** 정비례 관계 $y=ax(a\neq0)$의 그래프

8 다음 중 정비례 관계 $y=\dfrac{3}{2}x$의 그래프는?

① ②

③ ④

⑤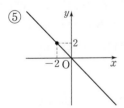

9 다음 정비례 관계 중 그 그래프가 제2사분면과 제4사분면을 지나는 것을 모두 고르면? (정답 2개)

① $y=x$ ② $y=-\dfrac{1}{8}x$ ③ $y=\dfrac{x}{4}$

④ $y=-\dfrac{x}{5}$ ⑤ $y=3x$

보기다多모아~

10 다음 중 정비례 관계 $y=ax\,(a\neq0)$의 그래프에 대한 설명으로 옳은 것을 모두 고르면?

① a의 값에 관계없이 항상 원점을 지난다.

② $a>0$이면 오른쪽 아래로 향하는 직선이다.

③ $a<0$이면 제2사분면과 제4사분면을 지난다.

④ 정비례 관계 $y=-ax$의 그래프와 만나지 않는다.

⑤ a의 값에 관계없이 x의 값이 증가하면 항상 y의 값도 증가한다.

⑥ a의 절댓값이 클수록 y축에 가깝다.

⑦ 좌표축과 만나지 않는다.

11 두 정비례 관계 $y=x$, $y=ax$의 그래프가 오른쪽 그림과 같을 때, 다음 중 상수 a의 값이 될 수 있는 것은?

① -2 ② -1

③ $\dfrac{1}{3}$ ④ $\dfrac{1}{2}$

⑤ 3

12 정비례 관계 $y=-4x$의 그래프 가 오른쪽 그림과 같을 때, a의 값을 구하시오.

13 정비례 관계 $y=-\dfrac{3}{5}x$의 그래프가 두 점 $(a, 6)$, $(5, b)$를 지날 때, $a+b$의 값을 구하시오.

14 정비례 관계 $y=ax$의 그래프가 오른쪽 그림과 같을 때, 상수 a 의 값은?

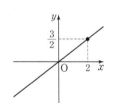

① $\dfrac{3}{4}$ ② 1

③ $\dfrac{4}{3}$ ④ 3

⑤ 4

서술형

15 정비례 관계 $y=ax$의 그래프가 두 점 $(-6, 2)$, $(3, b)$를 지날 때, $a-b$의 값을 구하시오.

(단, a는 상수)

풀이 과정

답

16 오른쪽 그래프가 나타내는 x와 y 사이의 관계식을 구하시오.

17 그래프가 원점을 지나는 직선이고 점 $(-4, 6)$을 지날 때, 다음 중 이 그래프 위의 점은?

① $(4, 6)$ ② $(-2, -3)$ ③ $(-8, 16)$

④ $\left(1, \dfrac{3}{2}\right)$ ⑤ $\left(-\dfrac{1}{3}, \dfrac{1}{2}\right)$

서술형

18 오른쪽 그림과 같은 그래프가 두 점 $(-6, 12)$, $(7, k)$를 지날 때, 다음 물음에 답하시오.

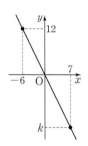

(1) 그래프가 나타내는 x와 y 사이의 관계식을 구하시오.

(2) k의 값을 구하시오.

풀이 과정

(1)

(2)

답 (1)   (2)

19 오른쪽 그래프는 효민 이가 운동장을 뛸 때, 뛴 시간 x분과 소모되 는 열량 y kcal 사이의 관계를 나타낸 것이다.

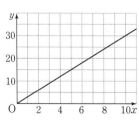

열량 150 kcal를 소모하려면 운동장을 몇 분 동안 뛰어야 하는지 구하시오. (단, 운동장을 뛰는 동안 소모되는 열량은 일정하다.)

핵심 유형 문제

유형 6 정비례 관계의 그래프에서 도형의 넓이

20 오른쪽 그림과 같이 정비례 관계 $y=-\dfrac{3}{4}x$의 그래프 위의 한 점 A에서 x축에 수직인 직선을 그었을 때, x축과 만나는 점을 B라 하자. 점 A의 y좌표가 $-\dfrac{9}{2}$일 때, 삼각형 ABO의 넓이를 구하시오. (단, O는 원점)

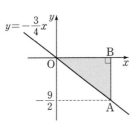

21 두 정비례 관계 $y=2x$와 $y=-x$의 그래프가 오른쪽 그림과 같이 x좌표가 2인 점 A, B를 각각 지날 때, 삼각형 AOB의 넓이를 구하시오. (단, O는 원점)

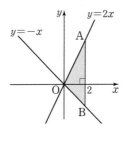

22 오른쪽 그림과 같이 정비례 관계 $y=\dfrac{6}{5}x$의 그래프 위의 한 점 A에서 x축에 수직인 직선을 그었을 때, x축과 만나는 점을 B라 하자. 점 A의 x좌표가 10이고 정비례 관계 $y=ax$의 그래프가 직각삼각형 AOB의 넓이를 이등분할 때, 다음을 구하시오. (단, O는 원점)

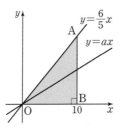

(1) 직각삼각형 AOB의 넓이

(2) 상수 a의 값

유형 7 정비례 관계의 두 그래프 비교하기

❶ 그래프가 지나는 점의 좌표를 이용하여 두 그래프가 나타내는 정비례 관계식을 각각 구한다.

❷ 주어진 조건을 대입하여 필요한 값을 구한다.

23 집에서 1.5 km 떨어진 공원까지 형은 자전거를 타고 가고, 동생은 걸어가서 먼저 도착한 사람이 다른 사람을 기다리기로 했다. 오른쪽 그래프는 두 사람이 집에서 동시에 출발하여 이동한 시간 x분과 이동한 거리 y m 사이의 관계를 각각 나타낸 것이다. 형이 공원에 도착한 후 몇 분을 기다려야 동생이 도착하는지 구하시오. (단, 형과 동생은 공원까지 각각 일정한 속력으로 간다.)

24 오른쪽 그래프는 같은 지점에서 동시에 출발하여 고속 도로 위를 달리는 승용차와 고속버스가 x시간 동안 y km를 갈 때, x와 y 사이의 관계를 각각 나타낸 것이다. 다음 보기 중 옳은 것을 모두 고르시오. (단, 승용차와 고속버스는 각각 일정한 속력으로 같은 고속 도로 위를 달린다.)

보기

ㄱ. 승용차와 고속버스의 그래프가 나타내는 관계식은 각각 $y=100x$, $y=80x$이다.

ㄴ. 승용차가 2시간 동안 달린 거리는 160 km이다.

ㄷ. 400 km를 갈 때, 고속버스를 타면 승용차를 타는 것보다 30분 늦게 도착한다.

ㄹ. 동시에 출발한 지 1시간 후 승용차가 달린 거리와 고속버스가 달린 거리의 차는 20 km이다.

▶ 반비례 관계
유형 8

1 다음 보기 중 y가 x에 반비례하는 것을 모두 고른 것은?

(보기)

ㄱ. 한 모둠에 학생을 5명씩 배정할 때, 만들어진 모둠의 수 x와 전체 학생 수 y

ㄴ. 100개의 사탕을 학생 x명에게 똑같이 나누어줄 때, 한 사람이 받는 사탕의 수 y

ㄷ. x분 동안 열량 360 kcal가 소모되는 운동의 1분당 소모되는 평균 열량 y kcal

ㄹ. 길이 1 m당 무게가 14 g인 철사 x m의 무게 y g

① ㄱ, ㄴ   ② ㄱ, ㄷ   ③ ㄴ, ㄷ

④ ㄴ, ㄹ   ⑤ ㄷ, ㄹ

2 y가 x에 반비례하고, $x=-6$일 때, $y=3$이다. $y=-2$일 때, x의 값을 구하시오.

▶ 반비례 관계의 활용
유형 9

3 일정한 속력에서 음파의 파장 y m는 진동수 x Hz에 반비례한다. 속력이 일정한 어떤 음파의 파장이 3.4 m일 때, 진동수는 100 Hz라 한다. 다음 물음에 답하시오.

(1) x와 y 사이의 관계식을 구하시오.

(2) 같은 속력에서 진동수가 20 Hz일 때, 이 음파의 파장은 몇 m인지 구하시오.

▶ 반비례 관계의 그래프
유형 10

4 다음 중 반비례 관계 $y=\dfrac{a}{x}\,(a\neq0)$의 그래프에 대한 설명으로 옳지 <u>않은</u> 것을 모두 고르면?

(정답 2개)

① 원점을 지나지 않는다.

② x축, y축과 각각 한 점에서 만난다.

③ $a>0$일 때, 제1사분면과 제3사분면을 지난다.

④ $a<0$이고 $x>0$일 때, x의 값이 증가하면 y의 값은 감소한다.

⑤ $y=-\dfrac{a}{x}$의 그래프와 만나지 않는다.

▶ 반비례 관계의 그래프 위의 점
\# 유형 11

5 다음 보기 중 반비례 관계 $y=\dfrac{8}{x}$의 그래프가 지나는 점을 모두 고르시오.

> (보기)
>
> ㄱ. $(-4, 2)$ ㄴ. $(-2, -4)$ ㄷ. $(-1, -8)$
>
> ㄹ. $(2, 4)$ ㅁ. $\left(3, \dfrac{3}{8}\right)$ ㅂ. $(16, 2)$

6 반비례 관계 $y=\dfrac{a}{x}$의 그래프가 두 점 $(6, 4)$, $(-8, b)$를 지날 때, $a-b$의 값을 구하시오.

(단, a는 상수)

① 21 ② 24 ③ 27 ④ 30 ⑤ 33

▶ 그래프가 주어질 때, 반비례 관계식 구하기
\# 유형 12

7 오른쪽 그림과 같은 그래프가 두 점 $(3, 5)$, $(-6, k)$를 지날 때, 그래프가 나타내는 x와 y 사이의 관계식과 k의 값을 차례로 구하시오.

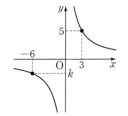

▶ 정비례 관계, 반비례 관계의 그래프가 만나는 점
\# 유형 13

8 오른쪽 그림과 같이 정비례 관계 $y=ax$의 그래프와 반비례 관계 $y=\dfrac{12}{x}$의 그래프가 x좌표가 -2인 점 P에서 만날 때, 상수 a의 값을 구하시오.

핵심 유형 문제

유형 8 반비례 관계

1 다음 중 x의 값이 2배, 3배, 4배, …로 변함에 따라 y의 값은 $\frac{1}{2}$배, $\frac{1}{3}$배, $\frac{1}{4}$배, …로 변하는 관계가 있는 것은?

① $y = -\frac{1}{2}x$　　　② $xy = -4$

③ $y = x + 2$　　　　④ $x + y = 10$

⑤ $y = \dfrac{x}{3}$

2 다음 중 y가 x에 반비례하지 <u>않는</u> 것을 모두 고르면? (정답 2개)

① 넓이가 $16\,\text{cm}^2$인 삼각형의 밑변의 길이 $x\,\text{cm}$와 높이 $y\,\text{cm}$

② 시속 $x\,\text{km}$로 $160\,\text{km}$를 이동할 때, 걸리는 시간 y시간

③ 분당 맥박 수가 82인 사람의 x분 동안의 맥박 수 y

④ 1시간에 x개씩 물건을 생산하는 기계가 물건 75개를 생산하는 데 걸리는 시간 y시간

⑤ 설탕 $x\,\text{g}$이 녹아 있는 설탕물 $200\,\text{g}$의 농도 $y\,\%$

3 다음 표에서 y가 x에 반비례할 때, $A + B$의 값을 구하시오.

x	-6	-4	-2	B
y	6	A	18	-12

유형 9 반비례 관계의 활용

(서술형)

4 온도가 일정할 때, 기체의 부피 $y\,\text{cm}^3$는 압력 x기압에 반비례한다. 어떤 기체가 압력 4기압에서 부피가 $25\,\text{cm}^3$일 때, 같은 온도에서 이 기체의 부피가 $20\,\text{cm}^3$가 되려면 압력은 몇 기압이어야 하는지 구하시오.

(풀이 과정)

(답)

5 매분 $8\,\text{L}$씩 물을 넣으면 50분 만에 물이 가득 차는 물탱크가 있다. 이 물탱크에 매분 $x\,\text{L}$씩 물을 넣으면 가득 채우는 데 y분이 걸린다고 할 때, 다음 중 옳지 <u>않은</u> 것은?

① y는 x에 반비례한다.

② x와 y 사이의 관계식은 $y = \dfrac{400}{x}$이다.

③ xy의 값은 항상 400이다.

④ x의 값이 증가하면 y의 값도 증가한다.

⑤ 매분 $10\,\text{L}$씩 물을 채우면 물탱크를 가득 채우는 데 40분이 걸린다.

6 자동차를 타고 지점 A에서 $120\,\text{km}$ 떨어진 지점 B까지 시속 $x\,\text{km}$로 가는 데 걸리는 시간을 y시간이라 하자. 지점 A에서 지점 B까지 가는 데 1시간 30분이 걸릴 때, 자동차의 속력은?

① 시속 $60\,\text{km}$　　　② 시속 $70\,\text{km}$

③ 시속 $80\,\text{km}$　　　④ 시속 $90\,\text{km}$

⑤ 시속 $100\,\text{km}$

핵심 유형 문제

7 서로 맞물려 돌아가는 두 톱니바퀴 A, B가 있다. 톱니가 30개인 톱니바퀴 A가 1분 동안 6번 회전할 때, 톱니가 x개인 톱니바퀴 B는 1분 동안 y번 회전한다고 한다. 톱니바퀴 B의 톱니가 15개일 때, 톱니바퀴 B는 1분 동안 몇 번 회전하는지 구하시오.

8 어떤 일을 완성하는 데 3명이 함께 하면 30일이 걸린다. 이 일을 완성하는 데 x명이 함께 하면 y일이 걸린다고 할 때, 10명이 함께 하면 이 일을 완성하는 데 며칠이 걸리겠는가?

(단, 모든 사람이 하는 일의 양은 같다.)

① 3일　　　② 6일　　　③ 9일
④ 12일　　⑤ 15일

유형 10 반비례 관계 $y=\dfrac{a}{x}(a\neq0)$의 그래프

9 다음 중 반비례 관계 $y=-\dfrac{4}{x}$의 그래프는?

①

②

③

④

⑤

10 다음 보기의 관계식 중 그 그래프가 제1사분면과 제3사분면을 지나는 것을 모두 고르시오.

〈보기〉

ㄱ. $y=-2x$　　　ㄴ. $y=\dfrac{3}{x}$

ㄷ. $y=5x$　　　ㄹ. $y=-\dfrac{1}{7}x$

ㅁ. $y=-\dfrac{9}{x}$　　　ㅂ. $y=\dfrac{10}{x}$

11 다음 중 반비례 관계 $y=\dfrac{16}{x}$의 그래프에 대한 설명으로 옳지 <u>않은</u> 것은?

① x의 값이 2배, 3배, 4배, …로 변함에 따라 y의 값은 $\dfrac{1}{2}$배, $\dfrac{1}{3}$배, $\dfrac{1}{4}$배, …로 변한다.
② 원점을 지나지 않는다.
③ x축, y축에 한없이 가까워지는 한 쌍의 곡선이다.
④ $x>0$일 때, x의 값이 증가하면 y의 값도 증가한다.
⑤ 제1사분면과 제3사분면을 지난다.

12 다음 반비례 관계의 그래프 중 원점에서 가장 먼 것은?

① $y=\dfrac{4}{x}$　　　② $y=\dfrac{1}{x}$　　　③ $y=\dfrac{1}{2x}$

④ $y=-\dfrac{5}{x}$　　　⑤ $y=-\dfrac{4}{3x}$

13 두 반비례 관계 $y=\dfrac{a}{x}$, $y=\dfrac{2}{x}$의 그래프가 오른쪽 그림과 같을 때, 다음 중 상수 a의 값이 될 수 있는 것은?

① -2 ② -1
③ 1 ④ 2
⑤ 3

유형 11 반비례 관계 $y=\dfrac{a}{x}\,(a\neq0)$의 그래프 위의 점

14 반비례 관계 $y=-\dfrac{20}{x}$의 그래프가 두 점 $(-2,\,a)$, $(b,\,5)$를 지날 때, $a+b$의 값을 구하시오.

15 반비례 관계 $y=\dfrac{a}{x}$의 그래프가 오른쪽 그림과 같을 때, 상수 a의 값은?

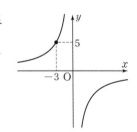

① -15 ② -3
③ $-\dfrac{5}{3}$ ④ $\dfrac{5}{3}$
⑤ 15

16 반비례 관계 $y=\dfrac{a}{x}$의 그래프가 두 점 $(4,\,7)$, $(-2,\,b)$를 지날 때, $a-b$의 값을 구하시오.
(단, a는 상수)

유형 12 반비례 관계식 구하기

17 오른쪽 그래프가 나타내는 x와 y 사이의 관계식을 구하시오.

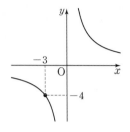

18 다음 중 오른쪽 그래프 위의 점은?

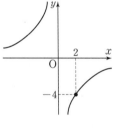

① $(-2,\,2)$
② $(-1,\,4)$
③ $(1,\,-6)$
④ $(4,\,-2)$
⑤ $(8,\,1)$

서술형
19 오른쪽 그림과 같은 그래프가 점 $(-4,\,k)$를 지날 때, k의 값을 구하시오.

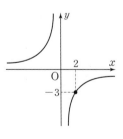

풀이 과정

핵심 유형 문제

20 오른쪽 그림과 같이 정비례 관계 $y=-\dfrac{2}{3}x$의 그래프와 반비례 관계 $y=\dfrac{a}{x}$의 그래프가 점 A$(b, 4)$에서 만날 때, $b-a$의 값을 구하시오.
(단, a는 상수)

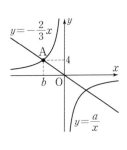

21 정비례 관계 $y=ax$의 그래프와 반비례 관계 $y=\dfrac{b}{x}$의 그래프가 두 점 $(-2, 8)$, $(2, c)$에서 만날 때, $\dfrac{ac}{b}$의 값은? (단, a, b는 상수)

① -5　　　② -2　　　③ 1
④ 2　　　⑤ 5

(서술형)

22 오른쪽 그림과 같이 정비례 관계 $y=-2x$의 그래프와 반비례 관계 $y=\dfrac{a}{x}$의 그래프가 점 P에서 만날 때, k의 값을 구하시오.
(단, a는 상수)

풀이 과정

답

까다로운
유형 14 반비례 관계의 그래프에서 도형의 넓이

➡ (직사각형 ABOC의 넓이)
$=m\times\dfrac{a}{m}=a$
m의 값에 관계없이 a로 일정

23 오른쪽 그림과 같이 두 점 B, D는 반비례 관계 $y=\dfrac{a}{x}$의 그래프 위의 점이고, 직사각형 ABCD의 네 변이 x축 또는 y축에 각각 평행하다. 직사각형 ABCD의 넓이가 72일 때, 상수 a의 값은?

① 10　　　② 12　　　③ 15
④ 18　　　⑤ 20

24 오른쪽 그림과 같이 반비례 관계 $y=\dfrac{12}{x}$ $(x>0)$의 그래프 위의 점 A에 대하여 직사각형 POQA의 넓이를 구하시오. (단, O는 원점)

25 오른쪽 그림은 반비례 관계 $y=\dfrac{a}{x}$의 그래프이고, 두 점 B, D는 이 그래프 위의 점이다. 직사각형 ABCD의 네 변이 x축 또는 y축에 각각 평행할 때, 다음 물음에 답하시오. (단, a는 상수)

(1) 상수 a의 값을 구하시오.

(2) 점 B의 좌표를 구하시오.

(3) 직사각형 ABCD의 넓이를 구하시오.

실력 UP 문제

1-1 오른쪽 그림과 같이 두 점 A, C는 각각 정비례 관계 $y=2x$, $y=\frac{1}{2}x$의 그래프 위의 점이고 사각형 ABCD는 한 변의 길이가 2인 정사각형이다. 이때 네 점 A, B, C, D의 좌표를 각각 구하시오. (단, 정사각형 ABCD의 네 변은 x축 또는 y축에 각각 평행하다.)

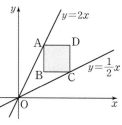

1-2 오른쪽 그림과 같이 정비례 관계 $y=-\frac{1}{3}x$의 그래프 위의 점 A와 정비례 관계 $y=\frac{2}{3}x$의 그래프 위의 점 D에서 x축에 내린 수선이 x축과 만나는 점을 각각 B, C라 한다. 선분 AD의 길이가 9일 때, 직사각형 ABCD의 넓이를 구하시오.

2-1 반비례 관계 $y=\frac{8}{x}$의 그래프 위에 있는 점 중에서 x좌표와 y좌표가 모두 정수인 점의 개수는?

① 4 　　② 6 　　③ 8
④ 10 　　⑤ 12

2-2 반비례 관계 $y=\frac{a}{x}$의 그래프가 점 $(2, 9)$를 지날 때, 이 그래프 위의 점 중에서 x좌표와 y좌표가 모두 정수인 점의 개수를 구하시오. (단, a는 상수)

3-1 길이 3 m당 무게가 200 g인 파이프의 가격은 100 g당 600원이라 한다. 길이가 x m인 이 파이프의 가격을 y원이라 할 때, y는 x에 정비례한다. 다음 물음에 답하시오.

(1) x와 y 사이의 관계식을 구하시오.
(2) 이 파이프의 길이가 7 m일 때의 가격을 구하시오.

3-2 길이 5 m당 무게가 150 g인 철사의 가격은 50 g당 750원이라 한다. 길이가 x m인 이 철사의 가격을 y원이라 할 때, y는 x에 정비례한다. 이때 7200원을 모두 사용하여 철사를 몇 m 살 수 있는지 구하시오.

1 다음 중 y가 x에 정비례하는 것을 모두 고르면?

(정답 2개)

① 가로의 길이가 $4\,\text{cm}$, 세로의 길이가 $x\,\text{cm}$인 직
사각형의 둘레의 길이 $y\,\text{cm}$

② 넓이가 $15\,\text{cm}^2$인 삼각형의 밑변의 길이 $x\,\text{cm}$,
높이 $y\,\text{cm}$

③ 무게가 $200\,\text{g}$인 그릇에 물 $x\,\text{g}$을 넣었을 때, 전
체의 무게 $y\,\text{g}$

④ 자동차가 시속 $x\,\text{km}$로 4시간 동안 달린 거리
$y\,\text{km}$

⑤ 1개당 열량이 $20\,\text{kcal}$인 사탕 x개의 열량 $y\,\text{kcal}$

2 다음 표에서 y가 x에 정비례할 때, $5A+B$의 값을
구하시오.

x	-5	-3	2	B
y	-2	A	$\dfrac{4}{5}$	4

3 다음 중 정비례 관계 $y=-\dfrac{4}{3}x$의 그래프에 대한 설
명으로 옳은 것을 모두 고르면? (정답 2개)

① 점 $(-4,\ 3)$을 지난다.
② 그래프는 오른쪽 위로 향한다.
③ $y=-2x$의 그래프보다 y축에 가깝다.
④ $y=\dfrac{4}{3}x$의 그래프와 원점에서 만난다.
⑤ 그래프 위의 원점을 제외한 모든 점의 x좌표와
y좌표의 부호가 서로 다르다.

4 세 정비례 관계 $y=ax$,
$y=bx$, $y=cx$의 그래프가
오른쪽 그림과 같을 때, 세
상수 a, b, c의 대소 관계가
옳은 것은?

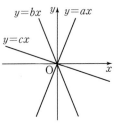

① $a<c<b$ ② $b<a<c$
③ $b<c<a$ ④ $c<a<b$
⑤ $c<b<a$

5 정비례 관계 $y=\dfrac{2}{5}x$의 그래프가 두 점 $(a,\ 2)$,
$(b,\ -3)$을 지날 때, $a+b$의 값을 구하시오.

6 오른쪽 그림과 같이 정비례
관계 $y=-2x$의 그래프 위
의 x좌표가 -3인 점 A와
정비례 관계 $y=ax$의 그래
프 위의 점 B를 이은 선분
AB가 x축에 평행하고 그 길이가 9일 때, 상수 a의
값을 구하시오.

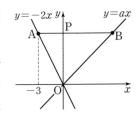

7 오른쪽 그래프는 어느 날 유
리가 집에서 $1.2\,\text{km}$ 떨어진
학교까지 일정한 속력으로
걸어서 등교할 때, 이동한 시
간 x분과 이동한 거리 $y\,\text{m}$

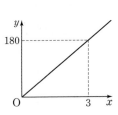

사이의 관계를 나타낸 것이다. 이날 유리가 학교에
오전 8시 30분에 도착했을 때, 유리가 집에서 출발
한 시각을 구하시오.

8 오른쪽 그림은 치타, 사자, 표범, 호랑이가 달리기 시합을 하였을 때, 달린 시간 x초와 달린 거리 y m 사이의 관계를 각각 그래프로 나타낸 것이다. 다음 보기 중 옳은 것을 모두 고르시오.

<보기>

ㄱ. 속력이 가장 빠른 동물은 호랑이이다.

ㄴ. 사자가 달린 시간과 거리 사이의 관계식은 $y=20x$이다.

ㄷ. 같은 시간 동안 사자가 달린 거리는 호랑이가 달린 거리의 $\dfrac{5}{3}$배이다.

ㄹ. 사자와 표범이 일정한 속력으로 500 m를 달렸을 때 걸린 시간의 차는 5초이다.

9 y가 x에 반비례하고, $x=7$일 때 $y=6$이다. $x=3$일 때, y의 값을 구하시오.

10 경훈이네 반은 연극 공연을 할 예정이다. 오늘은 공연 초대장을 9명이 13장씩 돌렸고, 내일은 x명이 y장씩 오늘 돌린 분량만큼 돌리려고 한다. 3명이 초대장을 돌린다면 한 사람이 몇 장씩 돌려야 하는지 구하시오.

(단, 각 사람이 돌리는 초대장의 수는 모두 같다.)

11 다음 보기의 관계식 중 그 그래프가 제2사분면을 지나는 것은 모두 몇 개인지 구하시오.

<보기>

ㄱ. $y=5x$ ㄴ. $y=-\dfrac{2}{5}x$ ㄷ. $y=\dfrac{1}{x}$

ㄹ. $y=-\dfrac{3}{x}$ ㅁ. $y=\dfrac{4}{3}x$ ㅂ. $y=\dfrac{3}{4x}$

12 다음 중 그래프 ①~⑤가 나타내는 관계식으로 옳지 <u>않은</u> 것을 모두 고르면? (정답 2개)

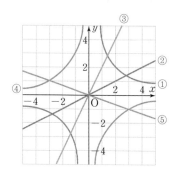

① $y=\dfrac{8}{x}$ ② $y=\dfrac{1}{2}x$ ③ $y=2x$

④ $y=-\dfrac{3}{x}$ ⑤ $y=-\dfrac{2}{3}x$

13 다음 중 오른쪽 그래프에 대한 설명으로 옳지 <u>않은</u> 것을 모두 고르면? (정답 2개)

① 반비례 관계 $y=\dfrac{2}{x}$의 그래프이다.

② 점 $\left(6, \dfrac{1}{3}\right)$을 지난다.

③ 반비례 관계 $y=\dfrac{3}{x}$의 그래프보다 원점에서 더 멀다.

④ $x>0$일 때, x의 값이 증가하면 y의 값은 감소한다.

⑤ 그래프 위의 점 중에서 x좌표와 y좌표가 모두 정수인 점은 2개이다.

14 오른쪽 그림과 같이 반비례 관계 $y=\dfrac{a}{x}(x>0)$의 그래프에서 점 P의 y좌표와 점 Q의 y좌표의 차는 3이다. 이때 상수 a의 값을 구하시오.

(서술형)

15 오른쪽 그림과 같이 정비례 관계 $y=ax$의 그래프와 반비례 관계 $y=-\dfrac{3}{x}$의 그래프가 점 P$(-3,\ b)$에서 만날 때, $a+b$의 값을 구하시오.

(단, a는 상수)

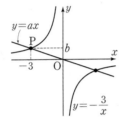

풀이 과정

답

16 오른쪽 그래프와 같이 반비례 관계 $y=\dfrac{a}{x}(x>0)$의 그래프 위의 한 점 B에서 y축에 수직인 직선을 그었을 때, y축과 만나는 점을 A라 하자. 직각삼각형 AOB의 넓이가 8일 때, 상수 a의 값을 구하시오. (단, O는 원점)

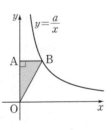

17 A, B 두 사람이 시소를 타고 있을 때, 시소가 평형을 이루면 시소의 중심에서 두 사람의 거리와 몸무게 사이에는 다음과 같은 비례식이 성립한다.

> (중심에서 A까지의 거리) : (중심에서 B까지의 거리)
> =(B의 몸무게) : (A의 몸무게)

수지와 동생이 길이가 4 m인 시소를 타는데 동생이 시소의 맨 끝에 앉고 두 사람이 앉은 지점 사이의 거리가 3.6 m일 때, 시소가 평형을 이루었다고 한다. 수지와 동생의 몸무게를 각각 x kg, y kg이라 할 때, 물음에 답하시오.

(1) x와 y 사이의 관계식을 구하시오.

(2) 수지의 몸무게가 40 kg일 때, 동생의 몸무게를 구하시오.

18 오른쪽 그림과 같이 빈틈의 폭이 1.5 mm인 고리를 5 m 거리에서 보았을 때, 그 빈틈이 판별 가능하면 시력이 1.0이라 한다.

5 m 떨어진 지점에서 시력을 측정할 때, 판별이 가능한 고리의 빈틈의 폭 x mm와 이에 대응하는 시력 y는 반비례한다. 다음 물음에 답하시오.

(1) x와 y 사이의 관계식을 구하시오.

(2) 5 m 떨어진 지점에서 빈틈의 폭이 3 mm인 고리까지 판별할 수 있는 사람의 시력을 구하시오.

개념+유형

실력 향상 POWER
정답과 해설

개념과 유형이 하나로

중학 수학
1·1

visang

pionada

피어나다를 하면서 아이가 공부의
필요를 인식하고 플랜도 바꿔가며
실천하는 모습을 보게 되어 만족합니다.
제가 직장 맘이라 정보가 부족했는데,
코치님을 통해 아이에 맞춘 피드백과
정보를 듣고 있어서 큰 도움이 됩니다.

– 조〇관 회원 학부모님

공부 습관에도
진단과 처방이
필수입니다

초4부터 중등까지는 공부 습관이 피어날 최적의 시기입니다.

공부 마음을 망치는 공부를 하고 있나요?
성공 습관을 무시한 공부를 하고 있나요?
더 이상 이제 그만!

지금은 피어나다와 함께 사춘기 공부 그릇을 키워야 할 때입니다.

강점코칭 무료체험

바로 지금,
마음 성장 기반 학습 코칭 서비스, **피어나다®**로
공부 생명력을 피어나게 해보세요.

상담
문의 **1833-3124**

공부 생명력이
pionada

www.pionada.cor

일주일 단 1시간으로 심리 상담부터 학습 코칭까지 한번에!

| **상위권 공부 전략 체화 시스템** | **공부력 향상 심리 솔루션** | **온택트 모둠 코칭** | **공인된 진단 검사** |
| 공부 마인드 정착 및 자기주도적 공부 습관 완성 | 마음·공부·성공 습관 형성을 통한 마음 근력 강화 프로그램 | 주 1회 모둠 코칭 수업 및 상담과 특강 제공 | 서울대 교수진 감수 학습 콘텐츠와 한국심리학회 인증 진단 검사 |

1. 소인수분해

01 소인수분해

P. 8

개념 확인 2, 3, 5, 7, 11, 13, 17, 19, 23, 29, 31, 37, 41, 43, 47

필수 문제 ①

	약수	약수의 개수	소수 / 합성수
(1)	1, 5	2	소수
(2)	1, 2, 4, 8	4	합성수
(3)	1, 17	2	소수
(4)	1, 13, 169	3	합성수

1-1 소수: 19, 37

합성수: 21, 45, 78, 100, 133

1-2 (1) × (2) × (3) ○ (4) ×

P. 9

개념 확인 (1) 2, 밑: 3, 지수: 2 (2) 3, 밑: 3, 지수: 3
(3) 3, 밑: 3, 지수: 4 (4) 3, 5, 밑: 3, 지수: 5

필수 문제 ② (1) 5^3 (2) 7^4
(3) $3^3 \times 5^2$ (4) $2^3 \times 5^2 \times 7$
(5) $\left(\dfrac{1}{2}\right)^3$ (6) $\dfrac{1}{3^2 \times 7^2}$

2-1 ③

2-2 7

P. 10

개념 확인

방법 ①
$50 \bigg\langle \begin{matrix} \boxed{2} \\ 25 \end{matrix} \bigg\langle \begin{matrix} \boxed{5} \\ \boxed{5} \end{matrix}$

방법 ②
$\begin{matrix} \boxed{2}) \underline{50} \\ \boxed{5}) \underline{25} \\ \boxed{5} \end{matrix}$, 2×5^2

필수 문제 ③ (1) $2^2 \times 3^2$ (2) 2×3^3
(3) $2^2 \times 3 \times 7$ (4) $3 \times 5^2 \times 7$

3-1 5

필수 문제 ④ (1) 2 (2) 2, 11 (3) 2, 3, 5 (4) 5, 7

4-1 14

P. 11

필수 문제 ⑤ (1)

×	1	3
1	1	3
2	2	6
2^2	4	12

⇨ 약수: 1, 2, 3, 4, 6, 12

(2) $225 = 3^2 \times 5^2$

×	1	5	5^2
1	1	5	25
3	3	15	75
3^2	9	45	225

⇨ 약수: 1, 3, 5, 9, 15, 25, 45, 75, 225

5-1 ㄱ, ㄴ, ㄹ, ㅁ

필수 문제 ⑥ (1) 6 (2) 24 (3) 3 (4) 18

6-1 (1) 5 (2) 12 (3) 9 (4) 18

STEP 1 쏙쏙 개념 익히기

P. 12~13

1 5 **2** ③, ④ **3** ③ **4** ⑤
5 12 **6** ④ **7** ④ **8** ②
9 (1) $3^2 \times 5$ (2) 5 **10** 6

02 최대공약수와 최소공배수

P. 14

개념 확인 1, 2, 5, 10, 10

필수 문제 ① 1, 2, 3, 6

1-1 8개

1-2 ③

필수 문제 2 (1) 3×5^2 (2) $2 \times 3 \times 5$

2-1 (1) $2^2 \times 7$ (2) $3 \times 5^2 \times 7$

(3) $2^2 \times 5$ (4) $2^2 \times 3^2$

필수 문제 3 (1) 2^3(또는 8) (2) $2^3 \times 3$(또는 24)

3-1 (1) 2^2(또는 4) (2) 3^3(또는 27)

(3) 2×3^2(또는 18) (4) $2^2 \times 5$(또는 20)

필수 문제 4 (1) ○ (2) × (3) × (4) ○

개념 확인 30, 60, 90, 120, 30

필수 문제 5 28, 56, 84

5-1 6개

5-2 ④

필수 문제 6 (1) $3^2 \times 5 \times 7^2$ (2) $2^2 \times 3^2 \times 5^2 \times 7$

6-1 (1) $2 \times 3^2 \times 5$ (2) $2^2 \times 3 \times 5 \times 7$

(3) $2^2 \times 3^2 \times 5^2$ (4) $2 \times 3^2 \times 5^2 \times 7$

필수 문제 7 (1) 5^3(또는 125)

(2) $2^3 \times 3 \times 5$(또는 120)

7-1 (1) $2 \times 3^2 \times 7$(또는 126)

(2) $2^3 \times 3 \times 7$(또는 168)

(3) $2^3 \times 3^2$(또는 72)

(4) $2^3 \times 3^2 \times 5$(또는 360)

필수 문제 8 2, 2

8-1 6

필수 문제 9 5

9-1 64

STEP 1 쏙쏙 개념 익히기

1 2×3^2 **2** ① **3** ①, ④ **4** 105

5 ④ **6** ① **7** ③ **8** 90

STEP 2 탄탄 단원 다지기

1 ③ **2** ④ **3** 32 **4** ② **5** ④, ⑤

6 15 **7** 6 **8** ⑤ **9** ④ **10** 3

11 ③ **12** ② **13** ③ **14** 2개 **15** 7개

16 ②, ③ **17** ③, ⑤ **18** 16 **19** 31 **20** ①

STEP 3 쓱쓱 서술형 완성하기

〈과정은 풀이 참조〉

따라 해보자 유제1 $2^2 \times 5 \times 7$, 소인수: 2, 5, 7

유제2 7

연습해 보자 **1** (1) $2^2 \times 7^2$

(2) 표는 풀이 참조,

약수: 1, 2, 4, 7, 14, 28, 49, 98, 196

2 2 **3** 56

4 최대공약수: 2×3^2, 최소공배수: $2^3 \times 3^4 \times 7^2$

개념 Review

① 소수 ② 합성수 ③ 거듭제곱

④ 소인수분해 ⑤ b^n ⑥ $m+1$ ⑦ 약수

⑧ 서로소 ⑨ 배수

2. 정수와 유리수

01 정수와 유리수

P. 30

필수 문제 1 (1) -4 (2) $+5$ (3) -1500

1-1 (1) $+60\,\text{m}$ (2) $-5\,\text{kg}$ (3) $+8$점 (4) -10%

필수 문제 2 (1) $+4$, 양수 (2) $-\dfrac{1}{2}$, 음수

2-1 (1) -9, 음수 (2) $+0.31$, 양수

P. 31~32

개념 확인

수	0.5	-7	$+\dfrac{4}{3}$	-1.2	$-\dfrac{6}{3}$	0	4
양수	○	×	○	×	×	×	○
음수	×	○	×	○	○	×	×
자연수	×	×	×	×	×	×	○
정수	×	○	×	×	○	○	○
유리수	○	○	○	○	○	○	○

필수 문제 3 (1) 3, $+2$, 12, $+7$ (2) -5, -9

3-1 0

필수 문제 4 (1) $\dfrac{12}{3}$, $+2$, 0, $-\dfrac{10}{2}$, -8

(2) $\dfrac{12}{3}$, $+2$, $-\dfrac{2}{5}$, 0, 3.14, $-\dfrac{10}{2}$, 12.34, -8

(3) $-\dfrac{2}{5}$, 3.14, 12.34

4-1 ㅋ

필수 문제 5 (1) ○ (2) × (3) × (4) × (5) ○

5-1 ㄱ, ㄴ

STEP 1 쏙쏙 개념 익히기
P. 33

1 ③ **2** ④ **3** ②, ④

4 성화, 준모, 진솔

P. 34

필수 문제 6 A: -4, B: $-\dfrac{1}{2}$, C: $+\dfrac{4}{3}$, D: $+3$

6-1 A: $-\dfrac{7}{2}$, B: 0, C: $+\dfrac{11}{4}$, D: $+\dfrac{10}{3}$

필수 문제 7 (1)

(2) -3, 4

7-1 -2, 3

P. 35~36

개념 확인 (1) 8 (2) $\dfrac{4}{5}$ (3) 6 (4) 2.7

필수 문제 8 (1) $+4$, -4 (2) $+2.5$, -2.5

(3) $+9$ (4) $-\dfrac{3}{4}$

8-1 $a=+10$, $b=-\dfrac{1}{2}$, $c=0$

8-2 ④

필수 문제 9 $+4$, -4

9-1 $+5$, -5

필수 문제 10 -4, 2.6, $-\dfrac{7}{4}$, $\dfrac{3}{2}$, 1

10-1 -1.3, $\dfrac{14}{5}$, 6, -7, 8.4

P. 37

개념 확인 $\dfrac{3}{5}$, $\dfrac{2}{5}$, $>$, $<$

필수 문제 11 (1) $>$ (2) $<$ (3) $>$ (4) $<$

11-1 (1) $-3<0$ (2) $-\dfrac{2}{3}<-0.5$

필수 문제 12 (1) $\geq$ (2) $\leq$, $<$ (3) $<$, $\leq$

STEP 1 쏙쏙 개념 익히기
P. 38~39

1 ④ **2** ① **3** $+\dfrac{5}{7}$, $-\dfrac{5}{7}$

4 $+7$, -7 **5** ⑤ **6** ⑤ **7** ④

8 (1)

$-\dfrac{3}{2}$

-3 ... -2 ... -1 ... 0 ... 1 ... 2 ... 3

(2) 4개

9 ③

O2 정수와 유리수의 덧셈과 뺄셈

개념 확인
(1) +, 3, 5, +, 8　　(2) −, 3, 5, −, 8
(3) −, 5, 3, −, 2　　(4) +, 5, 3, +, 2

필수 문제 ①
(1) $(+3)+(+4)=+7$
(2) $(-3)+(-4)=-7$
(3) $(+2)+(-7)=-5$
(4) $(-2)+(+6)=+4$

필수 문제 ②
(1) $+11$　(2) $+6$　(3) $-\dfrac{4}{5}$　(4) $-\dfrac{1}{6}$
(5) -0.5　(6) -2.3

2-1　(1) $+16$　(2) $+5$　(3) -2　(4) $+\dfrac{11}{9}$
(5) $+\dfrac{1}{10}$　(6) $-\dfrac{7}{12}$　(7) $+\dfrac{10}{3}$　(8) $-\dfrac{5}{7}$
(9) $+1.3$　(10) -4

필수 문제 ③
(1) ㈎ 덧셈의 교환법칙, ㈏ 덧셈의 결합법칙
(2) ㈎ 덧셈의 교환법칙, ㈏ 덧셈의 결합법칙

3-1　㈎ 교환, ㈏ 결합, ㈐ -4, ㈑ -2

필수 문제 ④
(1) $+4$　(2) $+5$　(3) $-\dfrac{2}{5}$　(4) -2

4-1　(1) $+23$　(2) $+19$　(3) -2　(4) $+8$

개념 확인
(1) −, −, 3, 1, −, 2
(2) +, +, 2, +, +, 2, +, 5

필수 문제 ⑤
(1) $+4$　(2) -4　(3) $+1$　(4) $-\dfrac{1}{21}$
(5) -7　(6) $+1.8$

5-1　(1) -6　(2) -14　(3) $+\dfrac{4}{11}$　(4) $-\dfrac{7}{10}$
(5) $+\dfrac{3}{4}$　(6) $-\dfrac{17}{24}$　(7) -7.7　(8) $+0.7$

필수 문제 ⑥
(1) $+13$　(2) $-\dfrac{7}{9}$

6-1　(1) -14　(2) $+1$　(3) 0　(4) $+3$

필수 문제 ⑦
(1) 7　(2) -8　(3) $\dfrac{1}{6}$　(4) -1

7-1　(1) 1　(2) -1　(3) $\dfrac{3}{4}$　(4) $-\dfrac{3}{2}$

STEP 1 쏙쏙 개념 익히기

1 ②　　　　　　　　　　**2** ④
3 (1) $17.7\,℃$　(2) $8.1\,℃$　(3) $6.5\,℃$　　**4** 5
5 (1) -4　(2) 21　(3) $-\dfrac{7}{12}$　(4) 1
6 (1) $a=7,\ b=\dfrac{11}{8}$　(2) $\dfrac{45}{8}$
7 (1) $\dfrac{12}{7}$　(2) $\dfrac{10}{7}$　　　　**8** ㉠$=1$, ㉡$=\dfrac{1}{6}$

O3 정수와 유리수의 곱셈과 나눗셈

개념 확인
(1) +, 3, $+6$　　　　(2) +, 5, $+30$
(3) −, 5, -15　　　(4) −, 4, -28

필수 문제 ①
(1) $+18$　(2) -32　(3) $+75$
(4) $+\dfrac{15}{28}$　(5) $-\dfrac{1}{6}$　(6) $-\dfrac{1}{2}$

1-1　(1) $+77$　(2) 0　(3) $+16$
(4) $-\dfrac{5}{12}$　(5) $+3.9$　(6) $-\dfrac{3}{10}$

필수 문제 ②　㈎ 곱셈의 교환법칙, ㈏ 곱셈의 결합법칙

필수 문제 ③
(1) -60　(2) $+420$　(3) $-\dfrac{4}{3}$　(4) $+\dfrac{5}{3}$

3-1　(1) $+42$　(2) -72　(3) $+\dfrac{5}{4}$　(4) -4

P. 49

필수 문제 ④ (1) $+32$ (2) -125 (3) $+1$ (4) $-\dfrac{4}{9}$

4-1 (1) 8 (2) $-\dfrac{3}{4}$

필수 문제 ⑤ (1) $48, 48, 28, 22$ (2) $32, 32, 96$

5-1 (1) 2 (2) -110

5-2 14

P. 50

개념 확인 (1) $\dfrac{3}{2}$ (2) $-\dfrac{1}{3}$ (3) $\dfrac{2}{7}$ (4) 5

필수 문제 ⑥ (1) $+4$ (2) -6 (3) $+2$ (4) -0.9

6-1 (1) -19 (2) $+1.4$

필수 문제 ⑦ (1) -4 (2) $+\dfrac{5}{12}$

7-1 (1) $-\dfrac{2}{3}$ (2) $-\dfrac{3}{4}$

P. 51

개념 확인 $-\dfrac{15}{2}, -6, \dfrac{15}{2}, 15, 3$

필수 문제 ⑧ (1) -4 (2) -3

6-1 (1) $\dfrac{15}{8}$ (2) $-\dfrac{12}{5}$

필수 문제 ⑨ 2

9-1 24

한번 더 연습

P. 52

1 (1) $\dfrac{7}{3}$ (2) $-\dfrac{4}{9}$ (3) $-\dfrac{1}{2}$ (4) $-\dfrac{2}{45}$

2 (1) $\dfrac{1}{3}$ (2) $-\dfrac{19}{6}$ (3) 0 (4) -4

3 (1) ㉡, ㉢, ㉠, ㉣, ㉤ (2) ㉣, ㉢, ㉡, ㉤, ㉠

4 (1) -32 (2) $\dfrac{5}{24}$ (3) $-\dfrac{5}{3}$ (4) $-\dfrac{51}{10}$

STEP 1 쓱쓱 개념 익히기

P. 53~54

1 ⑤　**2** (1) $\dfrac{5}{6}$ (2) $-\dfrac{1}{8}$　**3** ①

4 ①　**5** $\dfrac{1}{2}$

6 계산 순서: ㉢, ㉣, ㉡, ㉠, ㉤, 계산 결과: $\dfrac{25}{3}$

7 ②　**8** ③　**9** ①

STEP 2 탄탄 단원 다지기

P. 55~57

1 ②　**2** ③　**3** ①　**4** $a=-4, b=4$

5 ①, ③　**6** ⑤　**7** ③　**8** ⑤　**9** ③

10 ③　**11** $\dfrac{9}{5}$　**12** ⑤　**13** ①　**14** 0

15 1562　**16** (1) 2 (2) -9　**17** $-\dfrac{8}{3}$　**18** ④

19 계산 순서: ㉢, ㉣, ㉤, ㉥, ㉡, ㉠, 계산 결과: -2

20 A: 270점, B: 90점

STEP 3 쑥쑥 서술형 완성하기

P. 58~59

〈과정은 풀이 참조〉

따라 해보자 유제 1　최솟값: -10, 최댓값: 10

유제 2　$\dfrac{9}{5}$

연습해 보자 **1** 4　**2** -2　**3** $-\dfrac{17}{2}$

4 (1) ㉣, ㉤, ㉢, ㉡, ㉥, ㉠ (2) 45

개념 Review

P. 60

① 자연수　② 0　③ 0　④ 음수　⑤ 양수

⑥ 0　⑦ +　⑧ −　⑨ 큰　⑩ 양수

⑪ 음수　⑫ 양수　⑬ 양수　⑭ 음수

3. 문자의 사용과 식

01 문자의 사용

P. 64

개념 확인 $x+2$, $x-1$, $2 \times x$

필수 문제 ① (1) $(3 \times a)$ g   (2) $(50 \times t)$ km
(3) $(4 \times x)$ cm   (4) $\{(a+b) \div 2\}$점

1-1 (1) $(a \div 3)$ m
(2) $(10000 - 1200 \times x)$원
(3) $10 \times x + 1 \times y$ (4) $\left(\dfrac{9}{100} \times x\right)$ g

P. 65

필수 문제 ② (1) $-x$ (2) abc (3) ax^3
(4) $\dfrac{y}{5} \left(\text{또는 } \dfrac{1}{5}y\right)$ (5) $-\dfrac{a}{b}$ (6) $\dfrac{x-y}{4}$

2-1 (1) $0.1ab$ (2) $ac(x+y)$ (3) $-3a^2b^2$
(4) $\dfrac{3a}{2b}$ (5) $\dfrac{x}{y+z}$ (6) $\dfrac{a+2b}{x}$

2-2 (1) $\dfrac{xy}{2}$ (2) $\dfrac{x(2-z)}{y}$
(3) $\dfrac{x}{y} + \dfrac{8b}{9a}$ (4) $\dfrac{(a+b)h}{2}$

STEP 1 쏙쏙 개념 익히기

P. 66

1 (1) $-a^2b$ (2) $6(c+1)-4$ (3) $\dfrac{2a}{b}$
(4) $\dfrac{7+x}{7-x}$ (5) $a - \dfrac{2b}{a}$ (6) $\dfrac{3x^2}{y} + 3$

2 ④

3 (1) $3a-6$ (2) $\dfrac{ah}{2}$ cm²   (3) $(1000-10x)$원
(4) $(60x+80y)$ km   (5) $3x$ g

4 $3a+5b$, $3a+5b+8$, $500x$, $\dfrac{y}{10}\left(\text{또는 } \dfrac{1}{10}y\right)$

02 식의 값

P. 67

개념 확인 (1) 2   (2) 3, 12   (3) -1, -8
(4) -4, -23

필수 문제 ① (1) 8   (2) 2   (3) 5   (4) 3

1-1 (1) 3   (2) -16 (3) 12   (4) -11

1-2 (1) -5 (2) 27   (3) 11   (4) 1

STEP 1 쏙쏙 개념 익히기

P. 68

1 (1) -1 (2) 10   (3) 36   (4) -1

2 (1) 10   (2) 1   (3) $\dfrac{5}{6}$ (4) 3   (5) 19   (6) -15

3 ④   **4** (1) $-\dfrac{10}{9}$ (2) 21   **5** ②

03 일차식과 그 계산

P. 69

필수 문제 ①

다항식	항	상수항	계수
(1) $2x+3$	$2x$, 3	3	x의 계수: 2
(2) $3y^2 - \dfrac{y}{4} - 1$	$3y^2$, $-\dfrac{y}{4}$, -1	-1	y^2의 계수: 3 y의 계수: $-\dfrac{1}{4}$
(3) $-6a^3$	$-6a^3$	0	a^3의 계수: -6

1-1 $\dfrac{5}{2}$

필수 문제 ② (1) 1, 일차식이다.
(2) 1, 일차식이다.
(3) 2, 일차식이 아니다.
(4) 3, 일차식이 아니다.

2-1 ㄱ, ㄷ, ㄹ

필수 문제 ③ (1) $32a$　(2) $-14b$　(3) $3x$　(4) $-24y$

3-1 (1) $9a$　(2) $20b$　(3) $-6x$　(4) $\dfrac{1}{4}y$

필수 문제 ④ (1) $8x+12$　　(2) $-x+4$
　　　　　　 (3) $2x-3$　　 (4) $-6+3x$

4-1 (1) $-21x-28$　 (2) $-10a+5$
　　 (3) $-7b+14$　　 (4) $-4y-12$

STEP 1 쏙쏙 개념 익히기

1 0　　　**2** ④　　　**3** ③, ④

4 (1) $-24x$　 (2) $33a$　　 (3) $-40x$
　 (4) $-4y$　　 (5) $-16x$　　 (6) $-\dfrac{7}{6}a$

5 (1) $7a-14$　 (2) $2x+3$　　 (3) $6x+15$
　 (4) $-6a+\dfrac{3}{2}$　 (5) $3x-2$　　 (6) $\dfrac{7}{2}x-2$
　 (7) $2y+1$　　 (8) $-2x+18$

개념 확인 (1) 6, 2, 8　 (2) 6, 2, 4

필수 문제 ⑤ ②

5-1 $-2x$와 $5x$, y와 $-2y$

필수 문제 ⑥ (1) $6a$　(2) $5x$　(3) $\dfrac{1}{2}y$　(4) $2b+7$

6-1 (1) $-8b$　 (2) $0.7a$　　 (3) $-4a+1$
　 (4) $x+9$　 (5) $2y-2$　 (6) $\dfrac{13}{2}b+1$

필수 문제 ⑦ (1) $5x-3$　　(2) $-a-8$
　　　　　　 (3) $-13x+5$　(4) $7a-14$

7-1 (1) $-2x-3$　　(2) $2a+5$
　　 (3) $2x+15$　　(4) $-4a-8$

7-2 (1) $-3x+y$　　(2) $-6a-3b$

필수 문제 ⑧ (1) $\dfrac{9}{10}x+\dfrac{1}{5}$　　(2) $\dfrac{7}{12}x-\dfrac{3}{4}$

8-1 (1) $\dfrac{5}{6}a+\dfrac{3}{2}$　　(2) $-\dfrac{11}{20}a-\dfrac{2}{5}$

STEP 1 쏙쏙 개념 익히기

1 ㄱ, ㅁ, ㅂ

2 (1) $x+4$　　 (2) $2a+8$　　 (3) $6x-1$
　 (4) $2x-\dfrac{25}{6}$　 (5) $\dfrac{3}{4}x-\dfrac{1}{3}$　 (6) $-4a-7$

3 $12a+21$　　　　**4** $-4x-14$

5 (1) $x-2$　(2) $3x-11$

STEP 2 탄탄 단원 다지기

1 ①, ③　**2** ①　**3** ⑤　**4** ⑤　**5** -16

6 ⑤　**7** $\dfrac{xy}{2}\,\mathrm{cm}^2$, $15\,\mathrm{cm}^2$　**8** (1) $4n$개　(2) 52개

9 ⑤　**10** 3개　**11** ①　**12** ④　**13** 2개

14 ⑤　**15** 1　**16** ④　**17** ③　**18** ②

19 $37x-12$　　**20** $x+1$

STEP 3 쏙쏙 서술형 완성하기

〈과정은 풀이 참조〉

따라 해보자 유제 1 $(2ab+2bc+2ac)\,\mathrm{cm}^2$, $94\,\mathrm{cm}^2$

유제 2 $\dfrac{11}{9}$

연습해 보자 **1** $(200-50t)\,\mathrm{km}$　**2** -5

3 $x+1$　　**4** $5x$

개념 Review

① $0.1a$　② xy^2z　③ $-a$　④ $\dfrac{a}{bc}$　⑤ 괄호
⑥ 나눗셈　⑦ 상수항　⑧ 큰　⑨ 1　⑩ $-6x+3$
⑪ $2x-14$　⑫ 차수　⑬ ○　⑭ 그대로　⑮ 반대로

4. 일차방정식

01 방정식과 그 해

개념 확인　ㄴ, ㄹ, ㅇ

필수 문제 ①　(1) $5x-6=12$　(2) $4x=20$
(3) $700x+4000=7500$　(4) $3x=3000$

1-1　(1) $2(x+3)=\dfrac{x}{3}$　(2) $\dfrac{5}{2}x=20$
(3) $26-4x=2$　(4) $2000-500x=500$

개념 확인

(1)

x의 값	$2x+3$의 값	$5x$의 값	참/거짓
0	$0+3=3$	0	거짓
1	$2+3=5$	5	참
2	$4+3=7$	10	거짓
3	$6+3=9$	15	거짓

, $x=1$

(2)

x의 값	$3x-4$의 값	x의 값	참/거짓
0	$0-4=-4$	0	거짓
1	$3-4=-1$	1	거짓
2	$6-4=2$	2	참
3	$9-4=5$	3	거짓

, $x=2$

필수 문제 ②　④

2-1　④

필수 문제 ③　ㄱ, ㄴ, ㅂ, ㅇ, ㅈ

3-1　③, ⑤

필수 문제 ④　②, ④

4-1　ㄴ, ㄷ

필수 문제 ⑤　7, -9, 3, -3

5-1　(1) $x=7$　(2) $x=-6$　(3) $x=3$

---

1 ②, ④　**2** ⑤　**3** ④　**4** ⑤
5 ④

02 일차방정식의 풀이

필수 문제 ①　(1) $5x=6-1$　(2) $2x+8+10=0$
(3) $x+3x=7$　(4) $3x-2x=3+5$

1-1　④

필수 문제 ②　ㄴ, ㄷ

2-1　④

개념 확인　(1) 22, 11　(2) 3, $-\dfrac{7}{3}$

필수 문제 ③　(1) $x=-3$　(2) $x=\dfrac{1}{3}$　(3) $x=8$　(4) $x=\dfrac{9}{5}$

3-1　(1) $x=3$　(2) $x=-1$
(3) $x=-2$　(4) $x=8$

3-2　(1) $x=2$　(2) $x=-2$　(3) $x=-\dfrac{1}{2}$
(4) $x=-3$　(5) $x=1$　(6) $x=-\dfrac{7}{2}$

필수 문제 ④　(1) $x=2$　(2) $x=6$

4-1　(1) $x=3$　(2) $x=-4$
(3) $x=10$　(4) $x=-2$

필수 문제 ⑤　(1) $x=6$　(2) $x=1$

5-1　(1) $x=-5$　(2) $x=\dfrac{35}{3}$
(3) $x=\dfrac{1}{2}$　(4) $x=10$

5-2　$x=-9$

1 (1) $x=1$　(2) $x=\dfrac{1}{2}$　(3) $x=4$　(4) $x=-\dfrac{2}{3}$

2 (1) $x=-1$　(2) $x=4$　(3) $x=\dfrac{8}{7}$　(4) $x=-16$

3 (1) $x=-7$　(2) $x=-2$　(3) $x=8$　(4) $x=-7$

4 (1) $x=9$　(2) $x=14$　(3) $x=-2$　(4) $x=-3$

5 (1) $x=\dfrac{9}{2}$　(2) $x=2$

STEP
1 쓱쓱 **개념 익히기**   P.92

1 ③　　**2** ③　　**3** ④　　**4** 10

5 -5　　**6** -2

03 일차방정식의 활용

P. 93~95

개념 확인　$2x+9,\ 2x+9\ /\ 12,\ 4,\ 4\ /\ 4,\ 4,\ 4$

필수 문제 ❶　12

　1-1　12, 13, 14

필수 문제 ❷　29

　2-1　85

필수 문제 ❸　초콜릿: 5개, 사탕: 15개

　3-1　13개　　　　　**3-2**　6년 후

필수 문제 ❹　4 cm

　4-1　96 cm²

필수 문제 ❺　(1) $5x+2,\ 6x-3$　(2) 5

　5-1　(1) 9　(2) 41

필수 문제 ❻　(1)

	여학생 수	남학생 수	전체 학생 수
작년	x	$700-x$	700
올해 변화량	$+\dfrac{7}{100}x$	$-\dfrac{3}{100}(700-x)$	$+9$

　(2) $\dfrac{7}{100}x-\dfrac{3}{100}(700-x)=9$　(3) 300

　6-1　475

STEP
1 쓱쓱 **개념 익히기**   P.96

1 9　　**2** 14세　　**3** 6　　**4** 22일 후

5 19

P. 97~98

개념 확인　(1) $2a$ km　(2) $\dfrac{x}{5}$시간　(3) 시속 $\dfrac{x}{3}$ km

필수 문제 ❼　(1)

	갈 때	올 때
속력	시속 80 km	시속 40 km
거리	x km	x km
시간	$\dfrac{x}{80}$시간	$\dfrac{x}{40}$시간

　(2) $\dfrac{x}{80}+\dfrac{x}{40}=6$　(3) 160 km

　7-1　5 km

필수 문제 ❽　(1)

	동생	형
속력	분속 40 m	분속 60 m
시간	$(x+10)$분	x분
거리	$40(x+10)$ m	$60x$ m

　(2) $40(x+10)=60x$　(3) 20분 후

　8-1　5분 후

필수 문제 ❾　(1)

	예지	현우
속력	분속 40 m	분속 50 m
시간	x분	x분
거리	$40x$ m	$50x$ m

　(2) $40x+50x=1800$　(3) 20분 후

　9-1　15분 후

P. 99

필수 문제 ❿　(1) 아버지: $\dfrac{1}{10}$, 형: $\dfrac{1}{15}$　(2) 6일

　10-1　2시간

필수 문제 ⓫　(1) $\dfrac{6}{5}x$원　(2) $\left(\dfrac{6}{5}x-500\right)$원　(3) 4000원

　11-1　10000원

STEP 1 쓱쓱 개념 익히기   P.100

1 6 km   **2** (1) $\dfrac{x}{4}-\dfrac{x}{12}=\dfrac{1}{2}$ (2) 3 km

3 15분 후   **4** 25분 후   **5** 9일

STEP 2 탄탄 단원 다지기   P.101~103

1 ④   **2** ④   **3** ①   **4** ⑤   **5** ③

6 15   **7** ③, ⑤   **8** ③   **9** ④

10 $x=-7$ **11** ⑤   **12** 24   **13** ②

14 79   **15** ②   **16** ②   **17** 28명   **18** 32 cm

19 500   **20** ②   **21** 9시간

STEP 3 쓱쓱 서술형 완성하기   P.104~105

〈과정은 풀이 참조〉

따라 해보자 유제1 2   유제2 7, 53

연습해 보자   **1** -10 **2** $x=\dfrac{3}{2}$

3 $x=-3$ **4** 36 km

개념 Review   P. 106

① 방정식   ② 항등식   ③ 5   ④ -2 ⑤ 이항

⑥ 일차방정식   ⑦ 6   ⑧ 6   ⑨ 7

⑩ -1 ⑪ 거듭제곱   ⑫ 최소공배수

⑬ $x+2$ ⑭ $x+4$ ⑮ $10a+b$ ⑯ 거리   ⑰ 속력

⑱ 속력(또는 시간)   ⑲ 시간(또는 속력)

---

5. 좌표와 그래프

01 순서쌍과 좌표

P. 110~111

필수 문제 ① O(0), P(-3), Q$\left(-\dfrac{4}{3}\right)$, R$\left(\dfrac{7}{2}\right)$

1-1

필수 문제 ② $a=-2$, $b=3$

2-1 18

필수 문제 ③ O(0, 0), P(4, 2), Q(-1, 1),
R(-2, -3), S(3, -4)

3-1

필수 문제 ④ (1) (2, 0)   (2) (0, -1)

4-1 x축 위의 점: ㄴ, ㅂ, y축의 위의 점: ㄹ

P. 112

개념 확인

	제1사분면	제2사분면	제3사분면	제4사분면
x좌표의 부호	+	−	−	+
y좌표의 부호	+	+	−	−

필수 문제 ⑤ (1) 제1사분면   (2) 제4사분면
(3) 제3사분면   (4) 제2사분면

5-1 (1) ㄷ, ㅁ   (2) ㅂ, ㅇ   **5-2** ㄴ, ㄷ

STEP 1 쓱쓱 개념 익히기   P.113

1 ①   **2** A(6, 0), B(0, 8)

3 좌표평면은 풀이 참조, 15   **4** ①, ④

5 (1) 제3사분면   (2) 제1사분면
(3) 제2사분면   (4) 제4사분면

6 제4사분면

O2 그래프와 그 해석

P. 114~116

필수 문제 1 ㄴ

1-1 ②

필수 문제 2 A—ㄱ, B—ㄷ

2-1 ②

필수 문제 3 (1) 150분 후 (2) 30분

3-1 (1) ② (2) 14시, 20 L

3-2 ㄱ, ㄴ, ㄹ

STEP 1 쓱쓱 개념 익히기
P. 117~118

1 ③   **2** ③   **3** ②   **4** ㄱ, ㄹ

5 ⑤   **6** (1) 4분 후 (2) 4분 후 (3) 6분 후

STEP 2 탄탄 단원 다지기
P. 119~121

1 -2 **2** ②   **3** ④   **4** 36   **5** ④

6 ⑤   **7** ⑤   **8** ①   **9** ㄹ   **10** ②

11 ②   **12** ③   **13** ③   **14** ④, ⑤   **15** ③

16 ②   **17** 15분

STEP 3 쓱쓱 서술형 완성하기
P. 122~123

〈과정은 풀이 참조〉

따라 해보자 유제 1 -2 유제 2 제4사분면

연습해 보자 **1** $(-3, -5)$, $(-3, 5)$, $(3, -5)$, $(3, 5)$

2 좌표평면은 풀이 참조, $\dfrac{15}{2}$

3 (1) 7 km (2) 20분   **4** 8

개념 Review
P. 124

① a ② a ③ b ④ 다르다   ⑤ 0

⑥ 0   ⑦ 0   ⑧ 0   ⑨ $-$ ⑩ $+$

⑪ $-$ ⑫ $-$ ⑬ $+$ ⑭ $-$ ⑮ 그래프

⑯ 증가   감소

6. 정비례와 반비례

O1 정비례

P. 128~129

개념 확인

(1)

x	1	2	3	4	…
y	70	140	210	280	…

(2) 정비례한다. (3) $y=70x$

필수 문제 1 ③, ④

1-1 ⑤

1-2 ③

필수 문제 2 $y=7x$

2-1 -12

필수 문제 3 (1)

x	1	2	3	4	5	…	16
y	5	10	15	20	25	…	80

(2) $y=5x$ (3) 60 L

3-1 (1) $y=0.4x$ (2) 12 mm

3-2 (1) $y=15x$ (2) 200 mL

P. 130~131

필수 문제 4 (1) 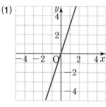   ① 3

② 위

③ 1, 3(또는 3, 1)

④ 증가

(2)   ① -1

② 아래

③ 2, 4(또는 4, 2)

④ 감소

필수 문제 5 -2

5-1 -9 **5-2** 0

필수 문제 6 1, 4, 1, 4, $4x$

6-1 (1) $y=\dfrac{1}{2}x$ (2) $y=-3x$

1 ②, ⑤ **2** 5 **3** 350 g **4** ③
5 ① **6** ② **7** -8 **8** 4
9 (1) A(6, 4) (2) 12 **10** 24

○2 반비례

P. 134~135

개념 확인 (1)

x	1	2	3	4	...	30
y	30	15	10	$\frac{15}{2}$	...	1

(2) 반비례한다. (3) $y=\frac{30}{x}$

필수 문제 ① ②

1-1 ②, ④   1-2 ㄴ, ㄹ

필수 문제 ② $y=\frac{15}{x}$

2-1 ②

필수 문제 ③ (1) $y=\frac{16}{x}$ (2) $\frac{1}{2}$ cm³

3-1 (1) $y=\frac{1500}{x}$ (2) 125 mL

3-2 (1) $y=\frac{100}{x}$ (2) 5개

P. 136~137

필수 문제 ④ (1)
① $-1, -3, 3, 1$
② $1, 3$(또는 3, 1)
③ 감소

(2)
① $1, 4, -4, -1$
② $2, 4$(또는 4, 2)
③ 증가

필수 문제 ⑤ $-\frac{3}{2}$

5-1 -24 5-2 -1

필수 문제 ⑥ $-2, 3, -2, -6, -\frac{6}{x}$

6-1 (1) $y=\frac{8}{x}$ (2) $y=-\frac{9}{x}$

1 ②, ③ **2** -6 **3** 시속 7 km
4 ②, ⑤ **5** ④ **6** -16
7 (1) $y=\frac{6}{x}$ (2) $-\frac{3}{2}$ **8** $a=27, b=9$
9 $a=-4, b=-8$

1 ①, ④ **2** ⑤ **3** (1) $y=\frac{1}{6}x$ (2) 13 kg
4 ④ **5** ② **6** ④ **7** ③ **8** ①
9 ⑤ **10** ⑤ **11** ㄴ, ㅁ
12 (1) $y=\frac{120}{x}$ (2) 12 L **13** ③ **14** ①, ②
15 $-\frac{9}{2}$ **16** 8개 **17** 3
18 (1) D(3, -5) (2) 60 **19** ④

〈과정은 풀이 참조〉

따라 해보자 유제1 76   유제2 15

연습해 보자 **1**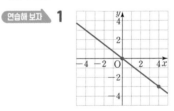

2 0 **3** (1) $y=\frac{14}{x}$ (2) 7 **4** 8

개념 Review
P. 146

① $y=ax$ ② $\frac{y}{x}$ ③ 원점 ④ $y=\frac{a}{x}$ ⑤ xy
⑥ 곡선 ⑦ 1(또는 3) ⑧ 3(또는 1) ⑨ 위
⑩ y축 ⑪ 2(또는 4) ⑫ 4(또는 2) ⑬ 증가
⑭ 원점

개념편

01 소인수분해

P. 8

개념 확인 2, 3, 5, 7, 11, 13, 17, 19, 23, 29, 31, 37, 41, 43, 47

필수 문제 ①

	약수	약수의 개수	소수 / 합성수
(1)	1, 5	2	소수
(2)	1, 2, 4, 8	4	합성수
(3)	1, 17	2	소수
(4)	1, 13, 169	3	합성수

1-1 소수: 19, 37
합성수: 21, 45, 78, 100, 133
1은 소수도 아니고 합성수도 아니다.
19의 약수는 1, 19뿐이므로 소수이다.
21의 약수는 1, 3, 7, 21이므로 합성수이다.
37의 약수는 1, 37뿐이므로 소수이다.
45의 약수는 1, 3, 5, 9, 15, 45이므로 합성수이다.
78의 약수는 1, 2, 3, 6, 13, 26, 39, 78이므로 합성수이다.
100의 약수는 1, 2, 4, 5, 10, 20, 25, 50, 100이므로 합성수이다.
133의 약수는 1, 7, 19, 133이므로 합성수이다.

1-2 (1) × (2) × (3) ○ (4) ×
(1) 2는 소수이면서 짝수이다.
(2) 가장 작은 소수는 2이다.
(3) 10 이하의 소수는 2, 3, 5, 7의 4개이다.
(4) 자연수는 1과 소수와 합성수로 이루어져 있다.

P. 9

개념 확인 (1) 2, 밑: 3, 지수: 2 (2) 3, 밑: 3, 지수: 3
(3) 3, 밑: 3, 지수: 4 (4) 3, 5, 밑: 3, 지수: 5

필수 문제 ② (1) 5^3 (2) 7^4
(3) $3^3 \times 5^2$ (4) $2^3 \times 5^2 \times 7$
(5) $\left(\dfrac{1}{2}\right)^3$ (6) $\dfrac{1}{3^2 \times 7^2}$

2-1 ③
① $2 \times 2 \times 2 = 2^3$ ② $\dfrac{1}{3} \times \dfrac{1}{3} = \left(\dfrac{1}{3}\right)^2$
④ $5 + 5 + 5 + 5 = 5 \times 4$ ⑤ $3 \times 3 \times 3 \times 7 \times 7 = 3^3 \times 7^2$
따라서 옳은 것은 ③이다.

2-2 7
$2 \times 5 \times 5 \times 3 \times 5 \times 3 \times 5 = 2 \times 3^2 \times 5^4$이므로
$2 \times 3^2 \times 5^4 = 2^a \times 3^b \times 5^c$에서 $a=1$, $b=2$, $c=4$
$\therefore a+b+c = 1+2+4 = 7$

P. 10

개념 확인

따라서 50을 소인수분해 하면
$50 = 2 \times 5 \times 5 = \boxed{2 \times 5^2}$이다.

필수 문제 ③ (1) $2^2 \times 3^2$ (2) 2×3^3
(3) $2^2 \times 3 \times 7$ (4) $3 \times 5^2 \times 7$

(1)
$\Rightarrow 36 = 2 \times 2 \times 3 \times 3 = 2^2 \times 3^2$

(2)
$\Rightarrow 54 = 2 \times 3 \times 3 \times 3 = 2 \times 3^3$

(3)
$\Rightarrow 84 = 2 \times 2 \times 3 \times 7 = 2^2 \times 3 \times 7$

(4)
$\Rightarrow 525 = 3 \times 5 \times 5 \times 7 = 3 \times 5^2 \times 7$

3-1 5

따라서 200을 소인수분해 하면 $200 = 2^3 \times 5^2$이므로
$2^3 \times 5^2 = 2^a \times 5^b$에서 $a=3$, $b=2$
$\therefore a+b = 3+2 = 5$

필수 문제 ④ (1) 2　(2) 2, 11　(3) 2, 3, 5　(4) 5, 7

(1) $16=2^4$이므로 16의 소인수는 2이다.

(2) $44=2^2×11$이므로 44의 소인수는 2, 11이다.

(3) $60=2^2×3×5$이므로 60의 소인수는 2, 3, 5이다.

(4) $245=5×7^2$이므로 245의 소인수는 5, 7이다.

4-1 14

$560=2^4×5×7$이므로 560의 소인수는 2, 5, 7이다.

따라서 모든 소인수의 합은 $2+5+7=14$

필수 문제 ⑤ (1)

×	1	3
1	1	3
2	2	6
2^2	4	12

⇨ 약수: 1, 2, 3, 4, 6, 12

(2) $225=3^2×5^2$

×	1	5	5^2
1	1	5	25
3	3	15	75
3^2	9	45	225

⇨ 약수: 1, 3, 5, 9, 15, 25, 45, 75, 225

5-1 ㄱ, ㄴ, ㄹ, ㅁ

$189=3^3×7$이므로

189의 약수는 (3³의 약수)×(7의 약수) 꼴이다.

ㄷ. $3×7^2$　⎫

ㅂ. $3^2×7^2$　⎬ 7^2은 7의 약수가 아니다.

ㅇ. $3^3×7^2$　⎭

ㅅ. $3^4×7$ ─ 3^4은 3^3의 약수가 아니다.

따라서 189의 약수는 ㄱ, ㄴ, ㄹ, ㅁ이다.

필수 문제 ⑥ (1) 6　(2) 24　(3) 3　(4) 18

(1) $3^2×7$의 약수의 개수는

$(2+1)×(1+1)=6$

(2) $2^2×3×5^3$의 약수의 개수는

$(2+1)×(1+1)×(3+1)=24$

(3) $121=11^2$이므로 약수의 개수는

$2+1=3$

(4) $180=2^2×3^2×5$이므로 약수의 개수는

$(2+1)×(2+1)×(1+1)=18$

6-1 (1) 5　(2) 12　(3) 9　(4) 18

(1) 2^4의 약수의 개수는 $4+1=5$

(2) $2×3^2×7$의 약수의 개수는

$(1+1)×(2+1)×(1+1)=12$

(3) $100=2^2×5^2$이므로 약수의 개수는

$(2+1)×(2+1)=9$

(4) $450=2×3^2×5^2$이므로 약수의 개수는

$(1+1)×(2+1)×(2+1)=18$

STEP 1 쓱쓱 개념 익히기

1 5　　**2** ③, ④　　**3** ③　　**4** ⑤

5 12　　**6** ④　　**7** ④　　**8** ②

9 (1) $3^2×5$　(2) 5　　**10** 6

1 소수가 적힌 칸을 모두 색칠하면 오른쪽과 같다.

이때 나타나는 숫자는 5이다.

5	2	11
67	26	49
37	23	31
21	105	19
53	17	47

2 ③ 9는 합성수이지만 홀수이다.

④ 소수가 아닌 자연수는 1 또는 합성수이다.

3 ㄴ. $1^{10}=1$

ㄹ. $\dfrac{1}{7}×\dfrac{1}{7}×\dfrac{1}{7}=\left(\dfrac{1}{7}\right)^3$

ㅂ. $1000000=10^6$

따라서 옳은 것은 ㄱ, ㄷ, ㅁ이다.

5 $504=2^3×3^2×7$이므로

$2^3×3^2×7=2^a×3^b×c$에서 $a=3$, $b=2$, $c=7$

∴ $a+b+c=3+2+7=12$

6 $90=2×3^2×5$이므로 90의 소인수는 2, 3, 5이다.

① $20=2^2×5$이므로 20의 소인수는 2, 5이다.

② $26=2×13$이므로 26의 소인수는 2, 13이다.

③ $42=2×3×7$이므로 42의 소인수는 2, 3, 7이다.

④ $120=2^3×3×5$이므로 120의 소인수는 2, 3, 5이다.

⑤ $242=2×11^2$이므로 242의 소인수는 2, 11이다.

따라서 90과 소인수가 같은 것은 ④이다.

7 $350=2×5^2×7$이므로 350의 약수는

(2의 약수)×(5^2의 약수)×(7의 약수) 꼴이다.

④ $2^2×5^2$에서 2^2은 2의 약수가 아니므로 350의 약수가 아니다.

8 ① $2^3 \times 3^2$의 약수의 개수는 $(3+1) \times (2+1) = 12$

② $7^2 \times 11^4$의 약수의 개수는 $(2+1) \times (4+1) = 15$

③ $2 \times 3 \times 5$의 약수의 개수는

　　$(1+1) \times (1+1) \times (1+1) = 8$

④ $81 = 3^4$이므로 약수의 개수는 $4+1 = 5$

⑤ $175 = 5^2 \times 7$이므로 약수의 개수는 $(2+1) \times (1+1) = 6$

따라서 약수의 개수가 가장 많은 것은 ②이다.

9 (1) $45 = 3^2 \times 5$

(2) $45 = 3^2 \times 5$에서 모든 소인수의 지수가 짝수가 되려면 5의 지수가 짝수가 되어야 하므로 곱해야 하는 가장 작은 자연수는 5이다.

10 216을 소인수분해 하면 $2^3 \times 3^3$

$2^3 \times 3^3$에 가능한 한 작은 자연수를 곱하여 어떤 자연수의 제곱이 되게 하려면 2, 3의 지수가 모두 짝수가 되어야 한다.

따라서 곱해야 하는 가장 작은 자연수는 $2 \times 3 = 6$

○2 최대공약수와 최소공배수

P. 14

（개념 확인）　1, 2, 5, 10, 10

필수 문제 **1**　1, 2, 3, 6

두 자연수 A, B의 공약수는 두 수의 최대공약수인 6의 약수이므로 1, 2, 3, 6이다.

1-1　8개

두 자연수의 공약수는 두 수의 최대공약수인 30의 약수이므로 공약수는 1, 2, 3, 5, 6, 10, 15, 30의 8개이다.

（다른 풀이）

두 자연수의 공약수의 개수는 두 수의 최대공약수인 30의 약수의 개수와 같다.

이때 $30 = 2 \times 3 \times 5$이므로 공약수의 개수는

$(1+1) \times (1+1) \times (1+1) = 8$

1-2　③

두 자연수의 공약수는 두 수의 최대공약수인 $2^2 \times 3 \times 7$의 약수이다.

③ 2×3^2은 $2^2 \times 3 \times 7$의 약수가 아니므로 공약수가 아니다.

P. 15

필수 문제 **2**　(1) 3×5^2　　　　(2) $2 \times 3 \times 5$

(1)
$$\begin{array}{r} 3 \times 5^2 \\ 3^2 \times 5^3 \\ \hline (\text{최대공약수}) = 3 \times 5^2 \end{array}$$

(2)
$$\begin{array}{r} 2^3 \times 3 \times 5 \\ 2 \times 3^2 \times 5 \times 7 \\ 2^2 \times 3 \times 5^2 \times 7 \\ \hline (\text{최대공약수}) = 2 \times 3 \times 5 \end{array}$$

2-1　(1) $2^2 \times 7$　　　　(2) $3 \times 5^2 \times 7$

(3) $2^2 \times 5$　　　　(4) $2^2 \times 3^2$

(1)
$$\begin{array}{r} 2^2 \qquad \times 7^2 \\ 2^2 \times 3 \times 7 \\ \hline (\text{최대공약수}) = 2^2 \qquad \times 7 \end{array}$$

(2)
$$\begin{array}{r} 3^3 \times 5^2 \times 7 \\ 3 \times 5^2 \times 7^2 \\ \hline (\text{최대공약수}) = 3 \times 5^2 \times 7 \end{array}$$

(3)
$$\begin{array}{r} 2^4 \times 5 \\ 2^2 \times 5 \times 7 \\ 2^3 \times 5^2 \\ \hline (\text{최대공약수}) = 2^2 \times 5 \end{array}$$

(4)
$$\begin{array}{r} 2^2 \times 3^2 \times 5^3 \\ 2^3 \times 3^3 \times 5 \\ 2^2 \times 3^2 \qquad \times 11 \\ \hline (\text{최대공약수}) = 2^2 \times 3^2 \end{array}$$

필수 문제 **3**　(1) 2^3(또는 8)

　　　　　　　(2) $2^3 \times 3$(또는 24)

(1)
$$\begin{array}{r} 32 = 2^5 \\ 40 = 2^3 \times 5 \\ \hline 2^3 \qquad = 8 \end{array}$$

(2)
$$\begin{array}{r} 48 = 2^4 \times 3 \\ 72 = 2^3 \times 3^2 \\ 96 = 2^5 \times 3 \\ \hline 2^3 \times 3 = 24 \end{array}$$

（참고）나눗셈을 이용하여 최대공약수 구하기

(1)
$$\begin{array}{r|rr} 2 & 32 & 40 \\ 2 & 16 & 20 \\ 2 & 8 & 10 \\ \hline & 4 & 5 \end{array} \qquad \therefore 2 \times 2 \times 2 = 8$$

(2)
$$\begin{array}{r|rrr} 2 & 48 & 72 & 96 \\ 2 & 24 & 36 & 48 \\ 2 & 12 & 18 & 24 \\ 3 & 6 & 9 & 12 \\ \hline & 2 & 3 & 4 \end{array} \qquad \therefore 2 \times 2 \times 2 \times 3 = 24$$

3-1 (1) 2^2(또는 4)

(2) 3^3(또는 27)

(3) 2×3^2(또는 18)

(4) $2^2 \times 5$(또는 20)

(1)
$$
\begin{array}{r}
16 = 2^4 \\
20 = 2^2 \times 5 \\
\hline
(\text{최대공약수}) = 2^2 \quad = 4
\end{array}
$$

(2)
$$
\begin{array}{r}
108 = 2^2 \times 3^3 \\
135 = \quad 3^3 \times 5 \\
\hline
(\text{최대공약수}) = \quad 3^3 \quad = 27
\end{array}
$$

(3)
$$
\begin{array}{r}
36 = 2^2 \times 3^2 \\
54 = 2 \times 3^3 \\
72 = 2^3 \times 3^2 \\
\hline
(\text{최대공약수}) = 2 \times 3^2 = 18
\end{array}
$$

(4)
$$
\begin{array}{r}
40 = 2^3 \quad \times 5 \\
60 = 2^2 \times 3 \times 5 \\
80 = 2^4 \quad \times 5 \\
\hline
(\text{최대공약수}) = 2^2 \quad \times 5 = 20
\end{array}
$$

참고 나눗셈을 이용하여 최대공약수 구하기

(1)
$$
\begin{array}{r}
2\,)\,\underline{16 \quad 20} \\
2\,)\,\underline{\;8 \quad 10} \\
4 \quad 5
\end{array}
\qquad \therefore 2 \times 2 = 4
$$

(2)
$$
\begin{array}{r}
3\,)\,\underline{108 \quad 135} \\
3\,)\,\underline{\;36 \quad 45} \\
3\,)\,\underline{\;12 \quad 15} \\
4 \quad 5
\end{array}
\qquad \therefore 3 \times 3 \times 3 = 27
$$

(3)
$$
\begin{array}{r}
2\,)\,\underline{36 \quad 54 \quad 72} \\
3\,)\,\underline{18 \quad 27 \quad 36} \\
3\,)\,\underline{\;6 \quad 9 \quad 12} \\
2 \quad 3 \quad 4
\end{array}
\qquad \therefore 2 \times 3 \times 3 = 18
$$

(4)
$$
\begin{array}{r}
2\,)\,\underline{40 \quad 60 \quad 80} \\
2\,)\,\underline{20 \quad 30 \quad 40} \\
5\,)\,\underline{10 \quad 15 \quad 20} \\
2 \quad 3 \quad 4
\end{array}
\qquad \therefore 2 \times 2 \times 5 = 20
$$

필수 **문제 4** (1) ○ (2) × (3) × (4) ○

(1) 4의 약수는 1, 2, 4이고, 7의 약수는 1, 7이다.
따라서 4와 7의 최대공약수는 1이므로 서로소이다.

(2) 9의 약수는 1, 3, 9이고, 21의 약수는 1, 3, 7, 21이다.
따라서 9와 21의 최대공약수는 3이므로 서로소가 아니다.

(3) 16의 약수는 1, 2, 4, 8, 16이고, 24의 약수는 1, 2, 3, 4, 6, 8, 12, 24이다.
따라서 16과 24의 최대공약수는 8이므로 서로소가 아니다.

(4) 28의 약수는 1, 2, 4, 7, 14, 28이고, 45의 약수는 1, 3, 5, 9, 15, 45이다.
따라서 28과 45의 최대공약수는 1이므로 서로소이다.

개념 확인 30, 60, 90, 120, 30

필수 **문제 5** 28, 56, 84

두 자연수의 공배수는 두 수의 최소공배수인 28의 배수이므로 주어진 수 중 두 수의 공배수는 28, 56, 84이다.

5-1 6개

두 자연수 A, B의 공배수는 두 수의 최소공배수인 16의 배수이다.
따라서 A, B의 공배수 중 두 자리의 자연수는 16의 배수 중 두 자리의 자연수인 16, 32, 48, 64, 80, 96의 6개이다.

5-2 ④

두 자연수 A, B의 공배수는 두 수의 최소공배수인 3×5^2의 배수이다.
④ $2 \times 3 \times 5 \times 7$은 3×5^2의 배수가 아니므로 공배수가 아니다.

필수 **문제 6** (1) $3^2 \times 5 \times 7^2$ (2) $2^2 \times 3^2 \times 5^2 \times 7$

(1)
$$
\begin{array}{r}
3^2 \quad \times 7 \\
3 \times 5 \times 7^2 \\
\hline
(\text{최소공배수}) = 3^2 \times 5 \times 7^2
\end{array}
$$

(2)
$$
\begin{array}{r}
2 \times 3 \times 5^2 \\
2^2 \times 3^2 \times 5 \\
3 \times 5 \times 7 \\
\hline
(\text{최소공배수}) = 2^2 \times 3^2 \times 5^2 \times 7
\end{array}
$$

6-1 (1) $2 \times 3^2 \times 5$ (2) $2^2 \times 3 \times 5 \times 7$

(3) $2^2 \times 3^2 \times 5^2$ (4) $2 \times 3^2 \times 5^2 \times 7$

(1)
$$
\begin{array}{r}
3^2 \times 5 \\
2 \times 3 \times 5 \\
\hline
(\text{최소공배수}) = 2 \times 3^2 \times 5
\end{array}
$$

(2)
$$
\begin{array}{r}
2 \times 3 \quad \times 7 \\
2^2 \times 3 \times 5 \\
\hline
(\text{최소공배수}) = 2^2 \times 3 \times 5 \times 7
\end{array}
$$

(3)
$$
\begin{array}{r}
2 \times 3^2 \\
2^2 \times 3 \times 5 \\
2 \times 3 \times 5^2 \\
\hline
(\text{최소공배수}) = 2^2 \times 3^2 \times 5^2
\end{array}
$$

(4)
$$
\begin{array}{r}
2 \times 3^2 \times 5 \\
2 \times 3 \quad \times 7 \\
3 \times 5^2 \times 7 \\
\hline
(\text{최소공배수}) = 2 \times 3^2 \times 5^2 \times 7
\end{array}
$$

필수 문제 7 (1) 5^3(또는 125)

(2) $2^3 \times 3 \times 5$(또는 120)

(1)
$$25 = 5^2$$
$$125 = 5^3$$
$$\overline{ 5^3 = 125}$$

(2)
$$12 = 2^2 \times 3$$
$$40 = 2^3 \qquad \times 5$$
$$60 = 2^2 \times 3 \times 5$$
$$\overline{ 2^3 \times 3 \times 5 = 120}$$

참고 나눗셈을 이용하여 최소공배수 구하기

(1)
```
5 ) 25   125
5 )  5    25
     1     5     ∴ 5×5×1×5=125
```

(2)
```
2 ) 12   40   60
2 )  6   20   30
3 )  3   10   15
5 )  1   10    5
     1    2    1
```
$$\therefore 2 \times 2 \times 3 \times 5 \times 1 \times 2 \times 1 = 120$$

7-1 (1) $2 \times 3^2 \times 7$(또는 126)   (2) $2^3 \times 3 \times 7$(또는 168)

(3) $2^3 \times 3^2$(또는 72)   (4) $2^3 \times 3^2 \times 5$(또는 360)

(1)
$$14 = 2 \qquad \times 7$$
$$18 = 2 \times 3^2$$
$$\overline{(\text{최소공배수}) = 2 \times 3^2 \times 7 = 126}$$

(2)
$$42 = 2 \times 3 \times 7$$
$$56 = 2^3 \qquad \times 7$$
$$\overline{(\text{최소공배수}) = 2^3 \times 3 \times 7 = 168}$$

(3)
$$9 = \qquad 3^2$$
$$24 = 2^3 \times 3$$
$$36 = 2^2 \times 3^2$$
$$\overline{(\text{최소공배수}) = 2^3 \times 3^2 = 72}$$

(4)
$$20 = 2^2 \qquad \times 5$$
$$60 = 2^2 \times 3 \times 5$$
$$72 = 2^3 \times 3^2$$
$$\overline{(\text{최소공배수}) = 2^3 \times 3^2 \times 5 = 360}$$

참고 나눗셈을 이용하여 최소공배수 구하기

(1)
```
2 ) 14   18
     7    9     ∴ 2×7×9=126
```

(2)
```
2 ) 42   56
     7 ) 21   27 → 3   4     ∴ 2×7×3×4=168
```

(3)
```
3 ) 9   24   36
2 ) 3    8   12
2 ) 3    4    6
3 ) 3    2    3
    1    2    1
```
$$\therefore 3 \times 2 \times 2 \times 3 \times 1 \times 2 \times 1 = 72$$

(4)
```
2 ) 20   60   72
2 ) 10   30   36
3 )  5   15   18
5 )  5    5    6
     1    1    6
```
$$\therefore 2 \times 2 \times 3 \times 5 \times 1 \times 1 \times 6 = 360$$

필수 문제 8 2, 2

$$2^a \times 3^3$$
$$2 \times 3^b \times 7$$
$$\overline{(\text{최대공약수}) = 2 \times 3^2}$$
$$(\text{최소공배수}) = 2^2 \times 3^3 \times 7$$
$$\Rightarrow a = \boxed{2}, \ b = \boxed{2}$$

8-1 6

$$2^a \times 3 \times 5$$
$$2^5 \times 3^b$$
$$\overline{(\text{최대공약수}) = 2^4 \times 3}$$
$$(\text{최소공배수}) = 2^5 \times 3^2 \times 5$$

따라서 $a = 4$, $b = 2$이므로 $a + b = 4 + 2 = 6$

P. 18

필수 문제 9 5

(두 수의 곱)=(최대공약수)×(최소공배수)이므로
$$750 = (\text{최대공약수}) \times 150 \qquad \therefore (\text{최대공약수}) = 5$$

9-1 64

(두 수의 곱)=(최대공약수)×(최소공배수)이므로
$$48 \times N = 16 \times 192, \ 48 \times N = 3072$$
$$\therefore N = 64$$

다른 풀이

두 자연수 48, N의 최대공약수가 16이므로
$48 = 16 \times 3$이고 $N = 16 \times n$(n은 자연수)
이라 하면 3과 n은 서로소이다.

```
16 ) 48   N
      3    n
```

이때 두 수의 최소공배수가 192이므로
$16 \times 3 \times n = 192$에서 $n = 4$
$$\therefore N = 16 \times n = 16 \times 4 = 64$$

STEP 1 쏙쏙 **개념 익히기**   P. 19~20

| 1 2×3^2 | 2 ① | 3 ①, ④ | 4 105 |
| 5 ④ | 6 ① | 7 ③ | 8 90 |

1
$$2 \times 3^3$$
$$2^2 \times 3^2 \times 5$$
$$252 = 2^2 \times 3^2 \qquad \times 7$$
$$\overline{(\text{최대공약수}) = 2 \times 3^2}$$

2 두 수 $2^2\times3^2\times5^2$, $2^2\times3\times5$의 최대공약수는 $2^2\times3\times5$이므로 두 수의 공약수는 $2^2\times3\times5$의 약수이다.

ㄴ. $12=2^2\times3$이므로 $2^2\times3\times5$의 약수이다.
　　즉, 공약수이다.

ㄷ. $25=5^2$이므로 $2^2\times3\times5$의 약수가 아니다.
　　즉, 공약수가 아니다.

ㅁ. $60=2^2\times3\times5$이므로 $2^2\times3\times5$의 약수이다.
　　즉, 공약수이다.

ㄹ, ㅂ. $2^2\times3^2$과 $2^2\times3\times5^2$은 $2^2\times3\times5$의 약수가 아니므로 공약수가 아니다.

따라서 공약수는 ㄱ, ㄴ, ㅁ이다.

3 두 자연수의 최대공약수를 각각 구하면 다음과 같다.
① 1　② 13　③ 3　④ 1　⑤ 30
따라서 서로소인 두 자연수로 짝 지어진 것은 ①, ④이다.

4 두 자연수의 공배수는 두 수의 최소공배수인 21의 배수이므로 21, 42, 63, 84, 105, …이다.
따라서 두 자연수의 공배수 중 100에 가장 가까운 수는 105이다.

5
$$
\begin{array}{r}
9=\phantom{2\times{}}3^2\\
30=2\times3\times5\\
75=\phantom{2\times{}}3\times5^2\\
\hline
(\text{최소공배수})=2\times3^2\times5^2
\end{array}
$$

6 $18=2\times3^2$이므로
두 수 2×3^2, $2^2\times3\times5$의 최소공배수는 $2^2\times3^2\times5$
따라서 두 수의 공배수는 $2^2\times3^2\times5$의 배수이다.
① $2^2\times3^3$은 $2^2\times3^2\times5$의 배수가 아니므로 공배수가 아니다.

7
$$
\begin{array}{r}
2^a\phantom{{}\times b}\times7^2\\
2^2\times b\times7\\
\hline
(\text{최대공약수})=2^2\times7\\
(\text{최소공배수})=2^2\times5\times7^2
\end{array}
$$
따라서 $a=2$, $b=5$, $c=1$이므로
$a+b+c=2+5+1=8$

8 (두 수의 곱)$=$(최대공약수)$\times$(최소공배수)이므로
$54\times A=18\times270$
$54\times A=4860$　∴ $A=90$

다른 풀이

두 자연수 54, A의 최대공약수가 18이므로
$$
18\,)\underline{\ 54\quad A\ }
$$
$$
3\quad a
$$
$54=18\times3$이고 $A=18\times a$ (a는 자연수)라 하면 3과 a는 서로소이다.
이때 두 수의 최소공배수가 270이므로
$18\times3\times a=270$에서 $a=5$
∴ $A=18\times a=18\times5=90$

---

1 ③	**2** ④	**3** 32	**4** ②	**5** ④, ⑤
6 15	**7** 6	**8** ⑤	**9** ④	**10** 3
11 ③	**12** ②	**13** ③	**14** 2개	**15** 7개
16 ②, ③	**17** ③, ⑤	**18** 16	**19** 31	**20** ①

1 주어진 수 중 소수는 2, 17, 59, 223의 4개이다.

2 ① $2^3=2\times2\times2=8$
② $3\times3=3^2$
③ $5+5+5=5\times3$
⑤ $2\times2\times2\times5\times5=2^3\times5^2$
따라서 옳은 것은 ④이다.

3 $32=2^5=2^a$에서 $a=5$
$\dfrac{1}{3^3}=\dfrac{1}{27}=\dfrac{1}{b}$에서 $b=27$
∴ $a+b=5+27=32$

4 ① $45=3^2\times5$　　③ $80=2^4\times5$
④ $128=2^7$　　⑤ $192=2^6\times3$
따라서 소인수분해를 바르게 한 것은 ②이다.

5 $540=2^2\times3^3\times5$이므로 540의 소인수는 2, 3, 5이다.
따라서 540의 소인수가 아닌 것은 ④, ⑤이다.

6 $1\times2\times3\times4\times5\times6\times7\times8\times9\times10$
$=1\times2\times3\times2^2\times5\times(2\times3)\times7\times2^3\times3^2\times(2\times5)$
$=2^8\times3^4\times5^2\times7$
따라서 $a=8$, $b=4$, $c=2$, $d=1$이므로
$a+b+c+d=8+4+2+1=15$

7 $24=2^3\times3$이므로 $2^3\times3\times\square$가 어떤 자연수의 제곱이 되려면 모든 소인수의 지수가 짝수가 되어야 한다.
따라서 2, 3의 지수가 모두 짝수가 되어야 하므로
$\square$ 안에 알맞은 가장 작은 자연수는 $2\times3=6$

8 ⑤ $108=2^2\times3^3$이므로 108의 약수는
$(2+1)\times(3+1)=12$(개)

9 ① 2^5의 약수의 개수는
$5+1=6$
② $28=2^2\times7$이므로 약수의 개수는
$(2+1)\times(1+1)=6$
③ $75=3\times5^2$이므로 약수의 개수는
$(1+1)\times(2+1)=6$

④ $130=2\times5\times13$이므로 약수의 개수는
　　$(1+1)\times(1+1)\times(1+1)=8$
⑤ 3×7^2의 약수의 개수는
　　$(1+1)\times(2+1)=6$
따라서 약수의 개수가 다른 하나는 ④이다.

10 $3^2\times5^\square$의 약수가 12개이므로
$(2+1)\times(\square+1)=12$에서
$3\times(\square+1)=3\times4$, $\square+1=4$　　$\therefore \square=3$

11 두 자연수 A, B의 공약수는 두 수의 최대공약수인
$42=2\times3\times7$의 약수이다.
③ 3^2은 $2\times3\times7$의 약수가 아니므로 공약수가 아니다.

12
$$30=2\times3\times5$$
$$2\times3^2$$
$$\overline{}$$
(최대공약수)$=2\times3$
(최소공배수)$=2\times3^2\times5$

13
$$2^2\times3^2$$
$$2^2\times3^3\times5$$
$$2^3\times3^2\times5^2$$
$$\overline{}$$
(최대공약수)$=2^2\times3^2$

세 수의 공약수의 개수는 세 수의 최대공약수인 $2^2\times3^2$의 약수의 개수와 같으므로 공약수의 개수는
$(2+1)\times(2+1)=9$

14 ㄱ. 6과 15의 최대공약수는 3이므로 서로소가 아니다.
ㄴ. 8과 21의 최대공약수는 1이므로 서로소이다.
ㄷ. 30과 45의 최대공약수는 15이므로 서로소가 아니다.
ㄹ. 11과 121의 최대공약수는 11이므로 서로소가 아니다.
ㅁ. 28과 35의 최대공약수는 7이므로 서로소가 아니다.
ㅂ. 51과 82의 최대공약수는 1이므로 서로소이다.
따라서 서로소인 두 자연수는 ㄴ, ㅂ의 2개이다.

15 $18=2\times3^2$이므로 18과 서로소인 수는 2의 배수도 아니고 3의 배수도 아니다.
즉, 10보다 크고 30보다 작은 자연수 중 2의 배수와 3의 배수를 지우고 남은 수가 18과 서로소인 수이다.

　　11 1̶2̶ 13 1̶4̶ 1̶5̶ 1̶6̶ 17 1̶8̶ 19 2̶0̶
　　2̶1̶ 2̶2̶ 23 2̶4̶ 25 2̶6̶ 2̶7̶ 2̶8̶ 29

따라서 18과 서로소인 수는 11, 13, 17, 19, 23, 25, 29의 7개이다.

16 ② 합성수는 약수가 3개 이상이다.
③ 모든 자연수는 1과 소수와 합성수로 이루어져 있다.

17 두 수의 최소공배수는 $3^2\times5^2\times7^3$이므로 두 수의 공배수는 $3^2\times5^2\times7^3$의 배수인 ③, ⑤이다.

18 $36=2^2\times3^2$이므로

$$2^a\times3^b\times5^c$$
$$2^3\times3^2\times d$$
$$\overline{}$$
(최대공약수)$=2^2\times3^2$
(최소공배수)$=2^3\times3^2\times5\times11$

따라서 $a=2$, $b=2$, $c=1$, $d=11$이므로
$a+b+c+d=2+2+1+11=16$

19 $144=2^4\times3^2$, 즉 $2^4\times3^2$과 $\square\times3^3\times5^3$의 최소공배수가 $2^4\times3^3\times5^3$이므로 $\square$ 안에 들어갈 수 있는 수는 2^4의 약수인 1, 2, 2^2, 2^3, 2^4이다.
따라서 구하는 합은
$1+2+2^2+2^3+2^4=1+2+4+8+16=31$

20 (두 수의 곱)$=$(최대공약수)$\times$(최소공배수)이므로
$28\times N=14\times84$
$28\times N=1176$　　$\therefore N=42$

〔다른 풀이〕
두 자연수 28, N의 최대공약수가 14이므로
$28=14\times2$이고 $N=14\times n(n$은 자연수)이라 하면 2와 n은 서로소이다.
이때 두 수의 최소공배수가 84이므로
$14\times2\times n=84$에서 $n=3$
$\therefore N=14\times3=42$

$$\begin{array}{r|rr}14&28&N\\\hline&2&n\end{array}$$

STEP 3 쓰쓰극극 서술형 완성하기
P. 24~25

〈과정은 풀이 참조〉

따라 해보자　유제 1 $2^2\times5\times7$, 소인수: 2, 5, 7
　　　　　　유제 2 7

연습해 보자　**1** (1) $2^2\times7^2$
　　　　　　　　(2) 표는 풀이 참조,
　　　　　　　　　　약수: 1, 2, 4, 7, 14, 28, 49, 98, 196

2 2　　　　**3** 56
4 최대공약수: 2×3^2, 최소공배수: $2^3\times3^4\times7^2$

따라 해보자

유제 1 〔1단계〕
$$\begin{array}{r|r}2&140\\\hline2&70\\\hline5&35\\\hline&7\end{array}\quad\therefore 140=2^2\times5\times7$$

〔2단계〕 따라서 140의 소인수는 2, 5, 7이다.

	채점 기준	
1단계	140을 소인수분해 하기	··· 60 %
2단계	소인수 모두 구하기	··· 40 %

유제 2 [1단계] 세 자연수 42, 70, 84를 각각 소인수분해 하면

$42=2\times3\times7,\ 70=2\times5\times7,\ 84=2^2\times3\times7$

이므로 이 세 자연수의 최대공약수는 $2\times7=14$

[2단계] 세 자연수의 공약수는 최대공약수인 14의 약수이

므로 1, 2, 7, 14이다.

따라서 공약수 중 두 번째로 큰 수는 7이다.

채점 기준		
1단계	소인수분해를 이용하여 세 자연수의 최대공약수 구하기	··· 40 %
2단계	최대공약수의 성질을 이용하여 공약수 중 두 번째로 큰 수 구하기	··· 60 %

연습해 보자

1 (1) [1단계]

```
2)196
2) 98
7) 49
      7    ∴ 196=2²×7²
```

(2) [2단계] 표를 완성하면 다음과 같다.

×	1	7	7^2
1	1	7	49
2	2	14	98
2^2	4	28	196

따라서 196의 약수는

1, 2, 4, 7, 14, 28, 49, 98, 196이다.

채점 기준		
1단계	196을 소인수분해 하기	··· 40 %
2단계	표를 완성하여 196의 약수 구하기	··· 60 %

2 [1단계] $32=2^5$이므로 약수의 개수는 $5+1=6$

[2단계] 2×5^x의 약수의 개수는 32의 약수의 개수와 같으므로

$(1+1)\times(x+1)=6,\ 2\times(x+1)=6$

[3단계] $x+1=3$ ∴ $x=2$

채점 기준		
1단계	32의 약수의 개수 구하기	··· 30 %
2단계	2×5^x의 약수의 개수에 대한 식 세우기	··· 40 %
3단계	x의 값 구하기	··· 30 %

3 [1단계] $126=2\times3^2\times7$이므로

[2단계] $126\times a=2\times3^2\times7\times a=b^2$이 되려면

모든 소인수의 지수가 짝수가 되어야 하므로

가장 작은 자연수 a의 값은 $a=2\times7=14$

[3단계] $126\times a=2\times3^2\times7\times14$

$\qquad=2\times3^2\times7\times(2\times7)$

$\qquad=(2\times3\times7)\times(2\times3\times7)$

$\qquad=(2\times3\times7)^2=42^2$

이므로 $b=42$

[4단계] ∴ $a+b=14+42=56$

채점 기준		
1단계	126을 소인수분해 하기	··· 10 %
2단계	a의 값 구하기	··· 40 %
3단계	b의 값 구하기	··· 40 %
4단계	$a+b$의 값 구하기	··· 10 %

4 [1단계] $504=2^3\times3^2\times7$

[2단계] 주어진 세 수의 최대공약수는 2×3^2

[3단계] 주어진 세 수의 최소공배수는 $2^3\times3^4\times7^2$

채점 기준		
1단계	504를 소인수분해 하기	··· 20 %
2단계	세 수의 최대공약수 구하기	··· 40 %
3단계	세 수의 최소공배수 구하기	··· 40 %

01 정수와 유리수

P. 30

필수 문제 ① (1) -4 (2) $+5$ (3) -1500

1-1 (1) $+60\,\text{m}$ (2) $-5\,\text{kg}$ (3) $+8$점 (4) $-10\,\%$
(1) 지상 $60\,\text{m}$ ⇨ $+60\,\text{m}$
(2) $5\,\text{kg}$ 감소 ⇨ $-5\,\text{kg}$
(3) 8점 얻은 ⇨ $+8$점
(4) $10\,\%$ 인하 ⇨ $-10\,\%$

필수 문제 ② (1) $+4$, 양수 (2) $-\dfrac{1}{2}$, 음수

2-1 (1) -9, 음수 (2) $+0.31$, 양수

P. 31~32

개념 확인

수	0.5	-7	$+\dfrac{4}{3}$	-1.2	$-\dfrac{6}{3}$	0	4
양수	○	×	○	×	×	×	○
음수	×	○	×	○	○	×	×
자연수	×	×	×	×	×	×	○
정수	×	○	×	×	○	○	○
유리수	○	○	○	○	○	○	○

필수 문제 ③ (1) 3, $+2$, 12, $+7$ (2) -5, -9

3-1 0
양의 정수는 10, 7의 2개이므로 $a=2$
음의 정수는 -2, -4의 2개이므로 $b=2$
∴ $a-b=2-2=0$

필수 문제 ④ (1) $\dfrac{12}{3}$, $+2$, 0, $-\dfrac{10}{2}$, -8

(2) $\dfrac{12}{3}$, $+2$, $-\dfrac{2}{5}$, 0, 3.14, $-\dfrac{10}{2}$, 12.34, -8

(3) $-\dfrac{2}{5}$, 3.14, 12.34

(1) $\dfrac{12}{3}=4$, $-\dfrac{10}{2}=-5$이므로
정수는 $\dfrac{12}{3}$, $+2$, 0, $-\dfrac{10}{2}$, -8이다.

4-1 ㅋ

정수	$+5.5$	-6	$+4$	0	$\dfrac{14}{2}$	$-\dfrac{3}{4}$
양의 유리수	$-\dfrac{5}{2}$	$-\dfrac{4}{7}$	-3.2	-11	4.2	0
음의 유리수	$\dfrac{9}{3}$	$-\dfrac{6}{5}$	$-\dfrac{18}{9}$	-5.6	-1.5	10
정수가 아닌 유리수	0	$+\dfrac{10}{2}$	-6	$-\dfrac{12}{4}$	$+\dfrac{7}{3}$	$-\dfrac{20}{5}$

따라서 나타나는 자음은 'ㅋ'이다.

필수 문제 ⑤ (1) ○ (2) × (3) × (4) × (5) ○
(2) 0은 정수이다.
(3) 모든 정수는 유리수이다.
(4) 양수는 양의 부호 $+$를 생략할 수 있지만 음수는 음의 부호 $-$를 생략할 수 없다.

5-1 ㄱ, ㄴ
ㄷ. 가장 작은 정수는 알 수 없다.
ㄹ. 유리수는 양의 유리수, 0, 음의 유리수로 이루어져 있다.
따라서 옳은 것은 ㄱ, ㄴ이다.

STEP 1 쓱쓱 개념 익히기

P. 33

1 ③ **2** ④ **3** ②, ④
4 성화, 준모, 진솔

1 ① 해발 $500\,\text{m}$: $+500\,\text{m}$
② 300원 손해: -300원
④ $5\,\%$ 적립: $+5\,\%$
⑤ 1점 실점: -1점
따라서 옳은 것은 ③이다.

2 주어진 수 중 정수는 -4, 0, $+5$, $\dfrac{14}{2}(=7)$의 4개이다.

3 ① 자연수는 $+1$의 1개이다.
② 정수는 $+1$, 0, $-\dfrac{8}{4}(=-2)$의 3개이다.
③ 유리수는 $\dfrac{1}{7}$, $+1$, 0, $-\dfrac{8}{4}$, -1.5의 5개이다.
④ 양수는 $\dfrac{1}{7}$, $+1$의 2개이다.
⑤ 정수가 아닌 유리수는 $\dfrac{1}{7}$, -1.5의 2개이다.
따라서 옳지 않은 것은 ②, ④이다.

4 재은: 가장 작은 양의 유리수는 알 수 없다.

규형: 0과 1 사이에는 정수가 존재하지 않는다.

따라서 바르게 말한 학생은 성화, 준모, 진솔이다.

P. 34

필수 문제 ⑥ A: -4, B: $-\dfrac{1}{2}$, C: $+\dfrac{4}{3}$, D: $+3$

6-1 A: $-\dfrac{7}{2}$, B: 0, C: $+\dfrac{11}{4}$, D: $+\dfrac{10}{3}$

필수 문제 ⑦ (1)

(2) -3, 4

7-1 -2, 3

$-\dfrac{9}{4}\left(=-2\dfrac{1}{4}\right)$와 $\dfrac{14}{5}\left(=2\dfrac{4}{5}\right)$에 대응하는 점을 각각 수직선 위에 나타내면 다음 그림과 같다.

따라서 $-\dfrac{9}{4}$에 가장 가까운 정수는 -2이고, $\dfrac{14}{5}$에 가장 가까운 정수는 3이다.

P. 35~36

개념 확인 (1) 8 (2) $\dfrac{4}{5}$ (3) 6 (4) 2.7

필수 문제 ⑧ (1) $+4$, -4 (2) $+2.5$, -2.5

(3) $+9$ (4) $-\dfrac{3}{4}$

8-1 $a=+10$, $b=-\dfrac{1}{2}$, $c=0$

절댓값이 10인 양수는 $+10$

절댓값이 $\dfrac{1}{2}$인 음수는 $-\dfrac{1}{2}$

절댓값이 0인 수는 0

$\therefore$ $a=+10$, $b=-\dfrac{1}{2}$, $c=0$

8-2 ④

절댓값이 12인 두 수는 $+12$와 -12이므로 두 수에 대응하는 두 점 사이의 거리는 24이다.

필수 문제 ⑨ $+4$, -4

두 수는 절댓값이 같고 부호가 반대이므로 두 수에 대응하는 두 점은 원점으로부터의 거리가 같다.

이때 두 점 사이의 거리가 8이므로 두 점은 원점으로부터 거리가 각각 $\dfrac{8}{2}=4$만큼 떨어져 있다.

따라서 구하는 두 수는 $+4$, -4이다.

참고 절댓값이 같고 부호가 반대인 두 수에 대응하는 두 점 사이의 거리가 a이다.

⇨ 두 점은 원점으로부터 서로 반대 방향으로 $\dfrac{a}{2}$만큼 떨어져 있다.

⇨ 두 수는 $+\dfrac{a}{2}$, $-\dfrac{a}{2}$이다.

9-1 $+5$, -5

두 수는 절댓값이 같고 부호가 반대이므로 두 수에 대응하는 두 점은 원점으로부터의 거리가 같다.

이때 두 점 사이의 거리가 10이므로 두 점은 원점으로부터의 거리가 각각 $\dfrac{10}{2}=5$만큼 떨어져 있다.

따라서 구하는 두 수는 $+5$, -5이다.

필수 문제 ⑩ -4, 2.6, $-\dfrac{7}{4}$, $\dfrac{3}{2}$, 1

$|-4|=4$, $\left|\dfrac{3}{2}\right|=\dfrac{3}{2}$, $|1|=1$, $\left|-\dfrac{7}{4}\right|=\dfrac{7}{4}$, $|2.6|=2.6$

이므로 주어진 수의 절댓값의 대소를 비교하면

$|-4|>|2.6|>\left|-\dfrac{7}{4}\right|>\left|\dfrac{3}{2}\right|>1$

따라서 절댓값이 큰 수부터 차례로 나열하면

-4, 2.6, $-\dfrac{7}{4}$, $\dfrac{3}{2}$, 1

10-1 -1.3, $\dfrac{14}{5}$, 6, -7, 8.4

원점으로부터 거리가 가장 가까운 점에 대응하는 수는 절댓값이 가장 작은 수이다.

$|-7|=7$, $\left|\dfrac{14}{5}\right|=\dfrac{14}{5}$, $|-1.3|=1.3$, $|6|=6$, $|8.4|=8.4$

이므로 주어진 수의 절댓값의 대소를 비교하면

$|-1.3|<\left|\dfrac{14}{5}\right|<|6|<|-7|<|8.4|$

따라서 원점으로부터 거리가 가장 가까운 점에 대응하는 수부터 차례로 나열하면 -1.3, $\dfrac{14}{5}$, 6, -7, 8.4이다.

개념 확인 $\dfrac{3}{5}$, $\dfrac{2}{5}$, $>$, $<$

필수 문제 ⑪ (1) $>$ (2) $<$ (3) $>$ (4) $<$

(1) (음수)<(양수)이므로 $+4>-3$

(2) $0<$(양수)이므로 $0<+\dfrac{2}{3}$

(3) 음수끼리는 절댓값이 큰 수가 작다.

$\left|-\dfrac{1}{2}\right|=\dfrac{1}{2}$, $|-1|=1$이므로 $\left|-\dfrac{1}{2}\right|<|-1|$

$\therefore -\dfrac{1}{2}>-1$

(4) $\dfrac{8}{3}=\dfrac{32}{12}$, $\dfrac{11}{4}=\dfrac{33}{12}$이므로

$\dfrac{32}{12}<\dfrac{33}{12}$ $\therefore \dfrac{8}{3}<\dfrac{11}{4}$

11-1 (1) $-3<0$ (2) $-\dfrac{2}{3}<-0.5$

(1) (음수)<0이므로 $-3<0$

(2) $\left|-\dfrac{2}{3}\right|=\dfrac{2}{3}=\dfrac{4}{6}$, $|-0.5|=0.5=\dfrac{1}{2}=\dfrac{3}{6}$이므로

$\left|-\dfrac{2}{3}\right|>|-0.5|$ $\therefore -\dfrac{2}{3}<-0.5$

필수 문제 ⑫ (1) $\geq$ (2) $\leq$, $<$ (3) $<$, $\leq$

(1) x는 3보다 크거나 같다.
$\Rightarrow x\geq3$

(2) x는 -2 이상이고 / 5 미만이다.
$\Rightarrow -2\leq x<5$

(3) x는 4보다 크고 / 7보다 크지 않다.
$\Rightarrow 4<x\leq7$

STEP 1 쓱쓱 **개념 익히기**

1 ④   **2** ①   **3** $+\dfrac{5}{7}$, $-\dfrac{5}{7}$

4 $+7$, -7 **5** ⑤   **6** ⑤   **7** ④

8 (1)

(2) 4개

9 ③

1   ④ 점 D는 1과 2 사이를 4등분했을 때, 왼쪽에서 첫 번째에 있는 점이므로 점 D에 대응하는 수는 $1\dfrac{1}{4}=\dfrac{5}{4}$이다.

2 $-\dfrac{18}{5}\left(=-3\dfrac{3}{5}\right)$과 $\dfrac{7}{3}\left(=2\dfrac{1}{3}\right)$에 대응하는 점을 각각 수직선 위에 나타내면 다음 그림과 같다.

따라서 $-\dfrac{18}{5}$에 가장 가까운 정수는 -4이므로 $a=-4$,

$\dfrac{7}{3}$에 가장 가까운 정수는 2이므로 $b=2$이다.

3   수직선에서 원점으로부터 어떤 수에 대응하는 점까지의 거리는 그 수의 절댓값과 같으므로 절댓값이 $\dfrac{5}{7}$인 수는

$+\dfrac{5}{7}$, $-\dfrac{5}{7}$이다.

4   두 수는 절댓값이 같고 부호가 반대이므로 두 수에 대응하는 두 점은 원점으로부터의 거리가 같다.
이때 두 점 사이의 거리가 14이므로 두 점은 원점으로부터의 거리가 각각

$\dfrac{14}{2}=7$만큼 떨어져 있다.
따라서 구하는 두 수는 $+7$, -7이다.

5   ① $|-2|=2$ ② $\left|-\dfrac{1}{2}\right|=\dfrac{1}{2}$ ③ $\left|\dfrac{1}{3}\right|=\dfrac{1}{3}$

④ $|1.5|=1.5$ ⑤ $\left|+1\dfrac{2}{3}\right|=1\dfrac{2}{3}$

이때 주어진 수의 절댓값의 대소를 비교하면

$|-2|>\left|+1\dfrac{2}{3}\right|>|1.5|>\left|-\dfrac{1}{2}\right|>\left|\dfrac{1}{3}\right|$

이므로 절댓값이 큰 수부터 차례로 나열하면

-2, $+1\dfrac{2}{3}$, 1.5, $-\dfrac{1}{2}$, $\dfrac{1}{3}$

따라서 두 번째에 오는 수는 ⑤이다.

6   ① (음수)<(양수)이므로 $-7<3$

② $\dfrac{4}{5}=\dfrac{28}{35}$, $\dfrac{5}{7}=\dfrac{25}{35}$이고 $\dfrac{28}{35}>\dfrac{25}{35}$이므로 $\dfrac{4}{5}>\dfrac{5}{7}$

③ $\left|-\dfrac{5}{6}\right|=\dfrac{5}{6}$, $\left|-\dfrac{1}{3}\right|=\dfrac{1}{3}=\dfrac{2}{6}$이므로 $\left|-\dfrac{5}{6}\right|>\left|-\dfrac{1}{3}\right|$

$\therefore -\dfrac{5}{6}<-\dfrac{1}{3}$

④ $|-9|=9$이고 (음수)<(양수)이므로 $-9<|-9|$

⑤ $\left|-\dfrac{1}{2}\right|=\dfrac{1}{2}=\dfrac{3}{6}$, $\left|+\dfrac{1}{3}\right|=\dfrac{1}{3}=\dfrac{2}{6}$이므로

$\left|-\dfrac{1}{2}\right|>\left|+\dfrac{1}{3}\right|$

따라서 옳은 것은 ⑤이다.

7   ④ x는 1보다 작지 않고 3 미만이다.
$\Rightarrow 1\leq x<3$

8 (1), (2) $-\dfrac{3}{2}\left(=-1\dfrac{1}{2}\right)$과 2에 대응하는 점을 각각 수직선 위에 나타내면 다음 그림과 같다.

따라서 $-\dfrac{3}{2}$보다 크고 2보다 작거나 같은 정수는

-1, 0, 1, 2의 4개이다.

9 $-\dfrac{11}{4}\left(=-2\dfrac{3}{4}\right)$과 4에 대응하는 점을 각각 수직선 위에 나타내면 다음 그림과 같다.

따라서 $-\dfrac{11}{4}$과 4 사이에 있는 정수는

-2, -1, 0, 1, 2, 3의 6개이다.

⚬2 정수와 유리수의 덧셈과 뺄셈

P. 40~41

개념 확인
(1) $+$, 3, 5, $+$, 8 (2) $-$, 3, 5, $-$, 8
(3) $-$, 5, 3, $-$, 2 (4) $+$, 5, 3, $+$, 2

필수 문제 ❶
(1) $(+3)+(+4)=+7$
(2) $(-3)+(-4)=-7$
(3) $(+2)+(-7)=-5$
(4) $(-2)+(+6)=+4$

필수 문제 ❷
(1) $+11$ (2) $+6$ (3) $-\dfrac{4}{5}$ (4) $-\dfrac{1}{6}$
(5) -0.5 (6) -2.3

(1) $(+4)+(+7)=+(4+7)=+11$
(2) $(-3)+(+9)=+(9-3)=+6$
(3) $\left(-\dfrac{1}{5}\right)+\left(-\dfrac{3}{5}\right)=-\left(\dfrac{1}{5}+\dfrac{3}{5}\right)=-\dfrac{4}{5}$
(4) $\left(+\dfrac{1}{2}\right)+\left(-\dfrac{2}{3}\right)=\left(+\dfrac{3}{6}\right)+\left(-\dfrac{4}{6}\right)$
$\qquad=-\left(\dfrac{4}{6}-\dfrac{3}{6}\right)=-\dfrac{1}{6}$
(5) $(+2.6)+(-3.1)=-(3.1-2.6)$
$\qquad\qquad\qquad\quad=-0.5$
(6) $(-0.7)+(-1.6)=-(0.7+1.6)$
$\qquad\qquad\qquad\quad=-2.3$

2-1
(1) $+16$ (2) $+5$ (3) -2 (4) $+\dfrac{11}{9}$ (5) $+\dfrac{1}{10}$
(6) $-\dfrac{7}{12}$ (7) $+\dfrac{10}{3}$ (8) $-\dfrac{5}{7}$ (9) $+1.3$ (10) -4

(1) $(+5)+(+11)=+(5+11)=+16$
(2) $(-7)+(+12)=+(12-7)=+5$
(3) $\left(-\dfrac{1}{4}\right)+\left(-\dfrac{7}{4}\right)=-\left(\dfrac{1}{4}+\dfrac{7}{4}\right)=-\dfrac{8}{4}=-2$
(4) $\left(+\dfrac{4}{9}\right)+\left(+\dfrac{7}{9}\right)=+\left(\dfrac{4}{9}+\dfrac{7}{9}\right)=+\dfrac{11}{9}$
(5) $\left(-\dfrac{4}{5}\right)+\left(+\dfrac{9}{10}\right)=\left(-\dfrac{8}{10}\right)+\left(+\dfrac{9}{10}\right)$
$\qquad\qquad=+\left(\dfrac{9}{10}-\dfrac{8}{10}\right)=+\dfrac{1}{10}$
(6) $\left(+\dfrac{3}{4}\right)+\left(-\dfrac{4}{3}\right)=\left(+\dfrac{9}{12}\right)+\left(-\dfrac{16}{12}\right)$
$\qquad\qquad=-\left(\dfrac{16}{12}-\dfrac{9}{12}\right)=-\dfrac{7}{12}$
(7) $(+4)+\left(-\dfrac{2}{3}\right)=+\left(4-\dfrac{2}{3}\right)=+\left(\dfrac{12}{3}-\dfrac{2}{3}\right)=+\dfrac{10}{3}$
(8) $(-1)+\left(+\dfrac{2}{7}\right)=-\left(1-\dfrac{2}{7}\right)=-\dfrac{5}{7}$
(9) $(+3.4)+(-2.1)=+(3.4-2.1)=+1.3$
(10) $(-1.2)+(-2.8)=-(1.2+2.8)=-4$

P. 42

필수 문제 ❸
(1) ㈎ 덧셈의 교환법칙, ㈏ 덧셈의 결합법칙
(2) ㈎ 덧셈의 교환법칙, ㈏ 덧셈의 결합법칙

3-1 ㈎ 교환, ㈏ 결합, ㈐ -4, ㈑ -2

$\left(+\dfrac{2}{3}\right)+\left(-\dfrac{3}{2}\right)+\left(+\dfrac{4}{3}\right)+\left(-\dfrac{5}{2}\right)$
$=\left(+\dfrac{2}{3}\right)+\left(+\dfrac{4}{3}\right)+\left(-\dfrac{3}{2}\right)+\left(-\dfrac{5}{2}\right)$ ← 덧셈의 교환법칙
$=\left\{\left(+\dfrac{2}{3}\right)+\left(+\dfrac{4}{3}\right)\right\}+\left\{\left(-\dfrac{3}{2}\right)+\left(-\dfrac{5}{2}\right)\right\}$ ← 덧셈의 결합법칙
$=(+2)+(\boxed{-4})$
$=\boxed{-2}$

필수 문제 ❹
(1) $+4$ (2) $+5$ (3) $-\dfrac{2}{5}$ (4) -2

(1) $(+6)+(-5)+(+3)=(+6)+(+3)+(-5)$
$\qquad\qquad\qquad\qquad=\{(+6)+(+3)\}+(-5)$
$\qquad\qquad\qquad\qquad=(+9)+(-5)=+4$
(2) $\left(-\dfrac{2}{3}\right)+(+7)+\left(-\dfrac{4}{3}\right)$
$=\left(-\dfrac{2}{3}\right)+\left(-\dfrac{4}{3}\right)+(+7)$
$=\left\{\left(-\dfrac{2}{3}\right)+\left(-\dfrac{4}{3}\right)\right\}+(+7)$
$=(-2)+(+7)=+5$

(3) $\left(-\dfrac{2}{7}\right)+\left(+\dfrac{3}{5}\right)+\left(-\dfrac{5}{7}\right)$

$=\left(-\dfrac{2}{7}\right)+\left(-\dfrac{5}{7}\right)+\left(+\dfrac{3}{5}\right)$

$=\left\{\left(-\dfrac{2}{7}\right)+\left(-\dfrac{5}{7}\right)\right\}+\left(+\dfrac{3}{5}\right)$

$=(-1)+\left(+\dfrac{3}{5}\right)=-\dfrac{2}{5}$

(4) $(-2.7)+(+4)+(-3.3)$

$=(-2.7)+(-3.3)+(+4)$

$=\{(-2.7)+(-3.3)\}+(+4)$

$=(-6)+(+4)=-2$

4-1 (1) $+23$ (2) $+19$ (3) -2 (4) $+8$

(1) $(-15)+(+23)+(+15)$

$=(-15)+(+15)+(+23)$

$=\{(-15)+(+15)\}+(+23)$

$=0+(+23)=+23$

(2) $\left(+\dfrac{1}{4}\right)+(+21)+\left(-\dfrac{9}{4}\right)$

$=\left(+\dfrac{1}{4}\right)+\left(-\dfrac{9}{4}\right)+(+21)$

$=\left\{\left(+\dfrac{1}{4}\right)+\left(-\dfrac{9}{4}\right)\right\}+(+21)$

$=(-2)+(+21)=+19$

(3) $\left(+\dfrac{4}{3}\right)+\left(-\dfrac{3}{2}\right)+\left(+\dfrac{5}{3}\right)+\left(-\dfrac{7}{2}\right)$

$=\left(+\dfrac{4}{3}\right)+\left(+\dfrac{5}{3}\right)+\left(-\dfrac{3}{2}\right)+\left(-\dfrac{7}{2}\right)$

$=\left\{\left(+\dfrac{4}{3}\right)+\left(+\dfrac{5}{3}\right)\right\}+\left\{\left(-\dfrac{3}{2}\right)+\left(-\dfrac{7}{2}\right)\right\}$

$=(+3)+(-5)=-2$

(4) $(-1.4)+(+1.3)+(-1.6)+(+9.7)$

$=(-1.4)+(-1.6)+(+1.3)+(+9.7)$

$=\{(-1.4)+(-1.6)\}+\{(+1.3)+(+9.7)\}$

$=(-3)+(+11)=+8$

개념 확인 (1) $-$, $-$, 3, 1, $-$, 2
(2) $+$, $+$, 2, $+$, $+$, 2, $+$, 5

필수 문제 5 (1) $+4$ (2) -4 (3) $+1$ (4) $-\dfrac{1}{21}$
(5) -7 (6) $+1.8$

(1) $(+6)-(+2)=(+6)+(-2)=+(6-2)=+4$

(2) $(-8)-(-4)=(-8)+(+4)=-(8-4)=-4$

(3) $\left(+\dfrac{3}{4}\right)-\left(-\dfrac{1}{4}\right)=\left(+\dfrac{3}{4}\right)+\left(+\dfrac{1}{4}\right)=+\left(\dfrac{3}{4}+\dfrac{1}{4}\right)$

$=+\dfrac{4}{4}=+1$

(4) $\left(-\dfrac{1}{3}\right)-\left(-\dfrac{2}{7}\right)=\left(-\dfrac{7}{21}\right)+\left(+\dfrac{6}{21}\right)$

$=-\left(\dfrac{7}{21}-\dfrac{6}{21}\right)=-\dfrac{1}{21}$

(5) $(-5.4)-(+1.6)=(-5.4)+(-1.6)$

$=-(5.4+1.6)=-7$

(6) $(+6.3)-(+4.5)=(+6.3)+(-4.5)$

$=+(6.3-4.5)=+1.8$

5-1 (1) -6 (2) -14 (3) $+\dfrac{4}{11}$ (4) $-\dfrac{7}{10}$

(5) $+\dfrac{3}{4}$ (6) $-\dfrac{17}{24}$ (7) -7.7 (8) $+0.7$

(1) $(+7)-(+13)=(+7)+(-13)$

$=-(13-7)=-6$

(2) $(-9)-(+5)=(-9)+(-5)=-(9+5)=-14$

(3) $\left(-\dfrac{4}{11}\right)-\left(-\dfrac{8}{11}\right)=\left(-\dfrac{4}{11}\right)+\left(+\dfrac{8}{11}\right)$

$=+\left(\dfrac{8}{11}-\dfrac{4}{11}\right)=+\dfrac{4}{11}$

(4) $\left(+\dfrac{13}{10}\right)-(+2)=\left(+\dfrac{13}{10}\right)+(-2)$

$=-\left(2-\dfrac{13}{10}\right)=-\dfrac{7}{10}$

(5) $\left(+\dfrac{2}{5}\right)-\left(-\dfrac{7}{20}\right)=\left(+\dfrac{8}{20}\right)+\left(+\dfrac{7}{20}\right)$

$=+\left(\dfrac{8}{20}+\dfrac{7}{20}\right)=+\dfrac{15}{20}=+\dfrac{3}{4}$

(6) $\left(-\dfrac{5}{6}\right)-\left(-\dfrac{1}{8}\right)=\left(-\dfrac{20}{24}\right)+\left(+\dfrac{3}{24}\right)$

$=-\left(\dfrac{20}{24}-\dfrac{3}{24}\right)=-\dfrac{17}{24}$

(7) $(-3.2)-(+4.5)=(-3.2)+(-4.5)$

$=-(3.2+4.5)=-7.7$

(8) $(+3.5)-(+2.8)=(+3.5)+(-2.8)$

$=+(3.5-2.8)=+0.7$

필수 문제 6 (1) $+13$ (2) $-\dfrac{7}{9}$

(1) $(-7)+(+12)-(-8)$

$=(-7)+(+12)+(+8)$

$=(-7)+\{(+12)+(+8)\}$

$=(-7)+(+20)=+13$

(2) $\left(+\dfrac{2}{9}\right)-\left(-\dfrac{1}{5}\right)+\left(-\dfrac{6}{5}\right)$

$=\left(+\dfrac{2}{9}\right)+\left(+\dfrac{1}{5}\right)+\left(-\dfrac{6}{5}\right)$

$=\left(+\dfrac{2}{9}\right)+\left\{\left(+\dfrac{1}{5}\right)+\left(-\dfrac{6}{5}\right)\right\}$

$=\left(+\dfrac{2}{9}\right)+(-1)=-\dfrac{7}{9}$

6-1 (1) -14 (2) $+1$ (3) 0 (4) $+3$

(1) $(-11)+(+3)-(+6)$
$\quad=(-11)+(+3)+(-6)$
$\quad=\{(-11)+(-6)\}+(+3)$
$\quad=(-17)+(+3)=-14$

(2) $(+7)+(-5)-(-3)-(+4)$
$\quad=(+7)+(-5)+(+3)+(-4)$
$\quad=\{(+7)+(+3)\}+\{(-5)+(-4)\}$
$\quad=(+10)+(-9)=+1$

(3) $\left(-\dfrac{1}{2}\right)-\left(+\dfrac{1}{3}\right)+\left(-\dfrac{2}{3}\right)-\left(-\dfrac{3}{2}\right)$
$\quad=\left(-\dfrac{1}{2}\right)+\left(-\dfrac{1}{3}\right)+\left(-\dfrac{2}{3}\right)+\left(+\dfrac{3}{2}\right)$
$\quad=\left\{\left(-\dfrac{1}{2}\right)+\left(+\dfrac{3}{2}\right)\right\}+\left\{\left(-\dfrac{1}{3}\right)+\left(-\dfrac{2}{3}\right)\right\}$
$\quad=(+1)+(-1)=0$

(4) $(+2.7)+\left(-\dfrac{7}{2}\right)-(-3.8)$
$\quad=(+2.7)+(-3.5)+(+3.8)$
$\quad=\{(+2.7)+(+3.8)\}+(-3.5)$
$\quad=(+6.5)+(-3.5)=+3$

필수 문제 7 (1) 7 (2) -8 (3) $\dfrac{1}{6}$ (4) -1

(1) $5+16-14$
$\quad=(+5)+(+16)-(+14)$
$\quad=(+5)+(+16)+(-14)$
$\quad=\{(+5)+(+16)\}+(-14)$
$\quad=(+21)+(-14)=7$

(2) $-15+2+13-8$
$\quad=(-15)+(+2)+(+13)-(+8)$
$\quad=(-15)+(+2)+(+13)+(-8)$
$\quad=\{(-15)+(-8)\}+\{(+2)+(+13)\}$
$\quad=(-23)+(+15)=-8$

(3) $-\dfrac{7}{6}-\dfrac{2}{3}+2$
$\quad=\left(-\dfrac{7}{6}\right)-\left(+\dfrac{2}{3}\right)+(+2)$
$\quad=\left(-\dfrac{7}{6}\right)+\left(-\dfrac{2}{3}\right)+(+2)$
$\quad=\left(-\dfrac{7}{6}\right)+\left(-\dfrac{4}{6}\right)+(+2)$
$\quad=\left\{\left(-\dfrac{7}{6}\right)+\left(-\dfrac{4}{6}\right)\right\}+(+2)$
$\quad=\left(-\dfrac{11}{6}\right)+(+2)=\dfrac{1}{6}$

(4) $7-2.4+5.8-11.4$
$\quad=(+7)-(+2.4)+(+5.8)-(+11.4)$
$\quad=(+7)+(-2.4)+(+5.8)+(-11.4)$
$\quad=\{(+7)+(+5.8)\}+\{(-2.4)+(-11.4)\}$
$\quad=(+12.8)+(-13.8)=-1$

다른 풀이

다음과 같이 양의 부호 $+$가 생략된 것으로 생각하여 풀 수도 있다.

(1) $5+16-14=21-14=7$

(2) $-15+2+13-8=-15-8+2+13$
$\qquad\qquad\qquad\quad=-23+15=-8$

(3) $-\dfrac{7}{6}-\dfrac{2}{3}+2=-\dfrac{7}{6}-\dfrac{4}{6}+2=-\dfrac{11}{6}+2=\dfrac{1}{6}$

(4) $7-2.4+5.8-11.4=7+5.8-2.4-11.4$
$\qquad\qquad\qquad\quad=12.8-13.8=-1$

7-1 (1) 1 (2) -1 (3) $\dfrac{3}{4}$ (4) $-\dfrac{3}{2}$

(1) $9-11+3=(+9)-(+11)+(+3)$
$\qquad\qquad=(+9)+(-11)+(+3)$
$\qquad\qquad=\{(+9)+(+3)\}+(-11)$
$\qquad\qquad=(+12)+(-11)=1$

(2) $-2+3+5-7$
$\quad=(-2)+(+3)+(+5)-(+7)$
$\quad=(-2)+(+3)+(+5)+(-7)$
$\quad=\{(-2)+(-7)\}+\{(+3)+(+5)\}$
$\quad=(-9)+(+8)=-1$

(3) $\dfrac{2}{3}+\dfrac{1}{2}-\dfrac{5}{12}=\left(+\dfrac{2}{3}\right)+\left(+\dfrac{1}{2}\right)-\left(+\dfrac{5}{12}\right)$
$\qquad\qquad\quad=\left(+\dfrac{2}{3}\right)+\left(+\dfrac{1}{2}\right)+\left(-\dfrac{5}{12}\right)$
$\qquad\qquad\quad=\left(+\dfrac{8}{12}\right)+\left(+\dfrac{6}{12}\right)+\left(-\dfrac{5}{12}\right)$
$\qquad\qquad\quad=\left\{\left(+\dfrac{8}{12}\right)+\left(+\dfrac{6}{12}\right)\right\}+\left(-\dfrac{5}{12}\right)$
$\qquad\qquad\quad=\left(+\dfrac{14}{12}\right)+\left(-\dfrac{5}{12}\right)$
$\qquad\qquad\quad=\dfrac{9}{12}=\dfrac{3}{4}$

(4) $-\dfrac{5}{2}+1.2+\dfrac{2}{5}-0.6$
$\quad=\left(-\dfrac{5}{2}\right)+(+1.2)+\left(+\dfrac{2}{5}\right)-(+0.6)$
$\quad=\left(-\dfrac{5}{2}\right)+(+1.2)+\left(+\dfrac{2}{5}\right)+(-0.6)$
$\quad=\left(-\dfrac{25}{10}\right)+\left(+\dfrac{12}{10}\right)+\left(+\dfrac{4}{10}\right)+\left(-\dfrac{6}{10}\right)$
$\quad=\left\{\left(-\dfrac{25}{10}\right)+\left(-\dfrac{6}{10}\right)\right\}+\left\{\left(+\dfrac{12}{10}\right)+\left(+\dfrac{4}{10}\right)\right\}$
$\quad=\left(-\dfrac{31}{10}\right)+\left(+\dfrac{16}{10}\right)$
$\quad=-\dfrac{15}{10}=-\dfrac{3}{2}$

다른 풀이

(1) $9-11+3=9+3-11=12-11=1$

(2) $-2+3+5-7=-2-7+3+5=-9+8=-1$

(3) $\dfrac{2}{3}+\dfrac{1}{2}-\dfrac{5}{12}=\dfrac{8}{12}+\dfrac{6}{12}-\dfrac{5}{12}$
$\qquad\qquad\quad=\dfrac{14}{12}-\dfrac{5}{12}=\dfrac{9}{12}=\dfrac{3}{4}$

(4) $-\dfrac{5}{2}+1.2+\dfrac{2}{5}-0.6=-\dfrac{25}{10}+\dfrac{12}{10}+\dfrac{4}{10}-\dfrac{6}{10}$

$\qquad\qquad\qquad\qquad\quad =-\dfrac{25}{10}-\dfrac{6}{10}+\dfrac{12}{10}+\dfrac{4}{10}$

$\qquad\qquad\qquad\qquad\quad =-\dfrac{31}{10}+\dfrac{16}{10}$

$\qquad\qquad\qquad\qquad\quad =-\dfrac{15}{10}=-\dfrac{3}{2}$

STEP 1 쏙쏙 개념 익히기

1 ②　　　　　　　　　　　　　　　**2** ④

3 (1) 17.7℃　(2) 8.1℃　(3) 6.5℃　　**4** 5

5 (1) -4　(2) 21　(3) $-\dfrac{7}{12}$　(4) 1

6 (1) $a=7,\ b=\dfrac{11}{8}$　(2) $\dfrac{45}{8}$

7 (1) $\dfrac{12}{7}$　(2) $\dfrac{10}{7}$　　　　**8** ㉠=1, ㉡=$\dfrac{1}{6}$

2　① $(-6)+(-5)=-(6+5)=-11$

　　② $(+4)+(-4)=+(4-4)=0$

　　③ $(+5)-(-3)=(+5)+(+3)=+(5+3)=+8$

　　④ $(+0.7)+(-0.9)=-(0.9-0.7)=-0.2$

　　⑤ $\left(-\dfrac{2}{5}\right)-(+0.2)=\left(-\dfrac{2}{5}\right)+\left(-\dfrac{1}{5}\right)$

$\qquad\qquad\qquad\qquad\quad =-\left(\dfrac{2}{5}+\dfrac{1}{5}\right)=-\dfrac{3}{5}$

따라서 계산 결과가 옳은 것은 ④이다.

3　(1) 최고 기온은 14시일 때 $+10.3$℃,

　　　 최저 기온은 2시일 때 -7.4℃이므로

　　　 $(+10.3)-(-7.4)=(+10.3)+(+7.4)=17.7(℃)$

　　　 따라서 최고 기온과 최저 기온의 차는 17.7℃이다.

　　(2) 10시의 기온은 $+3$℃,

　　　 6시의 기온은 -5.1℃이므로

　　　 $(+3)-(-5.1)=(+3)+(+5.1)=8.1(℃)$

　　　 따라서 기온은 8.1℃만큼 높아졌다.

　　(3) 22시의 기온은 -3.9℃,

　　　 18시의 기온은 $+2.6$℃이므로

　　　 $(-3.9)-(+2.6)=(-3.9)+(-2.6)=-6.5(℃)$

　　　 따라서 기온은 6.5℃만큼 낮아졌다.

　　　 주의 기온이 -6.5℃만큼 낮아졌다고 답하지 않는다.

4　$|-2.5|=2.5$, $|+3|=3$, $\left|-\dfrac{15}{4}\right|=\dfrac{15}{4}$, $|-0.5|=0.5$,

　　$\left|+\dfrac{9}{2}\right|=\dfrac{9}{2}$이므로 절댓값이 가장 큰 수는 $+\dfrac{9}{2}$, 절댓값이 가

　　장 작은 수는 -0.5이다.

따라서 $a=+\dfrac{9}{2}$, $b=-0.5$이므로

$a-b=\left(+\dfrac{9}{2}\right)-(-0.5)=\left(+\dfrac{9}{2}\right)+\left(+\dfrac{1}{2}\right)$

$\qquad\ \ =\dfrac{10}{2}=5$

5　(1) $(+7)-(+2)+(-9)$

　　　 $=(+7)+(-2)+(-9)$

　　　 $=(+7)+\{(-2)+(-9)\}$

　　　 $=(+7)+(-11)=-4$

　　(2) $(+18)+(-3)-(-6)$

　　　 $=(+18)+(-3)+(+6)$

　　　 $=(-3)+\{(+18)+(+6)\}$

　　　 $=(-3)+(+24)=21$

　　(3) $-\dfrac{2}{3}-\dfrac{1}{2}+\dfrac{3}{4}-\dfrac{1}{6}$

　　　 $=\left(-\dfrac{2}{3}\right)-\left(+\dfrac{1}{2}\right)+\left(+\dfrac{3}{4}\right)-\left(+\dfrac{1}{6}\right)$

　　　 $=\left(-\dfrac{2}{3}\right)+\left(-\dfrac{1}{2}\right)+\left(+\dfrac{3}{4}\right)+\left(-\dfrac{1}{6}\right)$

　　　 $=\left(-\dfrac{8}{12}\right)+\left(-\dfrac{6}{12}\right)+\left(+\dfrac{9}{12}\right)+\left(-\dfrac{2}{12}\right)$

　　　 $=\left\{\left(-\dfrac{8}{12}\right)+\left(-\dfrac{6}{12}\right)\right\}+\left(+\dfrac{9}{12}\right)+\left(-\dfrac{2}{12}\right)$

　　　 $=\left(-\dfrac{14}{12}\right)+\left(+\dfrac{9}{12}\right)+\left(-\dfrac{2}{12}\right)$

　　　 $=\left\{\left(-\dfrac{14}{12}\right)+\left(-\dfrac{2}{12}\right)\right\}+\left(+\dfrac{9}{12}\right)$

　　　 $=\left(-\dfrac{16}{12}\right)+\left(+\dfrac{9}{12}\right)=-\dfrac{7}{12}$

　　(4) $-0.4+3.2-4.5+2.7$

　　　 $=(-0.4)+(+3.2)-(+4.5)+(+2.7)$

　　　 $=(-0.4)+(+3.2)+(-4.5)+(+2.7)$

　　　 $=\{(-0.4)+(-4.5)\}+\{(+3.2)+(+2.7)\}$

　　　 $=(-4.9)+(+5.9)=1$

6　(1) $a=4-(-3)=4+3=7$

　　　 $b=2+\left(-\dfrac{5}{8}\right)=\dfrac{11}{8}$

　　(2) $a-b=7-\dfrac{11}{8}=\dfrac{45}{8}$

7　(1) 어떤 수를 □라 하면

　　　 $□-\left(-\dfrac{2}{7}\right)=2$　　　$\therefore\ □=2+\left(-\dfrac{2}{7}\right)=\dfrac{12}{7}$

　　　 따라서 어떤 수는 $\dfrac{12}{7}$이다.

　　(2) 어떤 수가 $\dfrac{12}{7}$이므로 바르게 계산하면

　　　 $\dfrac{12}{7}+\left(-\dfrac{2}{7}\right)=\dfrac{10}{7}$

개념편

8 삼각형의 밑변에서

$$-\frac{4}{3}+2.5+\frac{1}{3}=\left(-\frac{4}{3}\right)+\frac{5}{2}+\frac{1}{3}$$
$$=\left\{\left(-\frac{4}{3}\right)+\frac{1}{3}\right\}+\frac{5}{2}$$
$$=-1+\frac{5}{2}=\frac{3}{2}$$

이므로

$㉠+\dfrac{11}{6}+\left(-\dfrac{4}{3}\right)=\dfrac{3}{2}$에서 $㉠+\dfrac{11}{6}+\left(-\dfrac{8}{6}\right)=\dfrac{3}{2}$

$㉠+\dfrac{1}{2}=\dfrac{3}{2}$ $\therefore ㉠=\dfrac{3}{2}-\dfrac{1}{2}=1$

$㉠+㉡+\dfrac{1}{3}=\dfrac{3}{2}$에서 $1+㉡+\dfrac{1}{3}=\dfrac{3}{2}$

$㉡+\dfrac{4}{3}=\dfrac{3}{2}$ $\therefore ㉡=\dfrac{3}{2}-\dfrac{4}{3}=\dfrac{9}{6}-\dfrac{8}{6}=\dfrac{1}{6}$

o3 정수와 유리수의 곱셈과 나눗셈

개념 확인　(1) +, 3, +6　(2) +, 5, +30
　　　　　　　(3) −, 5, −15　(4) −, 4, −28

필수 문제 ❶　(1) +18　(2) −32　(3) +75
　　　　　　　(4) $+\dfrac{15}{28}$　(5) $-\dfrac{1}{6}$　(6) $-\dfrac{1}{2}$

(1) $(+6)\times(+3)=+(6\times3)=+18$

(2) $(+4)\times(-8)=-(4\times8)=-32$

(3) $(-10)\times\left(-\dfrac{15}{2}\right)=+\left(10\times\dfrac{15}{2}\right)=+75$

(4) $\left(+\dfrac{5}{7}\right)\times\left(+\dfrac{3}{4}\right)=+\left(\dfrac{5}{7}\times\dfrac{3}{4}\right)=+\dfrac{15}{28}$

(5) $\left(-\dfrac{7}{9}\right)\times\left(+\dfrac{3}{14}\right)=-\left(\dfrac{7}{9}\times\dfrac{3}{14}\right)=-\dfrac{1}{6}$

(6) $(+0.6)\times\left(-\dfrac{5}{6}\right)=-\left(\dfrac{6}{10}\times\dfrac{5}{6}\right)=-\dfrac{1}{2}$

1-1　(1) +77　(2) 0　　(3) +16
　　　(4) $-\dfrac{5}{12}$　(5) +3.9　(6) $-\dfrac{3}{10}$

(1) $(-7)\times(-11)=+(7\times11)=+77$

(2) $(-8)\times0=0$

(3) $\left(+\dfrac{4}{3}\right)\times(+12)=+\left(\dfrac{4}{3}\times12\right)=+16$

(4) $\left(-\dfrac{7}{4}\right)\times\left(+\dfrac{5}{21}\right)=-\left(\dfrac{7}{4}\times\dfrac{5}{21}\right)=-\dfrac{5}{12}$

(5) $(-1.3)\times(-3)=+(1.3\times3)=+3.9$

(6) $\left(+\dfrac{3}{2}\right)\times(-0.2)=-\left(\dfrac{3}{2}\times\dfrac{2}{10}\right)=-\dfrac{3}{10}$

필수 문제 ❷　(가) 곱셈의 교환법칙, (나) 곱셈의 결합법칙

필수 문제 ❸　(1) −60　(2) +420　(3) $-\dfrac{4}{3}$　(4) $+\dfrac{5}{3}$

(1) $(+3)\times(+5)\times(-4)$
　$=-(3\times5\times4)=-60$

(2) $(-4)\times(-7)\times(+15)$
　$=+(4\times7\times15)=+420$

(3) $8\times\left(-\dfrac{3}{4}\right)\times\dfrac{2}{9}=-\left(8\times\dfrac{3}{4}\times\dfrac{2}{9}\right)=-\dfrac{4}{3}$

(4) $\dfrac{7}{2}\times20\times\left(-\dfrac{5}{21}\right)\times\left(-\dfrac{1}{10}\right)$
　$=+\left(\dfrac{7}{2}\times20\times\dfrac{5}{21}\times\dfrac{1}{10}\right)=+\dfrac{5}{3}$

3-1　(1) +42　(2) −72　(3) $+\dfrac{5}{4}$　(4) −4

(1) $(-2)\times(-7)\times(+3)$
　$=+(2\times7\times3)=+42$

(2) $(+6)\times(-3)\times(+4)$
　$=-(6\times3\times4)=-72$

(3) $\left(-\dfrac{3}{8}\right)\times\dfrac{5}{6}\times(-4)=+\left(\dfrac{3}{8}\times\dfrac{5}{6}\times4\right)=+\dfrac{5}{4}$

(4) $\left(-\dfrac{3}{11}\right)\times\left(-\dfrac{4}{9}\right)\times22\times\left(-\dfrac{3}{2}\right)$
　$=-\left(\dfrac{3}{11}\times\dfrac{4}{9}\times22\times\dfrac{3}{2}\right)=-4$

필수 문제 ❹　(1) +32　(2) −125　(3) +1　(4) $-\dfrac{4}{9}$

(1) $(+2)^5=(+2)\times(+2)\times(+2)\times(+2)\times(+2)$
　$=+(2\times2\times2\times2\times2)=+32$

(2) $(-5)^3=(-5)\times(-5)\times(-5)$
　$=-(5\times5\times5)=-125$

(3) $(-1)^8=\underline{(-1)\times(-1)\times\cdots\times(-1)}=+1$
　　　　　　-1이 8개(짝수 개)

참고　• $(-1)^{(홀수)}=-1$, $(-1)^{(짝수)}=1$
　　　　• $-1^{(홀수)}=-1$, $-1^{(짝수)}=-1$

(4) $-\left(-\dfrac{2}{3}\right)^2=-\left\{\left(-\dfrac{2}{3}\right)\times\left(-\dfrac{2}{3}\right)\right\}=-\dfrac{4}{9}$

4-1　(1) 8　　　　　　　　(2) $-\dfrac{3}{4}$

(1) $(-1)^5\times(-2)^3=-1\times(-8)=8$

(2) $(-4)\times\left(-\dfrac{1}{4}\right)^2\times3=(-4)\times\dfrac{1}{16}\times3$
　　　　　　　$=-\left(4\times\dfrac{1}{16}\times3\right)=-\dfrac{3}{4}$

필수 문제 ⑤ (1) **48, 48, 28, 22**   (2) **32, 32, 96**

(1) $\left\{\left(-\dfrac{1}{8}\right)+\left(+\dfrac{7}{12}\right)\right\}\times 48$

　$=\left(-\dfrac{1}{8}\right)\times\boxed{48}+\left(+\dfrac{7}{12}\right)\times\boxed{48}$ ← 괄호 풀기

　$=-6+\boxed{28}=\boxed{22}$

(2) $32\times\dfrac{115}{49}+32\times\dfrac{32}{49}$

　$=\boxed{32}\times\left(\dfrac{115}{49}+\dfrac{32}{49}\right)$ ← 괄호 묶기

　$=\boxed{32}\times 3=\boxed{96}$

5-1 (1) **2**   (2) **−110**

(1) $45\times\left\{\dfrac{4}{15}+\left(-\dfrac{2}{9}\right)\right\}$

　$=45\times\dfrac{4}{15}+45\times\left(-\dfrac{2}{9}\right)$

　$=12+(-10)=2$

(2) $(-11)\times 5.3+(-11)\times 4.7$

　$=(-11)\times(5.3+4.7)$

　$=(-11)\times 10=-110$

5-2 **14**

$a\times(b+c)=a\times b+a\times c$

　　　　$=-6+20=14$

개념 확인 (1) $\dfrac{3}{2}$ (2) $-\dfrac{1}{3}$ (3) $\dfrac{2}{7}$ (4) 5

필수 문제 ⑥ (1) **+4** (2) **−6** (3) **+2** (4) **−0.9**

(1) $(+12)\div(+3)=+(12\div 3)=+4$

(2) $(+30)\div(-5)=-(30\div 5)=-6$

(3) $(-16)\div(-8)=+(16\div 8)=+2$

(4) $(-5.4)\div(+6)=-(5.4\div 6)=-0.9$

6-1 (1) **−19**   (2) **+1.4**

(1) $(+38)\div(-2)=-(38\div 2)=-19$

(2) $(-4.2)\div(-3)=+(4.2\div 3)=+1.4$

필수 문제 ⑦ (1) **−4**   (2) $+\dfrac{5}{12}$

(1) $(-6)\div\left(+\dfrac{3}{2}\right)=(-6)\times\left(+\dfrac{2}{3}\right)$

　　　　$=-\left(6\times\dfrac{2}{3}\right)=-4$

(2) $\left(-\dfrac{2}{3}\right)\div\left(-\dfrac{8}{5}\right)=\left(-\dfrac{2}{3}\right)\times\left(-\dfrac{5}{8}\right)$

　　　　$=+\left(\dfrac{2}{3}\times\dfrac{5}{8}\right)=+\dfrac{5}{12}$

7-1 (1) $-\dfrac{2}{3}$ (2) $-\dfrac{3}{4}$

(1) $\dfrac{8}{9}\div\left(-\dfrac{4}{3}\right)=\dfrac{8}{9}\times\left(-\dfrac{3}{4}\right)=-\left(\dfrac{8}{9}\times\dfrac{3}{4}\right)=-\dfrac{2}{3}$

(2) $\left(-\dfrac{7}{10}\right)\div\left(+\dfrac{14}{15}\right)=\left(-\dfrac{7}{10}\right)\times\left(+\dfrac{15}{14}\right)$

　　　　$=-\left(\dfrac{7}{10}\times\dfrac{15}{14}\right)=-\dfrac{3}{4}$

개념 확인 $-\dfrac{15}{2},\ -6,\ \dfrac{15}{2},\ 15,\ 3$

필수 문제 ⑧ (1) **−4**   (2) **−3**

(1) $-2\times\left(-\dfrac{5}{3}\right)\div\left(-\dfrac{5}{6}\right)=-2\times\left(-\dfrac{5}{3}\right)\times\left(-\dfrac{6}{5}\right)$

　　　　$=-\left(2\times\dfrac{5}{3}\times\dfrac{6}{5}\right)=-4$

(2) $2\div\left(-\dfrac{2}{3}\right)\times(-1)^2=2\times\left(-\dfrac{3}{2}\right)\times 1=-3$

8-1 (1) $\dfrac{15}{8}$ (2) $-\dfrac{12}{5}$

(1) $-\dfrac{5}{4}\times\dfrac{2}{5}\div\left(-\dfrac{4}{15}\right)=-\dfrac{5}{4}\times\dfrac{2}{5}\times\left(-\dfrac{15}{4}\right)$

　　　　$=+\left(\dfrac{5}{4}\times\dfrac{2}{5}\times\dfrac{15}{4}\right)=\dfrac{15}{8}$

(2) $\dfrac{4}{5}\div\left(\dfrac{1}{2}\right)^2\times\left(-\dfrac{3}{4}\right)=\dfrac{4}{5}\div\dfrac{1}{4}\times\left(-\dfrac{3}{4}\right)$

　　　　$=\dfrac{4}{5}\times 4\times\left(-\dfrac{3}{4}\right)$

　　　　$=-\left(\dfrac{4}{5}\times 4\times\dfrac{3}{4}\right)=-\dfrac{12}{5}$

필수 문제 ⑨ **2**

$\dfrac{7}{3}-\left\{(-2)\times\left(-\dfrac{1}{3}\right)^2+\dfrac{5}{9}\right\}$

$=\dfrac{7}{3}-\left\{(-2)\times\dfrac{1}{9}+\dfrac{5}{9}\right\}$

$=\dfrac{7}{3}-\left(-\dfrac{2}{9}+\dfrac{5}{9}\right)$

$=\dfrac{7}{3}-\dfrac{1}{3}=\dfrac{6}{3}=2$

9-1 **24**

$-4+4\times\left\{(-2)^3+10\div\dfrac{2}{3}\right\}$

$=-4+4\times\left(-8+10\times\dfrac{3}{2}\right)$

$=-4+4\times(-8+15)$

$=-4+4\times 7$

$=-4+28=24$

2. 정수와 유리수 | 29

1 (1) $\dfrac{7}{3}$ (2) $-\dfrac{4}{9}$ (3) $-\dfrac{1}{2}$ (4) $-\dfrac{2}{45}$

2 (1) $\dfrac{1}{3}$ (2) $-\dfrac{19}{6}$ (3) 0 (4) -4

3 (1) ㉢, ㉣, ㉠, ㉡, ㉤ (2) ㉣, ㉢, ㉡, ㉤, ㉠

4 (1) -32 (2) $\dfrac{5}{24}$ (3) $-\dfrac{5}{3}$ (4) $-\dfrac{51}{10}$

1 (1) $\left(-\dfrac{7}{2}\right) \times \dfrac{3}{2} \div \left(-\dfrac{9}{4}\right) = \left(-\dfrac{7}{2}\right) \times \dfrac{3}{2} \times \left(-\dfrac{4}{9}\right)$

$\qquad\qquad = +\left(\dfrac{7}{2} \times \dfrac{3}{2} \times \dfrac{4}{9}\right) = \dfrac{7}{3}$

(2) $\dfrac{9}{7} \div \left(-\dfrac{27}{8}\right) \times \dfrac{7}{6} = \dfrac{9}{7} \times \left(-\dfrac{8}{27}\right) \times \dfrac{7}{6}$

$\qquad\qquad = -\left(\dfrac{9}{7} \times \dfrac{8}{27} \times \dfrac{7}{6}\right) = -\dfrac{4}{9}$

(3) $\left(-\dfrac{3}{10}\right) \times \left(-\dfrac{1}{3}\right) \div \left(-\dfrac{1}{5}\right)$

$\quad = \left(-\dfrac{3}{10}\right) \times \left(-\dfrac{1}{3}\right) \times (-5)$

$\quad = -\left(\dfrac{3}{10} \times \dfrac{1}{3} \times 5\right) = -\dfrac{1}{2}$

(4) $\left(-\dfrac{2}{3}\right)^3 \div (-8) \times \left(-\dfrac{6}{5}\right)$

$\quad = \left(-\dfrac{8}{27}\right) \times \left(-\dfrac{1}{8}\right) \times \left(-\dfrac{6}{5}\right)$

$\quad = -\left(\dfrac{8}{27} \times \dfrac{1}{8} \times \dfrac{6}{5}\right) = -\dfrac{2}{45}$

2 (1) $\dfrac{2}{5} + \dfrac{1}{10} \times \left(-\dfrac{2}{3}\right) = \dfrac{2}{5} + \left(-\dfrac{1}{15}\right)$

$\qquad\qquad = \dfrac{6}{15} + \left(-\dfrac{1}{15}\right)$

$\qquad\qquad = \dfrac{5}{15} = \dfrac{1}{3}$

(2) $-\dfrac{2}{3} - \dfrac{4}{3} \times \dfrac{15}{8} = -\dfrac{2}{3} - \dfrac{5}{2}$

$\qquad\qquad = -\dfrac{4}{6} - \dfrac{15}{6} = -\dfrac{19}{6}$

(3) $\dfrac{27}{16} + \left(-\dfrac{9}{8}\right) \div \dfrac{2}{3} = \dfrac{27}{16} + \left(-\dfrac{9}{8}\right) \times \dfrac{3}{2}$

$\qquad\qquad = \dfrac{27}{16} + \left(-\dfrac{27}{16}\right) = 0$

(4) $-\dfrac{4}{3} \times 6 + \dfrac{1}{3} \div \dfrac{1}{12} = -\dfrac{4}{3} \times 6 + \dfrac{1}{3} \times 12$

$\qquad\qquad = -8 + 4 = -4$

4 (1) $\left\{6 - 2 \div \left(-\dfrac{1}{3}\right)\right\} \times \left(-\dfrac{8}{3}\right)$

$\quad = \{6 - 2 \times (-3)\} \times \left(-\dfrac{8}{3}\right)$

$\quad = (6 + 6) \times \left(-\dfrac{8}{3}\right)$

$\quad = 12 \times \left(-\dfrac{8}{3}\right) = -32$

(2) $\left\{4 + (-2)^3 \times \dfrac{3}{8}\right\} \div \dfrac{24}{5}$

$\quad = \left\{4 + (-8) \times \dfrac{3}{8}\right\} \div \dfrac{24}{5}$

$\quad = (4 - 3) \times \dfrac{5}{24} = \dfrac{5}{24}$

(3) $-\dfrac{1}{2} + \left\{2 - 4 \div \left(-\dfrac{2}{3}\right)^2\right\} \times \dfrac{1}{6}$

$\quad = -\dfrac{1}{2} + \left(2 - 4 \div \dfrac{4}{9}\right) \times \dfrac{1}{6}$

$\quad = -\dfrac{1}{2} + \left(2 - 4 \times \dfrac{9}{4}\right) \times \dfrac{1}{6}$

$\quad = -\dfrac{1}{2} + (2 - 9) \times \dfrac{1}{6}$

$\quad = -\dfrac{1}{2} + (-7) \times \dfrac{1}{6}$

$\quad = -\dfrac{1}{2} - \dfrac{7}{6} = -\dfrac{3}{6} - \dfrac{7}{6}$

$\quad = -\dfrac{10}{6} = -\dfrac{5}{3}$

(4) $-5 - \left\{-1 + \dfrac{5}{2} \times \left(-\dfrac{3}{5}\right)^2\right\} \times (-1)^3$

$\quad = -5 - \left(-1 + \dfrac{5}{2} \times \dfrac{9}{25}\right) \times (-1)$

$\quad = -5 - \left(-1 + \dfrac{9}{10}\right) \times (-1)$

$\quad = -5 - \left(-\dfrac{1}{10}\right) \times (-1)$

$\quad = -5 - \left(+\dfrac{1}{10}\right) = -\dfrac{51}{10}$

1 ⑤ **2** (1) $\dfrac{5}{6}$ (2) $-\dfrac{1}{8}$ **3** ①

4 ① **5** $\dfrac{1}{2}$

6 계산 순서: ㉢, ㉣, ㉡, ㉠, ㉤, 계산 결과: $\dfrac{25}{3}$

7 ② **8** ③ **9** ①

1 ① $\left(-\dfrac{3}{5}\right) \times \dfrac{1}{2} = -\left(\dfrac{3}{5} \times \dfrac{1}{2}\right) = -\dfrac{3}{10}$

② $\left(-\dfrac{1}{2}\right) \times \dfrac{2}{9} = -\left(\dfrac{1}{2} \times \dfrac{2}{9}\right) = -\dfrac{1}{9}$

③ $\left(-\dfrac{2}{3}\right) \div \left(-\dfrac{3}{2}\right) = \left(-\dfrac{2}{3}\right) \times \left(-\dfrac{2}{3}\right) = +\left(\dfrac{2}{3} \times \dfrac{2}{3}\right) = \dfrac{4}{9}$

④ 어떤 수와 0의 곱은 항상 0이다.

⑤ $\left(-\dfrac{1}{2}\right) \div 2 = \left(-\dfrac{1}{2}\right) \times \dfrac{1}{2} = -\left(\dfrac{1}{2} \times \dfrac{1}{2}\right) = -\dfrac{1}{4}$

따라서 계산 결과가 옳지 않은 것은 ⑤이다.

2
(1) $\dfrac{4}{9} \times \left(-\dfrac{9}{8}\right) \times \left(-\dfrac{5}{3}\right) = +\left(\dfrac{4}{9} \times \dfrac{9}{8} \times \dfrac{5}{3}\right) = \dfrac{5}{6}$

(2) $\dfrac{1}{6} \div (-3) \div \dfrac{4}{9} = \dfrac{1}{6} \times \left(-\dfrac{1}{3}\right) \times \dfrac{9}{4}$

$\qquad = -\left(\dfrac{1}{6} \times \dfrac{1}{3} \times \dfrac{9}{4}\right) = -\dfrac{1}{8}$

3
① $-(-1)^3 = -(-1) = 1$
② $-(-1)^2 = -(+1) = -1$
③ $-1^2 = -1$ ④ $(-1)^3 = -1$ ⑤ $-1^3 = -1$
따라서 계산 결과가 나머지 넷과 다른 하나는 ①이다.

4 $a \times c = 10$이고, $a \times (b+c) = a \times b + a \times c$이므로
$a \times b + 10 = -34$에서
$a \times b = -34 - 10 = -44$

5 $-6\left(=-\dfrac{6}{1}\right)$의 역수는 $-\dfrac{1}{6}$이므로 $a = -\dfrac{1}{6}$

$1.5\left(=\dfrac{3}{2}\right)$의 역수는 $\dfrac{2}{3}$이므로 $b = \dfrac{2}{3}$

$\therefore a+b = -\dfrac{1}{6} + \dfrac{2}{3} = -\dfrac{1}{6} + \dfrac{4}{6} = \dfrac{3}{6} = \dfrac{1}{2}$

(주의) 역수를 구할 때 부호는 바뀌지 않는다.

6 계산 순서는 ㉢, ㉣, ㉡, ㉠, ㉤이다.
$\dfrac{1}{4} \times \left\{3 - \left(-\dfrac{5}{2}\right)^2 \div \dfrac{15}{4}\right\} + 8$

$= \dfrac{1}{4} \times \left\{3 - \left(+\dfrac{25}{4}\right) \div \dfrac{15}{4}\right\} + 8$

$= \dfrac{1}{4} \times \left\{3 - \left(+\dfrac{25}{4}\right) \times \dfrac{4}{15}\right\} + 8$

$= \dfrac{1}{4} \times \left(3 - \dfrac{5}{3}\right) + 8$

$= \dfrac{1}{4} \times \dfrac{4}{3} + 8$

$= \dfrac{1}{3} + 8 = \dfrac{25}{3}$

7 ㄱ. $|-24| \times \dfrac{5}{8} \div 5 = 24 \times \dfrac{5}{8} \times \dfrac{1}{5} = 3$

ㄴ. $-2^3 \times (-3)^2 \div 2 = -8 \times 9 \times \dfrac{1}{2} = -36$

ㄷ. $(-1)^{101} + (-1)^{2024} - (-1)^9$
$\quad = (-1) + (+1) - (-1)$
$\quad = 0 + (+1) = 1$

ㄹ. $-5 + \left\{1 - \left(-\dfrac{1}{2}\right) \times \dfrac{1}{3}\right\} \div \dfrac{1}{6}$

$\quad = -5 + \left\{1 - \left(-\dfrac{1}{6}\right)\right\} \div \dfrac{1}{6}$

$\quad = -5 + \dfrac{7}{6} \times 6$

$\quad = -5 + 7 = 2$

따라서 계산 결과가 작은 것부터 차례로 나열하면
ㄴ, ㄷ, ㄹ, ㄱ이다.

8 $a>0$, $b<0$일 때
① $a \times b$는 (양수)×(음수)이므로 음수이다.
② $a+b$는 (양수)+(음수)이므로 $|a|>|b|$인 경우에만 양수이다. 즉, $a+b$의 부호는 알 수 없다.
③ $a-b$는 (양수)-(음수)=(양수)+(양수)이므로 양수이다.
④ $b-a$는 (음수)-(양수)=(음수)+(음수)이므로 음수이다.
⑤ $a \div b$는 (양수)÷(음수)이므로 음수이다.
따라서 항상 양수인 것은 ③이다.

(참고) $a>0$, $b<0$일 때, $a+b$의 값은
① $|a|>|b|$이면 양수이다.
② $|a|=|b|$이면 0이다.
③ $|a|<|b|$이면 음수이다.

9 $a<0$, $b<0$일 때
① $a+b$는 (음수)+(음수)이므로 음수이다.
② $a-b$는 (음수)-(음수)=(음수)+(양수)이므로 $|a|>|b|$인 경우에만 음수이다. 즉, $a-b$의 부호는 알 수 없다.
③ $b-a$는 (음수)-(음수)=(음수)+(양수)이므로 $|a|<|b|$인 경우에만 음수이다. 즉, $b-a$의 부호는 알 수 없다.
④ $a \times b$는 (음수)×(음수)이므로 양수이다.
⑤ $a \div b$는 (음수)÷(음수)이므로 양수이다.
따라서 항상 음수인 것은 ①이다.

STEP 2 탄탄 단원 다지기 P. 55~57

1 ②	**2** ③	**3** ①	**4** $a=-4$, $b=4$
5 ①, ③	**6** ⑤	**7** ③	**8** ⑤	**9** ③
10 ③	**11** $\dfrac{9}{5}$	**12** ⑤	**13** ①	**14** 0
15 1562	**16** (1) 2 (2) -9		**17** $-\dfrac{8}{3}$	**18** ④

19 계산 순서: ㉢, ㉣, ㉤, ㉥, ㉡, ㉠, 계산 결과: -2
20 A: 270점, B: 90점

1 ① -5℃ ③ $+9$시간 ④ -3 kg ⑤ $+10$ %
따라서 바르게 나타낸 것은 ②이다.

2 ① 정수는 7, $+\dfrac{12}{3}(=+4)$, 0, -2의 4개이다.

② 음수는 -6.5, $-\dfrac{5}{6}$, -2의 3개이다.

③ 양수는 7, $+\dfrac{12}{3}$의 2개이다.

④ 자연수가 아닌 정수는 0, -2의 2개이다.

⑤ 정수가 아닌 유리수는 -6.5, $-\dfrac{5}{6}$의 2개이다.

따라서 옳지 않은 것은 ③이다.

3 주어진 수에 대응하는 점을 각각 수직선 위에 나타내면 다음 그림과 같다.

따라서 왼쪽에서 두 번째에 있는 점에 대응하는 수는 ①이다.

다른 풀이

$-5 < -\frac{3}{4} < 0 < +1.5 < +\frac{7}{3}$이므로 수직선 위에 나타내었을 때, 왼쪽에서 두 번째에 있는 점에 대응하는 수는 ①이다.

4 두 수 a, b는 부호가 반대이고, $a<b$이므로 $a<0$, $b>0$
이때 a가 b보다 8만큼 작으므로 두 수에 대응하는 두 점 사이의 거리가 8이고 a, b는 절댓값이 같으므로 두 수는 원점으로부터의 거리가 $\frac{8}{2}=4$인 점에 대응하는 수이다.

즉, $|a|=|b|=4$ ∴ $a=-4$, $b=4$

5 ① 0의 절댓값은 0이므로 절댓값은 항상 0보다 크거나 같다.
③ 절댓값이 1 이하인 정수는 -1, 0, 1의 3개이다.

6 절댓값이 $\frac{11}{2}$인 수는 $-\frac{11}{2}$과 $\frac{11}{2}$이므로 수직선 위에 나타내면 다음과 같다.

따라서 절댓값이 $\frac{11}{2}$ 이하인 정수는 -5, -4, -3, -2, -1, 0, 1, 2, 3, 4, 5의 11개이다.

7 ① $\frac{1}{2}=\frac{3}{6}$, $\frac{1}{3}=\frac{2}{6}$이므로 $\frac{1}{2}>\frac{1}{3}$

② $|-4|<|-5|$이므로 $-4>-5$

③ $\left|-\frac{2}{3}\right|=\frac{2}{3}=\frac{20}{30}$, $|-0.7|=\frac{7}{10}=\frac{21}{30}$이므로

$\left|-\frac{2}{3}\right|<|-0.7|$ ∴ $-\frac{2}{3}>-0.7$

④ (음수)<0이므로 $-7<0$

⑤ $\left|-\frac{1}{3}\right|=\frac{1}{3}$이고 (음수)$<$(양수)이므로 $\left|-\frac{1}{3}\right|>-\frac{1}{3}$

따라서 옳은 것은 ③이다.

8 $-\frac{11}{3}\left(=-3\frac{2}{3}\right)$과 $\frac{13}{4}\left(=3\frac{1}{4}\right)$에 대응하는 점을 각각 수직선 위에 나타내면 다음 그림과 같다.

따라서 $-\frac{11}{3}$과 $\frac{13}{4}$ 사이에 있는 정수는 -3, -2, -1, 0, 1, 2, 3의 7개이다.

9 ① $(+5)+(-3)=+(5-3)=+2$

② $(-7)+(+2)=-(7-2)=-5$

③ $(-3.5)-(+2.9)=(-3.5)+(-2.9)$
$=-(3.5+2.9)=-6.4$

④ $\left(+\frac{2}{7}\right)-\left(-\frac{3}{14}\right)=\left(+\frac{4}{14}\right)+\left(+\frac{3}{14}\right)$
$=+\frac{7}{14}=+\frac{1}{2}$

⑤ $\left(+\frac{1}{2}\right)+\left(+\frac{4}{5}\right)=\left(+\frac{5}{10}\right)+\left(+\frac{8}{10}\right)$
$=+\frac{13}{10}$

따라서 계산 결과가 가장 작은 것은 ③이다.

10 $\frac{1}{4}-\frac{1}{3}-\frac{9}{4}+\frac{5}{6}$

$=\left(+\frac{1}{4}\right)-\left(+\frac{1}{3}\right)-\left(+\frac{9}{4}\right)+\left(+\frac{5}{6}\right)$

$=\left(+\frac{1}{4}\right)+\left(-\frac{1}{3}\right)+\left(-\frac{9}{4}\right)+\left(+\frac{5}{6}\right)$

$=\left(+\frac{1}{4}\right)+\left(-\frac{9}{4}\right)+\left(-\frac{1}{3}\right)+\left(+\frac{5}{6}\right)$

$=\left\{\left(+\frac{1}{4}\right)+\left(-\frac{9}{4}\right)\right\}+\left\{\left(-\frac{2}{6}\right)+\left(+\frac{5}{6}\right)\right\}$

$=(-2)+\left(+\frac{1}{2}\right)$

$=-\frac{3}{2}$

11 어떤 수를 $\square$라 하면 $\square+\left(-\frac{2}{3}\right)=\frac{7}{15}$

∴ $\square=\frac{7}{15}-\left(-\frac{2}{3}\right)=\frac{7}{15}+\left(+\frac{10}{15}\right)=\frac{17}{15}$

따라서 어떤 수는 $\frac{17}{15}$이므로 바르게 계산하면

$\frac{17}{15}-\left(-\frac{2}{3}\right)=\frac{17}{15}+\left(+\frac{10}{15}\right)=\frac{27}{15}=\frac{9}{5}$

12 ㄱ. 음수와 음수의 합은 항상 음수이다.
ㄴ. 뺄셈에서는 교환법칙이 성립하지 않는다.
ㄷ. 부호가 같은 두 수를 곱한 값의 부호는 $+$이다.
ㅁ. $-\left(-\frac{1}{3}\right)^2=-\frac{1}{9}$, $-\left(\frac{1}{3}\right)^2=-\frac{1}{9}$이므로
$-\left(-\frac{1}{3}\right)^2=-\left(\frac{1}{3}\right)^2$

따라서 옳은 것은 ㄹ, ㅁ이다.

13 $\left(+\frac{25}{4}\right)\times(-0.39)\times(-16)$

$=\left(+\frac{25}{4}\right)\times(-16)\times(-0.39)$ 곱셈의 보기교환보기 법칙

$=\left\{\left(+\frac{25}{4}\right)\times(-16)\right\}\times(-0.39)$ 곱셈의 보기결합보기 법칙

$=(\boxed{-100})\times(-0.39)=\boxed{+39}$

14 $(-1)^{(홀수)}=-1$, $(-1)^{(짝수)}=1$이므로

$(-1)+(-1)^2+(-1)^3+(-1)^4+\cdots+(-1)^{100}$

$=\underbrace{(-1)+(+1)}_{=0}+\underbrace{(-1)+(+1)}_{=0}+\cdots+\underbrace{(-1)+(+1)}_{=0}$

$=\underbrace{0+0+\cdots+0}_{0이\ 50개}=0$

15 $15\times102=15\times(100+2)$

$\qquad\qquad=15\times100+15\times2$

$\qquad\qquad=1500+30$

$\qquad\qquad=1530$

따라서 $a=2$, $b=30$, $c=1530$이므로

$a+b+c=2+30+1530=1562$

16 (1) 서로 다른 세 수를 뽑아 곱한 값이 가장 크려면 그 결과가 양수가 되어야 하므로 음수 2개, 양수 1개를 뽑아야 한다.

(ⅰ) $(-3)\times(-2)\times\dfrac{1}{3}=+\left(3\times2\times\dfrac{1}{3}\right)=2$

(ⅱ) $(-3)\times\left(-\dfrac{3}{2}\right)\times\dfrac{1}{3}=+\left(3\times\dfrac{3}{2}\times\dfrac{1}{3}\right)=\dfrac{3}{2}$

(ⅲ) $(-2)\times\left(-\dfrac{3}{2}\right)\times\dfrac{1}{3}=+\left(2\times\dfrac{3}{2}\times\dfrac{1}{3}\right)=1$

따라서 (ⅰ)~(ⅲ)에 의해 구하는 값 중 가장 큰 수는 2이다.

(2) 서로 다른 세 수를 뽑아 곱한 값이 가장 작으려면 그 결과가 음수가 되어야 하므로 음수 3개를 뽑아야 한다.

$(-3)\times(-2)\times\left(-\dfrac{3}{2}\right)=-\left(3\times2\times\dfrac{3}{2}\right)=-9$

따라서 구하는 값 중 가장 작은 수는 -9이다.

17 서로 마주 보는 두 면에 적힌 두 수의 곱이 1이므로 두 수는 서로 역수이다.

따라서 $a=-1$, $b=\dfrac{4}{3}$, $c=-3$이므로

$a+b+c=-1+\dfrac{4}{3}-3=-\dfrac{8}{3}$

18 ① $(-8)\times\dfrac{3}{4}=-\left(8\times\dfrac{3}{4}\right)=-6$

② $\dfrac{6}{5}\div(-3)=\dfrac{6}{5}\times\left(-\dfrac{1}{3}\right)=-\left(\dfrac{6}{5}\times\dfrac{1}{3}\right)=-\dfrac{2}{5}$

③ $\dfrac{2}{5}\times\left(-\dfrac{1}{2}\right)^2\times(-5)=\dfrac{2}{5}\times\dfrac{1}{4}\times(-5)$

$\qquad\qquad\qquad\qquad\qquad=-\left(\dfrac{2}{5}\times\dfrac{1}{4}\times5\right)=-\dfrac{1}{2}$

④ $\left(-\dfrac{2}{5}\right)^2\div(-4^2)=\dfrac{4}{25}\div(-16)=\dfrac{4}{25}\times\left(-\dfrac{1}{16}\right)$

$\qquad\qquad\qquad\qquad\qquad=-\left(\dfrac{4}{25}\times\dfrac{1}{16}\right)=-\dfrac{1}{100}$

⑤ $(-42)\times\left\{\dfrac{1}{7}+\left(-\dfrac{1}{6}\right)\right\}$

$\quad=(-42)\times\dfrac{1}{7}+(-42)\times\left(-\dfrac{1}{6}\right)$

$\quad=-6+7=1$

따라서 계산 결과가 옳지 않은 것은 ④이다.

19 계산 순서는 ㉢, ㉣, ㉤, ㉥, ㉡, ㉠이다.

$\dfrac{4}{11}\times\left[\dfrac{1}{2}-\left\{\left(-\dfrac{3}{2}\right)^2\div\dfrac{9}{8}+6\right\}\times\dfrac{3}{4}\right]$

$=\dfrac{4}{11}\times\left\{\dfrac{1}{2}-\left(\dfrac{9}{4}\times\dfrac{8}{9}+6\right)\times\dfrac{3}{4}\right\}$

$=\dfrac{4}{11}\times\left\{\dfrac{1}{2}-(2+6)\times\dfrac{3}{4}\right\}$

$=\dfrac{4}{11}\times\left(\dfrac{1}{2}-8\times\dfrac{3}{4}\right)=\dfrac{4}{11}\times\left(\dfrac{1}{2}-6\right)$

$=\dfrac{4}{11}\times\left(-\dfrac{11}{2}\right)=-2$

20 A는 5문제를 맞히고 2문제를 틀렸으므로

$(A의\ 최종\ 점수)=100+50\times5+(-40)\times2$

$\qquad\qquad\qquad=270(점)$

B는 3문제를 맞히고 4문제를 틀렸으므로

$(B의\ 최종\ 점수)=100+50\times3+(-40)\times4$

$\qquad\qquad\qquad=90(점)$

STEP 3 쓰쓰극극 **서술형 완성하기** P. 58~59

〈과정은 풀이 참조〉

따라 해보자

유제 1 최솟값: -10, 최댓값: 10

유제 2 $\dfrac{9}{5}$

연습해 보자

1 4   **2** -2 **3** $-\dfrac{17}{2}$

4 (1) ㉣, ㉤, ㉢, ㉡, ㉥, ㉠   (2) 45

따라 해보자

유제 1 1단계 $|x|=3$이므로 $x=-3$ 또는 $x=3$

2단계 $|y|=7$이므로 $y=-7$ 또는 $y=7$

3단계 (ⅰ) $x=-3$, $y=-7$일 때,

$\qquad x-y=-3-(-7)=-3+7=4$

(ⅱ) $x=-3$, $y=7$일 때,

$\qquad x-y=-3-7=-10$

(ⅲ) $x=3$, $y=-7$일 때,

$\qquad x-y=3-(-7)=3+7=10$

(ⅳ) $x=3$, $y=7$일 때,

$\qquad x-y=3-7=-4$

따라서 (ⅰ)~(ⅳ)에 의해

$x-y$의 최솟값은 -10, 최댓값은 10이다.

채점 기준	
1단계 x의 값 구하기	… 20 %
2단계 y의 값 구하기	… 20 %
3단계 $x-y$의 최솟값, 최댓값 구하기	… 60 %

유제 2 (1단계) 어떤 수를 $\square$라 하면

$$\square \div \frac{3}{2} = \frac{4}{5}$$

$$\therefore \square = \frac{4}{5} \times \frac{3}{2} = \frac{6}{5}$$

(2단계) 따라서 어떤 수가 $\frac{6}{5}$이므로 바르게 계산하면

$$\frac{6}{5} \times \frac{3}{2} = \frac{9}{5}$$

채점 기준		
1단계	어떤 수 구하기	… 60 %
2단계	바르게 계산한 답 구하기	… 40 %

연습해 보자

1 (1단계) 음의 정수는 $-\frac{14}{7}(=-2)$, -4의 2개이므로

$a=2$

(2단계) 정수가 아닌 유리수는 -3.1, $+\frac{2}{3}$, $+\frac{5}{8}$의 3개이므로

$b=3$

(3단계) 양의 정수는 $+\frac{26}{2}(=+13)$의 1개이므로

$c=1$

(4단계) $\therefore a+b-c = 2+3-1 = 4$

채점 기준		
1단계	a의 값 구하기	… 30 %
2단계	b의 값 구하기	… 30 %
3단계	c의 값 구하기	… 30 %
4단계	$a+b-c$의 값 구하기	… 10 %

2 (1단계) $-\frac{13}{3}\left(=-4\frac{1}{3}\right)$과 $\frac{9}{4}\left(=2\frac{1}{4}\right)$에 대응하는 점을 각각 수직선 위에 나타내면 다음 그림과 같다.

(2단계) 따라서 $-\frac{13}{3}$에 가장 가까운 정수는 -4,

$\frac{9}{4}$에 가장 가까운 정수는 2이므로

$a=-4$, $b=2$

(3단계) $\therefore a+b = -4+2 = -2$

채점 기준		
1단계	$-\frac{13}{3}$과 $\frac{9}{4}$에 대응하는 점을 수직선 위에 나타내기	… 40 %
2단계	a, b의 값 구하기	… 40 %
3단계	$a+b$의 값 구하기	… 20 %

3 (1단계) a는 -3보다 -1만큼 크므로

$a = -3+(-1) = -4$

(2단계) b는 4보다 $-\frac{1}{2}$만큼 작으므로

$$b = 4-\left(-\frac{1}{2}\right) = 4+\frac{1}{2} = \frac{9}{2}$$

(3단계) $\therefore a-b = -4-\frac{9}{2} = -\frac{17}{2}$

채점 기준		
1단계	a의 값 구하기	… 40 %
2단계	b의 값 구하기	… 40 %
3단계	$a-b$의 값 구하기	… 20 %

4 (1) (1단계) 계산 순서를 차례로 나열하면 ㉣, ㉤, ㉢, ㉡, ㉥, ㉠이다.

(2) (2단계) $10-\left[\frac{5}{6} - \left\{\frac{1}{2} + (-2)^2 \div \frac{3}{2}\right\}\right] \times 15$

$= 10 - \left\{\frac{5}{6} - \left(\frac{1}{2} + 4 \times \frac{2}{3}\right)\right\} \times 15$

$= 10 - \left\{\frac{5}{6} - \left(\frac{1}{2} + \frac{8}{3}\right)\right\} \times 15$

$= 10 - \left(\frac{5}{6} - \frac{19}{6}\right) \times 15$

$= 10 - \left(-\frac{7}{3}\right) \times 15$

$= 10 - (-35)$

$= 10 + 35 = 45$

채점 기준		
1단계	계산 순서를 차례로 나열하기	… 40 %
2단계	계산 결과 구하기	… 60 %

01 문자의 사용

P. 64

개념 확인 $x+2,\ x-1,\ 2\times x$

필수 문제 ① (1) $(3\times a)$ g   (2) $(50\times t)$ km

(3) $(4\times x)$ cm   (4) $\{(a+b)\div 2\}$점

(2) (거리)=(속력)×(시간)

      $=50\times t\,(\text{km})$

(3) (정사각형의 둘레의 길이)=4×(한 변의 길이)

                $=4\times x\,(\text{cm})$

(4) (평균 점수)=(점수의 총합)÷(과목 수)

                $=(a+b)\div 2\,(\text{점})$

1-1 (1) $(a\div 3)$ m   (2) $(10000-1200\times x)$원

(3) $10\times x+1\times y$ (4) $\left(\dfrac{9}{100}\times x\right)$ g

(4) (소금의 양)$=\dfrac{(\text{소금물의 농도})}{100}\times(\text{소금물의 양})$

             $=\dfrac{9}{100}\times x\,(\text{g})$

P. 65

필수 문제 ② (1) $-x$ (2) abc (3) ax^3

(4) $\dfrac{y}{5}\left(\text{또는}\ \dfrac{1}{5}y\right)$ (5) $-\dfrac{a}{b}$ (6) $\dfrac{x-y}{4}$

(1) 1은 생략한다.

(4) $y\div 5=\dfrac{y}{5}\left(\text{또는}\ y\div 5=y\times\dfrac{1}{5}=\dfrac{1}{5}y\right)$

(5) 분수 꼴에서 부호는 분수 앞에 써주는 것이 일반적이다.

2-1 (1) $0.1ab$ (2) $ac(x+y)$ (3) $-3a^2b^2$

(4) $\dfrac{3a}{2b}$ (5) $\dfrac{x}{y+z}$ (6) $\dfrac{a+2b}{x}$

(4) $a\div\dfrac{2}{3}b=a\div\dfrac{2b}{3}=a\times\dfrac{3}{2b}=\dfrac{3a}{2b}$

참고 (1) $0.1ab=\dfrac{ab}{10}\ne 0.ab$

2-2 (1) $\dfrac{xy}{2}$ (2) $\dfrac{x(2-z)}{y}$

(3) $\dfrac{x}{y}+\dfrac{8b}{9a}$ (4) $\dfrac{(a+b)h}{2}$

(1) $x\times y\div 2=xy\times\dfrac{1}{2}=\dfrac{xy}{2}$

(2) $x\div y\times(2-z)=x\times\dfrac{1}{y}\times(2-z)=\dfrac{x(2-z)}{y}$

(3) $x\div y+b\div\dfrac{9}{8}a=x\times\dfrac{1}{y}+b\times\dfrac{8}{9a}=\dfrac{x}{y}+\dfrac{8b}{9a}$

(4) $(a+b)\times h\div 2=(a+b)h\times\dfrac{1}{2}=\dfrac{(a+b)h}{2}$

STEP 1 쓱쓱 개념 익히기

P. 66

1 (1) $-a^2b$ (2) $6(c+1)-4$ (3) $\dfrac{2a}{b}$

(4) $\dfrac{7+x}{7-x}$ (5) $a-\dfrac{2b}{a}$ (6) $\dfrac{3x^2}{y}+3$

2 ④

3 (1) $3a-6$ (2) $\dfrac{ah}{2}\,\text{cm}^2$

(3) $(1000-10x)$원   (4) $(60x+80y)$ km

(5) $3x$ g

4 $3a+5b,\ 3a+5b+8,\ 500x,\ \dfrac{y}{10}\left(\text{또는}\ \dfrac{1}{10}y\right)$

1 (3) $2\times a\div b=2a\times\dfrac{1}{b}=\dfrac{2a}{b}$

(5) $a-b\div a\times 2=a-b\times\dfrac{1}{a}\times 2$

            $=a-\dfrac{2b}{a}$

(6) $x\div\dfrac{y}{3}\times x+3=x\times\dfrac{3}{y}\times x+3$

             $=\dfrac{3x^2}{y}+3$

2 ① $a\div(b\times c)=a\div bc=a\times\dfrac{1}{bc}=\dfrac{a}{bc}$

② $a\times\left(\dfrac{1}{b}\times\dfrac{1}{c}\right)=a\times\dfrac{1}{bc}=\dfrac{a}{bc}$

③ $a\div\left(b\div\dfrac{1}{c}\right)=a\div(b\times c)$

             $=a\times\dfrac{1}{bc}=\dfrac{a}{bc}$

④ $a\times(b\div c)=a\times\left(b\times\dfrac{1}{c}\right)$

             $=a\times\dfrac{b}{c}=\dfrac{ab}{c}$

⑤ $a\div b\div c=a\times\dfrac{1}{b}\times\dfrac{1}{c}=\dfrac{a}{bc}$

따라서 나머지 넷과 다른 하나는 ④이다.

3 (2) (삼각형의 넓이)

$$=\frac{1}{2}\times(밑변의\ 길이)\times(높이)$$

$$=\frac{1}{2}\times a\times h$$

$$=\frac{ah}{2}(\text{cm}^2)$$

(3) 1000원의 $x\ \%$는 $1000\times\dfrac{x}{100}=10x(원)$이므로

(지불한 금액)$=$(정가)$-$(할인 금액)

$$=1000-10x(원)$$

(4) (거리)$=$(속력)$\times$(시간)이므로 선체 달린 거리는

$$60\times x+80\times y=60x+80y(\text{km})$$

(5) (소금의 양)$=\dfrac{(소금물의\ 농도)}{100}\times(소금물의\ 양)$이므로

소금의 양은 $\dfrac{x}{100}\times300=3x(\text{g})$

식의 값

P. 67

개념 확인 (1) **2** (2) **3, 12** (3) **−1, −8** (4) **−4, −23**

필수 문제 ① (1) **8** (2) **2** (3) **5** (4) **3**

(1) $7-x=7-(-1)=7+1=8$

(2) $\dfrac{10}{x+6}=\dfrac{10}{-1+6}=\dfrac{10}{5}=2$

(3) $(-x)^2-4x=\{-(-1)\}^2-4\times(-1)$
$$=1+4=5$$

(4) $-x^2-\dfrac{4}{x}=-(-1)^2-\dfrac{4}{-1}$
$$=-1+4=3$$

1-1 (1) **3** (2) **−16** (3) **12** (4) **−11**

(1) $a+\dfrac{1}{2}b=4+\dfrac{1}{2}\times(-2)$
$$=4+(-1)=3$$

(2) $2ab=2\times4\times(-2)=-16$

(3) $a-b^3=4-(-2)^3=4-(-8)$
$$=4+8=12$$

(4) $-3a+\dfrac{b^2}{4}=-3\times4+\dfrac{(-2)^2}{4}$
$$=-12+1=-11$$

1-2 (1) **−5** (2) **27** (3) **11** (4) **1**

(1) $30ab-27b^2=30\times\dfrac{1}{5}\times\left(-\dfrac{1}{3}\right)-27\times\left(-\dfrac{1}{3}\right)^2$

$$=-2-27\times\dfrac{1}{9}$$

$$=-2-3=-5$$

(2) $\dfrac{6}{a}+9b=6\div a+9\times b$

$$=6\div\dfrac{1}{5}+9\times\left(-\dfrac{1}{3}\right)$$

$$=6\times5+9\times\left(-\dfrac{1}{3}\right)$$

$$=30-3=27$$

(3) $-20a-\dfrac{5}{b}=-20\times a-5\div b$

$$=-20\times\dfrac{1}{5}-5\div\left(-\dfrac{1}{3}\right)$$

$$=-20\times\dfrac{1}{5}-5\times(-3)$$

$$=-4+15=11$$

(4) $\dfrac{2}{a}+\dfrac{3}{b}=2\div a+3\div b$

$$=2\div\dfrac{1}{5}+3\div\left(-\dfrac{1}{3}\right)$$

$$=2\times5+3\times(-3)$$

$$=10-9=1$$

STEP 1 쏙쏙 개념 익히기

P. 68

1 (1) **−1** (2) **10** (3) **36** (4) **−1**

2 (1) **10** (2) **1** (3) $\dfrac{5}{6}$ (4) **3** (5) **19** (6) **−15**

3 ④ **4** (1) $-\dfrac{10}{9}$ (2) **21** **5** ②

1 (1) $2x+5=2\times(-3)+5=-6+5=-1$

(2) $1-3x=1-3\times(-3)=1+9=10$

(3) $x^2-6x+9=(-3)^2-6\times(-3)+9$
$$=9+18+9=36$$

(4) $-\dfrac{2x^2+5x+6}{x^2}=-\dfrac{2\times(-3)^2+5\times(-3)+6}{(-3)^2}$

$$=-\dfrac{18-15+6}{9}=-\dfrac{9}{9}=-1$$

2 (1) $7a+8b=7\times(-2)+8\times3=-14+24=10$

(2) $\dfrac{3-a}{2+b}=\dfrac{3-(-2)}{2+3}=\dfrac{5}{5}=1$

(3) $\dfrac{a-b}{ab}=\dfrac{-2-3}{(-2)\times3}=\dfrac{-5}{-6}=\dfrac{5}{6}$

(4) $\dfrac{2}{a}+\dfrac{12}{b}=\dfrac{2}{-2}+\dfrac{12}{3}=-1+4=3$

(5) $-2a^2+3b^2=-2\times(-2)^2+3\times3^2$
$=-2\times4+27=-8+27=19$

(6) $a^2b-b^3=(-2)^2\times3-3^3$
$=4\times3-27=12-27=-15$

3 ① $2(a-1)=2\times\left(\dfrac{1}{2}-1\right)=2\times\left(-\dfrac{1}{2}\right)=-1$

② $-a^2=-\left(\dfrac{1}{2}\right)^2=-\dfrac{1}{4}$

③ $(-a)^3=\left(-\dfrac{1}{2}\right)^3=-\dfrac{1}{8}$

④ $-\dfrac{2}{a}=-2\div a=-2\div\dfrac{1}{2}=-2\times2=-4$

⑤ $\dfrac{1}{a^2}=1\div a^2=1\div\left(\dfrac{1}{2}\right)^2=1\div\dfrac{1}{4}=1\times4=4$

따라서 식의 값이 가장 작은 것은 ④이다.

4 (1) $6ab-b^2=6\times\dfrac{1}{6}\times\left(-\dfrac{2}{3}\right)-\left(-\dfrac{2}{3}\right)^2$
$=-\dfrac{2}{3}-\dfrac{4}{9}=-\dfrac{6}{9}-\dfrac{4}{9}=-\dfrac{10}{9}$

(2) $\dfrac{3}{a}-\dfrac{2}{b}=3\div a-2\div b$
$=3\div\dfrac{1}{6}-2\div\left(-\dfrac{2}{3}\right)$
$=3\times6-2\times\left(-\dfrac{3}{2}\right)$
$=18+3=21$

5 $\dfrac{5}{9}(x-32)$에 $x=77$을 대입하면

$\dfrac{5}{9}\times(77-32)=\dfrac{5}{9}\times45=25$

따라서 화씨온도 $77\,°\mathrm{F}$는 섭씨온도 $25\,°\mathrm{C}$이다.

03 일차식과 그 계산

P. 69

필수 문제 ① 표는 풀이 참조

다항식	항	상수항	계수
(1) $2x+3$	$2x$, 3	3	x의 계수: 2
(2) $3y^2-\dfrac{y}{4}-1$	$3y^2$, $-\dfrac{y}{4}$, -1	-1	y^2의 계수: 3 y의 계수: $-\dfrac{1}{4}$
(3) $-6a^3$	$-6a^3$	0	a^3의 계수: -6

1-1 $\dfrac{5}{2}$

다항식 $-\dfrac{3}{2}x+y+4$에서 x의 계수는 $-\dfrac{3}{2}$, 상수항은 4이

므로 구하는 합은 $-\dfrac{3}{2}+4=\dfrac{5}{2}$

필수 문제 ② (1) 1, 일차식이다.
(2) 1, 일차식이다.
(3) 2, 일차식이 아니다.
(4) 3, 일차식이 아니다.

2-1 ㄱ, ㄷ, ㄹ

ㄴ. 차수가 가장 큰 항은 a^2이고, 이 항의 차수가 2이므로 일차식이 아니다.

ㄹ. $\dfrac{x+1}{3}=\dfrac{1}{3}x+\dfrac{1}{3}$에서 차수가 가장 큰 항은 $\dfrac{1}{3}x$이고, 이 항의 차수가 1이므로 일차식이다.

ㅁ. 분모에 문자가 있는 식은 다항식이 아니므로 일차식이 아니다.

ㅂ. 상수항뿐이므로 일차식이 아니다.

따라서 일차식은 ㄱ, ㄷ, ㄹ이다.

P. 70

필수 문제 ③ (1) $32a$ (2) $-14b$ (3) $3x$ (4) $-24y$

(1) $4a\times8=4\times a\times8=(4\times8)\times a=32a$

(2) $(-2b)\times7=(-2)\times b\times7=\{(-2)\times7\}\times b=-14b$

(3) $12x\div4=12x\times\dfrac{1}{4}=12\times x\times\dfrac{1}{4}$
$=\left(12\times\dfrac{1}{4}\right)\times x=3x$

(4) $32y\div\left(-\dfrac{4}{3}\right)=32y\times\left(-\dfrac{3}{4}\right)=32\times y\times\left(-\dfrac{3}{4}\right)$
$=\left\{32\times\left(-\dfrac{3}{4}\right)\right\}\times y=-24y$

3-1 (1) $9a$ (2) $20b$ (3) $-6x$ (4) $\dfrac{1}{4}y$

(1) $\dfrac{3}{2}a\times6=\dfrac{3}{2}\times a\times6=\left(\dfrac{3}{2}\times6\right)\times a=9a$

(2) $(-5b)\times(-4)=(-5)\times b\times(-4)$
$=\{(-5)\times(-4)\}\times b$
$=20b$

(3) $(-42x)\div7=(-42x)\times\dfrac{1}{7}=(-42)\times x\times\dfrac{1}{7}$
$=\left\{(-42)\times\dfrac{1}{7}\right\}\times x$
$=-6x$

$(4) \left(-\dfrac{5}{6}y\right) \div \left(-\dfrac{10}{3}\right) = \left(-\dfrac{5}{6}y\right) \times \left(-\dfrac{3}{10}\right)$

$\qquad = \left(-\dfrac{5}{6}\right) \times y \times \left(-\dfrac{3}{10}\right)$

$\qquad = \left\{\left(-\dfrac{5}{6}\right) \times \left(-\dfrac{3}{10}\right)\right\} \times y = \dfrac{1}{4}y$

필수 문제 ④ (1) $8x+12$ (2) $-x+4$

           (3) $2x-3$ (4) $-6+3x$

$(1) \ 4(2x+3) = 4 \times 2x + 4 \times 3 = 8x+12$

$(2) \ (4x-16) \times \left(-\dfrac{1}{4}\right) = 4x \times \left(-\dfrac{1}{4}\right) - 16 \times \left(-\dfrac{1}{4}\right)$

$\qquad = -x+4$

$(3) \ (10x-15) \div 5 = (10x-15) \times \dfrac{1}{5}$

$\qquad = 10x \times \dfrac{1}{5} - 15 \times \dfrac{1}{5}$

$\qquad = 2x-3$

$(4) \ (2-x) \div \left(-\dfrac{1}{3}\right) = (2-x) \times (-3)$

$\qquad = 2 \times (-3) - x \times (-3)$

$\qquad = -6+3x$

4-1 (1) $-21x-28$ (2) $-10a+5$

     (3) $-7b+14$ (4) $-4y-12$

$(1) \ -7(3x+4) = (-7) \times 3x + (-7) \times 4 = -21x-28$

$(2) \ (50a-25) \times \left(-\dfrac{1}{5}\right) = 50a \times \left(-\dfrac{1}{5}\right) - 25 \times \left(-\dfrac{1}{5}\right)$

$\qquad = -10a+5$

$(3) \ (14b-28) \div (-2) = (14b-28) \times \left(-\dfrac{1}{2}\right)$

$\qquad = 14b \times \left(-\dfrac{1}{2}\right) - 28 \times \left(-\dfrac{1}{2}\right)$

$\qquad = -7b+14$

$(4) \ (-6y-18) \div \dfrac{3}{2} = (-6y-18) \times \dfrac{2}{3}$

$\qquad = -6y \times \dfrac{2}{3} - 18 \times \dfrac{2}{3} = -4y-12$

STEP 1 쏙쏙 개념 익히기   P. 71

1 0   **2** ④   **3** ③, ④

4 (1) $-24x$ (2) $33a$ (3) $-40x$

    (4) $-4y$ (5) $-16x$ (6) $-\dfrac{7}{6}a$

5 (1) $7a-14$ (2) $2x+3$ (3) $6x+15$

    (4) $-6a+\dfrac{3}{2}$ (5) $3x-2$ (6) $\dfrac{7}{2}x-2$

    (7) $2y+1$ (8) $-2x+18$

---

1 x의 계수는 $\dfrac{1}{4}$, y의 계수는 -2, 상수항은 1이므로

$a = \dfrac{1}{4}$, $b = -2$, $c = 1$

$\therefore \ 4a+b+c = 4 \times \dfrac{1}{4} + (-2) + 1 = 1 + (-2) + 1 = 0$

2 ④ x의 계수는 -2이다.

3 ① $0 \times a + 3 = 3$의 상수항뿐이므로 일차식이 아니다.

② 다항식의 차수가 2이므로 일차식이 아니다.

⑤ 분모에 문자가 있는 식은 다항식이 아니므로 일차식이 아니다.

따라서 일차식은 ③, ④이다.

4 $(1) \ (-6) \times 4x = \{(-6) \times 4\} \times x = -24x$

$(2) \ (-11a) \times (-3) = \{(-11) \times (-3)\} \times a = 33a$

$(3) \ 48 \times \left(-\dfrac{5}{6}x\right) = \left\{48 \times \left(-\dfrac{5}{6}\right)\right\} \times x = -40x$

$(4) \ 44y \div (-11) = 44y \times \left(-\dfrac{1}{11}\right) = \left\{44 \times \left(-\dfrac{1}{11}\right)\right\} \times y$

$\qquad = -4y$

$(5) \ (-12x) \div \dfrac{3}{4} = (-12x) \times \dfrac{4}{3} = \left\{(-12) \times \dfrac{4}{3}\right\} \times x$

$\qquad = -16x$

$(6) \ \dfrac{2}{3}a \div \left(-\dfrac{4}{7}\right) = \dfrac{2}{3}a \times \left(-\dfrac{7}{4}\right) = \left\{\dfrac{2}{3} \times \left(-\dfrac{7}{4}\right)\right\} \times a$

$\qquad = -\dfrac{7}{6}a$

5 $(1) \ 7(a-2) = 7 \times a - 7 \times 2 = 7a-14$

$(2) \ \dfrac{1}{2}(4x+6) = \dfrac{1}{2} \times 4x + \dfrac{1}{2} \times 6$

$\qquad = 2x+3$

$(3) \ (2x+5) \times 3 = 2x \times 3 + 5 \times 3 = 6x+15$

$(4) \ \left(\dfrac{2}{3}a - \dfrac{1}{6}\right) \times (-9) = \dfrac{2}{3}a \times (-9) - \dfrac{1}{6} \times (-9)$

$\qquad = -6a + \dfrac{3}{2}$

$(5) \ (9x-6) \div 3 = (9x-6) \times \dfrac{1}{3} = 9x \times \dfrac{1}{3} - 6 \times \dfrac{1}{3}$

$\qquad = 3x-2$

[다른 풀이]

$(9x-6) \div 3 = \dfrac{9x-6}{3} = \dfrac{9x}{3} - \dfrac{6}{3} = 3x-2$

$(6) \ (-7x+4) \div (-2) = (-7x+4) \times \left(-\dfrac{1}{2}\right)$

$\qquad = -7x \times \left(-\dfrac{1}{2}\right) + 4 \times \left(-\dfrac{1}{2}\right)$

$\qquad = \dfrac{7}{2}x-2$

[다른 풀이]

$(-7x+4) \div (-2) = \dfrac{-7x+4}{-2} = \dfrac{-7x}{-2} + \dfrac{4}{-2}$

$\qquad = \dfrac{7}{2}x-2$

(7) $\left(\dfrac{2}{3}y+\dfrac{1}{3}\right)\div\dfrac{1}{3}=\left(\dfrac{2}{3}y+\dfrac{1}{3}\right)\times 3$

$\qquad\qquad\qquad\ =\dfrac{2}{3}y\times 3+\dfrac{1}{3}\times 3$

$\qquad\qquad\qquad\ =2y+1$

(8) $\left(\dfrac{x}{6}-\dfrac{3}{2}\right)\div\left(-\dfrac{1}{12}\right)=\left(\dfrac{x}{6}-\dfrac{3}{2}\right)\times(-12)$

$\qquad\qquad\qquad\qquad\ =\dfrac{x}{6}\times(-12)-\dfrac{3}{2}\times(-12)$

$\qquad\qquad\qquad\qquad\ =-2x+18$

(6) $3+5b-2+\dfrac{3}{2}b=5b+\dfrac{3}{2}b+3-2$

$\qquad\qquad\qquad\quad =\left(5+\dfrac{3}{2}\right)b+1$

$\qquad\qquad\qquad\quad =\dfrac{13}{2}b+1$

필수 문제 ⑦ (1) $5x-3$　　　(2) $-a-8$
　　　　　　 (3) $-13x+5$　　(4) $7a-14$

(1) $(3x+2)+(2x-5)=3x+2+2x-5$

$\qquad\qquad\qquad\qquad\ =3x+2x+2-5$

$\qquad\qquad\qquad\qquad\ =5x-3$

(2) $(7a-5)-(8a+3)=7a-5-8a-3$

$\qquad\qquad\qquad\qquad\ =7a-8a-5-3$

$\qquad\qquad\qquad\qquad\ =-a-8$

(3) $2(-4x+1)-(5x-3)=-8x+2-5x+3$

$\qquad\qquad\qquad\qquad\qquad =-8x-5x+2+3$

$\qquad\qquad\qquad\qquad\qquad =-13x+5$

(4) $(a+6)+10\left(\dfrac{3}{5}a-2\right)=a+6+6a-20$

$\qquad\qquad\qquad\qquad\qquad =a+6a+6-20$

$\qquad\qquad\qquad\qquad\qquad =7a-14$

참고 분배법칙을 이용하여 괄호를 풀 때, 괄호 앞에 있는 부호와
　　수는 괄호 안의 모든 항에 곱한다.

　　예 $\cdot -(5x-3)=-5x+3$　$\cdot 2(-4x+1)=-8x+2$

7-1 (1) $-2x-3$　　　(2) $2a+5$
　　 (3) $2x+15$　　　(4) $-4a-8$

(1) $(x+1)+(-3x-4)=x+1-3x-4$

$\qquad\qquad\qquad\qquad\ =x-3x+1-4$

$\qquad\qquad\qquad\qquad\ =-2x-3$

(2) $(3a+1)-(a-4)=3a+1-a+4=3a-a+1+4$

$\qquad\qquad\qquad\qquad\qquad\qquad =2a+5$

(3) $3(2x+1)-4(x-3)=6x+3-4x+12$

$\qquad\qquad\qquad\qquad\qquad =6x-4x+3+12$

$\qquad\qquad\qquad\qquad\qquad =2x+15$

(4) $\dfrac{1}{2}(10a-4)+\dfrac{3}{4}(-12a-8)=5a-2-9a-6$

$\qquad\qquad\qquad\qquad\qquad\qquad =5a-9a-2-6$

$\qquad\qquad\qquad\qquad\qquad\qquad =-4a-8$

개념 확인 (1) 6, 2, 8　(2) 6, 2, 4

필수 문제 ⑤ ②

① 차수가 다르므로 동류항이 아니다.
③ 각 문자의 차수가 다르므로 동류항이 아니다.
④ 문자가 다르므로 동류항이 아니다.
⑤ 차수가 다르므로 동류항이 아니다.
따라서 동류항끼리 짝 지어진 것은 ②이다.

5-1 $-2x$와 $5x$, y와 $-2y$

필수 문제 ⑥ (1) $6a$ (2) $5x$ (3) $\dfrac{1}{2}y$ (4) $2b+7$

(1) $2a+4a=(2+4)a=6a$

(2) $7x-2x=(7-2)x=5x$

(3) $2y-\dfrac{5}{2}y+y=\left(2-\dfrac{5}{2}+1\right)y=\dfrac{1}{2}y$

(4) $4b-1-2b+8=4b-2b-1+8$

$\qquad\qquad\qquad\ =(4-2)b+7=2b+7$

6-1 (1) $-8b$　　　(2) $0.7a$　　　(3) $-4a+1$
　　 (4) $x+9$　　　(5) $2y-2$　　　(6) $\dfrac{13}{2}b+1$

(1) $-3b-5b=(-3-5)b=-8b$

(2) $0.5a+0.4a-0.2a=(0.5+0.4-0.2)a=0.7a$

(3) $3a-5-7a+6=3a-7a-5+6$

$\qquad\qquad\qquad\ =(3-7)a+1$

$\qquad\qquad\qquad\ =-4a+1$

(4) $-2x+5+3x+4=-2x+3x+5+4$

$\qquad\qquad\qquad\quad\ =(-2+3)x+9$

$\qquad\qquad\qquad\quad\ =x+9$

(5) $5y-\dfrac{1}{2}-3y-\dfrac{3}{2}=5y-3y-\dfrac{1}{2}-\dfrac{3}{2}$

$\qquad\qquad\qquad\quad =(5-3)y-2$

$\qquad\qquad\qquad\quad =2y-2$

7-2 (1) $-3x+y$　　　(2) $-6a-3b$

(1) $3x-y-\{5x+(x-2y)\}=3x-y-(5x+x-2y)$

$\qquad\qquad\qquad\qquad\qquad\ =3x-y-(6x-2y)$

$\qquad\qquad\qquad\qquad\qquad\ =3x-y-6x+2y$

$\qquad\qquad\qquad\qquad\qquad\ =3x-6x-y+2y$

$\qquad\qquad\qquad\qquad\qquad\ =-3x+y$

(2) $-5a-[2a+\{6b-(a+3b)\}]$
$=-5a-\{2a+(6b-a-3b)\}$
$=-5a-\{2a+(3b-a)\}$
$=-5a-(2a+3b-a)$
$=-5a-(a+3b)$
$=-5a-a-3b$
$=-6a-3b$

필수 문제 ⑧ (1) $\dfrac{9}{10}x+\dfrac{1}{5}$　　(2) $\dfrac{7}{12}x-\dfrac{3}{4}$

(1) $\dfrac{x}{2}+\dfrac{2x+1}{5}=\dfrac{5x}{10}+\dfrac{2(2x+1)}{10}$
$=\dfrac{5x+4x+2}{10}$
$=\dfrac{9x+2}{10}=\dfrac{9}{10}x+\dfrac{1}{5}$

(2) $\dfrac{3x-1}{4}-\dfrac{x+3}{6}=\dfrac{3(3x-1)}{12}-\dfrac{2(x+3)}{12}$
$=\dfrac{9x-3-2x-6}{12}$
$=\dfrac{7x-9}{12}=\dfrac{7}{12}x-\dfrac{3}{4}$

8-1 (1) $\dfrac{5}{6}a+\dfrac{3}{2}$　　(2) $-\dfrac{11}{20}a-\dfrac{2}{5}$

(1) $\dfrac{2a+7}{3}+\dfrac{a-5}{6}=\dfrac{2(2a+7)}{6}+\dfrac{a-5}{6}$
$=\dfrac{4a+14+a-5}{6}$
$=\dfrac{5a+9}{6}=\dfrac{5}{6}a+\dfrac{3}{2}$

(2) $\dfrac{a-7}{5}-\dfrac{3a-4}{4}=\dfrac{4(a-7)}{20}-\dfrac{5(3a-4)}{20}$
$=\dfrac{4a-28-15a+20}{20}$
$=\dfrac{-11a-8}{20}=-\dfrac{11}{20}a-\dfrac{2}{5}$

STEP 1 쏙쏙 개념 익히기

P. 74

1 ㄱ, ㅁ, ㅂ

2 (1) $x+4$　　(2) $2a+8$　　(3) $6x-1$

　(4) $2x-\dfrac{25}{6}$　(5) $\dfrac{3}{4}x-\dfrac{1}{3}$　(6) $-4a-7$

3 $12a+21$　　　　**4** $-4x-14$

5 (1) $x-2$　(2) $3x-11$

---

1 ㄱ. 상수항끼리는 동류항이다.

ㄴ. 문자가 다르므로 동류항이 아니다.

ㄷ. 차수가 다르므로 동류항이 아니다.

ㄹ. $\dfrac{3}{x}$은 분모에 문자가 있으므로 다항식이 아니다.

따라서 동류항끼리 짝 지어진 것은 ㄱ, ㅁ, ㅂ이다.

2 (1) $(4x+2)+(-3x+2)=4x+2-3x+2$
$=x+4$

(2) $(8a-2)-2(3a-5)=8a-2-6a+10$
$=2a+8$

(3) $\dfrac{3}{2}(6x-2)-2\left(\dfrac{3}{2}x-1\right)=9x-3-3x+2$
$=6x-1$

(4) $\dfrac{3x-4}{6}+\dfrac{3x-7}{2}=\dfrac{3x-4}{6}+\dfrac{3(3x-7)}{6}$
$=\dfrac{3x-4+9x-21}{6}$
$=\dfrac{12x-25}{6}=2x-\dfrac{25}{6}$

(5) $\dfrac{1}{2}x+\dfrac{1}{6}+0.25x-0.5=\dfrac{1}{2}x+\dfrac{1}{6}+\dfrac{1}{4}x-\dfrac{1}{2}$
$=\left(\dfrac{1}{2}+\dfrac{1}{4}\right)x+\left(\dfrac{1}{6}-\dfrac{1}{2}\right)$
$=\left(\dfrac{2}{4}+\dfrac{1}{4}\right)x+\left(\dfrac{1}{6}-\dfrac{3}{6}\right)$
$=\dfrac{3}{4}x-\dfrac{1}{3}$

(6) $2a+\{5-3(2a+4)\}=2a+(5-6a-12)$
$=2a+(-6a-7)$
$=2a-6a-7$
$=-4a-7$

3 (색칠한 부분의 넓이)
$=$(큰 직사각형의 넓이)$-$(작은 직사각형의 넓이)
$=9(2a+1)-6(a-2)$
$=18a+9-6a+12=12a+21$

4 $2A-3B=2(x-1)-3(2x+4)$
$=2x-2-6x-12$
$=-4x-14$

참고 문자에 일차식을 대입할 때는 괄호를 사용한다.

5 (1) 어떤 다항식을 □라 하면
$□-(2x-9)=-x+7$
$\therefore □=-x+7+(2x-9)=x-2$
따라서 어떤 다항식은 $x-2$이다.

(2) 바르게 계산하면
$(x-2)+(2x-9)=3x-11$

참고 어떤 다항식을 □로 놓고, 다음 관계를 이용하여 식을 세운다.
・□$-A=B$에서 ⇨ □$=B+A$
・□$+A=B$에서 ⇨ □$=B-A$

1	①, ③	**2**	①	**3**	⑤	**4**	⑤	**5** −16
6	⑤	**7**	$\dfrac{xy}{2}$ cm², 15 cm²	**8**	(1) $4n$개	(2) 52개
9	⑤	**10**	3개	**11**	①	**12**	④	**13** 2개
14	⑤	**15**	1	**16**	④	**17**	③	**18** ②
19	$37x-12$			**20**	$x+1$

1 ① $a \times b \times a \times (-0.1) \times c = -0.1a^2bc$

③ $x+y \div 3 = x + \dfrac{y}{3}$

2 ㄴ. $(500x+100y)$원

ㄷ. $6p+1$

ㅁ. (시간)$=\dfrac{(거리)}{(속력)}$이므로 걸린 시간은 $\dfrac{a}{4}$시간이다.

따라서 옳은 것은 ㄱ, ㄹ이다.

3 $b\%$는 $\dfrac{b}{100}$이므로

증가한 학생 수는 $a \times \dfrac{b}{100} = \dfrac{ab}{100}$

∴ (올해의 학생 수)

$=$(작년의 학생 수)$+$(증가한 학생 수)

$=a + \dfrac{ab}{100}$

4 ① $-a = -(-3) = 3$

② $(-a)^2 = \{-(-3)\}^2 = 3^2 = 9$

③ $-\dfrac{a^2}{3} = -\dfrac{(-3)^2}{3} = -\dfrac{9}{3} = -3$

④ $a^3 = (-3)^3 = -27$

⑤ $(-a)^3 = \{-(-3)\}^3 = 3^3 = 27$

따라서 식의 값이 가장 큰 것은 ⑤이다.

5 $\dfrac{b^2-2b}{a} = (b^2-2b) \div a$이므로

이 식에 $a = -\dfrac{1}{2}$, $b=4$를 대입하면

$(4^2 - 2 \times 4) \div \left(-\dfrac{1}{2}\right)$

$= (16-8) \div \left(-\dfrac{1}{2}\right)$

$= 8 \times (-2) = -16$

6 $0.9(x-100)$에 $x=160$을 대입하면

$0.9 \times (160-100) = 0.9 \times 60 = 54$

따라서 키가 160 cm인 사람의 표준 체중은 54 kg이다.

7 (마름모의 넓이)

$= \dfrac{1}{2} \times$(한 대각선의 길이)$\times$(다른 대각선의 길이)

$= \dfrac{1}{2} \times x \times y = \dfrac{xy}{2}$ (cm²)

$\dfrac{xy}{2}$에 $x=6$, $y=5$를 대입하면 $\dfrac{6 \times 5}{2} = 15$이므로

구하는 마름모의 넓이는 15 cm²이다.

8 (1) 그림에서 첫 번째에 놓인 바둑돌은 4개이고,

두 번째에 놓인 바둑돌은 $4 \times 2 = 8$(개)이고,

세 번째에 놓인 바둑돌은 $4 \times 3 = 12$(개)이다.

즉 바둑돌의 전체 개수는 4씩 커지는 규칙을 가지고 있다.

따라서 n번째에 놓인 바둑돌은 모두 $4 \times n = 4n$(개)이다.

[다른 풀이]

그림의 바둑돌은 정사각형의 한 변에 놓인 바둑돌이 한 개씩 늘어나면서 커지고 있다.

따라서 n번째 정사각형에서 한 변에 놓인 바둑돌의 개수는 $n+1$이다.

(n번째에 놓인 바둑돌의 전체 개수)

$= 4 \times$(n번째 정사각형에서 한 변에 놓인 바둑돌의 개수)

$-$(중복되는 바둑돌의 개수)

$= 4 \times (n+1) - 4 = 4n$

(2) $4n$에 $n=13$을 대입하면 $4 \times 13 = 52$

따라서 13번째에 놓인 바둑돌은 총 52개이다.

9 ① 항은 $\dfrac{1}{4}y^2$, $-\dfrac{5}{4}y$, -1의 3개이다.

② 차수가 가장 큰 항은 $\dfrac{1}{4}y^2$이므로 다항식의 차수는 2이다.

③ y^2의 계수는 $\dfrac{1}{4}$이다.

④ 상수항은 -1이다.

따라서 옳은 것은 ⑤이다.

10 ㄷ. 다항식의 차수가 2이므로 일차식이 아니다.

ㄹ. 분모에 문자가 있는 식은 다항식이 아니므로 일차식이 아니다.

ㅁ. 상수항뿐이므로 일차식이 아니다.

따라서 일차식은 ㄱ, ㄴ, ㅂ의 3개이다.

[참고] 상수항의 차수는 0이다.

11 x의 계수가 -3, 상수항이 5인 x에 대한 일차식은

$-3x+5$이다.

$-3x+5$에 $x=2$를 대입하면

$-3 \times 2 + 5 = -6 + 5 = -1$이므로 $a = -1$

$-3x+5$에 $x=-2$를 대입하면

$-3 \times (-2) + 5 = 6 + 5 = 11$이므로 $b = 11$

∴ $ab = -1 \times 11 = -11$

12 $-\dfrac{1}{2}(4x+6)=-2x-3$

① $-2(x+3)=-2x-6$

② $(-2x+3)\times(-1)=2x-3$

③ $(4x+3)\div(-2)=(4x+3)\times\left(-\dfrac{1}{2}\right)=-2x-\dfrac{3}{2}$

④ $(18x+27)\div(-9)=(18x+27)\times\left(-\dfrac{1}{9}\right)=-2x-3$

⑤ $-4\left(\dfrac{1}{2}x-\dfrac{1}{4}\right)=-2x+1$

따라서 식을 계산한 결과가 $-\dfrac{1}{2}(4x+6)$과 같은 것은 ④이다.

13 동류항은 문자와 차수가 각각 같아야 하므로 $2x$와 동류항인 것은 $\dfrac{4}{3}x$, $4x$의 2개이다.

14 ① $x-2x+3x=2x$ ⇨ 2

② $\dfrac{5}{12}x-\dfrac{2}{3}x+\dfrac{7}{6}x=\dfrac{5}{12}x-\dfrac{8}{12}x+\dfrac{14}{12}x=\dfrac{11}{12}x$

⇨ $\dfrac{11}{12}$

③ $-3(x+1)+4(x-3)=-3x-3+4x-12=x-15$

⇨ 1

④ $\dfrac{1}{3}(6x-9)-\dfrac{1}{2}(4x+8)=2x-3-2x-4=-7$

⇨ 0

⑤ $1.4x-0.2+\dfrac{8}{5}x+\dfrac{1}{5}=\dfrac{7}{5}x-\dfrac{1}{5}+\dfrac{8}{5}x+\dfrac{1}{5}=3x$

⇨ 3

따라서 식을 계산하였을 때 x의 계수가 가장 큰 것은 ⑤이다.

15 $-2x+[3x-1-\{2+(x-4)\}]$

$=-2x+\{3x-1-(2+x-4)\}$

$=-2x+\{3x-1-(x-2)\}$

$=-2x+(3x-1-x+2)$

$=-2x+(2x+1)$

$=-2x+2x+1=1$

16 $\dfrac{2a+1}{3}-\dfrac{4a+3}{5}+\dfrac{5a+4}{6}$

$=\dfrac{10(2a+1)}{30}-\dfrac{6(4a+3)}{30}+\dfrac{5(5a+4)}{30}$

$=\dfrac{20a+10-24a-18+25a+20}{30}$

$=\dfrac{21a+12}{30}=\dfrac{7}{10}a+\dfrac{2}{5}$

따라서 a의 계수는 $\dfrac{7}{10}$, 상수항은 $\dfrac{2}{5}$이므로 두 수의 합은

$\dfrac{7}{10}+\dfrac{2}{5}=\dfrac{11}{10}$

17 직사각형의 가로의 길이는 $3x+7$, 세로의 길이는

$6+8=14$이므로

(색칠한 부분의 넓이)

$=$(직사각형의 넓이)$-$(색칠하지 않은 삼각형의 넓이의 합)

$=(3x+7)\times14$

$\quad-\left[\dfrac{1}{2}\times3x\times6+\dfrac{1}{2}\times7\times4+\dfrac{1}{2}\times x\times(14-4)\right.$

$\quad\left.+\dfrac{1}{2}\times\{(3x+7)-x\}\times8\right]$

$=42x+98-\{9x+14+5x+4(2x+7)\}$

$=42x+98-(9x+14+5x+8x+28)$

$=42x+98-(22x+42)$

$=42x+98-22x-42$

$=20x+56$

18 구하는 식의 괄호를 풀면

$2B-2(A-B)=2B-2A+2B=-2A+4B$

괄호를 사용하여 문자에 일차식을 대입하면

$-2A+4B=-2(2x-8)+4(x-7)$

$\qquad\qquad=-4x+16+4x-28=-12$

19 ㈎ $A\div4=4x-3$이므로

$A=(4x-3)\times4=16x-12$

㈏ $B-(5x+12)=A$이므로

$B-(5x+12)=16x-12$에서

$B=16x-12+(5x+12)=21x$

$\therefore A+B=(16x-12)+21x=37x-12$

20 어떤 다항식을 $\boxed{}$라 하면

$\boxed{}+(2x-4)=5x-7$

$\therefore \boxed{}=5x-7-(2x-4)=5x-7-2x+4=3x-3$

따라서 어떤 다항식은 $3x-3$이므로 바르게 계산하면

$(3x-3)-(2x-4)=3x-3-2x+4=x+1$

STEP **3** 쓱쓱 **서술형 완성하기** P. 78~79

⟨과정은 풀이 참조⟩

따라 해보자 유제1 $(2ab+2bc+2ac)\,\text{cm}^2$, $94\,\text{cm}^2$

유제2 $\dfrac{11}{9}$

연습해 보자 **1** $(200-50t)\,\text{km}$ **2** -5

3 $x+1$ **4** $5x$

유제 1 1단계 (직육면체의 겉넓이)
$$= 2 \times a \times b + 2 \times b \times c + 2 \times a \times c$$
$$= 2ab + 2bc + 2ac \, (\text{cm}^2)$$

2단계 위의 식에 $a=4$, $b=3$, $c=5$를 대입하면
(직육면체의 겉넓이)
$$= 2 \times 4 \times 3 + 2 \times 3 \times 5 + 2 \times 4 \times 5$$
$$= 24 + 30 + 40 = 94 \, (\text{cm}^2)$$

채점 기준		
1단계	a, b, c를 사용하여 직육면체의 겉넓이 나타내기	··· 50 %
2단계	a, b, c의 값을 대입하여 직육면체의 겉넓이 구하기	··· 50 %

유제 2 1단계 $\dfrac{2x-3}{6} - \dfrac{5x+1}{9} = \dfrac{3(2x-3)}{18} - \dfrac{2(5x+1)}{18}$
$$= \dfrac{6x-9-10x-2}{18}$$
$$= \dfrac{-4x-11}{18}$$
$$= -\dfrac{2}{9}x - \dfrac{11}{18}$$

2단계 즉, $-\dfrac{2}{9}x - \dfrac{11}{18} = ax + b$에서
$$a = -\dfrac{2}{9}, \ b = -\dfrac{11}{18}$$

3단계 $\therefore 9ab = 9 \times \left(-\dfrac{2}{9}\right) \times \left(-\dfrac{11}{18}\right) = \dfrac{11}{9}$

채점 기준		
1단계	분모를 통분하여 동류항끼리 계산하기	··· 60 %
2단계	상수 a, b의 값 구하기	··· 20 %
3단계	$9ab$의 값 구하기	··· 20 %

1 1단계 (거리)=(속력)×(시간)이므로
시속 50 km로 t시간 동안 이동한 거리는
$$50 \times t = 50t \, (\text{km})$$

2단계 집에서 할머니 댁까지의 거리가 200 km이므로
(남은 거리)=200−(이동한 거리)
$$= 200 - 50t \, (\text{km})$$

채점 기준		
1단계	이동한 거리 구하기	··· 50 %
2단계	남은 거리 구하기	··· 50 %

2 1단계 $\dfrac{2}{5}(10x-15) = \dfrac{2}{5} \times 10x - \dfrac{2}{5} \times 15$
$$= 4x - 6$$
$4x-6$에서 x의 계수는 4이므로 $a=4$

2단계 $(4x-6) \div \dfrac{2}{3} = (4x-6) \times \dfrac{3}{2}$
$$= 4x \times \dfrac{3}{2} - 6 \times \dfrac{3}{2} = 6x - 9$$
$6x-9$에서 상수항은 -9이므로 $b=-9$

3단계 $\therefore a+b = 4 + (-9) = -5$

채점 기준		
1단계	a의 값 구하기	··· 40 %
2단계	b의 값 구하기	··· 40 %
3단계	$a+b$의 값 구하기	··· 20 %

3 1단계 구하는 식을 분배법칙을 이용하여 괄호를 풀면
$$-A + 2B + 2(A+B) = -A + 2B + 2A + 2B$$
$$= A + 4B$$

2단계 괄호를 사용하여 문자에 일차식을 대입하면
$$A + 4B = (-7x+5) + 4(2x-1)$$
$$= -7x + 5 + 8x - 4$$
$$= (-7+8)x + (5-4) = x + 1$$

채점 기준		
1단계	$-A+2B+2(A+B)$를 간단히 정리하기	··· 40 %
2단계	문자에 일차식 대입하기	··· 60 %

4 1단계 $(5x+8)+A=9x+13$에서
$$A = 9x + 13 - (5x+8)$$
$$= 9x + 13 - 5x - 8 = 4x + 5$$

2단계 $B+(3x+10)=4x+5$에서
$$B = 4x + 5 - (3x+10)$$
$$= 4x + 5 - 3x - 10 = x - 5$$

3단계 $\therefore A+B = (4x+5) + (x-5) = 5x$

채점 기준		
1단계	일차식 A 구하기	··· 40 %
2단계	일차식 B 구하기	··· 40 %
3단계	두 일차식 A, B의 합 구하기	··· 20 %

개념편

01 방정식과 그 해

개념 확인   ㄴ, ㄹ, ㅇ
등호가 있는 식을 찾으면 ㄴ, ㄹ, ㅇ이다.

필수 문제 ❶   (1) $5x-6=12$ (2) $4x=20$
                 (3) $700x+4000=7500$ (4) $3x=3000$

(1) 어떤 수 x의 5배에서 6을 뺀 값은 / 12이다.
$\underset{x\times5-6}{}$ $=$ $\underset{12}{}$
$\Rightarrow 5x-6=12$

(2) 한 변의 길이가 x cm인 정사각형의 둘레의 길이는 /
$\underset{4\times x}{}$ $=$
20 cm이다.
$\underset{20}{}$
$\Rightarrow 4x=20$

(3) 한 자루에 700원인 연필 x자루와 한 개에 800원인 지
$\underset{700\times x+800\times5}{}$
우개 5개의 가격은 / 7500원이다.
$=$ $\underset{7500}{}$
$\Rightarrow 700x+4000=7500$

(4) 학생 1명의 입장료가 x원인 미술관에서 학생 3명의 입
$\underset{3\times x}{}$
장료는 / 3000원이다.
$=$ $\underset{3000}{}$
$\Rightarrow 3x=3000$

1-1   (1) $2(x+3)=\dfrac{x}{3}$ (2) $\dfrac{5}{2}x=20$
      (3) $26-4x=2$ (4) $2000-500x=500$

(1) 어떤 수 x에 3을 더한 후 2배 하면 / x를 3으로 나눈 것
$\underset{(x+3)\times2}{}$ $=$ $\underset{\frac{x}{3}}{}$
과 같다.
$\Rightarrow 2(x+3)=\dfrac{x}{3}$

(2) 밑변의 길이가 x cm이고, 높이가 5 cm인 삼각형의 넓
$\underset{\frac{1}{2}\times x\times5}{}$
이는 / 20 cm²이다.
$=$ $\underset{20}{}$
$\Rightarrow \dfrac{5}{2}x=20$

(3) 복숭아 26개를 x명의 학생에게 4개씩 나누어 주었더니
$\underset{26-x\times4}{}$
/ 2개가 남았다.
$=$ $\underset{2}{}$
$\Rightarrow 26-4x=2$

(4) 500원짜리 사탕을 x개 사고 2000원을 냈을 때, 거스름
$\underset{2000-500\times x}{}$
돈은 / 500원이었다.
$=$ $\underset{500}{}$
$\Rightarrow 2000-500x=500$

개념 확인   (1) 표는 풀이 참조, $x=1$
            (2) 표는 풀이 참조, $x=2$

(1)

x의 값	$2x+3$의 값	$5x$의 값	참/거짓
0	$0+3=3$	0	거짓
1	$2+3=5$	5	참
2	$4+3=7$	10	거짓
3	$6+3=9$	15	거짓

(2)

x의 값	$3x-4$의 값	x의 값	참/거짓
0	$0-4=-4$	0	거짓
1	$3-4=-1$	1	거짓
2	$6-4=2$	2	참
3	$9-4=5$	3	거짓

필수 문제 ❷   ④
각 방정식에 $x=3$을 대입하면
① $3-6\neq3$ ② $-4\times3\neq12$
  $\underset{=-3}{}$ $\underset{=-12}{}$
③ $\dfrac{3}{3}\neq9$ ④ $4\times(3-2)=4$
  $\underset{=1}{}$
⑤ $2\times3-3\neq-3$
  $\underset{=3}{}$
따라서 해가 $x=3$인 것은 ④이다.

2-1   ④
각 방정식의 x에 [ ] 안의 수를 대입하면
① $3\times(-1)+4=1$ ② $4\times\dfrac{1}{2}-1=2\times\dfrac{1}{2}$
                              $\underset{=1}{}$ $\underset{=1}{}$
③ $2\times2=5\times2-6$ ④ $2\times(-3+1)\neq-3$
  $\underset{=4}{}$ $\underset{=4}{}$ $\underset{=-4}{}$
⑤ $5\times9+4=6\times9-5$
  $\underset{=49}{}$ $\underset{=49}{}$
따라서 [ ] 안의 수가 주어진 방정식의 해가 아닌 것은
④이다.

필수 문제 ❸   ㄱ, ㄴ, ㅂ, ㅇ, ㅈ
ㄱ. (좌변)$=0\times x=0 \Rightarrow$ (좌변)$=$(우변)이므로 항등식이다.
ㄴ. (좌변)$=x\times5=5x$
   $\Rightarrow$ (좌변)$=$(우변)이므로 항등식이다.
ㄷ. $3-x=x-3$
   $\Rightarrow$ (좌변)$\neq$(우변)이므로 항등식이 아니다.
ㄹ. $2x=4 \Rightarrow$ (좌변)$\neq$(우변)이므로 항등식이 아니다.
ㅁ. $4x=4+x \Rightarrow$ (좌변)$\neq$(우변)이므로 항등식이 아니다.
ㅂ. (좌변)$=x+2x=3x$
   $\Rightarrow$ (좌변)$=$(우변)이므로 항등식이다.
ㅅ. $5=x+7 \Rightarrow$ (좌변)$\neq$(우변)이므로 항등식이 아니다.

ㅇ. (좌변)$=2(x+3)=2x+6$

　　⇨ (좌변)=(우변)이므로 항등식이다.

ㅈ. (좌변)$=x+6x-7=7x-7$,

　　(우변)$=7(x-1)=7x-7$

　　⇨ (좌변)=(우변)이므로 항등식이다.

따라서 항등식은 ㄱ, ㄴ, ㅂ, ㅇ, ㅈ이다.

3-1 ③, ⑤

x의 값에 관계없이 항상 참이 되는 등식은 항등식이다.

① $2x=0$ ⇨ (좌변)≠(우변)이므로 항등식이 아니다.

② (좌변)$=x+x=2x$

　　⇨ (좌변)≠(우변)이므로 항등식이 아니다.

③ (좌변)$=(3x+6)\div 3=x+2$

　　⇨ (좌변)=(우변)이므로 항등식이다.

④ $x+2=4x$ ⇨ (좌변)≠(우변)이므로 항등식이 아니다.

⑤ (좌변)$=3(2x-1)=6x-3$

　　⇨ (좌변)=(우변)이므로 항등식이다.

따라서 x의 값에 관계없이 항상 참이 되는 등식은 ③, ⑤이다.

P. 86

필수 문제 ④ ②, ④

② $a=b$의 양변에 2를 더하면 $2+a=2+b$

④ $a=b$의 양변을 2로 나누면 $\dfrac{a}{2}=\dfrac{b}{2}$

4-1 ㄴ, ㄷ

ㄱ. $a=b$의 양변에서 b를 빼면

　　$a-b=b-b$이므로 $a-b=0$

ㄴ. $\dfrac{x}{3}=\dfrac{y}{5}$의 양변에 9를 곱하면

　　$\dfrac{x}{3}\times 9=\dfrac{y}{5}\times 9$이므로 $3x=\dfrac{9}{5}y$

　　참고 $\dfrac{x}{3}=\dfrac{y}{5}$의 양변에 15를 곱하면

　　$\dfrac{x}{3}\times 15=\dfrac{y}{5}\times 15$이므로 $5x=3y$

ㄷ. 양변을 0이 아닌 같은 수로 나누어야 등식이 성립하므로 $c=0$일 때는 성립하지 않는다.

ㄹ. $a+3=b+3$의 양변에서 3을 빼면

　　$a+3-3=b+3-3$이므로 $a=b$

　　이때 $a=b$의 양변에 5를 곱하면 $5a=5b$

따라서 옳지 않은 것은 ㄴ, ㄷ이다.

필수 문제 ⑤ 7, -9, 3, -3

5-1 (1) $x=7$　(2) $x=-6$　(3) $x=3$

(1) 　　$x-3=4$

　　$x-3+3=4+3$　양변에 3을 더한다.

　　　∴ $x=7$

---

(2) 　　$\dfrac{x}{3}=-2$

　　$\dfrac{x}{3}\times 3=-2\times 3$　양변에 3을 곱한다.

　　　∴ $x=-6$

(3) 　　$5x+3=18$

　　$5x+3-3=18-3$　양변에서 3을 뺀다.

　　　$5x=15$

　　$\dfrac{5x}{5}=\dfrac{15}{5}$　양변을 5로 나눈다.

　　　∴ $x=3$

STEP **1** 쏙쏙 **개념 익히기**　　　　　　　　　P. 87

| **1** ②, ④ | **2** ⑤ | **3** ④ |
| **4** ⑤ | **5** ④ | |

2 각 방정식의 x에 [　] 안의 수를 대입하면

① $\underset{=4}{3\times(-1)+7}\neq\underset{=6}{5-(-1)}$

② $\underset{=5}{5+3\times 0}\neq\underset{=6}{-2\times 0+6}$

③ $\underset{=-4}{2\times\dfrac{1}{2}-5}\neq -2$

④ $\underset{=-\frac{35}{3}}{2\times\left(-\dfrac{1}{3}\right)-11}\neq\underset{=-\frac{23}{3}}{-\left(-\dfrac{1}{3}\right)-8}$

⑤ $\underset{=7}{2\times(3-1)+3}=\underset{=7}{3\times 3-2}$

따라서 [　] 안의 수가 주어진 방정식의 해인 것은 ⑤이다.

3 $3x+a=bx-2$가 모든 x의 값에 대하여 항상 참이므로 x에 대한 항등식이다. 즉, (좌변)=(우변)이므로 좌변과 우변의 x의 계수와 상수항이 각각 같아야 한다.

따라서 $b=3$, $a=-2$이므로 $a+b=-2+3=1$

4 ① $a=b$의 양변에서 6을 빼면 $a-6=b-6$

② $a=b$의 양변에 a를 더하면 $2a=a+b$

③ $\dfrac{a}{4}=\dfrac{b}{3}$의 양변에 12를 곱하면 $3a=4b$

④ $3x=-6y$의 양변을 3으로 나누면 $x=-2y$

⑤ $x=3y$의 양변에서 2를 빼면 $x-2=3y-2$

따라서 옳지 않은 것은 ⑤이다.

5 ㈎ 양변에서 2를 뺀다. ⇨ ㄴ

㈏ 양변을 2로 나눈다. ⇨ ㄹ

4. 일차방정식 ｜ 45

02 일차방정식의 풀이

P. 88

필수 문제 ① (1) $5x=6-1$ (2) $2x+8+10=0$
(3) $x+3x=7$ (4) $3x-2x=3+5$

1-1 ④
① $x+2=2x \Rightarrow x-2x=-2$
② $3x=-12$에서 x의 계수 3은 이항할 수 없다.
③ $2x-4=x+1 \Rightarrow 2x-x=1+4$
⑤ $2x-9=-3x \Rightarrow 2x+3x=9$
따라서 이항을 바르게 한 것은 ④이다.

필수 문제 ② ㄴ, ㄷ
ㄱ. $2x-1 \Rightarrow$ 등식이 아니므로 일차방정식이 아니다.
ㄴ. $x^2+1=x^2+x$에서 $-x+1=0 \Rightarrow$ 일차방정식
ㄷ. $4x-5=2x+9$에서 $2x-14=0 \Rightarrow$ 일차방정식
ㄹ. $-3+x=x-3$에서 $0=0 \Rightarrow$ 일차방정식이 아니다.
ㅁ. $5x-7=-x^2$에서 $x^2+5x-7=0$
   $\Rightarrow$ 일차방정식이 아니다.
ㅂ. $-2(x-2)=-2x+4$에서 $-2x+4=4-2x$
   $0=0 \Rightarrow$ 일차방정식이 아니다.
따라서 일차방정식은 ㄴ, ㄷ이다.

2-1 ④
① $x=0 \Rightarrow$ 일차방정식
② $x^2-1=x^2-3x+1$에서 $3x-2=0 \Rightarrow$ 일차방정식
③ $6x-5=2x$에서 $4x-5=0 \Rightarrow$ 일차방정식
④ $-2x+6=2(3-x)$에서 $-2x+6=6-2x$
   $0=0 \Rightarrow$ 일차방정식이 아니다.
⑤ $\frac{x}{3}-2=4$에서 $\frac{x}{3}-6=0 \Rightarrow$ 일차방정식
따라서 일차방정식이 아닌 것은 ④이다.

P. 89

개념 확인 (1) 22, 11 (2) 3, $-\frac{7}{3}$

필수 문제 ③ (1) $x=-3$ (2) $x=\frac{1}{3}$ (3) $x=8$ (4) $x=\frac{9}{5}$
(1) $2x+9=3$에서 $2x=3-9$
   $2x=-6$ ∴ $x=-3$
(2) $3-4x=5x$에서 $-4x-5x=-3$
   $-9x=-3$ ∴ $x=\frac{1}{3}$
(3) $3(x-5)=x+1$에서 괄호를 풀면
   $3x-15=x+1$, $3x-x=1+15$
   $2x=16$ ∴ $x=8$

(4) $-2(x-3)=3(x-1)$에서 괄호를 풀면
   $-2x+6=3x-3$, $-2x-3x=-3-6$
   $-5x=-9$ ∴ $x=\frac{9}{5}$

3-1 (1) $x=3$ (2) $x=-1$ (3) $x=-2$ (4) $x=8$
(1) $2x-1=5$에서 $2x=5+1$
   $2x=6$ ∴ $x=3$
(2) $3x=5x+2$에서 $3x-5x=2$
   $-2x=2$ ∴ $x=-1$
(3) $3x+7=-4x-7$에서 $3x+4x=-7-7$
   $7x=-14$ ∴ $x=-2$
(4) $7-3x=2x-33$에서 $-3x-2x=-33-7$
   $-5x=-40$ ∴ $x=8$

3-2 (1) $x=2$ (2) $x=-2$ (3) $x=-\frac{1}{2}$
(4) $x=-3$ (5) $x=1$ (6) $x=-\frac{7}{2}$
(1) $2(4-6x)=-16$에서 괄호를 풀면
   $8-12x=-16$, $-12x=-16-8$
   $-12x=-24$ ∴ $x=2$
(2) $-2(x-1)=x+8$에서 괄호를 풀면
   $-2x+2=x+8$, $-2x-x=8-2$
   $-3x=6$ ∴ $x=-2$
(3) $7x-(2x+1)=x-3$에서 괄호를 풀면
   $7x-2x-1=x-3$, $5x-1=x-3$
   $5x-x=-3+1$, $4x=-2$
   ∴ $x=-\frac{1}{2}$
(4) $1+3(x-4)=4(x-2)$에서 괄호를 풀면
   $1+3x-12=4x-8$, $3x-11=4x-8$
   $3x-4x=-8+11$, $-x=3$
   ∴ $x=-3$
(5) $6\left(\frac{x}{3}-\frac{1}{2}\right)=-4\left(\frac{x}{2}-\frac{1}{4}\right)$에서 괄호를 풀면
   $2x-3=-2x+1$, $2x+2x=1+3$
   $4x=4$ ∴ $x=1$
(6) $12\left(\frac{x}{4}+\frac{1}{6}\right)-4=9\left(\frac{x}{9}-1\right)$에서 괄호를 풀면
   $3x+2-4=x-9$, $3x-2=x-9$
   $3x-x=-9+2$, $2x=-7$
   ∴ $x=-\frac{7}{2}$

P. 90

필수 문제 ④ (1) $x=2$ (2) $x=6$
(1) 양변에 10을 곱하면
   $2x+3=7$, $2x=7-3$
   $2x=4$ ∴ $x=2$

(2) 양변에 100을 곱하면

$$10x-30=2x+18, \ 10x-2x=18+30$$

$$8x=48 \qquad \therefore \ x=6$$

4-1 (1) $x=3$ (2) $x=-4$ (3) $x=10$ (4) $x=-2$

(1) 양변에 10을 곱하면

$$3x-5=4, \ 3x=4+5$$

$$3x=9 \qquad \therefore \ x=3$$

(2) 양변에 10을 곱하면

$$7x+2=4x-10, \ 7x-4x=-10-2$$

$$3x=-12 \qquad \therefore \ x=-4$$

(3) 양변에 100을 곱하면

$$9x-30=5(x+2)$$

우변의 괄호를 풀면

$$9x-30=5x+10, \ 9x-5x=10+30$$

$$4x=40 \qquad \therefore \ x=10$$

(4) 양변에 10을 곱하면

$$4(2-0.5x)=12$$

좌변의 괄호를 풀면

$$8-2x=12, \ -2x=12-8$$

$$-2x=4 \qquad \therefore \ x=-2$$

필수 문제 ⑤ (1) $x=6$ (2) $x=1$

(1) 양변에 12를 곱하면

$$4x-6=3x, \ 4x-3x=6$$

$$\therefore \ x=6$$

(2) 양변에 8을 곱하면

$$x+3=12x-8, \ x-12x=-8-3$$

$$-11x=-11 \qquad \therefore \ x=1$$

5-1 (1) $x=-5$ (2) $x=\dfrac{35}{3}$ (3) $x=\dfrac{1}{2}$ (4) $x=10$

(1) 양변에 15를 곱하면

$$5x+15=3x+5, \ 5x-3x=5-15$$

$$2x=-10 \qquad \therefore \ x=-5$$

(2) 양변에 6을 곱하면

$$9(5-x)=10-6x, \ 45-9x=10-6x$$

$$-9x+6x=10-45$$

$$-3x=-35 \qquad \therefore \ x=\dfrac{35}{3}$$

(3) 양변에 20을 곱하면

$$4(x-3)=5(2x-3)$$

$$4x-12=10x-15$$

$$4x-10x=-15+12$$

$$-6x=-3 \qquad \therefore \ x=\dfrac{1}{2}$$

(4) 양변에 12를 곱하면

$$2x-15=15-x$$

$$2x+x=15+15$$

$$3x=30 \qquad \therefore \ x=10$$

5-2 $x=-9$

소수를 분수로 고치면

$$\dfrac{2x+3}{5}=\dfrac{3}{10}(x-1)$$

양변에 10을 곱하면

$$2(2x+3)=3(x-1)$$

$$4x+6=3x-3$$

$$4x-3x=-3-6$$

$$\therefore \ x=-9$$

한번 더 연습
P. 91

1 (1) $x=1$ (2) $x=\dfrac{1}{2}$ (3) $x=4$ (4) $x=-\dfrac{2}{3}$

2 (1) $x=-1$ (2) $x=4$ (3) $x=\dfrac{8}{7}$ (4) $x=-16$

3 (1) $x=-7$ (2) $x=-2$ (3) $x=8$ (4) $x=-7$

4 (1) $x=9$ (2) $x=14$ (3) $x=-2$ (4) $x=-3$

5 (1) $x=\dfrac{9}{2}$ (2) $x=2$

1 (1) $x-4=-2x-1$에서 $x+2x=-1+4$

$$3x=3 \qquad \therefore \ x=1$$

(2) $5x-2=-3x+2$에서 $5x+3x=2+2$

$$8x=4 \qquad \therefore \ x=\dfrac{1}{2}$$

(3) $2-3x=-x-6$에서 $-3x+x=-6-2$

$$-2x=-8 \qquad \therefore \ x=4$$

(4) $3x+8=-3x+4$에서 $3x+3x=4-8$

$$6x=-4 \qquad \therefore \ x=-\dfrac{2}{3}$$

2 (1) $2(x+5)=-(x-7)$에서 괄호를 풀면

$$2x+10=-x+7, \ 2x+x=7-10$$

$$3x=-3 \qquad \therefore \ x=-1$$

(2) $1-3(2x-1)=-5x$에서 괄호를 풀면

$$1-6x+3=-5x, \ -6x+4=-5x$$

$$-6x+5x=-4, \ -x=-4 \qquad \therefore \ x=4$$

(3) $-(x-6)=2(3x-1)$에서 괄호를 풀면

$$-x+6=6x-2, \ -x-6x=-2-6$$

$$-7x=-8 \qquad \therefore \ x=\dfrac{8}{7}$$

(4) $4(x-1)=3(x-7)+1$에서 괄호를 풀면

$$4x-4=3x-21+1, \ 4x-4=3x-20$$

$$4x-3x=-20+4 \qquad \therefore \ x=-16$$

3 (1) 양변에 10을 곱하면
$$6x-1=9x+20,\ 6x-9x=20+1$$
$$-3x=21 \quad \therefore x=-7$$
(2) 양변에 100을 곱하면
$$10x-20=3x-34,\ 10x-3x=-34+20,$$
$$7x=-14 \quad \therefore x=-2$$
(3) 양변에 10을 곱하면
$$5(x-2)=2(x+7),\ 5x-10=2x+14$$
$$5x-2x=14+10,\ 3x=24 \quad \therefore x=8$$
(4) 양변에 100을 곱하면
$$15(x-1)=20(x+1),\ 15x-15=20x+20$$
$$15x-20x=20+15,\ -5x=35 \quad \therefore x=-7$$

4 (1) 양변에 9를 곱하면
$$6x+9=5x+18,\ 6x-5x=18-9$$
$$\therefore x=9$$
(2) 양변에 50을 곱하면
$$5(x-4)-10=2(x+6),\ 5x-20-10=2x+12$$
$$5x-30=2x+12,\ 5x-2x=12+30$$
$$3x=42 \quad \therefore x=14$$
(3) 양변에 10을 곱하면
$$2(x+2)-10=5x,\ 2x+4-10=5x$$
$$2x-6=5x,\ 2x-5x=6$$
$$-3x=6 \quad \therefore x=-2$$
(4) 양변에 12를 곱하면
$$3(x-3)+20=2(4x+13)$$
$$3x-9+20=8x+26,\ 3x+11=8x+26$$
$$3x-8x=26-11,\ -5x=15 \quad \therefore x=-3$$

5 (1) 소수를 분수로 고치면
$$\frac{6}{5}(x-2)=\frac{2x+3}{4}$$
양변에 20을 곱하면
$$24(x-2)=5(2x+3),\ 24x-48=10x+15$$
$$24x-10x=15+48,\ 14x=63$$
$$\therefore x=\frac{9}{2}$$
(2) 소수를 분수로 고치면
$$\frac{2x-6}{3}+1=\frac{1}{5}\left(x-\frac{1}{3}\right)$$
양변에 15를 곱하면
$$5(2x-6)+15=3\left(x-\frac{1}{3}\right)$$
$$10x-30+15=3x-1,\ 10x-15=3x-1$$
$$10x-3x=-1+15,\ 7x=14 \quad \therefore x=2$$

STEP 1 쑥쑥 개념 익히기 P. 92

1 ③	2 ③	3 ④
4 10	5 -5	6 -2

2 x에 대한 일차방정식인지 확인하기 위해서 등식의 모든 항을 좌변으로 이항하여 정리하여야 한다.
그리고 이 식이 (x에 대한 일차식)=0 꼴인지 확인한다.
ㄱ. 등호가 없으므로 등식이 아니다.
ㄴ. $5(x^2+x)=5x^2-3(x+1)$에서 괄호를 풀면
$$5x^2+5x=5x^2-3x-3$$
우변의 모든 항을 좌변으로 이항하면
$$5x^2+5x-5x^2+3x+3=0$$에서
$$8x+3=0$$이므로 일차방정식이다.
ㄷ. $3(x-3)+x=4x-9$에서 괄호를 풀면
$$3x-9+x=4x-9$$
우변의 모든 항을 좌변으로 이항하면
$$3x-9+x-4x+9=0$$이므로
$$0=0$$이 되어 일차방정식이 아니다.
ㄹ. $\frac{x}{4}-1=7$에서 우변의 모든 항을 좌변으로 이항하면
$$\frac{x}{4}-8=0$$이므로 일차방정식이다.
ㅁ. $2x=-(x-6)$에서 괄호를 풀면
$$2x=-x+6$$
우변의 모든 항을 좌변으로 이항하면
$$2x+x-6=0,\ 3x-6=0$$이므로 일차방정식이다.
ㅂ. $11x-7=x^2+4x+3$에서 우변의 모든 항을 좌변으로 이항하면 $11x-7-x^2-4x-3=0$
$$-x^2+7x-10=0$$에서 좌변이 x에 대한 일차식이 아니므로 일차방정식이 아니다.
따라서 보기 중 일차방정식은 ㄴ, ㄹ, ㅁ의 3개이다.

3 각 방정식의 해를 구하면
① $5-8x=3x-6$에서 $-8x-3x=-6-5$
$$-11x=-11 \quad \therefore x=1$$
② $2x-3(x+1)=6$에서 괄호를 풀면
$$2x-3x-3=6,\ -x-3=6$$
$$-x=6+3,\ -x=9 \quad \therefore x=-9$$
③ $10-3(4x+2)=-4(x-5)$에서 괄호를 풀면
$$10-12x-6=-4x+20,\ -12x+4=-4x+20$$
$$-12x+4x=20-4,\ -8x=16 \quad \therefore x=-2$$
④ 양변에 100을 곱하면
$$30x-18=7(4+x),\ 30x-18=28+7x$$
$$30x-7x=28+18,\ 23x=46 \quad \therefore x=2$$
⑤ 양변에 6을 곱하면
$$3x+(2-x)=3(x+1),\ 3x+2-x=3x+3$$
$$2x+2=3x+3,\ 2x-3x=3-2$$
$$-x=1 \quad \therefore x=-1$$
따라서 해가 가장 큰 것은 ④이다.

4 주어진 방정식에 $x=3$을 대입하면

$7\times3-a=4\times3-1$

$21-a=11,\ -a=-10$ $\quad\therefore\ a=10$

5 $4(x-1)=-3+3x$에서 괄호를 풀면

$4x-4=-3+3x$ $\quad\therefore\ x=1$

$2x-a=7$에 $x=1$을 대입하면

$2\times1-a=7,\ -a=5$ $\quad\therefore\ a=-5$

6 $\dfrac{5x+11}{12}=\dfrac{1}{6}-\dfrac{1}{3}x$의 양변에 12를 곱하면

$5x+11=2-4x,\ 9x=-9$ $\quad\therefore\ x=-1$

$5-3(x-a)=2$에 $x=-1$을 대입하면

$5-3(-1-a)=2,\ 5+3+3a=2$

$3a=-6$ $\quad\therefore\ a=-2$

일차방정식의 활용

P. 93~95

개념 확인 $\quad 2x+9,\ 2x+9\ /\ 12,\ 4,\ 4\ /\ 4,\ 4,\ 4$

필수 문제 ❶ 12

연속하는 두 짝수 중 작은 수를 x라 하면

두 짝수는 x, $x+2$이다.

두 짝수의 합이 26이므로 $x+(x+2)=26$

$2x+2=26,\ 2x=24$ $\quad\therefore\ x=12$

따라서 두 짝수 중 작은 수는 12이다.

1-1 12, 13, 14

연속하는 세 자연수를 $x-1$, x, $x+1$이라 하면

세 자연수의 합이 39이므로 $(x-1)+x+(x+1)=39$

$3x=39$ $\quad\therefore\ x=13$

따라서 연속하는 세 자연수는 12, 13, 14이다.

필수 문제 ❷ 29

처음 자연수의 일의 자리의 숫자를 x라 하면

(처음 자연수)$=10\times2+x=20+x$,

(바꾼 자연수)$=10\times x+2=10x+2$이므로

$10x+2=(20+x)+63$

$10x+2=x+83,\ 9x=81$ $\quad\therefore\ x=9$

따라서 처음 자연수의 십의 자리의 숫자는 2, 일의 자리의 숫자는 9이므로 처음 자연수는 29이다.

2-1 85

처음 자연수의 십의 자리의 숫자를 x라 하면

(처음 자연수)$=10\times x+5=10x+5$,

(바꾼 자연수)$=10\times5+x=50+x$이므로

$50+x=(10x+5)-27$

$50+x=10x-22,\ -9x=-72$ $\quad\therefore\ x=8$

따라서 처음 자연수의 십의 자리의 숫자는 8, 일의 자리의 숫자는 5이므로 처음 자연수는 85이다.

필수 문제 ❸ 초콜릿: 5개, 사탕: 15개

초콜릿을 x개 샀다고 하면 사탕은 $(20-x)$개를 샀다.

초콜릿 x개의 값은 $800x$원이고,

사탕 $(20-x)$개의 값은 $600(20-x)$원이므로

$800x+600(20-x)=13000$

$800x+12000-600x=13000,\ 200x=1000$ $\quad\therefore\ x=5$

따라서 초콜릿은 5개, 사탕은 $20-5=15$(개)를 샀다.

3-1 13개

2점짜리 슛을 x개 성공하였다고 하면

3점짜리 슛은 $(19-x)$개 성공하였다.

2점짜리 슛 x개의 점수는 $2x$점이고,

3점짜리 슛 $(19-x)$개의 점수는 $3(19-x)$점이므로

$2x+3(19-x)=44$

$2x+57-3x=44,\ -x=-13$ $\quad\therefore\ x=13$

따라서 2점짜리 슛을 13개 성공하였다.

3-2 6년 후

x년 후에 아버지의 나이가 아들의 나이의 3배가 된다고 하면

x년 후의 아버지의 나이는 $(48+x)$세, 아들의 나이는 $(12+x)$세이므로 $48+x=3(12+x)$

$48+x=36+3x,\ -2x=-12$ $\quad\therefore\ x=6$

따라서 아버지의 나이가 아들의 나이의 3배가 되는 것은 6년 후이다.

필수 문제 ❹ 4 cm

세로의 길이를 x cm라 하면

가로의 길이는 $(x+2)$ cm이므로

$2\{(x+2)+x\}=20$

$2(2x+2)=20,\ 4x+4=20$

$4x=16$ $\quad\therefore\ x=4$

따라서 세로의 길이는 4 cm이다.

4-1 96 cm²

가로의 길이를 x cm라 하면

세로의 길이는 $(x-4)$ cm이므로

$2\{x+(x-4)\}=40$

$2(2x-4)=40,\ 4x-8=40$

$4x=48$ $\quad\therefore\ x=12$

따라서 가로의 길이는 12 cm, 세로의 길이는 $12-4=8$(cm)이므로

(직사각형의 넓이)$=12\times8=96$(cm²)

필수 문제 ⑤ (1) $5x+2$, $6x-3$ (2) 5

(2) $5x+2=6x-3$, $-x=-5$ ∴ $x=5$
따라서 학생 수는 5이다.

5-1 (1) 9 (2) 41

(1) 미술 동아리 학생이 x명이라 할 때, 한 학생에게 귤을
4개씩 나누어 주면 5개가 남으므로
(귤의 개수)$=4x+5$
5개씩 나누어 주면 4개가 부족하므로
(귤의 개수)$=5x-4$
귤의 개수는 일정하므로
$4x+5=5x-4$
$-x=-9$ ∴ $x=9$
따라서 학생 수는 9이다.

(2) 학생 수가 9이므로 귤의 개수는
$4\times9+5=41$

필수 문제 ⑥ (1) 풀이 참조 (2) $\dfrac{7}{100}x-\dfrac{3}{100}(700-x)=9$

(3) 300

(1)
	여학생 수	남학생 수	전체 학생 수
작년	x	$700-x$	700
올해 변화량	$+\dfrac{7}{100}x$	$-\dfrac{3}{100}(700-x)$	$+9$

(3) $\dfrac{7}{100}x-\dfrac{3}{100}(700-x)=9$의 양변에 100을 곱하면
$7x-3(700-x)=900$
$7x-2100+3x=900$
$10x=3000$ ∴ $x=300$
따라서 작년의 여학생 수는 300이다.

6-1 475

작년의 남학생 수를 x라 하면
작년의 여학생 수는 $900-x$이다.
남학생 수의 변화량은 $+\dfrac{4}{100}x$,

여학생 수의 변화량은 $-\dfrac{8}{100}(900-x)$,

전체 학생 수의 변화량은 -15이므로
$\dfrac{4}{100}x-\dfrac{8}{100}(900-x)=-15$
양변에 100을 곱하면
$4x-8(900-x)=-1500$, $4x-7200+8x=-1500$
$12x=5700$ ∴ $x=475$
따라서 작년의 남학생 수는 475이다.

STEP 1 쓱쓱 개념 익히기

1	9	2	14세	3	6
4	22일 후	5	19		

1 연속하는 세 홀수 중 가장 작은 수를 x라 하면
세 홀수는 x, $x+2$, $x+4$이다.
세 홀수의 합이 33이므로
$x+(x+2)+(x+4)=33$
$3x+6=33$, $3x=27$ ∴ $x=9$
따라서 세 홀수 중 가장 작은 수는 9이다.

2 현재 딸의 나이를 x세라 하면 어머니의 나이는 $3x$세이므로
14년 후의 딸의 나이는 $(x+14)$세, 어머니의 나이는
$(3x+14)$세이다.
이때 14년 후에 어머니의 나이는 딸의 나이의 2배가 되므로
$3x+14=2(x+14)$
$3x+14=2x+28$ ∴ $x=14$
따라서 현재 딸의 나이는 14세이다.

3 새로 만든 직사각형의 가로의 길이는 $10+5=15(\text{cm})$,
세로의 길이는 $(10-x)\,\text{cm}$이므로
$15(10-x)=60$
$150-15x=60$, $-15x=-90$ ∴ $x=6$

4 x일 후에 수현이와 동생의 저금통에 들어 있는 금액이 같아
진다고 하면 x일 후의
수현이의 저금통에 들어 있는 금액은 $(8000+400x)$원,
동생의 저금통에 들어 있는 금액은 $(3600+600x)$원이므로
$8000+400x=3600+600x$
$-200x=-4400$ ∴ $x=22$
따라서 저금통에 들어 있는 금액이 같아지는 것은 22일 후이다.

5 지난달의 남자 회원 수를 x라 하면
지난달의 여자 회원 수는 $60-x$이다.
남자 회원 수의 변화량은 $-\dfrac{5}{100}x$,

여자 회원 수의 변화량은 $+\dfrac{10}{100}(60-x)$,

전체 회원 수의 변화량은 $+3$이므로
$-\dfrac{5}{100}x+\dfrac{10}{100}(60-x)=3$
양변에 100을 곱하면
$-5x+10(60-x)=300$, $-5x+600-10x=300$
$-15x=-300$ ∴ $x=20$
따라서 지난달의 남자 회원 수는 20이므로
이번 달의 남자 회원 수는 $20-\dfrac{5}{100}\times20=19$

개념 확인 (1) $2a$ km (2) $\dfrac{x}{5}$시간 (3) 시속 $\dfrac{x}{3}$ km

필수 문제 ⑦ (1) 풀이 참조 (2) $\dfrac{x}{80}+\dfrac{x}{40}=6$ (3) 160 km

(1)

	갈 때	올 때
속력	시속 80 km	시속 40 km
거리	x km	x km
시간	$\dfrac{x}{80}$시간	$\dfrac{x}{40}$시간

(3) $\dfrac{x}{80}+\dfrac{x}{40}=6$의 양변에 80을 곱하면

$x+2x=480$

$3x=480$ ∴ $x=160$

따라서 두 지점 A, B 사이의 거리는 160 km이다.

7-1 5 km

집과 학교 사이의 거리를 x km라 하면

	갈 때	올 때
속력	시속 10 km	시속 5 km
거리	x km	x km
시간	$\dfrac{x}{10}$시간	$\dfrac{x}{5}$시간

(갈 때 걸린 시간)+(올 때 걸린 시간)$=1\dfrac{30}{60}$(시간)이므로

$\dfrac{x}{10}+\dfrac{x}{5}=1\dfrac{30}{60}$, 즉 $\dfrac{x}{10}+\dfrac{x}{5}=\dfrac{3}{2}$

└→ 1시간 30분

양변에 10을 곱하면

$x+2x=15$

$3x=15$ ∴ $x=5$

따라서 집과 학교 사이의 거리는 5 km이다.

필수 문제 ⑧ (1) 풀이 참조 (2) $40(x+10)=60x$ (3) 20분 후

(1)

	동생	형
속력	분속 40 m	분속 60 m
시간	$(x+10)$분	x분
거리	$40(x+10)$ m	$60x$ m

(3) $40(x+10)=60x$에서 $40x+400=60x$

$-20x=-400$ ∴ $x=20$

따라서 형이 출발한 지 20분 후에 동생을 만난다.

8-1 5분 후

서준이가 출발한 지 x분 후에 유미를 만난다고 하면

	유미	서준
속력	분속 50 m	분속 180 m
시간	$(x+13)$분	x분
거리	$50(x+13)$ m	$180x$ m

(유미가 이동한 거리)=(서준이가 이동한 거리)이므로

$50(x+13)=180x$

괄호를 풀면 $50x+650=180x$

$-130x=-650$ ∴ $x=5$

따라서 서준이가 출발한 지 5분 후에 유미를 만난다.

필수 문제 ⑨ (1) 풀이 참조 (2) $40x+50x=1800$ (3) 20분 후

(1)

	예지	현우
속력	분속 40 m	분속 50 m
시간	x분	x분
거리	$40x$ m	$50x$ m

(3) $40x+50x=1800$에서

$90x=1800$ ∴ $x=20$

따라서 두 사람은 출발한 지 20분 후에 만난다.

9-1 15분 후

두 사람이 출발한 지 x분 후에 처음으로 다시 만난다고 하면

	선호	슬기
속력	분속 80 m	분속 120 m
시간	x분	x분
거리	$80x$ m	$120x$ m

(선호가 걸은 거리)+(슬기가 걸은 거리)

=(호수의 둘레의 길이)

이고, 호수의 둘레의 길이는 3 km, 즉 3000 m이므로

$80x+120x=3000$

$200x=3000$ ∴ $x=15$

따라서 두 사람은 출발한 지 15분 후에 처음으로 다시 만난다.

필수 문제 ⑩ (1) 아버지: $\dfrac{1}{10}$, 형: $\dfrac{1}{15}$ (2) 6일

(2) 아버지와 형이 함께 x일 동안 일을 하여 완성한다고 하면

$\left(\dfrac{1}{10}+\dfrac{1}{15}\right)x=1$

$\left(\dfrac{3}{30}+\dfrac{2}{30}\right)x=1$, $\dfrac{5}{30}x=1$

$\dfrac{1}{6}x=1$ ∴ $x=6$

따라서 아버지와 형이 함께 한다면 완성하는 데 6일이 걸린다.

10-1 2시간

전체 조립하는 양을 1로 놓으면, 은우와 윤서가 1시간 동안 조립하는 양은 각각 $\dfrac{1}{6}$, $\dfrac{1}{3}$이다.

은우와 윤서가 함께 x시간 동안 조립하여 완성한다고 하면

$\left(\dfrac{1}{6}+\dfrac{1}{3}\right)x=1$

$\left(\dfrac{1}{6}+\dfrac{2}{6}\right)x=1$, $\dfrac{3}{6}x=1$

$\dfrac{1}{2}x=1$ ∴ $x=2$

따라서 은우와 윤서가 함께 조립하면 로봇을 완성하는 데 2시간이 걸린다.

필수문제 ⑪ (1) $\dfrac{6}{5}x$원 (2) $\left(\dfrac{6}{5}x-500\right)$원 (3) 4000원

(1) (정가)＝(원가)＋(이익)

$=x+\dfrac{20}{100}x=x+\dfrac{1}{5}x=\dfrac{6}{5}x$(원)

(2) (판매 가격)＝(정가)$-500=\dfrac{6}{5}x-500$(원)

(3) (실제 이익)＝(판매 가격)$-$(원가)이므로

$\left(\dfrac{6}{5}x-500\right)-x=300$

$\dfrac{6}{5}x-x=800$, $\dfrac{1}{5}x=800$ ∴ $x=4000$

따라서 상품의 원가는 4000원이다.

11-1 10000원

물건의 원가를 x원이라 하면

$(정가)=x+\dfrac{25}{100}x=\dfrac{5}{4}x$(원)이므로

$(판매 가격)=(정가)-1500=\dfrac{5}{4}x-1500$(원)

이때 (실제 이익)＝(판매 가격)$-$(원가)이므로

$\left(\dfrac{5}{4}x-1500\right)-x=1000$

$\dfrac{5}{4}x-x=2500$, $\dfrac{1}{4}x=2500$ ∴ $x=10000$

따라서 물건의 원가는 10000원이다.

STEP **1** 쓱쓱 **개념 익히기** P. 100

1 6 km **2** (1) $\dfrac{x}{4}-\dfrac{x}{12}=\dfrac{1}{2}$ (2) 3 km

3 15분 후 **4** 25분 후 **5** 9일

1 올라간 거리를 x km라 하면

	올라갈 때	내려올 때
속력	시속 3 km	시속 4 km
거리	x km	$(x+2)$ km
시간	$\dfrac{x}{3}$시간	$\dfrac{x+2}{4}$시간

(올라갈 때 걸린 시간)＋(내려올 때 걸린 시간)＝4(시간)

이므로 $\dfrac{x}{3}+\dfrac{x+2}{4}=4$

양변에 12를 곱하면 $4x+3(x+2)=48$

$4x+3x+6=48$, $7x=42$ ∴ $x=6$

따라서 올라간 거리는 6 km이다.

2 (1) 집과 도서관 사이의 거리를 x km라 하면

	갈 때	올 때
속력	시속 12 km	시속 4 km
거리	x km	x km
시간	$\dfrac{x}{12}$시간	$\dfrac{x}{4}$시간

(올 때 걸린 시간)$-$(갈 때 걸린 시간)$=\dfrac{30}{60}$(시간)이므로

$\dfrac{x}{4}-\dfrac{x}{12}=\dfrac{1}{2}$

(2) 양변에 12를 곱하면 $3x-x=6$

$2x=6$ ∴ $x=3$

따라서 집과 도서관 사이의 거리는 3 km이다.

> **주의** 속력이 시속 ▲ km이므로 시간, 거리의 단위가 각각 시, km로 통일되어 있는지 확인한다.

3 은성이가 출발한 지 x분 후에 승우를 만난다고 하면

	승우	은성
속력	분속 50 m	분속 80 m
시간	$(x+9)$분	x분
거리	$50(x+9)$ m	$80x$ m

(승우가 이동한 거리)＝(은성이가 이동한 거리)이므로

$50(x+9)=80x$

괄호를 풀면 $50x+450=80x$

$-30x=-450$ ∴ $x=15$

따라서 은성이가 출발한 지 15분 후에 승우를 만난다.

4 두 사람이 출발한 지 x분 후에 처음으로 다시 만난다고 하면

	세호	은지
속력	분속 150 m	분속 90 m
시간	x분	x분
거리	$150x$ m	$90x$ m

(세호가 달린 거리)$-$(은지가 걸은 거리)

$=$(호수의 둘레의 길이)

이고, 호수의 둘레의 길이는 $1.5\,km$, 즉 $1500\,m$이므로

$150x-90x=1500$

$60x=1500$ $\quad \therefore \; x=25$

따라서 두 사람은 출발한 지 25분 후에 처음으로 다시 만난다.

참고 호수 둘레를 같은 방향으로 돌다가 만나는 경우

$\Rightarrow$ (두 사람이 이동한 거리의 차)=(호수의 둘레의 길이)

5 전체 일의 양을 1로 놓으면 윤서와 수지가 하루 동안 하는 일의 양은 각각 $\dfrac{1}{12}$, $\dfrac{1}{16}$이다.

수지가 혼자 일한 기간을 x일이라 하면

$\left(\dfrac{1}{12}+\dfrac{1}{16}\right)\times 3+\dfrac{1}{16}x=1$

$\dfrac{1}{4}+\dfrac{3}{16}+\dfrac{1}{16}x=1$

양변에 16을 곱하면

$4+3+x=16$ $\quad \therefore \; x=9$

따라서 수지가 혼자 일한 기간은 9일이다.

STEP

2 탄탄 **단원 다지기**   P. 101~103

1 ④	**2** ④	**3** ①	**4** ⑤	**5** ③
6 15	**7** ③, ⑤	**8** ③	**9** ④	
10 $x=-7$	**11** ⑤	**12** 24	**13** ②	
14 79	**15** ②	**16** ②	**17** 28명	**18** 32 cm
19 500	**20** ②	**21** 9시간		

1 ④ $2(5-x)=-4$

2 각 방정식의 x에 [ ] 안의 수를 대입하면

① $\underset{=-8}{5\times(-1)-3}\neq 2$

② $0-1\neq 1-0$

③ $\underset{=1}{3\times 1-2}\neq \underset{=-2}{2\times(1-2)}$

④ $\underset{=-2}{-3\times 2+4}=\underset{=-2}{2\times 2-6}$

⑤ $\underset{=-28}{4\times(-5-2)}\neq \underset{=-18}{3\times(-5-1)}$

따라서 [ ] 안의 수가 주어진 방정식의 해인 것은 ④이다.

3 $2ax-a+3=b-6x$가 x의 값에 관계없이 항상 성립하므로 x에 대한 항등식이다.

즉, 좌변과 우변의 x의 계수와 상수항이 각각 같아야 하므로

$2a=-6$에서 $a=-3$

$-a+3=b$에서 $-(-3)+3=b$ $\quad \therefore \; b=6$

$\therefore \; a-b=-3-6=-9$

---

4 ① $a=b$의 양변에서 2를 빼면 $a-2=b-2$

② $a-b=b$의 양변에 b를 더하면 $a=2b$

③ $\dfrac{a}{4}=\dfrac{b}{6}$의 양변에 8을 곱하면 $2a=\dfrac{4}{3}b$

④ $12x=-8y$의 양변을 4로 나누면 $3x=-2y$

⑤ $2(x-1)=y-2$에서 괄호를 풀면 $2x-2=y-2$ 이 식의 양변에 2를 더하면 $2x=y$

따라서 옳은 것은 ⑤이다.

5 $\dfrac{1}{4}(x-8)=-3$에서

㉠ 분배법칙을 이용하여 괄호를 풀면 $\dfrac{1}{4}x-2=-3$

㉡ 양변에 2를 더하면

$\dfrac{1}{4}x-2+2=-3+2$이므로 $\dfrac{1}{4}x=-1$

㉢ 양변에 4를 곱하면

$\dfrac{1}{4}x\times 4=-1\times 4$이므로 $x=-4$

주어진 그림에서 설명하고 있는 등식의 성질은

'$a=b$이면 $ac=bc$이다.'이므로 이 성질이 이용된 곳은 ㉢이다.

6 $6x-9=-x-1$에서 -9와 $-x$를 각각 이항하면

$6x+x=-1+9$ $\quad \therefore \; 7x=8$

a, b는 10보다 작은 자연수이므로 $a=7$, $b=8$

$\therefore \; a+b=7+8=15$

7 ① $7x-5$ $\Rightarrow$ 등식이 아니므로 일차방정식이 아니다.

② $4x-7>9$ $\Rightarrow$ 부등호를 사용한 식이므로 일차방정식이 아니다.

③ $5x-1=6$에서 $5x-7=0$ $\Rightarrow$ 일차방정식

④ $3(x-2)=-6+3x$에서 $3x-6=-6+3x$ $0=0$ $\Rightarrow$ 일차방정식이 아니다.

⑤ $x^2-2x=x^2+3x-2$에서 $-5x+2=0$ $\Rightarrow$ 일차방정식

따라서 일차방정식은 ③, ⑤이다.

8 우변의 모든 항을 좌변으로 이항하여 정리하면

$(2-a)x+3=0$

이 식이 (일차식)$=0$ 꼴이 되려면 $2-a\neq 0$이어야 하므로

$a\neq 2$

9 ① $-x+4=-2$에서 $-x=-6$ $\quad \therefore \; x=6$

② $3x-4=14$에서 $3x=18$ $\quad \therefore \; x=6$

③ $2x-6=5x-24$에서 $-3x=-18$ $\quad \therefore \; x=6$

④ $2(5x-7)=5x+11$에서 $10x-14=5x+11$ $5x=25$ $\quad \therefore \; x=5$

⑤ $\dfrac{4x+3}{9}=\dfrac{x+9}{5}$의 양변에 45를 곱하면

$5(4x+3)=9(x+9)$

$20x+15=9x+81$, $11x=66$ $\quad \therefore \; x=6$

따라서 해가 나머지 넷과 다른 하나는 ④이다.

10 $0.5x - \dfrac{x-3}{4} = 0.2(x+7) - 1$에서 소수를 분수로 고치면

$\dfrac{1}{2}x - \dfrac{x-3}{4} = \dfrac{1}{5}(x+7) - 1$

양변에 20을 곱하면

$10x - 5(x-3) = 4(x+7) - 20$

$10x - 5x + 15 = 4x + 28 - 20 \qquad \therefore x = -7$

11 $a:b=c:d$이면 $ad=bc$이므로

$\left(\dfrac{3}{2}x+1\right):3 = \left(\dfrac{1}{3}x+4\right):2$에서

$2\left(\dfrac{3}{2}x+1\right) = 3\left(\dfrac{1}{3}x+4\right),\ 3x+2 = x+12$

$2x = 10 \qquad \therefore x = 5$

12 주어진 방정식에 $x=-2$를 대입하면

$5 \times (1+2) = 3 + a \times (-4+7),\ 15 = 3 + 3a \qquad \therefore a = 4$

따라서 $a^2 + 2a = 4^2 + 2 \times 4 = 24$이다.

13 6을 a로 잘못 보았다고 하면 $ax - 7 = 2x + 8$

이 방정식에 $x=5$를 대입하면

$a \times 5 - 7 = 2 \times 5 + 8,\ 5a - 7 = 10 + 8$

$5a = 25 \qquad \therefore a = 5$

따라서 6을 5로 잘못 보았다.

14 처음 자연수의 십의 자리의 숫자를 x라 하면

일의 자리의 숫자는 $16-x$이다.

즉, (처음 자연수)$=10x + (16-x)$,

(바꾼 자연수)$=10(16-x) + x$이므로

$10(16-x) + x = 10x + (16-x) + 18$

$160 - 9x = 9x + 34,\ -18x = -126 \qquad \therefore x = 7$

따라서 처음 자연수의 십의 자리의 숫자는 7, 일의 자리의 숫자는 $16-7=9$이므로 처음 자연수는 79이다.

15 쿠키와 마카롱을 합하여 6개 샀으므로

구매한 마카롱의 개수를 x라 하면

구매한 쿠키의 개수는 $6-x$이다.

$2000(6-x) + 2500x = 13000$

$500x = 1000 \qquad \therefore x = 2$

따라서 구매한 마카롱의 개수는 2이다.

16 누나의 나이를 x세라 하면

상현이의 나이는 $(33-x)$세이므로

$x - (33-x) = 5,\ 2x = 38 \qquad \therefore x = 19$

따라서 누나의 나이는 19세이다.

17 피타고라스의 제자의 수를 x라 하면

$\dfrac{1}{2}x + \dfrac{1}{4}x + \dfrac{1}{7}x + 3 = x$

양변에 28을 곱하면

$14x + 7x + 4x + 84 = 28x$

$-3x = -84 \qquad \therefore x = 28$

따라서 피타고라스의 제자는 모두 28명이다.

18 직사각형의 세로의 길이를 $x\,\text{cm}$라 하면

가로의 길이는 $2x\,\text{cm}$이므로

$2(2x+x) = 96,\ 6x = 96 \qquad \therefore x = 16$

따라서 직사각형의 세로의 길이가 $16\,\text{cm}$이므로

가로의 길이는 $2 \times 16 = 32\,(\text{cm})$

19 작년의 남학생 수를 x라 하면

작년의 여학생 수는 $1200-x$이다.

남학생 수의 변화량은 $-\dfrac{5}{100}x$,

여학생 수의 변화량은 $+\dfrac{7}{100}(1200-x)$,

전체 학생 수의 변화량은 $\dfrac{2}{100} \times 1200 = 24$이므로

$-\dfrac{5}{100}x + \dfrac{7}{100}(1200-x) = 24$

양변에 100을 곱하면 $-5x + 7(1200-x) = 2400$

$-5x + 8400 - 7x = 2400,\ -12x = -6000 \qquad \therefore x = 500$

따라서 작년의 남학생 수는 500이다.

20 두 사람이 출발한 지 x분 후에 만난다고 하면

	승민	유라
속력	분속 50 m	분속 70 m
시간	x분	x분
거리	$50x\,\text{m}$	$70x\,\text{m}$

(승민이가 걸은 거리)$+$(유라가 걸은 거리)

$=$(승민이의 집과 유라의 집 사이의 거리)

이고, 두 사람의 집 사이의 거리는 $1.2\,\text{km}$, 즉 $1200\,\text{m}$이므로

$50x + 70x = 1200,\ 120x = 1200 \qquad \therefore x = 10$

따라서 두 사람은 출발한 지 10분 후에 만난다.

21 수영장에 가득 찬 물의 양을 1로 놓으면 호스 A, 호스 B로 한 시간 동안 채우는 물의 양은 각각 $\dfrac{1}{8}$, $\dfrac{1}{12}$이다.

호스 B로 물을 x시간 동안 받는다고 하면

$\dfrac{1}{8} \times 2 + \dfrac{1}{12} \times x = 1$에서 $\dfrac{1}{4} + \dfrac{1}{12}x = 1$

양변에 12를 곱하면 $3 + x = 12 \qquad \therefore x = 9$

따라서 호스 B로 물을 9시간 동안 받아야 한다.

STEP **3** 쓱쓱 서술형 완성하기   P. 104~105

〈과정은 풀이 참조〉

따라 해보자	유제 1 2		유제 2 7, 53
연습해 보자	**1** -10		**2** $x = \dfrac{3}{2}$
	3 $x = -3$		**4** $36\,\text{km}$

유제 1 [1단계] $\frac{1}{3}(x+1)=0.2x+1$에서 소수를 분수로 고치면

$\frac{1}{3}(x+1)=\frac{1}{5}x+1$

양변에 15를 곱하면

$5(x+1)=3x+15, 5x+5=3x+15$

$2x=10$　∴ $x=5$

[2단계] $\frac{6-x}{5}-\frac{ax-3}{10}=-\frac{1}{2}$에 $x=5$를 대입하면

$\frac{6-5}{5}-\frac{5a-3}{10}=-\frac{1}{2}, \frac{1}{5}-\frac{5a-3}{10}=-\frac{1}{2}$

양변에 10을 곱하면

$2-(5a-3)=-5, 2-5a+3=-5$

$-5a=-10$　∴ $a=2$

채점 기준		
1단계	$\frac{1}{3}(x+1)=0.2x+1$의 해 구하기	… 50 %
2단계	상수 a의 값 구하기	… 50 %

유제 2 [1단계] 학생 수를 x라 할 때, 한 학생에게 연필을 7자루씩 나누어 주면 4자루가 남으므로

(연필의 수)$=7x+4$

8자루씩 나누어 주면 3자루가 부족하므로

(연필의 수)$=8x-3$

연필의 수는 일정하므로

$7x+4=8x-3$

[2단계] $7x+4=8x-3, -x=-7$

∴ $x=7$

따라서 학생 수는 7이다.

[3단계] 연필의 수는 $7\times7+4=53$이다.

채점 기준		
1단계	학생 수를 x라 하고, 조건에 맞는 일차방정식 세우기 … 40 %	
2단계	학생 수 구하기	… 30 %
3단계	연필의 수 구하기	… 30 %

1 [1단계] $2(x+b)=ax-10$에서 괄호를 풀면

$2x+2b=ax-10$

이 식이 x에 대한 항등식이므로 좌변과 우변의 x의 계수와 상수항이 각각 같아야 한다.

$2=a, 2b=-10$

∴ $a=2, b=-5$

[2단계] ∴ $ab=2\times(-5)=-10$

채점 기준		
1단계	상수 a, b의 값 구하기	… 60 %
2단계	ab의 값 구하기	… 40 %

2 [1단계] $\frac{1}{3}(x+1)=0.5x-\frac{4-3x}{6}$에서

소수를 분수로 고치면

$\frac{1}{3}(x+1)=\frac{1}{2}x-\frac{4-3x}{6}$

[2단계] 양변에 6을 곱하면

$2(x+1)=3x-(4-3x)$

[3단계] $2x+2=3x-4+3x$

$2x+2=6x-4, 2x-6x=-4-2$

$-4x=-6$　∴ $x=\frac{3}{2}$

채점 기준		
1단계	소수를 분수로 고치기	… 30 %
2단계	계수를 정수로 고치기	… 30 %
3단계	일차방정식의 해 구하기	… 40 %

3 [1단계] $a(x+2)=4(x-1)$의 해가 $x=2$이므로

일차방정식에 $x=2$를 대입하면

$a\times(2+2)=4\times(2-1), 4a=4$　∴ $a=1$

[2단계] $0.7x+a=-1.1$에 $a=1$을 대입하면

$0.7x+1=-1.1$

양변에 10을 곱하면

$7x+10=-11, 7x=-21$　∴ $x=-3$

채점 기준		
1단계	상수 a의 값 구하기	… 40 %
2단계	$0.7x+a=-1.1$의 해 구하기	… 60 %

4 [1단계] 두 지점 A, B 사이의 거리를 x km라 하면

	자동차를 타고 갈 때	자전거를 타고 갈 때
속력	시속 40 km	시속 15 km
거리	x km	x km
시간	$\frac{x}{40}$시간	$\frac{x}{15}$시간

(자전거를 타고 갈 때 걸리는 시간)

－(자동차를 타고 갈 때 걸리는 시간)$=1\frac{30}{60}$(시간)

이므로 $\frac{x}{15}-\frac{x}{40}=\frac{3}{2}$

[2단계] 양변에 120을 곱하면

$8x-3x=180$

$5x=180$　∴ $x=36$

[3단계] 따라서 두 지점 A, B 사이의 거리는 36 km이다.

채점 기준		
1단계	일차방정식 세우기	… 40 %
2단계	일차방정식 풀기	… 40 %
3단계	두 지점 A, B 사이의 거리 구하기	… 20 %

순서쌍과 좌표

P. 110~111

필수 문제 ① $O(0)$, $P(-3)$, $Q\left(-\dfrac{4}{3}\right)$, $R\left(\dfrac{7}{2}\right)$

1-1 수직선 위의 점 A, B, C, D

필수 문제 ② $a=-2$, $b=3$

두 순서쌍 $(2a, 6)$, $(-4, 2b)$가 서로 같으므로
$2a=-4$에서 $a=-2$
$6=2b$에서 $b=3$

2-1 18

두 순서쌍 $(9, 3b)$, $\left(\dfrac{1}{3}a, -27\right)$이 서로 같으므로

$9=\dfrac{1}{3}a$에서 $a=27$

$3b=-27$에서 $b=-9$

$\therefore a+b=27+(-9)=18$

필수 문제 ③ $O(0, 0)$, $P(4, 2)$, $Q(-1, 1)$, $R(-2, -3)$, $S(3, -4)$

3-1 좌표평면 위의 점 A, B, C, D, E, F

필수 문제 ④ (1) $(2, 0)$ (2) $(0, -1)$

4-1 **x축 위의 점: ㄴ, ㅂ, y축 위의 점: ㄹ**

x축 위의 점은 y좌표가 0이어야 하고,
y축 위의 점은 x좌표가 0이어야 한다.
따라서 x축 위의 점은 ㄴ, ㅂ, y축 위의 점은 ㄹ이다.

P. 112

개념 확인

	제1사분면	제2사분면	제3사분면	제4사분면
x좌표의 부호	$+$	$-$	$-$	$+$
y좌표의 부호	$+$	$+$	$-$	$-$

필수 문제 ⑤ (1) 제1사분면 (2) 제4사분면
(3) 제3사분면 (4) 제2사분면

5-1 (1) ㄷ, ㅁ (2) ㅂ, ㅇ
ㄱ. 제4사분면
ㄴ. y축 위의 점이므로 어느 사분면에도 속하지 않는다.
ㄹ. 제1사분면
ㅅ. 제4사분면

5-2 ㄴ, ㄷ
ㄱ. 점 $(3, -2)$는 제4사분면 위의 점이다.
ㄹ. 제2사분면 위의 점의 y좌표는 양수이다.
따라서 옳은 것은 ㄴ, ㄷ이다.

STEP 1 쓱쓱 개념 익히기

P. 113

1 ① **2** $A(6, 0)$, $B(0, 8)$
3 좌표평면은 풀이 참조, 15 **4** ①, ④
5 (1) 제3사분면 (2) 제1사분면
(3) 제2사분면 (4) 제4사분면
6 제4사분면

1 두 순서쌍 $(a+1, 5)$, $(-2, 2b-1)$이 서로 같으므로
$a+1=-2$에서 $a=-3$
$5=2b-1$에서 $-2b=-6$ $\therefore b=3$
$\therefore a-b=-3-3=-6$

2 점 $A(a+3, a-3)$은 x축 위의 점이므로 y좌표가 0이다.
즉, $a-3=0$에서 $a=3$
점 $B(8-2b, b+4)$는 y축 위의 점이므로 x좌표가 0이다.
즉, $8-2b=0$에서 $-2b=-8$ $\therefore b=4$
따라서 $a+3=3+3=6$, $b+4=4+4=8$이므로
$A(6, 0)$, $B(0, 8)$

3 세 점 A, B, C를 좌표평면 위에 나타내면 다음 그림과 같다.

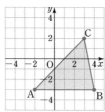

∴ (삼각형 ABC의 넓이) $= \frac{1}{2} \times$ (밑변의 길이) $\times$ (높이)

$$= \frac{1}{2} \times 6 \times 5 = 15$$

참고 삼각형의 넓이를 구할 때, 좌표축에 평행한 변을 밑변으로 잡고 높이를 찾는다.

4 ② y축 위의 점이므로 어느 사분면에도 속하지 않는다.
③ 제2사분면
⑤ 제3사분면
따라서 바르게 짝 지어진 것은 ①, ④이다.

5 점 P(a, b)가 제4사분면 위의 점이므로 $a > 0$, $b < 0$
(1) $-a < 0$, $b < 0$이므로
　　점 A$(-a, b)$ ⇨ 제3사분면
(2) $a > 0$, $-b > 0$이므로
　　점 B$(a, -b)$ ⇨ 제1사분면
(3) $b < 0$, $a > 0$이므로
　　점 C(b, a) ⇨ 제2사분면
(4) $a > 0$, $ab < 0$이므로
　　점 D(a, ab) ⇨ 제4사분면
　참고 · 제1사분면 위의 점 ⇨ (x좌표) > 0, (y좌표) > 0
　　　 · 제2사분면 위의 점 ⇨ (x좌표) < 0, (y좌표) > 0
　　　 · 제3사분면 위의 점 ⇨ (x좌표) < 0, (y좌표) < 0
　　　 · 제4사분면 위의 점 ⇨ (x좌표) > 0, (y좌표) < 0

6 $ab < 0$이므로 a, b의 부호는 서로 다르다.
이때 $a > b$이므로 $a > 0$, $b < 0$
따라서 점 (a, b)는 제4사분면 위의 점이다.

 그래프와 그 해석

필수 **문제 ①** ㄴ
· 음료수를 반쯤 마실 때: 음료수의 양이 반으로 줄어들므로 그래프 모양은 오른쪽 아래로 향하고 처음 시작 위치의 반까지 그려진다.
· 수업을 들을 때: 음료수의 양이 변함없으므로 그래프 모양은 수평이다.
· 남은 음료수를 모두 마실 때: 음료수의 양이 줄어들므로 그래프 모양은 오른쪽 아래로 향하고 음료수의 양이 0인 점까지 그려진다.
따라서 주어진 상황에 알맞은 그래프는 ㄴ이다.

1-1 ②
· 공원에 갈 때: 집에서 떨어진 거리가 증가하므로 그래프 모양은 오른쪽 위로 향한다.
· 휴식을 취할 때: 집에서 떨어진 거리가 변함없으므로 그래프 모양은 수평이다.
· 집으로 돌아올 때: 집에서 떨어진 거리가 감소하므로 그래프 모양은 오른쪽 아래로 향한다.
따라서 주어진 상황에 알맞은 그래프는 ②이다.

필수 **문제 ②** A—ㄱ, B—ㄷ
용기 A는 폭이 일정하므로 물의 높이가 일정하게 높아진다.
용기 B는 폭이 위로 갈수록 점점 넓어지므로 물의 높이가 점점 느리게 높아진다.
따라서 용기 A에 알맞은 그래프는 ㄱ, 용기 B에 알맞은 그래프는 ㄷ이다.

2-1 ②
꽃병의 폭이 위로 갈수록 점점 좁아지므로 물의 높이가 점점 빠르게 높아진다.
따라서 물의 높이를 시간에 따라 나타낸 그래프로 알맞은 것은 ②이다.

필수 **문제 ③** (1) **150분 후**　(2) **30분**
(1) 준서는 10시에 집에서 출발하여 12시 30분에 집에서 20 km 떨어진 미술관에 도착하였다.
　　따라서 집에서 출발한 지 2시간 30분 후, 즉 150분 후에 미술관에 도착하였다.
(2) 준서가 친구 집에 머무는 동안에는 집에서 떨어진 거리가 변함없다.
　　따라서 준서는 10시 30분부터 11시까지 친구 집에 머물렀으므로 친구 집에 30분 동안 머물렀다.

3-1 (1) ② (2) 14시, 20 L

(1) 휴게소에서 자동차가 멈춘 동안에는 휘발유의 양이 변함없으므로 구하는 구간은 ②이다.

(2) 주유를 하면 휘발유의 양이 증가하므로 이때의 구간은 ④이다.
따라서 주유소에 도착한 시각은 14시이고, 주유소에서 넣은 휘발유의 양은 $28-8=20$(L)이다.

3-2 ㄱ, ㄴ, ㄹ

ㄷ. 무선 조종 비행기의 높이가 낮아지다가 다시 높아지는 것은 비행을 시작한 지 20분 후이다.

ㅁ. 무선 조종 비행기의 높이가 15 m가 되는 것은 비행을 시작한 지 6분 후, 18분 후, 22분 후의 총 3번이다.

따라서 옳은 것은 ㄱ, ㄴ, ㄹ이다.

STEP **1** 쏙쏙 **개념 익히기** P. 117~118

1 ③	**2** ③	**3** ②	**4** ㄱ, ㄹ	
5 ⑤	**6** (1) 4분 후 (2) 4분 후 (3) 6분 후			

3 물통의 아랫부분은 폭이 넓으면서 일정하고, 윗부분은 폭이 좁으면서 일정하다.
따라서 물의 높이가 느리고 일정하게 높아지다가 빠르고 일정하게 높아지므로 그래프로 알맞은 것은 ②이다.

4 ㄴ. ㈏ 구간: 10분 동안 한 곳에 머물렀다.
ㄷ. ㈐ 구간: 10분 동안 $500-400=100$(m)를 이동하였다.
ㅁ. ㈒ 구간: 5분 동안 $700-500=200$(m)를 이동하였다.
따라서 옳은 것은 ㄱ, ㄹ이다.

5 ② 집으로 되돌아가는 데 걸린 시간은 $9-5=4$(분)이다.
③ 집으로 되돌아가서 집에 머문 시간은 $11-9=2$(분)이다.
④ 보라가 이동한 거리는 총 $0.3+0.3+1=1.6$(km)이다.
⑤ 다시 집에서 출발하여 1 km 떨어진 학교까지 가는 데 $17-11=6$(분)이 걸렸다.
따라서 옳지 않은 것은 ⑤이다.

6 (2) 형이 집을 출발한 지 4분 후에 집에서 0.4 km 떨어진 지점에서 동생과 만났다.
(3) 동생이 출발한 지 형은 14분 후, 동생은 20후에 공원에 도착하였으므로 형이 도착하고 $20-14=6$(분) 후에 동생이 도착하였다.

STEP **2** 탄탄 **단원 다지기** P. 119~121

1 -2	**2** ②	**3** ④	**4** 36	**5** ④
6 ⑤	**7** ⑤	**8** ①	**9** ㄹ	**10** ②
11 ②	**12** ③	**13** ③	**14** ④, ⑤	**15** ③
16 ②	**17** 15분			

1 두 순서쌍 $(2-a, -1)$, $(5, 2b-3)$이 서로 같으므로
$2-a=5$에서 $-a=3$ ∴ $a=-3$
$-1=2b-3$에서 $-2b=-2$ ∴ $b=1$
∴ $a+b=-3+1=-2$

2 ② B$(0, 3)$

3 x축 위에 있으므로 y좌표가 0이다.
따라서 x좌표가 $-\dfrac{1}{2}$이고, y좌표가 0인 점의 좌표는 $\left(-\dfrac{1}{2}, 0\right)$이다.

4 네 점 A, B, C, D를 좌표평면 위에 나타내면 오른쪽 그림과 같다.
이때 사각형 ABCD는 사다리꼴이므로 구하는 넓이는
$\dfrac{1}{2}\times(5+7)\times6=36$

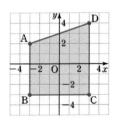

5 ① 제3사분면
② 제2사분면
③ y축 위의 점이므로 어느 사분면에도 속하지 않는다.
⑤ 제1사분면
따라서 제4사분면 위의 점은 ④이다.

6 ① 점 $(2, 3)$과 점 $(3, 2)$는 서로 다른 점이다.
② x축 위의 점은 y좌표가 0이다.
③ 점 $(1, 0)$은 x축 위의 점이므로 어느 사분면에도 속하지 않는다.
④ 점 $(0, 0)$은 원점이므로 어느 사분면에도 속하지 않는다.
따라서 옳은 것은 ⑤이다.

7 점 P(a, b)가 제2사분면 위의 점이므로
$a<0$, $b>0$
① $-a>0$, $b>0$이므로 점 $(-a, b)$ ⇨ 제1사분면
② $a<0$, $2b>0$이므로 점 $(a, 2b)$ ⇨ 제2사분면
③ $a-b<0$, $b>0$이므로 점 $(a-b, b)$ ⇨ 제2사분면
④ $b>0$, $a<0$이므로 점 (b, a) ⇨ 제4사분면
⑤ $a<0$, $ab<0$이므로 점 (a, ab) ⇨ 제3사분면
따라서 제3사분면 위의 점은 ⑤이다.

8 $\dfrac{a}{b}<0$이므로 a, b의 부호는 서로 다르다.

이때 $b-a<0$, 즉 $b<a$이므로 $a>0$, $b<0$

따라서 $a-b>0$, $a>0$이므로 점 $(a-b,\ a)$는 제1사분면 위의 점이다.

10 물의 높이가 시간에 따라 점점 빠르게 높아지므로 그릇의 폭이 위로 갈수록 점점 좁아져야 한다.

따라서 그릇의 모양으로 가장 알맞은 것은 ②이다.

11 ㄴ. 춤 연습을 시작한 후 20분 동안 100 kcal의 열량을 소모하였다.

ㄹ. 열량이 급격하게 소모되기 시작한 것은 춤 연습을 시작한 지 40분 후부터이다.

따라서 옳은 것은 ㄱ, ㄷ이다.

12 자전거가 정지한 동안에는 속력이 0 km/h이다.

따라서 속력이 0 km/h인 시간은 출발한 지 4시간 후부터 5시간 후까지, 7시간 후부터 7시간 30분 후까지이므로 자전거는 모두 1시간 30분, 즉 90분 동안 정지하였다.

13 현정: 자전거가 일정한 속력으로 움직인 시간은

여행을 시작한 지 1시간 후부터 2시간 후,

2시간 30분 후부터 3시간 30분 후,

8시간 후부터 8시간 30분 후까지

총 2시간 30분이다.

따라서 옳게 설명한 사람은 원섭, 성윤이다.

14 ④ 로봇이 12분 동안 움직인 거리는 총 $8+8+8=24(m)$이다.

⑤ 지점 A와 로봇 사이의 거리가 처음으로 6 m가 되는 때는 지점 A를 처음 출발한 지 3분 후이다.

16 은성이는 출발한 지 25분부터 30분 후까지 5분 동안 멈춰 있었으므로 $a=5$

혜수는 출발한 지 15분부터 35분 후까지, 50분부터 60분 후까지 총 30분 동안 멈춰 있었으므로 $b=30$

$\therefore a+b=5+30=35$

17 은성이와 혜수는 마라톤 경주를 완주하는 데 각각 55분, 70분이 걸렸으므로 은성이와 혜수가 마라톤 경주를 완주하는 데 걸린 시간의 차는 $70-55=15$(분)이다.

〈과정은 풀이 참조〉

따라 해보자   유제 1 -2 유제 2   제4사분면

연습해 보자   **1** $(-3,\ -5)$, $(-3,\ 5)$, $(3,\ -5)$, $(3,\ 5)$

     2   좌표평면은 풀이 참조, $\dfrac{15}{2}$

     3   (1) 7 km   (2) 20분   **4** 8

따라 해보자

유제 1 【1단계】 점 $A(2a-1,\ 3a+6)$은 x축 위의 점이므로 y좌표가 0이다.

즉, $3a+6=0$에서 $3a=-6$ $\therefore a=-2$

【2단계】 점 $B\left(1-\dfrac{1}{4}b,\ 2b+3\right)$은 y축 위의 점이므로 x좌표가 0이다.

즉, $1-\dfrac{1}{4}b=0$에서 $-\dfrac{1}{4}b=-1$ $\therefore b=4$

【3단계】 $\therefore \dfrac{b}{a}=\dfrac{4}{-2}=-2$

채점 기준		
1단계	a의 값 구하기	… 40 %
2단계	b의 값 구하기	… 40 %
3단계	$\dfrac{b}{a}$의 값 구하기	… 20 %

유제 2 【1단계】 점 $P(ab,\ a-b)$가 제3사분면 위의 점이므로 $ab<0$, $a-b<0$

【2단계】 $ab<0$이므로 a, b의 부호는 서로 다르다.

이때 $a-b<0$, 즉 $a<b$이므로 $a<0$, $b>0$

【3단계】 따라서 $b>0$, $\dfrac{b}{a}<0$이므로 점 $Q\left(b,\ \dfrac{b}{a}\right)$는 제4사분면 위의 점이다.

채점 기준		
1단계	ab, $a-b$의 부호 구하기	… 20 %
2단계	a, b의 부호 구하기	… 40 %
3단계	점 Q가 제몇 사분면 위의 점인지 구하기	… 40 %

연습해 보자

1 【1단계】 $|a|=3$이므로 $a=-3$ 또는 $a=3$

【2단계】 $|b|=5$이므로 $b=-5$ 또는 $b=5$

【3단계】 따라서 순서쌍 $(a,\ b)$를 모두 구하면

$(-3,\ -5)$, $(-3,\ 5)$, $(3,\ -5)$, $(3,\ 5)$이다.

채점 기준		
1단계	a의 값 구하기	… 40 %
2단계	b의 값 구하기	… 40 %
3단계	순서쌍 $(a,\ b)$ 모두 구하기	… 20 %

2 ①단계 세 점 A, B, C를 좌표평면 위에 나타내면 다음 그림과 같다.

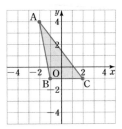

②단계 ∴ (삼각형 ABC의 넓이)

$$= \frac{1}{2} \times (밑변의 \ 길이) \times (높이)$$

$$= \frac{1}{2} \times 3 \times 5 = \frac{15}{2}$$

채점 기준		
1단계	세 점 A, B, C를 좌표평면 위에 나타내기	… 50 %
2단계	삼각형 ABC의 넓이 구하기	… 50 %

3 (1) ①단계 수진이는 집을 출발한 지 70분 후에 친구 집에 도착하였고, 이때 자전거를 타고 이동한 거리는 모두 7 km이다.

(2) ②단계 자전거가 정지한 동안에는 이동한 거리가 변함없다. 따라서 이동한 거리가 변함없는 시간은 출발한 지 25분 후부터 35분 후까지, 50분 후부터 60분 후까지이므로 자전거는 모두 20분 동안 정지하였다.

채점 기준		
1단계	자전거를 타고 이동한 거리 구하기	… 40 %
2단계	자전거가 몇 분 동안 정지하였는지 구하기	… 60 %

4 ①단계 회전목마가 움직이기 시작한 후 16초 동안 목마가 가장 높이 올라갔을 때의 높이는 2 m이다.

∴ $a=2$

②단계 높이가 1.5 m인 지점에 도달한 것은 회전목마가 움직이기 시작한 지 2초 후, 5초 후, 7초 후, 10초 후, 13초 후, 15초 후이므로 총 6번이다.

∴ $b=6$

③단계 ∴ $a+b=2+6=8$

채점 기준		
1단계	a의 값 구하기	… 40 %
2단계	b의 값 구하기	… 40 %
3단계	$a+b$의 값 구하기	… 20 %

01 정비례

P. 128~129

개념 확인   (1) 풀이 참조   (2) 정비례한다.   (3) $y=70x$

(1)

x	1	2	3	4	…
y	70	140	210	280	…

(2) x의 값이 2배, 3배, 4배, …로 변함에 따라 y의 값도
2배, 3배, 4배, …로 변하는 관계가 있으므로
y는 x에 정비례한다.

(3) y의 값이 x의 값의 70배이므로 x와 y 사이의 관계식은
$y=70x$

필수 문제 ①   ③, ④

$y=ax(a\neq0)$ 꼴을 찾는다.

1-1   ⑤

③ $\dfrac{y}{x}=-1$에서 $y=-x$

⑤ $xy=3$에서 $y=\dfrac{3}{x}$

따라서 y가 x에 정비례하지 않는 것은 ⑤이다.

1-2   ③

① $y=100-x$

② $y=14+x$

③ (정삼각형의 둘레의 길이)$=3\times$(한 변의 길이)
   이므로 $y=3x$

④ $y=\dfrac{60}{x}$

⑤ (시간)$=\dfrac{(거리)}{(속력)}$이므로 $y=\dfrac{50}{x}$

따라서 y가 x에 정비례하는 것은 ③이다.

필수 문제 ② $y=7x$

y가 x에 정비례하므로 $y=ax$로 놓고,
이 식에 $x=5$, $y=35$를 대입하면
$35=a\times5$ $\therefore a=7$
$\therefore y=7x$

2-1 -12

y가 x에 정비례하므로 $y=ax$로 놓고,
이 식에 $x=-4$, $y=16$을 대입하면
$16=a\times(-4)$ $\therefore a=-4$
따라서 $y=-4x$이므로 이 식에 $x=3$을 대입하면
$y=-4\times3=-12$

필수 문제 ③   (1) 풀이 참조   (2) $y=5x$ (3) 60 L

(1)

x	1	2	3	4	5	…	16
y	5	10	15	20	25	…	80

(2) x분 후의 물통 안에 있는 물의 양은 $5x$ L이므로
$y=5x$

(3) $y=5x$에 $x=12$를 대입하면 $y=5\times12=60$
따라서 12분 후의 물통 안에 있는 물의 양은 60 L이다.

3-1   (1) $y=0.4x$ (2) 12 mm

(1) x일 동안 자란 머리카락의 길이는 $0.4x$ mm이므로
$y=0.4x$

(2) $y=0.4x$에 $x=30$을 대입하면
$y=0.4\times30=12$
따라서 30일 동안 자란 머리카락의 길이는 12 mm이다.

3-2   (1) $y=15x$ (2) 200 mL

(1) 우유 x mL를 정화하는 데 필요한 물의 양은
$15x$ mL이므로 $y=15x$

(2) $y=15x$에 $y=3000$을 대입하면
$3000=15x$ $\therefore x=200$
따라서 물 3000 mL로 정화할 수 있는 우유의 양은
200 mL이다.

P. 130~131

필수 문제 ④   (1)

   ① 3
   ② 위
   ③ 1, 3(또는 3, 1)
   ④ 증가

(2)

   ① -1
   ② 아래
   ③ 2, 4(또는 4, 2)
   ④ 감소

(1) 정비례 관계 $y=3x$의 그래프는 원점과 점 $(1, 3)$을 지나는 직선이다.

(2) 정비례 관계 $y=-\dfrac{1}{2}x$의 그래프는 원점과 점 $(2, -1)$을 지나는 직선이다.

참고 정비례 관계의 그래프를 그릴 때는 원점과 그래프가 지나는
또 다른 점을 찾아 직선으로 연결한다.

필수 문제 5 -2

$y=5x$에 $x=a$, $y=-10$을 대입하면
$-10=5\times a$ $\quad \therefore a=-2$

5-1 -9

$y=ax$에 $x=-2$, $y=18$을 대입하면
$18=a\times(-2)$ $\quad \therefore a=-9$

5-2 0

$y=-\dfrac{3}{2}x$에 $x=a$, $y=9$를 대입하면
$9=-\dfrac{3}{2}\times a$ $\quad \therefore a=9\times\left(-\dfrac{2}{3}\right)=-6$

$y=-\dfrac{3}{2}x$에 $x=4$, $y=b$를 대입하면
$b=-\dfrac{3}{2}\times 4=-6$

$\therefore a-b=-6-(-6)=0$

필수 문제 6 $1, 4, 1, 4, 4x$

6-1 (1) $y=\dfrac{1}{2}x$ (2) $y=-3x$

(1) 그래프가 원점을 지나는 직선이므로 $y=ax$로 놓는다.
이 그래프가 점 $(2, 1)$을 지나므로
$y=ax$에 $x=2$, $y=1$을 대입하면
$1=a\times 2$ $\quad \therefore a=\dfrac{1}{2}$
$\therefore y=\dfrac{1}{2}x$

(2) 그래프가 원점을 지나는 직선이므로 $y=ax$로 놓는다.
이 그래프가 점 $(1, -3)$을 지나므로
$y=ax$에 $x=1$, $y=-3$을 대입하면
$-3=a\times 1$ $\quad \therefore a=-3$
$\therefore y=-3x$

STEP 1 쏙쏙 개념 익히기

P. 132~133

1 ②, ⑤	**2** 5	**3** 350 g	**4** ③
5 ①	**6** ②	**7** -8	**8** 4
9 (1) A$(6, 4)$	(2) 12	**10** 24	

1 ① $y=50x$
② $y=20-x$
③ (거리)=(속력)×(시간)이므로 $y=140x$
④ $y=11x$
⑤ $x+y=24$에서 $y=24-x$
따라서 y가 x에 정비례하지 않는 것은 ②, ⑤이다.

2 y가 x에 정비례하므로 $y=ax$로 놓고,
이 식에 $x=-2$, $y=8$을 대입하면
$8=a\times(-2)$ $\quad \therefore a=-4$
따라서 $y=-4x$이므로 이 식에 $y=-20$을 대입하면
$-20=-4x$ $\quad \therefore x=5$

3 과자 1 g당 열량이 6 kcal이므로
과자 x g의 열량은 $6x$ kcal이다.
즉, x와 y 사이의 관계식을 구하면 $y=6x$
이때 $y=6x$에 $y=2100$을 대입하면
$2100=6x$ $\quad \therefore x=350$
따라서 열량 2100 kcal를 얻기 위해 필요한 과자의 양은
350 g이다.

4 ③ 원점을 지나는 직선이다.

5 정비례 관계 $y=ax(a\neq 0)$의 그래프는 a의 절댓값이 클수록
y축에 가깝다.
이때 $\left|-\dfrac{1}{5}\right|<\left|\dfrac{1}{3}\right|<|-1|<|5|<|-6|$이므로
그래프가 y축에 가장 가까운 것은 ①이다.

6 $y=-\dfrac{5}{6}x$에 주어진 각 점의 좌표를 대입하면

① $10=-\dfrac{5}{6}\times(-12)$

② $\dfrac{5}{2}\neq-\dfrac{5}{6}\times(-6)$

③ $\dfrac{5}{3}=-\dfrac{5}{6}\times(-2)$

④ $-\dfrac{5}{2}=-\dfrac{5}{6}\times 3$

⑤ $-5=-\dfrac{5}{6}\times 6$

따라서 $y=-\dfrac{5}{6}x$의 그래프 위의 점이 아닌 것은 ②이다.

7 $y=\dfrac{3}{4}x$에 $x=a$, $y=a+2$를 대입하면
$a+2=\dfrac{3}{4}\times a$, $\dfrac{1}{4}a=-2$ $\quad \therefore a=-8$

8 그래프가 원점을 지나는 직선이므로 $y=ax$로 놓는다.
이 그래프가 점 $(-2, 5)$를 지나므로
$y=ax$에 $x=-2$, $y=5$를 대입하면
$5=a\times(-2)$ $\quad \therefore a=-\dfrac{5}{2}$
따라서 $y=-\dfrac{5}{2}x$이므로
이 식에 $x=k$, $y=-10$을 대입하면
$-10=-\dfrac{5}{2}\times k$ $\quad \therefore k=-10\times\left(-\dfrac{2}{5}\right)=4$

9 (1) 점 A에서 x축에 수직인 직선을 그었을 때 x축과 만나는 점이 B이므로 두 점의 x좌표는 같다.

즉, 점 A의 x좌표는 6이다.

이때 점 A는 $y=\dfrac{2}{3}x$의 그래프 위의 점이므로

$y=\dfrac{2}{3}x$에 $x=6$을 대입하면

$y=\dfrac{2}{3}\times6=4$ ∴ $A(6, 4)$

(2) (삼각형 AOB의 넓이)

$=\dfrac{1}{2}\times$(밑변의 길이)$\times$(높이)

$=\dfrac{1}{2}\times6\times4$

$=12$

10 점 A는 $y=-3x$의 그래프 위의 점이므로

$y=-3x$에 $y=12$를 대입하면

$12=-3\times x$ ∴ $x=-4$

따라서 점 A의 좌표는 $A(-4, 12)$

점 A에서 x축에 수직인 직선을 그었을 때 x축과 만나는 점이 B이므로 두 점의 x좌표는 같다.

즉, 점 B의 x좌표는 -4이다. ∴ $B(-4, 0)$

(삼각형 ABO의 넓이)

$=\dfrac{1}{2}\times$(밑변의 길이)$\times$(높이)

$=\dfrac{1}{2}\times4\times12$

$=24$

o2 반비례

P. 134~135

개념 확인 (1) 풀이 참조 (2) 반비례한다. (3) $y=\dfrac{30}{x}$

(1)

x	1	2	3	4	...	30
y	30	15	10	$\dfrac{15}{2}$	...	1

(2) x의 값이 2배, 3배, 4배, ...로 변함에 따라 y의 값은 $\dfrac{1}{2}$배, $\dfrac{1}{3}$배, $\dfrac{1}{4}$배, ...로 변하는 관계가 있으므로 y는 x에 반비례한다.

(3) xy의 값이 30으로 일정하므로 x와 y 사이의 관계식은 $y=\dfrac{30}{x}$

필수 문제 ① ②

$y=\dfrac{a}{x}\,(a\neq0)$ 꼴을 찾는다.

1-1 ②, ④

② $\dfrac{y}{x}=24$에서 $y=24x$

⑤ $xy=-9$에서 $y=-\dfrac{9}{x}$

따라서 y가 x에 반비례하지 않는 것은 ②, ④이다.

1-2 ㄴ, ㄹ

ㄱ. $y=4x$

ㄴ. $xy=200$에서 $y=\dfrac{200}{x}$

ㄷ. $y=30-x$

ㄹ. (시간)$=\dfrac{(거리)}{(속력)}$이므로 $y=\dfrac{12}{x}$

따라서 y가 x에 반비례하는 것은 ㄴ, ㄹ이다.

필수 문제 ② $y=\dfrac{15}{x}$

y가 x에 반비례하므로 $y=\dfrac{a}{x}$로 놓고,

이 식에 $x=5$, $y=3$을 대입하면

$3=\dfrac{a}{5}$ ∴ $a=15$

∴ $y=\dfrac{15}{x}$

2-1 ②

y가 x에 반비례하므로 $y=\dfrac{a}{x}$로 놓고,

이 식에 $x=4$, $y=-9$를 대입하면

$-9=\dfrac{a}{4}$ ∴ $a=-36$

따라서 $y=-\dfrac{36}{x}$이므로 이 식에 $x=6$을 대입하면

$y=-\dfrac{36}{6}=-6$

필수 문제 ③ (1) $y=\dfrac{16}{x}$ (2) $\dfrac{1}{2}$ cm³

(1) y가 x에 반비례하므로 $y=\dfrac{a}{x}$로 놓는다.

부피가 2 cm³일 때, 압력이 8기압이므로

$y=\dfrac{a}{x}$에 $x=8$, $y=2$를 대입하면

$2=\dfrac{a}{8}$ ∴ $a=16$

∴ $y=\dfrac{16}{x}$

(2) $y=\dfrac{16}{x}$에 $x=32$를 대입하면 $y=\dfrac{16}{32}=\dfrac{1}{2}$

따라서 압력이 32기압일 때, 기체의 부피는 $\dfrac{1}{2}$ cm³이다.

3-1 (1) $y=\dfrac{1500}{x}$ (2) $125\,\mathrm{mL}$

(1) (학생 수)×(한 학생이 마시는 주스의 양)$=1500\,(\mathrm{mL})$

이므로 $xy=1500$ $\therefore y=\dfrac{1500}{x}$

(2) $y=\dfrac{1500}{x}$에 $x=12$를 대입하면

$y=\dfrac{1500}{12}=125$

따라서 주스를 12명에게 똑같이 나누어 줄 때, 한 학생이 마실 수 있는 주스의 양은 $125\,\mathrm{mL}$이다.

3-2 (1) $y=\dfrac{100}{x}$ (2) 5개

(1) 직사각형의 가로에 놓인 타일 x개와 세로에 놓인 타일 y개의 곱이 100개이므로

$xy=100$ $\therefore y=\dfrac{100}{x}$

(2) $y=\dfrac{100}{x}$에 $y=20$을 대입하면

$20=\dfrac{100}{x}$, $20x=100$ $\therefore x=5$

따라서 직사각형의 세로에 놓인 타일이 20개일 때, 가로에 놓인 타일은 5개이다.

필수 문제 ④ (1)

① -1, -3, 3, 1
② 1, 3(또는 3, 1)
③ 감소

(2)

① 1, 4, -4, -1
② 2, 4(또는 4, 2)
③ 증가

(1) 반비례 관계 $y=\dfrac{3}{x}$의 그래프는 점 $(-3, -1)$,

$(-1, -3)$, $(1, 3)$, $(3, 1)$을 지나는 한 쌍의 곡선이다.

(2) 반비례 관계 $y=-\dfrac{4}{x}$의 그래프는 $(-4, 1)$, $(-2, 2)$,

$(-1, 4)$, $(1, -4)$, $(2, -2)$, $(4, -1)$을 지나는 한 쌍의 곡선이다.

> 참고 반비례 관계의 그래프를 그릴 때는 그래프가 지나는 유한개의 점을 찾아 매끄러운 곡선으로 연결한다.

필수 문제 ⑤ $-\dfrac{3}{2}$

$y=\dfrac{6}{x}$에 $x=-a$, $y=4$를 대입하면

$4=\dfrac{6}{-a}$, $-4a=6$ $\therefore a=-\dfrac{3}{2}$

5-1 -24

$y=\dfrac{a}{x}$에 $x=-8$, $y=3$을 대입하면

$3=\dfrac{a}{-8}$ $\therefore a=-24$

5-2 -1

$y=\dfrac{36}{x}$에 $x=-9$, $y=a$를 대입하면

$a=\dfrac{36}{-9}=-4$

$y=\dfrac{36}{x}$에 $x=b$, $y=12$를 대입하면

$12=\dfrac{36}{b}$, $12b=36$ $\therefore b=3$

$\therefore a+b=-4+3=-1$

필수 문제 ⑥ -2, 3, -2, -6, $-\dfrac{6}{x}$

6-1 (1) $y=\dfrac{8}{x}$ (2) $y=-\dfrac{9}{x}$

(1) 그래프가 한 쌍의 매끄러운 곡선이므로 $y=\dfrac{a}{x}$로 놓는다.

이 그래프가 점 $(2, 4)$를 지나므로

$y=\dfrac{a}{x}$에 $x=2$, $y=4$를 대입하면

$4=\dfrac{a}{2}$ $\therefore a=8$

$\therefore y=\dfrac{8}{x}$

> 다른 풀이
> 반비례 관계는 xy의 값이 일정하므로
> $xy=2\times4=8$ $\therefore y=\dfrac{8}{x}$

(2) 그래프가 한 쌍의 매끄러운 곡선이므로 $y=\dfrac{a}{x}$로 놓는다.

이 그래프가 점 $(3, -3)$을 지나므로

$y=\dfrac{a}{x}$에 $x=3$, $y=-3$을 대입하면

$-3=\dfrac{a}{3}$ $\therefore a=-9$

$\therefore y=-\dfrac{9}{x}$

> 다른 풀이
> 반비례 관계는 xy의 값이 일정하므로
> $xy=3\times(-3)=-9$ $\therefore y=-\dfrac{9}{x}$

1 ②, ③　　**2** -6　　**3** 시속 $7\,km$
4 ②, ⑤　　**5** ④　　**6** -16
7 (1) $y=\dfrac{6}{x}$　(2) $-\dfrac{3}{2}$　　**8** $a=27,\ b=9$
9 $a=-4,\ b=-8$

---

1 ① (직사각형의 둘레의 길이)
　　$=2\times\{($가로의 길이$)+($세로의 길이$)\}$
　　이므로
　　$y=2(x+5)$에서 $y=2x+10$
② (직사각형의 넓이)$=($가로의 길이$)\times($세로의 길이$)$
　　이므로
　　$xy=30$에서 $y=\dfrac{30}{x}$
③ $xy=400$에서 $y=\dfrac{400}{x}$
④ $y=3x$
⑤ $y=12-x$
따라서 y가 x에 반비례하는 것은 ②, ③이다.

2 y가 x에 반비례하므로 $y=\dfrac{a}{x}$로 놓고,
이 식에 $x=2,\ y=12$를 대입하면
$12=\dfrac{a}{2}$　　$\therefore\ a=24$
따라서 $y=\dfrac{24}{x}$이므로 이 식에 $x=-4$를 대입하면
$y=\dfrac{24}{-4}=-6$

3 (시간)$=\dfrac{(거리)}{(속력)}$이므로 $y=\dfrac{14}{x}$
이 식에 $y=2$를 대입하면
$2=\dfrac{14}{x},\ 2x=14$　　$\therefore\ x=7$
따라서 혜은이가 할머니 댁에 2시간 만에 도착하려면
시속 $7\,km$로 가야 한다.

4 ① 원점을 지나지 않는다.
③ a의 절댓값이 클수록 원점에서 멀다.
④ x의 값이 2배, 3배, 4배, …로 변하면 y의 값은 $\dfrac{1}{2}$배, $\dfrac{1}{3}$배, $\dfrac{1}{4}$배, …로 변한다.
따라서 옳은 것은 ②, ⑤이다.

5 $y=-\dfrac{9}{x}$에 주어진 각 점의 좌표를 대입하면
① $\dfrac{3}{2}=-\dfrac{9}{-6}$

② $3=-\dfrac{9}{-3}$
③ $9=-\dfrac{9}{-1}$
④ $-\dfrac{2}{3}\neq-\dfrac{9}{6}$
⑤ $-1=-\dfrac{9}{9}$
따라서 $y=-\dfrac{9}{x}$의 그래프 위의 점이 아닌 것은 ④이다.

6 $y=\dfrac{a}{x}$에 $x=-2,\ y=6$을 대입하면
$6=\dfrac{a}{-2}$　　$\therefore\ a=-12$
$y=-\dfrac{12}{x}$에 $x=3,\ y=b$를 대입하면
$b=-\dfrac{12}{3}=-4$
$\therefore\ a+b=-12+(-4)=-16$

7 (1) 주어진 그래프가 한 쌍의 매끄러운 곡선이므로
　　$y=\dfrac{a}{x}$로 놓는다.
　　$y=\dfrac{a}{x}$에 $x=2,\ y=3$을 대입하면
　　$3=\dfrac{a}{2}$　　$\therefore\ a=6$
　　따라서 그래프가 나타내는 x와 y 사이의 관계식은 $y=\dfrac{6}{x}$
　　이다.
(2) $y=\dfrac{6}{x}$에 $x=-4,\ y=k$를 대입하면
　　$k=\dfrac{6}{-4}=-\dfrac{3}{2}$

8 $y=3x$의 그래프가 점 $A(3,\ b)$를 지나므로
$y=3x$에 $x=3,\ y=b$를 대입하면 $b=3\times3=9$
따라서 $y=\dfrac{a}{x}$의 그래프가 점 $A(3,\ 9)$를 지나므로
$y=\dfrac{a}{x}$에 $x=3,\ y=9$를 대입하면
$9=\dfrac{a}{3}$　　$\therefore\ a=27$

　참고　상수 $a,\ b$ 중 먼저 구할 수 있는 값을 확인하여 두 그래프가 만
　　　나는 점의 좌표를 대입한다.

9 $y=-\dfrac{16}{x}$의 그래프가 점 $A(2,\ b)$을 지나므로
$y=-\dfrac{16}{x}$에 $x=2,\ y=b$를 대입하면
$b=-\dfrac{16}{2}=-8$
따라서 $y=ax$의 그래프가 점 $A(2,\ -8)$을 지나므로
$y=ax$에 $x=2,\ y=-8$을 대입하면
$-8=2\times a$　　$\therefore\ a=-4$

1 ①, ④ **2** ⑤ **3** (1) $y=\dfrac{1}{6}x$ (2) 13 kg

4 ④ **5** ② **6** ④ **7** ③ **8** ①

9 ⑤ **10** ⑤ **11** ㄴ, ㅁ

12 (1) $y=\dfrac{120}{x}$ (2) 12 L **13** ③ **14** ①, ②

15 $-\dfrac{9}{2}$ **16** 8개 **17** 3

18 (1) D(3, -5) (2) 60 **19** ④

1 y가 x에 정비례하면 $y=ax(a\neq0)$ 꼴이다.
따라서 y가 x에 정비례하는 것은 ①, ④이다.

2 ㄱ. y가 x에 정비례하므로 x의 값이 2배가 되면 y의 값도
  2배가 된다.
ㄴ, ㄷ, ㄹ. $y=ax$로 놓고, 이 식에 $x=-6$, $y=3$을 대입하면
  $3=a\times(-6)$ $\therefore a=-\dfrac{1}{2}$ $\therefore y=-\dfrac{1}{2}x$
  $y=-\dfrac{1}{2}x$에 $x=12$를 대입하면 $y=-\dfrac{1}{2}\times12=-6$
  $y=-\dfrac{1}{2}x$에 $y=-5$를 대입하면
  $-5=-\dfrac{1}{2}x$ $\therefore x=10$
따라서 옳은 것은 ㄷ, ㄹ이다.

3 (1) 어떤 물체의 달에서의 무게는 지구에서의 무게의 $\dfrac{1}{6}$이므로
  $y=\dfrac{1}{6}x$
(2) $y=\dfrac{1}{6}x$에 $x=78$을 대입하면 $y=\dfrac{1}{6}\times78=13$
  따라서 지구에서의 몸무게가 78 kg인 우주 비행사가 달에
  착륙했을 때의 몸무게는 13 kg이다.

4 (i) 훌라후프를 할 때의 정비례 관계식을 $y=ax$로 놓고,
  이 식에 $x=2$, $y=8$을 대입하면
  $8=a\times2$ $\therefore a=4$
  $y=4x$이므로 이 식에 $x=30$을 대입하면
  $y=4\times30=120$
  즉, 훌라후프를 30분 동안 하면 120 kcal가 소모된다.
(ii) 줄넘기를 할 때의 정비례 관계식을 $y=bx$로 놓고,
  이 식에 $x=2$, $y=15$를 대입하면
  $15=2b$ $\therefore b=\dfrac{15}{2}$
  $y=\dfrac{15}{2}x$이므로 이 식에 $x=30$을 대입하면
  $y=\dfrac{15}{2}\times30=225$
  즉, 줄넘기를 30분 동안 하면 225 kcal가 소모된다.

따라서 (i), (ii)에 의해 구하는 열량의 차는
$225-120=105$(kcal)

5 $y=\dfrac{4}{3}x$에서 $x=3$일 때, $y=4$이므로 정비례 관계 $y=\dfrac{4}{3}x$의
그래프는 원점과 점 (3, 4)를 지나는 직선이다.
따라서 구하는 그래프는 ②이다.

6 ④ 제2사분면과 제4사분면을 지난다.

7 정비례 관계 $y=3x$의 그래프는 오른쪽 위로 향하는 직선이
므로 ③, ④, ⑤ 중 하나이다.
이때 $y=ax$에서 a의 절댓값이 클수록 그 그래프가 y축에
가까우므로 $y=3x$의 그래프는 y축에 가장 가까운 ③이다.

8 $y=-\dfrac{5}{2}x$의 그래프가 점 $(a, 15)$를 지나므로
이 식에 $x=a$, $y=15$를 대입하면
$15=-\dfrac{5}{2}\times a$ $\therefore a=15\times\left(-\dfrac{2}{5}\right)=-6$
또한 $y=-\dfrac{5}{2}x$의 그래프가 점 $(-4, b)$를 지나므로
이 식에 $x=-4$, $y=b$를 대입하면
$b=-\dfrac{5}{2}\times(-4)=10$
$\therefore ab=-6\times10=-60$

9 그래프가 원점을 지나는 직선이므로 $y=ax$로 놓는다.
이 그래프가 점 $(-3, 4)$를 지나므로
$y=ax$에 $x=-3$, $y=4$를 대입하면
$4=a\times(-3)$ $\therefore a=-\dfrac{4}{3}$
$\therefore y=-\dfrac{4}{3}x$
이 그래프가 점 $\left(\dfrac{9}{2}, k\right)$를 지나므로
$y=-\dfrac{4}{3}x$에 $x=\dfrac{9}{2}$, $y=k$를 대입하면
$k=-\dfrac{4}{3}\times\dfrac{9}{2}=-6$

10 $y=-2x$에 $x=-6$을 대입하면
$y=-2\times(-6)=12$ $\therefore$ A$(-6, 12)$
$y=\dfrac{1}{3}x$에 $x=-6$을 대입하면
$y=\dfrac{1}{3}\times(-6)=-2$ $\therefore$ B$(-6, -2)$
$\therefore$ (삼각형 OAB의 넓이)$=\dfrac{1}{2}\times\{12-(-2)\}\times6$
$=\dfrac{1}{2}\times14\times6=42$

11 ㄱ. $y=800x$ ㄴ. $y=\dfrac{3}{x}$ ㄷ. $y=10x$
ㄹ. $y=10-x$ ㅁ. $y=\dfrac{2000}{x}$
따라서 y가 x에 반비례하는 것은 ㄴ, ㅁ이다.

12 (1) 물탱크의 용량은 $3 \times 40 = 120(L)$이고 이 물탱크에 매분 $x\,L$씩 물을 넣으면 가득 채우는 데 y분이 걸리므로

$$xy = 120 \qquad \therefore y = \frac{120}{x}$$

(2) $y = \frac{120}{x}$에 $y = 10$을 대입하면

$$10 = \frac{120}{x},\ 10x = 120 \qquad \therefore x = 12$$

따라서 10분 만에 물탱크에 물을 가득 채우려면 매분 $12\,L$씩 물을 넣어야 한다.

13 ①, ③ 원점을 지나지 않고, 좌표축에 가까워지면서 한없이 뻗어 나가는 한 쌍의 매끄러운 곡선이다.

② 제2사분면과 제4사분면을 지난다.

④ $x < 0$일 때, x의 값이 증가하면 y의 값도 증가한다.

⑤ $|-5| < |-10|$이므로 $y = -\frac{10}{x}$의 그래프가 $y = -\frac{5}{x}$의 그래프보다 원점에서 더 멀다.

따라서 옳은 것은 ③이다.

14 정비례 관계 $y = ax$와 반비례 관계 $y = \frac{a}{x}$에서

$a < 0$일 때, 그 그래프가 제2사분면과 제4사분면을 지난다.

따라서 그래프가 제2사분면과 제4사분면을 지나는 것은 ①, ②이다.

15 $y = \frac{18}{x}$에 $x = -3$, $y = a$를 대입하면 $a = \frac{18}{-3} = -6$

$y = \frac{18}{x}$에 $x = b$, $y = 12$를 대입하면

$$12 = \frac{18}{b},\ 12b = 18 \qquad \therefore b = \frac{3}{2}$$

$$\therefore a + b = -6 + \frac{3}{2} = -\frac{9}{2}$$

16 $y = \frac{a}{x}$의 그래프가 점 $(4, 2)$를 지나므로

$y = \frac{a}{x}$에 $x = 4$, $y = 2$를 대입하면

$$2 = \frac{a}{4} \qquad \therefore a = 8 \qquad \therefore y = \frac{8}{x}$$

반비례 관계 $y = \frac{8}{x}$의 그래프 위의 점 중에서 x좌표와 y좌표가 모두 정수이려면 x좌표가 8의 약수 또는 8의 약수에 $-$ 부호를 붙인 수이어야 한다.

이때 8의 약수는 1, 2, 4, 8이므로 구하는 점은

$(1, 8)$, $(2, 4)$, $(4, 2)$, $(8, 1)$, $(-1, -8)$, $(-2, -4)$, $(-4, -2)$, $(-8, -1)$의 8개이다.

17 그래프가 좌표축에 가까워지면서 한없이 뻗어 나가는 한 쌍의 매끄러운 곡선이므로 $y = \frac{a}{x}$로 놓는다.

이 그래프가 점 $(1, -2)$를 지나므로

$y = \frac{a}{x}$에 $x = 1$, $y = -2$를 대입하면

$$-2 = \frac{a}{1} \qquad \therefore a = -2$$

즉, $y = -\frac{2}{x}$이고 이 그래프가 점 $\left(-\frac{2}{3}, k\right)$를 지나므로

$y = -\frac{2}{x}$에 $x = -\frac{2}{3}$, $y = k$를 대입하면

$$k = -2 \div \left(-\frac{2}{3}\right) = -2 \times \left(-\frac{3}{2}\right) = 3$$

18 (1) 점 C의 x좌표가 -3이므로

$y = \frac{15}{x}$에 $x = -3$을 대입하면 $y = \frac{15}{-3} = -5$

$$\therefore C(-3, -5)$$

따라서 직사각형 ABCD의 네 변이 x축 또는 y축에 각각 평행하므로 점 D의 좌표는 $D(3, -5)$이다.

(2) 점 A의 x좌표가 3이므로

$y = \frac{15}{x}$에 $x = 3$을 대입하면 $y = \frac{15}{3} = 5$

$$\therefore A(3, 5)$$

따라서 직사각형 ABCD의 가로의 길이는 $3 - (-3) = 6$이고 세로의 길이는 선분 AD의 길이와 같으므로 $5 - (-5) = 10$이다.

$$\therefore (\text{직사각형 ABCD의 넓이}) = 6 \times 10 = 60$$

19 $y = \frac{1}{2}x$의 그래프가 점 $A(b, 2)$를 지나므로

$y = \frac{1}{2}x$에 $x = b$, $y = 2$를 대입하면

$$2 = \frac{1}{2} \times b \qquad \therefore b = 4$$

$y = \frac{a}{x}$의 그래프가 점 $A(4, 2)$를 지나므로

$y = \frac{a}{x}$에 $x = 4$, $y = 2$를 대입하면

$$2 = \frac{a}{4} \qquad \therefore a = 8$$

$$\therefore a + b = 8 + 4 = 12$$

STEP **3** 쓱쓱 **서술형 완성하기**   P.144~145

〈과정은 풀이 참조〉

따라 해보자   유제1 76   유제2 15

연습해 보자   **1** 풀이 참조   **2** 0

                  3 (1) $y = \frac{14}{x}$ (2) 7   **4** 8

유제 1 1단계 y가 x에 반비례하므로 $y=\dfrac{a}{x}$로 놓고,

이 식에 $x=-6$, $y=-6$을 대입하면

$-6=\dfrac{a}{-6}$ $\quad \therefore a=36$ $\quad \therefore y=\dfrac{36}{x}$

2단계 $y=\dfrac{36}{x}$에 $x=-9$, $y=A$를 대입하면

$A=\dfrac{36}{-9}=-4$

$y=\dfrac{36}{x}$에 $x=B$, $y=\dfrac{1}{2}$을 대입하면

$\dfrac{1}{2}=\dfrac{36}{B}$, $\dfrac{1}{2}B=36$ $\quad \therefore B=72$

3단계 $\therefore B-A=72-(-4)=76$

채점 기준		
1단계	x와 y 사이의 관계식 구하기	… 40 %
2단계	A, B의 값 구하기	… 40 %
3단계	$B-A$의 값 구하기	… 20 %

유제 2 1단계 두 톱니바퀴 A, B가 서로 맞물려 돌아갈 때

(A의 톱니의 수)×(A의 회전수)

=(B의 톱니의 수)×(B의 회전수)

이므로 $12\times5=x\times y$ $\quad \therefore y=\dfrac{60}{x}$

2단계 $y=\dfrac{60}{x}$에 $y=4$를 대입하면

$4=\dfrac{60}{x}$, $4x=60$ $\quad \therefore x=15$

따라서 톱니바퀴 B의 톱니의 수는 15이다.

채점 기준		
1단계	x와 y 사이의 관계식 구하기	… 40 %
2단계	톱니바퀴 B가 1분 동안 4번 회전할 때, 톱니바퀴 B의 톱니의 수 구하기	… 60 %

1 1단계 정비례 관계 $y=-\dfrac{3}{4}x$의 그래프는 원점과

점 $(4, -3)$을 지나는 직선이다.

2단계 따라서 그래프를 그리면 다음 그림과 같다.

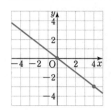

채점 기준		
1단계	그래프가 지나는 두 점 구하기	… 50 %
2단계	정비례 관계 $y=-\dfrac{3}{4}x$의 그래프 그리기	… 50 %

2 1단계 $y=-4x$의 그래프가 세 점 A$(2a, 8)$, B$(4, 8b)$,

C$(c, -12)$를 지나므로

$y=-4x$에 $x=2a$, $y=8$을 대입하면

$8=-4\times2a$, $8=-8a$ $\quad \therefore a=-1$

2단계 $y=-4x$에 $x=4$, $y=8b$를 대입하면

$8b=-4\times4$, $8b=-16$ $\quad \therefore b=-2$

3단계 $y=-4x$에 $x=c$, $y=-12$를 대입하면

$-12=-4\times c$ $\quad \therefore c=3$

4단계 $\therefore a+b+c=-1+(-2)+3=0$

채점 기준		
1단계	a의 값 구하기	… 30 %
2단계	b의 값 구하기	… 30 %
3단계	c의 값 구하기	… 30 %
4단계	$a+b+c$의 값 구하기	… 10 %

3 (1) 1단계 2명이 일주일(=7일) 동안 하는 일의 양은 x명이

y일 동안 하는 일의 양과 같으므로

$2\times7=x\times y$ $\quad \therefore y=\dfrac{14}{x}$

(2) 2단계 $y=\dfrac{14}{x}$에 $y=2$를 대입하면

$2=\dfrac{14}{x}$, $2x=14$ $\quad \therefore x=7$

따라서 2일 만에 일을 완성하려고 할 때, 필요한

사람 수는 7이다.

채점 기준		
1단계	x와 y 사이의 관계식 구하기	… 50 %
2단계	2일 만에 일을 완성하려고 할 때, 필요한 사람 수 구하기	… 50 %

4 1단계 점 P의 x좌표를 a라 하면 점 P의 y좌표는 $\dfrac{8}{a}$이므로

점 P의 좌표는 P$\left(a, \dfrac{8}{a}\right)$이다.

2단계 이때 (선분 OA의 길이)$=a$,

(선분 AP의 길이)$=\dfrac{8}{a}$이므로

(직사각형 OAPB의 넓이)$=a\times\dfrac{8}{a}=8$

채점 기준		
1단계	점 P의 좌표 구하기	… 50 %
2단계	직사각형 OAPB의 넓이 구하기	… 50 %

1. 소인수분해

01 소인수분해

쏙쏙 ^{다시} 개념 익히기   P. 7~8

1 10개   **2** ③   **3** ②, ⑤   **4** ③   **5** ⑤
6 ④   **7** ④   **8** ②   **9** ④

핵심 유형 문제   P. 9~12

1 ②   **2** 79   **3** ①, ③, ④   **4** 8개
5 7   **6** ③   **7** ③   **8** 3^{15} **9** ④
10 ①   **11** 11   **12** 8   **13** ⑤   **14** ④
15 12   **16** 10   **17** ⑤   **18** 63
19 $a=22, b=3$ **20** ③
21 ㉠ 1×1 (또는 1), ㉡ $2^2 \times 5$ (또는 20),
    ㉢ $2^3 \times 5^2$ (또는 200)
22 ②, ⑤   **23** ⑤   **24** 14   **25** ④   **26** ④
27 ③   **28** 3   **29** ③   **30** 24, 54

02 최대공약수와 최소공배수

쏙쏙 ^{다시} 개념 익히기   P. 13~14

1 $3^2 \times 5$ **2** ⑤   **3** ②   **4** 102   **5** ⑤
6 ①   **7** ④   **8** 18

핵심 유형 문제   P. 15~18

1 ②   **2** $2^2 \times 3$ (또는 12)   **3** ②   **4** ②
5 ⑤   **6** $2^2 \times 3^2$ (또는 36), 9   **7** 12   **8** ①, ⑤
9 ㄴ, ㅂ   **10** ②, ⑤   **11** 5개   **12** ③
13 $2^2 \times 3^3 \times 5$ (또는 540)   **14** ④   **15** ③
16 ①   **17** ⑤   **18** 1125   **19** 8
20 (1) 7   (2) 28   **21** 36, 48   **22** 3
23 $3 \times 5^2 \times 7$ **24** ③   **25** ⑤   **26** ①
27 $2^3 \times 3$ (또는 24)   **28** (1) 21   (2) 24   **29** 20

실력 UP 문제   P. 19

1-1 9   **1**-2 7
2-1 2   **2**-2 9
3-1 3   **3**-2 28

실전 테스트   P. 20~21

1 0   **2** ①, ⑤   **3** 4   **4** ④   **5** 10
6 35   **7** 4개   **8** ⑤   **9** ②   **10** ④
11 ①, ④   **12** ③, ④   **13** 11   **14** ④
15 (1) 60년   (2) 1965년

2. 정수와 유리수

01 정수와 유리수

1 ⑤   **2** ②   **3** 8   **4** ②, ④

핵심 유형 문제   P. 26~27

1 영상 7℃ ⇨ +7℃, 영하 5℃ ⇨ −5℃,
포인트 5000점을 적립 ⇨ +5000점,
포인트 3000점을 사용 ⇨ −3000점

2 ⑤   **3** ③   **4** ①   **5** ①, ⑤   **6** ④

7 (1) 1.3, $+\dfrac{20}{4}$, 6   (2) -3, $-\dfrac{7}{9}$, -2.1

    (3) -3, $+\dfrac{20}{4}$, 6   (4) 1.3, $-\dfrac{7}{9}$, -2.1

8 ②   **9** ④   **10** ②, ③, ⑦   **11** ②

---

1 ②   **2** $a=0$, $b=3$ **3** 7   **4** $+9$, -9

5 ④   **6** ④   **7** ⑤   **8** ①

핵심 유형 문제   P. 30~33

1 ①   **2** -3, 3   **3** -1, $+5$ **4** ③

5 $a=5$, $b=-\dfrac{7}{6}$ **6** 16   **7** ③, ⑤, ⑦

8 ③   **9** $-\dfrac{15}{2}$

10 $a=+2$, $b=-2$ **11** $a=-6$, $b=+6$ **12** ④

13 -6, $\dfrac{9}{2}$, $+4$, $-\dfrac{10}{3}$, $+1.5$

14 (1) -2, -1, 0, 1, 2   (2) -3, -2, -1, 0, 1, 2, 3

15 ②   **16** 4개   **17** ⑤   **18** $+\dfrac{11}{6}$ **19** ④

20 ④   **21** ④   **22** ㄱ, ㄷ   **23** ③   **24** ①, ⑤

25 (1) $-4\dfrac{2}{5} \leq a \leq \dfrac{26}{7}$ (2) 8   **26** b, c, a

27 ②   **28** $a<b<c$

---

02 정수와 유리수의 덧셈과 뺄셈

1 ②   **2** ④   **3** 682℃   **4** $-\dfrac{41}{5}$ **5** ⑤

6 4   **7** (1) $\dfrac{1}{2}$ (2) $-\dfrac{4}{3}$ **8** ①

핵심 유형 문제   P. 36~39

1 ③   **2** ②   **3** $+\dfrac{11}{12}$

4 (가) 덧셈의 교환법칙, (나) 덧셈의 결합법칙

5 (가) 덧셈의 교환법칙, (나) 덧셈의 결합법칙, ㉠ 0, ㉡ +1

6 $+10$ **7** ④   **8** ③   **9** B 도시   **10** ⑤

11 ②, ③   **12** 2   **13** ②   **14** 3

15 B, D, C, A   **16** -37 **17** ①   **18** $\dfrac{9}{2}$

19 ③   **20** -8 **21** $\dfrac{26}{3}$ **22** ②   **23** $-\dfrac{4}{3}$

24 7   **25** 2   **26** ④   **27** 13.2℃

28 1156.9원

---

03 정수와 유리수의 곱셈과 나눗셈

1 ③, ⑤   **2** ⑤   **3** ④   **4** 21   **5** $-\dfrac{9}{5}$

6 ㄹ, ㅁ, ㄷ, ㄴ, ㄱ, 15   **7** ㄹ   **8** ③

1 ⑤ **2** ㄹ, ㄷ, ㄴ, ㅁ, ㄱ **3** ③

4 (개) 곱셈의 교환법칙, (내) 곱셈의 결합법칙

5 (1) -2 (2) 200 **6** $-\dfrac{1}{100}$ **7** 80 **8** ④

9 $-\dfrac{1}{16}$ **10** 0 **11** 1 **12** ④

13 (1) 3 (2) -19 (3) -1740 (4) -1620

14 100 **15** $-\dfrac{12}{5}$ **16** ⑤ **17** $-\dfrac{2}{9}$ **18** ①

19 ④ **20** -12 **21** $-\dfrac{25}{2}$

22 (1) 4 (2) -6 (3) $-\dfrac{50}{3}$ (4) 8 **23** ②

24 4 **25** (1) $-\dfrac{1}{6}$ (2) $-\dfrac{5}{18}$ **26** ⑤

27 $-\dfrac{7}{10}$ **28** ①, ② **29** ⑤ **30** ④

31 (1) ㄹ, ㄷ, ㅁ, ㄴ, ㄱ (2) -2 **32** ⑤ **33** 20

실력 UP 문제 P. 47

1-1 6개 **1-2** 8개

2-1 $\dfrac{3}{4}$ **2-2** $\dfrac{6}{5}$

3-1 ⑤ **3-2** ③

실전 테스트 P. 48~51

1 ⑤ **2** 7 **3** ①, ⑤ **4** ② **5** ㄷ, ㄹ

6 -1 **7** 5개 **8** ③ **9** ④ **10** ③

11 ③ **12** $\dfrac{5}{6}$ **13** ⑤ **14** 3 **15** $\dfrac{1}{3}$

16 $-\dfrac{1}{23}$ **17** ③ **18** 8 **19** $\dfrac{13}{5}$ **20** ⑤

21 ② **22** 3 **23** ④ **24** 32점

25 월요일 오후 11시 **26** B, $-\dfrac{1}{3}$

---

3. 문자의 사용과 식

01 문자의 사용 ~ 02 식의 값

개념 익히기 P. 55~56

1 (1) $-2ab^3$ (2) $11(a-b)+c$ (3) $\dfrac{12a}{b}$

  (4) $\dfrac{x-1}{3x+1}$ (5) $x-\dfrac{5x}{y}$ (6) $-\dfrac{4x^2}{y}+1$

2 ② **3** ④

4 $2000-20x$, $10000-1500y$, $30+z$, $\dfrac{a+b+c}{3}$

5 ㄱ, ㄷ, ㅂ **6** ③

7 (1) 8 (2) $\dfrac{17}{9}$ (3) $-\dfrac{1}{27}$ (4) -21

8 1 **9** $176\,\text{cm}$

핵심 유형 문제 P. 57~59

1 ①, ④ **2** ㄴ, ㄷ, ㄹ, ㅂ **3** $\dfrac{4a^2}{5(a-b)}$

4 다희, 상우 **5** ④ **6** ④

7 $\dfrac{1}{2}(a+b)h\,\text{cm}^2$ **8** ③

9 (1) $(2ab+2bc+2ac)\,\text{cm}^2$ (2) $abc\,\text{cm}^3$ **10** ④

11 ⑤ **12** $(100-80x)\,\text{km}$ **13** ⑤ **14** ①

15 ② **16** ② **17** ③

18 (1) $(24-6h)\,℃$ (2) $6\,℃$

---

03 일차식과 그 계산

개념 익히기 P. 60~61

1 10 **2** ③ **3** 2개 **4** -35

5 (1) $7x-4$ (2) $\dfrac{1}{3}x-\dfrac{3}{4}$ (3) $-2a-3$ (4) $15a-4$

6 ③ **7** ③ **8** ② **9** $-x+11$

10 ④

1 ④	**2** ㄴ, ㄷ	**3** ②, ④	**4** ②	**5** ③
6 ⑤	**7** ④	**8** ㄴ, ㄹ	**9** ④	**10** ③
11 ⑤	**12** -42	**13** $\dfrac{1}{3}$	**14** $\dfrac{1}{10}$	**15** ③
16 ①	**17** $4x+4$	**18** (1) $12a+4$　(2) 40		
19 $-7x+7$	**20** ②	**21** 1	**22** ②	
23 ⑤	**24** ⑤	**25** $A=-3x-5,\ B=4x-9$		
26 (1) $7a-7$　(2) $12a+1$		**27** ③		

1-1 ①	**1-2** $7a+6$
2-1 $(15n+10)\,\text{cm}^2$	**2-2** (1) $12a\,\text{cm}$　(2) $24\,\text{cm}$
3-1 13	**3-2** 75

1 ①, ④	**2** ③	**3** ③	**4** -19
5 $(6a+8b)\,\text{cm}^2,\ 142\,\text{cm}^2$			
6 (1) $(3n-2)$개　(2) 148개		**7** ③, ④	**8** ㄹ, ㅂ
9 20	**10** $5x,\ -\dfrac{x}{7}$	**11** ③	**12** ④
13 ②	**14** $7x+84$	**15** $16x+10$	
16 $2x$	**17** $-\dfrac{1}{3}x+\dfrac{4}{3}$		
18 76.6, 50 % 정도 불쾌감을 느낌		**19** A 가게	

4. 일차방정식

01 방정식과 그 해

1 3개	**2** ④	**3** 6	**4** ㄴ, ㄹ	**5** ㄴ, ㄷ

1 ③, ④	**2** $2(x+1)=5x+17$	**3** ②, ④, ⑥	
4 (1) $x=-1$　(2) $x=-2$		**5** ③	**6** ③
7 $x=4$	**8** ③	**9** ㄹ, ㅁ, ㅂ	**10** ④
11 ①	**12** 9	**13** $a=-2,\ b=10$	**14** ①
15 ③	**16** ②	**17** (가): 4, (나): -3, (다): -4	
18 ㄹ	**19** ③		

02 일차방정식의 풀이

1 ①, ④	**2** ③	**3** ④	**4** ③	**5** -3

1 ④	**2** ㄱ, ㄴ	**3** $a=7,\ b=5$	**4** 3개	
5 ②	**6** ②	**7** ⑤	**8** FRIEND	
9 4	**10** ④	**11** ②	**12** ④	**13** $x=13$
14 ④	**15** $x=-1$	**16** -21	**17** ①	
18 ⑤	**19** 9	**20** $x=3$	**21** ①	**22** 10
23 0	**24** ③	**25** ④	**26** 18	

O3 일차방정식의 활용

개념 익히기   P. 82

1 36   **2** 7세   **3** 4   **4** ①   **5** 91

핵심 유형 문제   P. 83~85

1 ⑤   **2** 14   **3** 115, 116, 117   **4** 27

5 ②   **6** ④   **7** 155명   **8** 16세   **9** ②

10 15 cm   **11** ②   **12** 5   **13** 23개   **14** ③

15 ③   **16** (1) 11 (2) 61   **17** 117명   **18** ②

19 936   **20** ③

개념 익히기   P. 86

1 2 km   **2** ③   **3** 18분 후   **4** 20분 후   **5** 6일

핵심 유형 문제   P. 87~88

1 ②   **2** 2 km   **3** ③   **4** ⑤

5 오전 8시 20분   **6** 10분 후   **7** 6일   **8** 4시간

9 ⑤   **10** 1시간 30분$\left(\text{또는 } \dfrac{3}{2}\text{시간}\right)$ **11** 900원

12 ②

실력 UP 문제   P. 89

1-1 -2 **1**-2 $-1, 1$

2-1 (1) $(360+x)$ m, $(600+x)$ m

       (2) $\dfrac{360+x}{20}=\dfrac{600+x}{30}$, 120 m

2-2 ③

3-1 15   **3**-2 26

실전 테스트   P. 90~93

1 ③, ⑤   **2** ⑤   **3** ②   **4** ②, ⑤   **5** -10

6 ④   **7** ③   **8** ⑤   **9** ④   **10** ④

11 9   **12** $\dfrac{7}{5}$ **13** -4 **14** ②   **15** -7

16 12   **17** 12개   **18** ①   **19** ②   **20** ⑤

21 52, 211   **22** ①

23 2시 $10\dfrac{10}{11}$분$\left(\text{또는 } 2\text{시 } \dfrac{120}{11}\text{분}\right)$

24 (1) 24개 (2) 8개, 6개, 4개   **25** 3

5. 좌표와 그래프

O1 순서쌍과 좌표

P. 97

1 ③　**2** 0　**3**

, 30

4 ④　**5** ①　**6** 제2사분면

핵심 유형 문제

P. 98~100

1 $a=2$, $b=-7$

2 $(-1, 2)$, $(-1, 3)$, $(1, 2)$, $(1, 3)$　**3** ⑤

4 ⑤

5 (1) 매일 줄넘기하기

　(2) $(-4, 2) \rightarrow (4, -2) \rightarrow (4, 3) \rightarrow (0, -1) \rightarrow (2, -3)$

6 ①　**7** ③　**8** A(1, 0), B(0, 2)　**9** 8

10 20　**11**

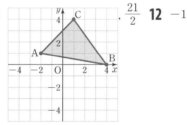

, $\dfrac{21}{2}$　**12** -1

13 ②　**14** -1　**15** ④　**16** ②

17 제3사분면　**18** 제1사분면, 제3사분면

19 제2사분면　**20** ⑤　**21** ③

O2 그래프와 그 해석

쏙쏙 개념 익히기

P. 101~102

1 ⑤　**2** ⑤　**3** ③　**4** ⑤　**5** ㄱ, ㄹ

6 3분 후

핵심 유형 문제

P. 103~105

1 ②, ⑤　**2** ④　**3** ③

4 (가) ― ㄷ, (나) ― ㄴ, (다) ― ㄱ　**5** A ― ㄱ, B ― ㄴ, C ― ㄹ

6 ㄷ　**7** (1) 100분 (2) 8 km (3) 30분

8 (1) 6분 후 (2) 8 m　**9** (1) 12시간 (2) 4번　**10** ⑤

11 (1) (나) (2) 2 km, 5분　**12** ⑤

실력 UP 문제

P. 106

1-1 15　　　**1-2** ①

2-1 제4사분면　**2-2** 제1사분면

3-1 ③　　　**3-2** ②

실전 테스트

P. 107~109

1 ⑤　**2** ②, ⑤　**3** ⑤　**4** 12　**5** ②

6 ②, ④　**7** ⑤　**8** (1) ㄴ (2) ㄷ (3) ㄱ

9 ⑤　**10** ④　**11** ②, ③　**12** ㄱ, ㄷ　**13** ④

14 ③

6. 정비례와 반비례

01 정비례

 개념 익히기 P. 113~114

1 ㄱ, ㄴ **2** 45 **3** $y=0.5x$, 8 cm **4** ④
5 ③ **6** ② **7** ⑤ **8** $\dfrac{6}{5}$ **9** 3

핵심 유형 문제 P. 115~118

1 ② **2** ③, ④ **3** 22 **4** (1) $y=4x$ (2) 375장
5 $y=60x$, 3시간 20분 $\left(\text{또는 } \dfrac{10}{3}\text{시간}\right)$ **6** ②
7 (1) $y=8x$ (2) 4초 후 **8** ② **9** ②, ④
10 ①, ③, ⑥ **11** ⑤ **12** $-\dfrac{6}{5}$ **13** -13
14 ① **15** $\dfrac{2}{3}$ **16** $y=\dfrac{5}{4}x$ **17** ⑤
18 (1) $y=-2x$ (2) -14 **19** 50분 **20** $\dfrac{27}{2}$
21 6 **22** (1) 60 (2) $\dfrac{3}{5}$ **23** 24분 **24** ㄱ, ㄹ

02 반비례

 개념 익히기 P. 119~120

1 ③ **2** 9 **3** (1) $y=\dfrac{340}{x}$ (2) 17 m
4 ②, ④ **5** ㄴ, ㄷ, ㄹ **6** ③
7 $y=\dfrac{15}{x}$, $k=-\dfrac{5}{2}$ **8** 3

핵심 유형 문제 P. 121~124

1 ② **2** ③, ⑤ **3** 12 **4** 5기압 **5** ④
6 ③ **7** 12번 **8** ③ **9** ④
10 ㄴ, ㄷ, ㅂ **11** ④ **12** ② **13** ③
14 6 **15** ① **16** 42 **17** $y=\dfrac{12}{x}$
18 ④ **19** $\dfrac{3}{2}$ **20** 18 **21** ② **22** 9
23 ④ **24** 12 **25** (1) 8 (2) B$(-2, -4)$ (3) 36

실력 UP 문제 P. 125

1-1 A$(2, 4)$, B$(2, 2)$, C$(4, 2)$, D$(4, 4)$
1-2 18
2-1 ③ **2-2** 12
3-1 (1) $y=400x$ (2) 2800원 **3-2** 16 m

실전 테스트 P. 126~128

1 ④, ⑤ **2** 4 **3** ④, ⑤ **4** ③ **5** $-\dfrac{5}{2}$
6 1 **7** 오전 8시 10분 **8** ㄷ, ㄹ **9** 14
10 39장 **11** 2개 **12** ①, ⑤ **13** ③, ⑤ **14** 12
15 $\dfrac{2}{3}$ **16** 16 **17** (1) $y=0.8x$ (2) 32 kg
18 (1) $y=\dfrac{1.5}{x}$ (2) 0.5

01 소인수분해

쏙쏙 개념 익히기 (다시) P. 7~8

1 10개	**2** ③	**3** ②, ⑤	**4** ③	**5** ⑤
6 ④	**7** ④	**8** ②	**9** ④	

1 약수가 2개인 자연수는 약수가 1과 자기 자신뿐인 수이므로 소수이다.
따라서 1부터 30까지의 자연수 중 소수는
2, 3, 5, 7, 11, 13, 17, 19, 23, 29의 10개이다.

2 ① 2는 소수이면서 짝수이다.
② 가장 작은 소수는 2이다.
④ 2와 3은 소수이지만 $2+3=5$로 합성수가 아니다.
⑤ 모든 자연수는 1 또는 소수 또는 합성수이다.
따라서 옳은 것은 ③이다.

3 ① $2^3=8$
③ $3 \times 3 \times 3 \times 3 = 3^4$
④ $\dfrac{1}{11} \times \dfrac{1}{11} \times \dfrac{1}{11} = \left(\dfrac{1}{11}\right)^3$
따라서 옳은 것은 ②, ⑤이다.

4
```
2 ) 180
2 )  90
3 )  45
3 )  15
       5    ∴ 180=2²×3²×5
```

5 $396=2^2 \times 3^2 \times 11$이므로
$a=2$, $b=2$, $c=11$
∴ $a+b+c=2+2+11=15$

6 ① $18=2 \times 3^2$이므로 18의 소인수는 2, 3이다.
② $24=2^3 \times 3$이므로 24의 소인수는 2, 3이다.
③ $54=2 \times 3^3$이므로 54의 소인수는 2, 3이다.
④ $84=2^2 \times 3 \times 7$이므로 84의 소인수는 2, 3, 7이다.
⑤ $108=2^2 \times 3^3$이므로 108의 소인수는 2, 3이다.
따라서 소인수가 나머지 넷과 다른 하나는 ④이다.

7 $120=2^3 \times 3 \times 5$이므로 120의 약수는
(2^3의 약수)×(3의 약수)×(5의 약수) 꼴이다.
④ 2×5^2에서 5^2은 5의 약수가 아니므로
120의 약수가 아니다.

8 ① $2 \times 3 \times 5$의 약수의 개수는
$(1+1) \times (1+1) \times (1+1)=8$
② $3^2 \times 7$의 약수의 개수는
$(2+1) \times (1+1)=6$
③ $2^5 \times 5$의 약수의 개수는
$(5+1) \times (1+1)=12$
④ $144=2^4 \times 3^2$이므로 약수의 개수는
$(4+1) \times (2+1)=15$
⑤ $200=2^3 \times 5^2$이므로 약수의 개수는
$(3+1) \times (2+1)=12$
따라서 약수가 6개인 것은 ②이다.

9 $126=2 \times 3^2 \times 7$에 가능한 한 작은 자연수를 곱하여 어떤 자연수의 제곱이 되게 하려면 모든 소인수의 지수가 짝수가 되어야 한다.
따라서 곱해야 하는 가장 작은 자연수는 $2 \times 7=14$

핵심 유형 문제 P. 9~12

1 ②	**2** 79	**3** ①, ③, ④	**4** 8개	
5 7	**6** ③	**7** ⑤	**8** 3^{15}	**9** ④
10 ①	**11** 11	**12** 8	**13** ⑤	**14** ④
15 12	**16** 10	**17** ⑤	**18** 63	
19 $a=22$, $b=3$		**20** ③		
21 ㉠ 1×1 (또는 1), ㉡ $2^2 \times 5$ (또는 20),				
㉢ $2^3 \times 5^2$ (또는 200)				
22 ②, ⑤	**23** ⑤	**24** 14	**25** ④	**26** ④
27 ③	**28** 3	**29** ③	**30** 24, 54	

1 합성수는 9, 15, 21, 38의 4개이다.

2 40보다 작은 자연수 중 가장 큰 소수는 37이고
40보다 큰 자연수 중 가장 작은 합성수는 42이다.
따라서 구하는 합은 $37+42=79$이다.

3 ② 9는 합성수이지만 홀수이다.
④ 2의 배수 중 소수는 2뿐이다. 즉, 1개뿐이다.
⑤ 소수가 아닌 자연수는 1 또는 합성수이다.
⑥ 1, 3은 홀수이지만 $1 \times 3=3$은 합성수가 아니다.
⑦ 2, 3은 소수이지만 $2 \times 3=6$은 소수가 아니다.
⑧ 2, 3은 소수이지만 $2+3=5$는 홀수이다.
따라서 옳은 것은 ①, ③, ④이다.

4 약수가 2개인 수는 소수이므로 엘리베이터는 1부터 20까지의 자연수 중 소수인 층에서 선다.
따라서 엘리베이터는 2층, 3층, 5층, 7층, 11층, 13층, 17층, 19층의 8개의 층에서 선다.

5 $3 \times 3 \times 5 \times 5 \times 5 = 3^2 \times 5^3$이므로 $a=2$, $b=5$
$\therefore a+b=2+5=7$

6 ① $5 \times 5 \times 5 = 5^3$
② $2 \times 2 \times 2 + 3 \times 3 = 2^3 + 3^2$
④ $a+a+a+a+a = 5 \times a$
⑤ $\frac{1}{3} \times \frac{1}{3} \times \frac{1}{3} \times \frac{1}{3} = \left(\frac{1}{3}\right)^4$
따라서 옳은 것은 ③이다.

7 $2^4 = 16$, $3^4 = 81$이므로 $a=16$, $b=4$
$\therefore a+b=16+4=20$

8 각 단계마다 전자 우편을 받는 사람 수가 이전 단계의 3배가 되므로 각 단계에서 전자 우편을 받는 사람 수는 다음과 같다.
1단계: $\underset{1개}{3}$
2단계: $\underset{2개}{3 \times 3} = 3^2$
3단계: $\underset{3개}{3 \times 3 \times 3} = 3^3$
$\vdots$
15단계: $\underset{15개}{3 \times 3 \times 3 \times \cdots \times 3} = 3^{15}$
따라서 15단계에서 전자 우편을 받는 사람 수는 3^{15}이다.

9 ④ $120 = 2^3 \times 3 \times 5$

10 $150 = 2 \times 3 \times 5^2$이므로 모든 소인수의 지수의 합은 $1+1+2=4$

11 〔1단계〕 $600 = 2^3 \times 3 \times 5^2$이므로
〔2단계〕 $2^3 \times 3 \times 5^2 = 2^a \times b \times c^2$에서
$a=3$, $b=3$, $c=5$
〔3단계〕 $\therefore a+b+c=3+3+5=11$

채점 기준		
1단계	600을 소인수분해 하기	… 50 %
2단계	a, b, c의 값 구하기	… 30 %
3단계	$a+b+c$의 값 구하기	… 20 %

12 $1 \times 2 \times 3 \times 4 \times 5 \times 6 = 1 \times 2 \times 3 \times 2^2 \times 5 \times (2 \times 3)$
$= 1 \times 2 \times 2 \times 2 \times 2 \times 3 \times 3 \times 5$
$= 2^4 \times 3^2 \times 5$
따라서 $x=4$, $y=2$, $z=1$이므로
$x \times y \times z = 4 \times 2 \times 1 = 8$

13 $420 = 2^2 \times 3 \times 5 \times 7$이므로 420의 소인수는 2, 3, 5, 7이다.

14 $168 = 2^3 \times 3 \times 7$이므로 소인수는 2, 3, 7이다.
① $12 = 2^2 \times 3$이므로 12의 소인수는 2, 3이다.
② $28 = 2^2 \times 7$이므로 28의 소인수는 2, 7이다.
③ $33 = 3 \times 11$이므로 33의 소인수는 3, 11이다.
④ $42 = 2 \times 3 \times 7$이므로 42의 소인수는 2, 3, 7이다.
⑤ $50 = 2 \times 5^2$이므로 50의 소인수는 2, 5이다.
따라서 168과 소인수가 같은 것은 ④이다.

15 〔1단계〕 $252 = 2^2 \times 3^2 \times 7$이므로
〔2단계〕 252의 소인수는 2, 3, 7이다.
〔3단계〕 따라서 252의 모든 소인수의 합은 $2+3+7=12$

채점 기준		
1단계	252를 소인수분해 하기	… 40 %
2단계	252의 소인수를 모두 구하기	… 30 %
3단계	252의 모든 소인수의 합 구하기	… 30 %

16 $2 \times 5^3 \times a$가 어떤 자연수의 제곱이 되려면 모든 소인수의 지수가 짝수이어야 하므로 곱해야 하는 가장 작은 자연수는 $2 \times 5 = 10$

17 $540 = 2^2 \times 3^3 \times 5$를 자연수로 나누어 어떤 자연수의 제곱이 되게 하려면 모든 소인수의 지수가 짝수가 되어야 한다.
따라서 나눠야 하는 가장 작은 자연수는 $3 \times 5 = 15$

18 $84 = 2^2 \times 3 \times 7$이므로
$2^2 \times 3 \times 7 \times a = b^2$을 만족시키려면 모든 소인수의 지수가 짝수가 되어야 한다.
따라서 가장 작은 자연수 a의 값은
$a = 3 \times 7 = 21$
$84 \times a = 2^2 \times 3 \times 7 \times (3 \times 7)$
$= (2 \times 3 \times 7) \times (2 \times 3 \times 7)$
$= (2 \times 3 \times 7)^2 = 42^2$
이므로 $b=42$
$\therefore a+b=21+42=63$

19 $198 = 2 \times 3^2 \times 11$을 자연수 a로 나누어 어떤 자연수 b의 제곱이 되게 하려면 모든 소인수의 지수가 짝수이어야 하므로 $a = 2 \times 11 = 22$
따라서 $198 \div a = 198 \div 22 = \frac{2 \times 3^2 \times 11}{2 \times 11} = 3^2$
이므로 $b=3$

20 $72 \times a = 2^3 \times 3^2 \times a$가 어떤 자연수의 제곱이 되게 하려면 모든 소인수의 지수가 짝수이어야 하므로 $a = 2 \times (\text{자연수})^2$ 꼴이어야 한다.
① $2 = 2 \times 1^2$
② $8 = 2 \times 2^2$
③ $9 = 3^2$
④ $18 = 2 \times 3^2$
⑤ $32 = 2 \times 4^2$
따라서 a의 값이 될 수 없는 것은 ③이다.

21

×	2³의 약수			
	1	2	2²	2³
5²의 약수 1	㉠ $1\times1=1$	$2\times1=2$	$2^2\times1=4$	$2^3\times1=8$
5	$1\times5=5$	$2\times5=10$	㉡ $2^2\times5=20$	$2^3\times5=40$
5²	$1\times5^2=25$	$2\times5^2=50$	$2^2\times5^2=100$	㉢ $2^3\times5^2=200$

22 $2^3\times5\times7^2$의 약수는 $(2^3$의 약수$)\times(5$의 약수$)\times(7^2$의 약수$)$ 꼴이다.

① $9=3^2$　　② $28=2^2\times7$　　③ $48=2^4\times3$

④ $72=2^3\times3^2$　　⑤ $98=2\times7^2$

따라서 $2^3\times5\times7^2$의 약수인 것은 ②, ⑤이다.

23 $270=2\times3^3\times5$이므로 270의 약수는

$(2$의 약수$)\times(3^3$의 약수$)\times(5$의 약수$)$ 꼴이다.

⑤ $2^2\times3\times5$에서 2^2은 2의 약수가 아니므로 270의 약수가 아니다.

24 [1단계] 192를 소인수분해 하면 $192=2^6\times3$

[2단계] 따라서 192의 약수의 개수는

$(6+1)\times(1+1)=14$

채점 기준	
1단계	192를 소인수분해 하기　　　　　… 40 %
2단계	192의 약수의 개수 구하기　　　　… 60 %

25 ① 2×3^2의 약수의 개수는

$(1+1)\times(2+1)=6$

② 2×7^3의 약수의 개수는

$(1+1)\times(3+1)=8$

③ $2\times3\times7$의 약수의 개수는

$(1+1)\times(1+1)\times(1+1)=8$

④ $60=2^2\times3\times5$이므로 약수의 개수는

$(2+1)\times(1+1)\times(1+1)=12$

⑤ $256=2^8$이므로 약수의 개수는 $8+1=9$

따라서 약수의 개수가 가장 많은 것은 ④이다.

26 ① $2^2\times11$의 약수의 개수는

$(2+1)\times(1+1)=6$

② $2\times3^2\times5$의 약수의 개수는

$(1+1)\times(2+1)\times(1+1)=12$

③ $16=2^4$이므로 약수의 개수는 $4+1=5$

④ $25=5^2$이므로 약수의 개수는 $2+1=3$

⑤ $78=2\times3\times13$이므로 약수의 개수는

$(1+1)\times(1+1)\times(1+1)=8$

따라서 옳지 않은 것은 ④이다.

27 $2^3\times3^a$의 약수의 개수가 32이므로

$(3+1)\times(a+1)=32$, $4\times(a+1)=32$

$a+1=8$　∴ $a=7$

28 $504=2^3\times3^2\times7$이므로 504의 약수의 개수는

$(3+1)\times(2+1)\times(1+1)=24$

따라서 $2^2\times3\times5^n$의 약수의 개수가 24이므로

$(2+1)\times(1+1)\times(n+1)=24$에서

$6\times(n+1)=24$, $n+1=4$　　∴ $n=3$

29 $108=2^2\times3^3$이므로 각각 약수의 개수를 구하면

① $108\times5=2^2\times3^3\times5$

∴ $(2+1)\times(3+1)\times(1+1)=24$

② $8=2^3$이므로 $108\times8=2^2\times3^3\times2^3=2^5\times3^3$

∴ $(5+1)\times(3+1)=24$

③ $10=2\times5$이므로 $108\times10=2^2\times3^3\times2\times5=2^3\times3^3\times5$

∴ $(3+1)\times(3+1)\times(1+1)=32$

④ $108\times13=2^2\times3^3\times13$

∴ $(2+1)\times(3+1)\times(1+1)=24$

⑤ $81=3^4$이므로 $108\times81=2^2\times3^3\times3^4=2^2\times3^7$

∴ $(2+1)\times(7+1)=24$

따라서 a의 값이 될 수 없는 것은 ③이다.

30 $A=2^a\times3^b$의 약수의 개수는 8개이므로

$(a+1)\times(b+1)=8$

이때 a, b는 자연수이므로

(i) $a+1=2$, $b+1=4$에서 $a=1$, $b=3$

∴ $A=2\times3^3=54$

(ii) $a+1=4$, $b+1=2$에서 $a=3$, $b=1$

∴ $A=2^3\times3=24$

따라서 (i), (ii)에 의해 A의 값은 24 또는 54이다.

02 최대공약수와 최소공배수

쓱쓱 개념 익히기 [다시]

P. 13~14

1 $3^2\times5$　**2** ⑤　**3** ②　**4** 102　**5** ⑤

6 ①　**7** ④　**8** 18

1

$$\begin{array}{r} 2\ \times3^2\times5^2 \\ 180=2^2\times3^2\times5 \\ 225=\quad\ 3^2\times5^2 \\ \hline (최대공약수)=\quad\ 3^2\times5 \end{array}$$

2 두 수 $2\times3^3\times5$, $2^3\times3^2\times5^2$의 최대공약수는 $2\times3^2\times5$이므로 두 수의 공약수는 $2\times3^2\times5$의 약수이다.

⑤ $2^2\times3^2\times5$는 $2\times3^2\times5$의 약수가 아니므로 공약수가 아니다.

3 두 자연수의 최대공약수를 각각 구하면 다음과 같다.

① 3   ② 1   ③ 2   ④ 7   ⑤ 15

따라서 서로소인 두 자연수로 짝 지어진 것은 ②이다.

4 두 자연수의 공배수는 두 수의 최소공배수인 17의 배수이므로 17, 34, 51, 68, 85, 102, …이다.

따라서 공배수 중 가장 작은 세 자리의 자연수는 102이다.

5
$$\begin{array}{l} 30=2\ \times 3\ \times 5 \\ \quad\ \ 2^2\times 3\ \times 5 \\ 252=2^2\times 3^2\ \ \ \times 7 \\ \hline (\text{최소공배수})=2^2\times 3^2\times 5\times 7 \end{array}$$

6 두 수 $2^2\times 3^2\times 5$, $2\times 3^3\times 5$의 최소공배수는 $2^2\times 3^3\times 5$이므로 두 수의 공배수는 $2^2\times 3^3\times 5$의 배수이다.

① $2\times 3^2\times 5$는 $2^2\times 3^3\times 5$의 배수가 아니므로 공배수가 아니다.

7
$$\begin{array}{l} 3^2\ \times\ a\ \times\ 7^b \\ 3\ \times\ 5^2\ \times\ 7^2 \\ 3^c\ \times\ 5^2\ \times\ 7^2 \\ \hline (\text{최대공약수})=3\ \times ⑤\ \times ⑦ \\ (\text{최소공배수})=③^3\times\ 5^2\times\ 7^2 \end{array}$$

따라서 $a=5$, $b=1$, $c=3$이므로

$a+b+c=5+1+3=9$

8 (두 수의 곱)$=$(최대공약수)$\times$(최소공배수)이므로

$A\times 42=6\times 126$, $A\times 42=756$ $\therefore A=18$

[다른 풀이]

두 자연수 A, 42의 최대공약수가 6이므로 $\quad 6\ )\ \underline{A\quad 42}$

$42=6\times 7$이고 $A=6\times a\,(a$는 자연수$)$라 하면 $\qquad a\quad\ 7$

7과 a는 서로소이다. 이때 두 수의 최소공배수가 126이므로

$6\times 7\times a=126$에서 $a=3$

$\therefore A=6\times 3=18$

1
$$\begin{array}{l} 2^2\times 3^2\ \ \ \times 7 \\ 2^3\times 3^2\times 5 \\ \hline (\text{최대공약수})=2^2\times 3^2 \end{array}$$

2 [1단계] $24=2^3\times 3$, $60=2^2\times 3\times 5$, $108=2^2\times 3^3$이므로

[2단계]
$$\begin{array}{l} 24=2^3\times 3 \\ 60=2^2\times 3\ \times 5 \\ 108=2^2\times 3^3 \\ \hline (\text{최대공약수})=2^2\times 3\ \ \ \ =12 \end{array}$$

채점 기준		
1단계	세 수를 소인수분해 하기	… 50 %
2단계	세 수의 최대공약수 구하기	… 50 %

3
$$\begin{array}{l} 2\ \times 3^2\times 5^3 \\ 360=2^3\times 3^2\times 5 \\ 900=2^2\times 3^2\times 5^2 \\ \hline (\text{최대공약수})=2\ \times 3^2\times 5 \end{array}$$

따라서 $2\times 3^2\times 5=2^a\times 3^b\times 5^c$에서

$a=1$, $b=2$, $c=1$이므로 $a+b+c=1+2+1=4$

4 두 자연수의 최대공약수가 $2^2\times 5\times 7^2$이므로 두 자연수의 공약수는 $2^2\times 5\times 7^2$의 약수이다.

② 2×5^2은 $2^2\times 5\times 7^2$의 약수가 아니므로 공약수가 아니다.

5
$$\begin{array}{l} 72=2^3\times 3^2 \\ 120=2^3\times 3\ \times 5 \\ \hline (\text{최대공약수})=2^3\times 3 \end{array}$$

즉, 72, 120의 공약수는 두 수의 최대공약수인 $2^3\times 3$의 약수이다.

⑤ $2^2\times 3^2$은 $2^3\times 3$의 약수가 아니므로 공약수가 아니다.

6
$$\begin{array}{l} 180=2^2\times 3^2\times 5 \\ 2^3\times 3^2\times 5 \\ 2^2\times 3^4\ \ \ \times 7 \\ \hline (\text{최대공약수})=2^2\times 3^2 \end{array}$$

세 수의 공약수의 개수는 최대공약수의 약수의 개수와 같으므로 $(2+1)\times(2+1)=9$

7
$$\begin{array}{l} 72=2^3\times 3^2 \\ 2^3\times 3\ \times 5 \\ 144=2^4\times 3^2 \\ \hline (\text{최대공약수})=2^3\times 3\ \ \ \ =24 \end{array}$$

즉, 세 수의 공약수는 최대공약수인 24의 약수이므로

1, 2, 3, 4, 6, 8, 12, 24

따라서 공약수 중 두 번째로 큰 수는 12이다.

8 두 수의 최대공약수를 각각 구하면 다음과 같다.

① 1   ② 4   ③ 13   ④ 7   ⑤ 1

따라서 서로소인 두 자연수로 짝 지어진 것은 ①, ⑤이다.

핵심 유형 문제
P. 15~18

1 ②	**2** $2^2\times 3$ (또는 12)	**3** ②	**4** ②
5 ⑤	**6** $2^2\times 3^2$ (또는 36), 9	**7** 12	**8** ①, ⑤
9 ㄴ, ㅂ	**10** ②, ⑤	**11** 5개	**12** ③
13 $2^2\times 3^3\times 5$ (또는 540)		**14** ④	**15** ③
16 ①	**17** ①	**18** 1125	**19** 8
20 (1) 7 (2) 28		**21** 36, 48	**22** 3
23 $3\times 5^2\times 7$		**24** ③	**25** ⑤	**26** ①
27 $2^3\times 3$ (또는 24)		**28** (1) 21 (2) 24	**29** 20

9 ㄱ. $21=3\times7$, ㄷ. $63=3^2\times7$, ㅂ. $200=2^3\times5^2$이므로
$3^2\times7\times11$과 주어진 수의 최대공약수를 각각 구하면
ㄱ. 21 ㄴ. 1
ㄷ. 63 ㄹ. $3^2\times11$
ㅁ. 3×7 ㅂ. 1
따라서 $3^2\times7\times11$과 서로소인 것은
ㄴ, ㅂ이다.

10 ① 34와 85의 최대공약수는 17이므로 서로소가 아니다.
③ 8과 9는 서로소이지만, 두 수 모두 소수가 아니다.
④ 3과 9는 홀수이지만 최대공약수가 3이므로 서로소가 아니다.
⑥ 3과 8은 서로소이지만 8은 소수가 아니다.
⑦ 서로소인 두 자연수의 공약수는 1이다.
따라서 옳은 것은 ②, ⑤이다.

11 $6=2\times3$과 서로소인 수는 2의 배수도 아니고 3의 배수도 아니어야 한다.
따라서 15 이하의 자연수 중 6과 서로소인 수는
1, 5, 7, 11, 13의 5개이다.

12
$$2^3\times3^2$$
$$2^2\times3^2\times7$$
$$2\ \times3^3\times7$$
$$\overline{\text{(최대공약수)}=2\ \times3^2}$$
$$\text{(최소공배수)}=2^3\times3^3\times7$$

13 〔1단계〕 $45=3^2\times5$, $90=2\times3^2\times5$, $108=2^2\times3^3$이므로
〔2단계〕
$$45=\quad\ 3^2\times5$$
$$90=2\ \times3^2\times5$$
$$108=2^2\times3^3$$
$$\overline{\text{(최소공배수)}=2^2\times3^3\times5\ =540}$$

채점 기준		
1단계	세 수를 소인수분해 하기	… 50 %
2단계	세 수의 최소공배수 구하기	… 50 %

14
$$250=2\qquad\times5^3$$
$$2^5\times3^2$$
$$2^3\times3^4\times5$$
$$\overline{\text{(최소공배수)}=2^5\times3^4\times5^3}$$
따라서 $2^5\times3^4\times5^3=2^a\times3^b\times5^c$에서
$a=5$, $b=4$, $c=3$이므로 $a+b+c=5+4+3=12$

15 두 자연수의 공배수는 두 수의 최소공배수인 21의 배수이다.
이 중에서 두 자리의 자연수는 21, 42, 63, 84의 4개이다.

16
$$2^2\times3\times5^2$$
$$2^3\times3^2\ \ \times7$$
$$\overline{\text{(최소공배수)}=2^3\times3^2\times5^2\times7}$$
즉, $2^2\times3\times5^2$, $2^3\times3^2\times7$의 공배수는 두 수의 최소공배수인
$2^3\times3^2\times5^2\times7$의 배수이다.
① $2^2\times3^2\times5^2\times7$은 $2^3\times3^2\times5^2\times7$의 배수가 아니므로
공배수가 아니다.

17
$$8=2^3$$
$$3\times5$$
$$24=2^3\times3$$
$$\overline{\text{(최소공배수)}=2^3\times3\times5=120}$$
즉, 8, 3×5, 24의 공배수는 세 수의 최소공배수인 120의
배수이므로 120, 240, 360, 480, 600, …이다.
따라서 500에 가장 가까운 수는 480이다.

18 ㈎에서 구하는 자연수는 $3^2\times5$, 75의 공배수이다.
$3^2\times5$, $75=3\times5^2$의 최소공배수는 $3^2\times5^2=225$이므로
두 수의 공배수는 225, 450, 675, 900, 1125, …
이때 ㈏에서 구하는 수는 네 자리의 자연수이므로 두 조건
을 모두 만족시키는 가장 작은 수는 1125이다.

19 $3\times x$, $5\times x$, $6\times x=2\times3\times x$의 최소공배수는
$2\times3\times5\times x$이므로 $2\times3\times5\times x=240$
$30\times x=240$ ∴ $x=8$

20 (1) 〔1단계〕 $12\times x=2^2\times3\times x$, $16=2^4\times x$,
$24\times x=2^3\times3\times x$의 최소공배수는 $2^4\times3\times x$
이므로 $2^4\times3\times x=336$
$48\times x=336$ ∴ $x=7$
(2) 〔2단계〕 $x=7$이므로 세 자연수의 최대공약수는
$2^2\times x=2^2\times7=28$

채점 기준		
1단계	x의 값 구하기	… 60 %
2단계	세 자연수의 최대공약수 구하기	… 40 %

21 두 자연수를 $3\times k$, $4\times k\,(k$는 자연수$)$라 하면
두 수의 최소공배수는 $3\times4\times k$이므로
$3\times4\times k=144$, $12\times k=144$ ∴ $k=12$
따라서 두 자연수는 $3\times12=36$, $4\times12=48$

22
$$2^2\ \times3^a\times5^3$$
$$3^2\times5^b\times7$$
$$\overline{\text{(최대공약수)}=\quad3\ \times5^2}$$
따라서 $a=1$, $b=2$이므로
$a+b=1+2=3$

23

$$
\begin{array}{r}
3 \times 5^2 \times 7^a \\
3^2 \times 5^b \times 7 \times 11 \\
\hline
(최소공배수) = 3^2 \times 5^3 \times 7^2 \times 11
\end{array}
$$

즉, $a=2$, $b=3$이므로 두 수는 $3 \times 5^2 \times 7^2$, $3^2 \times 5^3 \times 7 \times 11$
이고 이 두 수의 최대공약수는 $3 \times 5^2 \times 7$이다.

24 $12 = 2^2 \times 3$, $360 = 2^3 \times 3^2 \times 5$이므로

$$
\begin{array}{r}
2^a \times 3 \\
2^3 \times 3^b \times 5 \\
\hline
(최대공약수) = 2^2 \times 3 \\
(최소공배수) = 2^3 \times 3^2 \times 5
\end{array}
$$

따라서 $a=2$, $b=2$이므로
$a+b=2+2=4$

25

$$
\begin{array}{r}
2^3 \times 3^a \times b \\
2^c \times 3^2 \times 7 \\
\hline
(최대공약수) = 2^3 \times 3 \\
(최소공배수) = 2^4 \times 3^2 \times 5 \times d
\end{array}
$$

따라서 $a=1$, $b=5$, $c=4$, $d=7$이므로
$a+b+c+d = 1+5+4+7 = 17$

26 (두 수의 곱) = (최대공약수) × (최소공배수)이므로
$32 \times N = 16 \times 96$, $32 \times N = 1536$ $\quad \therefore N = 48$

[다른 풀이]
두 자연수 32, N의 최대공약수가 16이므로
$32 = 16 \times 2$이고 $N = 16 \times n$(n은 자연수)

$$
16 \,)\, \underline{32 \quad N} \\
\, 2 \quad n
$$

이라 하면 2와 n은 서로소이다. 이때 두 수의 최소공배수가
96이므로 $16 \times 2 \times n = 96$에서 $n=3$
$\therefore N = 16 \times 3 = 48$

27 어떤 자연수를 N이라 하면
(두 수의 곱) = (최대공약수) × (최소공배수)이므로
$N \times (2^2 \times 3^2) = (2^2 \times 3) \times (2^3 \times 3^2)$
$\therefore N = 2^3 \times 3 (=24)$

[다른 풀이]
두 자연수의 최대공약수가 $2^2 \times 3$이므로 어떤 자연수를
$2^2 \times 3 \times n$(n은 자연수)이라 하면 3과 n은 서로소이다.
이때 두 수의 최소공배수가 $2^3 \times 3^2$이므로 $n=2$
따라서 어떤 자연수는 $2^2 \times 3 \times 2 = 24$

28 (1) (두 수의 곱) = (최대공약수) × (최소공배수)이므로
$63 = 3 \times (최소공배수)$ $\quad \therefore (최소공배수) = 21$
(2) 두 자연수의 최대공약수가 3이므로 이 두 수를
$3 \times a$, $3 \times b$(a, b는 서로소, $a > b$)라 하자.
이때 두 수의 최소공배수가 21이므로
$3 \times a \times b = 21$ $\quad \therefore a \times b = 7$
즉, $a=7$, $b=1$일 때, 두 수는 21, 3이다.
따라서 두 자연수의 합은 $21+3=24$

29 ㈎에서 A, B의 최대공약수가 4이므로
$A = 4 \times a$, $B = 4 \times b$($a > b$)이고, a, b는
서로소)라 하자.

$$
4 \,)\, \underline{A \quad B} \\
\, a \quad b
$$

㈏에서 A, B의 최소공배수가 144이므로
$4 \times a \times b = 144$ $\quad \therefore a \times b = 36 = 9 \times 4 = 36 \times 1$
(i) $a=9$, $b=4$일 때, $A=36$, $B=16$
(ii) $a=36$, $b=1$일 때, $A=144$, $B=4$
㈐에서 $A+B=52$이므로
(i), (ii)에 의해 두 수의 합이 52가 되는 경우는
$A=36$, $B=16$
$\therefore A-B = 36-16 = 20$

실력 UP 문제
P. 19

1-1 9		**1-2** 7	
2-1 2		**2-2** 9	
3-1 3		**3-2** 28	

1-1 3의 거듭제곱에 따라 일의 자리의 숫자를 구하면 다음 표와
같다.

수	3	3^2	3^3	3^4	3^5	3^6	3^7	3^8	…
일의 자리의 숫자	3	9	7	1	3	9	7	1	…

즉, 일의 자리의 숫자는 3, 9, 7, 1의 순서로 4개씩 반복된다.
$26 = 4 \times 6 + 2$이므로 3^{26}의 일의 자리의 숫자는 9이다.

1-2 7의 거듭제곱에 따라 일의 자리의 숫자를 구하면 다음 표와
같다.

수	7	7^2	7^3	7^4	7^5	7^6	7^7	7^8	…
일의 자리의 숫자	7	9	3	1	7	9	3	1	…

즉, 일의 자리의 숫자는 7, 9, 3, 1의 순서로 4개씩 반복된다.
$2025 = 4 \times 506 + 1$이므로 7^{2025}의 일의 자리의 숫자는 7이다.

2-1 $81 \times \square = 3^4 \times \square$의 약수가 10개이려면
(i) $10 = 9+1$에서 $3^4 \times \square = 3^9$ $\quad \therefore \square = 3^5$
(ii) $10 = 5 \times 2 = (4+1) \times (1+1)$에서
$\square = (3 \text{ 이외의 소수}) = 2, 5, 7, \cdots$
따라서 (i), (ii)에 의해 구하는 가장 작은 수는 2이다.

2-2 $2^3 \times \square$의 약수가 12개이려면

(ⅰ) $12=11+1$에서
$$2^3 \times \square = 2^{11} \quad \therefore \square = 2^8$$
(ⅱ) $12=6 \times 2 = (5+1) \times (1+1)$에서
$$\square = 2^2 \times (2 \text{ 이외의 소수})$$
$$= 2^2 \times 3,\ 2^2 \times 5,\ 2^2 \times 7,\ \cdots$$
(ⅲ) $12=4 \times 3 = (3+1) \times (2+1)$에서
$$\square = (2 \text{ 이외의 소수})^2$$
$$= 3^2,\ 5^2,\ 7^2,\ \cdots$$
따라서 (ⅰ)~(ⅲ)에 의해 구하는 가장 작은 수는 $3^2 = 9$

3-1 n은 45, 63의 공약수이므로 45
와 63의 최대공약수인 $3^2 = 9$의
약수와 같다.
따라서 자연수 n의 개수는
1, 3, 9의 3이다.

$$45 = 3^2 \times 5$$
$$63 = 3^2 \times 7$$
$$\overline{(\text{최대공약수}) = 3^2 \quad\ \ = 9}$$

3-2 n은 36, 60, 84의 공
약수이므로 36, 60,
84의 최대공약수인
$2^2 \times 3 = 12$의 약수와
같다.
따라서 자연수 n의 값은 1, 2, 3, 4, 6, 12이므로 구하는 합은
$$1+2+3+4+6+12 = 28$$

$$36 = 2^2 \times 3^2$$
$$60 = 2^2 \times 3 \times 5$$
$$84 = 2^2 \times 3 \quad\quad \times 7$$
$$\overline{(\text{최대공약수}) = 2^2 \times 3 \quad\quad \times 7 = 12}$$

실전 테스트
P. 20~21

1 0	**2** ①, ⑤	**3** 4	**4** ④	**5** 10
6 35	**7** 4개	**8** ⑤	**9** ②	**10** ④
11 ①, ④	**12** ③, ④	**13** 11	**14** ④	
15 (1) 60년 (2) 1965년				

1 소수는 2, 31, 47, 73의 4개이므로 $a=4$
합성수는 9, 27, 81, 91의 4개이므로 $b=4$
$$\therefore a-b = 4-4 = 0$$

2 ② $3+3+3+3 = 3 \times 4$
③ $5 \times 5 \times 7 \times 7 = 5^2 \times 7^2$
④ $7 \times 7 \times 7 \times 7 = 7^4$
따라서 옳은 것은 ①, ⑤이다.

3 $6 \times 7 \times 8 \times 9 \times 10 \times 11 \times 12$
$= (2 \times 3) \times 7 \times 2^3 \times 3^2 \times (2 \times 5) \times 11 \times (2^2 \times 3)$
$= 2^7 \times 3^4 \times 5 \times 7 \times 11$
따라서 3의 지수는 4이다.

4 ① $28 = 2^2 \times 7 \qquad\qquad \therefore \square = 2$
② $42 = 2 \times 3 \times 7 \qquad\ \therefore \square = 7$
③ $50 = 2 \times 5^2 \qquad\qquad \therefore \square = 5$
④ $156 = 2^2 \times 3 \times 13 \quad \therefore \square = 13$
⑤ $242 = 2 \times 11^2 \qquad\ \ \therefore \square = 11$
따라서 $\square$ 안에 들어갈 자연수가 가장 큰 것은 ④이다.

5 $126 = 2 \times 3^2 \times 7$이므로 126의 소인수 중 가장 큰 수는 7이다.
$$\therefore M(126) = 7$$
또 $45 = 3^2 \times 5$이므로 45의 소인수 중 가장 작은 수는 3이다.
$$\therefore N(45) = 3$$
$$\therefore M(126) + N(45) = 7+3 = 10$$

6 $140 = 2^2 \times 5 \times 7$에서 어떤 자연수의 제곱이 되게 하려면 모든 소인수의 지수가 짝수가 되어야 하므로
곱해야 하는 가장 작은 수는 $5 \times 7 = 35$

7 **1단계** $108 = 2^2 \times 3^3$이므로
2단계 약수 중에서 어떤 자연수의 제곱이 되는 수는 1, 2^2, 3^2, $2^2 \times 3^2$의 4개이다.

채점 기준		
1단계	108을 소인수분해 하기	⋯ 40 %
2단계	약수 중에서 어떤 자연수의 제곱이 되는 수의 개수 구하기	⋯ 60 %

8 ① $40 = 2^3 \times 5$이므로 약수의 개수는
$$(3+1) \times (1+1) = 8$$
② $54 = 2 \times 3^3$이므로 약수의 개수는
$$(1+1) \times (3+1) = 8$$
③ $66 = 2 \times 3 \times 11$이므로 약수의 개수는
$$(1+1) \times (1+1) \times (1+1) = 8$$
④ $105 = 3 \times 5 \times 7$이므로 약수의 개수는
$$(1+1) \times (1+1) \times (1+1) = 8$$
⑤ $117 = 3^2 \times 13$이므로 약수의 개수는
$$(2+1) \times (1+1) = 6$$
따라서 약수의 개수가 나머지 넷과 다른 하나는 ⑤이다.

9 ① $\square = 8$일 때, $3^4 \times 8 = 3^4 \times 2^3$의 약수의 개수는
$$(4+1) \times (3+1) = 20$$
② $\square = 16$일 때, $3^4 \times 16 = 3^4 \times 2^4$의 약수의 개수는
$$(4+1) \times (4+1) = 25$$
③ $\square = 27$일 때, $3^4 \times 27 = 3^7$의 약수의 개수는
$$7+1 = 8$$
④ $\square = 32$일 때, $3^4 \times 32 = 3^4 \times 2^5$의 약수의 개수는
$$(4+1) \times (5+1) = 30$$
⑤ $\square = 49$일 때, $3^4 \times 49 = 3^4 \times 7^2$의 약수의 개수는
$$(4+1) \times (2+1) = 15$$
따라서 $\square$ 안에 들어갈 수 있는 수는 ②이다.

10 $2^2 \times 3^2 \times 7$과 $2^2 \times \square \times 5$의 최대공약수가 $36 = 2^2 \times 3^2$이므로

$\square = 3^2 \times a\,(a$는 7과 서로소$)$

① $18 = 3^2 \times 2$　② $36 = 3^2 \times 4$　③ $45 = 3^2 \times 5$

④ $63 = 3^2 \times 7$　⑤ $72 = 3^2 \times 8$

따라서 $\square$ 안에 들어갈 수 없는 수는 ④이다.

11
$$
\begin{array}{r}
350 = 2 \times 5^2 \times 7 \\
2^2 \times 5^3 \times 7 \\
5^2 \times 7^3 \\
\hline
(\text{최대공약수}) = \quad 5^2 \times 7 \\
(\text{최소공배수}) = 2^2 \times 5^3 \times 7^3
\end{array}
$$

① 세 수의 최대공약수는 $5^2 \times 7 = 175$이다.

④ $2^2 \times 5^2 \times 7^2$은 세 수의 최소공배수인 $2^2 \times 5^3 \times 7^3$의 배수가 아니므로 세 수의 공배수가 아니다.

⑤ 세 수의 공약수의 개수는 세 수의 최대공약수인 $5^2 \times 7$의 약수의 개수와 같으므로 $(2+1) \times (1+1) = 6$이다.

따라서 옳지 않은 것은 ①, ④이다.

12 최소공배수가 $2^2 \times 3^3 \times 5 \times 7$이므로 A는 반드시 3^3을 인수로 가져야 하고, $2^2 \times 5 \times 7$의 약수를 인수로 가질 수 있다.

따라서 A의 값이 될 수 있는 수는 ③, ④이다.

13
$$
\begin{array}{r}
2^a \times 3^2 \times 5^3 \\
2^4 \times 3^b \quad\quad \times c \\
\hline
(\text{최대공약수}) = 2^3 \times 3 \\
(\text{최소공배수}) = 2^4 \times 3^2 \times 5^3 \times 7
\end{array}
$$

따라서 $a = 3$, $b = 1$, $c = 7$이므로

$a + b + c = 3 + 1 + 7 = 11$

14 세 자연수의 최대공약수가 6이므로 $18 = 6 \times 3$, $30 = 6 \times 5$이고, $A = 6 \times a\,(a$는 자연수$)$라 하자.

이때 $630 = 6 \times (3 \times 5 \times 7)$이므로 a는 반드시 7을 소인수로 가져야 하고, 3 또는 5를 소인수로 가질 수 있다.

즉, a의 값이 될 수 있는 수는 7, 3×7, 5×7, $3 \times 5 \times 7$이므로

① $a = 7$이면 $A = 6 \times 7 = 42$

② $a = 3 \times 7$이면 $A = 6 \times 3 \times 7 = 126$

③ $a = 5 \times 7$이면 $A = 6 \times 5 \times 7 = 210$

⑤ $a = 3 \times 5 \times 7$이면 $A = 6 \times 3 \times 5 \times 7 = 630$

따라서 A의 값이 될 수 없는 것은 ④이다.

15 (1) 십간과 십이지가 한 번 맞물린 후 같은 곳에서 처음으로 다시 맞물릴 때까지 걸리는 시간은 10, 12의 최소공배수인 60년이다.
$$
\begin{array}{r}
10 = 2 \quad\quad \times 5 \\
12 = 2^2 \times 3 \\
\hline
(\text{최소공배수}) = 2^2 \times 3 \times 5 = 60
\end{array}
$$

따라서 같은 이름의 해는 60년마다 돌아온다.

(2) 같은 이름의 해는 60년마다 돌아오므로 2025년 직전에 을사년이었던 해는 2025년에서 60년 전인 1965년이다.

정수와 유리수

개념 익히기 P. 25

1 ⑤   **2** ②   **3** 8   **4** ②, ④

1 ⑤ 해발 $200\,\text{m}$ $\Rightarrow$ $+200\,\text{m}$

2 주어진 수 중 정수는 -1, $\dfrac{10}{2}(=5)$의 2개이다.

3 ㄱ. 자연수는 $+10$, $+\dfrac{21}{7}(=+3)$의 2개이므로
    □ 안에 들어갈 수는 2이다.
  ㄴ. 양수는 1.3, $+10$, $+\dfrac{21}{7}$의 3개이므로
    □ 안에 들어갈 수는 3이다.
  ㄷ. 음의 정수는 -4의 1개이므로
    □ 안에 들어갈 수는 1이다.
  ㄹ. 정수가 아닌 유리수는 1.3, $-\dfrac{2}{9}$의 2개이므로
    □ 안에 들어갈 수는 2이다.
  ∴ $2+3+1+2=8$

4 ① 0과 음의 정수는 자연수가 아니다.
  ③ 음의 정수가 아닌 정수는 0 또는 양의 정수이다.
  ⑤ 1과 2 사이에는 무수히 많은 유리수가 존재한다.
  따라서 옳은 것은 ②, ④이다.

핵심 유형 문제 P. 26~27

1 영상 $7\,°\text{C}$ $\Rightarrow$ $+7\,°\text{C}$, 영하 $5\,°\text{C}$ $\Rightarrow$ $-5\,°\text{C}$,
  포인트 5000점을 적립 $\Rightarrow$ $+5000$점,
  포인트 3000점을 사용 $\Rightarrow$ -3000점

2 ⑤   **3** ③   **4** ①   **5** ①, ⑤   **6** ④

7 (1) 1.3, $+\dfrac{20}{4}$, 6   (2) -3, $-\dfrac{7}{9}$, -2.1
  (3) -3, $+\dfrac{20}{4}$, 6   (4) 1.3, $-\dfrac{7}{9}$, -2.1

8 ②   **9** ④   **10** ②, ③, ⑦   **11** ②

2 ① 지상 20층 $\Rightarrow$ $+20$층   ② 3cm 컸다. $\Rightarrow$ $+3$cm
  ③ 5명 늘었다. $\Rightarrow$ $+5$명   ④ 이틀 후 $\Rightarrow$ $+2$일
  ⑤ 15 % 할인 $\Rightarrow$ -15 %
  따라서 부호가 나머지 넷과 다른 하나는 ⑤이다.

3 • 해저 $6\,\text{km}$ $\Rightarrow$ $-6\,\text{km}$ • 5점 추가 $\Rightarrow$ $+5$점
  • $12\,\text{m}$ 하강 $\Rightarrow$ $-12\,\text{m}$ • 사흘 전 $\Rightarrow$ -3일
  • 10 % 상승 $\Rightarrow$ $+10$ %   • $3\,\text{mL}$ 증가 $\Rightarrow$ $+3\,\text{mL}$
  따라서 부호 $+$를 사용하는 것은 3개이다.

4 $+\dfrac{14}{2}=+7$
  양의 정수는 ㄹ, ㅂ의 2개이므로 $a=2$
  음의 정수는 ㄱ의 1개이므로 $b=1$
  ∴ $a\times b=2\times1=2$
  참고 0은 양의 정수도 아니고 음의 정수도 아니다.

5 ② $\dfrac{12}{3}=4$
  따라서 자연수가 아닌 정수를 모두 고르면 ①, ⑤이다.

6 x를 제외한 보기의 수 중 정수는 $+4$, -5, $\dfrac{9}{3}(=3)$, -1의
  4개이고, 양수는 $+4$, $\dfrac{9}{3}$의 2개이므로 x는 양의 정수이어야
  한다.
  따라서 x의 값이 될 수 있는 것은 ④이다.

7 (3) 정수는 -3, $+\dfrac{20}{4}(=+5)$, 6이다.

8 $-\dfrac{21}{7}=-3$ $\Rightarrow$ 음의 정수
  따라서 □ 안에 들어갈 수 있는 수는 정수가 아닌 유리수이
  므로 $+\dfrac{3}{4}$, -1.6의 2개이다.

9 ① 자연수는 $+3$의 1개이다.
  ② 정수는 $+3$, -4, 0의 3개이다.
  ③ 양의 유리수는 $+3$, $\dfrac{2}{3}$의 2개이다.
  ④ 음수는 -1.5, -4, $-\dfrac{1}{2}$의 3개이다.
  ⑤ 주어진 수는 모두 유리수이므로 유리수는 6개이다.
  따라서 옳은 것은 ④이다.

10 ② 유리수는 분수에 양의 부호 $+$ 또는 음의 부호 $-$를 붙인
    수이다. 즉, $\dfrac{(정수)}{(0이\ 아닌\ 정수)}$ 꼴로 나타낼 수 있는 수이다.
  ③ 모든 정수는 유리수이다.
  ⑦ 가장 작은 정수는 알 수 없다.

11 ㄴ. 유리수는 양의 유리수, 0, 음의 유리수로 이루어져 있다.
  ㄷ. 정수가 아닌 유리수도 있다.
  ㄹ. 0과 1 사이에는 또 다른 정수가 존재하지 않는다.
  따라서 옳은 것은 ㄱ, ㄹ이다.

P. 28～29

1 ②	**2** $a=0,\ b=3$	**3** 7	**4** $+9,\ -9$
5 ④	**6** ④	**7** ⑤	**8** ①

1 ② B: $-1\dfrac{2}{3}=-\dfrac{5}{3}$

2 $-\dfrac{1}{3}$과 $\dfrac{13}{5}\left(=2\dfrac{3}{5}\right)$에 대응하는 점을 각각 수직선 위에 나타내면 다음 그림과 같다.

따라서 $-\dfrac{1}{3}$에 가장 가까운 정수는 0, $\dfrac{13}{5}$에 가장 가까운 정수는 $+3$이므로 $a=0,\ b=3$이다.

3

절댓값이 $\dfrac{7}{2}$인 두 수는 $+\dfrac{7}{2},\ -\dfrac{7}{2}$이므로 두 수에 대응하는 두 점 사이의 거리는 7이다.

4 두 수의 절댓값이 같고 부호가 반대이므로 두 수에 대응하는 두 점은 원점으로부터의 거리가 같다.
이때 두 점 사이의 거리가 18이므로 두 수는 원점으로부터의 거리가 각각 $\dfrac{18}{2}=9$인 점에 대응한다.

따라서 구하는 두 수는 $+9,\ -9$이다.

5 $\left|-\dfrac{2}{3}\right|=\dfrac{2}{3}$, $\left|\dfrac{9}{4}\right|=\dfrac{9}{4}$, $|-2|=2$, $\left|+\dfrac{7}{4}\right|=\dfrac{7}{4}$, $\left|-2\dfrac{1}{3}\right|=2\dfrac{1}{3}$

이므로 절댓값이 작은 수부터 차례로 나열하면

$-\dfrac{2}{3},\ +\dfrac{7}{4},\ -2,\ \dfrac{9}{4},\ -2\dfrac{1}{3}$

따라서 두 번째에 오는 수는 $+\dfrac{7}{4}$이다.

6 ① $|-11|>|-10|$이므로 $-11\boxed{<}-10$

② (음수)<(양수)이므로 $-0.9\boxed{<}1.2$

③ $-0.4=-\dfrac{2}{5}$이고 $\left|-\dfrac{3}{5}\right|>\left|-\dfrac{2}{5}\right|$이므로

$-\dfrac{3}{5}\boxed{<}-0.4$

④ $\dfrac{5}{2}=\dfrac{15}{6}$, $\left|-\dfrac{4}{3}\right|=\dfrac{4}{3}=\dfrac{8}{6}$이므로 $\dfrac{5}{2}\boxed{>}\left|-\dfrac{4}{3}\right|$

⑤ $\left|-\dfrac{4}{5}\right|=\dfrac{4}{5}=\dfrac{24}{30}$, $\left|-\dfrac{5}{6}\right|=\dfrac{5}{6}=\dfrac{25}{30}$이므로

$\left|-\dfrac{4}{5}\right|\boxed{<}\left|-\dfrac{5}{6}\right|$

따라서 부등호의 방향이 나머지 넷과 다른 하나는 ④이다.

7 ① $x\geq3$ ② $x<4$ ③ $x>5$ ④ $-1<x\leq5$
따라서 옳은 것은 ⑤이다.

8 $-\dfrac{15}{8}=-1\dfrac{7}{8}$이므로 $-\dfrac{15}{8}$와 3 사이에 있는 정수는 -1, 0, 1, 2이다.
따라서 두 수 사이에 있는 정수가 아닌 것은 ①이다.

핵심 유형 문제

P. 30～33

1 ①	**2** $-3,\ 3$	**3** $-1,\ +5$	**4** ③
5 $a=5,\ b=-\dfrac{7}{6}$	**6** 16	**7** ③, ⑤, ⑦	
8 ③	**9** $-\dfrac{15}{2}$		
10 $a=+2,\ b=-2$	**11** $a=-6,\ b=+6$	**12** ④	
13 $-6,\ \dfrac{9}{2},\ +4,\ -\dfrac{10}{3},\ +1.5$			
14 (1) $-2,\ -1,\ 0,\ 1,\ 2$ (2) $-3,\ -2,\ -1,\ 0,\ 1,\ 2,\ 3$			
15 ②	**16** 4개	**17** ⑤	**18** $+\dfrac{11}{6}$ **19** ④
20 ④	**21** ④	**22** ㄱ, ㄷ **23** ③	**24** ①, ⑤
25 (1) $-4\dfrac{2}{5}\leq a\leq\dfrac{26}{7}$ (2) 8		**26** $b,\ c,\ a$	
27 ②	**28** $a<b<c$		

1 주어진 수에 대응하는 점을 각각 수직선 위에 나타내면 다음 그림과 같다.

따라서 가장 오른쪽에 있는 점에 대응하는 수는 ①이다.

2 $-\dfrac{11}{4}\left(=-2\dfrac{3}{4}\right)$과 $\dfrac{10}{3}\left(=3\dfrac{1}{3}\right)$에 대응하는 점을 각각 수직선 위에 나타내면 다음 그림과 같다.

따라서 $-\dfrac{11}{4}$에 가장 가까운 정수는 -3, $\dfrac{10}{3}$에 가장 가까운 정수는 3이다.

3 +2에 대응하는 점으로부터 거리가 3인 두 점에 대응하는 수는 다음 그림과 같이 -1과 $+5$이다.

4 -3과 $+5$에 대응하는 두 점 사이의 거리는 8이므로 두 점으로부터 같은 거리에 있는 점은 다음 그림과 같이 각 점으로부터 4만큼 떨어져 있다.

따라서 두 점으로부터 같은 거리에 있는 점에 대응하는 수는 $+1$이다.

5 -5의 절댓값은 5이므로 $a=5$
절댓값이 $\dfrac{7}{6}$인 수는 $+\dfrac{7}{6}$, $-\dfrac{7}{6}$이고, 이 중에서 음수는 $-\dfrac{7}{6}$이므로 $b=-\dfrac{7}{6}$

6

절댓값이 8인 서로 다른 두 수는 $+8$, -8이고, 수직선 위에서 이 두 수에 대응하는 두 점 사이의 거리는 16이다.

7 ① 수직선 위에서 원점과 어떤 수에 대응하는 점 사이의 거리를 절댓값이라 한다.
② 절댓값이 큰 수일수록 수직선 위에서 원점에서 더 멀리 있는 점에 대응한다.
④ 음수의 절댓값은 0보다 크다.
⑥ $|1|=|-1|$이지만 $1\neq-1$이다.
⑧ 절댓값이 1보다 작은 정수는 0뿐이므로 1개이다.
따라서 옳은 것은 ③, ⑤, ⑦이다.

8 ③ $2>0$, $-3<0$이지만 $|2|<|-3|$이다.

9 두 수 a, b의 절댓값이 같고, 두 수 a, b에 대응하는 두 점 사이의 거리가 15이므로 두 점은 원점으로부터 각각 $\dfrac{15}{2}$만큼 떨어져 있다. 즉, 두 수는 $+\dfrac{15}{2}$, $-\dfrac{15}{2}$이다.
이때 $a<b$이므로 $a=-\dfrac{15}{2}$, $b=+\dfrac{15}{2}$에서 $a=-\dfrac{15}{2}$

10 a가 b보다 4만큼 크므로 수직선 위에서 두 수 a, b에 대응하는 두 점 사이의 거리는 4이다.
이때 두 수의 절댓값은 같으므로 두 점은 원점으로부터 각각 $\dfrac{4}{2}(=2)$만큼 떨어져 있다.
따라서 $a>b$이므로 $a=+2$, $b=-2$

11 ㈏에서 b는 a보다 12만큼 크므로
두 수 a, b에 대응하는 두 점 사이의 거리가 12이다.
㈎에서 두 점은 원점으로부터 각각 $\dfrac{12}{2}(=6)$만큼 떨어져 있다.
이때 $a<b$이므로 $a=-6$, $b=+6$

12 원점에서 가장 멀리 있는 점에 대응하는 수는 절댓값이 가장 큰 수이다.
① $|-3|=3$ ② $|+4.5|=4.5$ ③ $\left|\dfrac{7}{2}\right|=\dfrac{7}{2}$
④ $|-5|=5$ ⑤ $\left|-\dfrac{1}{3}\right|=\dfrac{1}{3}$
따라서 원점에서 가장 멀리 있는 점에 대응하는 수는 ④이다.

13 $\left|\dfrac{9}{2}\right|=\dfrac{9}{2}$, $|-6|=6$, $|+1.5|=1.5$, $\left|-\dfrac{10}{3}\right|=\dfrac{10}{3}$,
$|+4|=4$
따라서 절댓값이 큰 수부터 차례로 나열하면
-6, $\dfrac{9}{2}$, $+4$, $-\dfrac{10}{3}$, $+1.5$

15 $|x|<\dfrac{21}{5}\left(=4\dfrac{1}{5}\right)$을 만족시키는 정수 x는 절댓값이 0, 1, 2, 3, 4인 정수이므로
-4, -3, -2, -1, 0, 1, 2, 3, 4의 9개이다.

16 절댓값이 2 이상 4 미만인 정수는 절댓값이 2 또는 3이어야 한다.
절댓값이 2인 수는 -2, 2
절댓값이 3인 수는 -3, 3
이므로 구하는 정수는 -3, -2, 2, 3의 4개이다.

17 ① (음수)<(양수)이므로 $+1>-2$
② $|-8|=8$이므로 $|-8|>+4$
③ $|-2.7|=2.7$, $|-3|=3$이므로 $|-2.7|<|-3|$
④ (음수)<0이므로 $0>-\dfrac{1}{2}$
⑤ $\left|-\dfrac{1}{2}\right|=\dfrac{1}{2}$, $\left|-\dfrac{1}{3}\right|=\dfrac{1}{3}$이므로
$\left|-\dfrac{1}{2}\right|>\left|-\dfrac{1}{3}\right|$ $\therefore -\dfrac{1}{2}<-\dfrac{1}{3}$
따라서 옳은 것은 ⑤이다.

18 $3.1>+\dfrac{11}{6}>+0.4>0>-\dfrac{2}{3}>-1.7$
따라서 큰 수부터 차례로 나열할 때, 두 번째에 오는 수는 $+\dfrac{11}{6}$이다.

19 ① 0보다 작은 수는 $-\dfrac{3}{2}$, -2, $-\dfrac{1}{3}$의 3개이다.
②, ③ $-2<-\dfrac{3}{2}<-\dfrac{1}{3}<\dfrac{1}{4}<4.5<5$이므로
가장 큰 수는 5, 가장 작은 수는 -2이다.

⑤ $\left|\dfrac{1}{4}\right|<\left|-\dfrac{1}{3}\right|<\left|-\dfrac{3}{2}\right|<|-2|<|-4.5|<|5|$ 이므로

절댓값이 가장 작은 수는 $\dfrac{1}{4}$이다.

따라서 옳은 것은 ④이다.

20 $\underline{x는} \underline{-2 \text{ 이상이고}}\ /\ \underline{\dfrac{7}{3}\text{보다 크지 않다.}} \Rightarrow -2 \leq x \leq \dfrac{7}{3}$
　　　　　　　　　　　　　　　　작거나 같다.

21 ④ $\underline{a는}\underline{2\text{보다 작지 않고}}\ /\ \underline{6 \text{ 이하이다.}} \Rightarrow 2 \leq a \leq 6$
　　　　　　크거나 같고

22 ㄴ. $-\dfrac{3}{4}<x\leq 2$ 　　　　　ㄹ. $-\dfrac{3}{4}\leq x\leq 2$

따라서 $-\dfrac{3}{4}\leq x<2$를 나타내는 것은 ㄱ, ㄷ이다.

23 $-\dfrac{9}{4}=-2\dfrac{1}{4}$, $\dfrac{7}{3}=2\dfrac{1}{3}$이므로 $-\dfrac{9}{4}$와 $\dfrac{7}{3}$ 사이에 있는
정수는 -2, -1, 0, 1, 2의 5개이다.

24 $\dfrac{5}{2}=2\dfrac{1}{2}$이므로 $-4<x\leq\dfrac{5}{2}$를 만족시키는 정수 x의 값은
-3, -2, -1, 0, 1, 2이다.

따라서 정수 x의 값이 아닌 것은 ①, ⑤이다.

25 (1) **1단계** a는 $-4\dfrac{2}{5}$보다 크거나 같고 $\dfrac{26}{7}$보다 크지 않다.
　　　　　　　　　　　　　　　　　　　　　　　　작거나 같다.
$\Rightarrow -4\dfrac{2}{5}\leq a\leq\dfrac{26}{7}$

(2) **2단계** $\dfrac{26}{7}=3\dfrac{5}{7}$이므로 $-4\dfrac{2}{5}\leq a\leq\dfrac{26}{7}$을 만족시키는
정수 a는 -4, -3, -2, -1, 0, 1, 2, 3의 8개
이다.

채점 기준		
1단계	주어진 문장을 부등호를 사용하여 나타내기	… 40 %
2단계	(1)을 만족시키는 정수 a의 개수 구하기	… 60 %

26 ㈎에서 $|a|=|b|$이고, 문제에서 a, b는 서로 다른 두 수이
므로 $a=-b$ 　　　… ㉠
㈏에서 $b<c$이고 ㈐에서 $c<0$이므로 $b<c<0$ 　… ㉡
㉠에서 $a=-b$이고 ㉡에서 $b<0$이므로 $a>0$ 　… ㉢
따라서 ㉡, ㉢에서 $b<c<a$이므로 작은 수부터 차례로 나열
하면 b, c, a이다.

27 ㈎에서 a는 절댓값이 4인 음의 정수이므로
$a=-4$ 　… ㉠
㈏에서 $b>4$, $c>4$이고
㈐에서 c는 b보다 4에 더 가까우므로
$4<c<b$ 　… ㉡
따라서 ㉠, ㉡에 의해 $a<c<b$이다.

28 ㈏에서 $|a|=|-2|=2$이므로 $a=2$ 또는 $a=-2$이고
㈎에서 $a>-2$이므로 $a=2$
㈐에서 $b>2$이므로 $b>a$ 　… ㉠
또 ㈎에서 $c>-2$이고
㈐에서 b가 c보다 -2에 더 가까우므로
$b<c$ 　… ㉡
따라서 ㉠, ㉡에 의해 $a<b<c$이다.

02 정수와 유리수의 덧셈과 뺄셈

쏙쏙 개념 익히기

P. 34~35

1 ②	**2** ④	**3** 682 ℃	**4** $-\dfrac{41}{5}$	**5** ⑤
6 4	**7** (1) $\dfrac{1}{2}$ (2) $-\dfrac{4}{3}$	**8** ①		

2 ① $(-3)+(+2)=-(3-2)=-1$
② $(+8)+(-8)=0$
③ $(-4)-(-6)=(-4)+(+6)=+(6-4)=+2$
④ $(+3.9)-(+1.7)=(+3.9)+(-1.7)$
　　　　　　　　　　$=+(3.9-1.7)=+2.2$
⑤ $\left(-\dfrac{11}{2}\right)-\left(-\dfrac{5}{2}\right)=\left(-\dfrac{11}{2}\right)+\left(+\dfrac{5}{2}\right)$
　　　　　　　　　　　$=-\left(\dfrac{11}{2}-\dfrac{5}{2}\right)=-\dfrac{6}{2}=-3$

따라서 계산 결과가 가장 큰 것은 ④이다.

3 표면의 평균 온도가
가장 높은 행성의 온도는 금성의 $+467$ ℃이고,
가장 낮은 행성의 온도는 천왕성의 -215 ℃이다.
따라서 구하는 온도의 차는
$(+467)-(-215)=(+467)+(+215)$
　　　　　　　　　$=+(467+215)=682(℃)$

4 $-\dfrac{13}{2}<-2<+1.7<+\dfrac{14}{5}<+4.2$이므로
$a=-\dfrac{13}{2}$
$|+1.7|<|-2|<\left|+\dfrac{14}{5}\right|<|+4.2|<\left|-\dfrac{13}{2}\right|$
이므로 $b=+1.7$
$\therefore a-b=\left(-\dfrac{13}{2}\right)-(+1.7)=\left(-\dfrac{13}{2}\right)+\left(-\dfrac{17}{10}\right)$
　　　　$=\left(-\dfrac{65}{10}\right)+\left(-\dfrac{17}{10}\right)=-\left(\dfrac{65}{10}+\dfrac{17}{10}\right)$
　　　　$=-\dfrac{82}{10}=-\dfrac{41}{5}$

5 $\left(-\dfrac{2}{5}\right)-(-3)+\left(-\dfrac{8}{5}\right)=\left(-\dfrac{2}{5}\right)+(+3)+\left(-\dfrac{8}{5}\right)$

$\qquad\qquad\qquad\qquad =\left\{\left(-\dfrac{2}{5}\right)+\left(-\dfrac{8}{5}\right)\right\}+(+3)$

$\qquad\qquad\qquad\qquad =(-2)+(+3)=1$

6 $a=2-(-3)=2+3=5,\ b=-5+6=1$

$\therefore a-b=5-1=4$

7 (1) 어떤 수를 $\square$라 하면 $\square+\dfrac{11}{6}=\dfrac{7}{3}$

$\qquad \therefore \square=\dfrac{7}{3}-\dfrac{11}{6}=\dfrac{14}{6}-\dfrac{11}{6}=\dfrac{3}{6}=\dfrac{1}{2}$

$\qquad$ 따라서 어떤 수는 $\dfrac{1}{2}$이다.

(2) 어떤 수가 $\dfrac{1}{2}$이므로 바르게 계산하면

$\qquad \dfrac{1}{2}-\dfrac{11}{6}=\dfrac{3}{6}-\dfrac{11}{6}=-\dfrac{8}{6}=-\dfrac{4}{3}$

8 $4+(-8)+0=-4$이므로 삼각형의 한 변에 놓인 세 수의 합은 모두 -4이어야 한다.

$4+A+(-2)=-4$에서 $A+2=-4$

$\therefore A=-4-2=-6$

$0+B+(-2)=-4$에서 $B-2=-4$

$\therefore B=-4+2=-2$

$\therefore A+B=-6+(-2)=-8$

핵심 유형 문제 P. 36~39

1 ③　　**2** ②　　**3** $+\dfrac{11}{12}$

4 (개) 덧셈의 교환법칙, (내) 덧셈의 결합법칙

5 (개) 덧셈의 교환법칙, (내) 덧셈의 결합법칙, ㉠ 0, ㉡ $+1$

6 $+10$　**7** ④　　**8** ③　　**9** B 도시　**10** ⑤

11 ②, ③　**12** 2　　**13** ②　　**14** 3

15 B, D, C, A　**16** -37　**17** ①　　**18** $\dfrac{9}{2}$

19 ③　　**20** -8　**21** $\dfrac{26}{3}$　**22** ②　　**23** $-\dfrac{4}{3}$

24 7　　**25** 2　　**26** ④　　**27** $13.2\,°C$

28 1156.9원

---

1 ① $(+5)+(+2)=+(5+2)=+7$

② $(-6)+(-2)=-(6+2)=-8$

③ $(-1.7)+(+3.2)=+(3.2-1.7)=+1.5$

④ $\left(-\dfrac{3}{4}\right)+\left(-\dfrac{2}{3}\right)=\left(-\dfrac{9}{12}\right)+\left(-\dfrac{8}{12}\right)$

$\qquad\qquad\qquad\qquad =-\left(\dfrac{9}{12}+\dfrac{8}{12}\right)=-\dfrac{17}{12}$

⑤ $\left(+\dfrac{2}{3}\right)+\left(-\dfrac{4}{9}\right)=\left(+\dfrac{6}{9}\right)+\left(-\dfrac{4}{9}\right)$

$\qquad\qquad\qquad\qquad =+\left(\dfrac{6}{9}-\dfrac{4}{9}\right)=+\dfrac{2}{9}$

따라서 계산 결과가 옳지 않은 것은 ③이다.

2 ① $(-3)+(-1)=-(3+1)=-4$

② $(+11)+(-7)=+(11-7)=+4$

③ $(-6)+(+2)=-(6-2)=-4$

④ $(+1.1)+(-5.1)=-(5.1-1.1)=-4$

⑤ $\left(-\dfrac{13}{4}\right)+\left(-\dfrac{3}{4}\right)=-\left(\dfrac{13}{4}+\dfrac{3}{4}\right)=-4$

따라서 계산 결과가 나머지 넷과 다른 하나는 ②이다.

3 $-\dfrac{10}{3}<-2<-\dfrac{5}{4}<1.3<+\dfrac{3}{2}<+\dfrac{13}{6}$

이므로 $a=+\dfrac{13}{6}$

$\left|-\dfrac{5}{4}\right|<|1.3|<\left|+\dfrac{3}{2}\right|<|-2|<\left|+\dfrac{13}{6}\right|<\left|-\dfrac{10}{3}\right|$

이므로 $b=-\dfrac{5}{4}$

$\therefore a+b=\left(+\dfrac{13}{6}\right)+\left(-\dfrac{5}{4}\right)=\left(+\dfrac{26}{12}\right)+\left(-\dfrac{15}{12}\right)$

$\qquad\qquad =+\left(\dfrac{26}{12}-\dfrac{15}{12}\right)=+\dfrac{11}{12}$

5 $(-15)+\left(+\dfrac{8}{3}\right)+(+15)+\left(-\dfrac{5}{3}\right)$ ⎤ 덧셈의
　교환법칙

$=(-15)+(+15)+\left(+\dfrac{8}{3}\right)+\left(-\dfrac{5}{3}\right)$ ⎤ 덧셈의
　결합법칙

$=\{(-15)+(+15)\}+\left\{\left(+\dfrac{8}{3}\right)+\left(-\dfrac{5}{3}\right)\right\}$

$=\boxed{0}+(+1)$

$=\boxed{+1}$

$\therefore$ (개): 덧셈의 교환법칙, (내): 덧셈의 결합법칙,

$\quad$ ㉠: 0, ㉡: $+1$

6 $\left(-\dfrac{1}{4}\right)+(+9.6)+\left(+\dfrac{9}{4}\right)+(-1.6)$

$=\left(-\dfrac{1}{4}\right)+\left(+\dfrac{9}{4}\right)+(+9.6)+(-1.6)$

$=\left\{\left(-\dfrac{1}{4}\right)+\left(+\dfrac{9}{4}\right)\right\}+\{(+9.6)+(-1.6)\}$

$=(+2)+(+8)=+10$

7 ① $(+3)-(+8)=(+3)+(-8)=-(8-3)=-5$

② $(+5)-(-2)=(+5)+(+2)=+(5+2)=+7$

③ $(+6)-(-4)=(+6)+(+4)=+(6+4)=+10$

④ $(-4)-(+7)=(-4)+(-7)=-(4+7)=-11$

⑤ $(-3)-(-2)=(-3)+(+2)=-(3-2)=-1$

따라서 계산 결과가 가장 작은 것은 ④이다.

8　① $(+8)-(+6)=(+8)+(-6)$
　　　　　　　　$=+(8-6)=+2$
　② $(+7.5)-(-4.5)=(+7.5)+(+4.5)$
　　　　　　　　$=+(7.5+4.5)=+12$
　③ $\left(-\dfrac{3}{4}\right)-\left(+\dfrac{5}{6}\right)=\left(-\dfrac{9}{12}\right)+\left(-\dfrac{10}{12}\right)$
　　　　　　　　$=-\left(\dfrac{9}{12}+\dfrac{10}{12}\right)$
　　　　　　　　$=-\dfrac{19}{12}$
　④ $\left(-\dfrac{1}{3}\right)-\left(-\dfrac{3}{5}\right)=\left(-\dfrac{5}{15}\right)+\left(+\dfrac{9}{15}\right)$
　　　　　　　　$=+\left(\dfrac{9}{15}-\dfrac{5}{15}\right)$
　　　　　　　　$=+\dfrac{4}{15}$
　⑤ $\left(-\dfrac{1}{4}\right)-\left(-\dfrac{1}{5}\right)=\left(-\dfrac{5}{20}\right)+\left(+\dfrac{4}{20}\right)$
　　　　　　　　$=-\left(\dfrac{5}{20}-\dfrac{4}{20}\right)$
　　　　　　　　$=-\dfrac{1}{20}$
따라서 계산 결과가 옳은 것은 ③이다.

9　A 도시: $(+8.2)-(+2.6)=(+8.2)+(-2.6)$
　　　　　　　　　$=+(8.2-2.6)$
　　　　　　　　　$=+5.6$
　B 도시: $(+7.6)-(-1.9)=(+7.6)+(+1.9)$
　　　　　　　　　$=+(7.6+1.9)$
　　　　　　　　　$=+9.5$
　C 도시: $(+5.9)-0=+5.9$
　D 도시: $(-0.8)-(-5.2)=(-0.8)+(+5.2)$
　　　　　　　　　$=+(5.2-0.8)$
　　　　　　　　　$=+4.4$
따라서 일교차가 가장 큰 도시는 B 도시이다.

10　$-\dfrac{1}{2}+\dfrac{1}{4}-\dfrac{5}{12}+\dfrac{5}{4}$
　$=\left(-\dfrac{1}{2}\right)+\left(+\dfrac{1}{4}\right)-\left(+\dfrac{5}{12}\right)+\left(+\dfrac{5}{4}\right)$
　$=\left(-\dfrac{1}{2}\right)+\left(+\dfrac{1}{4}\right)+\left(-\dfrac{5}{12}\right)+\left(+\dfrac{5}{4}\right)$
　$=\left(-\dfrac{1}{2}\right)+\left(-\dfrac{5}{12}\right)+\left\{\left(+\dfrac{1}{4}\right)+\left(+\dfrac{5}{4}\right)\right\}$
　$=\left\{\left(-\dfrac{6}{12}\right)+\left(-\dfrac{5}{12}\right)\right\}+\left(+\dfrac{6}{4}\right)$
　$=\left(-\dfrac{11}{12}\right)+\left(+\dfrac{18}{12}\right)=\dfrac{7}{12}$

> **다른 풀이**
> $-\dfrac{1}{2}+\dfrac{1}{4}-\dfrac{5}{12}+\dfrac{5}{4}=-\dfrac{1}{2}-\dfrac{5}{12}+\dfrac{1}{4}+\dfrac{5}{4}$
> 　　　　　　　$=-\dfrac{6}{12}-\dfrac{5}{12}+\dfrac{6}{4}$
> 　　　　　　　$=-\dfrac{11}{12}+\dfrac{18}{12}=\dfrac{7}{12}$

11　① $(+4.6)+(-1.5)-(+4)$
　　　$=(+4.6)+(-1.5)+(-4)$
　　　$=\{(+4.6)+(-4)\}+(-1.5)$
　　　$=(+0.6)+(-1.5)=-0.9$
　② $(-12)+\left(+\dfrac{7}{2}\right)-(-2)$
　　　$=(-12)+\left(+\dfrac{7}{2}\right)+(+2)$
　　　$=\{(-12)+(+2)\}+\left(+\dfrac{7}{2}\right)$
　　　$=(-10)+\left(+\dfrac{7}{2}\right)=-\dfrac{13}{2}$
　③ $(-5)+\left(-\dfrac{2}{3}\right)-\left(+\dfrac{1}{2}\right)$
　　　$=(-5)+\left(-\dfrac{2}{3}\right)+\left(-\dfrac{1}{2}\right)$
　　　$=(-5)+\left\{\left(-\dfrac{4}{6}\right)+\left(-\dfrac{3}{6}\right)\right\}$
　　　$=(-5)+\left(-\dfrac{7}{6}\right)=-\dfrac{37}{6}$
　④ $\dfrac{3}{4}-2-\dfrac{1}{4}+1$
　　　$=\left(+\dfrac{3}{4}\right)-(+2)-\left(+\dfrac{1}{4}\right)+(+1)$
　　　$=\left(+\dfrac{3}{4}\right)+(-2)+\left(-\dfrac{1}{4}\right)+(+1)$
　　　$=\left\{\left(+\dfrac{3}{4}\right)+\left(-\dfrac{1}{4}\right)\right\}+\{(-2)+(+1)\}$
　　　$=\left(+\dfrac{1}{2}\right)+(-1)=-\dfrac{1}{2}$
　⑤ $\dfrac{2}{3}-1.7-\dfrac{5}{3}+0.5$
　　　$=\left(+\dfrac{2}{3}\right)-(+1.7)-\left(+\dfrac{5}{3}\right)+(+0.5)$
　　　$=\left(+\dfrac{2}{3}\right)+(-1.7)+\left(-\dfrac{5}{3}\right)+(+0.5)$
　　　$=\left\{\left(+\dfrac{2}{3}\right)+\left(-\dfrac{5}{3}\right)\right\}+\{(-1.7)+(+0.5)\}$
　　　$=(-1)+(-1.2)=-2.2$
따라서 옳은 것은 ②, ③이다.

12　$-\dfrac{2}{5}+|+3|+\left|-\dfrac{17}{5}\right|-4=-\dfrac{2}{5}+3+\dfrac{17}{5}-4$
　　　　　　　　　　　　$=\left(-\dfrac{2}{5}+\dfrac{17}{5}\right)+(3-4)$
　　　　　　　　　　　　$=3-1=2$

13　① $-7+9=2$
　② $-5-(-3)=-5+3=-2$
　③ $8-6=2$
　④ $\dfrac{5}{2}+3=\dfrac{11}{2}$
　⑤ $\dfrac{1}{4}+\left(-\dfrac{2}{7}\right)=\dfrac{7}{28}+\left(-\dfrac{8}{28}\right)=-\dfrac{1}{28}$
따라서 가장 작은 수는 ②이다.

14 〔1단계〕 $a=-3+\dfrac{3}{2}=-\dfrac{3}{2}$

〔2단계〕 $b=4-\left(-\dfrac{1}{2}\right)=4+\dfrac{1}{2}=\dfrac{9}{2}$

〔3단계〕 $\therefore\ a+b=-\dfrac{3}{2}+\dfrac{9}{2}=\dfrac{6}{2}=3$

채점 기준		
1단계	a의 값 구하기	… 40 %
2단계	b의 값 구하기	… 40 %
3단계	$a+b$의 값 구하기	… 20 %

15 건물 A의 높이를 0 m라 하면

건물 B의 높이는 $0-\dfrac{7}{2}=-\dfrac{7}{2}$(m)

건물 C의 높이는 $-\dfrac{7}{2}+\dfrac{17}{5}=-\dfrac{35}{10}+\dfrac{34}{10}=-\dfrac{1}{10}$(m)

건물 D의 높이는 $-\dfrac{1}{10}-2.2=-\dfrac{1}{10}-\dfrac{22}{10}=-\dfrac{23}{10}$(m)

따라서 높이가 가장 낮은 건물부터 차례로 나열하면
B, D, C, A이다.

16 어떤 수를 □라 하면 □$-(-15)=-7$
$\therefore$ □$=-7+(-15)=-22$
따라서 어떤 수는 -22이므로 바르게 계산하면
$-22+(-15)=-37$

17 어떤 수를 □라 하면 $\dfrac{23}{8}+$□$=\dfrac{15}{4}$

$\therefore$ □$=\dfrac{15}{4}-\dfrac{23}{8}=\dfrac{30}{8}-\dfrac{23}{8}=\dfrac{7}{8}$

따라서 어떤 수는 $\dfrac{7}{8}$이므로 바르게 계산하면

$\dfrac{23}{8}-\dfrac{7}{8}=\dfrac{16}{8}=2$

18 〔1단계〕 $A+\left(-\dfrac{7}{2}\right)=-3$ $\therefore A=-3-\left(-\dfrac{7}{2}\right)=\dfrac{1}{2}$

〔2단계〕 $B=\dfrac{1}{2}-\left(-\dfrac{7}{2}\right)=4$

〔3단계〕 $\therefore A+B=\dfrac{1}{2}+4=\dfrac{9}{2}$

채점 기준		
1단계	A의 값 구하기	… 40 %
2단계	B의 값 구하기	… 40 %
3단계	$A+B$의 값 구하기	… 20 %

19 $|a|=6$이므로 $a=-6$ 또는 $a=6$
$|b|=2$이므로 $b=-2$ 또는 $b=2$
이때 $a-b$의 값은
(ⅰ) $a=-6$, $b=-2$일 때, $a-b=-6-(-2)=-4$
(ⅱ) $a=-6$, $b=2$일 때, $a-b=-6-2=-8$
(ⅲ) $a=6$, $b=-2$일 때, $a-b=6-(-2)=8$
(ⅳ) $a=6$, $b=2$일 때, $a-b=6-2=4$
따라서 (ⅰ)~(ⅳ)에 의해 $a-b$의 값이 될 수 없는 것은 ③이다.

20 $|a|<3$인 정수 a는
$-2,\ -1,\ 0,\ 1,\ 2$
$|b|<7$인 정수 b는
$-6,\ -5,\ -4,\ -3,\ -2,\ -1,\ 0,\ 1,\ 2,\ 3,\ 4,\ 5,\ 6$
따라서 $a+b$의 값 중 가장 작은 값은
$a=-2$, $b=-6$일 때, $a+b=-2+(-6)=-8$

21 〔1단계〕 a의 절댓값이 4이므로 $a=-4$ 또는 $a=4$이고,
b의 절댓값이 $\dfrac{1}{3}$이므로 $b=-\dfrac{1}{3}$ 또는 $b=\dfrac{1}{3}$이다.

〔2단계〕 (ⅰ) $a=-4$, $b=-\dfrac{1}{3}$일 때,
$$a-b=-4-\left(-\dfrac{1}{3}\right)=-\dfrac{11}{3}$$
(ⅱ) $a=-4$, $b=\dfrac{1}{3}$일 때, $a-b=-4-\dfrac{1}{3}=-\dfrac{13}{3}$

(ⅲ) $a=4$, $b=-\dfrac{1}{3}$일 때, $a-b=4-\left(-\dfrac{1}{3}\right)=\dfrac{13}{3}$

(ⅳ) $a=4$, $b=\dfrac{1}{3}$일 때, $a-b=4-\dfrac{1}{3}=\dfrac{11}{3}$

〔3단계〕 즉, (ⅰ)~(ⅳ)에 의해 $a-b$의 값 중

가장 큰 값은 $\dfrac{13}{3}$이므로 $M=\dfrac{13}{3}$

가장 작은 값은 $-\dfrac{13}{3}$이므로 $m=-\dfrac{13}{3}$

〔4단계〕 $\therefore M-m=\dfrac{13}{3}-\left(-\dfrac{13}{3}\right)=\dfrac{26}{3}$

채점 기준		
1단계	a, b의 값 구하기	… 20 %
2단계	경우를 나누어 $a-b$의 값 구하기	… 30 %
3단계	M, m의 값 구하기	… 30 %
4단계	$M-m$의 값 구하기	… 20 %

22 수직선 위의 점 A에 대응하는 수는
$$-4+\dfrac{17}{3}-\dfrac{7}{2}=-\dfrac{24}{6}+\dfrac{34}{6}-\dfrac{21}{6}=-\dfrac{11}{6}$$

23 수직선 위에서 $-\dfrac{2}{3}$에 대응하는 점과 거리가 4인 서로 다른
두 수 중 큰 수에 대응하는 점을 A, 작은 수에 대응하는 점을
B라 하면
점 A에 대응하는 수는 $-\dfrac{2}{3}+4=\dfrac{10}{3}$

점 B에 대응하는 수는 $-\dfrac{2}{3}-4=-\dfrac{14}{3}$

따라서 두 수의 합은 $\dfrac{10}{3}+\left(-\dfrac{14}{3}\right)=-\dfrac{4}{3}$

24 A와 마주 보는 면에 적힌 수는 $\dfrac{1}{2}$이므로

$A+\dfrac{1}{2}=5$에서 $A=5-\dfrac{1}{2}=\dfrac{9}{2}$

B와 마주 보는 면에 적힌 수는 $-\dfrac{1}{2}$이므로

$B+\left(-\dfrac{1}{2}\right)=5$에서 $B=5-\left(-\dfrac{1}{2}\right)=\dfrac{11}{2}$

C와 마주 보는 면에 적힌 수는 2이므로
$C+2=5$에서 $C=5-2=3$
$\therefore A+B-C=\dfrac{9}{2}+\dfrac{11}{2}-3=10-3=7$

25 가장 오른쪽 세로줄에서
$-3+4+(-1)=0$이므로
가로, 세로, 대각선에 있는 세 수의 합은
모두 0이어야 한다.

	A	-3
	㉠	4
3	㉡	-1

오른쪽 위로 향하는 대각선에서
$-3+㉠+3=0$이므로 $㉠=0$
가장 아래의 가로줄에서
$3+㉡+(-1)=0$이므로 $㉡+2=0$ $\therefore ㉡=-2$
가운데 세로줄에서 $A+㉠+㉡=0$이므로
$A+0+(-2)=0,\ A+(-2)=0$ $\therefore A=2$

26 4월 18일의 최고 미세 먼지 농도가 $17\,\mu g/m^3$이므로
4월 22일의 최고 미세 먼지 농도는
$17-2+5-1+3=22(\mu g/m^3)$

27 월요일의 기온이 $14.2\,°C$이므로
금요일의 기온은 $14.2+0.3-0.8+1-1.5=13.2(°C)$

28 4월 8일의 원/달러 환율이 1152원이므로
4월 12일의 원/달러 환율은
$1152+0.5+3.1-1.4+2.7=1156.9(원)$

03 정수와 유리수의 곱셈과 나눗셈

P. 40~41

1 ③, ⑤	**2** ⑤	**3** ④	**4** 21	**5** $-\dfrac{9}{5}$
6 ㉣, ㉤, ㉢, ㉡, ㉠, 15			**7** ㄹ	**8** ③

1 ① $(-4)\times\dfrac{4}{5}=-\left(4\times\dfrac{4}{5}\right)=-\dfrac{16}{5}$

② $\left(-\dfrac{6}{7}\right)\times\left(-\dfrac{7}{9}\right)=+\left(\dfrac{6}{7}\times\dfrac{7}{9}\right)=\dfrac{2}{3}$

③ $\dfrac{3}{2}\times\left(-\dfrac{10}{9}\right)=-\left(\dfrac{3}{2}\times\dfrac{10}{9}\right)=-\dfrac{5}{3}$

④ $\dfrac{8}{9}\div(-3)=\dfrac{8}{9}\times\left(-\dfrac{1}{3}\right)=-\left(\dfrac{8}{9}\times\dfrac{1}{3}\right)=-\dfrac{8}{27}$

⑤ $\left(-\dfrac{11}{4}\right)\div\left(-\dfrac{11}{12}\right)=\left(-\dfrac{11}{4}\right)\times\left(-\dfrac{12}{11}\right)$
$\qquad\qquad\qquad =+\left(\dfrac{11}{4}\times\dfrac{12}{11}\right)=3$

따라서 계산 결과가 옳은 것은 ③, ⑤이다.

2 $a=\dfrac{9}{5}\times\left(-\dfrac{7}{2}\right)\times\left(-\dfrac{20}{3}\right)=\left\{\dfrac{9}{5}\times\left(-\dfrac{20}{3}\right)\right\}\times\left(-\dfrac{7}{2}\right)$

$\qquad =(-12)\times\left(-\dfrac{7}{2}\right)=+\left(12\times\dfrac{7}{2}\right)=42$

$\quad b=\left(-\dfrac{3}{4}\right)\div\dfrac{1}{15}\div\dfrac{3}{8}=\left(-\dfrac{3}{4}\right)\times15\times\dfrac{8}{3}$

$\qquad =\left\{\left(-\dfrac{3}{4}\right)\times\dfrac{8}{3}\right\}\times15=(-2)\times15$

$\qquad =-(2\times15)=-30$

$\therefore a+b=42+(-30)=12$

3 ① $(-2)^2=4$ ② $(-2)^3=-8$
③ $-2^2=-4$ ④ $-(-2)^4=-16$
⑤ $-(-2)^3=-(-8)=8$
따라서 계산 결과가 가장 작은 것은 ④이다.

4 $(a-b)\times c=a\times c-b\times c=-6$이므로
$15-b\times c=-6,\ -b\times c=-6-15$ $\therefore b\times c=21$

5 $-0.25=-\dfrac{1}{4}$이므로 -0.25의 역수는 -4이다.
$\therefore A=-4$
$\dfrac{5}{11}$의 역수는 $\dfrac{11}{5}$이므로 $B=\dfrac{11}{5}$
$\therefore A+B=-4+\dfrac{11}{5}=-\dfrac{9}{5}$

6 $1-\left[6-\dfrac{4}{3}\times\left\{(-3)^2\div\dfrac{3}{5}\right\}\right]$
$\qquad\uparrow\quad\ \uparrow\quad\ \uparrow\qquad\ \uparrow\quad\ \uparrow$
$\qquad㉠\quad ㉡\quad ㉢\qquad ㉣\quad ㉤$
$\qquad❺\quad ❹\quad ❸\qquad ❶\quad ❷$

따라서 주어진 식의 계산 순서를 차례로 나열하면 ㉣, ㉤,
㉢, ㉡, ㉠이고, 계산 결과를 구하면 다음과 같다.
$1-\left[6-\dfrac{4}{3}\times\left\{(-3)^2\div\dfrac{3}{5}\right\}\right]=1-\left\{6-\dfrac{4}{3}\times\left(9\div\dfrac{3}{5}\right)\right\}$
$\qquad\qquad\qquad =1-\left\{6-\dfrac{4}{3}\times\left(9\times\dfrac{5}{3}\right)\right\}$
$\qquad\qquad\qquad =1-\left(6-\dfrac{4}{3}\times15\right)$
$\qquad\qquad\qquad =1-(6-20)=1+14=15$

7 ㄱ. $\dfrac{1}{3}\times(-2)\div\left(-\dfrac{4}{9}\right)=\dfrac{1}{3}\times(-2)\times\left(-\dfrac{9}{4}\right)$
$\qquad\qquad\qquad\qquad\qquad =+\left(\dfrac{1}{3}\times2\times\dfrac{9}{4}\right)=\dfrac{3}{2}$

ㄴ. $\dfrac{5}{12}\times(-3)^2\div\left(-\dfrac{45}{8}\right)=\dfrac{5}{12}\times9\times\left(-\dfrac{8}{45}\right)$
$\qquad\qquad\qquad\qquad\qquad =-\left(\dfrac{5}{12}\times9\times\dfrac{8}{45}\right)=-\dfrac{2}{3}$

ㄷ. $|-6|\div2-|-1|=6\times\dfrac{1}{2}-1=3-1=2$

ㄹ. $2-\left\{10\times\left(-\dfrac{2}{5}\right)+2\right\}=2-(-4+2)=2+2=4$

따라서 계산 결과가 가장 큰 것은 ㄹ이다.

8 ① $a+b$는 (음수)+(양수)이므로 $|a|<|b|$인 경우에만 양수이다. 즉, $a+b$의 부호는 알 수 없다.

② $a-b$는 (음수)-(양수)=(음수)+(음수)=(음수)이므로 음수이다.

③ $b-a$는 (양수)-(음수)=(양수)+(양수)=(양수)이므로 양수이다.

④ $a\times b$는 (음수)×(양수)=(음수)이므로 음수이다.

⑤ $a\div b$는 (음수)÷(양수)=(음수)이므로 음수이다.

따라서 항상 양수인 것은 ③이다.

(참고) $a<0$, $b>0$일 때 $a+b$의 값은

① $|a|>|b|$이면 음수이다.

② $|a|=|b|$이면 0이다.

③ $|a|<|b|$이면 양수이다.

핵심 유형 문제   P. 42~46

1 ⑤   **2** ㄹ, ㄷ, ㄴ, ㅁ, ㄱ   **3** ③

4 (가) 곱셈의 교환법칙, (나) 곱셈의 결합법칙

5 (1) -2 (2) 200 **6** $-\dfrac{1}{100}$ **7** 80 **8** ④

9 $-\dfrac{1}{16}$ **10** 0 **11** 1 **12** ④

13 (1) 3 (2) -19 (3) -1740 (4) -1620

14 100 **15** $-\dfrac{12}{5}$ **16** ⑤   **17** $-\dfrac{2}{9}$ **18** ①

19 ④   **20** -12 **21** $-\dfrac{25}{2}$

22 (1) 4 (2) -6 (3) $-\dfrac{50}{3}$ (4) 8 **23** ②

24 4 **25** (1) $-\dfrac{1}{6}$ (2) $-\dfrac{5}{18}$ **26** ⑤

27 $-\dfrac{7}{10}$ **28** ①, ②   **29** ⑤   **30** ④

31 (1) ㄹ, ㄷ, ㅁ, ㄴ, ㄱ (2) -2 **32** ⑤   **33** 20

---

1 ⑤ $\left(-\dfrac{2}{3}\right)\times\left(-\dfrac{3}{2}\right)=+\left(\dfrac{2}{3}\times\dfrac{3}{2}\right)=1$

2 ㄱ. $(+2)\times\left(+\dfrac{1}{8}\right)=+\left(2\times\dfrac{1}{8}\right)=\dfrac{1}{4}$

ㄴ. $\left(-\dfrac{1}{21}\right)\times(-3)=+\left(\dfrac{1}{21}\times3\right)=\dfrac{1}{7}$

ㄷ. $\left(+\dfrac{3}{2}\right)\times\left(-\dfrac{2}{9}\right)=-\left(\dfrac{3}{2}\times\dfrac{2}{9}\right)=-\dfrac{1}{3}$

ㄹ. $\left(-\dfrac{3}{4}\right)\times\left(+\dfrac{8}{15}\right)=-\left(\dfrac{3}{4}\times\dfrac{8}{15}\right)=-\dfrac{2}{5}$

ㅁ. $\left(-\dfrac{1}{4}\right)\times\left(-\dfrac{2}{3}\right)=+\left(\dfrac{1}{4}\times\dfrac{2}{3}\right)=\dfrac{1}{6}$

따라서 $-\dfrac{2}{5}<-\dfrac{1}{3}<\dfrac{1}{7}<\dfrac{1}{6}<\dfrac{1}{4}$이므로

계산 결과가 작은 것부터 차례로 나열하면

ㄹ, ㄷ, ㄴ, ㅁ, ㄱ이다.

---

3 $\left|\dfrac{5}{6}\right|<\left|-\dfrac{7}{8}\right|<|-2|<\left|\dfrac{11}{4}\right|<\left|-\dfrac{16}{5}\right|$

이므로 절댓값이 가장 큰 수는 $-\dfrac{16}{5}$,

절댓값이 가장 작은 수는 $\dfrac{5}{6}$이다.

따라서 $a=-\dfrac{16}{5}$, $b=\dfrac{5}{6}$이므로

$a\times b=\left(-\dfrac{16}{5}\right)\times\dfrac{5}{6}=-\dfrac{8}{3}$

5 (1) $\dfrac{5}{8}\times\left(-\dfrac{16}{15}\right)\times3=-\left(\dfrac{5}{8}\times\dfrac{16}{15}\times3\right)=-2$

(2) $\left(-\dfrac{16}{3}\right)\times10\times\left(-\dfrac{3}{4}\right)\times5=+\left(\dfrac{16}{3}\times10\times\dfrac{3}{4}\times5\right)$
$=200$

6 $\left(-\dfrac{1}{2}\right)\times\left(-\dfrac{2}{3}\right)\times\left(-\dfrac{3}{4}\right)\times\left(-\dfrac{4}{5}\right)\times\cdots\times\left(-\dfrac{98}{99}\right)\times\left(-\dfrac{99}{100}\right)$

곱해진 음수가 99개

$=-\left(\dfrac{1}{2}\times\dfrac{2}{3}\times\dfrac{3}{4}\times\dfrac{4}{5}\times\cdots\times\dfrac{98}{99}\times\dfrac{99}{100}\right)=-\dfrac{1}{100}$

7 네 유리수에서 서로 다른 세 수를 뽑아 곱한 값이 가장 크려면 양수이어야 하므로 음수 2개, 양수 1개를 곱해야 한다.

이때 곱해지는 세 수의 절댓값의 곱이 가장 커야 하므로 세 수는 -2, 8, -5이다.

따라서 구하는 값은

$(-2)\times8\times(-5)=+(2\times8\times5)=80$

8 ① $(-3)^2=(-3)\times(-3)=9$

② $-(-3)^2=-\{(-3)\times(-3)\}=-9$

③ $-3^2=-(3\times3)=-9$

④ $-3^3=-(3\times3\times3)=-27$

⑤ $-(-3)^3=-\{(-3)\times(-3)\times(-3)\}$
$=-(-27)=27$

따라서 옳은 것은 ④이다.

9 $\left(-\dfrac{1}{2}\right)^2=\dfrac{1}{4}$, $-\dfrac{1}{2^3}=-\dfrac{1}{8}$, $\left(-\dfrac{1}{2}\right)^3=-\left(-\dfrac{1}{8}\right)=\dfrac{1}{8}$,
$-\left(-\dfrac{1}{2}\right)^2=-\dfrac{1}{4}$

따라서 가장 큰 수는 $\left(-\dfrac{1}{2}\right)^2$, 가장 작은 수는 $-\left(-\dfrac{1}{2}\right)^2$

이므로 두 수의 곱은

$\left(-\dfrac{1}{2}\right)^2\times\left\{-\left(-\dfrac{1}{2}\right)^2\right\}=\dfrac{1}{4}\times\left(-\dfrac{1}{4}\right)=-\dfrac{1}{16}$

10 $(-1)^{(홀수)}=-1$, $(-1)^{(짝수)}=1$이므로

$(-1)+(-1)^2+(-1)^3+\cdots+(-1)^{999}+(-1)^{1000}$

$=\underbrace{(-1)+1+(-1)+1+\cdots+(-1)+1}_{(-1)+1이\,500개}$

$=\underbrace{0+0+\cdots+0}_{0이\,500개}=0$

---

11 n이 짝수이면 $n+1$은 홀수이므로
$-1^n=-1$, $(-1)^{n+1}=-1$, $(-1)^n=1$
$\therefore -1^n-(-1)^{n+1}+(-1)^n$
$\qquad =-1-(-1)+1=1$

12 $21\times\left\{\dfrac{9}{7}+\left(-\dfrac{2}{3}\right)+\left(-\dfrac{5}{7}\right)\right\}$

$\qquad$ ⎤ 덧셈의 교환법칙

$=21\times\left\{\dfrac{9}{7}+\left(-\dfrac{5}{7}\right)+\left(-\dfrac{2}{3}\right)\right\}$

$\qquad$ ⎤ 덧셈의 결합법칙

$=21\times\left[\left\{\dfrac{9}{7}+\left(-\dfrac{5}{7}\right)\right\}+\left(-\dfrac{2}{3}\right)\right]$

$=21\times\left\{\dfrac{4}{7}+\left(-\dfrac{2}{3}\right)\right\}$

$\qquad$ ⎤ 분배법칙

$=21\times\dfrac{4}{7}+21\times\left(-\dfrac{2}{3}\right)$

$=12+(-14)=-2$

따라서 분배법칙이 이용된 곳은 ④이다.

13 (1) $54\times\left(\dfrac{2}{9}-\dfrac{1}{6}\right)=54\times\dfrac{2}{9}-54\times\dfrac{1}{6}$
$\qquad\qquad\qquad\qquad\quad =12-9=3$

(2) $\left(-\dfrac{5}{6}+\dfrac{9}{7}\right)\times(-42)=\left(-\dfrac{5}{6}\right)\times(-42)+\dfrac{9}{7}\times(-42)$
$\qquad\qquad\qquad\qquad\qquad =35-54=-19$

(3) $174\times\left(-\dfrac{39}{5}\right)-174\times\dfrac{11}{5}=174\times\left(-\dfrac{39}{5}-\dfrac{11}{5}\right)$
$\qquad\qquad\qquad\qquad\qquad\qquad =174\times(-10)=-1740$

(4) $327\times(-1.62)+673\times(-1.62)$
$\quad =(327+673)\times(-1.62)$
$\quad =1000\times(-1.62)=-1620$

14 $(-9)\times5.2+(-9)\times4.8=(-9)\times(5.2+4.8)$
$\qquad\qquad\qquad\qquad\qquad =(-9)\times10=-90$
따라서 $A=10$, $B=-90$이므로
$A-B=10-(-90)=10+90=100$

15 $(a+b)\times c=a\times c+b\times c=-2$이므로
$\dfrac{2}{5}+b\times c=-2$ $\qquad\therefore b\times c=-2-\dfrac{2}{5}=-\dfrac{12}{5}$

16 ⑤ $\left(-\dfrac{3}{5}\right)\times\left(-\dfrac{5}{3}\right)=1$이므로

$\qquad -\dfrac{3}{5}$, $-\dfrac{5}{3}$는 서로 역수 관계이다.

참고 두 수의 곱이 1이면 이 두 수는 서로 역수이다.

17 마주 보는 면에 적힌 두 수의 곱이 1이므로 두 수는 서로 역수이다.

즉, $\dfrac{3}{4}$과 마주 보는 면에 적힌 수는 $\dfrac{3}{4}$의 역수인 $\dfrac{4}{3}$,

-5와 마주 보는 면에 적힌 수는 $-5=-\dfrac{5}{1}$의 역수인 $-\dfrac{1}{5}$,

1.2와 마주 보는 면에 적힌 수는 $1.2=\dfrac{6}{5}$의 역수인 $\dfrac{5}{6}$이다.

$\therefore \dfrac{4}{3}\times\left(-\dfrac{1}{5}\right)\times\dfrac{5}{6}=-\left(\dfrac{4}{3}\times\dfrac{1}{5}\times\dfrac{5}{6}\right)=-\dfrac{2}{9}$

18 $2.5=\dfrac{5}{2}$이므로 2.5의 역수는 $\dfrac{2}{5}$
a의 역수를 b라 하면
$\dfrac{2}{5}+b=\dfrac{2}{15}$ $\qquad\therefore b=\dfrac{2}{15}-\dfrac{2}{5}=-\dfrac{4}{15}$
$\therefore a=-\dfrac{15}{4}$

19 ① $(+4.2)\div(+0.7)=+(4.2\div0.7)=+6$
② 0을 0이 아닌 수로 나누면 그 몫은 항상 0이다.
③ $\left(+\dfrac{3}{8}\right)\div\left(-\dfrac{1}{4}\right)=\left(+\dfrac{3}{8}\right)\times(-4)=-\left(\dfrac{3}{8}\times4\right)=-\dfrac{3}{2}$
④ $\left(-\dfrac{3}{5}\right)\div\left(-\dfrac{8}{15}\right)=\left(-\dfrac{3}{5}\right)\times\left(-\dfrac{15}{8}\right)$
$\qquad\qquad\qquad\qquad\qquad =+\left(\dfrac{3}{5}\times\dfrac{15}{8}\right)=+\dfrac{9}{8}$
⑤ $(-27)\div\left(+\dfrac{3}{2}\right)=(-27)\times\left(+\dfrac{2}{3}\right)$
$\qquad\qquad\qquad\qquad =-\left(27\times\dfrac{2}{3}\right)=-18$

따라서 계산 결과가 옳지 않은 것은 ④이다.

20 $A=\left(-\dfrac{2}{3}\right)\div\left(-\dfrac{2}{27}\right)=\left(-\dfrac{2}{3}\right)\times\left(-\dfrac{27}{2}\right)$
$\qquad =+\left(\dfrac{2}{3}\times\dfrac{27}{2}\right)=+9$
$B=\left(+\dfrac{2}{5}\right)\div(-0.3)=\left(+\dfrac{2}{5}\right)\div\left(-\dfrac{3}{10}\right)$
$\qquad =\left(+\dfrac{2}{5}\right)\times\left(-\dfrac{10}{3}\right)$
$\qquad =-\left(\dfrac{2}{5}\times\dfrac{10}{3}\right)=-\dfrac{4}{3}$
$\therefore A\times B=(+9)\times\left(-\dfrac{4}{3}\right)=-12$

21 $\left(-\dfrac{1}{2}\right)\div\left(+\dfrac{2}{3}\right)\div\left(-\dfrac{3}{4}\right)\div\left(+\dfrac{4}{5}\right)\div\cdots$
$\qquad\qquad\qquad\qquad\qquad\div\left(+\dfrac{48}{49}\right)\div\left(-\dfrac{49}{50}\right)$
$=\left(-\dfrac{1}{2}\right)\times\left(+\dfrac{3}{2}\right)\times\left(-\dfrac{4}{3}\right)\times\left(+\dfrac{5}{4}\right)\times\cdots$
$\qquad\qquad\qquad\qquad\qquad\times\left(+\dfrac{49}{48}\right)\times\left(-\dfrac{50}{49}\right)$

$\qquad\qquad$ └─ 곱해진 음수가 25개 ─┘

$=-\left(\dfrac{1}{2}\times\dfrac{3}{2}\times\dfrac{4}{3}\times\dfrac{5}{4}\times\cdots\dfrac{49}{48}\times\dfrac{50}{49}\right)$
$=-\left\{\dfrac{1}{2}\times\left(\dfrac{3}{2}\times\dfrac{4}{3}\times\dfrac{5}{4}\times\cdots\times\dfrac{49}{48}\times\dfrac{50}{49}\right)\right\}$
$=-\left(\dfrac{1}{2}\times25\right)=-\dfrac{25}{2}$

22

(1) $\left(-\dfrac{8}{3}\right) \div \dfrac{4}{9} \times \left(-\dfrac{2}{3}\right) = \left(-\dfrac{8}{3}\right) \times \dfrac{9}{4} \times \left(-\dfrac{2}{3}\right)$
$\qquad = +\left(\dfrac{8}{3} \times \dfrac{9}{4} \times \dfrac{2}{3}\right) = 4$

(2) $\dfrac{5}{6} \div \left(-\dfrac{1}{3}\right)^2 \times \left(-\dfrac{4}{5}\right) = \dfrac{5}{6} \div \dfrac{1}{9} \times \left(-\dfrac{4}{5}\right)$
$\qquad = \dfrac{5}{6} \times 9 \times \left(-\dfrac{4}{5}\right)$
$\qquad = -\left(\dfrac{5}{6} \times 9 \times \dfrac{4}{5}\right)$
$\qquad = -6$

(3) $(-2)^3 \times \dfrac{3}{4} \div \left(-\dfrac{3}{5}\right)^2 = (-8) \times \dfrac{3}{4} \div \dfrac{9}{25}$
$\qquad = (-8) \times \dfrac{3}{4} \times \dfrac{25}{9}$
$\qquad = -\left(8 \times \dfrac{3}{4} \times \dfrac{25}{9}\right)$
$\qquad = -\dfrac{50}{3}$

(4) $\left(-\dfrac{4}{3}\right)^2 \times \left(-\dfrac{9}{10}\right) \div \left(-\dfrac{1}{5}\right) = \dfrac{16}{9} \times \left(-\dfrac{9}{10}\right) \div \left(-\dfrac{1}{5}\right)$
$\qquad = \dfrac{16}{9} \times \left(-\dfrac{9}{10}\right) \times (-5)$
$\qquad = +\left(\dfrac{16}{9} \times \dfrac{9}{10} \times 5\right) = 8$

23
$\dfrac{5}{3} \times \left(-\dfrac{2}{5}\right)^2 \div \left(-\dfrac{1}{30}\right) = \dfrac{5}{3} \times \dfrac{4}{25} \div \left(-\dfrac{1}{30}\right)$
$\qquad = \dfrac{5}{3} \times \dfrac{4}{25} \times (-30)$
$\qquad = -\left(\dfrac{5}{3} \times \dfrac{4}{25} \times 30\right)$
$\qquad = -8$

24
$\left(-\dfrac{2}{3}\right) \div \square \times \dfrac{3}{5} = -\dfrac{1}{10}$ 에서
$\left(-\dfrac{2}{3}\right) \div \square = \left(-\dfrac{1}{10}\right) \div \dfrac{3}{5}$
$\qquad = \left(-\dfrac{1}{10}\right) \times \dfrac{5}{3}$
$\qquad = -\dfrac{1}{6}$
$\therefore \square = \left(-\dfrac{2}{3}\right) \div \left(-\dfrac{1}{6}\right) = \left(-\dfrac{2}{3}\right) \times (-6) = 4$

25
(1) 어떤 수를 □라 하면
$\square \times \dfrac{3}{5} = -\dfrac{1}{10}$
$\therefore \square = \left(-\dfrac{1}{10}\right) \div \dfrac{3}{5} = \left(-\dfrac{1}{10}\right) \times \dfrac{5}{3} = -\dfrac{1}{6}$
따라서 어떤 수는 $-\dfrac{1}{6}$이다.

(2) 어떤 수가 $-\dfrac{1}{6}$이므로 바르게 계산하면
$\left(-\dfrac{1}{6}\right) \div \dfrac{3}{5} = \left(-\dfrac{1}{6}\right) \times \dfrac{5}{3} = -\dfrac{5}{18}$

26
어떤 수를 □라 하면
$\square \div \left(-\dfrac{3}{2}\right) = 6$
$\therefore \square = 6 \times \left(-\dfrac{3}{2}\right) = -9$
따라서 어떤 수는 -9이므로 바르게 계산하면
$(-9) \times \left(-\dfrac{3}{2}\right) = \dfrac{27}{2}$

27
[1단계] 어떤 수를 □라 하면
$\square \div \left(-\dfrac{4}{5}\right) = -\dfrac{1}{8}$
$\therefore \square = \left(-\dfrac{1}{8}\right) \times \left(-\dfrac{4}{5}\right) = \dfrac{1}{10}$

[2단계] 따라서 어떤 수는 $\dfrac{1}{10}$이므로 바르게 계산하면
$\dfrac{1}{10} + \left(-\dfrac{4}{5}\right) = -\dfrac{7}{10}$

채점 기준		
1단계	어떤 수 구하기	⋯ 50 %
2단계	바르게 계산한 답 구하기	⋯ 50 %

28
① $|a| > |b|$이므로 $a+b>0$
　즉, $a+b$는 양수이다.
② $a-b$는 (양수)$-$(음수)$=$(양수)$+$(양수)$=$(양수)이므로
　양수이다.
③ $b-a$는 (음수)$-$(양수)$=$(음수)$+$(음수)$=$(음수)이므로
　음수이다.
④ $a \times b$는 (양수)$\times$(음수)$=$(음수)이므로
　음수이다.
⑤ $a \div b$는 (양수)$\div$(음수)$=$(음수)이므로
　음수이다.
따라서 항상 양수인 것은 ①, ②이다.

29
$a \times b > 0$에서 a, b의 부호는 서로 같고, $a+b<0$이므로
$a<0$, $b<0$
①, ② 알 수 없다.
③ $a \div b$는 (음수)$\div$(음수)$=$(양수)이므로
　양수이다.
따라서 항상 옳은 것은 ⑤이다.

30
$a \times b < 0$에서 a, b의 부호는 서로 다르고
$a>b$이므로 $a>0$, $b<0$
$\dfrac{c}{a}>0$에서 a, c의 부호는 서로 같으므로
$c>0$
$\therefore a>0$, $b<0$, $c>0$

31 (1) **1단계**

$$-\frac{11}{8}-\left[\frac{1}{4}-\left\{-3-\frac{1}{2}\div\left(-\frac{2}{3}\right)\right\}\times\frac{1}{6}\right]$$

$$\uparrow \quad \uparrow \quad \uparrow \quad \uparrow \qquad \uparrow$$
$$ㄱ \quad ㄴ \quad ㄷ \quad ㄹ \qquad ㅁ$$
$$❺ \quad ❹ \quad ❷ \quad ❶ \qquad ❸$$

따라서 계산 순서를 차례로 나열하면

ㄹ, ㄷ, ㅁ, ㄴ, ㄱ

(2) **2단계**

$$-\frac{11}{8}-\left[\frac{1}{4}-\left\{-3-\frac{1}{2}\div\left(-\frac{2}{3}\right)\right\}\times\frac{1}{6}\right]$$

$$=-\frac{11}{8}-\left[\frac{1}{4}-\left\{-3-\frac{1}{2}\times\left(-\frac{3}{2}\right)\right\}\times\frac{1}{6}\right]$$

$$=-\frac{11}{8}-\left\{\frac{1}{4}-\left(-3+\frac{3}{4}\right)\times\frac{1}{6}\right\}$$

$$=-\frac{11}{8}-\left\{\frac{1}{4}-\left(-\frac{9}{4}\right)\times\frac{1}{6}\right\}$$

$$=-\frac{11}{8}-\left(\frac{1}{4}+\frac{3}{8}\right)$$

$$=-\frac{11}{8}-\frac{5}{8}=-2$$

채점 기준		
1단계	계산 순서를 차례로 나열하기	… 40 %
2단계	계산 결과 구하기	… 60 %

32 ① $-2-\left(-1+\frac{1}{4}\right)\times12=-2-\left(-\frac{3}{4}\right)\times12$
$$\qquad\qquad\qquad\qquad\qquad =-2+9=7$$

② $\left(\frac{1}{2}-\frac{3}{4}\right)^2\div\frac{5}{8}\times5$

$$=\left(-\frac{1}{4}\right)^2\times\frac{8}{5}\times5$$

$$=\frac{1}{16}\times\frac{8}{5}\times5=\frac{1}{2}$$

③ $\frac{1}{6}\div\left\{1-\left(\frac{5}{6}-\frac{3}{2}\right)\right\}$

$$=\frac{1}{6}\div\left\{1-\left(-\frac{4}{6}\right)\right\}$$

$$=\frac{1}{6}\div\frac{10}{6}$$

$$=\frac{1}{6}\times\frac{6}{10}=\frac{1}{10}$$

④ $11\div\left\{9\times\left(\frac{2}{9}-\frac{5}{12}\right)-1\right\}$

$$=11\div\left\{9\times\left(-\frac{7}{36}\right)-1\right\}$$

$$=11\div\left(-\frac{7}{4}-1\right)$$

$$=11\div\left(-\frac{11}{4}\right)$$

$$=11\times\left(-\frac{4}{11}\right)=-4$$

⑤ $(-2)^2\div\frac{2}{3}+(-5)^2\div\left(-\frac{5}{3}\right)$

$$=4\times\frac{3}{2}+25\times\left(-\frac{3}{5}\right)$$

$$=6+(-15)=-9$$

따라서 계산 결과가 가장 작은 것은 ⑤이다.

33 민이는 7번 이기고 3번 졌고,
솔이는 3번 이기고 7번 졌으므로
민이의 위치: $(+3)\times7+(-2)\times3=21-6=15$
솔이의 위치: $(+3)\times3+(-2)\times7=9-14=-5$
따라서 두 사람의 위치를 나타내는 수의 차는
$15-(-5)=15+5=20$

실력 **UP** 문제 P. 47

1-1 6개		**1-2** 8개	
2-1 $\frac{3}{4}$		**2-2** $\frac{6}{5}$	
3-1 ⑤		**3-2** ③	

1-1 $-\frac{4}{7}=-\frac{8}{14}$, $\frac{1}{2}=\frac{7}{14}$이므로

$-\frac{4}{7}$와 $\frac{1}{2}$ 사이에 있는 정수가 아닌 유리수 중

기약분수로 나타내었을 때, 분모가 14인 것은

$-\frac{5}{14}$, $-\frac{3}{14}$, $-\frac{1}{14}$, $\frac{1}{14}$, $\frac{3}{14}$, $\frac{5}{14}$의

6개이다.

1-2 $-\frac{2}{3}=-\frac{8}{12}$, $\frac{5}{4}=\frac{15}{12}$이므로

$-\frac{2}{3}$와 $\frac{5}{4}$ 사이에 있는 정수가 아닌 유리수 중

기약분수로 나타내었을 때, 분모가 12인 것은

$-\frac{7}{12}$, $-\frac{5}{12}$, $-\frac{1}{12}$, $\frac{1}{12}$, $\frac{5}{12}$, $\frac{7}{12}$, $\frac{11}{12}$, $\frac{13}{12}$의

8개이다.

2-1 두 점 A, B 사이의 거리는
$$\frac{3}{2}-\left(-\frac{3}{4}\right)=\frac{3}{2}+\frac{3}{4}=\frac{6}{4}+\frac{3}{4}=\frac{9}{4}$$
이때 점 X는 두 점 A, B 사이의 거리를 2 : 1로 나누므로
두 점 A, X 사이의 거리는 $\frac{9}{4}\times\frac{2}{2+1}=\frac{3}{2}$
따라서 점 X에 대응하는 수는
$$-\frac{3}{4}+\frac{3}{2}=-\frac{3}{4}+\frac{6}{4}=\frac{3}{4}$$

2-2 두 점 A, B 사이의 거리는 $\frac{5}{2}-\frac{1}{3}=\frac{15}{6}-\frac{2}{6}=\frac{13}{6}$
이때 점 X는 두 점 A, B 사이의 거리를 2 : 3으로 나누므로
두 점 A, X 사이의 거리는 $\frac{13}{6}\times\frac{2}{2+3}=\frac{13}{15}$
따라서 점 X에 대응하는 수는
$$\frac{1}{3}+\frac{13}{15}=\frac{5}{15}+\frac{13}{15}=\frac{18}{15}=\frac{6}{5}$$

3-1 ㈎에서 $|a|<|b|<|c|$이므로

a, b, c는 절댓값이 서로 다른 정수이고

㈏에서 $a \times b \times c = 10$이므로

$a=1$, $b=2$, $c=5$ 또는 $a=-1$, $b=-2$, $c=5$ 또는

$a=-1$, $b=2$, $c=-5$ 또는 $a=1$, $b=-2$, $c=-5$이다.

이때 ㈐에서 $a+b+c=-6$이므로

$a=1$, $b=-2$, $c=-5$

$\therefore a+b-c=1+(-2)-(-5)=4$

3-2 ㈎에서 $|a|<|b|<|c|$이므로

a, b, c는 절댓값이 서로 다른 정수이고

㈏에서 28을 서로 다른 세 양의 정수의 곱으로 나타내면

$28=1 \times 4 \times 7$ 또는 $28=1 \times 2 \times 14$이므로

$|a|=1$, $|b|=4$, $|c|=7$ 또는 $|a|=1$, $|b|=2$, $|c|=14$

이다.

(ⅰ) $|a|=1$, $|b|=2$, $|c|=14$일 때,

$a=1$, $b=2$, $c=14$ 또는 $a=-1$, $b=-2$, $c=14$ 또는

$a=-1$, $b=2$, $c=-14$ 또는 $a=1$, $b=-2$, $c=-14$

(ⅱ) $|a|=1$, $|b|=4$, $|c|=7$일 때,

$a=1$, $b=4$, $c=7$ 또는 $a=-1$, $b=-4$, $c=7$ 또는

$a=-1$, $b=4$, $c=-7$ 또는 $a=1$, $b=-4$, $c=-7$

이때 ㈐에서 $a+b+c=2$이므로 (ⅰ), (ⅱ)에 의해

$a=-1$, $b=-4$, $c=7$

$\therefore c-a-b=7-(-1)-(-4)=12$

실전 테스트

1 ⑤	**2** 7	**3** ①, ⑤	**4** ②	**5** ㄷ, ㄹ
6 -1	**7** 5개	**8** ③	**9** ④	**10** ③
11 ③	**12** $\frac{5}{6}$	**13** ⑤	**14** 3	**15** $\frac{1}{3}$
16 $-\frac{1}{23}$	**17** ③	**18** 8	**19** $\frac{13}{5}$	**20** ⑤
21 ②	**22** 3	**23** ④	**24** 32점	

25 월요일 오후 11시   **26** B, $-\dfrac{1}{3}$

1 ① $+5\%$ ② $+20$점   ③ $-1.5 t$ ④ -4℃

따라서 옳은 것은 ⑤이다.

2 양의 유리수는 4, $+\dfrac{6}{3}$의 2개이다. $\therefore a=2$

음의 유리수는 -1, -2.6, $-\dfrac{2}{5}$의 3개이다. $\therefore b=3$

정수가 아닌 유리수는 -2.6, $-\dfrac{2}{5}$의 2개이다. $\therefore c=2$

$\therefore a+b+c=2+3+2=7$

3 ① 자연수는 무수히 많다.

⑤ $\dfrac{9}{3}=3$이므로 정수이다.

4 ② B: $-1\dfrac{1}{3}=-\dfrac{4}{3}$

5 ㄱ. 절댓값이 가장 작은 정수는 0이다.

ㄴ. 절댓값이 0인 수는 0의 1개뿐이다.

ㅁ. 절댓값은 항상 0보다 크거나 같다.

따라서 옳은 것은 ㄷ, ㄹ이다.

6 ㈎, ㈏에서 a의 절댓값은 4이고 $a<0$이므로 $a=-4$

이때 ㈐에서 $|a|+|b|=7$이므로

$4+|b|=7$에서 $|b|=3$이고

㈎에서 $b>0$이므로 $b=3$

$\therefore a+b=-4+3=-1$

7 $|x|<\dfrac{17}{6}$을 만족시키는 정수 x, 즉 절댓값이 $\dfrac{17}{6}\left(=2\dfrac{5}{6}\right)$

보다 작은 정수 x는 -2, -1, 0, 1, 2의 5개이다.

8 ① $\left|-\dfrac{1}{3}\right|>\left|-\dfrac{1}{4}\right|$이므로 $-\dfrac{1}{3}<-\dfrac{1}{4}$

② (음수)<(양수)이므로 $-\dfrac{3}{4}<+\dfrac{4}{5}$

③ $\left|-\dfrac{5}{6}\right|=\dfrac{5}{6}$, $\dfrac{2}{3}=\dfrac{4}{6}$이므로 $\left|-\dfrac{5}{6}\right|>\dfrac{2}{3}$

④ $\left|-\dfrac{6}{5}\right|=\dfrac{6}{5}=\dfrac{24}{20}$, $\left|+\dfrac{5}{4}\right|=\dfrac{5}{4}=\dfrac{25}{20}$이므로

$\left|-\dfrac{6}{5}\right|<\left|+\dfrac{5}{4}\right|$

⑤ $\left|-\dfrac{4}{7}\right|=\dfrac{4}{7}$이므로 $0<\left|-\dfrac{4}{7}\right|$

따라서 옳지 않은 것은 ③이다.

9 $-\dfrac{14}{3}=-4\dfrac{2}{3}$이므로 $-\dfrac{14}{3}<x\leq4$를 만족시키는 정수 x는

-4, -3, -2, -1, 0, 1, 2, 3, 4의 9개이다.

10 $-\dfrac{3}{4}$과 $\dfrac{8}{3}\left(=2\dfrac{2}{3}\right)$에 대응하는 점을 각각 수직선 위에 나타

내면 다음 그림과 같다.

따라서 $-\dfrac{3}{4}$에 가장 가까운 정수는 -1이고,

$\dfrac{8}{3}$에 가장 가까운 정수는 3이므로 $a=-1$, $b=3$

$\therefore a+b=-1+3=2$

28 정답과 해설 _ 유형편 파워

11

$$(+2)+\left(-\frac{1}{4}\right)+\left(-\frac{2}{3}\right)+\left(+\frac{5}{3}\right)$$

$$=(+2)+\left(-\frac{1}{4}\right)+\left\{\left(-\frac{2}{3}\right)+\left(+\frac{5}{3}\right)\right\} \leftarrow \text{덧셈의 } \boxed{\text{결합법칙}}$$

$$=(+2)+\left(-\frac{1}{4}\right)+(+1)$$

$$=\left(-\frac{1}{4}\right)+(+2)+(+1) \leftarrow \text{덧셈의 } \boxed{\text{교환법칙}}$$

$$\phantom{=\left(-\frac{1}{4}\right)+(+2)+(+1)} \leftarrow \text{덧셈의 } \boxed{\text{결합법칙}}$$

$$=\left(-\frac{1}{4}\right)+\{(+2)+(+1)\}$$

$$=\left(-\frac{1}{4}\right)+(\boxed{+3})$$

$$=\boxed{+\frac{11}{4}}$$

따라서 옳은 것은 ③이다.

12 어떤 수를 □라 하면

$$\square+\left(-\frac{3}{4}\right)=-\frac{2}{3}$$

$$\therefore \square=-\frac{2}{3}-\left(-\frac{3}{4}\right)=-\frac{8}{12}+\frac{9}{12}=\frac{1}{12}$$

따라서 어떤 수는 $\frac{1}{12}$이므로 바르게 계산하면

$$\frac{1}{12}-\left(-\frac{3}{4}\right)=\frac{1}{12}+\frac{9}{12}=\frac{10}{12}=\frac{5}{6}$$

13 $|a|=5$이므로 $a=-5$ 또는 $a=5$

$|b|=3$이므로 $b=-3$ 또는 $b=3$

이때 $a-b$의 값은

(i) $a=-5$, $b=-3$일 때, $a-b=-5-(-3)=-2$

(ii) $a=-5$, $b=3$일 때, $a-b=-5-3=-8$

(iii) $a=5$, $b=-3$일 때, $a-b=5-(-3)=8$

(iv) $a=5$, $b=3$일 때, $a-b=5-3=2$

따라서 (i)~(iv)에 의해 $M=8$, $m=-8$이므로

$M-m=8-(-8)=16$

14 【1단계】 $3+0+7+(-3)=7$이므로 삼각형의 한 변에 놓인 네 수의 합은 모두 7이어야 한다.

【2단계】 $A+6+(-4)+3=7$에서

$A+5=7$ $\therefore A=7-5=2$

【3단계】 $A+9+B+(-3)=7$에서

$2+9+B+(-3)=7$

$B+8=7$ $\therefore B=7-8=-1$

【4단계】 $\therefore A-B=2-(-1)=2+1=3$

채점 기준		
1단계	삼각형의 한 변에 놓인 네 수의 합 구하기	… 20 %
2단계	A의 값 구하기	… 30 %
3단계	B의 값 구하기	… 30 %
4단계	$A-B$의 값 구하기	… 20 %

15 $a=-1+\frac{4}{5}=-\frac{1}{5}$

절댓값이 $\frac{5}{3}$인 수는 $+\frac{5}{3}$, $-\frac{5}{3}$이고 그중 음수는

$-\frac{5}{3}$이므로 $b=-\frac{5}{3}$

$$\therefore a\times b=\left(-\frac{1}{5}\right)\times\left(-\frac{5}{3}\right)=\frac{1}{3}$$

16 $1, 3, 5, 7, \dots, 21$에서

$1=2\times①-1$, $3=2\times②-1$, $5=2\times③-1$, …이므로

$21=2\times⑪-1$이다.

$-\frac{21}{23}$은 ⑪번째 수이므로 곱해진 음수는 11개, 즉 홀수 개

이다.

$$\therefore \left(-\frac{1}{3}\right)\times\left(-\frac{3}{5}\right)\times\left(-\frac{5}{7}\right)\times\left(-\frac{7}{9}\right)\times\cdots\times\left(-\frac{21}{23}\right)$$

$$=-\left(\frac{1}{3}\times\frac{3}{5}\times\frac{5}{7}\times\frac{7}{9}\times\cdots\times\frac{21}{23}\right)=-\frac{1}{23}$$

17 $(-1)^{(\text{홀수})}=-1$, $(-1)^{(\text{짝수})}=1$이므로

$$(-1)+(-1)^2+(-1)^3+\cdots+(-1)^{1024}$$

$$=\underbrace{(-1)+1}+\underbrace{(-1)+1}+\cdots+\underbrace{(-1)+1}$$

$$\underbrace{\qquad\qquad\qquad}_{(-1)+1\text{이} \frac{1024}{2}=512(\text{개})}$$

$$=\underbrace{0+0+\cdots+0}_{0\text{이 } 512\text{개}}=0$$

18 $A=0.7\times11.75-0.7\times1.75$

$=0.7\times(11.75-1.75)$

$=0.7\times10=7$

$B=36\times\left(\frac{5}{12}-\frac{7}{18}\right)$

$=36\times\frac{5}{12}-36\times\frac{7}{18}$

$=15-14=1$

$\therefore A+B=7+1=8$

19 A와 마주 보는 면에 적힌 수는 $0.4=\frac{2}{5}$이므로

A는 $\frac{2}{5}$의 역수인 $\frac{5}{2}$이다.

B와 마주 보는 면에 적힌 수는 $1\frac{2}{3}=\frac{5}{3}$이므로

B는 $\frac{5}{3}$의 역수인 $\frac{3}{5}$이다.

C와 마주 보는 면에 적힌 수는 $-2=-\frac{2}{1}$이므로

C는 $-\frac{2}{1}$의 역수인 $-\frac{1}{2}$이다.

$$\therefore A+B+C=\frac{5}{2}+\frac{3}{5}+\left(-\frac{1}{2}\right)$$

$$=\left\{\frac{5}{2}+\left(-\frac{1}{2}\right)\right\}+\frac{3}{5}$$

$$=2+\frac{3}{5}=\frac{13}{5}$$

20 ① $\left(+\dfrac{3}{4}\right)+\left(-\dfrac{3}{2}\right)=\left(+\dfrac{3}{4}\right)+\left(-\dfrac{6}{4}\right)$

$\qquad\qquad\qquad =-\left(\dfrac{6}{4}-\dfrac{3}{4}\right)$

$\qquad\qquad\qquad =-\dfrac{3}{4}$

② $\left(-\dfrac{3}{5}\right)-\left(+\dfrac{5}{3}\right)=\left(-\dfrac{9}{15}\right)+\left(-\dfrac{25}{15}\right)$

$\qquad\qquad\qquad =-\left(\dfrac{9}{15}+\dfrac{25}{15}\right)$

$\qquad\qquad\qquad =-\dfrac{34}{15}$

③ $\left(+\dfrac{5}{2}\right)+\left(-\dfrac{3}{8}\right)-\left(+\dfrac{1}{4}\right)$

$\quad =\left(+\dfrac{20}{8}\right)+\left\{\left(-\dfrac{3}{8}\right)+\left(-\dfrac{2}{8}\right)\right\}$

$\quad =\left(+\dfrac{20}{8}\right)+\left(-\dfrac{5}{8}\right)=+\dfrac{15}{8}$

④ $(-8)\div\left(-\dfrac{1}{3}\right)\div(-4)$

$\quad =(-8)\times(-3)\times\left(-\dfrac{1}{4}\right)$

$\quad =-\left(8\times3\times\dfrac{1}{4}\right)=-6$

⑤ $\left(-\dfrac{8}{5}\right)\times(-0.1)\div\left(+\dfrac{4}{5}\right)$

$\quad =\left(-\dfrac{8}{5}\right)\times\left(-\dfrac{1}{10}\right)\times\left(+\dfrac{5}{4}\right)$

$\quad =+\left(\dfrac{8}{5}\times\dfrac{1}{10}\times\dfrac{5}{4}\right)=+\dfrac{1}{5}$

따라서 옳은 것은 ⑤이다.

21 네 유리수에서 서로 다른 세 수를 뽑아 곱한 값이 가장 크려면 양수이어야 하므로 음수 2개, 양수 1개를 곱해야 한다.

이때 곱해지는 세 수의 절댓값의 곱이 가장 커야 하므로

$M=3\times\left(-\dfrac{5}{4}\right)\times(-2)=+\left(3\times\dfrac{5}{4}\times2\right)=\dfrac{15}{2}$

또 곱한 값이 가장 작으려면 음수이어야 하므로 양수 2개, 음수 1개를 곱해야 한다.

이때 곱해지는 세 수의 절댓값의 곱이 가장 커야 하므로

$N=3\times\dfrac{1}{2}\times(-2)=-\left(3\times\dfrac{1}{2}\times2\right)=-3$

$\therefore M\div N=\dfrac{15}{2}\div(-3)=\dfrac{15}{2}\times\left(-\dfrac{1}{3}\right)=-\dfrac{5}{2}$

22 (1단계) -7과 $+1$ 사이의 거리는 $(+1)-(-7)=8$이므로 두 점으로부터 같은 거리에 있는 점은 각 점으로부터 $\dfrac{8}{2}=4$씩 떨어져 있다.

$\therefore A=-7+4=-3$

(2단계) $B=\left(-\dfrac{3}{4}\right)\times(-6)+\dfrac{9}{4}\times(-6)$

$\qquad =\left(-\dfrac{3}{4}+\dfrac{9}{4}\right)\times(-6)$

$\qquad =\dfrac{3}{2}\times(-6)=-9$

(3단계) $C=20\times\left\{\left(-\dfrac{1}{2}\right)^{3}\div\left(-\dfrac{5}{2}\right)+1\right\}-6$

$\qquad =20\times\left\{\left(-\dfrac{1}{8}\right)\times\left(-\dfrac{2}{5}\right)+1\right\}-6$

$\qquad =20\times\left(\dfrac{1}{20}+1\right)-6$

$\qquad =20\times\dfrac{21}{20}-6$

$\qquad =21-6=15$

(4단계) $\therefore A+B+C=-3+(-9)+15=3$

채점 기준		
1단계	A의 값 구하기	… 30 %
2단계	B의 값 구하기	… 30 %
3단계	C의 값 구하기	… 30 %
4단계	$A+B+C$의 값 구하기	… 10 %

23 $a-b<0$이므로 $a<b$

이때 $\dfrac{b}{a}<0$에서 a, b의 부호는 서로 다르므로 $a<0$, $b>0$

$a\times c>0$에서 a, c의 부호는 서로 같으므로 $c<0$

$\therefore a<0$, $b>0$, $c<0$

24 재호는 3문제를 맞히고, 2문제를 틀렸으므로

(재호의 점수)$=25+(+5)\times3+(-4)\times2=32$(점)

25 상파울루와 두바이의 시차는

$(-3)-(+4)=-7$(시간)

따라서 상파울루의 시각은 두바이의 시각보다 7시간 느리므로 월요일 오후 11시이다.

26 A 경로: $(3-6)\times\dfrac{1}{3}=(-3)\times\dfrac{1}{3}=-1$

B 경로: $\{-1\times(-2)\}\times\left(-\dfrac{1}{6}\right)=2\times\left(-\dfrac{1}{6}\right)=-\dfrac{1}{3}$

C 경로: $(2\times3)^{2}\div\left(-\dfrac{1}{2}\right)=6^{2}\times(-2)$

$\qquad\qquad\qquad\qquad\quad =36\times(-2)=-72$

D 경로: $\{(-1)\div2\}-2=-\dfrac{1}{2}-2=-\dfrac{5}{2}$

따라서 $-72<-\dfrac{5}{2}<-1<-\dfrac{1}{3}$이므로

이기기 위해 선택해야 하는 경로는 B이고, 그 계산 결과는 $-\dfrac{1}{3}$이다.

01 문자의 사용 ~ 02 식의 값

개념 익히기   P. 55~56

1 (1) $-2ab^3$ (2) $11(a-b)+c$ (3) $\dfrac{12a}{b}$

    (4) $\dfrac{x-1}{3x+1}$ (5) $x-\dfrac{5x}{y}$ (6) $-\dfrac{4x^2}{y}+1$

2 ②   **3** ④

4 $2000-20x$, $10000-1500y$, $30+z$, $\dfrac{a+b+c}{3}$

5 ㄱ, ㄷ, ㅂ   **6** ③

7 (1) 8   (2) $\dfrac{17}{9}$ (3) $-\dfrac{1}{27}$ (4) -21

8 1   **9** 176 cm

1   (3) $a\times 12\div b=12a\times\dfrac{1}{b}=\dfrac{12a}{b}$

   (5) $x-x\div y\times 5=x-x\times\dfrac{1}{y}\times 5=x-\dfrac{x}{y}\times 5=x-\dfrac{5x}{y}$

   (6) $x\div\dfrac{y}{4}\times(-x)+1=x\times\dfrac{4}{y}\times(-x)+1$

                $=\dfrac{4x}{y}\times(-x)+1=-\dfrac{4x^2}{y}+1$

2   ① $a\div b\div c=a\times\dfrac{1}{b}\times\dfrac{1}{c}=\dfrac{a}{bc}$

   ② $a\times b\div c=a\times b\times\dfrac{1}{c}=\dfrac{ab}{c}$

   ③ $a\div b\times c=a\times\dfrac{1}{b}\times c=\dfrac{ac}{b}$

   ④ $a\times(b\div c)=a\times\left(b\times\dfrac{1}{c}\right)=a\times\dfrac{b}{c}=\dfrac{ab}{c}$

   ⑤ $a\div(b\div c)=a\div\left(b\times\dfrac{1}{c}\right)=a\div\dfrac{b}{c}=a\times\dfrac{c}{b}=\dfrac{ac}{b}$

   따라서 옳은 것은 ②이다.

3   ④ (거리)=(속력)×(시간)이므로 달린 거리는

     $20\times x=20x(\text{m})$

5   ㄱ. $3x+1=3\times(-4)+1=-12+1=-11$

   ㄴ. $4-2x=4-2\times(-4)=4+8=12$

   ㄷ. $\dfrac{10}{x+2}=\dfrac{10}{(-4)+2}=\dfrac{10}{-2}=-5$

   ㄹ. $x^2-4x+4=(-4)^2-4\times(-4)+4=16+16+4=36$

   ㅁ. $(-x)^2-x=4^2-(-4)=16+4=20$

   ㅂ. $-\dfrac{8}{x^2}+\dfrac{2}{x}-3=-\dfrac{8}{(-4)^2}+\dfrac{2}{-4}-3=-\dfrac{8}{16}-\dfrac{1}{2}-3$

                    $=-\dfrac{1}{2}-\dfrac{1}{2}-3=-4$

   따라서 식의 값이 음수인 것은 ㄱ, ㄷ, ㅂ이다.

6   ① $4a+7b=4\times 5+7\times(-2)=20-14=6$

   ② $\dfrac{a+10}{ab}=\dfrac{5+10}{5\times(-2)}=\dfrac{15}{-10}=-\dfrac{3}{2}$

   ③ $\dfrac{10}{a}-\dfrac{10}{b}=\dfrac{10}{5}-\dfrac{10}{-2}=2+5=7$

   ④ $a-3b^2=5-3\times(-2)^2=5-12=-7$

   ⑤ $ab+\dfrac{a}{b}=5\times(-2)+\dfrac{5}{-2}=-10-\dfrac{5}{2}=-\dfrac{25}{2}$

   따라서 식의 값이 가장 큰 것은 ③이다.

7   (1) $6(a+1)=6\times\left(\dfrac{1}{3}+1\right)=6\times\dfrac{4}{3}=8$

   (2) $-a^2+2=-\left(\dfrac{1}{3}\right)^2+2=-\dfrac{1}{9}+2=\dfrac{17}{9}$

   (3) $(-a)^3=\left(-\dfrac{1}{3}\right)^3=-\dfrac{1}{27}$

   (4) $-\dfrac{3}{a^2}+\dfrac{2}{a}=-3\div\left(\dfrac{1}{3}\right)^2+2\div\dfrac{1}{3}=-3\times 9+2\times 3$

                  $=-27+6=-21$

8 $\dfrac{8}{a}+\dfrac{12}{b}=8\div\dfrac{1}{2}+12\div\left(-\dfrac{4}{5}\right)=8\times 2+12\times\left(-\dfrac{5}{4}\right)$

             $=16-15=1$

9   아빠의 키가 178 cm, 엄마의 키가 161 cm이므로

   $\dfrac{a+b+13}{2}$에 $a=178$, $b=161$을 대입하면

   아들의 예상키는 $\dfrac{178+161+13}{2}=176(\text{cm})$이다.

핵심 유형 문제   P. 57~59

1 ①, ④   **2** ㄴ, ㄷ, ㄹ, ㅂ   **3** $\dfrac{4a^2}{5(a-b)}$

4 다희, 상우   **5** ④   **6** ④

7 $\dfrac{1}{2}(a+b)h\,\text{cm}^2$ **8** ③

9 (1) $(2ab+2bc+2ac)\,\text{cm}^2$ (2) $abc\,\text{cm}^3$ **10** ④

11 ⑤   **12** $(100-80x)\,\text{km}$ **13** ⑤   **14** ①

15 ②   **16** ②   **17** ③

18 (1) $(24-6h)\,\text{℃}$ (2) 6 ℃

1   ① $a\times 0.1\times b=0.1ab$

   ④ $5\times a-b\div 2=5a-\dfrac{b}{2}$

2

ㄱ. $z \div (x \div y) = z \div \left(x \times \dfrac{1}{y}\right) = z \div \dfrac{x}{y} = z \times \dfrac{y}{x} = \dfrac{yz}{x}$

ㄴ. $\dfrac{1}{x} \div y \div \dfrac{1}{z} = \dfrac{1}{x} \times \dfrac{1}{y} \times z = \dfrac{z}{xy}$

ㄷ. $z \times \left(\dfrac{1}{x} \div y\right) = z \times \left(\dfrac{1}{x} \times \dfrac{1}{y}\right) = z \times \dfrac{1}{xy} = \dfrac{z}{xy}$

ㄹ. $\dfrac{1}{x} \times \dfrac{1}{y} \times z = \dfrac{z}{xy}$

ㅁ. $z \times x \div y = xz \times \dfrac{1}{y} = \dfrac{xz}{y}$

ㅂ. $z \div (x \times y) = z \div xy = z \times \dfrac{1}{xy} = \dfrac{z}{xy}$

따라서 기호 $\times$, $\div$를 생략하여 나타낸 식이 $\dfrac{z}{xy}$와 같은 것은 ㄴ, ㄷ, ㄹ, ㅂ이다.

3 $4 \times a \div (a-b) \div \dfrac{5}{a} = 4a \times \dfrac{1}{a-b} \times \dfrac{a}{5} = \dfrac{4a^2}{5(a-b)}$

4 경수: 십의 자리의 숫자가 a, 일의 자리의 숫자가 b인 두 자리의 자연수는 $10a+b$이다.

은채: a원의 $25\,\%$는 $a \times \dfrac{25}{100} = \dfrac{1}{4}a$(원)이다.

준희: 3점짜리 문제 a개의 점수는 $3a$점이므로 100점 만점에서 3점짜리 문제만 a개 틀렸을 때의 점수는 $(100-3a)$점이다.

따라서 바르게 말한 사람은 다희, 상우이다.

5 300명의 $a\,\%$는 $300 \times \dfrac{a}{100} = 3a$(명),

b명의 $50\,\%$는 $b \times \dfrac{50}{100} = \dfrac{1}{2}b$(명)이므로

$\left(3a + \dfrac{1}{2}b\right)$명이다.

6 ④ $x\,\text{L} = 1000x\,\text{mL}$이므로 3통에 $x\,\text{L}$의 물이 똑같이 나누어져 있을 때, 한 통에 들어 있는 물의 양은 $\dfrac{1000x}{3}\,\text{mL}$이다.

7 (사다리꼴의 넓이)
$= \dfrac{1}{2} \times \{(윗변의 길이) + (아랫변의 길이)\} \times (높이)$
$= \dfrac{1}{2} \times (a+b) \times h = \dfrac{1}{2}(a+b)h\,(\text{cm}^2)$

8 오른쪽 그림과 같이 보조선을 그으면
(사각형의 넓이)
$= (삼각형 ㉠의 넓이) + (삼각형 ㉡의 넓이)$
$= \dfrac{1}{2} \times a \times 10 + \dfrac{1}{2} \times b \times 8$
$= 5a + 4b$

9 (1) (직육면체의 겉넓이)$= 2 \times a \times b + 2 \times b \times c + 2 \times a \times c$
$= 2ab + 2bc + 2ac\,(\text{cm}^2)$

(2) (직육면체의 부피)$= a \times b \times c = abc\,(\text{cm}^3)$

10 10명이 x원씩 내서 모은 전체 금액은 $10 \times x = 10x$(원)
따라서 y원인 물건을 사고 남은 금액은 $(10x-y)$원

11 ① (거스름돈)$=$(지불한 금액)$-$(물건의 가격)
$= 5000 - 500 \times a$
$= 5000 - 500a$(원)

② (거리)$=$(속력)$\times$(시간)이므로
시속 $4\,\text{km}$로 x시간 동안 걸은 거리는
$4 \times x = 4x\,(\text{km})$이다.

③ (지불한 금액)$=$(정가)$-$(할인 금액)
$= 3000 - 3000 \times \dfrac{a}{100}$
$= 3000 - 30a$(원)

④ $x\,\text{km}$의 거리를 왕복하면 이동한 거리는 $2x\,\text{km}$이고,
(시간)$= \dfrac{(거리)}{(속력)}$이므로 걸리는 시간은 $\dfrac{2x}{5}$시간이다.

⑤ (소금의 양)$= \dfrac{(소금물의 농도)}{100} \times (소금물의 양)$
$= \dfrac{x}{100} \times 500 = 5x\,(\text{g})$

따라서 옳은 것은 ⑤이다.

12 (거리)$=$(속력)$\times$(시간)이므로
시속 $80\,\text{km}$로 x시간 동안 이동한 거리는
$80 \times x = 80x\,(\text{km})$
$\therefore$ (남은 거리)$=$(전체 거리)$-$(이동한 거리)
$= 100 - 80x\,(\text{km})$

13 $2a^2 - 3ab$에 $a=-2$, $b=4$를 대입하면
$2a^2 - 3ab = 2 \times (-2)^2 - 3 \times (-2) \times 4$
$= 8 + 24 = 32$

14 $a = \dfrac{1}{4}$을 각 식에 대입하면

① $8a - 5 = 8 \times \dfrac{1}{4} - 5 = 2 - 5 = -3$

② $2 - 4a = 2 - 4 \times \dfrac{1}{4} = 2 - 1 = 1$

③ $-a^2 = -\left(\dfrac{1}{4}\right)^2 = -\dfrac{1}{16}$

④ $12a^3 = 12 \times \left(\dfrac{1}{4}\right)^3 = 12 \times \dfrac{1}{64} = \dfrac{3}{16}$

⑤ $\dfrac{6}{a} + 2 = 6 \div \dfrac{1}{4} + 2 = 6 \times 4 + 2 = 26$

따라서 식의 값이 가장 작은 것은 ①이다.

15 $a=-4$, $b=\dfrac{2}{3}$를 각 식에 대입하면

① $\dfrac{a}{4}+3b=\dfrac{-4}{4}+3\times\dfrac{2}{3}=-1+2=1$

② $a^2-3b=(-4)^2-3\times\dfrac{2}{3}=16-2=14$

③ $-a-\dfrac{2}{b}=-(-4)-2\div\dfrac{2}{3}=4-2\times\dfrac{3}{2}=4-3=1$

④ $\dfrac{2}{a}+\dfrac{1}{b}=\dfrac{2}{-4}+\dfrac{3}{2}=-\dfrac{1}{2}+\dfrac{3}{2}=1$

⑤ $7+\dfrac{a}{b}=7+(-4)\div\dfrac{2}{3}=7+(-4)\times\dfrac{3}{2}=7-6=1$

따라서 식의 값이 나머지 넷과 다른 하나는 ②이다.

16 $40t-5t^2$에 $t=2$를 대입하면

$40\times2-5\times2^2=80-20=60\,(\mathrm{m})$

따라서 초속 $40\,\mathrm{m}$로 똑바로 위로 던져 올린 물체의 2초 후의 높이는 $60\,\mathrm{m}$이다.

17 $0.6x+331$에 $x=25$를 대입하면

$0.6\times25+331=15+331=346$

따라서 기온이 $25\,℃$일 때, 소리의 속력은 초속 $346\,\mathrm{m}$이다.

18 (1) (지면에서 높이가 $h\,\mathrm{km}$인 곳의 기온)
$=$ (현재 지면의 기온) $-6\times h=24-6h\,(℃)$

(2) (1)의 식에 $h=3$을 대입하면

$24-6h=24-6\times3=24-18=6\,(℃)$

따라서 지면에서 높이가 $3\,\mathrm{km}$인 곳의 기온은 $6\,℃$이다.

○3 일차식과 그 계산

쏙쏙 개념 익히기 (다시)

P. 60~61

1 10 **2** ③ **3** 2개 **4** -35

5 (1) $7x-4$ (2) $\dfrac{1}{3}x-\dfrac{3}{4}$ (3) $-2a-3$ (4) $15a-4$

6 ③ **7** ③ **8** ② **9** $-x+11$ **10** ④

1 $-\dfrac{x}{2}+3y-\dfrac{4}{3}$에서 x의 계수는 $-\dfrac{1}{2}$, y의 계수는 3,

상수항은 $-\dfrac{4}{3}$이므로 $a=-\dfrac{1}{2}$, $b=3$, $c=-\dfrac{4}{3}$

$\therefore 5abc=5\times\left(-\dfrac{1}{2}\right)\times3\times\left(-\dfrac{4}{3}\right)=10$

2 ③ $\dfrac{1}{3}x^3-5x-11=\dfrac{1}{3}x^3+(-5x)+(-11)$이므로

항은 $\dfrac{1}{3}x^3$, $-5x$, -11의 3개이다.

3 20 ⇨ 상수항뿐이므로 일차식이 아니다.

y^2+3y ⇨ 다항식의 차수가 2이므로 일차식이 아니다.

$\dfrac{3}{b}+6b+9$ ⇨ 분모에 문자가 있는 식은 다항식이 아니므로 일차식이 아니다.

$x-x^3$ ⇨ 다항식의 차수가 3이므로 일차식이 아니다.

따라서 일차식은 $\dfrac{6}{7}x-1$, $0.9a+0.3$의 2개이다.

4 $(-32)\times\left(-\dfrac{7}{8}x\right)=\left\{(-32)\times\left(-\dfrac{7}{8}\right)\right\}x=28x$

$\therefore a=28$

$\dfrac{12}{5}x\div(-3)=\left\{\dfrac{12}{5}\times\left(-\dfrac{1}{3}\right)\right\}x=-\dfrac{4}{5}x$

$\therefore b=-\dfrac{4}{5}$

$\therefore \dfrac{a}{b}=28\div\left(-\dfrac{4}{5}\right)=28\times\left(-\dfrac{5}{4}\right)=-35$

5 (2) $\left(-\dfrac{1}{6}x+\dfrac{3}{8}\right)\times(-2)=\left(-\dfrac{1}{6}x\right)\times(-2)+\dfrac{3}{8}\times(-2)$

$\qquad=\dfrac{1}{3}x-\dfrac{3}{4}$

(4) $\left(\dfrac{5}{2}a-\dfrac{2}{3}\right)\div\dfrac{1}{6}=\left(\dfrac{5}{2}a-\dfrac{2}{3}\right)\times6$

$\qquad=\dfrac{5}{2}a\times6-\dfrac{2}{3}\times6=15a-4$

6 동류항은 문자와 차수가 각각 같아야 하므로 $5a$와 동류항인 것은 ③이다.

7 $(3x+16)+(2x-4)=3x+2x+16-4=5x+12$

① $(7x+11)-(4x-9)=7x+11-4x+9$

$\qquad\qquad\qquad\qquad=7x-4x+11+9$

$\qquad\qquad\qquad\qquad=3x+20$

② $(10x+15)-3(4x+3)=10x+15-12x-9$

$\qquad\qquad\qquad\qquad\quad=10x-12x+15-9$

$\qquad\qquad\qquad\qquad\quad=-2x+6$

③ $\dfrac{5}{7}(14x+7)-5\left(x-\dfrac{7}{5}\right)=10x+5-5x+7$

$\qquad\qquad\qquad\qquad\qquad=10x-5x+5+7$

$\qquad\qquad\qquad\qquad\qquad=5x+12$

④ $\dfrac{3x+1}{2}+\dfrac{x+5}{4}=\dfrac{2(3x+1)}{4}+\dfrac{x+5}{4}$

$\qquad\qquad\qquad=\dfrac{6x+2+x+5}{4}$

$\qquad\qquad\qquad=\dfrac{6x+x+2+5}{4}$

$\qquad\qquad\qquad=\dfrac{7x+7}{4}=\dfrac{7}{4}x+\dfrac{7}{4}$

⑤ $9x-\{8-6(x+1)\}=9x-(8-6x-6)$

$\qquad\qquad\qquad\qquad=9x-(-6x+8-6)$

$\qquad\qquad\qquad\qquad=9x-(-6x+2)$

$\qquad\qquad\qquad\qquad=9x+6x-2=15x-2$

따라서 주어진 식과 계산 결과가 같은 것은 ③이다.

8 색칠한 부분의 넓이는 사다리꼴의 넓이에서 직각삼각형의 넓이를 뺀 것과 같으므로
(색칠한 부분의 넓이)
$$=\frac{1}{2}\times\{(a-2)+(2a+1)\}\times6-\frac{1}{2}\times(a-3)\times6$$
$$=3(3a-1)-3(a-3)=9a-3-3a+9=6a+6$$

[다른 풀이]
색칠한 도형은 윗변의 길이가 $a-2$,
아랫변의 길이가
$(2a+1)-(a-3)$
$=2a+1-a+3=a+4$,
높이가 6인 사다리꼴이므로
(색칠한 부분의 넓이)$=\frac{1}{2}\times\{(a-2)+(a+4)\}\times6$
$$=3(2a+2)=6a+6$$

9 $3A-2(A-2B)=3A-2A+4B=A+4B$
$\therefore A+4B=(3x+7)+4(-x+1)=3x+7-4x+4$
$$=-x+11$$

10 어떤 다항식을 $\boxed{}$라 하면
$\boxed{}+(-x+7)=3x+6$
$\therefore \boxed{}=3x+6-(-x+7)=3x+6+x-7=4x-1$
따라서 어떤 다항식은 $4x-1$이므로 바르게 계산하면
$(4x-1)-(-x+7)=4x-1+x-7=5x-8$

핵심 유형 문제   P. 62~65

1 ④	**2** ㄴ, ㄷ	**3** ②, ④	**4** ②	**5** ③
6 ⑤	**7** ④	**8** ㄴ, ㄹ	**9** ④	**10** ③
11 ⑤	**12** -42	**13** $\frac{1}{3}$	**14** $\frac{1}{10}$	**15** ③
16 ①	**17** $4x+4$		**18** (1) $12a+4$ (2) 40	
19 $-7x+7$		**20** ②	**21** 1	**22** ②
23 ⑤	**24** ⑤	**25** $A=-3x-5,\ B=4x-9$		
26 (1) $7a-7$ (2) $12a+1$			**27** ③	

1 ④ x의 계수는 -1이다.

2 ㄱ. $3x+1$의 차수는 1이다.
ㄴ. $-x$는 항이 한 개뿐인 식이다.
ㄹ. $\frac{x}{2}-\frac{y}{2}+3$에서
x의 계수는 $\frac{1}{2}$이고, y의 계수는 $-\frac{1}{2}$이므로
(x의 계수)$+$(y의 계수)$=\frac{1}{2}+\left(-\frac{1}{2}\right)=0$
따라서 옳은 것은 ㄴ, ㄷ이다.

3 ① 분모에 문자가 있는 식은 다항식이 아니므로 일차식이 아니다.
③, ⑤ 다항식의 차수가 2이므로 일차식이 아니다.
따라서 일차식인 것은 ②, ④이다.

4 $(7-a)x^2-(b+1)x-15$가 x에 대한 일차식이 되려면
x^2의 계수는 0이어야 하고
x의 계수는 0이 아니어야 한다.
즉, $7-a=0$, $b+1\neq0$
$\therefore a=7$, $b\neq-1$

5 ① $5\times(-2x)=-10x$
② $(-25x)\div(-5)=(-25x)\times\left(-\frac{1}{5}\right)=5x$
③ $-2(3x-2)=(-2)\times3x-(-2)\times2=-6x+4$
④ $(-9x+15)\div(-3)=(-9x+15)\times\left(-\frac{1}{3}\right)$
$$=-9x\times\left(-\frac{1}{3}\right)+15\times\left(-\frac{1}{3}\right)$$
$$=3x-5$$
⑤ $(4x-6)\times\frac{3}{2}=4x\times\frac{3}{2}-6\times\frac{3}{2}=6x-9$
따라서 옳은 것은 ③이다.

6 $(3x-6)\div\left(-\frac{3}{4}\right)=(3x-6)\times\left(-\frac{4}{3}\right)$
$$=3x\times\left(-\frac{4}{3}\right)-6\times\left(-\frac{4}{3}\right)$$
$$=-4x+8$$
따라서 $a=-4$, $b=8$이므로
$b-a=8-(-4)=12$

7 $-2(3x-1)=-6x+2$
① $(3x-6)\div(-2)=(3x-6)\times\left(-\frac{1}{2}\right)$
$$=-\frac{3}{2}x+3$$
② $(3x-1)\times2=6x-2$
③ $3(1-2x)=3-6x$
④ $\left(-x+\frac{1}{3}\right)\div\frac{1}{6}=\left(-x+\frac{1}{3}\right)\times6$
$$=-6x+2$$
⑤ $(-2x+1)\div\left(-\frac{1}{6}\right)=(-2x+1)\times(-6)=12x-6$
따라서 식을 계산한 결과가 $-2(3x-1)$과 같은 것은 ④이다.

8 ㄱ, ㅂ. 차수가 다르므로 동류항이 아니다.
ㄴ. 문자와 차수가 각각 같으므로 동류항이다.
ㄷ. $\frac{4}{x}$는 분모에 문자가 있으므로 다항식이 아니다.
ㄹ. 상수항끼리는 동류항이다.
ㅁ. 문자가 다르므로 동류항이 아니다.
따라서 동류항끼리 짝 지어진 것은 ㄴ, ㄹ이다.

9 동류항은 $2x^2$과 $\frac{5}{2}x^2$, $-3x$와 $2x$, 5와 9이므로
동류항끼리 짝 지은 것은 ④이다.

10 ① $4x-7x=(4-7)x=-3x$
② $-3b+2b+1=(-3+2)b+1=-b+1$
③ 5와 $6x$는 동류항이 아니므로 더 이상 계산할 수 없다.
④ $x+\dfrac{x}{2}=\left(1+\dfrac{1}{2}\right)x=\dfrac{3}{2}x$
⑤ $x+5+6x-3=x+6x+5-3$
$\qquad\qquad\qquad\;\;=(1+6)x+2=7x+2$
따라서 옳지 않은 것은 ③이다.

11 ① $(x+1)+(2x+3)=x+1+2x+3$
$\qquad\qquad\qquad\qquad\quad=x+2x+1+3=3x+4$
② $(5x-2)-(x-2)=5x-2-x+2$
$\qquad\qquad\qquad\qquad\;\;=5x-x-2+2=4x$
③ $2(2b-3)+3(b+1)=4b-6+3b+3$
$\qquad\qquad\qquad\qquad\qquad=4b+3b-6+3=7b-3$
④ $\dfrac{1}{4}(4x+8)-\dfrac{1}{5}(15-5x)=x+2-3+x$
$\qquad\qquad\qquad\qquad\qquad\qquad=x+x+2-3=2x-1$
⑤ $-6(2x+3)+12\left(\dfrac{1}{3}x-\dfrac{1}{2}\right)=-12x-18+4x-6$
$\qquad\qquad\qquad\qquad\qquad\qquad\qquad=-12x+4x-18-6$
$\qquad\qquad\qquad\qquad\qquad\qquad\qquad=-8x-24$
따라서 옳은 것은 ⑤이다.

12 $\dfrac{1}{3}(9x+6)-\dfrac{2}{5}(25x-10)=3x+2-10x+4$
$\qquad\qquad\qquad\qquad\qquad\qquad=3x-10x+2+4$
$\qquad\qquad\qquad\qquad\qquad\qquad=-7x+6$
따라서 x의 계수는 -7이고, 상수항은 6이므로 구하는 곱은
$-7\times6=-42$

13 〔1단계〕 $\dfrac{x-3}{2}-\dfrac{2x-5}{3}=\dfrac{3(x-3)}{6}-\dfrac{2(2x-5)}{6}$
$\qquad\qquad\qquad\qquad\qquad\quad=\dfrac{3x-9-4x+10}{6}$
$\qquad\qquad\qquad\qquad\qquad\quad=\dfrac{3x-4x-9+10}{6}$
$\qquad\qquad\qquad\qquad\qquad\quad=\dfrac{-x+1}{6}=-\dfrac{1}{6}x+\dfrac{1}{6}$
〔2단계〕 따라서 $a=-\dfrac{1}{6}$, $b=\dfrac{1}{6}$이므로
〔3단계〕 $b-a=\dfrac{1}{6}-\left(-\dfrac{1}{6}\right)=\dfrac{1}{6}+\dfrac{1}{6}=\dfrac{2}{6}=\dfrac{1}{3}$

채점 기준		
1단계	분모를 통분하여 계산하기	… 50 %
2단계	상수 a, b의 값 구하기	… 20 %
3단계	$b-a$의 값 구하기	… 30 %

14 $\dfrac{1}{4}(5x+3)-0.7\left(2x+\dfrac{5}{7}\right)$
$=\dfrac{1}{4}(5x+3)-\dfrac{7}{10}\left(2x+\dfrac{5}{7}\right)$
$=\dfrac{5}{4}x+\dfrac{3}{4}-\dfrac{7}{5}x-\dfrac{1}{2}$
$=\dfrac{5}{4}x-\dfrac{7}{5}x+\dfrac{3}{4}-\dfrac{1}{2}$
$=\dfrac{25}{20}x-\dfrac{28}{20}x+\dfrac{3}{4}-\dfrac{2}{4}$
$=-\dfrac{3}{20}x+\dfrac{1}{4}$
따라서 $a=-\dfrac{3}{20}$, $b=\dfrac{1}{4}$이므로
$a+b=-\dfrac{3}{20}+\dfrac{1}{4}=\dfrac{1}{10}$

15 $x-[4x-2-\{2(3x-1)-4x\}]$
$=x-\{4x-2-(6x-2-4x)\}$
$=x-\{4x-2-(2x-2)\}$
$=x-(4x-2-2x+2)$
$=x-2x=-x$

16 오른쪽 그림과 같이 보조선을
그으면
(도형의 넓이)
$=$(직사각형 ㉠의 넓이)
$\quad+$(직사각형 ㉡의 넓이)
$=4(3a-4)+5(a+2)$
$=12a-16+5a+10$
$=17a-6$

〔다른 풀이〕
오른쪽 그림과 같이 각 변을 연
장하여 큰 직사각형을 만들면
(도형의 넓이)
$=$(큰 직사각형의 넓이)
$\quad-$(작은 직사각형의 넓이)
$=9(3a-4)-5\{(3a-4)-(a+2)\}$
$=27a-36-5(3a-4-a-2)$
$=27a-36-5(2a-6)$
$=27a-36-10a+30$
$=17a-6$

17 (색칠한 부분의 넓이)
$=$(사다리꼴의 넓이)$-$(직사각형의 넓이)
$=\dfrac{1}{2}\times\{(2x-3)+(x+4)\}\times4-2\times(x-1)$
$=2(3x+1)-2(x-1)$
$=6x+2-2x+2$
$=4x+4$

18 (1) **1단계** 주어진 도형의 둘레의 길이는 오른쪽 그림과 같은 직사각형의 둘레의 길이와 같다.

따라서 도형의 둘레의 길이는
$2\{(a+1)+(2a+3)+(3a-2)\}$
$=2(6a+2)=12a+4$

(2) **2단계** $12a+4$에 $a=3$을 대입하면
$12a+4=12\times 3+4$
$=36+4=40$
따라서 $a=3$일 때, 도형의 둘레의 길이는 40이다.

채점 기준		
1단계	도형의 둘레의 길이를 a를 사용한 식으로 나타내기	… 50 %
2단계	$a=3$일 때, 도형의 둘레의 길이 구하기	… 50 %

19 $A=-2x+1$, $B=3x-5$를 $2A-B$에 대입하면
$2A-B=2(-2x+1)-(3x-5)$
$=-4x+2-3x+5$
$=-7x+7$

20 $4A-(A+2B)=4A-A-2B=3A-2B$이므로
$A=x+3$, $B=2x-3$을 $3A-2B$에 대입하면
$3A-2B=3(x+3)-2(2x-3)$
$=3x+9-4x+6=-x+15$

21 $3A-2(A-B)=3A-2A+2B=A+2B$이므로
$A+2B=\left(\dfrac{-x+2}{3}\right)+2\left(\dfrac{3x-1}{4}\right)$
$=\dfrac{-x+2}{3}+\dfrac{3x-1}{2}$
$=\dfrac{2(-x+2)}{6}+\dfrac{3(3x-1)}{6}$
$=\dfrac{-2x+4+9x-3}{6}$
$=\dfrac{7x+1}{6}=\dfrac{7}{6}x+\dfrac{1}{6}$

따라서 $a=\dfrac{7}{6}$, $b=\dfrac{1}{6}$이므로
$a-b=\dfrac{7}{6}-\dfrac{1}{6}=1$

22 $2(3a-7)+\boxed{}=2a-5$에서
$\boxed{}=2a-5-2(3a-7)$
$=2a-5-6a+14=-4a+9$

23 어떤 다항식을 $\boxed{}$라 하면
$\boxed{}-(-3a+4)=2a+1$
$\therefore \boxed{}=2a+1+(-3a+4)=-a+5$
따라서 어떤 다항식은 $-a+5$이다.

24 ㈎: $A-(2x-4)=3x+1$에서
$A=3x+1+(2x-4)=5x-3$
㈏: $B+(-x+6)=x+5$에서
$B=x+5-(-x+6)=x+5+x-6$
$=2x-1$
따라서 ㈎, ㈏에 의해
$A-B=(5x-3)-(2x-1)$
$=5x-3-2x+1=3x-2$

25 $A+(2x+3)=-x-2$에서
$A=-x-2-(2x+3)$
$=-x-2-2x-3=-3x-5$
$B=(-x-2)+(5x-7)=4x-9$

26 (1) 어떤 다항식을 $\boxed{}$라 하면
$\boxed{}-(5a+8)=2a-15$
$\therefore \boxed{}=2a-15+(5a+8)=7a-7$
(2) 어떤 다항식은 $7a-7$이므로 바르게 계산하면
$(7a-7)+(5a+8)=12a+1$

27 어떤 다항식을 $\boxed{}$라 하면
$\boxed{}+(x-3)=5x+2$
$\therefore \boxed{}=5x+2-(x-3)$
$=5x+2-x+3=4x+5$
따라서 어떤 다항식은 $4x+5$이므로 바르게 계산하면
$(4x+5)-(x-3)=4x+5-x+3=3x+8$

실력 UP 문제 P. 66

1-1 ①	**1-2** $7a+6$
2-1 $(15n+10)\,\text{cm}^2$	**2-2** (1) $12a\,\text{cm}$ (2) $24\,\text{cm}$
3-1 13	**3-2** 75

1-1 n이 홀수이면 $n+1$은 짝수이므로
$(-1)^n=-1$, $(-1)^{n+1}=1$
$\therefore (-1)^n(x+3)+(-1)^{n+1}(-2x+1)$
$=-(x+3)+(-2x+1)$
$=-x-3-2x+1$
$=-3x-2$

1-2 자연수 n에 대하여 $2n$은 짝수, $2n-1$은 홀수이므로
$(-1)^{2n}=1$, $(-1)^{2n-1}=-1$
$\therefore (-1)^{2n}(3a-1)-(-1)^{2n-1}(4a+7)$
$=3a-1-(-1)\times(4a+7)$
$=3a-1+4a+7$
$=7a+6$

2-1 종이 n장을 이어 붙이면 겹치는 부분이 $(n-1)$개 생기므로 완성된 직사각형의 가로의 길이는
$5 \times n - 2 \times (n-1) = 5n - 2n + 2 = 3n + 2 \text{(cm)}$
따라서 완성된 직사각형의 세로의 길이는 $5\,\text{cm}$이므로
이 직사각형의 넓이는
$5 \times (3n+2) = 15n + 10 \text{(cm}^2)$

2-2 (1) 다음 그림과 같이 종이 5장을 포개어 놓았을 때, 포개진 부분은 4개 생긴다.

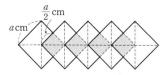

한 변의 길이가 $a\,\text{cm}$인 정사각형 모양의 종이 1장의
둘레의 길이는 $4 \times a = 4a\text{(cm)}$이고,
포개진 부분 1개, 즉 한 변의 길이가 $\dfrac{a}{2}\,\text{cm}$인 정사각형의
둘레의 길이는 $4 \times \dfrac{a}{2} = 2a\text{(cm)}$이므로
(색칠한 부분의 둘레의 길이)
$=$ (종이 5장의 둘레의 길이의 합)
$\quad -$ (포개진 부분 4개의 둘레의 길이의 합)
$= 5 \times 4a - 4 \times 2a = 20a - 8a = 12a\text{(cm)}$
(2) $12a$에 $a=2$를 대입하면 구하는 둘레의 길이는
$12a = 12 \times 2 = 24\text{(cm)}$

3-1 $(ax+b) \times \left(-\dfrac{3}{2}\right) = -12x + 6$에서
$ax + b = (-12x+6) \div \left(-\dfrac{3}{2}\right)$
$\qquad = (-12x+6) \times \left(-\dfrac{2}{3}\right) = 8x - 4$
$\therefore a = 8,\ b = -4$
$cx + d = (-12x+6) \times \left(-\dfrac{3}{2}\right) = 18x - 9$
이므로 $c = 18,\ d = -9$
$\therefore a+b+c+d = 8 + (-4) + 18 + (-9) = 13$

3-2 $(ax+b) \div \dfrac{4}{3} = 12x - 24$에서
$ax + b = (12x - 24) \times \dfrac{4}{3} = 16x - 32$
$\therefore a = 16,\ b = -32$
$cx + d = (12x - 24) \div \dfrac{4}{3}$
$\qquad = (12x - 24) \times \dfrac{3}{4} = 9x - 18$
이므로 $c = 9,\ d = -18$
$\therefore a - b + c - d = 16 - (-32) + 9 - (-18) = 75$

---

1 ①, ④   **2** ③   **3** ③   **4** -19
5 $(6a+8b)\,\text{cm}^2$, $142\,\text{cm}^2$
6 (1) $(3n-2)$개   (2) 148개   **7** ③, ④   **8** ㄹ, ㅂ
9 20   **10** $5x$, $-\dfrac{x}{7}$ **11** ③   **12** ④
13 ②   **14** $7x+84$ **15** $16x+10$
16 $2x$ **17** $-\dfrac{1}{3}x + \dfrac{4}{3}$
18 76.6, 50 % 정도 불쾌감을 느낌   **19** A 가게

1 ② $-x \times 0.1 = -0.1x$
③ $x \times 2 \div y = x \times 2 \times \dfrac{1}{y} = \dfrac{2x}{y}$
⑤ $2 \times (a+b) \div 3 = 2(a+b) \times \dfrac{1}{3}$
$\qquad\qquad = \dfrac{2(a+b)}{3}$
따라서 옳은 것은 ①, ④이다.

2 ① $\dfrac{1}{2}ab\,\text{cm}^2$
② $(200 - 15x)$쪽
③ $a - a \times \dfrac{b}{100} = a - \dfrac{ab}{100}$
④ (거리) $=$ (속력) $\times$ (시간)이므로 분속 $80\,\text{m}$로 x분 동안
걸은 거리는 $80 \times x = 80x\text{(m)}$
⑤ 한 달에 x회씩 배달앱을 이용하는 가족의 1년 동안의
배달앱 이용 횟수는 $12 \times x = 12x$
따라서 옳은 것은 ③이다.

3 ① $\dfrac{x}{y} = \dfrac{3}{-9} = -\dfrac{1}{3}$
② $\dfrac{y}{x} = \dfrac{-9}{3} = -3$
③ $3xy = 3 \times 3 \times (-9) = -81$
④ $x - y = 3 - (-9) = 12$
⑤ $y^2 - x = (-9)^2 - 3$
$\qquad\qquad = 81 - 3 = 78$
따라서 식의 값이 가장 작은 것은 ③이다.

4 $\dfrac{4}{a} - \dfrac{5}{b} - \dfrac{6}{c} = 4 \div a - 5 \div b - 6 \div c$
$\qquad = 4 \div \left(-\dfrac{1}{2}\right) - 5 \div \left(-\dfrac{1}{5}\right) - 6 \div \dfrac{1}{6}$
$\qquad = 4 \times (-2) - 5 \times (-5) - 6 \times 6$
$\qquad = -8 + 25 - 36$
$\qquad = -19$

5 [1단계] 오른쪽 그림과 같이 보조선을 그으면

(사각형의 넓이)

= (직각삼각형 ㉠의 넓이)
  + (삼각형 ㉡의 넓이)

$= \left(\dfrac{1}{2} \times 12 \times a\right) + \left(\dfrac{1}{2} \times 16 \times b\right)$

$= 6a + 8b\,(\text{cm}^2)$

[2단계] 위의 식에 $a=9$, $b=11$을 대입하면

(사각형의 넓이)$= 6 \times 9 + 8 \times 11 = 142\,(\text{cm}^2)$

채점 기준		
1단계	사각형의 넓이를 a, b를 사용한 식으로 나타내기	⋯ 50%
2단계	$a=9$, $b=11$일 때, 사각형의 넓이 구하기	⋯ 50%

6 (1)

☺ ☺☺ ☺☺☺ ☺☺☺ ⋯

[1번째] [2번째] [3번째] [4번째]

위의 그림에서 ○ 표시한 중앙의 스티커는 1개로 일정하고, 나머지 스티커는 2번째에 3개, 3번째에 6개, 4번째에 9개, ⋯, 즉 3개씩 늘어나므로 n번째에 $3(n-1)$개 늘어난다.

따라서 [n번째] 그림에 붙여야 할 스티커는

$1 + 3(n-1) = 1 + 3n - 3 = 3n - 2$(개)이다.

(2) $3n-2$에 $n=50$을 대입하면

$3 \times 50 - 2 = 150 - 2 = 148$

따라서 [50번째] 그림에 붙여야 할 스티커는 148개이다.

7 ③ 상수항은 1이다.

④ x의 계수는 -3이다.

8 ㄱ, ㄴ, ㄷ. 일차식

ㄹ. 상수항뿐이므로 일차식이 아니다.

ㅁ. $0 \times x^2 - x + 1 = -x + 1$이므로 x에 대한 일차식이다.

ㅂ. 분모에 문자가 있는 식은 다항식이 아니므로 일차식이 아니다.

따라서 일차식이 아닌 것은 ㄹ, ㅂ이다.

9 $(6x-14) \times \left(-\dfrac{5}{2}\right) = 6x \times \left(-\dfrac{5}{2}\right) - 14 \times \left(-\dfrac{5}{2}\right)$

$= -15x + 35$

따라서 x의 계수는 -15, 상수항은 35이므로

구하는 합은 $-15 + 35 = 20$

10 문자와 차수가 각각 같은 항을 고르면

$5x$, $-\dfrac{x}{7}$이다.

11 $(2-a)x^2 + 3x - 1 - x + b = (2-a)x^2 + 2x + (-1+b)$가 일차식이 되려면 $2-a=0$이어야 하므로

$a=2$

이때 상수항이 4이므로

$-1 + b = 4$ ∴ $b=5$

∴ $b - a = 5 - 2 = 3$

12 ①, ② 좌변을 더 이상 간단히 할 수 없다.

③ $0.2x + 5 - 0.5x - 2 = -0.3x + 3$

④ $3(2x-1) - 4(3x-5)$

$= 6x - 3 - 12x + 20$

$= -6x + 17$

⑤ $\dfrac{3}{7}(35x - 14) - (8x + 12) \div \left(-\dfrac{2}{3}\right)$

$= 15x - 6 - (8x + 12) \times \left(-\dfrac{3}{2}\right)$

$= 15x - 6 + 12x + 18$

$= 27x + 12$

따라서 옳은 것은 ④이다.

13 $\dfrac{3x-5}{8} - \dfrac{5(x-4)}{12}$

$= \dfrac{3(3x-5)}{24} - \dfrac{10(x-4)}{24}$

$= \dfrac{9x - 15 - 10x + 40}{24}$

$= \dfrac{-x + 25}{24}$

$= -\dfrac{1}{24}x + \dfrac{25}{24}$

따라서 $a = -\dfrac{1}{24}$, $b = \dfrac{25}{24}$이므로

$a + b = -\dfrac{1}{24} + \dfrac{25}{24} = 1$

14 직사각형의

가로의 길이는 $2x + 12$,

세로의 길이는 $7 + 7 = 14$이므로

(직사각형의 넓이)

$= (2x + 12) \times 14$

$= 28x + 168$

또 세 직각삼각형 ㉠, ㉡, ㉢의 넓이의 합은

(㉠의 넓이) + (㉡의 넓이) + (㉢의 넓이)

$= \dfrac{1}{2} \times 2x \times 14 + \dfrac{1}{2} \times (2x + 12) \times 7 + \dfrac{1}{2} \times 12 \times 7$

$= 14x + 7x + 42 + 42$

$= 21x + 84$

∴ (색칠한 부분의 넓이)

$=$ (직사각형의 넓이) $-$ (㉠, ㉡, ㉢의 넓이의 합)

$= 28x + 168 - (21x + 84)$

$= 28x + 168 - 21x - 84$

$= 7x + 84$

15
$$4A+B-(2A-5B)=4A+B-2A+5B$$
$$=4A-2A+B+5B$$
$$=2A+6B$$
$$\therefore\ 2A+6B=2(-x+2)+6(3x+1)$$
$$=-2x+4+18x+6$$
$$=16x+10$$

16

		㉠
$-x+3$	$x+1$	$3x-1$
$4x-2$		A

위의 표에서 가운데 가로줄에서 세 다항식의 합은
$$(-x+3)+(x+1)+(3x-1)=3x+3$$
가로, 세로, 대각선에 놓인 세 다항식의 합은 모두 같으므로
오른쪽 위로 향하는 대각선에서
$$㉠+(x+1)+(4x-2)=3x+3$$이므로
$$㉠+5x-1=3x+3$$
$$\therefore\ ㉠=3x+3-(5x-1)=3x+3-5x+1$$
$$=-2x+4$$
따라서 가장 오른쪽 세로줄에서
$$(-2x+4)+(3x-1)+A=3x+3$$이므로
$$x+3+A=3x+3$$
$$\therefore\ A=3x+3-(x+3)$$
$$=3x+3-x-3=2x$$

17 (1단계) 어떤 다항식을 $\boxed{}$라 하면
$$\boxed{}+\frac{x-1}{2}=\frac{2x+1}{3}$$
$$\therefore\ \boxed{}=\frac{2x+1}{3}-\frac{x-1}{2}$$
$$=\frac{2(2x+1)}{6}-\frac{3(x-1)}{6}$$
$$=\frac{4x+2-3x+3}{6}$$
$$=\frac{x+5}{6}$$

(2단계) 따라서 어떤 다항식은 $\dfrac{x+5}{6}$이므로
바르게 계산하면
$$\frac{x+5}{6}-\frac{x-1}{2}=\frac{x+5}{6}-\frac{3(x-1)}{6}$$
$$=\frac{x+5-3x+3}{6}$$
$$=\frac{-2x+8}{6}$$
$$=-\frac{1}{3}x+\frac{4}{3}$$

채점 기준		
1단계	어떤 다항식 구하기	… 50 %
2단계	바르게 계산한 식 구하기	… 50 %

18 $0.72(a+b)+40.6$에 $a=32$, $b=18$을 대입하면
$$0.72\times(32+18)+40.6=0.72\times50+40.6$$
$$=76.6$$
따라서 불쾌지수는 76.6이고, 불쾌감을 느끼는 정도는
'50 % 정도 불쾌감을 느낌'이다.

19 A 가게: 4개의 가격으로 5개를 살 수 있으므로
아이스크림 1개당 구입 가격은
$$4x\div5=\frac{4}{5}x(원)$$
B 가게: 가격을 10 % 할인해 주므로
아이스크림 1개당 구입 가격은
$$x-x\times\frac{10}{100}=\frac{9}{10}x(원)$$
$\dfrac{4}{5}x=\dfrac{8}{10}x$이고, $\dfrac{8}{10}x<\dfrac{9}{10}x$이므로 1개당 구입 가격은
A 가게가 더 저렴하다.

01 방정식과 그 해

P. 73

1 3개 **2** ④ **3** 6 **4** ㄴ, ㄹ **5** ㄴ, ㄷ

1 등식은 ㄱ, ㄴ, ㅁ의 3개이다.

2 각 방정식의 x에 [ ] 안의 수를 대입하면
① $3 \times (-1) + 8 = 5$
② $\underset{=13}{-2 \times (-2) + 9} = \underset{=13}{5 \times (-2) + 23}$
③ $\underset{=3}{4 \times \frac{1}{2} + 1} = \underset{=3}{6 \times \frac{1}{2}}$
④ $\underset{=6}{3 \times (5-3)} \neq \underset{=-6}{-5-1}$
⑤ $\underset{=8}{4 \times (0+2)} = \underset{=8}{3 \times (2 \times 0 + 1) + 5}$
따라서 [ ] 안의 수가 주어진 방정식의 해가 아닌 것은 ④이다.

3 $ax - a + 4 = 5x + b$가 x의 값에 관계없이 항상 참이므로 x에 대한 항등식이다.
따라서 $a = 5$, $-a + 4 = b$에서
$b = -5 + 4 = -1$이므로
$a - b = 5 - (-1) = 6$

4 ㄱ. $a + 1 = b + 3$의 양변에서 2를 빼면 $a - 1 = b + 1$
ㄴ. $a = -b$의 양변에 2를 곱하면 $2a = -2b$
  양변에 1을 더하면 $2a + 1 = -2b + 1$
ㄷ. $3a + 7 = 3b + 7$의 양변에서 7을 빼면 $3a = 3b$
  양변을 3으로 나누면 $a = b$
ㄹ. $\frac{a}{5} = \frac{b}{2}$의 양변에 1을 더하면 $\frac{a}{5} + 1 = \frac{b}{2} + 1$
  $\therefore \frac{a+5}{5} = \frac{b+2}{2}$
따라서 옳은 것은 ㄴ, ㄹ이다.

5 $\frac{1}{4}x + 9 = 8$
$\frac{1}{4}x = -1$ — (가) 양변에서 9를 뺀다. ⇨ ㄴ
$\therefore x = -4$ — (나) 양변에 4를 곱한다. ⇨ ㄷ

핵심 유형 문제   P. 74~76

1 ③, ④ **2** $2(x+1) = 5x + 17$ **3** ②, ④, ⑥
4 (1) $x = -1$ (2) $x = -2$ **5** ③ **6** ③
7 $x = 4$ **8** ③ **9** ㄹ, ㅁ, ㅂ **10** ④
11 ① **12** 9 **13** $a = -2$, $b = 10$ **14** ①
15 ③ **16** ② **17** (가): 4, (나): -3, (다): -4
18 ㄹ **19** ③

1 ③ $1 > -3$ ⇨ 부등호를 사용한 식
④ $4x + 5$ ⇨ 다항식

2 어떤 수 x에 1을 더한 수의 2배는 / x의 5배보다 17만큼 크다.
$\underset{(x+1) \times 2}{\underline{}} = \underset{x \times 5 + 17}{\underline{}}$
⇨ $2(x+1) = 5x + 17$

3 ② $38 = 7x + 3$
④ $6x = 18000$
⑥ $45 - 16x = -3$

4 (1) $2x + 1 = 3x + 2$에
  $x = -2$를 대입하면 $\underset{=-3}{2 \times (-2) + 1} \neq \underset{=-4}{3 \times (-2) + 2}$
  $x = -1$을 대입하면 $\underset{=-1}{2 \times (-1) + 1} = \underset{=-1}{3 \times (-1) + 2}$
  $x = 0$을 대입하면 $\underset{=1}{2 \times 0 + 1} \neq \underset{=2}{3 \times 0 + 2}$
  $x = 1$을 대입하면 $\underset{=3}{2 \times 1 + 1} \neq \underset{=5}{3 \times 1 + 2}$
  따라서 주어진 방정식의 해는 $x = -1$이다.
(2) $-3x - 4 = 2(x+3)$에
  $x = -2$를 대입하면 $\underset{=2}{-3 \times (-2) - 4} = \underset{=2}{2 \times (-2 + 3)}$
  $x = -1$을 대입하면 $\underset{=-1}{-3 \times (-1) - 4} \neq \underset{=4}{2 \times (-1 + 3)}$
  $x = 0$을 대입하면 $\underset{=-4}{-3 \times 0 - 4} \neq \underset{=6}{2 \times (0 + 3)}$
  $x = 1$을 대입하면 $\underset{=-7}{-3 \times 1 - 4} \neq \underset{=8}{2 \times (1 + 3)}$
  따라서 주어진 방정식의 해는 $x = -2$이다.

5 각 방정식에 $x = 2$를 대입하면
① $2 \times 2 - 1 = 3$ ② $3 \times 2 - 6 = 0$
③ $\underset{=-1}{-3 \times 2 + 5} \neq -4$ ④ $5 \times 2 = 4 \times (2+1) - 2$
⑤ $\frac{1}{3} \times (2+4) = 2$
따라서 해가 $x = 2$가 아닌 것은 ③이다.

6 각 방정식의 x에 [ ] 안의 수를 대입하면
① $\underset{=4}{2 \times 2} \neq \underset{=0}{2-2}$ ② $\underset{=0}{3 \times \left(-\frac{1}{3}\right) + 1} \neq 2$

③ $\underset{=2}{\underline{4\times1-2}}=\underset{=2}{\underline{1+1}}$ ④ $\underset{=4}{\underline{6\times\dfrac{1}{2}+1}}\neq\underset{=-1}{\underline{2\times\dfrac{1}{2}-2}}$

⑤ $\underset{=2}{\underline{\dfrac{1}{2}\times4}}\neq\underset{=10}{\underline{6+4}}$

따라서 [ ] 안의 수가 주어진 방정식의 해인 것은 ③이다.

7 x의 값이 8의 약수이므로 $x=1,\ 2,\ 4,\ 8$
$-3x+8=2(2-x)$에
$x=1$을 대입하면 $\underset{=5}{\underline{-3\times1+8}}\neq\underset{=2}{\underline{2\times(2-1)}}$
$x=2$를 대입하면 $\underset{=2}{\underline{-3\times2+8}}\neq\underset{=0}{\underline{2\times(2-2)}}$
$x=4$를 대입하면 $\underset{=-4}{\underline{-3\times4+8}}=\underset{=-4}{\underline{2\times(2-4)}}$
$x=8$을 대입하면 $\underset{=-16}{\underline{-3\times8+8}}\neq\underset{=-12}{\underline{2\times(2-8)}}$
따라서 주어진 방정식의 해는 $x=4$이다.

8 ① (좌변)$=2(x-4)=2x-8$
　　⇨ (좌변)=(우변)이므로 항등식이다.
② (우변)$=2x+6-x=x+6$
　　⇨ (좌변)=(우변)이므로 항등식이다.
③ (우변)$=4(x-6)=4x-24$
　　⇨ (좌변)$\neq$(우변)이므로 항등식이 아니다.
④ (좌변)$=(5x-3)-(x-3)=5x-3-x+3=4x$
　　⇨ (좌변)=(우변)이므로 항등식이다.
⑤ (우변)$=(3x-4)+(6x+9)=9x+5$
　　⇨ (좌변)=(우변)이므로 항등식이다.
따라서 항등식이 아닌 것은 ③이다.

9 ㄱ. $4x-1=3$ ⇨ (좌변)$\neq$(우변)이므로 항등식이 아니다.
ㄴ. $7-3x=x+4$ ⇨ (좌변)$\neq$(우변)이므로 항등식이 아니다.
ㄷ. $3x=0$ ⇨ (좌변)$\neq$(우변)이므로 항등식이 아니다.
ㄹ. (우변)$=2x+2+x=3x+2$
　　⇨ (좌변)=(우변)이므로 항등식이다.
ㅁ. (좌변)$=x-2x=-x$
　　⇨ (좌변)=(우변)이므로 항등식이다.
ㅂ. (좌변)$=3(x+1)=3x+3$
　　⇨ (좌변)=(우변)이므로 항등식이다.
따라서 항등식인 것은 ㄹ, ㅁ, ㅂ이다.

10 모든 x의 값에 대하여 항상 참인 등식은 항등식이다.
①, ②, ③ (좌변)$\neq$(우변)이므로 항등식이 아니다.
④ (좌변)$=-5\left(x-\dfrac{6}{5}\right)=-5x+6$
　　⇨ (좌변)=(우변)이므로 항등식이다.
⑤ (좌변)$=-2(x+1)=-2x-2$
　　⇨ (좌변)$\neq$(우변)이므로 항등식이 아니다.
따라서 모든 x의 값에 대하여 항상 참인 등식은 ④이다.

11 $ax+4=5x-2b$가 x에 대한 항등식이므로
$a=5,\ 4=-2b$　∴ $b=-2$
∴ $ab=5\times(-2)=-10$

12 모든 x의 값에 대하여 항상 참인 등식은 항등식이다.
$(a-2)x+12=3(x+2b)+2x$에서
$(a-2)x+12=3x+6b+2x$
$(a-2)x+12=5x+6b$
이 식이 x에 대한 항등식이므로
$a-2=5,\ 12=6b$
∴ $a=7,\ b=2$
∴ $a+b=7+2=9$

13 [1단계] $8x+6=a(x-3)+bx$에서
　　　　 $8x+6=ax-3a+bx$
　　　　 $8x+6=(a+b)x-3a$
[2단계] 이 식이 x의 값에 관계없이 항상 성립하므로 이 식
은 항등식이다.
따라서 $6=-3a$에서 $a=-2$,
$8=a+b$에서 $8=-2+b$
∴ $b=8+2=10$

채점 기준		
1단계	주어진 등식의 우변을 정리하기	⋯ 60%
2단계	상수 a, b의 값 구하기	⋯ 40%

14 ① $a=b$의 양변에서 b를 빼면 $a-b=b-b$
　　 ∴ $a-b=0$
② $a=b$의 양변에 -3을 곱하면 $-3a=-3b$
③ $a+c=b+c$의 양변에서 c를 빼면 $a=b$
④ $a=-b$의 양변에 5를 더하면 $a+5=-b+5$
　　 즉, $5+a=5-b$
⑤ $-4a=8b$의 양변을 -4로 나누면 $a=-2b$
따라서 옳지 않은 것은 ①이다.

15 ① $3a=b$의 양변에 $\dfrac{2}{3}$를 곱하면 $2a=\dfrac{2}{3}b$
② $3a=b$의 양변을 3으로 나누면 $a=\dfrac{b}{3}$
　　 양변에서 4를 빼면 $a-4=\dfrac{b}{3}-4$
③ $3a=b$의 양변에 2를 곱하면 $6a=2b$
　　 양변에 1을 더하면 $6a+1=2b+1$
④ $3a=b$의 양변에서 3을 빼면 $3a-3=b-3$
　　 ∴ $3(a-1)=b-3$
⑤ $3a=b$의 양변에 -4를 곱하면 $-12a=-4b$
　　 양변에 2를 더하면 $-12a+2=-4b+2$
따라서 옳지 않은 것은 ③이다.

16 ① $a=b$의 양변에 3을 더하면 $a+3=b+3$ ∴ $\square=3$

② $3a=6b$의 양변을 3으로 나누면 $a=2b$ ∴ $\square=2$

③ $\dfrac{a}{3}=\dfrac{b}{6}$의 양변에 18을 곱하면 $6a=3b$ ∴ $\square=3$

④ $a+1=b+5$의 양변에서 2를 빼면 $a-1=b+3$

   ∴ $\square=3$

⑤ $a=3b$의 양변에서 3을 빼면 $a-3=3b-3$

   ∴ $a-3=3(b-1)$ ∴ $\square=3$

따라서 $\square$ 안에 알맞은 수가 나머지 넷과 다른 하나는 ②이다.

18 주어진 그림에서 설명하고 있는 등식의 성질은 '등식의 양변을 0이 아닌 같은 수로 나누어도 등식은 성립한다.'이다.

ㄱ 분배법칙을 이용하여 괄호를 푼다.

ㄴ 동류항끼리 계산한다.

ㄷ 등식의 양변에 9를 더한다.

ㄹ 등식의 양변을 2로 나눈다.

따라서 그림의 성질이 이용된 곳은 ㄹ이다.

19 ① $x-3=2$의 양변에 3을 더하면 $x=5$

② $2x-11=3$의 양변에 11을 더하면 $2x=14$

③ $\dfrac{x}{3}=-6$의 양변에 3을 곱하면 $x=-18$

   ⇨ 등식의 성질 '$a=b$이면 $ac=bc$이다.'

   또는 $\dfrac{x}{3}=-6$의 양변을 $\dfrac{1}{3}$로 나누면 $x=-18$

   ⇨ 등식의 성질 '$a=b$이면 $\dfrac{a}{c}=\dfrac{b}{c}(c\neq0)$이다.'

④ $\dfrac{5}{7}x+1=11$의 양변에 -1을 더하면 $\dfrac{5}{7}x=10$

⑤ $4(x-3)=4x-12$이므로

   $4x-12=8$의 양변에 12를 더하면 $4x=20$

따라서 등식의 성질 '$a=b$이면 $a+c=b+c$이다.'를 이용하여 방정식을 변형한 것이 아닌 것은 ③이다.

o2 일차방정식의 풀이

쏙쏙 개념 익히기   P. 77

1 ①, ④   **2** ③   **3** ④   **4** ③   **5** -3

2 ① $x-2=7$에서 $x-9=0$ ⇨ 일차방정식

② $5x=2x-1$에서 $3x+1=0$ ⇨ 일차방정식

③ $x^2=3x+2$에서 $x^2-3x-2=0$ ⇨ 일차방정식이 아니다.

④ $2x^2-5x+9=2(x^2-x)$에서 $2x^2-5x+9=2x^2-2x$

   $-3x+9=0$ ⇨ 일차방정식

⑤ $3x-2=2x+4$에서 $x-6=0$ ⇨ 일차방정식

따라서 일차방정식이 아닌 것은 ③이다.

3 ① $3-x=2x-6$에서 $-x-2x=-6-3$

   $-3x=-9$ ∴ $x=3$

② $5(1-2x)=-6x-7$에서 괄호를 풀면

   $5-10x=-6x-7$

   $-10x+6x=-7-5,\ -4x=-12$ ∴ $x=3$

③ $0.5x+0.18=0.08(5x+6)$의 양변에 100을 곱하면

   $50x+18=8(5x+6)$

   $50x+18=40x+48,\ 50x-40x=48-18$

   $10x=30$ ∴ $x=3$

④ $\dfrac{x}{3}-\dfrac{1+2x}{5}=x+3$의 양변에 15를 곱하면

   $5x-3(1+2x)=15(x+3)$

   $5x-3-6x=15x+45$

   $-x-3=15x+45,\ -x-15x=45+3$

   $-16x=48$ ∴ $x=-3$

⑤ $0.2x+\dfrac{x}{3}=1.6$에서 소수를 분수로 고치면

   $\dfrac{x}{5}+\dfrac{x}{3}=\dfrac{8}{5}$

   양변에 15를 곱하면

   $3x+5x=24$

   $8x=24$ ∴ $x=3$

따라서 해가 나머지 넷과 다른 하나는 ④이다.

4 주어진 방정식에 $x=-5$를 대입하면

   $\dfrac{-5-7}{2}+a=3\times(-5)+5$

   $-6+a=-10$ ∴ $a=-4$

5 $5(2-x)=x+4$에서 괄호를 풀면

   $10-5x=x+4,\ -5x-x=4-10$

   $-6x=-6$ ∴ $x=1$

   $a(x-3)=2x+4$에 $x=1$을 대입하면

   $a\times(1-3)=2\times1+4,\ -2a=6$

   ∴ $a=-3$

핵심 유형 문제   P. 78~81

1 ④   **2** ㄱ, ㄴ   **3** $a=7, b=5$ **4** 3개

5 ②   **6** ②   **7** ⑤   **8** FRIEND

9 4   **10** ④   **11** ②   **12** ④   **13** $x=13$

14 ④   **15** $x=-1$ **16** -21 **17** ①

18 ⑤   **19** 9   **20** $x=3$ **21** ①   **22** 10

23 0   **24** ③   **25** ④   **26** 18

1

3 $5x+2=-2x+7$에서 2를 이항하면
$5x=-2x+7-2$
$5x=-2x+5$에서 $-2x$를 이항하면
$5x+2x=5$ ∴ $7x=5$
∴ $a=7$, $b=5$

4 ㄱ. $3x+2=-3x-2$에서 $6x+4=0$ ⇨ 일차방정식
ㄴ. $x^2-x=x^2+x+6$에서 $-2x-6=0$ ⇨ 일차방정식
ㄷ. $2x-3=5$에서 $2x-8=0$ ⇨ 일차방정식
ㄹ. $2(x-3)=2x-6$에서 $2x-6=2x-6$
  $0=0$ ⇨ 일차방정식이 아니다.
ㅁ. $x^2-1=x+1$에서
  $x^2-x-2=0$ ⇨ 일차방정식이 아니다.
ㅂ. $5x-3$ ⇨ 등식이 아니므로 일차방정식이 아니다.
따라서 일차방정식은 ㄱ, ㄴ, ㄷ의 3개이다.

5 ① $2x-10=4$, $2x-14=0$ ⇨ 일차방정식
② $x^2=64$, $x^2-64=0$ ⇨ 일차방정식이 아니다.
③ $17=5x+2$, $-5x+15=0$ ⇨ 일차방정식
④ $\frac{1}{2}x=5$, $\frac{1}{2}x-5=0$ ⇨ 일차방정식
⑤ $40-3x=4$, $-3x+36=0$ ⇨ 일차방정식
따라서 일차방정식이 아닌 것은 ②이다.

6 $ax+1=2x+b$에서 $ax+1-2x-b=0$
$(a-2)x+(1-b)=0$
이 식이 (x에 대한 일차식)$=0$ 꼴이 되려면
$a-2\neq0$이어야 하므로 $a\neq2$

7 $3(3x-2)=5x+6$에서 괄호를 풀면
$9x-6=5x+6$, $4x=12$ ∴ $x=3$

8 ㄱ. $-4x=32$ ∴ $x=-8$
ㄴ. $1-x=x+1$, $-2x=0$ ∴ $x=0$
ㄷ. $16x+1=25-8x$, $24x=24$ ∴ $x=1$
ㄹ. $-x-2=3(x+6)$, $-x-2=3x+18$
  $-4x=20$ ∴ $x=-5$
ㅁ. $x=2(1-3x)-9$, $x=2-6x-9$
  $7x=-7$ ∴ $x=-1$
ㅂ. $5(x-1)=4(2x+1)$, $5x-5=8x+4$
  $-3x=9$ ∴ $x=-3$
따라서 각 일차방정식의 해에 해당하는 알파벳을 찾아 차례로 나열하면 FRIEND이다.

9 $5-9(2x-1)=-2(x+1)$에서 괄호를 풀면
$5-18x+9=-2x-2$, $-16x=-16$ ∴ $x=1$
∴ $k=1$
k^2+3k에 $k=1$을 대입하면 $k^2+3k=1^2+3\times1=4$

10 $a:b=c:d$이면 $ad=bc$이므로
$3:4=(2x+5):(x+10)$에서
$3(x+10)=4(2x+5)$, $3x+30=8x+20$
$-5x=-10$ ∴ $x=2$

11 $0.7x+1=0.2(11+2x)$의 양변에 10을 곱하면
$7x+10=2(11+2x)$
$7x+10=22+4x$
$3x=12$ ∴ $x=4$

12 $\frac{1}{2}x=\frac{2}{3}(x-2)+1$의 양변에 6을 곱하면
$3x=4(x-2)+6$
$3x=4x-8+6$
$-x=-2$ ∴ $x=2$

13 1단계 소수를 분수로 고치면
$$\frac{2(x-1)}{3}=\frac{1}{2}-\frac{3(3-x)}{4}$$
2단계 양변에 12를 곱하면
$8(x-1)=6-9(3-x)$
3단계 $8x-8=6-27+9x$
$8x-9x=-21+8$
$-x=-13$ ∴ $x=13$

채점 기준		
1단계	소수를 분수로 고치기	… 30 %
2단계	계수를 정수로 고치기	… 30 %
3단계	일차방정식의 해 구하기	… 40 %

14 소수를 분수로 고치면
$\frac{3}{2}x-\frac{3}{10}x=-\frac{6}{5}$
양변에 10을 곱하면
$15x-3x=-12$
$12x=-12$ ∴ $x=-1$
∴ $a=-1$
a^2-a에 $a=-1$을 대입하면
$a^2-a=(-1)^2-(-1)=1+1=2$

15 $1-\frac{x-5}{3}=x$의 양변에 3을 곱하면
$3-(x-5)=3x$
$3-x+5=3x$
$-4x=-8$ ∴ $x=2$
∴ $a=2$
$0.2(x-2a)=-1$에 $a=2$를 대입하면
$0.2(x-4)=-1$
양변에 10을 곱하면
$2(x-4)=-10$, $2x-8=-10$
$2x=-2$ ∴ $x=-1$

16 (1단계) $\frac{4}{3}(x-3)=1+\frac{x}{2}$의 양변에 6을 곱하면

$8(x-3)=6+3x$

$8x-24=6+3x,\ 5x=30$ $\quad\therefore\ x=6$

$\therefore\ p=6$

(2단계) $0.3(x-1)+1=0.1x$의 양변에 10을 곱하면

$3(x-1)+10=x,\ 3x-3+10=x$

$2x=-7$ $\quad\therefore\ x=-\dfrac{7}{2}$

$\therefore\ q=-\dfrac{7}{2}$

(3단계) $\therefore\ pq=6\times\left(-\dfrac{7}{2}\right)=-21$

채점 기준		
1단계	p의 값 구하기	$\cdots$ 40 %
2단계	q의 값 구하기	$\cdots$ 40 %
3단계	pq의 값 구하기	$\cdots$ 20 %

17 $2-ax=4(x-1)$에 $x=-2$를 대입하면

$2-a\times(-2)=4\times(-2-1)$

$2+2a=-12,\ 2a=-14$ $\quad\therefore\ a=-7$

18 주어진 방정식에 $x=-1$을 대입하면

$\dfrac{a\times(-1+2)}{3}-\dfrac{2-a\times(-1)}{4}=-\dfrac{1}{6},\ \dfrac{a}{3}-\dfrac{2+a}{4}=-\dfrac{1}{6}$

양변에 12를 곱하면

$4a-3(2+a)=-2,\ 4a-6-3a=-2$ $\quad\therefore\ a=4$

19 $3x+a=-x+2$에 $x=-3$을 대입하면

$3\times(-3)+a=-(-3)+2,\ -9+a=3+2$

$-9+a=5$ $\quad\therefore\ a=14$

$\dfrac{1}{2}(x-7)=bx+10$에 $x=-3$을 대입하면

$\dfrac{1}{2}\times(-3-7)=b\times(-3)+10,\ -5=-3b+10$

$3b=15$ $\quad\therefore\ b=5$

$\therefore\ a-b=14-5=9$

20 $a(x-2)+3x=2$에 $x=4$를 대입하면

$a\times(4-2)+3\times4=2,\ 2a+12=2$

$2a=-10$ $\quad\therefore\ a=-5$

$1.7x+a=0.4x-1.1$에 $a=-5$를 대입하면

$1.7x-5=0.4x-1.1$

양변에 10을 곱하면

$17x-50=4x-11$

$13x=39$ $\quad\therefore\ x=3$

21 $2x+9=-x+3$에서 $3x=-6$ $\quad\therefore\ x=-2$

$a(x+4)-2x=0$에 $x=-2$를 대입하면

$a\times(-2+4)-2\times(-2)=0,\ 2a+4=0$

$2a=-4$ $\quad\therefore\ a=-2$

22 (1단계) $\dfrac{x-2}{4}=-\dfrac{2}{5}x+1$의 양변에 20을 곱하면

$5(x-2)=-8x+20,\ 5x-10=-8x+20$

$13x=30$ $\quad\therefore\ x=\dfrac{30}{13}$

(2단계) $13x-a=20$에 $x=\dfrac{30}{13}$을 대입하면

$13\times\dfrac{30}{13}-a=20,\ 30-a=20$

$-a=-10$ $\quad\therefore\ a=10$

채점 기준		
1단계	$\dfrac{x-2}{4}=-\dfrac{2}{5}x+1$의 해 구하기	$\cdots$ 50 %
2단계	상수 a의 값 구하기	$\cdots$ 50 %

23 $0.36x-0.59=0.04x+0.05$의 양변에 100을 곱하면

$36x-59=4x+5,\ 32x=64$ $\quad\therefore\ x=2$

$\dfrac{x}{4}-6a=\dfrac{x+1}{2}$에 $x=2$를 대입하면

$\dfrac{2}{4}-6a=\dfrac{2+1}{2},\ \dfrac{1}{2}-6a=\dfrac{3}{2}$

양변에 2를 곱하면

$1-12a=3,\ -12a=2$ $\quad\therefore\ a=-\dfrac{1}{6}$

$\therefore\ 6a^2+a=6\times\left(-\dfrac{1}{6}\right)^2+\left(-\dfrac{1}{6}\right)=\dfrac{1}{6}-\dfrac{1}{6}=0$

24 $2(14-3x)=a$에서 $28-6x=a$

$-6x=a-28,\ x=\dfrac{a-28}{-6}$

$\therefore\ x=\dfrac{28-a}{6}$

이때 $\dfrac{28-a}{6}$가 자연수이려면 $28-a$가 6의 배수이어야 한다.

$28-a=6$일 때, $a=22$

$28-a=12$일 때, $a=16$

$28-a=18$일 때, $a=10$

$28-a=24$일 때, $a=4$

$28-a=30$일 때, $a=-2$

$\vdots$

따라서 자연수 a의 값은 4, 10, 16, 22의 4개이다.

25 $4x+3a=x+5a+1$에서

$3x=2a+1$ $\quad\therefore\ x=\dfrac{2a+1}{3}$

① $a=-1$일 때, $x=-\dfrac{1}{3}$ ② $a=0$일 때, $x=\dfrac{1}{3}$

③ $a=\dfrac{1}{2}$일 때, $x=\dfrac{2}{3}$ ④ $a=1$일 때, $x=1$

⑤ $a=2$일 때, $x=\dfrac{5}{3}$

따라서 해가 정수가 되도록 하는 a의 값은 ④이다.

26 $x-\frac{1}{4}(x+n)=-3$의 양변에 4를 곱하면

$4x-(x+n)=-12$, $4x-x-n=-12$

$3x=n-12$ ∴ $x=\dfrac{n-12}{3}$

이때 $\dfrac{n-12}{3}$가 음의 정수가 되려면 $n-12$의 값이

-3, -6, -9, ...이어야 한다.

$n-12=-3$일 때, $n=9$

$n-12=-6$일 때, $n=6$

$n-12=-9$일 때, $n=3$

$n-12=-12$일 때, $n=0$

$\vdots$

따라서 자연수 n의 값은 3, 6, 9이므로 그 합은

$3+6+9=18$

---

03 일차방정식의 활용

다시 쏙쏙 개념 익히기 P. 82

| **1** 36 | **2** 7세 | **3** 4 | **4** ① | **5** 91 |

1 연속하는 세 짝수 중 가장 작은 수를 x라 하면

세 짝수는 x, $x+2$, $x+4$이므로

$3x=(x+2)+(x+4)+30$

$3x=2x+36$ ∴ $x=36$

따라서 세 짝수 중 가장 작은 수는 36이다.

2 현재 아들의 나이를 x세라 하면

어머니의 나이는 $5x$세이므로

$5x+15=2(x+15)+6$

$5x+15=2x+36$

$3x=21$ ∴ $x=7$

따라서 현재 아들의 나이는 7세이다.

3 처음 직사각형의 넓이는 $6\times8=48(\text{cm}^2)$이고

새로 만든 직사각형의

가로의 길이는 $6+2=8(\text{cm})$,

세로의 길이는 $(8+x)\,\text{cm}$이므로

$8(8+x)=2\times48$

$64+8x=96$

$8x=32$ ∴ $x=4$

---

4 x개월 후에 언니의 예금액과 동생의 예금액이 같아진다고

하면 x개월 후의

언니의 예금액은 $(42000+2000x)$원

동생의 예금액은 $(30000+6000x)$원이므로

$42000+2000x=30000+6000x$

$-4000x=-12000$ ∴ $x=3$

따라서 언니의 예금액과 동생의 예금액이 같아지는 것은

3개월 후이다.

5 지난달의 여자 회원 수를 x라 하면

지난달의 남자 회원 수는 $125-x$이므로

$-\dfrac{9}{100}x+\dfrac{16}{100}(125-x)=-\dfrac{4}{100}\times125$

양변에 100을 곱하면

$-9x+2000-16x=-500$

$-25x=-2500$ ∴ $x=100$

따라서 이번 달의 여자 회원 수는

$100-\dfrac{9}{100}\times100=91$이다.

핵심 유형 문제 P. 83~85

1 ⑤	**2** 14	**3** 115, 116, 117	**4** 27
5 ②	**6** ④	**7** 155명	**8** 16세	**9** ②
10 15 cm	**11** ②	**12** 5	**13** 23개	**14** ③
15 ③	**16** (1) 11 (2) 61	**17** 117명	**18** ②
19 936	**20** ③

1 어떤 수를 x라 하면 $3x+8=5x-2$

$-2x=-10$ ∴ $x=5$

따라서 어떤 수는 5이다.

2 어떤 수를 x라 하면

$\dfrac{1}{3}(x-2)=\dfrac{1}{4}x+\dfrac{1}{2}$

양변에 12를 곱하면 $4(x-2)=3x+6$

$4x-8=3x+6$ ∴ $x=14$

따라서 어떤 수는 14이다.

3 연속하는 세 자연수를 $x-1$, x, $x+1$이라 하면

$(x-1)+x+(x+1)=348$

$3x=348$ ∴ $x=116$

따라서 연속하는 세 자연수는 115, 116, 117이다.

4 십의 자리의 숫자를 x라 하면 이 자연수는 $10x+7$이므로

$10x+7=3(x+7)$

$10x+7=3x+21$, $7x=14$ ∴ $x=2$

따라서 구하는 자연수는 27이다.

5 처음 자연수의 일의 자리의 숫자를 x라 하면
(처음 자연수)$=20+x$, (바꾼 자연수)$=10x+2$이므로
$10x+2=2(20+x)-6$
$10x+2=40+2x-6$
$8x=32$ $\therefore x=4$
따라서 처음 자연수는 24이다.

6 초콜릿을 x개 샀다고 하면 과자는 $(11-x)$개를 샀으므로
$700x+1600(11-x)=9500$
$700x+17600-1600x=9500$
$-900x=-8100$ $\therefore x=9$
따라서 초콜릿은 9개, 과자는 $11-9=2$(개)를 샀다.

7 1단계 토요일에 입장한 학생 수를 x라 하면
일요일에 입장한 학생 수는 $2x-5$이므로
$x+(2x-5)=235$
2단계 $3x=240$ $\therefore x=80$
$2x-5$에 $x=80$을 대입하면
$2\times80-5=155$
따라서 일요일에 입장한 학생은 155명이다.

채점 기준		
1단계	조건에 맞는 일차방정식 세우기	⋯ 60 %
2단계	일요일에 입장한 학생 수 구하기	⋯ 40 %

8 현재 형의 나이를 x세라 하면
동생의 나이는 $(x-4)$세이므로 $x+(x-4)=28$
$2x-4=28$, $2x=32$ $\therefore x=16$
따라서 현재 형의 나이는 16세이다.

9 x년 후에 아버지의 나이가 현우의 나이의 2배가 된다고 하면
x년 후의 현우의 나이는 $(17+x)$세,
아버지의 나이는 $(42+x)$세이므로
$42+x=2(17+x)$
$42+x=34+2x$
$-x=-8$ $\therefore x=8$
따라서 아버지의 나이가 현우의 나이의 2배가 되는 것은
8년 후이다.

10 가로의 길이를 x cm라 하면
세로의 길이는 $(x-8)$ cm이므로
$2\{x+(x-8)\}=44$
$2(2x-8)=44$
$4x-16=44$, $4x=60$ $\therefore x=15$
따라서 가로의 길이는 15 cm이다.

11 직육면체의 높이를 x cm라 하면
(직육면체의 겉넓이)$=2\times(6\times8+6\times x+8\times x)$이므로
$2(48+6x+8x)=376$
$2(48+14x)=376$
$96+28x=376$
$28x=280$ $\therefore x=10$
따라서 직육면체의 높이는 10 cm이다.

12 처음 사다리꼴의 넓이는 $\frac{1}{2}\times(3+7)\times4=20(\text{cm}^2)$이고
새로 만든 사다리꼴의
윗변의 길이는 처음과 같은 3 cm,
아랫변의 길이는 $(7+x)$ cm,
높이는 $2\times4=8$ (cm)이므로
$\frac{1}{2}\times\{3+(7+x)\}\times8=3\times20$
$4(10+x)=60$
$40+4x=60$
$4x=20$ $\therefore x=5$

13 1단계에서 사용된 성냥개비는 6개이고,
각 단계마다 5개씩 늘어나므로
n단계에서 사용된 성냥개비의 개수는
$6+5\times(n-1)=5n+1$
이때 성냥개비 116개가 사용되므로
$5n+1=116$
$5n=115$ $\therefore n=23$
즉, 성냥개비 116개가 사용되는 것은 23단계이다.
따라서 성냥개비 116개로 만들 수 있는 정육각형은 23개이다.

14 x개월 후에 형의 예금액이 동생의 예금액의 2배가 된다고
하면
x개월 후의 형의 예금액은 $(20000+1000x)$원,
동생의 예금액은 $(6000+1000x)$원이므로
$20000+1000x=2(6000+1000x)$
$20000+1000x=12000+2000x$
$-1000x=-8000$ $\therefore x=8$
따라서 형의 예금액이 동생의 예금액의 2배가 되는 것은
8개월 후이다.

15 학생 수를 x라 하면 한 학생에게 사탕을
7개씩 나누어 주면 2개가 남으므로
(사탕의 개수)$=7x+2$
8개씩 나누어 주면 3개가 부족하므로
(사탕의 개수)$=8x-3$
사탕의 개수는 일정하므로
$7x+2=8x-3$
$-x=-5$ $\therefore x=5$
따라서 학생 수는 5이다.

16 (1) **1단계** 학생 수를 x라 하면 한 학생에게 볼펜을

5자루씩 나누어 주면 6자루가 남으므로

(볼펜의 수)$=5x+6$

6자루씩 나누어 주면 5자루가 부족하므로

(볼펜의 수)$=6x-5$

볼펜의 수는 일정하므로

$5x+6=6x-5$

2단계 $-x=-11$ $\therefore x=11$

따라서 학생 수는 11이다.

(2) **3단계** 볼펜의 수는 $5\times11+6=61$

채점 기준	
1단계 학생 수를 x라 하고, 일차방정식 세우기	… 40 %
2단계 학생 수 구하기	… 30 %
3단계 볼펜의 수 구하기	… 30 %

17 긴 의자의 개수를 x라 하면

한 의자에 6명씩 앉으면 3명이 앉지 못하므로

(학생 수)$=6x+3$

한 의자에 7명씩 앉으면 마지막 의자에는 5명이 앉고 빈 의자가 2개 남으므로

(학생 수)$=7(x-3)+5$

학생 수는 일정하므로

$6x+3=7(x-3)+5$

$6x+3=7x-16,\ -x=-19$ $\therefore x=19$

따라서 긴 의자는 19개이므로 학생은

$6\times19+3=117$(명)

18 작년의 여학생 수를 x라 하면

작년의 남학생 수는 $820-x$이므로

$\dfrac{8}{100}(820-x)-\dfrac{10}{100}x=-10$

양변에 100을 곱하면

$8(820-x)-10x=-1000$

$6560-8x-10x=-1000$

$-18x=-7560$ $\therefore x=420$

따라서 작년의 여학생 수는 420이다.

19 작년의 남학생 수를 x라 하면

$\dfrac{4}{100}x-6=\dfrac{2}{100}\times1500$

양변에 100을 곱하면

$4x-600=3000,\ 4x=3600$ $\therefore x=900$

따라서 올해의 남학생 수는

$900+\dfrac{4}{100}\times900=936$

20 지난달 형의 휴대 전화 요금을 x원이라 하면

지난달 동생의 휴대 전화 요금은 $(50000-x)$원이므로

$-\dfrac{5}{100}x+\dfrac{20}{100}(50000-x)=\dfrac{7}{100}\times50000$

양변에 100을 곱하면

$-5x+20(50000-x)=350000$

$-5x+1000000-20x=350000,\ -25x=-650000$

$\therefore x=26000$

따라서 지난달 형의 휴대 전화 요금은 26000원이므로 이번달 형의 휴대 전화 요금은

$26000-\dfrac{5}{100}\times26000=24700$(원)

개념 익히기 P. 86

1 2 km **2** ③ **3** 18분 후 **4** 20분 후 **5** 6일

1 학교에서 집까지의 거리를 x km라 하면

	학교에서 집	집에서 공원
속력	시속 2 km	시속 3 km
거리	x km	$(x+4)$ km
시간	$\dfrac{x}{2}$시간	$\dfrac{x+4}{3}$시간

(학교에서 집까지 가는 데 걸린 시간)

$+$(집에서 공원까지 가는 데 걸린 시간)$=3$(시간)

이므로 $\dfrac{x}{2}+\dfrac{x+4}{3}=3$

양변에 6을 곱하면 $3x+2(x+4)=18$

$3x+2x+8=18,\ 5x=10$ $\therefore x=2$

따라서 학교에서 집까지의 거리는 2 km이다.

2

	소현	상윤
속력	시속 4 km	시속 5 km
거리	x km	x km
시간	$\dfrac{x}{4}$시간	$\dfrac{x}{5}$시간

(소현이가 걸린 시간)$-$(상윤이가 걸린 시간)$=\dfrac{20}{60}$(시간)

$\therefore \dfrac{x}{4}-\dfrac{x}{5}=\dfrac{1}{3}$

3 은지가 출발한 지 x분 후에 영지를 만난다고 하면

	영지	은지
속력	분속 60 m	분속 100 m
시간	$(x+12)$분	x분
거리	$60(x+12)$ m	$100x$ m

(영지가 이동한 거리)$=$(은지가 이동한 거리)이므로

$60(x+12)=100x$

$60x+720=100x,\ -40x=-720$ $\therefore x=18$

따라서 은지가 출발한 지 18분 후에 영지를 만난다.

4 두 사람이 출발한 지 x분 후에 처음으로 다시 만난다고 하면

	민규	진아
속력	분속 180 m	분속 100 m
시간	x분	x분
거리	$180x$ m	$100x$ m

(민규가 달린 거리)$-$(진아가 걸은 거리)
$=$(아이스링크장의 둘레의 길이)
이고, 아이스링크장의 둘레의 길이는 1.6 km$=$1600 m이므로
$180x-100x=1600$
$80x=1600$ $\therefore x=20$
따라서 두 사람은 출발한 지 20분 후에 처음으로 다시 만난다.

5 전체 일의 양을 1로 놓으면

유정이와 태훈이가 하루 동안 하는 일의 양은 각각 $\dfrac{1}{12}$, $\dfrac{1}{8}$
이다.

태훈이가 x일 동안 일을 하였다고 하면

$\dfrac{1}{12}\times 3+\dfrac{1}{8}x=1$, 즉 $\dfrac{1}{4}+\dfrac{1}{8}x=1$

양변에 8을 곱하면 $2+x=8$ $\therefore x=6$
따라서 태훈이는 6일 동안 일을 하였다.

핵심 유형 문제   **P. 87~88**

1 ②   **2** 2 km   **3** ③   **4** ⑤
5 오전 8시 20분   **6** 10분 후   **7** 6일   **8** 4시간
9 ⑤   **10** 1시간 30분$\left(\text{또는 } \dfrac{3}{2}\text{시간}\right)$ **11** 900원
12 ②

1 두 지점 A, B 사이의 거리를 x km라 하면

	갈 때	올 때
속력	시속 1 km	시속 4 km
거리	x km	x km
시간	$\dfrac{x}{1}$시간	$\dfrac{x}{4}$시간

(갈 때 걸린 시간)$+$(올 때 걸린 시간)$=1\dfrac{30}{60}$(시간)이므로

$\dfrac{x}{1}+\dfrac{x}{4}=1\dfrac{30}{60}$, 즉 $x+\dfrac{x}{4}=\dfrac{3}{2}$

양변에 4를 곱하면 $4x+x=6$, $5x=6$ $\therefore x=\dfrac{6}{5}=1.2$
따라서 두 지점 A, B 사이의 거리는 1.2 km이다.

---

2 학교와 도서관 사이의 거리를 x km 하면

	갈 때	도서관에 머무른 시간	올 때
속력	시속 2 km		시속 4 km
거리	x km	$\dfrac{20}{60}=\dfrac{1}{3}$(시간)	x km
시간	$\dfrac{x}{2}$시간		$\dfrac{x}{4}$시간

$\left(\begin{array}{c}\text{갈 때}\\\text{걸린 시간}\end{array}\right)+\left(\begin{array}{c}\text{도서관에}\\\text{머무른 시간}\end{array}\right)+\left(\begin{array}{c}\text{올 때}\\\text{걸린 시간}\end{array}\right)=1\dfrac{50}{60}$(시간)

이므로

$\dfrac{x}{2}+\dfrac{1}{3}+\dfrac{x}{4}=\dfrac{11}{6}$

양변에 12를 곱하면
$6x+4+3x=22$, $9x=18$ $\therefore x=2$
따라서 학교와 도서관 사이의 거리는 2 km이다.

3 올라간 거리를 x km라 하면

	올라갈 때	내려올 때
속력	시속 2 km	시속 3 km
거리	x km	$(x+1)$ km
시간	$\dfrac{x}{2}$시간	$\dfrac{x+1}{3}$시간

(올라갈 때 걸린 시간)$-$(내려올 때 걸린 시간)$=\dfrac{40}{60}$(시간)

이므로

$\dfrac{x}{2}-\dfrac{x+1}{3}=\dfrac{40}{60}$, 즉 $\dfrac{x}{2}-\dfrac{x+1}{3}=\dfrac{2}{3}$

양변에 6을 곱하면 $3x-2(x+1)=4$
$3x-2x-2=4$ $\therefore x=6$
따라서 올라간 거리는 6 km이다.

4

	동생	언니
속력	분속 150 m	분속 70 m
시간	x분	$(x+4)$분
거리	$150x$ m	$70(x+4)$ m

(동생이 이동한 거리)$=$(언니가 이동한 거리)
$\therefore 150x=70(x+4)$

5 형이 출발한 지 x분 후에 강인이를 만난다고 하면

	강인	형
속력	분속 60 m	분속 150 m
시간	$(x+12)$분	x분
거리	$60(x+12)$ m	$150x$ m

(강인이가 이동한 거리)$=$(형이 이동한 거리)이므로
$60(x+12)=150x$, $60x+720=150x$
$-90x=-720$ $\therefore x=8$
따라서 두 사람은 형이 출발한 시각인 오전 8시 12분에서
8분이 지난 시각, 즉 오전 8시 20분에 만난다.

6 [1단계] 두 사람이 출발한 지 x분 후에 처음으로 다시 만난다고 하면

	원지	하민
속력	분속 80 m	분속 70 m
시간	x분	x분
거리	$80x$ m	$70x$ m

(원지가 걸은 거리)+(하민이가 걸은 거리)
=(연못의 둘레의 길이)
이때 연못의 둘레의 길이는 $1.5\,km=1500\,m$이므로
$80x+70x=1500$

[2단계] $150x=1500$ ∴ $x=10$

[3단계] 따라서 두 사람은 출발한 지 10분 후에 처음으로 다시 만난다.

채점 기준		
1단계	조건에 맞는 일차방정식 세우기	⋯ 40 %
2단계	일차방정식 풀기	⋯ 40 %
3단계	원지와 하민이가 출발한 지 몇 분 후에 처음으로 다시 만나는지 구하기	⋯ 20 %

7 전체 일의 양을 1로 놓으면

우주와 은율이가 하루 동안 하는 일의 양은 각각 $\dfrac{1}{18}$, $\dfrac{1}{9}$이다.
두 사람이 x일 동안 일을 하여 완성하였다고 하면
$\left(\dfrac{1}{18}+\dfrac{1}{9}\right)x=1,\ \dfrac{1}{6}x=1$ ∴ $x=6$
따라서 두 사람이 함께 일을 하여 완성하는 데 6일이 걸렸다.

8 전체 작업의 양을 1로 놓으면

은하와 재하가 한 시간 동안 하는 일의 양은 각각 $\dfrac{1}{10}$, $\dfrac{1}{15}$이다.
두 사람이 함께 x시간 동안 작업했다고 하면
$\dfrac{1}{15}\times5+\left(\dfrac{1}{10}+\dfrac{1}{15}\right)x=1,\ \dfrac{1}{3}+\dfrac{1}{6}x=1$
양변에 6을 곱하면
$2+x=6$ ∴ $x=4$
따라서 두 사람은 4시간 동안 함께 작업했다.

9 사장님은 쿠키 50개를 만드는 데 1시간, 즉 60분이 걸리므로
사장님이 1분 동안 만드는 쿠키는 $\dfrac{50}{60}=\dfrac{5}{6}$(개)이다.
직원 A는 쿠키 50개를 만드는 데 1시간 15분, 즉 75분이 걸리므로 직원 A가 1분 동안 만드는 쿠키는 $\dfrac{50}{75}=\dfrac{2}{3}$(개)이다.
사장님과 직원 A가 함께 쿠키 150개를 만드는 데 걸리는 시간을 x분이라 하면
$\left(\dfrac{5}{6}+\dfrac{2}{3}\right)x=150,\ \dfrac{3}{2}x=150$ ∴ $x=100$
따라서 구하는 시간은 100분, 즉 1시간 40분이다.

10 물통에 가득 찬 물의 양을 1로 놓으면
호스 A, 호스 B로 1시간 동안 채우는 물의 양은 각각 $\dfrac{1}{2}$, $\dfrac{1}{3}$
이고, 호스 C로 1시간 동안 빼는 물의 양은 $\dfrac{1}{6}$이다.
물통에 물을 가득 채우는 데 걸리는 시간을 x시간이라 하면
$\left(\dfrac{1}{2}+\dfrac{1}{3}-\dfrac{1}{6}\right)x=1$
$\dfrac{2}{3}x=1$ ∴ $x=\dfrac{3}{2}$
따라서 구하는 시간은 $\dfrac{3}{2}$시간, 즉 1시간 30분이다.

11 상품의 원가를 x원이라 하면
(정가)=(원가)+(이익)$=x+\dfrac{30}{100}x=\dfrac{13}{10}x$(원)
(판매 가격)=(정가)$-100=\dfrac{13}{10}x-100$(원)이고
(실제 이익)=(판매 가격)$-$(원가)이므로
$\left(\dfrac{13}{10}x-100\right)-x=170$
$\dfrac{13}{10}x-x=270,\ \dfrac{3}{10}x=270$ ∴ $x=900$
따라서 상품의 원가는 900원이다.

12 토마토 한 상자의 원가를 x원이라 하면
30상자 중에서 $\dfrac{2}{3}$에 대한 이익은 한 상자당 $\dfrac{25}{100}x$원이고,
30상자 중에서 $\dfrac{1}{3}$에 대한 이익은 한 상자당 $\dfrac{10}{100}x$원이다.
이때 30상자 전체에 대한 이익이 90000원이므로
$30\times\dfrac{2}{3}\times\dfrac{25}{100}x+30\times\dfrac{1}{3}\times\dfrac{10}{100}x=90000$
$20\times\dfrac{1}{4}x+10\times\dfrac{1}{10}x=90000,\ 5x+x=90000$
$6x=90000$ ∴ $x=15000$
따라서 토마토 한 상자의 원가는 15000원이다.

실력 UP 문제 P. 89

1-1 -2 **1-2** $-1,\ 1$
2-1 (1) $(360+x)$ m, $(600+x)$ m
  (2) $\dfrac{360+x}{20}=\dfrac{600+x}{30}$, 120 m
2-2 ③
3-1 15 **3-2** 26

1-1 $5(x-1)=-ax+4$에서

$5x-5=-ax+4$, $5x+ax=9$

$(5+a)x=9$ $\therefore x=\dfrac{9}{5+a}$

$\dfrac{9}{5+a}$가 자연수이려면 $5+a$는 9의 약수이어야 하므로

$5+a$의 값은 1, 3, 9이어야 한다.

(i) $5+a=1$일 때, $a=-4$

(ii) $5+a=3$일 때, $a=-2$

(iii) $5+a=9$일 때, $a=4$

따라서 (i)~(iii)에 의해 정수 a의 값은 -4, -2, 4이므로

모든 정수 a의 값의 합은 $(-4)+(-2)+4=-2$이다.

1-2 $3(x-3)=2ax+1$에서

$3x-9=2ax+1$, $3x-2ax=10$

$(3-2a)x=10$ $\therefore x=\dfrac{10}{3-2a}$

$\dfrac{10}{3-2a}$이 자연수이려면 $3-2a$는 10의 약수이어야 하므로

$3-2a$의 값은 1, 2, 5, 10이어야 한다.

(i) $3-2a=1$일 때, $-2a=-2$ $\therefore a=1$

(ii) $3-2a=2$일 때, $-2a=-1$ $\therefore a=\dfrac{1}{2}$

(iii) $3-2a=5$일 때, $-2a=2$ $\therefore a=-1$

(iv) $3-2a=10$일 때, $-2a=7$ $\therefore a=-\dfrac{7}{2}$

따라서 (i)~(iv)에 의해 정수 a의 값은 -1, 1이다.

2-1 (1) 기차가 터널을 완전히 통과할 때까지 움직인 거리는
(터널의 길이)+(기차의 길이)이므로

기차가 길이가 360 m인 터널을 완전히 통과할 때까지 움직인 거리는 $(360+x)$ m이고,

길이가 600 m인 터널을 완전히 통과할 때까지 움직인 거리는 $(600+x)$ m이다.

(2)

	360 m 터널을 통과할 때	600 m 터널을 통과할 때
거리	$(360+x)$ m	$(600+x)$ m
시간	20초	30초
속력	초속 $\dfrac{360+x}{20}$ m	초속 $\dfrac{600+x}{30}$ m

기차의 속력은 일정하므로 $\dfrac{360+x}{20}=\dfrac{600+x}{30}$

양변에 60을 곱하면 $3(360+x)=2(600+x)$

$1080+3x=1200+2x$ $\therefore x=120$

따라서 기차의 길이는 120 m이다.

2-2 기차의 길이를 x m라 하면 기차가 터널과 다리를 완전히 통과하는 데 움직인 거리는 각각

(터널의 길이)+(기차의 길이)$=1200+x$(m),

(다리의 길이)+(기차의 길이)$=400+x$(m)이다.

	터널을 통과할 때	다리를 통과할 때
거리	$(1200+x)$ m	$(400+x)$ m
시간	30초	15초
속력	초속 $\dfrac{1200+x}{30}$ m	초속 $\dfrac{400+x}{15}$ m

기차의 속력은 일정하므로 $\dfrac{1200+x}{30}=\dfrac{400+x}{15}$

양변에 30을 곱하면 $1200+x=2(400+x)$

$1200+x=800+2x$, $-x=-400$ $\therefore x=400$

따라서 기차의 길이는 400 m이다.

3-1 기역자 모양의 수 4개 중 두 번째 줄의 수를 x라 하면 나머지 수는 오른쪽 그림과 같이 나타낼 수 있다.

$x-8$	$x-7$
	x
	$x+7$

4개의 수의 합이 84이므로

$(x-8)+(x-7)+x+(x+7)=84$

$4x-8=84$, $4x=92$ $\therefore x=23$

따라서 가장 작은 수는 $x-8=23-8=15$

3-2 십자 모양의 수 5개 중 가운데 있는 수를 x라 하면 나머지 수는 오른쪽 그림과 같이 나타낼 수 있다.

	$x-7$	
$x-1$	x	$x+1$
	$x+7$	

5개의 수의 합이 95이므로

$(x-7)+(x-1)+x+(x+1)+(x+7)=95$

$5x=95$ $\therefore x=19$

따라서 가장 큰 수는 $x+7=19+7=26$

실전 테스트

P. 90~93

1 ③, ⑤	**2** ⑤	**3** ②	**4** ②, ⑤	**5** -10
6 ④	**7** ③	**8** ⑤	**9** ④	**10** ④
11 9	**12** $\dfrac{7}{5}$	**13** -4	**14** ②	**15** -7
16 12	**17** 12개	**18** ①	**19** ②	**20** ⑤
21 52, 211		**22** ①		

23 2시 $10\dfrac{10}{11}$분 $\left($또는 2시 $\dfrac{120}{11}$분$\right)$

24 (1) 24개 (2) 8개, 6개, 4개 **25** 3

1 ① $x+5=2x+3$

② $x-\dfrac{3}{10}x=2100$

④ $6x+2=5(x+1)$

따라서 옳은 것은 ③, ⑤이다.

2 각 방정식의 x에 [ ] 안의 수를 대입하면

① $\underset{=1}{1-0}=\underset{=1}{0+1}$ ② $\underset{=7}{-3\times(-3)-2}=7$

③ $\underset{=7}{3\times4-5}=\underset{=7}{15-2\times4}$ ④ $\underset{=2}{2\times(2-1)}=\underset{=2}{-2+4}$

⑤ $\underset{=1}{3\times\frac{1}{3}}\neq\underset{=3}{6\times\left(\frac{1}{3}+1\right)-5}$

따라서 [ ] 안의 수가 주어진 방정식의 해가 아닌 것은 ⑤이다.

3 x의 값에 관계없이 항상 참인 등식은 항등식이다.

① $6-2x=4$

  ⇨ (좌변)≠(우변)이므로 항등식이 아니다.

② (좌변)$=2(x-2)=2x-4$

  ⇨ (좌변)=(우변)이므로 항등식이다.

③ $x-2=x$

  ⇨ (좌변)≠(우변)이므로 항등식이 아니다.

④ $x-1=1-x$

  ⇨ (좌변)≠(우변)이므로 항등식이 아니다.

⑤ (우변)$=1-2(x+3)=1-2x-6=-2x-5$

  ⇨ (좌변)≠(우변)이므로 항등식이 아니다.

따라서 x의 값에 관계없이 항상 참인 등식은 ②이다.

4 ② ㅁ은 부등호를 사용한 식이다.

③ ㄱ. (좌변)$=x+2x=3x$

    ㅂ. (좌변)$=2(x-3)=2x-6$

    즉, ㄱ, ㅂ은 (좌변)=(우변)이므로 항등식이다.

⑤ ㅂ은 항등식이므로 모든 x에 대하여 항상 참이다.

따라서 옳지 않은 것은 ②, ⑤이다.

5 $(a+1)x-9=-6x+3b$가 x에 대한 항등식이므로

$a+1=-6$이고, $-9=3b$이어야 한다.

따라서 $a=-7$, $b=-3$이므로

$a+b=-7-3=-10$

6 ① $a=b$의 양변에 5를 더하면 $a+5=b+5$

② $a=b$의 양변에 -2를 곱하면 $-2a=-2b$

  양변에 3을 더하면 $-2a+3=-2b+3$

  ∴ $3-2a=3-2b$

③ $\dfrac{a}{6}=\dfrac{b}{15}$의 양변에 30을 곱하면 $5a=2b$

④ $a=2b$의 양변에서 2를 빼면 $a-2=2b-2$

  ∴ $a-2=2(b-1)$

⑤ $\dfrac{a}{4}=\dfrac{b}{3}$의 양변에서 1을 빼면 $\dfrac{a}{4}-1=\dfrac{b}{3}-1$

  ∴ $\dfrac{a-4}{4}=\dfrac{b-3}{3}$

따라서 옳지 않은 것은 ④이다.

7 ㄱ. $3x+1=0$ ⇨ 일차방정식

ㄴ. $10x-8=2(5x-4)$에서 $10x-8=10x-8$

    $0=0$ ⇨ 일차방정식이 아니다.

ㄷ. $x^2-1=0$ ⇨ 일차방정식이 아니다.

ㄹ. $x^2-8x+1=7x+x^2$에서 $-15x+1=0$ ⇨ 일차방정식

ㅁ. $7x-14$ ⇨ 등식이 아니므로 일차방정식이 아니다.

ㅂ. $2+\dfrac{x}{3}=\dfrac{1}{3}(1-x)$에서 $2+\dfrac{x}{3}=\dfrac{1}{3}-\dfrac{x}{3}$

    $\dfrac{2}{3}x+\dfrac{5}{3}=0$ ⇨ 일차방정식

따라서 일차방정식은 ㄱ, ㄹ, ㅂ이다.

8 $13-2x=-5x+25$에서

$3x=12$ ∴ $x=4$

$7(-x+2)=3(6-x)$에서 괄호를 풀면

$-7x+14=18-3x$

$-4x=4$ ∴ $x=-1$

따라서 $a=4$, $b=-1$이므로 $a-b=4-(-1)=5$

9 $0.6x-2.3=0.5(3x+8)$의 양변에 10을 곱하면

$6x-23=5(3x+8)$

$6x-23=15x+40$, $-9x=63$ ∴ $x=-7$

10 $\dfrac{7}{6}x-1.5=\dfrac{1}{3}(x-2)$에서 소수를 분수로 고치면

$\dfrac{7}{6}x-\dfrac{3}{2}=\dfrac{1}{3}(x-2)$

양변에 6을 곱하면

$7x-9=2(x-2)$

$7x-9=2x-4$, $5x=5$ ∴ $x=1$

① $\dfrac{1}{2}(8x+4)=x+1$에서

    $4x+2=x+1$, $3x=-1$ ∴ $x=-\dfrac{1}{3}$

② $2(3-5x)=5(x-1)+8$에서

    $6-10x=5x-5+8$, $-15x=-3$ ∴ $x=\dfrac{1}{5}$

③ $0.2(x+3)=0.4(2x+1)$의 양변에 10을 곱하면

    $2(x+3)=4(2x+1)$

    $2x+6=8x+4$, $-6x=-2$ ∴ $x=\dfrac{1}{3}$

④ $\dfrac{4x-1}{3}=\dfrac{9-5x}{4}$의 양변에 12를 곱하면

    $4(4x-1)=3(9-5x)$

    $16x-4=27-15x$, $31x=31$ ∴ $x=1$

⑤ $1.1x-0.4=\dfrac{1}{3}(x+8)$에서 소수를 분수로 고치면

    $\dfrac{11}{10}x-\dfrac{2}{5}=\dfrac{1}{3}(x+8)$

    양변에 30을 곱하면 $33x-12=10(x+8)$

    $33x-12=10x+80$, $23x=92$ ∴ $x=4$

따라서 주어진 방정식과 해가 같은 것은 ④이다.

11 〔1단계〕 주어진 일차방정식에 $x=5$를 대입하면
$$2-\dfrac{5-a}{2}=a-5$$
〔2단계〕 양변에 2를 곱하면 $4-(5-a)=2(a-5)$
$$4-5+a=2a-10, \ -a=-9$$
$$\therefore a=9$$

채점 기준		
1단계	주어진 일차방정식에 $x=5$를 대입하기	… 40 %
2단계	상수 a의 값 구하기	… 60 %

12 $5(a+x)=x$에 $x=-1$을 대입하면
$$5(a-1)=-1$$
$$5a-5=-1, \ 5a=4 \qquad \therefore a=\dfrac{4}{5}$$
$\dfrac{4x+7}{5}-\dfrac{b(1-x)}{3}=1$에 $x=-1$을 대입하면
$$\dfrac{3}{5}-\dfrac{2}{3}b=1$$
양변에 15를 곱하면 $9-10b=15$
$$-10b=6 \qquad \therefore b=-\dfrac{3}{5}$$
$$\therefore a-b=\dfrac{4}{5}-\left(-\dfrac{3}{5}\right)=\dfrac{7}{5}$$

13 -1을 a로 잘못 보았다고 하면
$$2(x-8)+x=a$$
이 방정식에 $x=4$를 대입하면
$$2\times(4-8)+4=a \qquad \therefore a=-4$$
따라서 은빈이는 -1을 -4로 잘못 보았다.

14 $4:(3x+1)=2:(x+1)$에서 $4(x+1)=2(3x+1)$
$$4x+4=6x+2, \ -2x=-2 \qquad \therefore x=1$$
$x+2a=2x-3$에 $x=1$을 대입하면
$$1+2a=2\times1-3, \ 2a=-2 \qquad \therefore a=-1$$

15 $-3x+2(x+a)=2$에서 $-3x+2x+2a=2$
$$-x=2-2a \qquad \therefore x=2a-2$$
$2-0.4x=1.2(x-a)$의 양변에 10을 곱하면
$$20-4x=12(x-a), \ 20-4x=12x-12a$$
$$-16x=-12a-20 \qquad \therefore x=\dfrac{3a+5}{4}$$
이때 $2a-2=4\times\dfrac{3a+5}{4}$이므로
$$2a-2=3a+5, \ -a=7 \qquad \therefore a=-7$$

16 〔1단계〕 $7(x-1)=4(x+2)-3$에서
$$7x-7=4x+8-3, \ 7x-4x=5+7$$
$$3x=12 \qquad \therefore x=4$$
〔2단계〕 따라서 $2k+x=5(k+2x)$의 해는 $x=-4$이므로

〔3단계〕 $x=-4$를 대입하면
$$2k-4=5\{k+2\times(-4)\}, \ 2k-4=5(k-8)$$
$$2k-4=5k-40, \ -3k=-36 \qquad \therefore k=12$$

채점 기준		
1단계	$7(x-1)=4(x+2)-3$의 해 구하기	… 40 %
2단계	$2k+x=5(k+2x)$의 해 구하기	… 20 %
3단계	상수 k의 값 구하기	… 40 %

17 3점짜리 문제의 개수를 x라 하면
4점짜리 문제의 개수는 $28-x$이므로
$$3x+4(28-x)=100$$
$$3x+112-4x=100$$
$$-x=-12 \qquad \therefore x=12$$
따라서 3점짜리 문제는 12개이다.

18 현재 아버지의 나이를 x세라 하면
9년 후의 아버지의 나이는 $(x+9)$세이므로
$$x+9=2\times(13+9)+5$$
$$x+9=49 \qquad \therefore x=40$$
따라서 현재 아버지의 나이는 40세이다.

19 환경 보호 캠프에 참여한 전체 학생 수를 x라 하면
$$\dfrac{1}{5}x+\dfrac{1}{2}x+\dfrac{1}{6}x+24=x$$
양변에 30을 곱하면
$$6x+15x+5x+720=30x$$
$$-4x=-720 \qquad \therefore x=180$$
따라서 환경 보호 캠프에 참여한 전체 학생 수는 180이다.

20 직사각형의 세로의 길이를 $x\,\mathrm{cm}$라 하면
가로의 길이는 $3x\,\mathrm{cm}$이므로
$$2(3x+x)=72$$
$$8x=72 \qquad \therefore x=9$$
따라서 직사각형의 세로의 길이가 $9\,\mathrm{cm}$이므로
가로의 길이는 $3\times9=27(\mathrm{cm})$

21 〔1단계〕 긴 의자의 개수를 x라 할 때
한 의자에 4명씩 앉으면 3명이 앉지 못하므로
$$(학생 수)=4x+3$$
한 의자에 5명씩 앉으면 1명만 앉는 의자가 1개, 빈 의자가 9개 생기므로
$$(학생 수)=5(x-10)+1$$
학생 수는 일정하므로
$$4x+3=5(x-10)+1$$
〔2단계〕 $4x+3=5x-50+1$
$$-x=-52 \qquad \therefore x=52$$
〔3단계〕 따라서 긴 의자의 개수는 52이고,
1학년 학생 수는 $4\times52+3=211$이다.

채점 기준		
1단계	조건에 맞는 일차방정식 세우기	… 40 %
2단계	일차방정식 풀기	… 40 %
3단계	긴 의자의 개수와 1학년 학생 수 구하기	… 20 %

22 두 사람이 출발한 지 x분 후에 만난다고 하면

	지연	승철
속력	분속 50 m	분속 70 m
시간	x분	x분
거리	$50x$ m	$70x$ m

(지연이가 걸은 거리)+(승철이가 걸은 거리)
=(지연이의 집과 승철이의 집 사이의 거리)
이고 1.8 km=1800 m이므로
$50x+70x=1800$
$120x=1800$ ∴ $x=15$
따라서 두 사람은 출발한 지 15분 후에 만난다.

23 2시와 3시 사이에 시계의 시침과 분침이 겹쳐지는 시각을
2시 x분이라 하면
시침은 1분에 $30°÷60=0.5°$씩 움직이고,
분침은 1분에 $360°÷60=6°$씩 움직이므로
x분 동안 시침과 분침이 움직인 각도는 각각 $0.5x°$, $6x°$이다.
또한 2시에 시침과 분침은 각각 2와 12를 가리키므로
시침과 분침 사이의 각도는 $30°×2=60°$이다.
즉, 시침이 분침보다 $60°$만큼 더 회전해 있었으므로
2시 x분에 시침과 분침이 겹쳐지려면
$60+0.5x=6x$가 성립해야 한다.
양변에 10을 곱하면
$600+5x=60x$, $-55x=-600$
∴ $x=\dfrac{120}{11}=10\dfrac{10}{11}$
따라서 2시와 3시 사이에 시침과 분침이 겹쳐지는 시각은
2시 $10\dfrac{10}{11}$분 (또는 2시 $\dfrac{120}{11}$분)이다.

24 (1) 전체 금의 개수를 x라 하면
$\dfrac{1}{3}x+\dfrac{1}{4}x+6+\dfrac{1}{6}x=x$
양변에 12를 곱하면
$4x+3x+72+2x=12x$
$9x+72=12x$, $-3x=-72$ ∴ $x=24$
따라서 전체 금은 24개이다.
(2) 전체 금이 24개이므로
첫째 돼지는 $24×\dfrac{1}{3}=8$(개),
둘째 돼지는 $24×\dfrac{1}{4}=6$(개),
막내 돼지는 $24×\dfrac{1}{6}=4$(개)
의 금을 가지게 된다.

25 오른쪽 그림과 같이 크기가
다른 5종류의 정사각형을 각
각 A, B, C, D, E라 하자.
정사각형 A의 한 변의 길이
를 x라 하면 정사각형 D의
한 변의 길이는 $2x$이고, 정
사각형 E의 한 변의 길이는
$\dfrac{1}{2}x$이다.

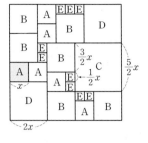

정사각형 B의 한 변의 길이는 두 정사각형 A, E의 한 변의
길이의 합과 같으므로 $x+\dfrac{1}{2}x=\dfrac{3}{2}x$
정사각형 C의 한 변의 길이는 두 정사각형 A, B의 한 변의
길이의 합과 같으므로 $x+\dfrac{3}{2}x=\dfrac{5}{2}x$
즉, 두 정사각형 B, C의 둘레의 길이의 합은
$4×\dfrac{3}{2}x+4×\dfrac{5}{2}x=6x+10x=16x$이므로
$16x=48$ ∴ $x=3$
따라서 정사각형 A의 한 변의 길이는 3이다.

다른 풀이

두 정사각형 B, C의 둘레의
길이의 합이 48이므로 두 정
사각형 B, C의 한 변의 길이
의 합은 $48÷4=12$이다.
이때 정사각형 E의 한 변의
길이를 x라 하면 정사각형 A
의 한 변의 길이는 $2x$이고,
정사각형 B의 한 변의 길이는 두 정사각형 A, E의 한 변의
길이의 합과 같으므로 $2x+x=3x$
정사각형 C의 한 변의 길이는 두 정사각형 A, B의 한 변의
길이의 합과 같으므로 $2x+3x=5x$
즉, $3x+5x=12$이므로 $8x=12$ ∴ $x=\dfrac{3}{2}$
따라서 정사각형 A의 한 변의 길이는 $2x=2×\dfrac{3}{2}=3$

01 순서쌍과 좌표

쪽쪽 개념 익히기   P. 97

1 ③   **2** 0   **3** 좌표평면은 풀이 참조, 30
4 ④   **5** ①   **6** 제2사분면

1 두 순서쌍 $(2a, 4)$, $(-6, b+2)$가 서로 같으므로
$2a=-6$에서 $a=-3$
$4=b+2$에서 $b=2$
$\therefore a+b=-3+2=-1$

2 점 $A(-3a, a+2)$는 x축 위의 점이므로 y좌표가 0이다.
즉, $a+2=0$에서 $a=-2$
점 $B(2b-4, 3b-1)$은 y축 위의 점이므로 x좌표가 0이다.
즉, $2b-4=0$에서 $2b=4$ $\therefore b=2$
$\therefore a+b=-2+2=0$

3 네 점 $A(-3, 2)$, $B(-3, -3)$,
$C(3, -1)$, $D(3, 4)$를 좌표평면 위
에 나타내면 오른쪽 그림과 같다.
이때 사각형 $ABCD$는 평행사변형이
므로
(사각형 $ABCD$의 넓이)$=5\times 6=30$
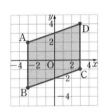

4 ① x축 위의 점이므로 어느 사분면에도 속하지 않는다.
② 제2사분면
③ 제1사분면
⑤ 제4사분면
따라서 바르게 짝 지어진 것은 ④이다.

5 점 $P(a, b)$가 제3사분면 위의 점이므로 $a<0$, $b<0$
① $-a>0$, $b<0$이므로 점 $(-a, b)$ ⇨ 제4사분면
② $-a>0$, $-b>0$이므로 점 $(-a, -b)$ ⇨ 제1사분면
③ $a<0$, $-b>0$이므로 점 $(a, -b)$ ⇨ 제2사분면
④ $b<0$, $a<0$이므로 점 (b, a) ⇨ 제3사분면
⑤ $b<0$, $-a>0$이므로 점 $(b, -a)$ ⇨ 제2사분면
따라서 제4사분면 위의 점은 ①이다.

6 $ab<0$이므로 a, b의 부호는 서로 다르다.
이때 $a<b$이므로 $a<0$, $b>0$
따라서 $a-b<0$, $-a>0$이므로 점 $(a-b, -a)$는
제2사분면 위의 점이다.

핵심 유형 문제   P. 98~100

1 $a=2$, $b=-7$
2 $(-1, 2)$, $(-1, 3)$, $(1, 2)$, $(1, 3)$ **3** ⑤
4 ⑤
5 (1) 매일 줄넘기하기
   (2) $(-4, 2) \to (4, -2) \to (4, 3) \to (0, -1) \to (2, -3)$
6 ①   **7** ③   **8** $A(1, 0)$, $B(0, 2)$ **9** 8
10 20   **11** 좌표평면은 풀이 참조, $\dfrac{21}{2}$ **12** -1
13 ②   **14** -1 **15** ④   **16** ②
17 제3사분면   **18** 제1사분면, 제3사분면
19 제2사분면   **20** ⑤   **21** ③

1 【1단계】 두 순서쌍 $(-a+3, 2b+5)$, $\left(\dfrac{1}{2}a, -2+b\right)$가
서로 같으므로
$-a+3=\dfrac{1}{2}a$에서 $-\dfrac{3}{2}a=-3$ $\therefore a=2$
【2단계】 $2b+5=-2+b$에서 $b=-7$

채점 기준	
1단계	a의 값 구하기 … 50%
2단계	b의 값 구하기 … 50%

3 9의 약수는 1, 3, 9이므로 $a=1$ 또는 $a=3$ 또는 $a=9$
$|b|=3$이므로 $b=-3$ 또는 $b=3$
따라서 순서쌍 (a, b)는 $(1, -3)$, $(1, 3)$, $(3, -3)$,
$(3, 3)$, $(9, -3)$, $(9, 3)$의 6개이다.

4 ⑤ $E(3, -3)$

6 x축 위에 있으므로 y좌표가 0이다.
따라서 x좌표가 -5이고, y좌표가 0인 점의 좌표는
$(-5, 0)$이다.

7 y축 위에 있으므로 x좌표가 0이다.
따라서 x좌표가 0이고, y좌표가 $\dfrac{1}{4}$인 점의 좌표는
$\left(0, \dfrac{1}{4}\right)$이다.

8 점 $A(a-2, 3-a)$는 x축 위의 점이므로 y좌표가 0이다.
즉, $3-a=0$에서 $-a=-3$ $\therefore a=3$
점 $B(3-3b, b+1)$은 y축 위의 점이므로 x좌표가 0이다.
즉, $3-3b=0$에서 $-3b=-3$ $\therefore b=1$
따라서 $a-2=3-2=1$, $b+1=1+1=2$이므로
$A(1, 0)$, $B(0, 2)$

9 세 점 A, B, C를 좌표평면 위에 나타
내면 오른쪽 그림과 같다.

∴ (삼각형 ABC의 넓이)

$=\dfrac{1}{2} \times 4 \times 4 = 8$

10 네 점 A, B, C, D를 좌표평면 위에
나타내면 오른쪽 그림과 같다.
이때 사각형 ABCD는 사다리꼴이
므로

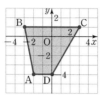

(사각형 ABCD의 넓이)

$=\dfrac{1}{2} \times (6+2) \times 5 = 20$

11 세 점 A, B, C를 좌표평면 위에 나타내면 다음 그림과 같다.

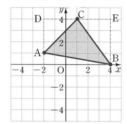

∴ (삼각형 ABC의 넓이)

= (사다리꼴 ABED의 넓이) − (삼각형 DAC의 넓이)
    − (삼각형 BEC의 넓이)

$=\dfrac{1}{2} \times (3+4) \times 6 - \dfrac{1}{2} \times 3 \times 3 - \dfrac{1}{2} \times 3 \times 4$

$=21 - \dfrac{9}{2} - 6 = \dfrac{21}{2}$

참고 좌표평면 위에서 삼각형의 넓이를 구할 때, 삼각형의 세 변 중
좌표축과 평행한 변이 없어 밑변의 길이와 높이를 알 수 없는
경우에는 삼각형의 세 꼭짓점을 포함하는 사각형의 넓이에서
나머지 부분의 넓이를 빼서 구한다.

12 $a<0$이므로 세 점 A, B, C를 좌표
평면 위에 나타내면 오른쪽 그림과
같다.

이때 삼각형 ABC의 밑변을 선분
AB, 높이를 선분 CH라 하면
(선분 AB의 길이)$=3-(-1)=4$,
(선분 CH의 길이)$=2-a$

따라서 삼각형 ABC의 넓이가 6이므로 $\dfrac{1}{2} \times 4 \times (2-a) = 6$

$2(2-a)=6$, $2-a=3$

$-a=1$ ∴ $a=-1$

13 ① 제2사분면
③ 제1사분면
④ 제4사분면
⑤ y축 위의 점이므로 어느 사분면에도 속하지 않는다.
따라서 제3사분면 위의 점은 ②이다.

14 ㄱ. 제3사분면
ㄴ, ㅁ. 제4사분면
ㄷ. 제1사분면
ㄹ. 제2사분면
ㅂ. 원점이므로 어느 사분면에도 속하지 않는다.
즉, 제2사분면 위의 점은 ㄹ의 1개이므로 $a=1$이고,
제4사분면 위의 점은 ㄴ, ㅁ의 2개이므로 $b=2$이다.
∴ $a-b=1-2=-1$

15 점 A(a, b)가 제3사분면 위의 점이므로
$a<0$, $b<0$
따라서 $ab>0$, $a+b<0$이므로 점 B$(ab, a+b)$는
제4사분면 위의 점이다.

16 ① 제2사분면
② 제3사분면
③ x축 위의 점이므로 어느 사분면에도 속하지 않는다.
④ 제1사분면
⑤ 제4사분면
이때 점 A$(-a, b)$가 제1사분면 위의 점이므로
$-a>0$, $b>0$ ∴ $a<0$, $b>0$
따라서 $a<0$, $a-b<0$이므로 점 B$(a, a-b)$는 제3사분면
위의 점이고, 점 B와 같은 사분면 위의 점은 ②이다.

17 [1단계] 점 A(a, b)가 제2사분면 위의 점이므로
$a<0$, $b>0$
[2단계] 점 B(c, d)가 제4사분면 위의 점이므로
$c>0$, $d<0$
[3단계] 따라서 $ac<0$, $\dfrac{b}{d}<0$이므로
점 C$\left(ac, \dfrac{b}{d}\right)$는 제3사분면 위의 점이다.

채점 기준		
1단계	a, b의 부호 구하기	⋯ 30 %
2단계	c, d의 부호 구하기	⋯ 30 %
3단계	점 C가 제몇 사분면 위의 점인지 구하기	⋯ 40 %

18 $a-b>0$, $-b>0$이므로
점 A$(a-b, -b)$는 제1사분면 위의 점이고,
$b-a<0$, $ab<0$이므로
점 B$(b-a, ab)$는 제3사분면 위의 점이다.

19 $ab>0$이므로 a, b의 부호는 서로 같다.
이때 $a+b<0$이므로 $a<0$, $b<0$
따라서 $a<0$, $-b>0$이므로 점 $(a, -b)$는 제2사분면 위
의 점이다.

20 ① 제2사분면
② 제3사분면
③ 제1사분면
④ y축 위의 점이므로 어느 사분면에도 속하지 않는다.
⑤ 제4사분면
이때 $ab<0$이므로 a, b의 부호는 서로 다르고, $a>b$이므로 $a>0$, $b<0$
따라서 $-b>0$, $\dfrac{b}{a}<0$이므로 점 $\left(-b,\ \dfrac{b}{a}\right)$는 제4사분면 위의 점이고, 이 점과 같은 사분면 위의 점은 ⑤이다.

21 점 $(ab,\ b-a)$가 제2사분면 위의 점이므로
$ab<0$, $b-a>0$
이때 $ab<0$이므로 a, b의 부호는 서로 다르고,
$b-a>0$, 즉 $b>a$이므로 $a<0$, $b>0$
① $a<0$, $b>0$이므로 점 $(a,\ b)$ ➡ 제2사분면
② $-a>0$, $b>0$이므로 점 $(-a,\ b)$ ➡ 제1사분면
③ $-b<0$, $a<0$이므로 점 $(-b,\ a)$ ➡ 제3사분면
④ $a-b<0$, $b>0$이므로 점 $(a-b,\ b)$ ➡ 제2사분면
⑤ $-ab>0$, $-b<0$이므로 점 $(-ab,\ -b)$ ➡ 제4사분면
따라서 바르게 짝 지어진 것은 ③이다.

02 그래프와 그 해석

쏙쏙 개념 익히기 (다시)

P. 101~102

1 ⑤ **2** ⑤ **3** ③ **4** ⑤ **5** ㄱ, ㄹ
6 3분 후

1 ㈎, ㈐ 구간은 그래프의 모양이 수평이므로 속력이 일정하다.
➡ ㄷ
㈑ 구간은 그래프의 모양이 오른쪽 아래로 향하므로 속력이 감소한다. ➡ ㄴ
㈒ 구간은 그래프의 모양이 오른쪽 위로 향하므로 속력이 증가한다. ➡ ㄱ
∴ ㄷ, ㄴ, ㄷ, ㄱ

2 5 m의 높이에서 지면을 향해 배구공을 떨어뜨렸을 때, 배구공은 처음 지면에 닿은 후 몇 번 다시 튀어 오르기를 반복한다. 이때 튀어 오르는 높이는 점차 낮아지다가 어느 순간 완전히 튀어 오르기를 멈춘다.
따라서 그래프로 알맞은 것은 ⑤이다.

3 꽃병의 폭이 위로 갈수록 점점 좁아지다가 일정해지므로 물의 높이가 점점 빠르게 높아지다가 일정하게 높아진다.
따라서 그래프로 알맞은 것은 ③이다.

4 ① 버스 정류장은 전망대보다 $150-30=120(\text{m})$ 낮은 곳에 있다.
② 전망대는 슈퍼보다 $150-100=50(\text{m})$ 높은 곳에 있다.
③ 그래프에서 높이의 변화가 마을 입구 주변이 전망대 주변보다 더 작으므로 마을 입구 주변이 전망대 주변보다 덜 가파르다.
④ 슈퍼에서 전망대까지 가는 데 걸린 시간은 $120-100=20(\text{분})$이다.
⑤ 슈퍼에서 전망대까지 가는 데 걸린 시간은 20분이므로 마을 입구에서 전망대까지 가는 데 걸린 시간인 120분의 $\dfrac{1}{6}$이다.
따라서 옳은 것은 ⑤이다.

5 ㄴ. 집에서 출발한 지 1시간이 지났을 때 아영이는 집에서 3 km 떨어진 지점에 있었다.
ㄷ. 아영이가 멈춰 있었던 시간은 집에서 출발한 지 1시간 후부터 1시간 30분 후까지, 2시간 30분 후부터 3시간 후까지 총 1시간이다.
따라서 옳은 것은 ㄱ, ㄹ이다.

6 실험 기구 A의 물의 온도가 45℃에 도달하는 데 3분이 걸렸고, 실험 기구 B의 물의 온도가 45℃에 도달하는 데 6분이 걸렸으므로 실험 기구 A의 물의 온도가 45℃에 도달하고 $6-3=3(\text{분})$ 후에 실험 기구 B의 물의 온도가 45℃에 도달한다.

핵심 유형 문제

P. 103~105

1 ②, ⑤ **2** ④ **3** ③
4 ㈎-ⓒ, ㈏-ⓛ, ㈐-ⓙ **5** A-ㄱ, B-ㄴ, C-ㄹ
6 ㄷ **7** (1) 100분 (2) 8 km (3) 30분
8 (1) 6분 후 (2) 8 m **9** (1) 12시간 (2) 4번 **10** ⑤
11 (1) ㈏ (2) 2 km, 5분 **12** ⑤

2 그래프에서 x축은 시간, y축은 물의 높이를 나타내므로 상황에 알맞은 그래프의 모양을 생각하면 다음과 같다.

상황	물을 받는다.	물을 잠그고 자리를 비운다.	물을 받는다.
그래프 모양	오른쪽 위로 향한다.	수평이다.	오른쪽 위로 향한다.

따라서 주어진 상황에 알맞은 그래프는 ④이다.

3 출발점에서 같은 속력으로 동시에 출발하므로 두 사람 사이의 거리는 0에서 시작하여 점점 멀어진다. 두 사람이 원의 지름의 양 끝점에 도달했을 때, 두 사람의 거리는 가장 멀고, 그 후 점점 가까워져서 다시 만나는 순간 0이 된다.
따라서 그래프로 알맞은 것은 ③이다.

4 용기의 폭이 넓을수록 같은 시간 동안 물의 높이는 느리게 높아지므로 각 용기에 알맞은 그래프는
㈎-ㄷ, ㈏-ㄴ, ㈐-ㄱ

5 유리컵 A: 폭이 위로 갈수록 좁아지므로 물의 높이는 점점 빠르게 높아진다. ⇨ ㄱ
유리컵 B: 폭이 위로 갈수록 넓어지므로 물의 높이는 점점 느리게 높아진다. ⇨ ㄴ
유리컵 C: 폭이 좁고 일정한 부분에서는 물의 높이가 일정하게 높아지다가 폭이 위로 갈수록 넓어지는 부분에서는 물의 높이가 점점 느리게 높아진다. ⇨ ㄹ
따라서 세 유리컵과 알맞은 그래프를 짝 지으면
A-ㄱ, B-ㄴ, C-ㄹ이다.

6 물의 높이가 천천히 일정하게 높아지다가 처음보다 빠르면서 일정하게 높아지므로 컵의 아랫부분은 폭이 넓고 일정하고 윗부분은 좁고 일정하여야 한다.
따라서 유리병의 모양으로 알맞은 것은 ㄷ이다.

7 ⑶ 경진이가 멈춰 있는 동안에는 이동한 거리가 변함없다.
따라서 집에서 출발한 지 30분 후부터 40분 후까지, 70분 후부터 90분 후까지 이동한 거리가 변함없으므로 모두 $10+20=30$(분) 동안 멈춰 있었다.

8 ⑴ 연이 지면에 닿으면 높이가 $0\,\mathrm{m}$이므로 연이 지면에 닿았다가 다시 떠오른 것은 연을 날리기 시작한 지 6분 후이다.
⑵ 연이 가장 높이 날 때는 연을 날리기 시작한 지 12분 후이고, 이때 높이는 $8\,\mathrm{m}$이다.

9 ⑴ 이날 해수면이 가장 높았을 때의 높이는 $10\,\mathrm{m}$로 처음 $10\,\mathrm{m}$가 되었을 때는 6시이고, 그다음으로 $10\,\mathrm{m}$가 되었을 때는 18시이다.
따라서 다시 가장 높아질 때까지 $18-6=12$(시간)이 걸렸다.
⑵ 이날 해수면의 높이가 $5\,\mathrm{m}$가 되는 순간은 3시, 9시, 15시, 21시의 4번이다.

10 서연이가 출발한 후 10분 동안 이동한 거리는 $1\,\mathrm{km}$,
출발한 지 10분 후부터 12분 후까지 이동한 거리는
$1-0.6=0.4(\mathrm{km})$
출발한 지 12분 후부터 15분 후까지 이동한 거리는
$1.2-0.6=0.6(\mathrm{km})$
따라서 서연이가 이동한 거리는 모두 $1+0.4+0.6=2(\mathrm{km})$

11 ⑴ 재호는 친구를 만나 잠시 멈췄으므로 몇 분 동안 학교에서 떨어진 거리가 변함없다. 즉, 재호의 그래프는 ㈎이고, 혜진이는 쉬지 않고 갔으므로 혜진이의 그래프는 ㈏이다.
⑵ 재호는 학교에서 $2\,\mathrm{km}$ 떨어진 곳에서 출발한 지 5분 후부터 10분 후까지 $10-5=5$(분) 동안 멈춰 있었다.

12 버스 ㈎는 도시 A를 10시 30분에 출발하여 도시 C에 11시 30분에 도착하였으므로 1시간이 걸렸다.
버스 ㈏는 도시 A를 10시에 출발하여 도시 C에 11시 50분에 도착하였으므로 1시간 50분이 걸렸다.
따라서 두 버스가 동시에 출발할 때, 버스 ㈎가 도시 C에 도착한 지 50분 후에 버스 ㈏가 도착한다.

실력 UP 문제 P. 106

1-1 15 | **1-2** ①
2-1 제4사분면 | **2-2** 제1사분면
3-1 ③ | **3-2** ②

1-1 점 $(x-3,\ x-7)$이 제4사분면 위의 점이므로
$x-3>0,\ x-7<0$이어야 한다.
이때 $x-3>0$을 만족시키는 자연수 x는 4, 5, 6, 7, …이고,
$x-7<0$을 만족시키는 자연수 x는 1, 2, 3, 4, 5, 6이다.
따라서 $x-3>0,\ x-7<0$을 모두 만족시키는 자연수 x는
4, 5, 6이므로 그 합은
$4+5+6=15$

1-2 점 $(x+5,\ x+12)$가 제2사분면 위의 점이므로
$x+5<0,\ x+12>0$이어야 한다.
이때 $x+5<0$을 만족시키는 정수 x는
$-6,\ -7,\ -8,\ -9,$ …이고,
$x+12>0$을 만족시키는 정수 x는
$-11,\ -10,\ -9,\ -8,$ …이다.
따라서 두 조건을 모두 만족시키는 정수 x는
$-6,\ -7,\ -8,\ -9,\ -10,\ -11$의 6개이다.

2-1 $ab>0$이므로 a, b의 부호는 서로 같다.
이때 $a+b>0$이므로 $a>0,\ b>0$이고, $|a|<|b|$이므로
$a<b$이다.
따라서 $b-a>0,\ -b<0$이므로 점 $(b-a,\ -b)$는
제4사분면 위의 점이다.

2-2 $ab>0$이므로 a, b의 부호는 서로 같다.

이때 $a+b<0$이므로 $a<0$, $b<0$이고,

$|a|>|b|$이므로 $a<b$이다.

따라서 $b-a>0$, $\dfrac{a}{b}>0$이므로 점 $\left(b-a, \dfrac{a}{b}\right)$는

제1사분면 위의 점이다.

3-1 진영이가 출발한 후 다시 출발선으로 돌아오는 데 걸린 시간은 5분이므로 트랙을 한 바퀴 도는 데 5분이 걸린다.

이때 1시간은 60분이므로 $60\div5=12$(바퀴)

따라서 진영이는 1시간 동안 이 트랙을 모두 12바퀴 돌 수 있다.

3-2 주호가 출발한 후 다시 출발점으로 돌아오는 데 걸린 시간은 10초이므로 두 지점 사이를 한 번 왕복하는 데 10초가 걸린다.

이때 1분은 60초이므로 $60\div10=6$(번)

따라서 주호는 1분 동안 두 지점 사이를 모두 6번 왕복할 수 있다.

실전 테스트
P. 107~109

1 ⑤	**2** ②, ⑤	**3** ⑤	**4** 12	**5** ②
6 ②, ④	**7** ⑤	**8** (1) ㄴ (2) ㄷ (3) ㄱ		
9 ⑤	**10** ④	**11** ②, ③	**12** ㄱ, ㄷ	**13** ④
14 ③				

1 두 순서쌍 $(3a-2, 5b)$, $(7, b-4)$가 서로 같으므로

$3a-2=7$에서 $3a=9$ $\therefore a=3$

$5b=b-4$에서 $4b=-4$ $\therefore b=-1$

$\therefore a-b=3-(-1)=4$

2 ① $A(-3, 1)$

③ $C(0, -3)$

④ $D(4, -3)$

따라서 옳은 것은 ②, ⑤이다.

3 점 $A\left(a, \dfrac{1}{3}a-2\right)$는 x축 위의 점이므로 y좌표가 0이다.

즉, $\dfrac{1}{3}a-2=0$에서 $\dfrac{1}{3}a=2$ $\therefore a=6$

점 $B\left(5b-10, \dfrac{b-9}{2}\right)$는 y축 위의 점이므로 x좌표가 0이다.

즉, $5b-10=0$에서 $5b=10$ $\therefore b=2$

$\therefore \dfrac{a}{b}=\dfrac{6}{2}=3$

4 **1단계** 세 점 A, B, C를 좌표평면 위에 나타내면 다음 그림과 같다.

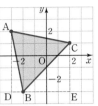

2단계 $\therefore$ (삼각형 ABC의 넓이)

$=$(사다리꼴 ADEC의 넓이)

　$-$(삼각형 ADB의 넓이)

　$-$(삼각형 BEC의 넓이)

$=\dfrac{1}{2}\times(4+5)\times5-\dfrac{1}{2}\times1\times5-\dfrac{1}{2}\times4\times4$

$=\dfrac{45}{2}-\dfrac{5}{2}-8=12$

채점 기준		
1단계	세 점 A, B, C를 좌표평면 위에 나타내기	… 30%
2단계	삼각형 ABC의 넓이 구하기	… 70%

5 ① 제3사분면

③ y축 위의 점이므로 어느 사분면에도 속하지 않는다.

④ 제1사분면

⑤ 제4사분면

따라서 제2사분면 위의 점은 ②이다.

6 ① 점 $A(4, 0)$은 x축 위의 점이므로 어느 사분면에도 속하지 않는다.

② 점 $B(0, -1)$은 y축 위의 점이다.

④ 점 $D(2, -3)$은 제4사분면 위에 있고, 점 $E(-3, 2)$는 제2사분면 위에 있다.

따라서 옳지 않은 것은 ②, ④이다.

7 ① 제2사분면

② 제3사분면

③ x축 위의 점이므로 어느 사분면에도 속하지 않는다.

④ 제4사분면

⑤ 제1사분면

점 $(ab, a+b)$가 제4사분면 위의 점이므로

$ab>0$, $a+b<0$

이때 $ab>0$이므로 a, b의 부호는 서로 같고,

$a+b<0$이므로 $a<0$, $b<0$

따라서 $-a>0$, $\dfrac{b}{a}>0$이므로 점 $\left(-a, \dfrac{b}{a}\right)$는 제1사분면 위의 점이고, 이 점과 같은 사분면 위의 점은 ⑤이다.

9 ⑤ 3일에는 기온이 내려가다가 올라간 후 다시 내려간다.

10 용기의 폭이 위로 갈수록 점점 좁아지다가 다시 처음 폭과
같아질 때까지 점점 넓어지므로 물의 높이가 점점 빠르게
높아지다가 점점 느리게 높아진다.
따라서 그래프로 알맞은 것은 ④이다.

11 ②, ④ 출발한 지 4초 후부터 8초 후까지 총 4초 동안 로봇
의 속력은 일정하다.
③ 출발한 지 8초 후부터 10초 후까지 로봇의 속력은 일정
하게 감소한다.
⑤ 로봇의 최고 속력은 출발한 지 18초 후일 때, 초속 25 m
이다.
따라서 옳지 않은 것은 ②, ③이다.

> (참고) 로봇이 정지해 있을 때, 속력은 0 m/s이므로 주어진 그래프
> 에서 로봇이 정지해 있는 구간은 출발한 지 10초 후부터 14초
> 후까지이다.

12 ㄱ. 민지는 집에서 8시에 출발했고, 동생은 집에서 9시에 출
발했으므로 민지가 동생보다 집에서 먼저 출발했다.
ㄴ. 민지는 10시 30분부터 13시까지 2시간 30분 동안 공원
에 머물렀고, 동생은 11시부터 14시까지 3시간 동안 공
원에 머물렀으므로 두 사람이 공원에 머문 시간은 다르다.

ㄷ. 민지의 그래프에서 14시부터 14시 30분까지 5 km로 일
정하므로 집으로 돌아올 때, 공원과 집의 중간 지점에서
잠시 멈추었다.
ㄹ. 동생은 14시에 공원을 출발하여 15시 30분에 집에 도착
했으므로 1시간 30분, 즉 90분 만에 집에 도착했다.
따라서 옳은 것은 ㄱ, ㄷ이다.

13 ㄷ. 우유 100 mL를 가장 빨리 다 마신 사람은 영희이다.
따라서 옳은 것은 ㄱ, ㄴ이다.

14 태양 고도가 높아질수록 그림자의 길이는 짧아지므로
㈎ ─ 그림자의 길이
기온은 태양 고도보다 늦게 높아지므로
㈏ ─ 태양 고도, ㈐ ─ 기온

01 정비례

쏙쏙 개념 익히기   P. 113~114

1 ㄱ, ㄴ	**2** 45	**3** $y=0.5x$, 8 cm	**4** ④	
5 ③	**6** ②	**7** ⑤	**8** $\dfrac{6}{5}$	**9** 3

1 ㄱ. $y=25x$ ㄴ. $y=2x$

ㄷ. $y=\dfrac{30000}{x}$ ㄹ. $y=x+3$

따라서 y가 x에 정비례하는 것은 ㄱ, ㄴ이다.

2 y가 x에 정비례하므로 $y=ax$로 놓고,

이 식에 $x=4$, $y=-30$을 대입하면

$-30=a\times 4$ $\therefore a=-\dfrac{15}{2}$

따라서 $y=-\dfrac{15}{2}x$이므로 이 식에 $x=-6$을 대입하면

$y=-\dfrac{15}{2}\times(-6)=45$

3 1분에 0.5 cm씩 양초가 타므로

x분 후에 타서 없어진 양초의 길이는 $0.5x$ cm이다.

$\therefore y=0.5x$

$y=0.5x$에 $x=16$을 대입하면

$y=0.5\times 16=8$

따라서 16분 후에 타서 없어진 양초의 길이는 8 cm이다.

4 ① $y=-\dfrac{2}{3}x$에 $x=3$, $y=2$를 대입하면

$2\neq-\dfrac{2}{3}\times 3$

즉, 점 $(3, 2)$를 지나지 않는다.

② x의 값이 증가하면 y의 값은 감소한다.

③, ⑤ $y=-\dfrac{2}{3}x$에서 $-\dfrac{2}{3}<0$이므로 그래프는 오른쪽 아래

로 향하는 직선이고, 제2사분면과 제4사분면을 지난다.

따라서 옳은 것은 ④이다.

5 정비례 관계 $y=ax\,(a\neq 0)$의 그래프는 a의 절댓값이 작을

수록 y축에서 멀리 떨어져 있다.

이때 정비례 관계의 그래프는 x축에 가까울수록 y축에서 멀

리 떨어져 있으므로 $y=ax$에서 a의 절댓값이 작을수록 그

그래프가 x축에 가깝다.

$\left|-\dfrac{1}{9}\right|<|1|<\left|-\dfrac{4}{3}\right|<|-2|<\left|\dfrac{8}{3}\right|$이므로

그래프가 x축에 가장 가까운 것은 ③이다.

6 $y=-4x$에 주어진 각 점의 좌표를 대입하면

① $16=-4\times(-4)$ ② $-12\neq-4\times(-3)$

③ $0=-4\times 0$ ④ $-4=-4\times 1$

⑤ $-8=-4\times 2$

따라서 $y=-4x$의 그래프 위의 점이 아닌 것은 ②이다.

7 $y=-\dfrac{5}{6}x$에 $x=3a$, $y=a-14$를 대입하면

$a-14=-\dfrac{5}{6}\times 3a$, $a-14=-\dfrac{5}{2}a$

$\dfrac{7}{2}a=14$ $\therefore a=4$

8 그래프가 원점을 지나는 직선이므로 $y=ax$로 놓는다.

이 그래프가 점 $(-5, -2)$를 지나므로

$y=ax$에 $x=-5$, $y=-2$를 대입하면

$-2=a\times(-5)$ $\therefore a=\dfrac{2}{5}$

$y=\dfrac{2}{5}x$에 $x=3$, $y=k$를 대입하면

$k=\dfrac{2}{5}\times 3=\dfrac{6}{5}$

9 점 A에서 x축에 수직인 직선을 그었을 때 x축과 만나는 점이

B이므로 두 점의 x좌표는 같다.

즉, 점 A의 x좌표는 -4이다.

이때 점 A는 $y=-\dfrac{3}{8}x$의 그래프 위의 점이므로

$y=-\dfrac{3}{8}x$에 $x=-4$를 대입하면

$y=-\dfrac{3}{8}\times(-4)=\dfrac{3}{2}$ $\therefore$ A$\left(-4, \dfrac{3}{2}\right)$

$\therefore$ (삼각형 ABO의 넓이)$=\dfrac{1}{2}\times 4\times\dfrac{3}{2}=3$

핵심 유형 문제   P. 115~118

1 ②	**2** ③, ④	**3** 22	**4** (1) $y=4x$ (2) 375장
5 $y=60x$, 3시간 20분$\left(\text{또는 }\dfrac{10}{3}\text{시간}\right)$			**6** ②
7 (1) $y=8x$ (2) 4초 후		**8** ②	**9** ②, ④
10 ①, ③, ⑥	**11** ⑤	**12** $-\dfrac{6}{5}$	**13** -13
14 ①	**15** $\dfrac{2}{3}$	**16** $y=\dfrac{5}{4}x$	**17** ⑤
18 (1) $y=-2x$ (2) -14		**19** 50분	**20** $\dfrac{27}{2}$
21 6	**22** (1) 60 (2) $\dfrac{3}{5}$	**23** 24분	**24** ㄱ, ㄹ

1 x의 값이 2배, 3배, 4배, ...로 변함에 따라 y의 값도 2배, 3배, 4배, ...로 변하는 관계가 있을 때, y가 x에 정비례하므로 $y=ax\,(a\neq0)$ 꼴이다.

② $\dfrac{y}{x}=-2$에서 $y=-2x$

③ $y=3(x-1)$에서 $y=3x-3$

④ $xy=-7$에서 $y=-\dfrac{7}{x}$

따라서 y가 x에 정비례하는 것은 ②이다.

2 ① $y=3x$ ② $y=7x$

③ $y=1000-10x$ ④ $y=\dfrac{200}{x}$

⑤ $y=5x$

따라서 y가 x에 정비례하지 않는 것은 ③, ④이다.

3 y가 x에 정비례하므로 $y=ax$로 놓고,
이 식에 $x=3$, $y=-9$를 대입하면
$-9=a\times3$ ∴ $a=-3$ ∴ $y=-3x$
$y=-3x$에 $x=-7$, $y=A$를 대입하면
$A=-3\times(-7)=21$
$y=-3x$에 $x=B$, $y=12$를 대입하면
$12=-3\times B$ ∴ $B=-4$
$y=-3x$에 $x=C$, $y=-15$를 대입하면
$-15=-3\times C$ ∴ $C=5$
∴ $A+B+C=21+(-4)+5=22$

4 (1) y가 x에 정비례하므로 $y=ax$로 놓고,
이 식에 $x=250$, $y=1000$을 대입하면
$1000=a\times250$ ∴ $a=4$
∴ $y=4x$
(2) $y=4x$에 $y=1500$을 대입하면
$1500=4x$ ∴ $x=375$
따라서 종이 전체의 무게가 $1500\,g$일 때, 종이는 모두 375장이다.

5 (1단계) (거리)=(속력)×(시간)이고
이 자동차의 속력이 시속 $60\,km$이므로
$y=60x$
(2단계) $y=60x$에 $y=200$을 대입하면
$200=60x$ ∴ $x=\dfrac{10}{3}$
따라서 $\dfrac{10}{3}=3\dfrac{1}{3}=3\dfrac{20}{60}$이므로
구하는 시간은 3시간 20분$\left(\text{또는 }\dfrac{10}{3}\text{시간}\right)$이다.

채점 기준		
1단계	x와 y 사이의 관계식 구하기	… 50%
2단계	자동차가 $200\,km$를 가는 데 걸리는 시간 구하기	… 50%

6 두 톱니바퀴 A, B가 서로 맞물려 돌아갈 때
(A의 톱니의 수)×(A의 회전수)
=(B의 톱니의 수)×(B의 회전수)
이므로 $60\times x=40\times y$ ∴ $y=\dfrac{3}{2}x$
$y=\dfrac{3}{2}x$에 $x=8$을 대입하면 $y=\dfrac{3}{2}\times8=12$
따라서 톱니바퀴 A가 8번 회전하면 톱니바퀴 B는 12번 회전한다.

7 (1) 점 P가 출발한 지 x초 후의 선분 BP의 길이는 $2x\,cm$이고,
(삼각형의 넓이)=$\dfrac{1}{2}\times$(밑변의 길이)×(높이)이므로
$y=\dfrac{1}{2}\times2x\times8$ ∴ $y=8x$
(2) $y=8x$에 $y=32$를 대입하면
$32=8x$ ∴ $x=4$
따라서 삼각형 ABP의 넓이가 $32\,cm^2$가 되는 것은 점 P가 꼭짓점 B를 출발한 지 4초 후이다.

8 $y=\dfrac{3}{2}x$에서 $x=2$일 때, $y=3$이므로 정비례 관계 $y=\dfrac{3}{2}x$의 그래프는 원점과 점 $(2, 3)$을 지나는 직선이다.
따라서 구하는 그래프는 ②이다.

9 정비례 관계 $y=ax$에서 $a<0$일 때, 그 그래프가 제2사분면과 제4사분면을 지난다.
따라서 그래프가 제2사분면과 제4사분면을 지나는 것은 ②, ④이다.

10 ① 정비례 관계 $y=ax$의 그래프는 a의 값에 관계없이 항상 원점을 지난다.
② $a>0$이면 오른쪽 위로 향하는 직선이다.
④ (i) $a>0$ (ii) $a<0$

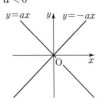

(i), (ii)에 의해 $y=ax$의 그래프는 $y=-ax$의 그래프와 항상 원점에서 만난다.
⑤ $a<0$일 때, x의 값이 증가하면 y의 값은 감소한다.
⑦ $y=ax$의 그래프는 좌표축과 원점에서 만난다.
따라서 옳은 것은 ①, ③, ⑥이다.

11 $y=ax$의 그래프가 제1사분면과 제3사분면을 지나므로 $a>0$
또한 $y=ax$의 그래프가 $y=x$의 그래프보다 y축에 가까우므로 $|a|>1$
따라서 a의 값이 될 수 있는 것은 ⑤이다.

12 $y=-4x$의 그래프가 점 $\left(a, \dfrac{24}{5}\right)$를 지나므로

$y=-4x$에 $x=a$, $y=\dfrac{24}{5}$를 대입하면

$\dfrac{24}{5}=-4\times a$ $\therefore a=-\dfrac{6}{5}$

13 $y=-\dfrac{3}{5}x$에 $x=a$, $y=6$을 대입하면

$6=-\dfrac{3}{5}\times a$ $\therefore a=6\times\left(-\dfrac{5}{3}\right)=-10$

$y=-\dfrac{3}{5}x$에 $x=5$, $y=b$를 대입하면 $b=-\dfrac{3}{5}\times5=-3$

$\therefore a+b=-10+(-3)=-13$

14 $y=ax$의 그래프가 점 $\left(2, \dfrac{3}{2}\right)$을 지나므로

$y=ax$에 $x=2$, $y=\dfrac{3}{2}$을 대입하면

$\dfrac{3}{2}=a\times2$ $\therefore a=\dfrac{3}{4}$

15 (1단계) $y=ax$에 $x=-6$, $y=2$를 대입하면

     $2=a\times(-6)$ $\therefore a=-\dfrac{1}{3}$

(2단계) 따라서 $y=-\dfrac{1}{3}x$이므로

     이 식에 $x=3$, $y=b$를 대입하면 $b=-\dfrac{1}{3}\times3=-1$

(3단계) $\therefore a-b=-\dfrac{1}{3}-(-1)=-\dfrac{1}{3}+1=\dfrac{2}{3}$

채점 기준		
1단계	상수 a의 값 구하기	… 40%
2단계	b의 값 구하기	… 40%
3단계	$a-b$의 값 구하기	… 20%

16 그래프가 원점을 지나는 직선이므로 $y=ax$로 놓는다.

이 그래프가 점 $(4, 5)$를 지나므로

$y=ax$에 $x=4$, $y=5$를 대입하면

$5=a\times4$ $\therefore a=\dfrac{5}{4}$

$\therefore y=\dfrac{5}{4}x$

17 그래프가 원점을 지나는 직선이므로 $y=ax$로 놓는다.

이 그래프가 점 $(-4, 6)$을 지나므로

$y=ax$에 $x=-4$, $y=6$을 대입하면

$6=a\times(-4)$ $\therefore a=-\dfrac{3}{2}$

즉, $y=-\dfrac{3}{2}x$이므로 이 식에 주어진 각 점의 좌표를 대입하면

① $6\neq-\dfrac{3}{2}\times4$ ② $-3\neq-\dfrac{3}{2}\times(-2)$

③ $16\neq-\dfrac{3}{2}\times(-8)$ ④ $\dfrac{3}{2}\neq-\dfrac{3}{2}\times1$

⑤ $\dfrac{1}{2}=-\dfrac{3}{2}\times\left(-\dfrac{1}{3}\right)$

따라서 그래프 위의 점은 ⑤이다.

18 (1) (1단계) 그래프가 원점을 지나는 직선이므로 $y=ax$로 놓는다.

     이 그래프가 점 $(-6, 12)$를 지나므로

     $y=ax$에 $x=-6$, $y=12$를 대입하면

     $12=a\times(-6)$ $\therefore a=-2$

     $\therefore y=-2x$

(2) (2단계) $y=-2x$의 그래프가 점 $(7, k)$를 지나므로

     $y=-2x$에 $x=7$, $y=k$를 대입하면

     $k=-2\times7=-14$

채점 기준		
1단계	x와 y 사이의 관계식 구하기	… 50%
2단계	k의 값 구하기	… 50%

19 그래프가 나타내는 x와 y 사이의 관계식을 $y=ax$로 놓고,

이 그래프가 점 $(10, 30)$을 지나므로

$y=ax$에 $x=10$, $y=30$을 대입하면

$30=a\times10$ $\therefore a=3$

$\therefore y=3x$

$y=3x$에 $y=150$을 대입하면

$150=3x$ $\therefore x=50$

따라서 열량 $150\,\text{kcal}$를 소모하려면 운동장을 50분 동안 뛰어야 한다.

20 점 A는 $y=-\dfrac{3}{4}x$의 그래프 위의 점이므로

$y=-\dfrac{3}{4}x$에 $y=-\dfrac{9}{2}$를 대입하면

$-\dfrac{9}{2}=-\dfrac{3}{4}x$ $\therefore x=6$

점 A에서 x축에 수직인 직선을 그었을 때 x축과 만나는 점이 B이므로 두 점의 x좌표는 같다.

$\therefore \text{B}(6, 0)$

$\therefore$ (삼각형 ABO의 넓이)$=\dfrac{1}{2}\times6\times\dfrac{9}{2}=\dfrac{27}{2}$

21 두 점 A, B의 x좌표가 모두 2이므로

$y=2x$에 $x=2$를 대입하면

$y=2\times2=4$ $\therefore \text{A}(2, 4)$

$y=-x$에 $x=2$를 대입하면

$y=-2$ $\therefore \text{B}(2, -2)$

따라서 (선분 AB의 길이)$=4-(-2)=6$이므로

(삼각형 AOB의 넓이)$=\dfrac{1}{2}\times$(선분 AB의 길이)$\times$(높이)

$$=\dfrac{1}{2}\times6\times2=6$$

22 (1) $y=\dfrac{6}{5}x$의 그래프가 점 A를 지나므로

$y=\dfrac{6}{5}x$에 $x=10$을 대입하면 $y=\dfrac{6}{5}\times10=12$

∴ A(10, 12)

∴ (직각삼각형 AOB의 넓이)$=\dfrac{1}{2}\times10\times12=60$

(2) 오른쪽 그림과 같이 선분 AB와 $y=ax$의 그래프가 만나는 점을 P라 하면

점 P가 $y=ax$의 그래프 위의 점 이므로 P(10, 10a)

(직각삼각형 POB의 넓이)

$=\dfrac{1}{2}\times$(직각삼각형 AOB의 넓이)

이므로 $\dfrac{1}{2}\times10\times10a=\dfrac{1}{2}\times60$

$50a=30$ ∴ $a=\dfrac{3}{5}$

23 형의 그래프가 나타내는 x와 y 사이의 관계식을 $y=ax$로 놓고, 이 그래프가 점 (4, 1000)을 지나므로

$y=ax$에 $x=4$, $y=1000$을 대입하면

$1000=a\times4$ ∴ $a=250$

∴ $y=250x$

동생의 그래프가 나타내는 x와 y 사이의 관계식을 $y=bx$로 놓고, 이 그래프가 점 (4, 200)을 지나므로

$y=bx$에 $x=4$, $y=200$을 대입하면

$200=b\times4$ ∴ $b=50$

∴ $y=50x$

집에서 공원까지의 거리는 1.5 km, 즉 1500 m이므로

$y=250x$에 $y=1500$을 대입하면

$1500=250x$ ∴ $x=6$

즉, 형이 공원까지 가는 데 걸리는 시간은 6분이다.

또 $y=50x$에 $y=1500$을 대입하면

$1500=50x$ ∴ $x=30$

즉, 동생이 공원까지 가는 데 걸리는 시간은 30분이다.

따라서 형이 공원에 도착한 후 동생을 기다려야 하는 시간은

$30-6=24$(분)

24 ㄱ. 승용차의 그래프가 나타내는 x와 y 사이의 관계식을 $y=ax$로 놓고, 이 그래프가 점 (3, 300)을 지나므로

$y=ax$에 $x=3$, $y=300$을 대입하면

$300=a\times3$ ∴ $a=100$

∴ $y=100x$

고속버스의 그래프가 나타내는 x와 y 사이의 관계식을 $y=bx$로 놓고, 이 그래프가 점 (3, 240)을 지나므로

$y=bx$에 $x=3$, $y=240$을 대입하면

$240=b\times3$ ∴ $b=80$

∴ $y=80x$

ㄴ. $y=100x$에 $x=2$를 대입하면

$y=100\times2=200$

즉, 승용차가 2시간 동안 달린 거리는 200 km이다.

ㄷ. $y=100x$에 $y=400$을 대입하면

$400=100x$ ∴ $x=4$

즉, 승용차를 타면 400 km를 가는 데 4시간이 걸린다.

$y=80x$에 $y=400$을 대입하면

$400=80x$ ∴ $x=5$

즉, 고속버스를 타면 400 km를 가는 데 5시간이 걸린다.

따라서 400 km를 갈 때, 고속버스를 타면 승용차를 타는 것보다 $5-4=1$(시간) 늦게 도착한다.

ㄹ. $y=100x$에 $x=1$을 대입하면 $y=100\times1=100$

즉, 출발한 지 1시간 후 승용차가 달린 거리는 100 km이다.

$y=80x$에 $x=1$을 대입하면 $y=80\times1=80$

즉, 출발한 지 1시간 후 고속버스가 달린 거리는 80 km이다.

따라서 동시에 출발한 지 1시간 후 승용차가 달린 거리와 고속버스가 달린 거리의 차는

$100-80=20$(km)

따라서 옳은 것은 ㄱ, ㄹ이다.

02 반비례

쏙쏙 개념 익히기

P. 119~120

1 ③   **2** 9   **3** (1) $y=\dfrac{340}{x}$ (2) 17 m

4 ②, ④   **5** ㄴ, ㄷ, ㄹ   **6** ③

7 $y=\dfrac{15}{x}$, $k=-\dfrac{5}{2}$ **8** 3

1 ㄱ. $y=5x$ ㄴ. $y=\dfrac{100}{x}$

ㄷ. $y=\dfrac{360}{x}$ ㄹ. $y=14x$

따라서 y가 x에 반비례하는 것은 ㄴ, ㄷ이다.

2 y가 x에 반비례하므로 $y=\dfrac{a}{x}$로 놓고,

이 식에 $x=-6$, $y=3$을 대입하면

$3=\dfrac{a}{-6}$ ∴ $a=-18$

따라서 $y=-\dfrac{18}{x}$이므로 이 식에 $y=-2$를 대입하면

$-2=-\dfrac{18}{x}$, $-2x=-18$ ∴ $x=9$

3 (1) y는 x에 반비례하므로 $y=\dfrac{a}{x}$로 놓는다.

음파의 파장이 $3.4\,m$일 때, 진동수는 $100\,Hz$이므로

$y=\dfrac{a}{x}$에 $x=100$, $y=3.4$를 대입하면

$3.4=\dfrac{a}{100}$ ∴ $a=340$

∴ $y=\dfrac{340}{x}$

(2) $y=\dfrac{340}{x}$에 $x=20$을 대입하면

$y=\dfrac{340}{20}=17$

따라서 진동수가 $20\,Hz$일 때, 음파의 파장은 $17\,m$이다.

4 ② x축, y축에 가까워지면서 한없이 뻗어 나가지만 만나지 않는다.

④ $a<0$이고 $x>0$일 때, x의 값이 증가하면 y의 값도 증가한다.

5 $y=\dfrac{8}{x}$에 주어진 각 점의 좌표를 대입하면

ㄱ. $2\neq\dfrac{8}{-4}$ ㄴ. $-4=\dfrac{8}{-2}$ ㄷ. $-8=\dfrac{8}{-1}$

ㄹ. $4=\dfrac{8}{2}$ ㅁ. $\dfrac{3}{8}\neq\dfrac{8}{3}$ ㅂ. $2\neq\dfrac{8}{16}$

따라서 $y=\dfrac{8}{x}$의 그래프가 지나는 점은 ㄴ, ㄷ, ㄹ이다.

6 $y=\dfrac{a}{x}$의 그래프가 점 $(6, 4)$를 지나므로

$y=\dfrac{a}{x}$에 $x=6$, $y=4$를 대입하면 $4=\dfrac{a}{6}$ ∴ $a=24$

즉, $y=\dfrac{24}{x}$이고, 이 식의 그래프가 점 $(-8, b)$를 지나므로

$y=\dfrac{24}{x}$에 $x=-8$, $y=b$를 대입하면

$b=\dfrac{24}{-8}=-3$

∴ $a-b=24-(-3)=24+3=27$

7 그래프가 좌표축에 가까워지면서 한없이 뻗어 나가는 한 쌍의 매끄러운 곡선이므로 $y=\dfrac{a}{x}$로 놓는다.

이 그래프가 점 $(3, 5)$를 지나므로

$y=\dfrac{a}{x}$에 $x=3$, $y=5$를 대입하면 $5=\dfrac{a}{3}$ ∴ $a=15$

즉, $y=\dfrac{15}{x}$이고, 이 식의 그래프가 점 $(-6, k)$를 지나므로

$y=\dfrac{15}{x}$에 $x=-6$, $y=k$를 대입하면 $k=\dfrac{15}{-6}=-\dfrac{5}{2}$

따라서 주어진 그래프가 나타내는 x와 y 사이의 관계식은 $y=\dfrac{15}{x}$이고 $k=-\dfrac{5}{2}$이다.

8 $y=\dfrac{12}{x}$의 그래프가 점 P를 지나므로

$y=\dfrac{12}{x}$에 $x=-2$를 대입하면

$y=\dfrac{12}{-2}=-6$ ∴ P$(-2, -6)$

이때 $y=ax$의 그래프가 점 P$(-2, -6)$을 지나므로

$y=ax$에 $x=-2$, $y=-6$을 대입하면

$-6=-2a$ ∴ $a=3$

1 ②	**2** ③, ⑤	**3** 12	**4** 5기압	**5** ④
6 ③	**7** 12번	**8** ③	**9** ④	
10 ㄴ, ㄷ, ㅂ		**11** ④	**12** ④	**13** ③
14 6	**15** ①	**16** 42	**17** $y=\dfrac{12}{x}$	
18 ④	**19** $\dfrac{3}{2}$	**20** 18	**21** ②	**22** 9
23 ④	**24** 12	**25** (1) 8 (2) B$(-2, -4)$ (3) 36		

1 x의 값이 2배, 3배, 4배, …로 변함에 따라 y의 값은 $\dfrac{1}{2}$배, $\dfrac{1}{3}$배, $\dfrac{1}{4}$배, …로 변하는 관계가 있을 때, y는 x에 반비례하므로 $y=\dfrac{a}{x}$ 꼴이다.

② $xy=-4$에서 $y=-\dfrac{4}{x}$

따라서 y가 x에 반비례하는 것은 ②이다.

2 ① $y=\dfrac{32}{x}$ ② $y=\dfrac{160}{x}$ ③ $y=82x$

④ $y=\dfrac{75}{x}$ ⑤ $y=\dfrac{x}{2}$

따라서 y가 x에 반비례하지 않는 것은 ③, ⑤이다.

3 y가 x에 반비례하므로 $y=\dfrac{a}{x}$로 놓고,

이 식에 $x=-6$, $y=6$을 대입하면

$6=\dfrac{a}{-6}$ ∴ $a=-36$ ∴ $y=-\dfrac{36}{x}$

$y=-\dfrac{36}{x}$에 $x=-4$, $y=A$를 대입하면 $A=-\dfrac{36}{-4}=9$

$y=-\dfrac{36}{x}$에 $x=B$, $y=-12$를 대입하면

$-12=-\dfrac{36}{B}$, $-12B=-36$ ∴ $B=3$

∴ $A+B=9+3=12$

4 [1단계] 일정한 온도에서 기체의 부피는 압력에 반비례하므로 $y=\dfrac{a}{x}$로 놓는다.

$y=\dfrac{a}{x}$에 $x=4$, $y=25$를 대입하면

$$25=\dfrac{a}{4} \qquad \therefore a=100$$

$$\therefore y=\dfrac{100}{x}$$

[2단계] 이 식에 $y=20$을 대입하면

$$20=\dfrac{100}{x},\ 20x=100 \qquad \therefore x=5$$

따라서 온도가 일정할 때, 기체의 부피가 $20\,\mathrm{cm}^3$가 되려면 압력은 5기압이어야 한다.

채점 기준		
1단계	x와 y 사이의 관계식 구하기	… 50 %
2단계	기체의 부피가 $20\,\mathrm{cm}^3$가 되려면 압력은 몇 기압이어야 하는지 구하기	… 50 %

5 ①, ②, ③ $8\times50=x\times y$ $\quad\therefore y=\dfrac{400}{x}$

④ x의 값이 증가하면 y의 값은 감소한다.

⑤ $y=\dfrac{400}{x}$에 $x=10$을 대입하면

$$y=\dfrac{400}{10}=40$$

따라서 옳지 않은 것은 ④이다.

6 (시간)$=\dfrac{\text{(거리)}}{\text{(속력)}}$이고

두 지점 A, B 사이의 거리는 $120\,\mathrm{km}$이므로

$$y=\dfrac{120}{x}$$

1시간 30분은 $1\dfrac{30}{60}=\dfrac{3}{2}$(시간)이므로

$y=\dfrac{120}{x}$에 $y=\dfrac{3}{2}$을 대입하면

$$\dfrac{3}{2}=\dfrac{120}{x},\ \dfrac{3}{2}x=120 \qquad \therefore x=80$$

따라서 구하는 속력은 시속 $80\,\mathrm{km}$이다.

7 두 톱니바퀴 A, B가 서로 맞물려 돌아갈 때
(A의 톱니의 수)$\times$(A의 회전수)
$=$(B의 톱니의 수)$\times$(B의 회전수)

이므로 $30\times6=x\times y$ $\quad\therefore y=\dfrac{180}{x}$

$y=\dfrac{180}{x}$에 $x=15$를 대입하면

$$y=\dfrac{180}{15}=12$$

따라서 톱니바퀴 B의 톱니가 15개일 때, 톱니바퀴 B는 1분 동안 12번 회전한다.

8 3명이 30일 동안 하는 일의 양은
x명이 y일 동안 하는 일의 양과 같으므로

$$3\times30=x\times y \qquad \therefore y=\dfrac{90}{x}$$

$y=\dfrac{90}{x}$에 $x=10$을 대입하면

$$y=\dfrac{90}{10}=9$$

따라서 10명이 함께 하면 일을 완성하는 데 9일이 걸린다.

9 $y=-\dfrac{4}{x}$에서 $-4<0$이므로 그래프는 제2사분면과 제4사분면을 지나는 한 쌍의 매끄러운 곡선이고, 두 점 $(-2,\,2)$, $(2,\,-2)$를 지난다.
따라서 구하는 그래프는 ④이다.

10 정비례 관계 $y=ax$와 반비례 관계 $y=\dfrac{a}{x}$에서 $a>0$일 때, 그 그래프가 제1사분면과 제3사분면을 지난다.
따라서 그래프가 제1사분면과 제3사분면을 지나는 것은 ㄴ, ㄷ, ㅂ이다.

11 ④ $x>0$일 때, x의 값이 증가하면 y의 값은 감소한다.

12 반비례 관계 $y=\dfrac{a}{x}\,(a\neq0)$의 그래프는 a의 절댓값이 클수록 원점에서 멀다.

이때 $\left|\dfrac{1}{2}\right|<|1|<\left|-\dfrac{4}{3}\right|<|4|<|-5|$이므로

그래프가 원점에서 가장 먼 것은 ④이다.

13 $y=\dfrac{a}{x}$의 그래프가 제1사분면과 제3사분면을 지나므로
$a>0$

또한 $y=\dfrac{2}{x}$의 그래프가 $y=\dfrac{a}{x}$의 그래프보다 원점에서 멀리 떨어져 있으므로 $|a|<2$이다.
따라서 상수 a의 값이 될 수 있는 것은 ③이다.

14 $y=-\dfrac{20}{x}$에 $x=-2$, $y=a$를 대입하면

$$a=-\dfrac{20}{-2}=10$$

$y=-\dfrac{20}{x}$에 $x=b$, $y=5$를 대입하면

$$5=-\dfrac{20}{b},\ 5b=-20 \qquad \therefore b=-4$$

$$\therefore a+b=10+(-4)=6$$

15 $y=\dfrac{a}{x}$의 그래프가 점 $(-3,\,5)$를 지나므로

$y=\dfrac{a}{x}$에 $x=-3$, $y=5$를 대입하면

$$5=\dfrac{a}{-3} \qquad \therefore a=-15$$

16 $y=\dfrac{a}{x}$의 그래프가 점 $(4, 7)$을 지나므로

$y=\dfrac{a}{x}$에 $x=4$, $y=7$을 대입하면

$7=\dfrac{a}{4}$ $\therefore a=28$

따라서 $y=\dfrac{28}{x}$이므로 이 식에 $x=-2$, $y=b$를 대입하면

$b=\dfrac{28}{-2}=-14$

$\therefore a-b=28-(-14)=28+14=42$

17 그래프가 한 쌍의 매끄러운 곡선이므로 $y=\dfrac{a}{x}$로 놓는다.

이 그래프가 점 $(-3, -4)$를 지나므로

$y=\dfrac{a}{x}$에 $x=-3$, $y=-4$를 대입하면

$-4=\dfrac{a}{-3}$ $\therefore a=12$

$\therefore y=\dfrac{12}{x}$

18 그래프가 한 쌍의 매끄러운 곡선이므로 $y=\dfrac{a}{x}$로 놓는다.

이 그래프가 점 $(2, -4)$를 지나므로

$y=\dfrac{a}{x}$에 $x=2$, $y=-4$를 대입하면

$-4=\dfrac{a}{2}$ $\therefore a=-8$

즉, $y=-\dfrac{8}{x}$이므로 이 식에 주어진 각 점의 좌표를 대입하면

① $2\neq-\dfrac{8}{-2}$ 　　② $4\neq-\dfrac{8}{-1}$

③ $-6\neq-\dfrac{8}{1}$ 　　④ $-2=-\dfrac{8}{4}$

⑤ $1\neq-\dfrac{8}{8}$

따라서 그래프 위의 점은 ④이다.

19 〔1단계〕 그래프가 한 쌍의 매끄러운 곡선이므로 $y=\dfrac{a}{x}$로 놓는다.

이 그래프가 점 $(2, -3)$을 지나므로

$y=\dfrac{a}{x}$에 $x=2$, $y=-3$을 대입하면

$-3=\dfrac{a}{2}$ $\therefore a=-6$

$\therefore y=-\dfrac{6}{x}$

〔2단계〕 $y=-\dfrac{6}{x}$에 $x=-4$, $y=k$를 대입하면

$k=-\dfrac{6}{-4}=\dfrac{3}{2}$

채점 기준		
1단계	x와 y 사이의 관계식 구하기	… 50 %
2단계	k의 값 구하기	… 50 %

20 $y=-\dfrac{2}{3}x$의 그래프가 점 $A(b, 4)$를 지나므로

$y=-\dfrac{2}{3}x$에 $x=b$, $y=4$를 대입하면

$4=-\dfrac{2}{3}\times b$

$\therefore b=4\times\left(-\dfrac{3}{2}\right)=-6$

또 $y=\dfrac{a}{x}$의 그래프가 점 $A(-6, 4)$를 지나므로

$y=\dfrac{a}{x}$에 $x=-6$, $y=4$를 대입하면

$4=\dfrac{a}{-6}$ $\therefore a=-24$

$\therefore b-a=-6-(-24)=-6+24=18$

21 $y=ax$의 그래프가 점 $(-2, 8)$을 지나므로

$y=ax$에 $x=-2$, $y=8$을 대입하면

$8=-2\times a$ $\therefore a=-4$

또한 $y=\dfrac{b}{x}$의 그래프가 점 $(-2, 8)$을 지나므로

$y=\dfrac{b}{x}$에 $x=-2$, $y=8$을 대입하면

$8=\dfrac{b}{-2}$ $\therefore b=-16$

이때 $y=-4x$의 그래프가 점 $(2, c)$를 지나므로

$y=-4x$에 $x=2$, $y=c$를 대입하면

$c=-4\times2=-8$

$\therefore \dfrac{ac}{b}=\dfrac{(-4)\times(-8)}{-16}=\dfrac{32}{-16}=-2$

22 〔1단계〕 $y=-2x$의 그래프가 점 P를 지나므로

$y=-2x$에 $x=-3$을 대입하면

$y=-2\times(-3)=6$

$\therefore P(-3, 6)$

〔2단계〕 이때 $y=\dfrac{a}{x}$의 그래프가 점 $P(-3, 6)$을 지나므로

$y=\dfrac{a}{x}$에 $x=-3$, $y=6$을 대입하면

$6=\dfrac{a}{-3}$ $\therefore a=-18$

〔3단계〕 즉, $y=-\dfrac{18}{x}$이고

이 그래프가 점 $(k, -2)$를 지나므로

$y=-\dfrac{18}{x}$에 $x=k$, $y=-2$를 대입하면

$-2=-\dfrac{18}{k}$, $-2k=-18$

$\therefore k=9$

채점 기준		
1단계	점 P의 좌표 구하기	… 20 %
2단계	상수 a의 값 구하기	… 40 %
3단계	k의 값 구하기	… 40 %

23 두 점 B, D가 $y=\dfrac{a}{x}$의 그래프 위의 점이고

점 B의 x좌표가 -6이므로 $B\left(-6,\ -\dfrac{a}{6}\right)$

점 D의 x좌표가 6이므로 $D\left(6,\ \dfrac{a}{6}\right)$

이때 직사각형 ABCD의 넓이가 72이므로

$\{6-(-6)\}\times\left\{\dfrac{a}{6}-\left(-\dfrac{a}{6}\right)\right\}=72$

$4a=72$ $\quad\therefore a=18$

24 점 A의 x좌표를 $a(a>0)$라 하면 $A\left(a,\ \dfrac{12}{a}\right)$

즉, (선분 OQ의 길이)$=a$, (선분 OP의 길이)$=\dfrac{12}{a}$

$\therefore$ (직사각형 POQA의 넓이)

　　$=$(선분 OQ의 길이)$\times$(선분 OP의 길이)

　　$=a\times\dfrac{12}{a}=12$

25 (1) 점 $D(4,\ 2)$가 $y=\dfrac{a}{x}$의 그래프 위의 점이므로

$y=\dfrac{a}{x}$에 $x=4$, $y=2$를 대입하면 $2=\dfrac{a}{4}$ $\quad\therefore a=8$

(2) 점 B의 y좌표가 -4이므로

$y=\dfrac{8}{x}$에 $y=-4$를 대입하면

$-4=\dfrac{8}{x}$, $-4x=8$ $\quad\therefore x=-2$ $\quad\therefore B(-2,\ -4)$

(3) (선분 BC의 길이)$=4-(-2)=6$,

(선분 DC의 길이)$=2-(-4)=6$이므로

(직사각형 ABCD의 넓이)

　$=$(선분 BC의 길이)$\times$(선분 DC의 길이)

　$=6\times6=36$

실력 UP 문제　P. 125

1-1 $A(2,\ 4)$, $B(2,\ 2)$, $C(4,\ 2)$, $D(4,\ 4)$
1-2 18
2-1 ③　　　　　　　　　**2-2** 12
3-1 (1) $y=400x$　(2) 2800원　　**3-2** $16\,\mathrm{m}$

1-1 점 A의 x좌표를 a라 하자.
점 A는 $y=2x$의 그래프 위의 점이므로
$y=2x$에 $x=a$를 대입하면 $y=2a$ $\quad\therefore A(a,\ 2a)$
정사각형 ABCD의 한 변의 길이는 2이므로
세 점 B, C, D의 좌표는 각각
$B(a,\ 2a-2)$, $C(a+2,\ 2a-2)$, $D(a+2,\ 2a)$

이때 점 C는 $y=\dfrac{1}{2}x$의 그래프 위의 점이므로

$y=\dfrac{1}{2}x$에 $x=a+2$, $y=2a-2$를 대입하면

$2a-2=\dfrac{1}{2}(a+2)$, $4a-4=a+2$

$3a=6$ $\quad\therefore a=2$

$\therefore A(2,\ 4)$, $B(2,\ 2)$, $C(4,\ 2)$, $D(4,\ 4)$

1-2 두 점 A, D의 y좌표를 a라 하자.
두 점 A, D는 각각 $y=-\dfrac{1}{3}x$, $y=\dfrac{2}{3}x$의 그래프 위의 점이므로

$y=-\dfrac{1}{3}x$, $y=\dfrac{2}{3}x$에 $y=a$를 각각 대입하면

$a=-\dfrac{1}{3}x$ $\quad\therefore x=-3a$ $\quad\therefore A(-3a,\ a)$

$a=\dfrac{2}{3}x$ $\quad\therefore x=\dfrac{3}{2}a$ $\quad\therefore D\left(\dfrac{3}{2}a,\ a\right)$

또한 두 점 B, C의 좌표는

$B(-3a,\ 0)$, $C\left(\dfrac{3}{2}a,\ 0\right)$

이때 선분 AD의 길이가 9이므로

$\dfrac{3}{2}a-(-3a)=9$, $\dfrac{9}{2}a=9$ $\quad\therefore a=2$

$\therefore$ (직사각형 ABCD의 넓이)$=9\times2=18$

2-1 $y=\dfrac{8}{x}$의 그래프 위의 점 중에서 x좌표와 y좌표가 모두 정수이려면 x좌표는 8의 약수 또는 8의 약수에 $-$ 부호를 붙인 수이어야 한다.
이때 8의 약수는 $1, 2, 4, 8$이므로 구하는 점은
$(1,\ 8)$, $(2,\ 4)$, $(4,\ 2)$, $(8,\ 1)$, $(-1,\ -8)$, $(-2,\ -4)$, $(-4,\ -2)$, $(-8,\ -1)$의 8개이다.

2-2 $y=\dfrac{a}{x}$에 $x=2$, $y=9$를 대입하면 $9=\dfrac{a}{2}$ $\quad\therefore a=18$

즉, $y=\dfrac{18}{x}$이고, 이 그래프 위의 점 중에서 x좌표와 y좌표가 모두 정수이려면 x좌표는 18의 약수 또는 18의 약수에 $-$ 부호를 붙인 수이어야 한다.
이때 18의 약수는 $1, 2, 3, 6, 9, 18$이므로 구하는 점은
$(1,\ 18)$, $(2,\ 9)$, $(3,\ 6)$, $(6,\ 3)$, $(9,\ 2)$, $(18,\ 1)$, $(-1,\ -18)$, $(-2,\ -9)$, $(-3,\ -6)$, $(-6,\ -3)$, $(-9,\ -2)$, $(-18,\ -1)$의 12개이다.

3-1 (1) 파이프 $100\,\mathrm{g}$당 가격이 600원이므로
$200\,\mathrm{g}$의 가격은 $600\times2=1200$(원)이다.
이때 y가 x에 정비례하므로 $y=ax$로 놓고,
이 식에 $x=3$, $y=1200$을 대입하면
$1200=3a$ $\quad\therefore a=400$
$\quad\therefore y=400x$

(2) $y=400x$에 $x=7$을 대입하면 $y=400\times7=2800$

따라서 파이프 7 m의 가격은 2800원이다.

3-2 철사 50 g당 가격이 750원이므로

150 g의 가격은 $750\times3=2250$(원)이다.

이때 y가 x에 정비례하므로 $y=ax$로 놓고,

이 식에 $x=5$, $y=2250$을 대입하면

$2250=5a$ ∴ $a=450$

∴ $y=450x$

$y=450x$에 $y=7200$을 대입하면

$7200=450x$ ∴ $x=16$

따라서 7200원을 모두 사용하여 살 수 있는 철사의 길이는 16 m이다.

실전 테스트

P. 126~128

1 ④, ⑤	**2** 4	**3** ④, ⑤	**4** ③	**5** $-\dfrac{5}{2}$
6 1	**7** 오전 8시 10분	**8** ㄷ, ㄹ	**9** 14	
10 39장	**11** 2개	**12** ①, ⑤	**13** ③, ⑤	**14** 12
15 $\dfrac{2}{3}$	**16** 16	**17** (1) $y=0.8x$ (2) 32 kg		
18 (1) $y=\dfrac{1.5}{x}$ (2) 0.5				

1 ① $y=2x+8$ ② $y=\dfrac{30}{x}$ ③ $y=200+x$

④ $y=4x$ ⑤ $y=20x$

따라서 y가 x에 정비례하는 것은 ④, ⑤이다.

2 y가 x에 정비례하므로 $y=ax$로 놓고,

이 식에 $x=-5$, $y=-2$를 대입하면

$-2=-5\times a$ ∴ $a=\dfrac{2}{5}$ ∴ $y=\dfrac{2}{5}x$

$y=\dfrac{2}{5}x$에 $x=-3$, $y=A$를 대입하면

$A=\dfrac{2}{5}\times(-3)=-\dfrac{6}{5}$

$y=\dfrac{2}{5}x$에 $x=B$, $y=4$를 대입하면

$4=\dfrac{2}{5}\times B$ ∴ $B=4\times\dfrac{5}{2}=10$

∴ $5A+B=5\times\left(-\dfrac{6}{5}\right)+10=-6+10=4$

3 ① $y=-\dfrac{4}{3}x$에 $x=-4$, $y=3$을 대입하면

$3\neq-\dfrac{4}{3}\times(-4)$

즉, 점 $(-4, 3)$을 지나지 않는다.

② 그래프의 모양은 오른쪽 아래로 향하는 직선이다.

③ $y=-\dfrac{4}{3}x$와 $y=-2x$에서 $\left|-\dfrac{4}{3}\right|<|-2|$이므로

$y=-\dfrac{4}{3}x$의 그래프가 $y=-2x$의 그래프보다 y축에서 더 멀다.

따라서 옳은 것은 ④, ⑤이다.

4 $y=ax$의 그래프는

제1사분면과 제3사분면을 지나므로 $a>0$

$y=bx$, $y=cx$의 그래프는

제2사분면과 제4사분면을 지나므로 $b<0$, $c<0$

이때 $y=bx$의 그래프가 $y=cx$의 그래프보다 y축에 더 가까우므로 b의 절댓값이 c의 절댓값보다 크다.

∴ $b<c$

∴ $b<c<a$

5 $y=\dfrac{2}{5}x$에 $x=a$, $y=2$를 대입하면

$2=\dfrac{2}{5}\times a$ ∴ $a=2\times\dfrac{5}{2}=5$

$y=\dfrac{2}{5}x$에 $x=b$, $y=-3$을 대입하면

$-3=\dfrac{2}{5}\times b$ ∴ $b=-3\times\dfrac{5}{2}=-\dfrac{15}{2}$

∴ $a+b=5+\left(-\dfrac{15}{2}\right)=-\dfrac{5}{2}$

6 $y=-2x$의 그래프가 점 A를 지나고 점 A의 x좌표가 -3이므로 $y=-2x$에 $x=-3$을 대입하면

$y=-2\times(-3)=6$ ∴ A$(-3, 6)$

이때 선분 AB가 x축에 평행하므로 두 점 A, B의 y좌표는 같고, 선분 AB의 길이가 9이므로 점 B의 x좌표는 6이다.

∴ B$(6, 6)$

따라서 $y=ax$의 그래프가 점 B를 지나므로

$y=ax$에 $x=6$, $y=6$을 대입하면

$6=a\times6$ ∴ $a=1$

7 그래프가 나타내는 x와 y 사이의 관계식을 $y=ax$로 놓고, 이 그래프가 점 $(3, 180)$을 지나므로

$y=ax$에 $x=3$, $y=180$을 대입하면

$180=a\times3$ ∴ $a=60$

∴ $y=60x$

이때 1.2 km=1200 m이므로

$y=60x$에 $y=1200$을 대입하면

$1200=60x$ ∴ $x=20$

즉, 유리가 학교에 가는 데 걸리는 시간은 20분이다.

이날 유리가 학교에 도착한 시각은 오전 8시 30분이므로 집에서 출발한 시각은 오전 8시 10분이다.

8 ㄱ. 속력이 가장 빠른 동물은 치타이다.

ㄴ. 사자는 4초 동안 100 m를 달렸으므로

$y=ax$에 $x=4$, $y=100$을 대입하면

$100=a\times4$ $\therefore a=25$

$\therefore y=25x$

ㄷ. 10초 동안 사자가 달린 거리는 250 m,

호랑이가 달린 거리는 150 m이므로

사자가 달린 거리는 호랑이가 달린 거리의

$\dfrac{250}{150}=\dfrac{5}{3}$(배)이다.

ㄹ. ㄴ에서 사자가 달린 시간과 거리 사이의 관계식은

$y=25x$ $\cdots$ ㉠

또한 표범은 5초 동안 100 m를 달렸으므로

$y=ax$에 $x=5$, $y=100$을 대입하면

$100=a\times5$ $\therefore a=20$

$\therefore y=20x$ $\cdots$ ㉡

㉠에 $y=500$을 대입하면

$500=25x$ $\therefore x=20$

㉡에 $y=500$을 대입하면

$500=20x$ $\therefore x=25$

따라서 사자가 500 m를 달렸을 때 걸리는 시간은 20초,
표범이 500 m를 달렸을 때 걸리는 시간은 25초이므로
구하는 시간의 차는 $25-20=5$(초)이다.

따라서 옳은 것은 ㄷ, ㄹ이다.

9 y가 x에 반비례하므로 $y=\dfrac{a}{x}$로 놓고,

이 식에 $x=7$, $y=6$을 대입하면

$6=\dfrac{a}{7}$ $\therefore a=42$

즉, $y=\dfrac{42}{x}$이므로 이 식에 $x=3$을 대입하면

$y=\dfrac{42}{3}=14$

10 오늘 9명이 13장씩 돌린 초대장의 수는

내일 x명이 y장씩 돌릴 초대장의 수와 같으므로

$9\times13=x\times y$ $\therefore y=\dfrac{117}{x}$

$y=\dfrac{117}{x}$에 $x=3$을 대입하면

$y=\dfrac{117}{3}=39$

따라서 3명이 초대장을 돌린다면 한 사람이 39장씩 돌려야
한다.

11 정비례 관계 $y=ax$와 반비례 관계 $y=\dfrac{a}{x}$에서 $a<0$일 때,

그 그래프가 제2사분면과 제4사분면을 지난다.

따라서 그래프가 제2사분면을 지나는 것은 ㄴ, ㄹ의 2개이다.

12 ①, ④는 한 쌍의 매끄러운 곡선이므로 $y=\dfrac{a}{x}$로 놓는다.

① $y=\dfrac{a}{x}$에 $x=2$, $y=2$를 대입하면

$2=\dfrac{a}{2}$ $\therefore a=4$ $\therefore y=\dfrac{4}{x}$

④ $y=\dfrac{a}{x}$에 $x=1$, $y=-3$을 대입하면

$-3=\dfrac{a}{1}$ $\therefore a=-3$ $\therefore y=-\dfrac{3}{x}$

②, ③, ⑤는 원점을 지나는 직선이므로 $y=ax$로 놓는다.

② $y=ax$에 $x=2$, $y=1$을 대입하면

$1=a\times2$ $\therefore a=\dfrac{1}{2}$ $\therefore y=\dfrac{1}{2}x$

③ $y=ax$에 $x=1$, $y=2$를 대입하면

$2=a\times1$ $\therefore a=2$ $\therefore y=2x$

⑤ $y=ax$에 $x=3$, $y=-1$을 대입하면

$-1=a\times3$ $\therefore a=-\dfrac{1}{3}$ $\therefore y=-\dfrac{1}{3}x$

따라서 옳지 않은 것은 ①, ⑤이다.

13 ①, ② 그래프가 한 쌍의 매끄러운 곡선이므로 $y=\dfrac{a}{x}$로 놓고,

이 그래프가 점 $(1, 2)$를 지나므로

$y=\dfrac{a}{x}$에 $x=1$, $y=2$를 대입하면

$2=\dfrac{a}{1}$ $\therefore a=2$ $\therefore y=\dfrac{2}{x}$

$y=\dfrac{2}{x}$에 $x=6$, $y=\dfrac{1}{3}$을 대입하면 $\dfrac{1}{3}=\dfrac{2}{6}$

따라서 점 $\left(6, \dfrac{1}{3}\right)$을 지난다.

③ $y=\dfrac{2}{x}$와 $y=\dfrac{3}{x}$에서 $|2|<|3|$이므로 $y=\dfrac{2}{x}$의 그래프가

$y=\dfrac{3}{x}$의 그래프보다 원점에 더 가깝다.

④ $x>0$일 때, x의 값이 증가하면 y의 값은 감소한다.

⑤ 그래프 위의 점 중에서 x좌표와 y좌표가 모두 정수인 점
은 $(1, 2)$, $(2, 1)$, $(-1, -2)$, $(-2, -1)$의 4개이다.

따라서 옳지 않은 것은 ③, ⑤이다.

14 $y=\dfrac{a}{x}$의 그래프가 점 P를 지나므로

$y=\dfrac{a}{x}$에 $x=2$를 대입하면

$y=\dfrac{a}{2}$ $\therefore \text{P}\left(2, \dfrac{a}{2}\right)$

$y=\dfrac{a}{x}$의 그래프가 점 Q를 지나므로

$y=\dfrac{a}{x}$에 $x=4$를 대입하면

$y=\dfrac{a}{4}$ $\therefore \text{Q}\left(4, \dfrac{a}{4}\right)$

점 P의 y좌표와 점 Q의 y좌표의 차가 3이므로

$\dfrac{a}{2}-\dfrac{a}{4}=3$, $\dfrac{a}{4}=3$ $\therefore a=12$

15 [1단계] $y=-\dfrac{3}{x}$의 그래프가 점 $P(-3, b)$를 지나므로

$y=-\dfrac{3}{x}$에 $x=-3$, $y=b$를 대입하면

$b=-\dfrac{3}{-3}=1$

[2단계] 이때 $y=ax$의 그래프가 점 $P(-3, 1)$을 지나므로

$y=ax$에 $x=-3$, $y=1$을 대입하면

$1=a\times(-3)$ $\therefore a=-\dfrac{1}{3}$

[3단계] $\therefore a+b=-\dfrac{1}{3}+1=\dfrac{2}{3}$

채점 기준		
1단계	b의 값 구하기	… 40 %
2단계	상수 a의 값 구하기	… 40 %
3단계	$a+b$의 값 구하기	… 20 %

16 점 B의 x좌표를 p라 하고 $y=\dfrac{a}{x}$에 $x=p$를 대입하면

$y=\dfrac{a}{p}$ $\therefore B\left(p, \dfrac{a}{p}\right)$

즉, (선분 AB의 길이)$=p$, (선분 AO의 길이)$=\dfrac{a}{p}$

$\therefore$ (직각삼각형 AOB의 넓이)

$=\dfrac{1}{2}\times$(선분 AB의 길이)$\times$(선분 AO의 길이)

$=\dfrac{1}{2}\times p\times\dfrac{a}{p}=\dfrac{1}{2}a$

이때 직각삼각형 AOB의 넓이가 8이므로

$\dfrac{1}{2}a=8$ $\therefore a=16$

17 (1) 길이가 $4\,m$인 시소에서 동생이 시소의 맨 끝에 앉았으므로 시소의 중심에서 동생이 앉은 지점까지의 거리는

$\dfrac{4}{2}=2(m)$이다.

이때 두 사람이 앉은 지점 사이의 거리가 $3.6\,m$이므로 시소의 중심에서 수지가 앉은 지점까지의 거리는

$3.6-2=1.6(m)$이다.

시소가 평형을 이루었으므로 $1.6:2=y:x$

$2y=1.6x$,

$y=\dfrac{1.6}{2}x$ $\therefore y=0.8x$

(2) $y=0.8x$에 $x=40$을 대입하면

$y=0.8\times40=32$

따라서 동생의 몸무게는 $32\,kg$이다.

18 (1) y가 x에 반비례하므로 $y=\dfrac{a}{x}$로 놓고,

이 식에 $x=1.5$, $y=1.0$을 대입하면

$1.0=\dfrac{a}{1.5}$ $\therefore a=1.5$

$\therefore y=\dfrac{1.5}{x}$

(2) $y=\dfrac{1.5}{x}$에 $x=3$을 대입하면

$y=\dfrac{1.5}{3}=0.5$

따라서 빈틈의 폭이 $3\,mm$인 고리까지 판별할 수 있는 사람의 시력은 0.5이다.

MEMO

MEMO

공부 기억이
오 ― 래 남는
메타인지 학습

성적 향상 96.8%* **온리원중등**을 만나봐

베스트셀러 교재로 진행되는
1타 선생님 강의와
메타인지 시스템으로
완벽히 알 때까지 학습해
성적 향상을 이끌어냅니다.

✛ 개념·플러스·유형·시리즈 개념과 유형이 하나로! 가장 효과적인 수학 공부 방법을 제시합니다.

대표전화 1544-0554
주소 경기도 과천시 과천대로2길 54(갈현동, 그라운드브이)
협의 없는 무단 복제는 법으로 금지되어 있습니다.